"十三五"国家重点出版物出版规划项目
名校名家基础学科系列

飞行特色大学物理

下 册

第4版

主编　林万峰
参编　蒋　智　宫丽晶　郭　欢
　　　荀显超　佟　悦　徐　莹
主审　汪　瑜

机 械 工 业 出 版 社

本书是中国人民解放军空军航空大学理化教研室依据教育部大学物理课程教学指导分委员会制定的《理工科类大学物理课程教学基本要求》，结合多年大学物理课程教学改革经验，在白晓明、林万峰主编的《飞行特色大学物理》（下册　第3版）的基础上修订和改编而成的。本书在继承原书特色的同时，在内容上采取双主线设计，在体现物理经典内容的同时，特别突出了自然科学的认知规律，以物理现象研究为逻辑起点，立足飞行特色，突出科学思维、科学方法引导。

本书内容包括真空中的静电场、静电场中的导体和电介质、恒定电流、真空中的恒定磁场、磁介质、变化的电场和磁场、光的干涉、光的衍射、光的偏振、量子物理基础。每章开篇以“历史背景与物理学思想发展脉络”展现科学发展的创新和实践过程。章末的思维导图能够有效引导思考和记忆，帮助读者对繁杂知识进行归纳、总结和深化。章末阅读材料介绍了飞行、军事和学科前沿，可以开阔读者知识视野。

本书可作为高等学校航空航天专业、军队院校本科教育飞行相关专业的教材，也可作为教师、工程技术人员的参考书或供自学者使用。

图书在版编目（CIP）数据

飞行特色大学物理．下册/林万峰主编．—4版．—北京：机械工业出版社，2022.10（2024.1重印）
“十三五”国家重点出版物出版规划项目　名校名家基础学科系列
ISBN 978-7-111-71840-6

Ⅰ.①飞…　Ⅱ.①林…　Ⅲ.①物理学－高等学校－教材　Ⅳ.①O4

中国版本图书馆CIP数据核字（2022）第199565号

机械工业出版社（北京市百万庄大街22号　邮政编码100037）
策划编辑：张　超　责任编辑：汤　嘉
责任校对：陈　越　封面设计：张　静
责任印制：单爱军
天津嘉恒印务有限公司印刷
2024年1月第4版第3次印刷
184mm×260mm·23.25印张·617千字
标准书号：ISBN 978-7-111-71840-6
定价：69.90元

电话服务　　网络服务
客服电话：010-88361066　机　工　官　网：www.cmpbook.com
010-88379833　机　工　官　博：weibo.com/cmp1952
010-68326294　金　书　网：www.golden-book.com
封底无防伪标均为盗版　机工教育服务网：www.cmpedu.com

前　言

本书在白晓明教授团队的不断优化修编下历经了三个版次，是“十三五”国家重点出版物出版规划项目，曾荣获军队教学成果三等奖。作为学科融合教材，本书从物理学史、物理学思想方法、解决实际问题和学科融合等多角度强调工科物理教学的指向性和目的性，展示科学理论的特殊性与普遍性，从物理知识应用、能力培养、飞行学员现实需求和未来需求等多角度诠释了教材的飞行特色内涵，从拓展的物理知识、应用性习题和例题以及自主学习材料等多角度突出了飞行特色工科物理教学的创新性和前瞻性。

本书第 4 版在保持前几版优点、特色的基础上，内容设计更突出物理学科认知规律，采取双主线设计，既相对独立体现物理学的经典内容，又贯穿物理学科认知规律，突出科学思维的培养以及科学方法的引导。

物理学是人们将实验和理论相结合，对自然界进行有效认知的积累，它起源于人对自然的探索，核心是建立对自然的认知。大量的物理探索过程告诉我们，这个认知过程一般是从现象观察开始，然后提出问题，寻找规律，最后一定是落在运用规律解释新的现象，预测可能发生的现象和进行发明创造，这个认知过程可以简化对大量物理知识的理解，并借鉴到其他对象的研究过程中，这一过程的循环迭代不断促进科学技术的发展进步。

本书在内容设计方面有意识地遵循上述认知过程，以节为单位，设置现象观察，提出问题，物理学基本内容、现象解释，思维拓展，物理知识应用和物理知识拓展模块。通过对学生每一节的这种完整认知过程的循环迭代训练，使学生快速形成科学认知思维和方法，激发其创新创造。同时物理学基本内容模块相对完整独立，逻辑清晰，便于读者快速掌握知识，提高学习效率。

本书每章开篇设置历史背景与物理思想发展模块，培养学生创新意识。物理学是自然科学的基础，其历史也是科学发展史的精华，物理学概念、原理逐步形成的历史，就是无数智者创新的历史，他们经历的科学创新过程对读者形成科学创新意识有重要的启迪作用；物理知识拓展模块从科学思想、科学方法和飞行职业多角度深化知识、拓展视野，为优秀读者进行探究式学习搭建平台；物理知识应用模块设置涉及航空理论军事应用方面的例题和趣味性问题，如飞机的过载与红视、黑视等供读者讨论；章末总结采用思维导图，引导学生有效地学习、思考和记忆，有助于学生从整体上把握物理规律和思想，引导学生对繁杂知识的归纳、总结和深化；习题配置一定数量的生活、军事和飞行等实际应用题目，强化理论联系实际，提高科学思维能力和创新思维能力。

本书由中国人民解放军空军航空大学林万峰、蒋智、宫丽晶、郭欢、荀显超、佟悦、徐莹修订和改编，由汪瑜主审。本书在修订过程中得到空军航空大学和基础学院的大力支持，始终得到理化教研室全体教员的支持和帮助，编者在此表示衷心的感谢。编者还要感谢为本书以前各版本付出辛勤工作的同事们，第 1 版：李春萍、白晓明、张健、郭秀娟、于华民；第 2 版：白晓明、林万峰；第 3 版：白晓明、林万峰。

由于编者学识有限，书中不当之处和错误在所难免，恳请读者批评指正。

编　者
2022. 5

目　　录

第11章　真空中的静电场

历史背景与物理思想发展

人类对电磁现象的认识是从研究静电现象开始的。早在几千年以前，古希腊人就发现琥珀经摩擦后会吸附轻小物体。英语中的“电（electricity）”一词是在1646年左右出现的，就是来自古希腊语的“琥珀”一词，当时它的含义就是“吸引轻小物体的力”。我国西晋时期的《博物志》中也有关于摩擦起电的记载。比起磁学来，电学发展还是较晚的，这主要是因为磁学有指南针等方面的应用，而电学则不过是宫廷中的娱乐对象。直到1660年盖里克发明摩擦起电机，人们才有可能对电现象进行详细观察和细致研究。这种摩擦起电机实际上是一个可以绕中心轴旋转的大硫磺球，用人手或布帛抚摸转动的球体表面，球面上就可以产生大量的电荷。直到18世纪末，摩擦起电机都一直是研究电现象的基本工具。

荷兰莱顿大学的物理教授马森布洛克为了寻找一种保存电的方法，于1745年做了莱顿瓶实验，并发明了能蓄电的莱顿瓶，这一发明，为科学界提供了一种储存电的有效方法，也为进一步研究电现象提供了一种新的强有力的手段，对电知识的传播和发展起了重要的推动作用。

美国的本杰明·富兰克林利用莱顿瓶发现了正电与负电及电荷的守恒定律，他的另一项重大工作是统一了天电和地电，彻底破除了人们对雷电的迷信。有一次，富兰克林去看来自苏格兰的史宾斯博士表演“奇怪的戏法”——一种电的实验，当富兰克林看到莱顿瓶发出一股长长的火花时，他联想到空中打雷时的闪光，他向自己发问：“天空中的闪电会不会就是极大的放电呢?”为了解开这个疑团，他于1752年做了著名的风筝实验，将雷雨云中的电荷收集到莱顿瓶中，并证明这些电荷与实验室中的电荷是一样的。为了引下天电，他本人曾被电击晕过去，他的实验惊动了费城教会，他们斥责富兰克林冒犯神权，但他仍坚持研究，制造了世界上第一个避雷针。据说一百多年之后，费城盖了一座新的教堂，教会怕遭雷击，派人去请教爱迪生，爱迪生风趣地说：“上天也有疏忽大意的时候，你说要不要装呢?”

莱顿瓶的发明，从实验手段上为研究电荷之间的相互作用提供了重要的基础，而且不少的人开始从理论上定量地探索电荷之间发生相互作用的情况和原因。1769年，英国的罗比逊用实验推测平方反比定律，由此确定了同种电荷的排斥力反比于电荷间距离的2.06次幂；异种电荷之间的吸引力与它们之间距离的反比关系小于二次幂，由此推测，正确的关系应是反比于二次幂。

法国物理学家库仑对扭力做过较多的研究，根据自己在扭力方面的知识设计并制作了一台精确的扭秤。他认为，磁针支架在轴上必然会带来摩擦，提出用细头发丝或丝线悬挂磁针。研究中他发现，线扭转时的扭力和磁针转过的角度呈比例关系，从而可利用这种装置测出静电力和磁力的大小，这启发他发明了扭秤，建立了著名的库仑定律。库仑定律是整个电磁理论的基础。

库仑在另一篇论文中还提到磁力的平方反比关系，他写道：“看来，磁流体即使不在本质上，至少也在性质上与电流体相似。基于这种相似性，可以假定这两种流体遵从若干相同的定律。”

从库仑定律的建立过程我们可以体会到类比方法的重要性：库仑并没有改变电荷量进行测量，而是说“假说的前一部分无需证明”，显然他是在模仿万有引力定律，认为电力分别与相互作用的两个电荷的电荷量成正比，就如同万有引力分别与相互作用的两个物体的质量成正比一样。库仑测得$\delta=0.04$，与牛顿万有引力定律类比，他断定静电力与距离成平方反比关系，这是他成功运用类比方法的结果。麦克斯韦曾这样评价过类比法："为了不用物理理论而得到物理思想，我们必须熟悉物理类比的存在。所谓物理类比，我指的是一种科学定律与另一种科学定律之间的部分相似性，它使得这两种科学可以相互说明。"汤川秀树也是类比方法的成功运用者，他通过将核力和电磁力类比，成功地提出了核力的介子理论。他说："类比是一种创造性思维的形式……假定存在一个你所不能理解的某物，你偶尔注意到这一物和你所熟悉的另一物的相似性。你通过将两者比较就可以理解你在此刻之前尚不能理解的某物。如果你的理解是恰当的，而且还没有人达到这样的理解，那么可以说，你的思维确实是具有创造性的。"必须指出：有时简单的类比也会导致错误的结果。如惠更斯类比声波，认为光波也是纵波就错了。可见，类比结果是否正确还得经过实验检验。

法拉第于1831年底用铁粉实验展示并提出了"磁感应线"的概念，他认为磁感应线显示了在磁体周围的物理空间，其中存在"磁场"。利用磁感应线在空间分布的疏密程度可以直观地描述磁场的强弱。"密"表示"强"，"疏"表示"弱"。法拉第无疑是一位伟大的实验物理学家，他具有丰富的想象力，但他的一系列观点还是缺乏严格的数学表述，在理论上不够严密。加上当时在学术界中"超距作用"的传统观念还很深，所以当时学术界对法拉第学说表示出冷漠，甚至非议。可是年轻的麦克斯韦却有与众不同的眼光，他体会到了"场"的引入将会带来的革命性意义，他被法拉第的创造性的科学思维——磁感线与场概念所吸引。1856年以后，他致力于用数学语言表述电磁场的运动规律。

力线和场的概念的提出，不仅使电磁感应可以被定量地描述，而且"场"的提出表明，电力和磁力是一种近距作用，即这种力是通过"场"发生的，而不是所谓的"超距作用"。更重要的是，"场"的引入是物理学中极具想象力的创举，对物理学发展具有开创性的意义。在过去人们认为，物理实在是质点，牛顿研究的是质点的力学运动规律。而在电磁学的研究中，物理实在是由连续的"场"来代表的。法拉第和麦克斯韦研究的是"场"的运动变化规律，这是一场伟大的变革。爱因斯坦评价说："想象力比知识更重要，因为知识是有限的，而想象力概括着世界上的一切，推动着进步，并且是知识进化的源泉。"法拉第和麦克斯韦在电磁场方面的工作引起了一场最伟大的革命。

11.1 电荷 库仑定律

物理现象

物质由原子组成，原子内有正、负电荷，物质的稳定性是靠原子间的万有引力维系，还是电荷间的库伦力？是否还有其他原因？

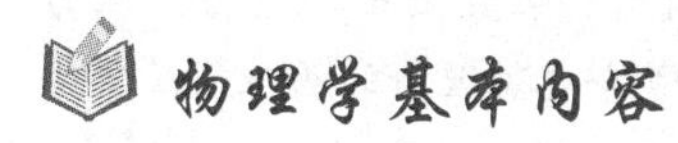

11.1.1 电荷的量子化

物体能产生电磁现象，应都归因于物体的电荷以及这些电荷的运动。电荷与物质密切相关。

人们也正是通过对电荷的各种相互作用和效应的研究，才认识到电荷的如下一些基本性质。

1. 电荷的种类

物理学家富兰克林通过实验分析提出：自然界中存在两种电荷：正电荷“+”（用丝绸摩擦过的玻璃棒所带的电荷）和负电荷“-”（用毛皮摩擦过的硬橡胶棒所带的电荷），同种电荷相互排斥，异种电荷相互吸引。根据现代物理学关于物质结构的理论可知，构成物体的最小单元——原子，是由原子核和电子构成。电子是带负电荷的粒子，而原子核中的质子是带正电荷的粒子。宏观物体失去电子会带正电荷，物体获得额外的电子将带负电荷。带电的物体叫作带电体，使物体带电叫作起电，用摩擦方法使物体带电叫作摩擦起电。正、负电荷互相完全抵消的状态叫作中和。任何所谓不带电的物体，并不意味着其中根本没有电荷，而是其中具有等量异号的电荷，以致其整体处在中和状态，因此，对外界不呈现电性。

2. 电荷量

物体带电的多少或参与电磁相互作用电的强弱称为带电体所带电荷的电荷量，电荷量的单位是库仑（C）。1 库仑的电荷量规定为 1 安培的电流在 1 秒钟的时间内流过导线横截面的电荷量，即

$$1\mathrm{C}=1\mathrm{A}\cdot 1\mathrm{s} \tag{11-1}$$

3. 电荷的量子性

实验证明，在自然界中电荷的电荷量总是以一个基本单元的整数倍出现，电荷的这种特性叫作电荷的量子性。电荷的基本单元（元电荷）就是一个电子所带电荷量的绝对值：$e=1.602\times10^{-19}\mathrm{C}$。任何物体所带电荷量一定是元电荷的整数倍。微观粒子所带的元电荷的数目也叫作它们各自的电荷数。现代物理学理论认为，基本粒子中的强子是由若干种夸克或反夸克组成，而夸克或反夸克带有 $\pm e/3$ 或 $\pm 2e/3$ 的电荷量。然而，在实验中没有发现自由的夸克。即使将来在实验中发现夸克存在，基元电荷的电荷量可能发生变化，但电荷的量子性仍是一个得到认可的科学结论。

由于电磁学理论主要研究宏观电磁现象，所涉及的电荷数通常是元电荷的许多倍。从微观原子尺度上看，这些元电荷离散地分布在物体内。但从宏观上看可以认为，电荷连续地分布在带电物体上，从而忽略电荷的量子性所引起的微观起伏。犹如宏观上看到的水是连续的，而微观上我们知道水是由一个一个水分子组成的，水分子之间是有空隙的。宏观上对电荷的这种连续性处理非常有利于我们使用微积分方法来计算各种带电体的电场。下面看电荷满足的物理规律。

11.1.2　电荷守恒定律

在使物体带电的过程中人们发现，正、负电荷总是同时出现，而且这两种电荷的电荷量一定相等。例如，当玻璃棒与丝绸摩擦时，玻璃棒总是出现正电荷，同时丝绸上则出现等量的负电荷。这表明，摩擦并不能产生电荷，只不过把原来聚集在一起的正、负电荷分开，使电荷从一个物体转移到另一个物体而已。又如在静电感应现象中，一个孤立导体两侧也总是同时感应出等量的正、负电荷。相反，如果让两个带有等量异号电荷的导体接触，那么带负电导体上的多余电子将移到带正电的导体上去，从而使两导体对外不显电性。在这一过程中，正、负电荷的电荷量的代数和始终不变，即总和为零。摩擦起电和静电感应的实验表明，起电过程是电荷从一个物体（或物体的一部分）转移到另一物体（或同一物体的另一部分）的过程。从以上事实可以总结出如下的规律：对于一个系统，如果没有净电荷出入其边界，则该系统的正、负电荷的电荷量的代数和将保持不变，这一自然规律叫作电荷守恒定律。现代物理学的很多实验都证明了电荷守恒定律。例如，一个高能光子受到一个外电场影响时，该光子可以转化为一个正电子和一个负电子（这叫作电子对的产生），其转化前后电荷量的代数和都为零；而一个正电子

和一个负电子相遇时就会湮灭成光子，前后的电荷量代数和仍然为零。

11.1.3 库仑定律

1. 点电荷

点电荷是一个理想模型，它是一个没有形状和大小而只带有电荷的物体。当一个带电体本身的线度比所研究的问题中涉及的距离小很多时，该带电体的形状对所讨论的问题没有影响或其影响可以忽略，该带电体就可以被看作是一个带电的点，即点电荷。点电荷是一个相对的概念，至于带电体的线度比相关的距离小多少时才能把它当作点电荷，要根据问题所要求的精度而定。

2. 库仑定律

1785年，法国物理学家库仑利用扭秤实验直接测定了两个带电球体之间相互作用的电力（或叫作库仑力）。在该实验的基础上，库仑确定了两个点电荷之间相互作用的规律，即库仑定律。它可以表述为：在真空中，两个静止的点电荷之间的相互作用力的大小与它们所带电荷量的乘积成正比，与它们之间距离的平方成反比；作用力的方向沿着两点电荷的连线并且同号电荷相互排斥，异号电荷相互吸引。

如图11-1所示，有两个点电荷，其电荷量分别为 q_1 和 q_2，下面我们研究 q_2 的力，称 q_1 为施力电荷，q_2 为受力电荷。设矢量 $\boldsymbol{r}$ 由 q_1 指向 q_2（由施力电荷指向受力电荷），则 q_2 所受的库仑力为

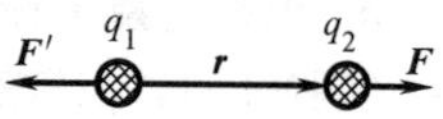

F' q_1 r q_2 F

图 11-1

$$\boldsymbol{F}=\frac{1}{4\pi\varepsilon_0}\frac{q_1q_2}{r^2}\boldsymbol{r}^0 \tag{11-2}$$

式中，r 是矢量 $\boldsymbol{r}$ 的大小，即两个点电荷之间的距离；$\boldsymbol{r}^0$ 是矢量 $\boldsymbol{r}$ 的单位矢量，即 $\boldsymbol{r}^0=\dfrac{\boldsymbol{r}}{r}$。

ε_0 叫作真空电容率（或真空介电常数），它是电磁学的一个基本物理常数。

$$\varepsilon_0=8.854187818(71)\times10^{-12}\text{F/m} \tag{11-3}$$

讨论：

（1）当 q_1 和 q_2 同号时，$q_1q_2>0$；$\boldsymbol{F}$ 与 $\boldsymbol{r}^0$ 同向，产生斥力；

（2）当 q_1 和 q_2 异号时，$q_1q_2<0$；$\boldsymbol{F}$ 与 $\boldsymbol{r}^0$ 反向，产生引力；

（3）电荷之间的相互作用遵守牛顿第三定律：$\boldsymbol{F}_{12}=-\boldsymbol{F}_{21}$。

现象解释

一堆带正电荷的物质会以巨大的力互相排斥，并向四面八方散开，一堆带负电荷的物质亦然。但一堆正、负电荷均匀混合的物质就完全不同了，带相反电荷的物质会以巨大的吸引力互相拉挽着，其结果是把那些可怕的电力差不多完全抵消了，这是通过形成带正电荷和负电荷的混合体而达到的，而这样两堆分开着的混合体之间实际上就不再存在任何引力或斥力了。世间万物都是由这种巨力互相吸引和排斥着的正质子与负电子所组成的混合物，然而，平衡竟是那么完善，以致当你站在别人旁边时也根本没有任何受力的感觉。这时，即使只有一点点不平衡，你都会觉察到。例如，要是你站在别人旁边相距只有一臂之远，再假定各自有比本身的质子仅多出百分之一的电子，那么其排斥力就会大得不得了！有多大呢？足以举起珠穆朗玛峰？不！这个斥力应足以举起相当于整个地球的“重量”！比如在氢原子中，电子和原子核的最大线度与它们之间的距离相比要小得多，因此都可以看成点电荷。已知电子与原子核之间的距离 $r=5.29\times10^{-11}$m，电子电荷量为 $-e$，电子质量 $m=9.11\times10^{-31}$kg。氢原子核即质子电荷量为 e，质量 $m_p=1.67\times10^{-27}$kg。根据库仑定律，得

$$F_e = \frac{1}{4\pi\varepsilon_0}\frac{e^2}{r^2} = 8.2 \times 10^{-8}\text{N}$$

根据万有引力定律，得

$$F_m = G\frac{m_p m}{r^2} = 3.6 \times 10^{-47}\text{N}$$

二者比较，得

$$\frac{F_e}{F_m} = 2.27 \times 10^{39}$$

电子与原子核之间的静电力远大于其间的万有引力，故在讨论电子与原子核之间的相互作用时，万有引力可以忽略不计。

库仑定律的适用范围很广，宏观物体诸如电缆以至于我们的人体，主要都是靠原子与分子间的库仑力（而不是引力）维系的。多亏有了库仑力的作用，电子和原子核才能够形成原子，原子和原子能够形成分子。那么，原子核的情况又如何呢？我们知道：

$$Z(\text{原子数}) + N(\text{中子数}) = A(\text{质量数})$$

而核的大小约为

$$r \propto A^{\frac{1}{3}} \times 10^{-15}\text{m}$$

每一对质子间（$\langle r \rangle_{p-p} = 4.0 \times 10^{-15}\text{m}$）的库仑力为

$$F_e = \frac{1}{4\pi\varepsilon_0}\frac{e^2}{\langle r \rangle_{p-p}^{\ 2}} = 14\text{N}$$

既然有排斥作用，Z 个质子又是怎么挤进这么小的空间范围内呢？事实是，在原子核中，除了电力之外还有一种称为核力的非电力，它比电力还要大，因而尽管有电的排斥力存在，原子核仍然能够把那些质子维系在一起。然而，核力是短程力——各核子间的力削弱得比 $1/r^2$ 还要急剧，这就产生了一个重要结果：如果原子核中所含质子数过多，原子核就会太大，从而不能永远维系在一起。铀就是这样一个例子，它含有 92 个质子，核力主要作用于每个质子（或中子）及其最近邻质子，而电力则作用在较大的距离上，使每个质子与核中所有其他质子之间都具有排斥力。在一个原子核中质子的数目越多，电的排斥力就越强，直到如同在铀的情况下，平衡已经那么脆弱，由于排斥性电力的缘故使得原子核几乎就要飞散了。这么一个核，如果稍微“轻轻敲”一下（就像可以通过送进一个慢中子而做到的那样），就会破裂成各带有正电荷的两片裂片，而这些裂片由于电排斥力而互相飞开。这样释放出来的能量，就是原子弹的能量，这种能量通常称为“核能”，但实际上却是当电力足以克服吸引性核力时所释放出来的“电”能。

对于核力，目前我们并没有完全搞清楚，我们所知道的是：它作用于一对核子（中子或质子）之间；力程甚短，仅在最近邻核子间起作用；它随着质量数 A 的增加而趋向饱和。

11.1.4 电场力的叠加原理

1. 电场力的独立作用原理

两个点电荷之间的作用力并不因第三个点电荷的存在而有所改变。

2. 电场力的叠加原理

两个以上点电荷对一个点电荷的作用力，等于各个点电荷单独存在时对该点电荷作用力的矢量和，即

$$F = F_1 + F_2 + \cdots + F_n = \sum_{i=1}^{n} F_i \tag{11-4}$$

由库仑定律可得

$$F = \sum_{i=1}^{n} \frac{1}{4\pi\varepsilon_0} \frac{qq_i}{r_i^2} r_i^0 \tag{11-5}$$

物理知识拓展

飞机静电产生机理㊀

飞机在飞行过程中，受飞行过程中的大气环境、飞机的材料、构造形式以及飞机的飞行速度等多种因素的影响会起电，依据影响因素不同，飞机的起电机理主要有沉积起电、喷射起电、感应起电、对流起电和破裂起电。

1. 沉积起电（摩擦起电）

当飞机在空中高速飞行时，飞机的金属蒙皮与空间中的尘埃、冰晶体、雨以及其他物质粒子不断发生接触分离而起电。根据静电学理论：当两个物体接触时，在接触面上会发生电荷的转移，当电荷转移完成后，在接触界面处形成一个厚度非常小的偶电层，此时，两个物体分别带上等量异号的电荷，宏观上，两个物体组成的系统呈现出电中性，只有当两者分离后，它们才会分别呈现出带电性，其中得到电子的一方带负电，而失去电子的一方带正电。在降雨天气，飞机铝表面与冰晶、干冰撞击时，发生电荷交换，会使飞机带负电；而当砂粒与飞机铝表面接触时，电子从飞机流向砂粒，飞机带正电。对于高空飞行的固定翼飞机，其最主要的起电方式是与冰晶体、雨滴等粒子发生摩擦碰撞起电，所以飞机飞行时带负电。而对于直升飞机产生影响的起电因素，则主要是直升机旋翼气流引起的地面砂粒与旋翼撞击产生的静电。

2. 喷射起电

一般意义上，当固态或者液态微粒从喷嘴中高速喷出时，使喷嘴和微粒分别带上不同符号的电荷的现象称为喷射起电。飞机的喷射起电是由飞机发动机燃烧产生的等离子气体引起的。燃烧产生的电子高速进入燃烧室的金属缸体中，而正电荷则被高速高温的喷气带到大气中。飞机在正负电荷的分离过程后带上负电。喷射起电是飞机起电的主要作用因素之一，飞机的尾部被认为是飞机的电荷中心。

3. 感应起电

当飞机穿过或接近带电云层的电场范围时，飞机靠近带电云层的一侧会感应出与带电云层极性相反的电荷，同时，在机身另一侧带上等量异号电荷。这些电荷分布在机身表面，当在飞机曲率较大部位和静电放电器上的电荷电位大于放电阈值电压时，电荷便以电晕放电的形式被释放到大气中，使飞机带上与释放电荷极性相反的电荷。

4. 对流起电

当飞机与空中带电的雨滴、尘埃、冰晶体等粒子接触并分离时，在粒子与飞机之间会发生电荷的转移，从而使飞机带电。飞机上的带电极性取决于环境中的原始粒子所带的电荷量及极性。

5. 大气电场引起感应电荷

大气中存在的电场随天气及高度情况而变。晴天时，地面电场为 100～300V/m，在雷雨天可高达 1000kV/m，电场随高度的变化是非线性的，当高度为 10～12km 时，下降到 4V/m。飞机停靠在地面上时，若不接地，由于它存在电荷分布，对地之间即呈现为电势差。当飞机从高电场飞到低电场区域或者相反时，感应的电荷趋于在飞机的表面上流动，以期达到与电场相应的分布。

6. 破裂起电

雨滴与飞机头部区域撞击后引起破裂起电。早在 19 世纪末，P. 莱纳德就发现当大水滴被气流吹裂时，碎裂后的大残块带正电，小碎沫带负电。这是因为水滴表面上的偶电层外表面是负电层，而小碎沫带

㊀ 石国德．300kV 飞机静电放电试验方法研究［D］．沈阳航空航天大学，2013.

走了占比重较大的外表面。当雨滴与飞机相撞破裂后，往往会把负电荷转移到飞机上。

不管飞机是以何种方式获得静电荷，它与大气间造成的电势差都有可能会产生放电。由于飞机各分离零件以及飞机工作所需要的所有系统间有电势差，所以飞机结构的各部分之间将产生潜在的放电危险。这种放电现象一旦发生，就会干扰无线电通信和导航信号，甚至引发火灾。另外，人员在接触飞机的设备和零件时也有触电的危险。

11.2 电场 电场强度

物理现象

火箭发动机通常使用的是化学燃料，在飞行的过程中需要把推进剂转化成热量或其他能量，从而实现质量流的高速喷出，为箭体提供前进的推力。而在转化过程中又需要氧气的参与，所以火箭还需携带氧化剂。如果要飞得更远，就要携带更多的燃料，因此，这种推动方式的弊端就显现出来了。特别是航天器在空间姿态调整、变轨等，火箭发动机弊端更明显。而离子推进器的优点在于：在加速过程中没有能量损失，因此效率较高，是目前常规化学发动机的10倍左右；燃料需求远小于现在流行的化学燃料，所以飞船的载荷可以提升；尽管它的加速度很低，但是加速时间很长，因此发动机比冲很大，能提供同质量的更大推力和末速度；它的燃料是离子，所以不存在化学燃料的污染现象。它很适合作为深空载人探测的理想动力装置。

离子推进技术是如何使离子获得能量高速喷出的？加速时间长又是如何实现的？

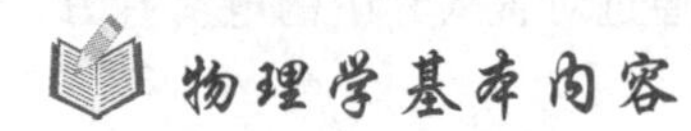

11.2.1 电场

我们在推桌子时，通过手和桌子直接接触，把力作用在桌子上。马拉车时，通过绳子和车直接接触，把力作用到车上。在这些例子中，力都是存在于直接接触的物体之间的，这种力的作用叫作接触作用或近距作用。两个点电荷之间存在着相互作用的库仑力。这种力是在两个电荷没有接触的情况下发生的。那么，这个力是怎样传递的呢？

围绕这个问题，在历史上曾有过长期的争论。一种观点认为这类力不需要任何媒介，也不需要时间，就能够由一个物体立即作用到相隔一定距离的另一个物体上，这种观点叫作超距作用观点。另一种观点是法拉第最早提出的场和力线的概念，以试图解决电荷间相互作用力的传递问题，即认为电荷间的相互作用也是近距作用。一个电荷之所以对另一个电荷有作用力是因为电荷要产生一个场，当其他电荷处于这个场中时这个场就对其有作用力，如图11-2所示。

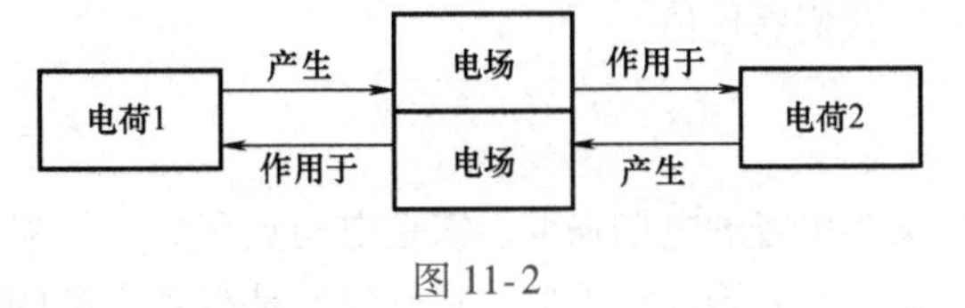

图11-2

大量的实验事实证明，超距作用的观点是错误的。一个电荷对另一个电荷的作用需要一定的传递时间，不过，对于静止电荷之间的相互作用，因它不随时间变化，所以这种效应显示不出来。但是，如果电荷的分布发生变化或电荷发生运动时，它对另一个电荷的力的变化，将滞后一段时间。这一事实用场的观点很容易解释，当一处的电荷发生变化时，它在周围空间所激发的电场也将随之发生变化。电场作为一种特殊的物质，它的传递速度虽然很快（和光速一样，为 $3\times10^{8}\text{m}\cdot\text{s}^{-1}$），但毕竟是有限的。因此，一处发生的电场扰动，需要经过一段时间才能传到另一处。例如，雷达就是根据电磁波在雷达站和飞机间来回一次所需的时间来测定飞机位置的。

现在，科学实验和广泛的生产实践完全肯定了场的观点，并证明电磁场可以脱离电荷和电流而独立存在；它具有自己的运动规律；电磁场和实物（即由原子、分子等组成的物质）一样具有能量、动量等属性；场的量子理论指出，电荷通过交换场量子——光子而相互作用。总之，电磁场是物质的一种形态。电磁场的物质性在它处于迅速变化的情况下（即在电磁波中）才能更加明显地表现出来，关于这个问题，我们将在后面详细讨论。

场既是一个数学概念也是一个重要的现代物理学概念。从数学角度来看，在某一个空间内的每一点处都定义了一个量就是一个场，如果这个量是矢量，这个场就是一个矢量场，如果这个量是标量，这个场就是一个标量场。从经典物理学角度来看，场具有空间兼容性，即不同的场可以同时在同一个空间区域内存在，而粒子是具有空间排斥性的。场的空间兼容性将导致场的可叠加性，这些我们将在后面予以介绍。

11.2.2 电场强度

任何电荷的周围都存在着电场，相对于观察者静止的电荷，在其周围所激发的电场叫作静电场。静电场在真空中称为真空中的静电场。电荷作为电场的源，常称为场源电荷。

1. 实验讨论

静电场看不见、摸不着，那么如何研究它的性质呢？我们只能通过对置入其中的电荷有力的作用这个表现进行研究。

在某一场源电荷激发电场的空间，置入一个试验电荷。这个试验电荷的体积足够小，可以看成是点电荷，以便于确定场中各点的电场性质；另外这个试验电荷电量要足够小，以至于把它放进电场中时不会引起场源电荷的重新分布。

从实验结果发现，在同一个电场中不同的地方，试验电荷受力大小和方向一般不同，这说明电场是有强弱分布的，并且有方向性，它表明描述电场的物理量应该是一个矢量。在同一个电场中的同一点处，试验电荷受力 $\boldsymbol{F}$ 与其电荷量 q_0 的比值是常数。这个结果表明，该比值是一个与试验电荷无关而只与场点位置有关，即只是场点位置的函数。这一函数从力的方面反映了电场本身所具有的客观性质，因此，我们将比值 $\boldsymbol{F}/q_0$ 定义为电场强度，简称场强，下面详细讨论。

2. 电场强度的定义

我们将比值

$$\boldsymbol{E}=\frac{\boldsymbol{F}}{q_0} \tag{11-6}$$

定义为电场的电场强度。它是空间点函数，是矢量，对场中的某点有确定的大小和方向。它与试验电荷是否存在无关，它反映的是电场本身的属性。在国际单位制中，电场强度的单位是伏特每米，符号为 V/m。也可以用牛顿每库仑（N/C）表示。

根据电场强度的定义，若已知空间某处的电场强度，可计算出点电荷 q 在该处所受的电场力为

$$\boldsymbol{F}=q\boldsymbol{E} \tag{11-7}$$

当 $q>0$ 时，$\boldsymbol{F}$ 与 $\boldsymbol{E}$ 方向相同；当 $q<0$ 时，$\boldsymbol{F}$ 与 $\boldsymbol{E}$ 方向相反。

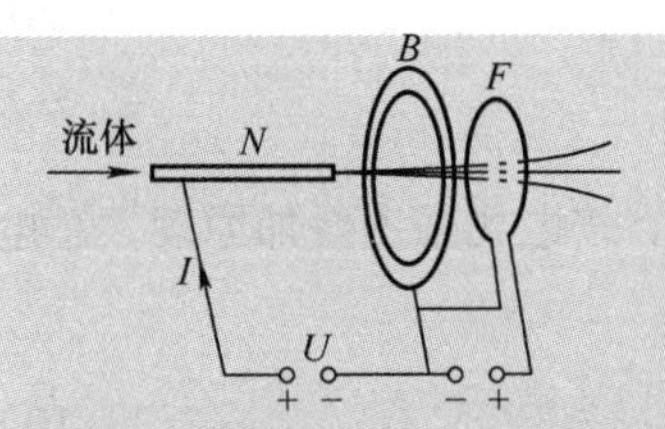

现象解释

我们以同步卫星离子推进器为例。同步卫星在赤道上方一定高度做圆周运动，为让其持续运行多年，必须控制它相对地球的位置长期不变，但实际上不可能完全准确地调整卫星的初始位置和速度，并且卫星还受到月球的干扰，为此，在同步卫星上需要安装推进器，其作用是施加一小的作用力，使卫星保持适当的方位并处于指定的轨道上。如左图所示，是一种胶质推进器，一根中空细针N相对于卫星外壳保持很高的正电压，将导电液体压入细针，在喷口周围即形成非常细小的微滴，因喷口处的电场强度和面电荷密度都很大，这些微滴受到电场力$\boldsymbol{F}=q\boldsymbol{E}$作用，加速而形成高速喷射，其反作用力对航天器产生推力，通常用许多细针结合，可获得较大推力。图中B是加速电极，也是卫星外壳的一部分，这样带电微滴在N与B间持续受到电场力的作用，从而实现前面说的加速时间长。F是热灯丝，其作用是把电子注入喷出来的微滴中，使它变为中性，这样，喷出后的微滴就不再受静电力的作用。通过调节所加的电压U可以调节推力的大小。

11.2.3　电场强度的叠加原理

根据力的叠加原理，试验点电荷q在点电荷系电场中某一场点P所受的n个点电荷作用力的合力为

$$\boldsymbol{F}=\boldsymbol{F}_1+\boldsymbol{F}_2+\cdots+\boldsymbol{F}_n=\sum_{i=1}^{n}\boldsymbol{F}_i$$

所以电场强度为

$$\boldsymbol{E}=\frac{\boldsymbol{F}}{q}=\frac{\boldsymbol{F}_1}{q}+\frac{\boldsymbol{F}_2}{q}+\cdots+\frac{\boldsymbol{F}_n}{q}=\sum_{i=1}^{n}\frac{\boldsymbol{F}_i}{q}=\boldsymbol{E}_1+\boldsymbol{E}_2+\cdots+\boldsymbol{E}_n$$

$$\boldsymbol{E}=\sum_{i=1}^{n}\boldsymbol{E}_i \tag{11-8}$$

即在点电荷系电场中，某点的电场强度等于各个点电荷单独存在时在该点产生的电场强度的矢量和。此即为电场强度的叠加原理。

11.2.4　电场强度的计算

1. 点电荷的电场

如图11-3所示，设场源为点电荷Q，在与场源相距r处有一试验点电荷q，则其所受到的库仑力为

$$\boldsymbol{F}=\frac{1}{4\pi\varepsilon_0}\frac{qQ}{r^2}\boldsymbol{r}^0$$

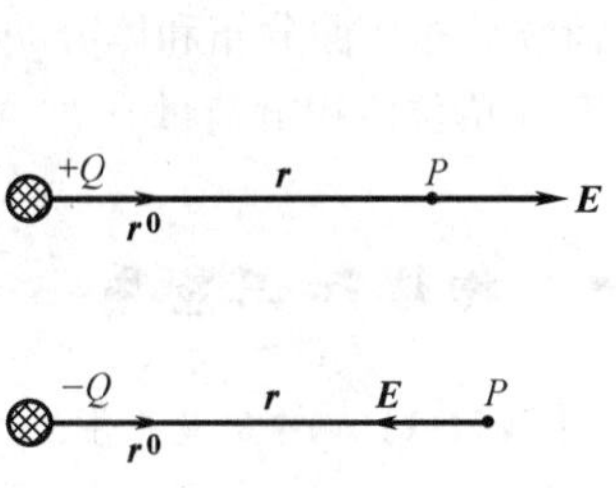

图11-3

$\boldsymbol{r}^0$从Q指向P。点P的电场强度为

$$\boldsymbol{E}=\frac{\boldsymbol{F}}{q}=\frac{1}{4\pi\varepsilon_0}\frac{Q}{\boldsymbol{r}^2}\boldsymbol{r}^0 \tag{11-9}$$

点电荷场强大小与距离平方成反比，在以点电荷为心的球面上，各点场强大小相等。当$Q>0$时，$\boldsymbol{E}$与$\boldsymbol{r}^0$方向相同；当$Q<0$时，$\boldsymbol{E}$与$\boldsymbol{r}^0$方向相反。

2. 点电荷系的电场

根据电场强度叠加原理，点电荷系所产生的总电场的电场强度应等于各个点电荷电场强度的矢量和。对于包含n个点电荷的点电荷系，第i个点电荷q_i在场点P产生的电场强度为

$$\boldsymbol{E}_i=\frac{1}{4\pi\varepsilon_0}\frac{q_i}{r_i^2}\boldsymbol{r}_i^0$$

式中，r_i为场点P到点电荷q_i的距离；$\boldsymbol{r}_i^0$为q_i到P场点的单位矢量。按电场强度叠加原理，总电场强度为

$$\boldsymbol{E}=\sum_{i=1}^{n}\frac{1}{4\pi\varepsilon_0}\frac{q_i}{r_i^2}\boldsymbol{r}_i^0 \tag{11-10}$$

这就是点电荷系电场强度的计算公式。

3. 连续带电体的电场

对于连续带电体所产生的电场，我们可以根据电场强度叠加原理和数学中的微积分方法计算它的电场强度。

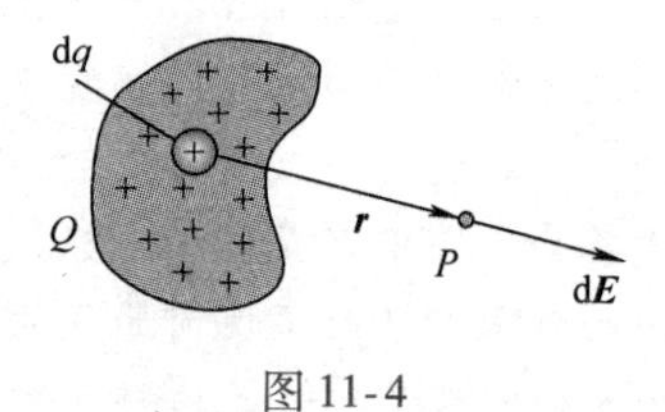

图 11-4

如图 11-4 所示，在带电体上取一电荷元 dq，它在点P产生的电场强度为

$$\mathrm{d}\boldsymbol{E}=\frac{1}{4\pi\varepsilon_0}\frac{\mathrm{d}q}{r^2}\boldsymbol{r}^0 \tag{11-11}$$

式中，r为 dq 指向场点P的矢量$\boldsymbol{r}$的大小；$\boldsymbol{r}^0$为$\boldsymbol{r}$的单位矢量。不同的电荷元指向点P的矢量$\boldsymbol{r}$是不同的，因此，$\boldsymbol{r}$是一个变矢量。再根据电场强度的叠加原理，带电体在点P处产生的总电场强度应该为各个电荷元在点P产生的电场强度的矢量和。这种无限多个无限小矢量的矢量和是一个矢量积分

$$\boldsymbol{E}=\int\mathrm{d}\boldsymbol{E}=\int_Q\frac{1}{4\pi\varepsilon_0}\frac{\mathrm{d}q}{r^2}\boldsymbol{r}^0 \tag{11-12}$$

讨论：

（1）由式（11-12）可得$\boldsymbol{E}$的分量式

$$E_x=\int\mathrm{d}E_x \qquad E_y=\int\mathrm{d}E_y \qquad E_z=\int\mathrm{d}E_z \tag{11-13}$$

实际上，上述$\boldsymbol{E}$的分量式为我们提供了$\boldsymbol{E}$的计算方法：$\boldsymbol{E}=E_x\boldsymbol{i}+E_y\boldsymbol{j}+E_z\boldsymbol{k}$。

（2）对应于电荷连续分布的带电体，有线分布、面分布和体分布三种情况，式（11-12）中的 dq 为，线分布：$\mathrm{d}q=\lambda\mathrm{d}l$，面分布：$\mathrm{d}q=\sigma\mathrm{d}s$，体分布：$\mathrm{d}q=\rho\mathrm{d}V$。其中的$\lambda$、$\sigma$、$\rho$分别为电荷线分布、面分布和体分布的线密度（单位长度电荷量）、面密度（单位面积电荷量）和体密度（单位体积电荷量）。

 物理知识应用

【例 11-1】两个等量异号点电荷$+q$与$-q$，相距为l，如果所讨论的场点与这一对点电荷之间的距离比l大得多，则这一对点电荷的总体就称为电偶极子。用$\boldsymbol{l}$表示从负电荷到正电荷的矢量为电偶极子的轴线，电荷量q与$\boldsymbol{l}$的乘积叫作电偶极矩，即$\boldsymbol{p}=q\boldsymbol{l}$。试求电偶极子延长线上和中垂线上任一场点的电场强度。

【解】（1）如图 11-5a 所示，首先，计算电偶极子延长线上任一点A的电场强度。设点O为电偶极子轴的中心，$OA=r$，且$r\gg l$，则$-q$与$+q$在点A产生的电场强度大小分别为

$$E_-=\frac{1}{4\pi\varepsilon_0}\frac{q}{\left(r+\frac{l}{2}\right)^2}$$

$$E_+=\frac{1}{4\pi\varepsilon_0}\frac{q}{\left(r-\frac{l}{2}\right)^2}$$

$\boldsymbol{E}_-$ 和 $\boldsymbol{E}_+$ 在同一直线上，但指向相反，故点 A 的合电场强度 $\boldsymbol{E}_A$ 的大小为

$$\boldsymbol{E}_A=\boldsymbol{E}_+-\boldsymbol{E}_-=\frac{1}{4\pi\varepsilon_0}\frac{q}{\left(r-\frac{l}{2}\right)^2}-\frac{1}{4\pi\varepsilon_0}\frac{q}{\left(r+\frac{l}{2}\right)^2}$$

$$=\frac{1}{4\pi\varepsilon_0 r^3}\frac{2ql}{\left(1-\frac{l}{2r}\right)^2\left(1+\frac{l}{2r}\right)^2}=\frac{1}{4\pi\varepsilon_0}\frac{2ql}{\left[1-\left(\frac{l}{2r}\right)^2\right]^2}$$

由于 $r\gg l$，故 $l/(2r)\ll 1$，于是

$$\boldsymbol{E}_A=\frac{2ql}{4\pi\varepsilon_0 r^3}=\frac{2p}{4\pi\varepsilon_0 r^3}$$

$\boldsymbol{E}_A$ 的指向与电偶极矩 $\boldsymbol{p}$ 的方向相同，故有

$$\boldsymbol{E}_A=\frac{2\boldsymbol{p}}{4\pi\varepsilon_0 r^3}$$

（2）如图 11-5b 所示，现在计算电偶极子中垂线上任一点 B 的电场强度。设 $OB=r$，且 $r\gg l$，$+q$ 和 $-q$ 在点 B 所产生的电场强度大小相等，即

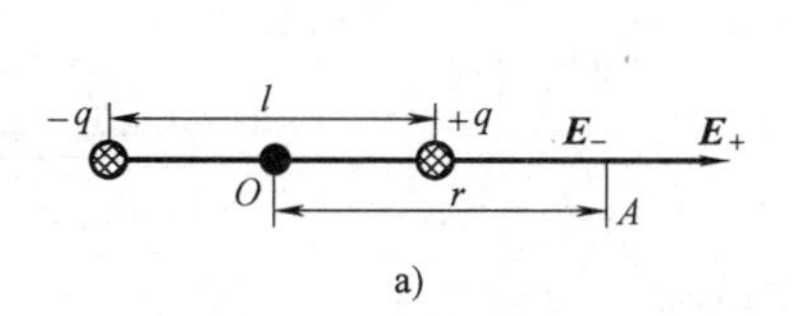

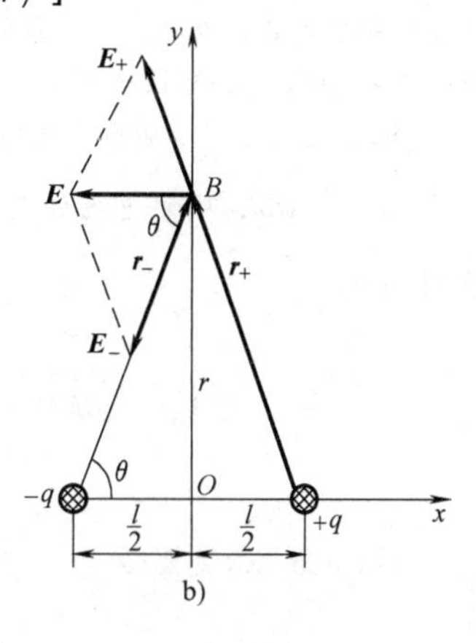

图 11-5

$$E_+=E_-=\frac{1}{4\pi\varepsilon_0}\frac{q}{r^2+\left(\frac{l}{2}\right)^2}$$

总电场强度为 $\boldsymbol{E}_B=\boldsymbol{E}_++\boldsymbol{E}_-$，为了求二者的矢量和，可取直角坐标系，将 $\boldsymbol{E}_+$ 和 $\boldsymbol{E}_-$ 分别投影到 x、y 方向后各自叠加，即得总场强的 x、y 两个分量 E_x、E_y。不过根据对称性可以看出，$\boldsymbol{E}_+$ 和 $\boldsymbol{E}_-$ 的 x 分量大小相等，方向一致（都沿 x 的负向）；y 分量大小相等，方向相反。故

$$E_{By}=0$$

$$\begin{aligned}E_B&=E_{Bx}=E_{+x}+E_{-x}\\&=-E_+\cos\theta-E_-\cos\theta\\&=-2E_+\cos\theta\end{aligned}$$

由图 11-5b 可以看出

$$\cos\theta=\frac{\frac{l}{2}}{\sqrt{r^2+\left(\frac{l}{2}\right)^2}}$$

$$E_B=-\frac{1}{4\pi\varepsilon_0}\frac{ql}{\left[r^2+\left(\frac{l}{2}\right)^2\right]^{3/2}}$$

故

$$\boldsymbol{E}_B=-\frac{1}{4\pi\varepsilon_0}\frac{\boldsymbol{p}}{\left[r^2+\left(\frac{l}{2}\right)^2\right]^{3/2}}$$

当 $r\gg l$ 时有

$$\boldsymbol{E}_B=-\frac{1}{4\pi\varepsilon_0}\frac{\boldsymbol{p}}{r^3}$$

上述结果表明：电偶极子的场强与距离 r 的三次方成反比，它比点电荷的场强随 r 递减的速度快得多。

对于电荷连续分布的带电体，使用叠加原理计算电场强度，重点是微积分方法的使用，方法步骤大致如下。

1）建立坐标系：目的是便于表示电场强度的方向和选择积分变量。

2）选取电荷元：即对连续带电体进行微分。

3）写出电荷元在考察点的电场强度大小。

4）分析电荷元在考察点电场强度的方向：目的是为写分量做准备。

5）写出电荷元在考察点电场强度的各个分量：目的是为对各个分量积分做准备。

6）分别对各个分量积分，并在积分过程中选择恰当的积分变量和统一变量。

下面我们通过具体实例体会。

【例 11-2】设均匀带电直线电荷线密度为 λ，线外一点 P 到直线的垂直距离为 a，它与直线两端的连线和直线的夹角分别为 θ_1 和 θ_2，如图 11-6 所示。求点 P 处的电场强度。

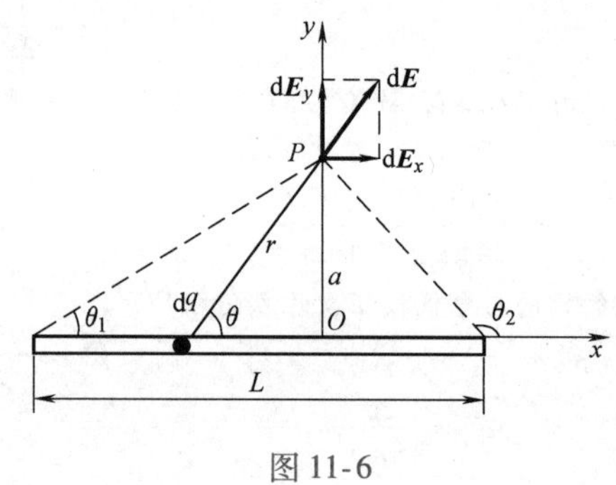

图 11-6

【解】过场点 P 和带电直线建立坐标系 Oxy，在 x 处选取电荷元 $\mathrm{d}q=\lambda\mathrm{d}x$，则元电场强度为 $\mathrm{d}E=\dfrac{1}{4\pi\varepsilon_0}\dfrac{\lambda\mathrm{d}x}{r^2}$，方向如图 11-6所示。

$$r^2=a^2+x^2$$

$$E_x=\int\mathrm{d}E_x=\int\mathrm{d}E\cos\theta$$

$$E_y=\int\mathrm{d}E_y=\int\mathrm{d}E\sin\theta$$

由图中的几何关系得

$$r=a\csc\theta,\ x=-a\cot\theta,\ \mathrm{d}x=a\csc^2\theta\mathrm{d}\theta$$

$$E_x=\int_{\theta_1}^{\theta_2}\frac{\lambda}{4\pi\varepsilon_0}\cdot\frac{\cos\theta}{a^2\csc^2\theta}a\csc^2\theta\mathrm{d}\theta=\frac{\lambda}{4\pi\varepsilon_0 a}(\sin\theta_2-\sin\theta_1)$$

$$E_y=\int_{\theta_1}^{\theta_2}\frac{\lambda}{4\pi\varepsilon_0 a}\cdot\sin\theta\mathrm{d}\theta=\frac{\lambda}{4\pi\varepsilon_0 a}(\cos\theta_1-\cos\theta_2)$$

点 P 的电场强度 $\boldsymbol{E}$ 的大小以及 $\boldsymbol{E}$ 与 Ox 轴正方向的夹角 β 由下式确定

$$E=\sqrt{E_x^2+E_y^2},\ \tan\beta=\frac{E_y}{E_x}$$

讨论：无限长直导线 $\theta_1=0$，$\theta_2=\pi$

$$E_y=\frac{\lambda}{2\pi\varepsilon_0 a},\ E_x=0$$

【例 11-3】计算均匀带电圆环轴线上任一给定点 P 的电场强度。设均匀带电细圆环的半径为 a，如图 11-7 所示，电荷 q 均匀地分布在圆环上。

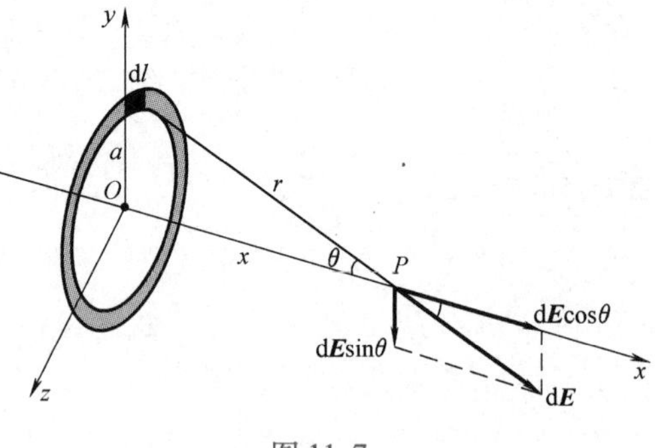

图 11-7

【解】在圆环上取电荷元 $\mathrm{d}q=\dfrac{q}{2\pi a}\mathrm{d}l$，元电场强度大小

$$\mathrm{d}E=\frac{1}{4\pi\varepsilon_0}\frac{\mathrm{d}q}{r^2}=\frac{1}{4\pi\varepsilon_0}\frac{q\mathrm{d}l}{2\pi a(x^2+a^2)}$$

d$\boldsymbol{E}$ 的方向如图 11-7 所示，圆环上各电荷元在场点 P 所产生的电场强度的方向不同，我们把 d$\boldsymbol{E}$ 分解为 x 轴向的分量和垂直于 x 轴的分量，由于圆环上电荷分布对轴线是对称的，所以电荷元在垂直于 x 轴方向上电场强度之和为零：$\int\mathrm{d}E\sin\theta=0$

总电场强度为 x 轴方向上分量

$$E=\int_l\mathrm{d}E_x=\int_l\mathrm{d}E\cos\theta=\int_l\frac{1}{4\pi\varepsilon_0}\frac{x}{(x^2+a^2)^{\frac{3}{2}}}\frac{q}{2\pi a}\mathrm{d}l$$

$$=\frac{1}{4\pi\varepsilon_0}\frac{x}{(x^2+a^2)^{\frac{1}{2}}}\frac{q}{2\pi a}\int_l\mathrm{d}l=\frac{1}{4\pi\varepsilon_0}\frac{qx}{(x^2+a^2)^{\frac{1}{2}}}$$

方向：沿 x 轴正方向，在轴线上。

讨论：当 $x=0$ 时，$E=0$；

当 $x \gg r$ 时，$E=\dfrac{1}{4\pi\varepsilon_0}\dfrac{q}{x^2}$，与点电荷的电场强度相同，由此可以看出点电荷概念的相对性。

【例 11-4】设均匀带电圆盘半径为 R（见图 11-8），电荷面密度（即单位面积上的电荷）为 σ（设 $\sigma>0$），求均匀带电圆盘轴线上距离圆心 x 处场点 P 的电场强度。

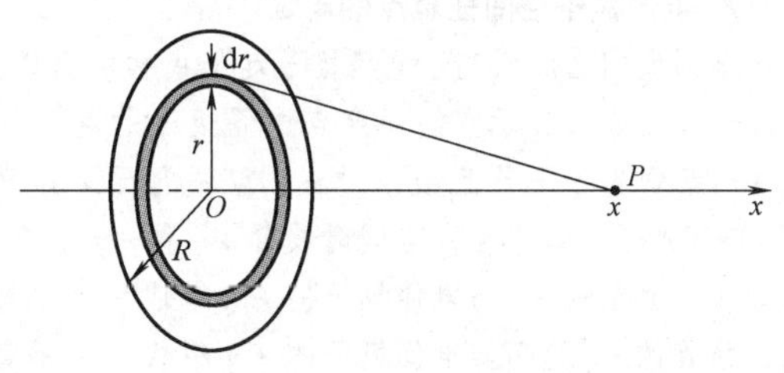

图 11-8

【解】一带电平板，如果其面积的线度和考察点到平板的距离都远远大于它的厚度，则可以将该带电板看作一个带电平面。带电圆盘可看成由许多同心的带电细圆环组成。取一个半径为 r、宽度为 $\mathrm{d}r$ 的细圆环（即将圆盘微分成许多圆环），由于此环的面积为 $2\pi r\mathrm{d}r$，带有电荷 $\sigma 2\pi r\mathrm{d}r$，所以由上一例题可知，此圆环电荷在 P 点的电场强度大小为

$$\mathrm{d}E=\frac{\sigma\cdot 2\pi r\mathrm{d}r\cdot x}{4\pi\varepsilon_0\,(r^2+x^2)^{3/2}}=\frac{\sigma}{2\varepsilon_0}\,\frac{x r\mathrm{d}r}{(r^2+x^2)^{3/2}}$$

其方向沿轴线指向远方。由于组成圆面的各圆环的电场 $\mathrm{d}\boldsymbol{E}$ 的方向都相同，所以点 P 的总电场强度为各个圆环在点 P 电场强度大小的积分，即

$$E=\int \mathrm{d}E=\frac{\sigma x}{2\varepsilon_0}\int_0^R\frac{r\mathrm{d}r}{(r^2+x^2)^{3/2}}=\frac{\sigma x}{2\varepsilon_0}\left[1-\frac{x}{(R^2+x^2)^{1/2}}\right]$$

其方向也垂直于圆面指向远方。

当 $x \ll R$ 时，

$$E=\frac{\sigma}{2\varepsilon_0}$$

此时相对于 x，可将该带电圆盘看作“无限大”带电平面。因此可以说，在一无限大均匀带电平面外的电场是一个均匀场，其大小由上式给出。

当 $x \gg R$ 时，

$$(R^2+x^2)^{-1/2}=\frac{1}{x}\left(1-\frac{R^2}{2x^2}+\cdots\right)\approx\left(1-\frac{R^2}{2x}\right)$$

于是

$$E\approx\frac{\pi R^2\sigma}{4\pi\varepsilon_0 x^2}=\frac{q}{4\pi\varepsilon_0 x^2}$$

式中，$q=\sigma\pi R^2$ 为圆面所带的总电荷量。这一结果也说明，在远离带电圆面处的电场也相当于一个点电荷的电场。

【例 11-5】求一个有小缝隙的均匀带电圆环中心的电场强度。设细圆环的半径为 R，线电荷密度为 $\lambda<0$，缝隙长为 l，如图 11-9 所示。

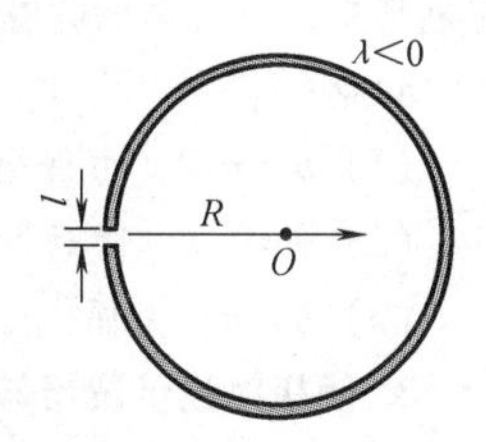

图 11-9

【解】我们先将小缝隙补满电荷，使之成为完整的均匀带电圆环，然后，再在小缝隙处填以等量异号电荷，使总电荷分布保持不变。这样，圆环中心点 O 的电场强度应为带电圆环和缝隙异号电荷在该处电场强度的叠加，这种方法称为补偿法。

均匀带电圆环在 O 点产生的电场强度等于零，缝隙异号电荷 $-\lambda l$ 可视为点电荷，它在点 O 所产生电场强度的大小为

$$E=-\frac{\lambda l}{4\pi\varepsilon_0 r^2}$$

因为 $\lambda<0$，缝隙处应为正电荷，所以 $\boldsymbol{E}$ 的方向沿半径远离缝隙，如图 11-9 所示。

物理知识拓展

1. 电偶极子空间任意点的电场

前面我们已经研究了电偶极子延长线和中垂线上任意点的电场，下面我们利用这些结果来表示空间任意点电偶极子的电场，这里要用到一个重要技巧，过 $+q$ 点垂直于 r 作直线，过 $-q$ 点平行于 r 作直线，两直线交于 A 点，如图 11-10所示。如果在 A 点同时放置 $+q$ 和 $-q$ 电荷，它们不影响电偶极子的电场分布。放置的 $+q$ 与电偶极子的 $-q$ 组成一个平行于 r 的电偶极子，用 $p_{//}$ 描述，放置的 $-q$ 电荷与电偶极子的 $+q$ 组成一个垂直于 r 的电偶极子，用 $p_{\perp}$ 描述，点 P 的电场为电偶极子 $p_{//}$ 和 $p_{\perp}$ 各自产生电场的叠加，即

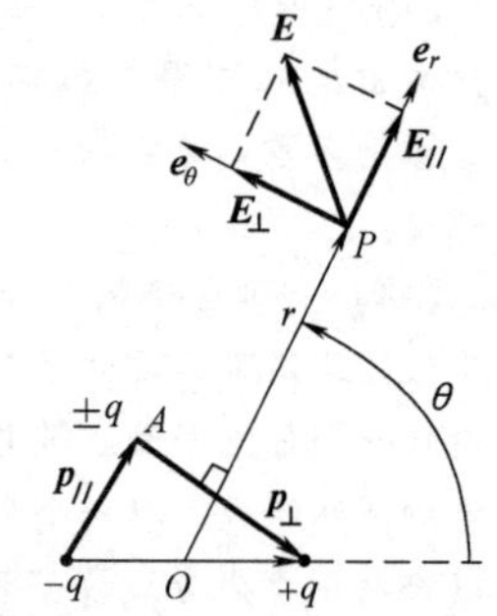

$$\begin{aligned}\boldsymbol{E} &= \boldsymbol{E}_{//} + \boldsymbol{E}_{\perp}\\ &= \frac{1}{4\pi\varepsilon_0 r^3}[2p_{//}\boldsymbol{e}_r + p_{\perp}\boldsymbol{e}_\theta]\\ &= \frac{1}{4\pi\varepsilon_0 r^3}[2p\cos\theta\cdot\boldsymbol{e}_r + p\sin\theta\cdot\boldsymbol{e}_\theta]\\ &= \frac{1}{4\pi\varepsilon_0 r^3}\cdot\left[\frac{3(\boldsymbol{r}\cdot\boldsymbol{p})\boldsymbol{r}}{r^2} - \boldsymbol{p}\right]\end{aligned}$$

$$E = \frac{p}{4\pi\varepsilon_0 r^3}\cdot\sqrt{3\cos^2\theta + 1} \tag{11-14}$$

图 11-10

2. 电偶极子在电场中的力矩

如图 11-11 所示，电偶极子在均匀电场 $\boldsymbol{E}$ 中，则

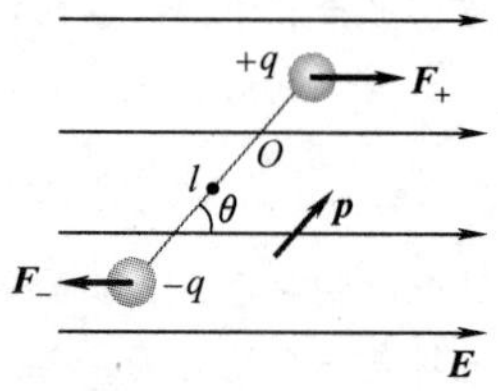

$$\boldsymbol{F}_+ = q\boldsymbol{E},\ \boldsymbol{F}_- = -q\boldsymbol{E}$$

正负电荷所受的力大小相等，方向相反，合力为 0。然而 F_+、F_- 的作用线不同，二者组成一个力偶。它们对于中点 O 的力臂都是 $\frac{l}{2}\sin\theta$，对于中点，力矩的方向也相同，因而力偶矩的大小为

$$\begin{aligned}M &= F_+\cdot\frac{1}{2}l\cdot\sin\theta + F_-\cdot\frac{1}{2}l\cdot\sin\theta\\ &= qlE\sin\theta = pE\sin\theta\end{aligned}$$

图 11-11

矢量式为

$$\boldsymbol{M} = \boldsymbol{p}\times\boldsymbol{E} \tag{11-15}$$

力矩 $\boldsymbol{M}$ 的方向垂直于 $\boldsymbol{p}$ 和 $\boldsymbol{E}$ 组成的平面，其指向可由 $\boldsymbol{p}$ 转向 $\boldsymbol{E}$ 的右手螺旋法则确定。顺便指出，在非均匀电场中，一般说来电偶极子除了受到力矩之外，同时还受到一个力。

讨论：

(1) $\theta = \pi/2$，力偶矩最大；

(2) $\theta = 0$，力偶矩为 0，电偶极子处于稳定平衡；

(3) $\theta = \pi$，力偶矩为 0，电偶极子处于非稳定平衡。

3. 阴极射线示波器与喷墨打印

静电场最常见的一个应用就是带电粒子的偏转，这样可以控制电子或质子的轨迹。很多装置，例如，阴极射线示波器、喷墨打印机以及速度选择器等，都是基于这一原理设计的。阴极射线示波器中电子束的电荷量是恒定的，而喷墨打印机中微粒子的电荷量却随着打印的字符而变化。在所有例子中，带电粒子的偏转都是通过两个平行板之间的电场来实现的。

阴极射线示波器的基本特征：管体由玻璃制成，并被抽成高度真空。阴极被灯丝加热后发射电子。阳

极与阴极间有几百伏的电势差，产生的电场使电子朝向阳极加速。阳极上有一个小孔允许极细的一束电子通过。这些被加速的电子将进入偏转区，在那里它们产生水平和垂直两个方向上的偏转。这些电子轰击一个由能发射可见光的物质（磷）所覆盖的荧光屏的内表面。如果阳极和阴极间的电势差保持恒定，电子的偏转量与垂直偏转板间的电势差成正比。水平偏转板间的电势差能够使电子在水平方向上偏转运动。因此，电子束撞击荧光屏的点的位置依赖于水平和垂直偏转电压。

喷墨打印机的结构简图如图 11-12 所示。其中，墨盒可以发出墨汁微滴，微滴的半径约 10^{-5}m。（墨盒每秒钟可以发出约 10^5 个微滴，每个字母约需百余滴。）此微滴经过带电室时被带负电，带电的多少由计算机按字体笔画高低位置输入信号加以控制。带电后的微滴进入偏转板，由电场按其带电荷量的多少施加偏转电场力，从而可沿不同方向射出，打到纸上即显示出字体来。无信号输入时，墨汁径直通过偏转板而注入回流槽流回墨盒。

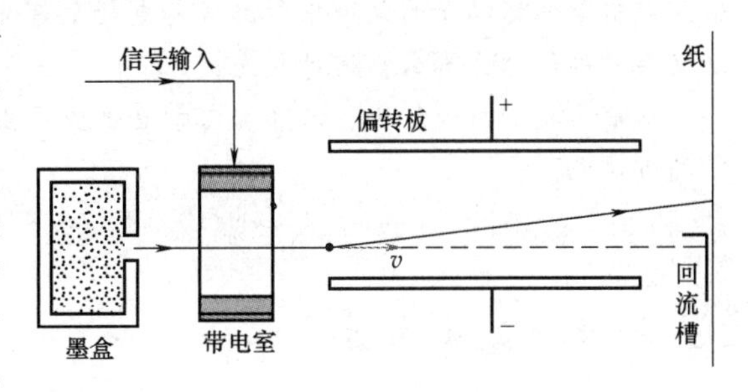

图 11-12

请读者思考下面的问题：设一个墨汁微滴的质量为 1.5×10^{-10}kg，经过带电室后带上了 -1.4×10^{-13}C 的电荷，随后即以 20m/s 的速度进入偏转板，偏转板长度为 1.6cm。如果板间电场强度为 1.6×10^6N/C，那么此墨汁微滴离开偏转板时在竖直方向将偏转多大距离？（忽略偏转板边缘的电场不均匀性，并忽略空气阻力）

11.3　高斯定理

物理现象

陀螺仪作为一种惯性测量元件，广泛应用于航空、航天、航海、测量等领域。由于陀螺仪的精度直接影响导航、制导和测量等系统的精度，所以人们一直在为提高它的精度进行不懈努力。

静电陀螺仪又称静电支承自由转子陀螺仪，它是目前世界上精度最高的惯性器件，具有重要的军事价值和国防意义。静电支承系统包括陀螺机械结构和静电支承电路两大部分，球形转子与球面电极之间的间隙很小，当球面电极上接通高电压，而球形转子保持零电位时，由于静电感应的作用，转子对应表面将产生极性相反的电荷，因此转子与球面电极之间就产生了静电吸力。如果沿三个正交轴方向在球形转子外面配置有三对球面电极，当每对电极对球转子的静电吸力都平衡时，则球转子就被静电吸力所支悬而稳定在中心位置了，如图 a 所示。

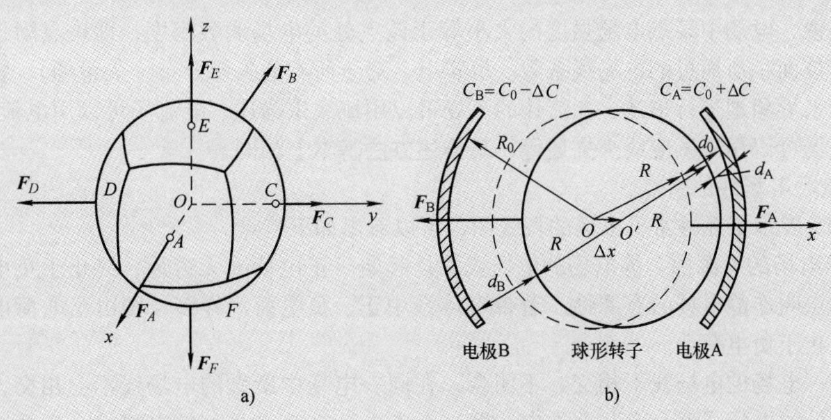

当转子沿A和B轴线方向即x轴方向产生微小位移时，如图b所示，首先必须敏感感受到这个小位移，由于转子与电极间距小，所以可以将其看作平行板电容器，当转子相对电极产生位移时，电极与转子之间的电容将发生变化，所以利用电容传感器精确敏感测量这个电容变化量可间接敏锐感应出转子相对电极的小位移，从而实现对静电吸力的自动调节。静电陀螺仪的球面电极与球形转子的间隙中所形成静电场的静电吸力作用与无限大带电板间的作用力相同，这需要精确计算，那么如何计算呢？

从前面我们可以看出，计算均匀带电平板产生的电场强度是比较麻烦的，是否有其他更简便的方法呢？

物理学基本内容

静电场作为矢量场，有其自身的性质，本节我们将通过高斯定理来揭示它的第一个性质——有源性。首先从场的形象描述——电场线出发。

11.3.1 电场线及其特点

1. 电场线的定义

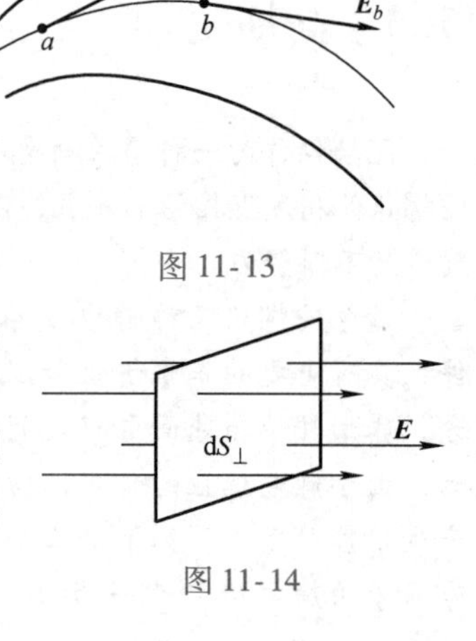

图 11-13

图 11-14

为了形象地表示电场及其分布状况，法拉第最早提出电场线概念，就是认为的在电场中画出一系列假想的有向曲线来表示电场，这就是电场线，如图 11-13 所示，也称为 **E** 线。它满足：

（1）电场线上每一点的切线方向与该点电场强度的方向一致；

（2）电场中每一点的电场线的数密度表示该点电场强度的大小。

为了用电场线数密度表示电场中某点电场强度的大小，设想通过该点作一个垂直于电场方向的面元 $dS_\perp$，如图 11-14 所示。通过面元的电场线条数 dN 满足

$$E=\frac{dN}{dS_\perp} \tag{11-16}$$

这就是说，电场中某点电场强度的大小等于该点处的电场线数密度，即该点附近垂直于电场方向的单位面积所通过的电场线条数。事实上，对于所有的矢量分布（矢量场），都可以用相应的矢量线来形象地进行描述，如流体的流场可以用流线来描述，电流场可以用电流线来描述，磁感应强度场可以用磁感应线来描述等，其描述方法基本上相同。

2. 静电场电场线的特点

图 11-15 展示了几种常见电场的场线图，可以看出如下特点。

（1）静电场的有源性。静电场的电场线总是起始于正电荷或无穷远，终止于负电荷或无穷远。这一特点叫作静电场的有源性。若带电体系中正、负电荷一样多，则由正电荷出发的全部电场线都终止于负电荷上。

（2）同一电场的电场线不相交、不闭合。在同一电场中所做的电场线不会相交，相交就意味着在交点处的电场强度会有两个方向，即一个点电荷在该点受到的电场力会有两个方向。这

是不符合物理实际的。

（3）电场线密处场强大，疏处场强小。

11.3.2　电通量

电通量也叫作电场强度通量，是我们对静电场进行理论分析时所必需的一个重要物理量。为了能严格地定义电场强度通量，我们首先介绍有向曲面的概念。

1. 有向曲面的概念

在通常的概念中，面积只有大小之分。为了方便讨论电场强度通量，下面我们将把面积定义为矢量。我们先介绍平面矢量。

如图 11-16 所示的一个平面，它的面积是 S，S 是一个标量。我们可以取平面的一个法线方向的单位矢量 $\boldsymbol{n}$，将面积定义成一个矢量 $\boldsymbol{S}=S\boldsymbol{n}$。此矢量的大小就是该平面面积的大小 S，其方向就是我们事先取定的法线方向 $\boldsymbol{n}$。我们将这种取定了法线方向的平面叫作有向平面。对于曲面，由于其法线方向在各处并不相同，所以不能定义为一个矢量。但我们可以将其微分成为许多的面元 $\mathrm{d}S$，由于每一个面元都可以看作一个平面，于是都可以用上述对平面所用的方法将其定义成面元矢量 $\mathrm{d}\boldsymbol{S}=\mathrm{d}S\boldsymbol{n}$，这样的曲面就称为有向曲面。

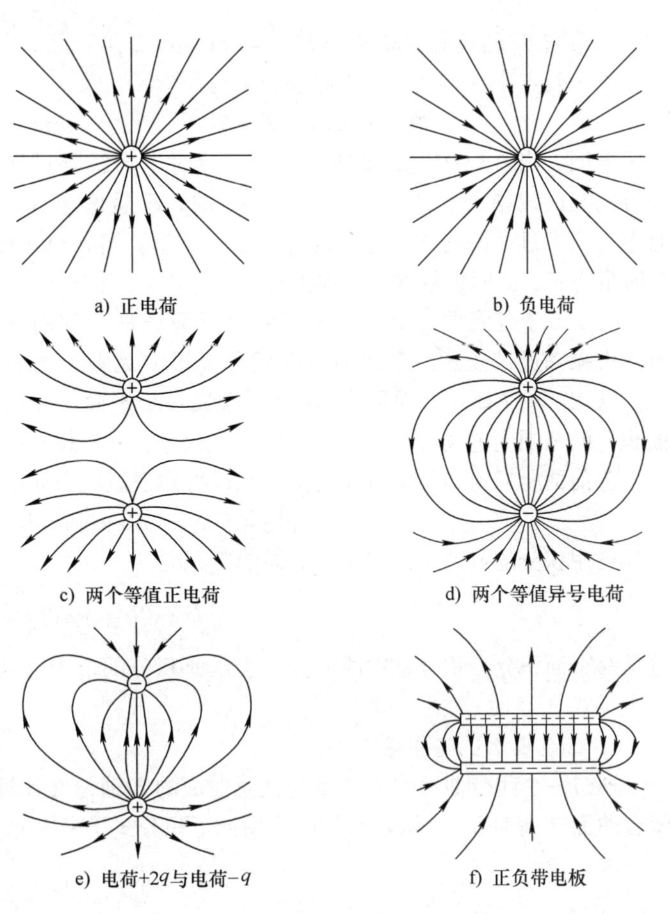

图 11-15

为了计算方便并且不致引起混乱，我们还规定，曲面上各个面元的法线方向都必须在曲面的同一侧。面元的法线方向究竟取在曲面哪一侧在具体问题中有具体的约定。对于闭合曲面，我们规定，面元的法线方向只能取自内向外，即取外法向。这种取外法向并且闭合的曲面叫作高斯面。

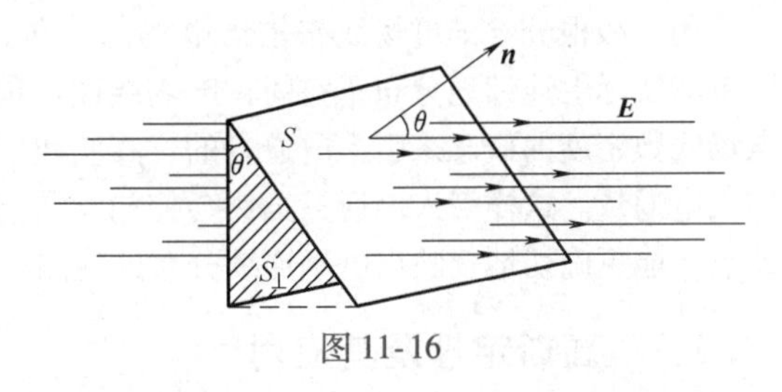

图 11-16

2. 电通量的概念

定义：电场中通过某一有向曲面的电场线的条数，叫作该曲面上的电场强度通量（简称电通量），用 Φ_e 表示。

为了得到 $\boldsymbol{E}$ 通量的一般计算公式，我们先讨论一种特殊情况。如图 11-16 所示，平面 S 处于匀强电场 $\boldsymbol{E}$ 中。取 $\boldsymbol{n}$ 为平面的法线方向，其电通量就是通过 S 的电场线条数。根据电场强度与电场线密度的关系，若电场强度 $\boldsymbol{E}$ 已知，则垂直于电场方向的单位面积所通过的电场线条数就等于 $\boldsymbol{E}$ 的大小。我们将平面 S 投影在垂直于电场强度的方向上，得到 $S_{\perp}=S\cos\theta$。通过平面 S

的电通量与$S_{\perp}$的相同，即$\Phi_e = ES_{\perp} = ES\cos\theta$。

用矢量点乘的定义，上式可以表示为

$$\Phi_e = ES\cos\theta = \boldsymbol{E} \cdot \boldsymbol{S} \tag{11-17}$$

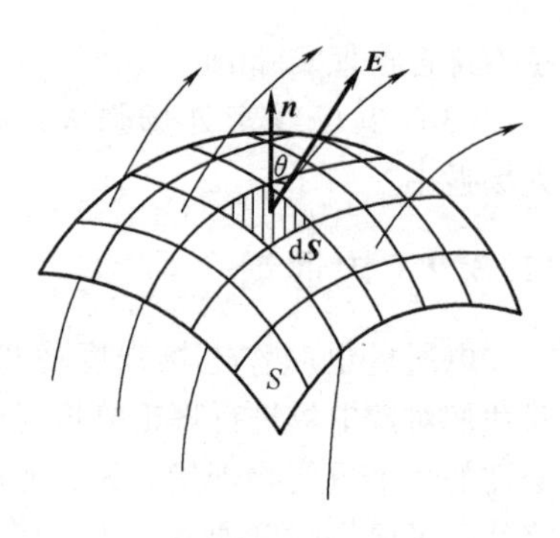

图 11-17

上式表明，当$\theta < 90°$时，$\boldsymbol{E}$通量为正，此时电场线穿过平面的方向与法线指向面的同侧。当$\theta > 90°$时，$\boldsymbol{E}$通量为负，此时电场线穿过平面的方向与法线指向面的异侧。当$\theta = 90°$时，$\boldsymbol{E}$通量为零，此时电场线与平面平行。

对于一个任意曲面上的$\boldsymbol{E}$通量，其计算方法要使用微积分。大家知道，任意一个曲面可以微分成很多无限小的面积元，如图 11-17 所示。面积元$\mathrm{d}\boldsymbol{S}$可以看成一个平面，并且在面积元的范围内电场可以被近似看成大小相等、方向相同的匀强电场。

与前面所讨论的平面情况类比，立即得到任意一个面积元上的$\boldsymbol{E}$通量

$$\mathrm{d}\Phi_e = E\mathrm{d}S_{\perp} = E\mathrm{d}S\cos\theta = \boldsymbol{E} \cdot \mathrm{d}\boldsymbol{S} \tag{11-18}$$

再用积分的方法，得到任意曲面的$\boldsymbol{E}$通量为

$$\Phi_e = \int_S \boldsymbol{E} \cdot \mathrm{d}\boldsymbol{S} = \int_S E\mathrm{d}S\cos\theta \tag{11-19}$$

这是一个面积分，积分号中的下标S表示此积分的范围遍及整个曲面。上式即为电场强度通量的定义式。

3. 闭合曲面的电通量

通过一个闭合曲面的$\boldsymbol{E}$通量与任意曲面的$\boldsymbol{E}$通量在计算方法上没有任何本质的区别。一个闭合曲面（高斯面），其$\boldsymbol{E}$通量可以用如下积分式子来表示

$$\Phi_e = \oint_S \boldsymbol{E} \cdot \mathrm{d}\boldsymbol{S} \tag{11-20}$$

积分符号“$\oint_S$”表示S是一个闭合曲面，积分是对整个闭合曲面进行的。

在前面我们已经强调过，对于闭合曲面，我们在取面元法线方向时规定取外法线。根据$\boldsymbol{E}$通量正负的规定，当电场线从内部穿出时，$\boldsymbol{E}$通量为正。当电场线从外部穿入时，$\boldsymbol{E}$通量为负。通过整个闭合曲面的$\boldsymbol{E}$通量Φ_e就等于净穿出闭合曲面的电场线的总条数。

用一根根分立的电场线来描绘电场的分布，是一种形象化的方法。这种方法是有缺点的，即电场实际上连续地分布于空间，电场线图可能会给人造成一种分立的错觉。最初我们是借助电场线数密度的概念来引入电通量的，其实我们可以一开始就用式（11-17）和式（11-19）来定义电通量。这样引入电通量虽然会使初学者感到有些抽象，但它却避免了上述电场线概念的缺点，能更确切地反映出电场连续分布的特点。

11.3.3 高斯定理及其应用

1. 高斯定理的推导

高斯定理是电磁学中的一条重要规律，是静电场有源性的完美数学表达。它是用$\boldsymbol{E}$通量表示的电场和场源电荷关系的定理，给出了通过任意闭合曲面的$\boldsymbol{E}$通量与电荷的关系。下面给出高斯定理的推导过程。

先考虑点电荷的场。一点电荷Q产生的电场强度为

$$\boldsymbol{E} = \frac{1}{4\pi\varepsilon_0}\frac{Q}{r^2}\boldsymbol{r}^0$$

方向沿半径向外。以 Q 所在点为中心，取半径为 r 的球面 S 为高斯面，则通过该面的电通量为

$$\Phi_e = \oint_S \boldsymbol{E} \cdot \mathrm{d}\boldsymbol{S} = \oint_S \frac{Q}{4\pi\varepsilon_0 r^2}\mathrm{d}S = \frac{Q}{4\pi\varepsilon_0 r^2}\oint_S \mathrm{d}S$$

$$= \frac{Q}{4\pi\varepsilon_0 r^2}4\pi r^2 = \frac{Q}{\varepsilon_0} \tag{11-21}$$

结果表明，$Q>0$ 通量为正，电场线穿出，$Q<0$ 通量为负，电场线穿入，且 Φ_e 与球面半径 r 无关，只与它所包围的电荷量有关。这意味着通过以 Q 为中心的任何球面的电通量都相等，即通过各球面的电场线的数目相等，或者说，从点电荷 Q 发出或终止的 $\frac{Q}{\varepsilon_0}$ 条电场线是连续不断地伸向或来自无穷远处的。如图 11-18 所示，如果作任意的闭合曲面 S'，只要电荷 Q 被包围在 S' 内，由于电场线是连续的，因而穿过 S' 和 S 的电场线数目是一样的，即通过任意形状的包围点电荷 Q 的闭合曲面的电通量都为 $\frac{Q}{\varepsilon_0}$。

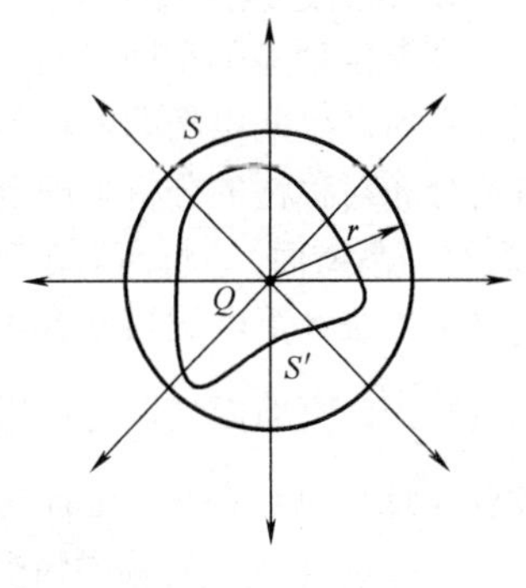

图 11-18

如图 11-19 所示，若闭合曲面内没有电荷，则进入该曲面的电场线与穿出该曲面的电场线数目相同，所以电通量的总和为零。

对于由多个点电荷产生的电场，则有

$$\Phi_e = \oint_S \boldsymbol{E} \cdot \mathrm{d}\boldsymbol{S} = \oint_S \boldsymbol{E}_1 \cdot \mathrm{d}\boldsymbol{S} + \oint_S \boldsymbol{E}_2 \cdot \mathrm{d}\boldsymbol{S} + \cdots + \oint_S \boldsymbol{E}_n \cdot \mathrm{d}\boldsymbol{S} \tag{11-22}$$

（1）若 Q_i 在闭合曲面内，则电通量为 $\oint_S \boldsymbol{E}_i \cdot \mathrm{d}\boldsymbol{S} = \frac{Q_i}{\varepsilon_0}$；

（2）若 Q_i 在闭合曲面外，则电通量为 $\oint_S \boldsymbol{E}_i \cdot \mathrm{d}\boldsymbol{S} = 0$。

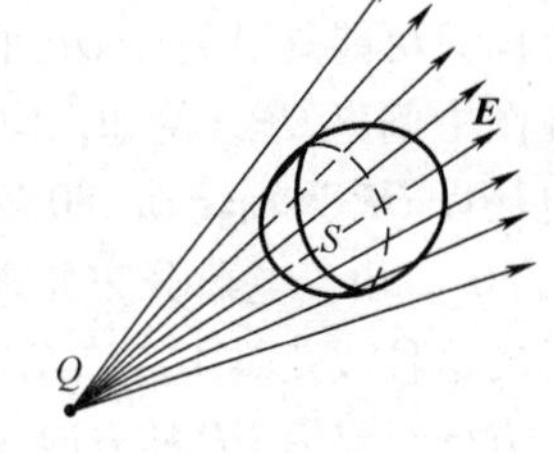

图 11-19

结论：在真空中的静电场内，穿过任意闭合曲面的电通量等于该闭合曲面所包围的电荷量的代数和除以 ε_0。其中的闭合曲面称为高斯面。这一结论称为真空中静电场的高斯定理，其数学表达式为

$$\Phi_e = \oint_S \boldsymbol{E} \cdot \mathrm{d}\boldsymbol{S} = \frac{1}{\varepsilon_0}\sum_{i=1}^{n} Q_{i内} \tag{11-23}$$

高斯定理是前述电场线的一些普遍性质的精确数学表述，比如电场线的起点与终点的性质：如果我们做小闭合面分别将电场线的起点或终点包围起来，则必然有电通量从前者穿出，从后者穿入。根据高斯定理可知，在前者之内必有正电荷，后者之内必有负电荷。这就是说，电场线一定是从电荷起始或终止的，不会在没有电荷的地方中断。于是，高斯定理可理解为从每个正电荷 q 发出 q/ε_0 根电场线，有 q/ε_0 根电场线终止于负电荷 $-q$。如果在带电体系中有等量的正、负电荷，那么电场线就从正电荷出发到负电荷终止；若正电荷多于负电荷（或根本没有负电荷），则从多余的正电荷发出的电场线只能延伸到无穷远；反之，若负电荷多于正电荷（或根本没有正电荷），则终止于多余的负电荷上的电场线只能来自无穷远。

2. 关于高斯定理的几点讨论

对高斯定理的理解应该注意以下几点：

（1）穿过闭合曲面的电通量只与闭合曲面内的电荷有关，与闭合曲面外的电荷无关，而且与闭合曲面内的电荷分布无关。

(2) $\boldsymbol{E}$ 是闭合曲面上各点的电场强度，是由空间所有电荷产生的，与内外电荷的分布都有关系。当电通量为零时，面上各点电场强度不一定为零。

(3) 高斯定理是静电场的基本定理之一，它说明静电场是有源场。

(4) 高斯定理不仅适用于静电荷和静电场，而且还适用于运动电荷和变化电场。它是电磁场的基本方程之一。

3. 高斯定理的应用

高斯定理除了帮助我们认识静电场的有源属性外，还可以通过它求解具有高度对称性的带电体系所产生的电场的电场强度，从而可以简化电场的计算。具体的方法是：首先通过对已知电荷分布对称性的分析来确定出它所产生的电场的对称性，然后通过选取一个恰当的闭合曲面(简称为高斯面)，将高斯定理用于高斯面就可以求出该带电体系所产生的电场的电场强度。使用这种方法计算电场强度有两个重要方面，一是电荷分布具有高度的对称性；二是高斯面的选取要恰当。高斯面选取的技巧是要使得 $\oint_S \boldsymbol{E}\cdot \mathrm{d}\boldsymbol{S}$ 中的 $\boldsymbol{E}$ 能以标量的形式从积分号内提出来。一般有点（球）、轴（柱）和面三种对称情况，下面逐一介绍。

(1) 点（球）对称的情况

我们以半径为 R，带电荷总量为 Q 的均匀带正电球壳为例，如图 11-20 所示，求其内、外场强分布。

由于电荷分布是球对称的，所以电荷激发的电场也应该满足球对称性。先对球面外任一点 P 处的电场强度进行具体分析。设 P 距球心为 r，连接直线 OP。由于自由空间的各向同性和电荷分布对于点 O 的球对称性，点 P 处电场强度 E 的方向只可能是沿矢径 OP 的方向。（反过来说，设 $\boldsymbol{E}$ 的方向在图中偏离 OP，例如，向下 30°，那么将带电球面连同它的电场以 OP 为轴转动 180°后，电场 $\boldsymbol{E}$ 的方向就应偏离 OP 向上 30°。由于电荷分布并未因转动而发生变化，所以电场方向的这种改变是不应该发生的。带电球面转动时，点 P 的电场方向只有沿 OP 的方向才能保持不变)。也可相对 OP 径向在球面对称位置上取一对电荷元，合电场强度的方向沿 OP，请读者自己分析。其他各点的电场方向也都沿各自的矢径方向。又由于电荷分布的球对称性，在以 O 为球心的同一球面 S 上，各点的电场强度的大小都应该相等。可选球面 S 为高斯面，由于球面上每个面元 $\mathrm{d}S$ 上的电场强度 $\boldsymbol{E}$ 的方向都和面元矢量的方向（法向）相同且大小不变，故通过它的 $\boldsymbol{E}$ 通量为 $E4\pi r^2$。

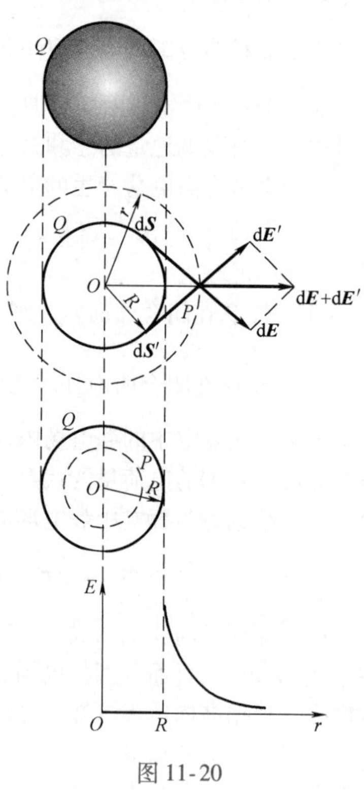

图 11-20

如图 11-20 所示。对于球内电场强度，取球面为高斯面，$r<R$

$$\Phi_e = \oint_S \boldsymbol{E}\cdot \mathrm{d}\boldsymbol{S} = E\oint_S \mathrm{d}S = E\cdot 4\pi r^2 = \frac{\sum Q_{内}}{\varepsilon_0} = 0$$

这表明，均匀带电球面内部的电场强度处处为零。

对于球外电场强度，取球面为高斯面，$r>R$

$$\Phi_e = \oint_S \boldsymbol{E}\cdot \mathrm{d}\boldsymbol{S} = E\cdot 4\pi r^2 = \frac{Q}{\varepsilon_0}$$

$$E = \frac{1}{4\pi\varepsilon_0}\frac{Q}{r^2}$$

此结果说明，均匀带电球面外的电场强度分布正像球面上的电荷都集中在球心时所形成的一个点电荷的电场强度分布一样。

上述结果常用如下公式来统一描述

$$\boldsymbol{E} = \begin{cases} \dfrac{1}{4\pi\varepsilon_0}\dfrac{Q}{r^2}\boldsymbol{r}^0 & (r > R) \\ 0 & (r < R) \end{cases} \tag{11-24}$$

根据上述结果，可画出场强随距离的变化曲线——$E-r$ 曲线（见图 11-20），从 $E-r$ 曲线中可看出，电场强度的值在球面（$r=R$）上是不连续的。

上述结论也可以通过电场强度叠加原理积分计算得到，但在电荷分布高度对称的情况下，用高斯定理显然要简单得多。

通过以上求解过程，我们可以看出，如果带电体为点电荷，那么就不存在球壳内部区域，故整个空间的场强与球壳外的场强表达式一致。如果带电体为均匀带电球体，那么球内部处处场强大小不同，方向沿径向，我们还是要用高斯定理求解，在球内部做半径为 r 的任意同心球形高斯面，里面包围的电荷量随高斯面的半径变化而不同，这样计算出来的场强与半径 r 成正比关系，球外场强与上面例题结果相同（可自行推演）。

（2）轴（柱）对称的情况

设我们以半径为 R，电荷面密度为 σ 的无限长均匀带电圆柱面为例，求其内、外的场强分布。

由于电荷分布是柱对称的，因而其电场分布亦应具有柱对称性。考虑离直线距离为 r 的一点 P 处的电场强度 $\boldsymbol{E}$（见图 11-21）。沿轴线方向在柱面上任取一无限长微元线电荷，在 P 处产生的电场强度为 $\mathrm{d}\boldsymbol{E}$，以 OP 为对称轴，在柱面上再取一无限长微元线电荷，它在 P 处产生的电场强度 $\mathrm{d}\boldsymbol{E}'$，二者叠加的电场强度方向沿 OP 方向，即沿径向，由于圆柱面上的所有无限长微元线电荷都是相对于 OP 轴对称分布的，所以总体叠加的结果是电场强度方向一定沿 OP 方向，即沿径向。和点 P 在同一圆柱面（以带电直线为轴）上的各点的电场强度的方向也都应该沿着径向，而且电场强度的大小也都应该相等。

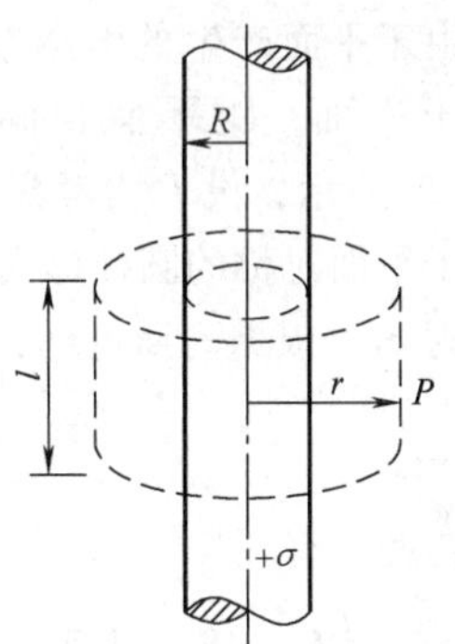

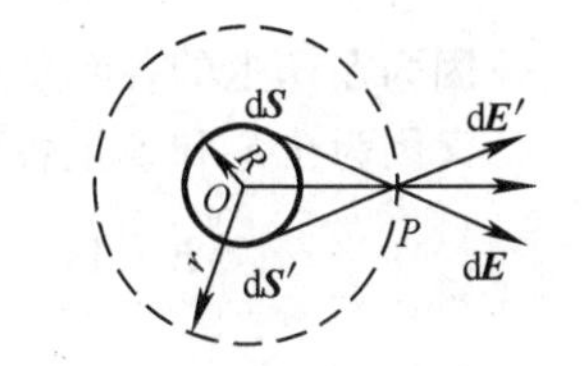

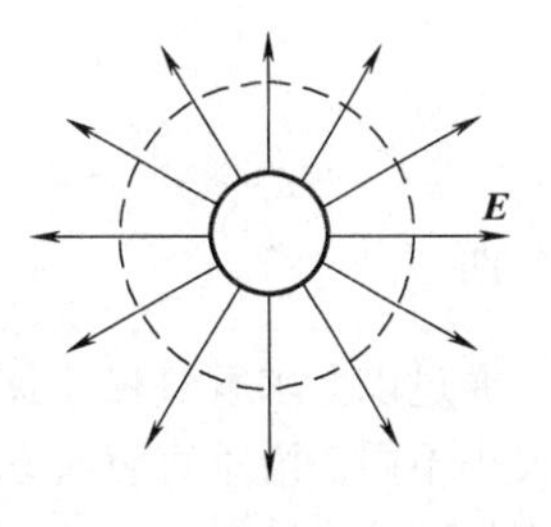

图 11-21

以无限长均匀带电圆柱面轴线为轴，作一个通过点 P、高为 l 的圆筒形封闭面为高斯面 S，通过 S 面的 $\boldsymbol{E}$ 通量为通过上、下底面（S_1 和 S_2）的 $\boldsymbol{E}$ 通量与通过侧面（S_3）的 $\boldsymbol{E}$ 通量之和

$$\oint_S \boldsymbol{E}\cdot\mathrm{d}\boldsymbol{S} = \int_{侧}\boldsymbol{E}\cdot\mathrm{d}\boldsymbol{S} + \int_{上底}\boldsymbol{E}\cdot\mathrm{d}\boldsymbol{S} + \int_{下底}\boldsymbol{E}\cdot\mathrm{d}\boldsymbol{S}$$

在 S 面的上、下底面，电场强度方向与底面平行，故上式等号右侧后面两项等于零。而在侧面上各点 E 的方向与各点的法线方向相同，所以有

$$\oint_S \boldsymbol{E}\cdot\mathrm{d}\boldsymbol{S} = \int_{侧}\boldsymbol{E}\cdot\mathrm{d}\boldsymbol{S} = 2\pi rlE = \frac{\sum Q_{内}}{\varepsilon_0}$$

所以

$$E = \frac{1}{2\pi\varepsilon_0} \frac{\sum Q_{内}/l}{r}$$

$$\begin{cases} r > R & \sum Q_{内} = 2\pi Rl\sigma, & E = \dfrac{(2\pi R)\sigma}{2\pi\varepsilon_0 r} = \dfrac{R\sigma}{\varepsilon_0 r} \\ r < R & \sum Q_{内} = 0, & E = 0 \end{cases} \tag{11-25}$$

若无限长直线电荷的电荷线密度为 λ，则

$$E = \frac{\lambda}{2\pi\varepsilon_0 r} \tag{11-26}$$

这一结果也可以通过电场强度叠加原理积分得出，但利用高斯定理计算显然要简便得多。

通过以上求解过程，我们可以看出，如果带电体为均匀带电直线，那么不存在圆柱面内部区域，故整个空间的场强与圆柱面外的场强表达式一致。如果带电体为均匀带电圆柱体，那么圆柱体内部处处场强大小不同，方向沿径向，我们还是要用高斯定理求解，在圆柱体内部做半径为 r 的任意同轴圆柱形高斯面，里面包围的电荷量随高斯面的半径变化而不同，这样计算出来的场强与半径 r 成正比关系，柱外场强与上面例题结果相同（可自行推演）。

（3）面对称的情况

我们以电荷面密度为 σ 的均匀带正电的无限大平面薄板为例，求其外的场强分布。

由于平面产生的电场是关于平面两侧对称的，场强方向垂直于平面，距平面相同的任意两点处的 E 值相等。如图 11-22所示，设 P 为考察点，过 P 点作一底面平行于平面的且关于平面对称的圆柱形高斯面，右端面为 S_1，左端面为 S_2，侧面为 S_3，根据高斯定理，有

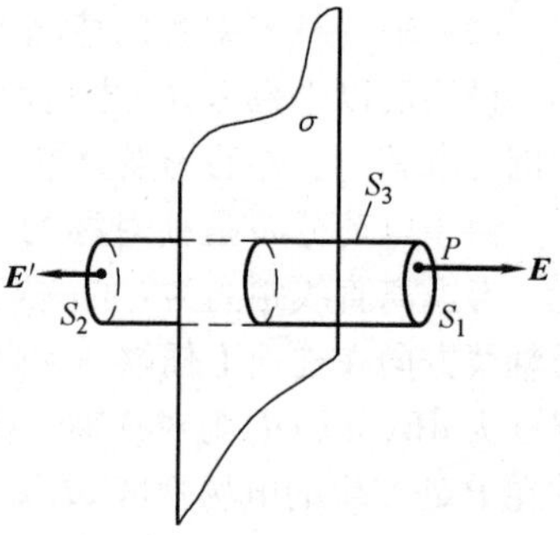

$$\oint_S \boldsymbol{E} \cdot d\boldsymbol{S} = \frac{1}{\varepsilon_0} \sum_{S_{内}} q$$

图 11-22

在此，有

$$\oint_S \boldsymbol{E} \cdot d\boldsymbol{S} = \int_{S_1} \boldsymbol{E} \cdot d\boldsymbol{S} + \int_{S_2} \boldsymbol{E} \cdot d\boldsymbol{S} + \int_{S_3} \boldsymbol{E} \cdot d\boldsymbol{S}$$

因为在 S_3上的各面元 $d\boldsymbol{S} \perp \boldsymbol{E}$，所以第三项积分等于零。

又因为在 S_1和 S_2上各面元 dS 与 E 同向，且在 S_1，S_2上 $|E|$ = 常数，所以有

$$\oint_S \boldsymbol{E} \cdot d\boldsymbol{S} = \int_{S_1} E dS + \int_{S_2} E dS = E\int_{S_1} dS + E\int_{S_2} dS = ES_1 + ES_2 = 2ES_1$$

$$\frac{1}{\varepsilon_0} \sum_{S_{内}} q = \frac{1}{\varepsilon_0} \cdot \sigma S_1$$

$$\Rightarrow E \cdot 2S_1 = \frac{1}{\varepsilon_0} \cdot \sigma S_1$$

即

$$E = \frac{\sigma}{2\varepsilon_0} \quad （匀强电场） \tag{11-27}$$

通过以上求解过程，我们可以看出，如果带电体为均匀带电厚平板，那么平板内部处处场强大小不同，沿垂直版面方向，我们还是要用高斯定理求解，在平板内部做长度为 $2x$ 的垂直于板面的圆柱形高斯面，里面包围的电荷量是圆柱体积与电荷体密度的乘积，这样计算出来的场强与坐标 x 成正比关系，板外场强与上面例题结果相同（可自行推演）。

现象解释

在计算静电陀螺球面电极与球形转子之间的静电吸力时，必须考虑电极电荷激发电场的问题。当转子表面无限靠近球面电极时，两表面可看作无限大平行均匀带电平面。设电极带电 Q、电荷面密度为 σ，

$$E=\frac{\sigma}{2\varepsilon_0}$$

由前面得到的均匀带电的无限大平板外场强可得，另一带等量异号电荷的平板受静电吸力 F 为

$$F=EQ=\frac{\sigma^2 S}{2\varepsilon_0}=2\varepsilon_0 E^2 S$$

两块球面上每一面积微元的静电吸力都是沿着径向并通过球心的，则两块球面之间的总的静电吸力是所有微面积静电吸力的矢量和。因此，在计算球面电极与球形转子之间的静电吸力时，必须采用静电吸力的普遍计算公式

$$\boldsymbol{F}=2\varepsilon_0\int|E|^2\boldsymbol{n}^0\,\mathrm{d}S$$

物理知识应用

【例11-6】一个点电荷 q 位于一边长为 l 的立方体的中心，通过立方体一面的电通量是多少？如果电荷位于立方体一顶点上，那么穿过立方体的电通量是多少？

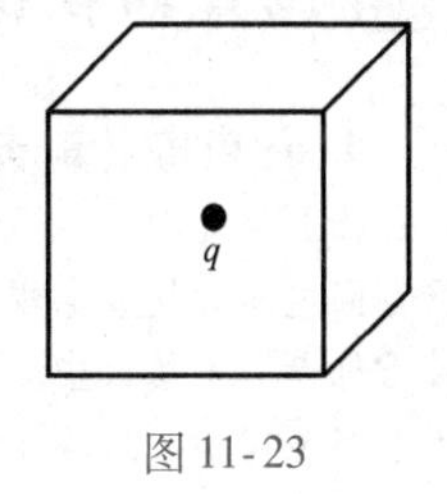

图11-23

【解】以 l 为边长作一个正立方体如图11-23所示，点电荷 q 正好处于立方体的中心处。立方体的每个表面均分1/6的 $\boldsymbol{E}$ 通量。正方体的六个表面正好构成一个高斯面，根据高斯定理，通过这六个表面总的电场强度通量为 $\Phi_e=\frac{q}{\varepsilon_0}$。所以，正方体的各个正方形面上的 E 通量为

$$\Phi_e=\frac{q}{6\varepsilon_0}$$

如果电荷位于立方体一顶点上，根据几何关系，可以设想此时等价于有 $\frac{1}{8}$ 的电荷 q 位于立方体内部，则电通量为 $q/8\varepsilon_0$。

【例11-7】原子核可以看成是均匀带电球体，已知球的半径为 R，总电荷量为 Q，求核内外的电场分布。

【解】由于电荷均匀分布在球体内，和点（球）对称情况相同，球外任一点的电场强度用高斯定理可得

$$E=\frac{Q}{4\pi\varepsilon_0 r^2}$$

对球内任一点 P 求电场强度，以 OP 为半径做一高斯球面 S'，S' 所包围的电荷量为 q'，

$$q'=\frac{4}{3}\pi r^3\rho=\frac{Q}{\frac{4}{3}\pi R^3}\cdot\frac{4}{3}\pi r^3=Q\frac{r^3}{R^3}$$

由高斯定理 $\oint\boldsymbol{E}\cdot\mathrm{d}\boldsymbol{S}=q'/\varepsilon_0$ 可得，球内任一点的电场强度为

$$E=\frac{q'}{4\pi\varepsilon_0 r^2}=\frac{Qr}{4\pi\varepsilon_0 R^3}$$

可以看出球内电场强度随 r 线性地增加。

【例 11-8】两个平行的无限大均匀带电平面（见图 11-24），其电荷面密度分别为$\sigma_1 = +\sigma$和$\sigma_2 = -\sigma$，而$\sigma = 4\times10^{-11}\mathrm{C/m^2}$。求这一带电系统的电场分布。

【解】这两个带电平面的总电场不再具有前述的简单对称性，因而不能直接用高斯定理求解。两个面在各自的两侧产生的电场强度的方向如图 11-24所示，其大小均为

$$E_1 = E_2 = \frac{\sigma_1}{2\varepsilon_0} = \frac{\sigma}{2\varepsilon_0} = \frac{4\times10^{-11}}{2\times8.85\times10^{-12}}\mathrm{V/m} = 2.26\mathrm{V/m}$$

图 11-24

考虑电场强度的方向，并根据电场强度的叠加原理可得

Ⅰ区：$E_{\mathrm{I}} = E_1 - E_2 = 0$

Ⅱ区：$E_{\mathrm{II}} = E_1 + E_2 = \dfrac{\sigma}{\varepsilon_0} = 4.52\mathrm{V/m}$，方向向右；

（等量异号电荷的两无限大平板间的电场强度为$E = \dfrac{\sigma}{\varepsilon_0}$）

Ⅲ区：$E_{\mathrm{III}} = E_1 - E_2 = 0$。

从本题可以看出，如果电荷分布不满足上述的对称性，则不可能仅用高斯定理求出电场强度。但如果电荷分布可以分解为若干个对称的分布，则可以用高斯定理分别求出各个分布的电场强度，进而用叠加原理求出总电场强度。

物理知识拓展

1. 闪电击（雷击）对飞行的影响

（1）闪电

闪电是大气放电现象。观测表明，在雷暴云中，云的上部带正电荷，中部和下部带负电荷，云底局部带正电荷。雷暴云中为什么能够积累那么多的电荷并形成有规律的分布？一般认为，当云中出现冰晶和过冷水滴相碰撞、过冷水滴冻结及大水滴分裂时，由于温差电效应、冻结电效应和分裂电效应等作用，使云滴之间产生电荷交换，小云滴带正电荷，大云滴带负电荷。雷暴云中的上升气流将小云滴带到云的上部，而较大的云滴则留在云的中下部，所以雷暴云的上部带正电荷，中下部带负电荷。

在大气中发生闪电，电场强度必须达到$3\times10^6\mathrm{V/m}$左右，但在云中及云体附近，电场强度达到$3\times10^5\mathrm{V/m}$就会发生闪电。一次闪电常由几个脉冲组成，总持续时间平均为0.2s，但也有长达2s的。

（2）闪电击（雷击）对飞行的危害

飞机在雷暴云中、云下和云上附近飞行时，都有可能被闪电击中，1978 年 12 月美国空军一架 C－130运输机在执行任务时，进入了雷暴区几秒钟后，飞行人员报告燃油箱被闪电击中，引起爆炸，飞机左机翼毁坏，操纵十分困难，不久，地面的指挥人员就和空中的飞行员失去联络，造成机毁人亡的事故。

飞机一旦被闪电击中，一般会造成飞机部分损坏，如机翼尾翼、雷达天线罩、机身等处被强电流烧出一些洞或凹形小坑（铆钉烧焦或烧出小坑），结构不牢的部位，如分流器条、空速管、接地金属条等损坏；外部电流设备（如翼尖、航行灯、风挡加热器、空速管加热器等）的防护罩或整形罩被击碎后，闪电电流进入机舱内造成设备及电源损坏，甚至危及机组人员及乘客的安全；闪电和闪电击引起的瞬间电磁场，对仪表、通信、导航及着陆系统造成干扰或中断，甚至造成磁化。另外，由于喷气发动机燃料的蒸气是易燃的，如果油箱被闪电击中，那么还有可能发生燃烧或爆炸。

飞机不同部位和仪表遭电击的概率分别为：天线 27%，机翼 22%，尾翼 21%，机身 15%，螺旋桨叶 7%，检验孔 6%，罗盘 2%。

闪电在可见之前有一个不可见的阶段，在该阶段一根电子柱从浮云向下延伸到地面。这些电子来自浮云和在该柱内被电离的空气分子。沿该柱的线电荷密度一般为$-1\times10^{-3}\mathrm{C/m}$。一旦电子柱到达地面，柱内的电子便会迅速地倾泻到地面，在倾泻期间，运动电子与柱内空气的碰撞导致明亮的闪光。倘若空气分

子在超过 3×10^6N/C 的电场中被击穿，则电子柱的半径有多大？

尽管电子柱不是直的或无限长，但我们可把它近似为电荷线（由于它含有负的净电荷，因此其电场 $\boldsymbol{E}$ 沿半径向内）。然后，按照式（11-29），电场的大小 E 随离电荷柱轴线距离的增大而减小。

另外，第二个关键点是电荷柱的表面应该在半径 r 处，该处电场 $\boldsymbol{E}$ 的大小为 3×10^6N/C，因为在该半径内的空气分子电离而那些向外更远的分子则不电离。由式（11-29）解出 r 并代入已知的数据，我们求出电荷柱的半径为

$$r=\frac{\lambda}{2\pi\varepsilon_0 E}=\frac{1\times10^{-3}\mathrm{C/m}}{(2\pi)[8.85\times10^{-2}\mathrm{C^2/(N\cdot m^2)}](3\times10^6\mathrm{N/C})}=6\mathrm{m}$$

虽然一次闪电的发光半径可能只有 6m，但也不要就此认为你在离轰击点距离较远的某处会是安全的，因为轰击所倾泻的电子将会沿地面行进，这种地面电流是致命的。

2. 万有引力的高斯定理

取万有引力源质量为 M，使用球坐标，M 为原点，半径为 r 的球面为高斯面。静电场高斯定理中的矢量 $\boldsymbol{E}$ 在万有引力场中是引力强度 $\boldsymbol{g}=-G\dfrac{m}{r^2}\boldsymbol{r}^0$，即重力加速度，$\boldsymbol{r}^0$ 是径矢量 $\boldsymbol{r}$ 的单位矢量，$\boldsymbol{g}$ 的方向是指向原点 M，如图 11-25 所示，于是 $\boldsymbol{g}$ 和 $\mathrm{d}\boldsymbol{S}$ 刚好反方向，仿照静电场高斯定理的推导过程，

$$\boldsymbol{g}\cdot\mathrm{d}\boldsymbol{S}=g\mathrm{d}S\cos180°=-g\mathrm{d}S$$

在半径为 r 的球面上，重力加速度的大小 g 是个常数，可提到积分号以外，即

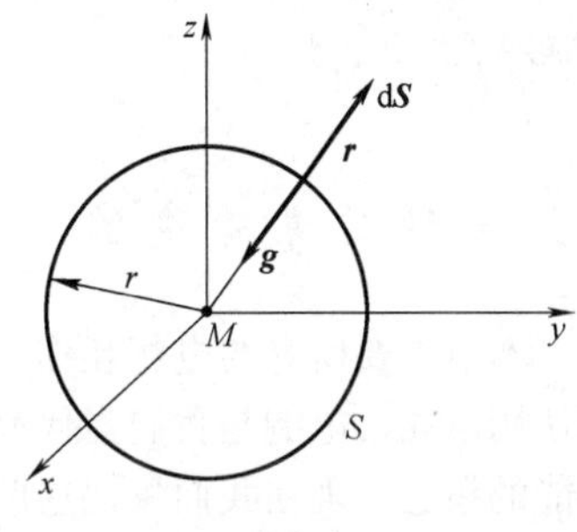

图 11-25

$$\oint_S\boldsymbol{g}\cdot\mathrm{d}\boldsymbol{S}=-g\oint_S\mathrm{d}S=-g4\pi r^2=-4\pi GM$$

仿照静电场高斯定理的推导过程我们可以得到

$$\oint_S\boldsymbol{g}\cdot\mathrm{d}\boldsymbol{S}=-4\pi GM$$

由此我们可以看出，万有引力场也是个有源场，场源就是引力质量。

3. 库仑平方反比定律的精确度

富兰克林大约在 1755 年最先注意到绝缘的金属桶内表面没有电荷存在，他把这个“奇特的事实”提请普里斯特利注意。普里斯特利验证了富兰克林的观察，并相信从这个事实可以得到平方反比定律。其他人（包括库仑），继续检验这个假设，近代的实验已经以极高的精确度验证了普里斯特利的假设。当 $F=\dfrac{1}{4\pi\varepsilon_0}\dfrac{q_1q_2}{r^{2\pm\delta}}$ 中的 $\delta=0$ 时可即得到精确的平方反比定律。表 11-1 展示了确定 δ 接近于零的工作进展情况。

表 11-1 确定 δ 接近于零的工作进展

实 验 者	时 间	δ
富兰克林	1755	—
普里斯特利	1767	“…取决于距离的平方…”
罗比逊	1769	$\delta\leqslant0.06$
卡文迪什	1773	$\delta\leqslant0.02$
库仑	1785	至多百分之几
麦克斯韦	1873	$\delta\leqslant5\times10^{-5}$
普林普顿与劳顿	1936	$\delta\leqslant2\times10^{-9}$
威廉姆斯、费勒与希尔	1971	$\delta\leqslant2\times10^{-16}$
光子静止质量 $m_\gamma\leqslant8\times10^{-52}$kg	1975	$\delta<10^{-17}$

11.4　静电场的环路定理　电势

物理现象

航路规划是现代各类飞行器[⊖]，特别是无人机（UAV）安全飞行和完成任务的关键要素。随着空域中飞行器数量的增加和任务环境不确定性因素趋于复杂，威胁飞行安全的因素不断增多，加之飞行器协同任务规划的需求增大，迫切需要能够进行高效、安全航路规划的方法。传统航路规划方法各有优缺点，近些年提出了将电势场理论引入飞行环境的威胁建模，建立基于电势威胁场引导的航路点生成机制，进而构建基于拟态电势能导向的随机采点扩展式航路规划方法。

将飞机看作试验电荷，在飞行区域威胁环境势场中运动，如何应用电势场理论引导规划航路？

物理学基本内容

本节主要研究与电相互作用相关的能量问题。当你打开电灯、CD机或者其他电器时，你正在使用电能，电能是我们当代科技中不可缺少的重要组成部分。在力学中，我们已经介绍了功和能的概念，现在我们将把这两个概念同电荷、电场力、电场结合起来。正如用能量的方法能使一些力学问题的处理变得简单一样，用能量方法处理某些电学问题也会变得很容易。当一带电粒子进入电场时，电场力会对带电粒子做功。

11.4.1　静电场力的功

1. 电场力做功的计算

为了简单起见，我们先讨论一个点电荷在另一个点电荷产生的电场中运动时，它所受到的电场力做功的特点。如图11-26所示，设q和Q均为正电荷，当点电荷q在Q所产生的电场中从点a沿任意路径移动到点b时，q所受到的电场力做的功为

$$A_{ab} = \int_a^b \boldsymbol{F} \cdot \mathrm{d}\boldsymbol{l} = q\int_a^b \boldsymbol{E} \cdot \mathrm{d}\boldsymbol{l} \tag{11-28}$$

点电荷
$$\boldsymbol{E} = \frac{1}{4\pi\varepsilon_0}\frac{Q}{r^2}\boldsymbol{r}^0$$

所以

$$A_{ab} = q\int_a^b \boldsymbol{E} \cdot \mathrm{d}\boldsymbol{l} = q\int_a^b \frac{Q}{4\pi\varepsilon_0 r^2}\boldsymbol{r}^0 \cdot \mathrm{d}\boldsymbol{l} \tag{11-29}$$

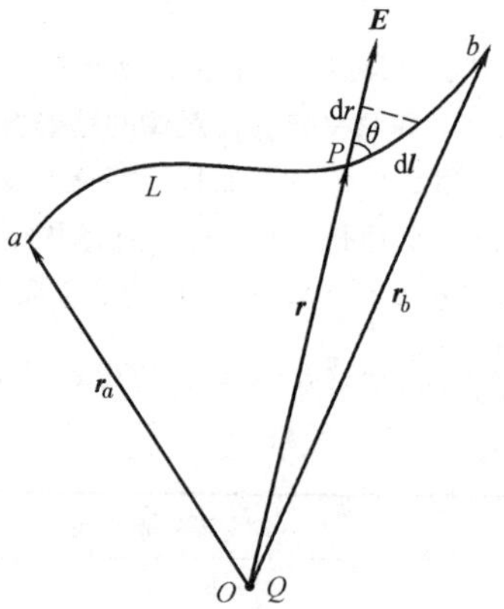

图 11-26

从图11-26可以看出，$\boldsymbol{r}^0 \cdot \mathrm{d}\boldsymbol{l} = \mathrm{d}l\cos\theta = \mathrm{d}r$，这里$\theta$是$\boldsymbol{E}$与$\mathrm{d}\boldsymbol{l}$的夹角。将此关系代入上式，得

$$A_{ab} = \frac{qQ}{4\pi\varepsilon_0}\int_a^b \frac{1}{r^2}\mathrm{d}r = \frac{qQ}{4\pi\varepsilon_0}\left(\frac{1}{r_a} - \frac{1}{r_b}\right) \tag{11-30}$$

上述结果是按q和Q均为正电荷的情况推出的。不难验证，对于其他情况，此式依然成立。

在一般的静电场中，按照静电力的叠加原理，q受到的力应为各个点电荷的静电力的矢量

⊖　何仁珂，魏瑞轩，张启瑞，等．基于拟态电势能的飞行器航路规划方法［J］．北京航空航天大学学报，2016.

和，即

$$F = F_1 + F_2 + \cdots + F_n = \sum_{i=1}^{n} F_i$$

所以，当点电荷 q 在这个电场中从点 a 沿任意路径移动到点 b 时，q 所受到的静电力所做的功应等于

$$A_{ab} = \int_a^b \boldsymbol{F} \cdot \mathrm{d}\boldsymbol{l} = \sum_{i=1}^{n} \int_a^b \boldsymbol{F}_i \cdot \mathrm{d}\boldsymbol{l} = \sum_{i=1}^{n} A_{iab}$$

$$= \sum_{i=1}^{n} \left[\frac{qQ_i}{4\pi\varepsilon_0} \left(\frac{1}{r_{ia}} - \frac{1}{r_{ib}} \right) \right] = \frac{q}{4\pi\varepsilon_0} \sum_{i=1}^{n} Q_i \left(\frac{1}{r_{ia}} - \frac{1}{r_{ib}} \right) \tag{11-31}$$

即各个点电荷的静电力所做功的总和。

2. 静电场力做功的特点

在上面两个功的表达式中，由于 r_a 和 r_b（或 r_{ia} 和 r_{ib}）分别表示运动的起点和终点到 Q 的距离。所以此结果说明，在点电荷 Q 的电场中，点电荷 q 所受的电场力做的功只与始末位置有关而与路径无关。在力学中我们学过，这种做功只与始末位置有关，与路径无关的力叫作保守力，由此我们知道，静电场力是保守力，静电场是保守场，即在任意静电场中，电场力做功都与路径无关，而只与始末位置有关。这就是静电场力做功的特点。

11.4.2　静电场的环路定理

按力学理论，保守力还可以表述为沿闭合路径一周其所做的功为零，即

$$A = \oint_L \boldsymbol{F} \cdot \mathrm{d}\boldsymbol{l} = 0 \tag{11-32}$$

式中，$\oint_L$ 表示积分在闭合路径 L 上积分一周。

一般，电场力可以表示为 $\boldsymbol{F} = q\boldsymbol{E}$。代入式（11-32），即

$$A = \oint_L \boldsymbol{F} \cdot \mathrm{d}\boldsymbol{l} = q\oint_L \boldsymbol{E} \cdot \mathrm{d}\boldsymbol{l} = 0$$

由于 $q \neq 0$，所以必然有

$$\oint_L \boldsymbol{E} \cdot \mathrm{d}\boldsymbol{l} = 0 \tag{11-33}$$

这个结论表明，在静电场中，电场强度沿任意闭合路径的线积分等于零。这个结论也称为静电场的环路定理，它简洁地反映了静电力是保守力，静电场是保守场的性质。

11.4.3　电荷在电场中的电势能

按照力学知识，只要有保守力就一定有与之对应的势能，静电场力是保守力，它所对应的势能叫作电势能，我们用 W 表示（力学中用的势能符号为 E_p，在电磁学中容易与电场强度的符号混淆）。保守力所做的功等于系统势能增量的负值。而在静电场中，静电力所做的功等于电势能增量的负值，将点电荷 q 从电场中的 a 点移动到 b 点，电场力所做的功为

$$A_{ab} = q\int_a^b \boldsymbol{E} \cdot \mathrm{d}\boldsymbol{l} = -(W_b - W_a) \tag{11-34}$$

若静电力做正功，$A_{ab} > 0$，则电势能减小，$W_a > W_b$；

若静电力做负功，$A_{ab} < 0$，则电势能增加，$W_a < W_b$。

若选取点 b 为电势能零点，即 $W_b = 0$，则有

$$W_a = q\int_a^{\text{势能零点}} \boldsymbol{E} \cdot \mathrm{d}\boldsymbol{l} \tag{11-35}$$

电势能的单位是能量单位焦耳（J）。电势能是电荷 q 和静电场（其他场源电荷产生的）共同具有的，只讨论电场或只讨论电荷都没有电势能。所以，我们通常说某电荷处于某电场中所具有的电势能。

11.4.4 电势与电势差

1. 电势

从前面的知识点我们可以看到，点电荷在电场中所具有的电势能与电荷量、场点位置和场有关，我们将式（11-35）两端同除 q，消除 q 的影响，这个比值

$$\frac{W_a}{q} = \int_a^{\text{势能零点}} \boldsymbol{E} \cdot \mathrm{d}\boldsymbol{l} \tag{11-36}$$

就是一个与 q 无关而只与电场的性质和场点 a 的位置相关的量。我们就把这个只与电场相关的物理量称为电场中 a 点的电势，用符号 V_a 表示，它是描述电场的又一个重要物理量。显然，在电势能为零的地方，电势也为零，所以电势能的零点也就是电势的零点，我们用“0”来表示，则电势的定义式为

$$V_a = \frac{W_a}{q} = \int_a^{\text{“0”}} \boldsymbol{E} \cdot \mathrm{d}\boldsymbol{l}$$

从电势的定义我们知道，所谓电势，就是单位正电荷在电场中所具有的电势能，这是从能量的角度来理解电势的物理意义的。也可以表述为，电场中某点的电势等于将单位正电荷从该点移动到势能零点时电场力所做的功。

需要指出的是，电场的电势的数值是相对的，与其零点的选择有关。这是因为上式中的积分虽然与路径无关，但却与始末位置有关，选择不同的位置作为零点，电势取值显然不同。对于电势零点的选择，原则上是任意的，但为了方便处理问题，一般对于有限大小的带电体，通常选取无穷远处作为电势和电势能的零点，上述电势的积分公式就变为

$$V_a = \int_a^{\infty} \boldsymbol{E} \cdot \mathrm{d}\boldsymbol{l} \tag{11-37}$$

当电荷无限分布，如分布于无限长带电线，无限大带电面时，就要选取有限远点为电势零点，避免积分发散。在工程技术中，通常选取大地为电势零点，其与选无穷远积分上限相同。

在国际单位制中，电势和电势差的单位都是伏特，用符号 V 表示，1V = 1J/C。

如前所述，电场强度是从电场力的角度描述电场的，电势则是从功和能的角度描述电场的，它们从不同的侧面描述了电场的物理性质。

2. 电势差

静电场中两点的电势之差称为电势差，通常用 U 表示，如 a，b 两点的电势差为

$$U_{ab} = V_a - V_b = \int_a^{\text{“0”}} \boldsymbol{E} \cdot \mathrm{d}\boldsymbol{l} - \int_b^{\text{“0”}} \boldsymbol{E} \cdot \mathrm{d}\boldsymbol{l} = \int_a^b \boldsymbol{E} \cdot \mathrm{d}\boldsymbol{l} \tag{11-38}$$

因此电势差的定义也表述为，将单位正电荷从电场中的 a 点移到 b 点电场力所做的功。电势差的单位也为伏特。在静电场中给定两点，则电势差就具有完全确定的值，而与电势能零点的选择没有任何关系。

需要注意的是，我们常说的差值是指前量减后量，而与之相关的增量则应该为后量减前量，即电势差与电势增量之间有一个负号的差别。请读者高度重视这种区别！

11.4.5　电势的叠加原理

前面介绍了电场强度叠加原理。该原理告诉我们，任意一个静电场都可以看成是多个或无限多个点电荷电场的矢量叠加，即

$$\boldsymbol{E} = \boldsymbol{E}_1 + \boldsymbol{E}_2 + \cdots + \boldsymbol{E}_n = \sum_{i=1}^{n} \boldsymbol{E}_i \tag{11-39}$$

式中，$\boldsymbol{E}$ 表示总电场；$\boldsymbol{E}_1$，$\boldsymbol{E}_2$，…为单个点电荷产生的电场。根据电势的定义式，并应用电场强度叠加原理，电场中 a 点的电势可表示为

$$\begin{aligned} V_a &= \int_a^{“0”} \boldsymbol{E} \cdot \mathrm{d}\boldsymbol{l} = \int_a^{“0”} \boldsymbol{E}_1 \cdot \mathrm{d}\boldsymbol{l} + \int_a^{“0”} \boldsymbol{E}_2 \cdot \mathrm{d}\boldsymbol{l} + \cdots + \int_a^{“0”} \boldsymbol{E}_n \cdot \mathrm{d}\boldsymbol{l} \\ &= V_{a_1} + V_{a_2} + \cdots + V_{a_n} = \sum_{i=1}^{n} V_{a_i} \end{aligned} \tag{11-40}$$

式中，V_{a_i}是第 i 个点电荷单独存在时在 a 点产生的电势。显然，如果我们将带电体系分成若干部分（不一定是点电荷），上述结论仍然是成立的。即任意一个电荷体系的电场中任意一点的电势，等于带电体系各部分单独存在时在该点产生电势的代数和。这个结论叫作电势叠加原理。前面讲过，可以把任何带电体系视为点电荷系。当带电体系的电荷分布已知时，我们就可以利用电势叠加原理求其电场的电势分布。

11.4.6　电势的计算

一般说来，计算电势的方法有两种。第一种方法是由电势的定义式通过电场强度的线积分来计算；另一种方法是利用电势叠加原理计算。对不同带电体系，本质上讲这两种方法都能够计算出电势，但是选择不同方法计算的难易程度是大不相同的。如果一个电场的电场强度为已知，那么应用电势的定义式，可以根据已知的电场强度直接计算电势。用这种方法计算电势时，电势零点可以任意选定；如果电荷分布可以分解为几个子分布，而每个子分布在考察点的电势为已知，则可应用叠加原理来计算电势。通过后面内容的学习，读者要注意对不同的带电体系选择不同的计算方法。

1. 点电荷电势

如图 11-27 所示，一个点电荷 q 处于点 O 处。在 q 所产生的电场中，距离点 O 为 r 处点 P 的电势，可以根据电势的定义式计算得到。选无穷远处作为电势零点，积分路径沿 OP 方向由点 P 延伸到无穷远。由于积分方向选取与电场强度的方向相同，点 P 电势可以很容易地计算出来

$$V_P = \int_P^{\infty} \boldsymbol{E} \cdot \mathrm{d}\boldsymbol{l} = \int_r^{\infty} \frac{q}{4\pi\varepsilon_0 r^2}\mathrm{d}r = \frac{1}{4\pi\varepsilon_0}\frac{q}{r} \tag{11-41}$$

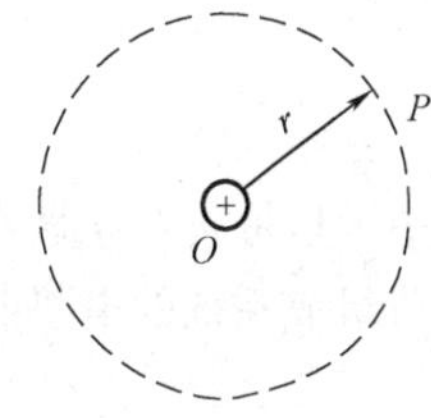

图 11-27

此式给出点电荷电场中任意一点的电势大小，称为点电荷电势公式。在正点电荷的电场中，各点电势均为正值，离电荷越远的点，电势越低，故电势与 r 成反比。在负点电荷的电场中，各点的电势均为负，离电荷越远的点，电势越高，无穷远处电势为零。容易看出，在以点电荷为中心的任意球面上电势都是相等的，这些球面都是等势面。注意，点电荷电势是计算其他任意带电体产生的电势的基础。

2. 点电荷系电场的电势

若一个电荷体系是由点电荷组成的，则每个点电荷的电势可以按式（11-37）进行计算，而总的电势可由电势叠加原理得到，即

$$V_a = \sum_{i=1}^{n} \frac{q_i}{4\pi\varepsilon_0 r_i} \tag{11-42}$$

式中，r_i是从点电荷 q_i到 a 点的距离。(应用这个公式时，电势零点取在无穷远处)。

3. 电荷连续分布的带电体系电场的电势

对一个电荷连续分布的有限带电体系，可以设想它由许多电荷元所组成。将每个电荷元都当成点电荷，就可以由叠加原理得到求电势的积分公式

电荷元的电势

$$\mathrm{d}V = \frac{1}{4\pi\varepsilon_0}\frac{\mathrm{d}Q}{r} \tag{11-43}$$

整个带电体的电势

$$V = \int_Q \frac{1}{4\pi\varepsilon_0}\frac{\mathrm{d}Q}{r} \tag{11-44}$$

式中，r 是从电荷元 $\mathrm{d}Q$ 到 a 点的距离（电势零点在无穷远处）。

11.4.7 点电荷系统的电势能

系统总的电势能应为所有点电荷具有的电势能之和，而每一个点电荷在电场中某点的电势能在量值上等于把它从该点移到零势能点时，静电力所做的功。我们先计算由两个点电荷组成的系统的电势能。设 q_1，q_2分别位于 A，B 两点，它们之间的距离为 r，选取距系统无穷远处为零势能点，将 q_1从 A 点移到无穷远处时，受到 q_2的静电力作用，q_1的电势能为

$$W_1 = q_1\int_A^{\infty} \boldsymbol{E}_2 \cdot \mathrm{d}\boldsymbol{l} = q_1 V_1 = q_1 \frac{q_2}{4\pi\varepsilon_0 r}$$

式中，$\boldsymbol{E}_2$是 q_2产生的电场强度；V_1是 q_2在 q_1所在点的电势，再移动 q_2时，已经没有静电力作用，经过做功自然为零，因此，系统的电势能 $W = W_1$。

如果交换移动的次序，先移动 q_2，则它受到 q_1的静电力作用，经过类似的计算得到 q_2的电势能为

$$W_2 = q_2 V_2 = q_2 \frac{q_1}{4\pi\varepsilon_0 r} = W_1$$

式中，V_2是 q_1在 q_2所在点的电势。再移动 q_1时，也不需要做功，同样有 $W = W_2$，因此，两个点电荷组成系统的电势能为

$$W = \frac{q_1 q_2}{4\pi\varepsilon_0 r}$$

不难看出，$W_1 = W_2$，说明了力的相互作用性质。

因为 $W = q_1V_1 = q_2V_2$，所以可以把它改写成如下对称形式

$$W = \frac{1}{2}q_1V_1 + \frac{1}{2}q_2V_2 = \frac{1}{2}\sum_{i=1}^{2} q_iV_i$$

将上式推广到 n 个点电荷组成的系统，得到点电荷系统所具有的电势能为

$$W = \frac{1}{2}\sum_{i=1}^{n} q_iV_i$$

式中，V_i是该电荷系除 q_i以外的所有其他电荷在 q_i所在处产生电势的代数和。例如，对于由三个点电荷组成的系统来说，其电势能为

$$W = \frac{1}{2}q_1V_1 + \frac{1}{2}q_2V_2 + \frac{1}{2}q_3V_3$$
$$= \frac{1}{2}\left[q_1\left(\frac{q_2}{4\pi\varepsilon_0 r_{12}} + \frac{q_3}{4\pi\varepsilon_0 r_{13}}\right) + q_2\left(\frac{q_1}{4\pi\varepsilon_0 r_{12}} + \frac{q_3}{4\pi\varepsilon_0 r_{23}}\right) + q_3\left(\frac{q_1}{4\pi\varepsilon_0 r_{13}} + \frac{q_2}{4\pi\varepsilon_0 r_{23}}\right)\right]$$
$$= \frac{q_1q_2}{4\pi\varepsilon_0 r_{12}} + \frac{q_1q_3}{4\pi\varepsilon_0 r_{13}} + \frac{q_2q_3}{4\pi\varepsilon_0 r_{23}}$$

式中，r_{12}表示 q_1和 q_2之间的距离，可类推 r_{13}和 r_{23}。

现象解释

飞行航路规划的主要目的是为飞行器确定出从起始点到目标点的安全可飞航路，需要考虑的主要问题是对航路上威胁的规避、航路规划的快速性等问题，以确保规划的航路能够满足任务的实时性和飞行的安全性等方面的要求。建立有效描述飞行区域中威胁情况的环境模型，是实现高效航路规划的基础。飞行环境中的威胁障碍主要有：高炮、防空导弹、高山、建筑物、禁飞区等。非攻击性障碍可根据其特性划定界限，以防止飞行器进入。对于攻击性威胁，传统环境建模方法常把威胁模型简单建为以火力范围确定半径的圆形或球形，或建立高斯随机威胁场等。这些方法均无法有效描述威胁强度的变化。防空武器的探测杀伤概率与目标距离有关，同时考虑到飞行器物理限制和不确定客观因素，越靠近威胁障碍，威胁性越大，即飞行威胁度与相对距离呈正相关。基于这种特性，可引入模拟电势场来表征威胁强度。

在二维坐标直角坐标系中，设 P 点坐标为 $(x,\ y)$，电荷 q_i的坐标为 $(x_i,\ y_i)$，则电荷 q_i在点 P 处的电势为

$$V_{pi} = \frac{1}{4\pi\varepsilon_0} \cdot \frac{q_i}{\sqrt{(x-x_i)^2 + (y-y_i)^2}}$$

根据电势叠加原理，模拟电场分布，设各威胁源为同种正电荷，在 P 点形成的总电势为

$$V_P = \sum_{i=1}^{n} V_{P_i} = \sum_{i=1}^{n} \frac{q_i}{4\pi\varepsilon_0 r_i},\ r_i \in (0, r_1)$$

式中 r_i为第 i 个防空阵地与 P 点的距离。由于防区外火力杀伤概率为零，设 $0<r_i<r_1$为火力覆盖区。我们引入飞行目标点，所带电荷量为 $-q_t$，到 P 点的距离为 r_t。此时电势场变为

$$V_P = \sum_{i=1}^{n} \frac{q_i}{4\pi\varepsilon_0 r_i} - \frac{q_t}{4\pi\varepsilon_0 r_t},\ r_t \in (0, \infty)$$

飞行器在势场中飞行，设飞行器为试探电荷 q，其在一定区域范围内受威胁和目标电势的作用，引起电势能变化。飞行器在势场中路径上任意两点 C、D 间有

$$A_{CD} = q(V_C - V_D)$$

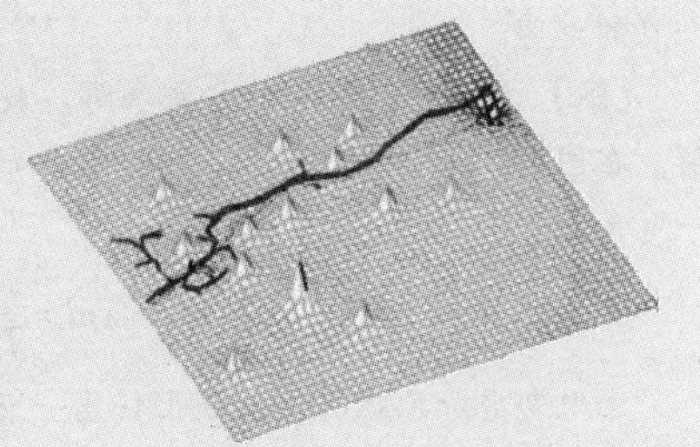
电势威胁场引导航路

静电力做功与路径无关，因此它只限于对起点和终点的描述而缺乏对路径的准确描述。基于此，为有效表示路径与势能之间的联系，引入 δ 为路径比例小量，保证做功相等情况下取最短的路径。设路径长度为 l，则一条路径的功表示为

$$A_{CD} = q(V_C - V_D) + \delta l$$

那么根据高斯核函数（被认为是在正态分布假设条件下，同类信息间度量距离的工具），可以得出以下结论：A_{CD}越小，则有最少电势能增量的路径搜索到目标点的概率最大。

物理知识应用

【例 11-9】求电偶极子在均匀外电场中具有的电势能。

【解】如图 11-11 所示，设图中 $+q$ 和 $-q$ 所在处的电势能分别为 W_+ 和 W_-，此电偶极子的电势能为

$$W_p = W_+ + W_- = q\int_+^\infty \boldsymbol{E}\cdot \mathrm{d}\boldsymbol{l} - q\int_-^\infty \boldsymbol{E}\cdot \mathrm{d}\boldsymbol{l} = q\int_+^\infty \boldsymbol{E}\cdot \mathrm{d}\boldsymbol{l} + q\int_\infty^- \boldsymbol{E}\cdot \mathrm{d}\boldsymbol{l} = q\int_+^- \boldsymbol{E}\cdot \mathrm{d}\boldsymbol{l}$$

$$= -qlE\cos\theta = -pE\cos\theta = -\boldsymbol{p}\cdot\boldsymbol{E}$$

上式表明，在均匀电场中电偶极子的电势能与电偶极矩在电场中的方位有关，当电偶极子的电偶极矩 $\boldsymbol{p}$ 的方向与 $\boldsymbol{E}$ 一致时（$\theta=0$），其电势能 $W_p=-pE$，电势能最低，所以，$\theta=0$ 是电偶极子的稳定平衡位置。当 $\boldsymbol{p}$ 的方向与 $\boldsymbol{E}$ 的方向相反时（$\theta=\pi$），其电势能 $W_p=pE$，电势能最高，所以 $\theta=\pi$ 是电偶极子的不稳定平衡位置。由此可见，在电场中电偶极子在力矩 $\boldsymbol{M}$ 的作用下，总具有使自身的 $\boldsymbol{p}$ 转向 $\theta=0$ 的趋势。

【例 11-10】设球面总带电量为 Q，半径为 R，求均匀带电球面的电势分布。

【解】均匀带电球面的电场强度分布很有规律性，本题适宜用电势的定义式通过对电场强度的积分来求电势。由高斯定理得带电球面的电场强度为

$$\begin{cases} \boldsymbol{E}_{外} = \dfrac{1}{4\pi\varepsilon_0}\dfrac{Q}{r^2}\boldsymbol{r}^0 & (r>R) \\ \boldsymbol{E}_{内} = 0 & (r<R) \end{cases}$$

选无穷远处为电势零点，则球外场点的电势

$$V_{外} = \int_a^\infty \boldsymbol{E}_{外}\cdot \mathrm{d}\boldsymbol{l} = \int_r^\infty \frac{Q}{4\pi\varepsilon_0 r^2}\mathrm{d}r = \frac{Q}{4\pi\varepsilon_0 r} \quad (r>R)$$

球内场点的电势

$$V_{内} = \int_a^\infty \boldsymbol{E}\cdot \mathrm{d}\boldsymbol{l} = \int_r^R \boldsymbol{E}_{内}\cdot \mathrm{d}\boldsymbol{l} + \int_R^\infty \boldsymbol{E}_{外}\cdot \mathrm{d}\boldsymbol{l}$$

$$= \int_R^\infty \boldsymbol{E}_{外}\cdot \mathrm{d}\boldsymbol{l} = \int_R^\infty \frac{Q}{4\pi\varepsilon_0 r^2}\mathrm{d}r = \frac{Q}{4\pi\varepsilon_0 R} \quad (r<R)$$

这说明均匀带电球面内各点电势相等，都等于球面上的电势。电势随 r 的变化曲线（$V-r$ 曲线）如图 11-28 所示。和电场强度分布 $E-r$ 曲线相比，可看出，在球面处（$r=R$），电场强度不连续，而电势是连续的。在经典物理学中，能量始终是连续的。

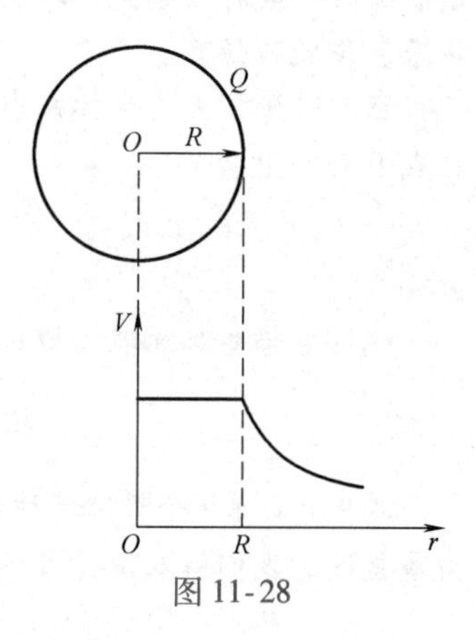

图 11-28

【例 11-11】设圆环半径为 R，带电荷量为 Q，求均匀带电圆环轴线上一点的电势。

【解】本题可以用两种方法求解。我们先用叠加原理求电势的方法来解。在图 11-29 中以 x 表示从环心到点 P 的距离，以 $\mathrm{d}q$ 表示在圆环上的任一电荷元。

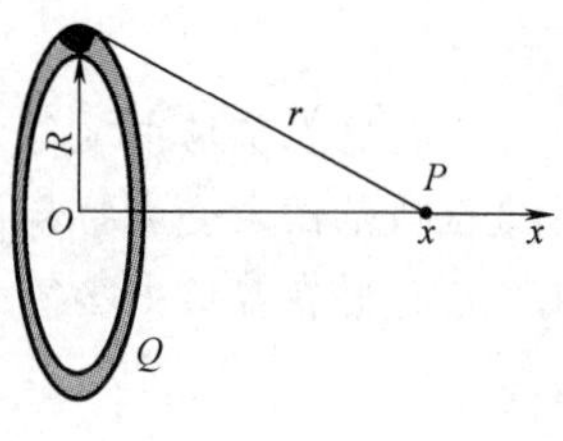

图 11-29

$$\mathrm{d}q = \lambda \mathrm{d}l = \frac{Q}{2\pi R}\mathrm{d}l$$

由电势叠加原理可得轴线上任意一点 P 的电势为

$$V = \int_0^{2\pi R}\frac{\lambda \mathrm{d}l}{4\pi\varepsilon_0 r} = \frac{\lambda}{4\pi\varepsilon_0 r}\int_0^{2\pi R}\mathrm{d}l$$

$$= \frac{1}{4\pi\varepsilon_0 (R^2+x^2)^{1/2}}\frac{Q}{2\pi R}2\pi R = \frac{Q}{4\pi\varepsilon_0 (R^2+x^2)^{1/2}}$$

讨论：

（1）$x=0$ 时，$V=\dfrac{1}{4\pi\varepsilon_0}\dfrac{Q}{R}$；

(2) $x \gg R$ 时，$V=\frac{1}{4\pi\varepsilon_0}\frac{Q}{x}$。

另一种解法是利用已知电场强度求电势的方法。由前面的例题可知圆环在轴线上任意一点的电场强度为

$$E=\frac{Qx}{4\pi\varepsilon_0\ (R^2+x^2)^{3/2}}$$

如果我们在 x 轴上选择一条从 x 到无穷远的路径，则由已知电场强度计算电势的公式可得点 P 处的电势

$$V=\int_P^\infty \boldsymbol{E}\cdot \mathrm{d}\boldsymbol{l}=\int_x^\infty E\mathrm{d}x=\int_x^\infty \frac{qx\mathrm{d}x}{4\pi\varepsilon_0\ (R^2+x^2)^{3/2}}=\frac{q}{4\pi\varepsilon_0\ (R^2+x^2)^{1/2}}$$

可以看出，两种计算方法所得到的结果是完全相同的。当场强分布已知，或因带电体系具有一定的对称性，因而场强分布易用高斯定理求出时，可以用场强积分的方法求电势。当带电体系的电荷分布已知，且带电体系对称性又不强时，宜用电势叠加法计算电势。由于电势是个标量，因此电势叠加比场强叠加的计算简单得多。

【例 11-12】 如图 11-30 所示，一静止的电子在 50000V 的电压作用下获得速度后，水平飞入两平行平板的中央，平板是水平放置的，板长 $b=5\text{cm}$，两板间距离 $d=1\text{cm}$。问至少要在两板间加多大电压，才能使电子不再飞出两板间的空间？

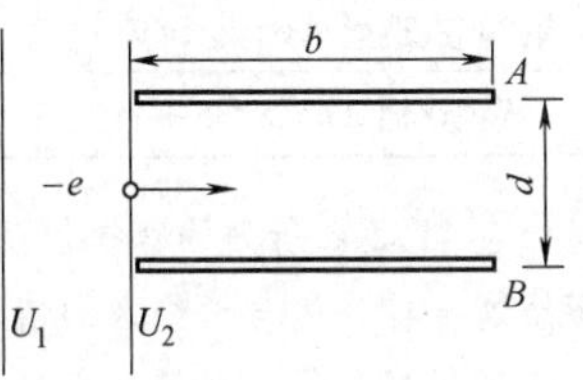

图 11-30

【解】 由动能定理

$$e(V_2-V_1)=\frac{1}{2}mv_0^2$$

得

$$v_0=\sqrt{\frac{2e(V_2-V_1)}{m}}$$

设平行板间电压为 V_A-V_B，则两板间电场强度为

$$E=\frac{V_A-V_B}{d}\quad（方向朝下）$$

电子在电场中的受力为

$$F=eE=\frac{e(V_A-V_B)}{d}\quad（方向朝上）$$

按牛顿第二定律，电子在该方向有加速度

$$a=\frac{F}{m}=\frac{e(V_A-V_B)}{md})$$

在此方向上的位移

$$\frac{1}{2}d=\frac{1}{2}at^2$$

要使电子不飞出两板间，则时间 t 应满足

$$t=\sqrt{\frac{d}{a}}\leqslant\frac{b}{v_0}$$

将上式结果代入，得到 $V_A-V_B\geqslant 2\left(\frac{d}{b}\right)^2(V_2-V_1)=4000\text{V}$

由上题可见，和所有利用能量方法处理问题时一样，知道了电压，可以不去追究电场如何分布，以及电子沿怎样的轨迹运动等具体问题，就可求得它的动能和速率。$e=1.60\times10^{-19}\text{C}$ 是微观粒子带电的基本单位。任何一个带有 $\pm e$ 的粒子，只要飞越一个电位差为 1V 的区间，电场力就对它作功 $A=1.60\times10^{-19}\text{C}\times1\text{V}=1.60\times10^{-19}\text{J}$，从而粒子本身就获得这么多能量（动能）。在近代物理学中为了方便，就把这么多的能量叫作一个电子伏特，而不再换算成焦耳。应当注意，“电子伏特”已不是电位差的单位了，它是能量的单位，即 1 电子伏特 $=1.60\times10^{-19}\text{J}$。

物理知识拓展

1. 人体静电

静电是很容易产生的物理现象，两种不同材料的相互摩擦是产生静电荷的主要原因。例如，当人穿塑料底或皮底鞋在绝缘橡胶或地毯上行走时，就会因摩擦引起带电；人穿的各种化纤制品服装、鞋、袜彼此之间互相摩擦产生静电，这些静电传给人体，使人体带电（当人体对地绝缘时）。有人做过测试，在室温20℃，相对湿度40%时测得人体带电的电压如表11-2所示。

表11-2 人体的带电电压 （单位：kV）

上身衣料/下身衣料	木棉	毛	丙烯	聚酯	尼龙	维尼龙/棉
棉衣（100%）	1.2	0.9	11.7	14.7	1.5	1.8
维尼龙/棉（55%/45%）	0.6	4.5	12.3	12.3	4.8	0.3
聚酯/人造丝（65%/35%）	4.2	8.4	19.2	17.1	4.8	1.2
聚酯/棉（65%/35%）	14.1	15.3	13.3	7.5	14.7	13.8

表11-2中所列的数据说明，人体带电电压的高低与所穿衣料有关。不同的衣料所带电压是不同的。当然这是在人体与地绝缘的情况下测得的。如果人体与地相连接，则人体中的静电荷都会泄漏到地上而不可能累积静电荷，也就不会有静电压产生。

用人造革、泡沫塑料、橡胶、塑料贴面板等容易产生静电的材料制成的工作台、家具、工作室墙壁及各种塑料包装盒，在使用过程中不可避免要发生摩擦，从而产生静电；高速流动的气体或液体，因为与设备的腔壁和管壁发生了摩擦也会引起静电。

静电的产生与空气的湿度有很大关系。空气的湿度高时，空气中所含有的水分子就多，物体表面吸附的水分子也多，表面的电阻率降低，使静电荷容易由高电位传递到低电位而积聚不起来，产生的静电电压必然较低。相反，空气的湿度较低时，同样的活动就会产生较高的静电电压，表11-3所列的是不同湿度时进行活动的人体所带的静电电压值。

表11-3 各种活动在不同湿度时使人体所带的静电电压 （单位：kV）

地点与活动	相对湿度10%~20%	相对湿度65%~90%
在地毯上走动	8.5	1.5
在聚乙烯地板上走动	1.2	0.25
在工作台上工作	0.6	0.1
在泡沫垫椅上坐	1.8	1.5

静电产生以后，具有以下两个显著的特性：

（1）静电荷会在与地绝缘的各种材料、物体以及人体不断地聚积起来，使其周围空间形成静电场，这种电场的强度足以击穿目前各类集成电路的绝缘层，使其失效。

（2）聚积起来的静电荷与地之间形成了电位差，并伺机与地之间形成放电。因此，只要带电体（包括人体各部分）触及微电路时就会产生放电电流。这种放电的电流有可能将微电路的导体烧熔。

2. 静电除尘

在有粉尘或烟雾污染的厂矿企业中，例如水泥、煤气、冶金、发电等工厂，为了防止大气污染，保护环境，以及回收有用物质，常采用静电除尘（或积尘）装置。现以烟囱内的静电除尘装置为例说明静电除尘器除尘的工作原理。

静电除尘器除尘的原理是利用电晕放电，使尘粒带电，再通过高压静电场的作用，使尘粒与烟气分

离。如图 11-31 所示为烟囱内的静电除尘装置示意图：紧贴烟囱内壁设置一半径为 R_2 的金属圆筒，烟囱中央安装一根半径为 R_1($\ll R_2$) 的金属丝，金属丝和圆筒分别连接高压电源的负极和正极。其间的电压（电势差）为 $|V_1-V_2|$，使烟囱内形成一个以金属丝为轴的径向电场，其电场强度为

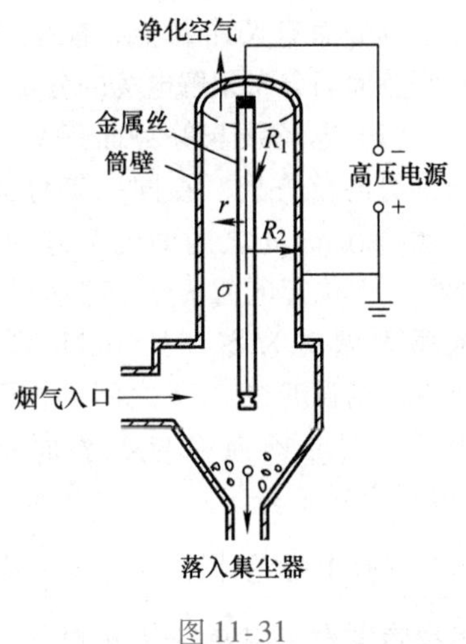

图 11-31

$$E=\frac{\lambda}{2\pi\varepsilon_0 r}=\frac{2\pi R_1|\sigma|}{2\pi\varepsilon_0 r}=\frac{R_1|\sigma|}{\varepsilon_0 r}$$

式中，σ 为金属丝表面的电荷面密度，空气的电容率近似取 ε_0。由上式可知，电场强度最强的区域在金属丝外表面 $r=R_1$ 处：

$$E_{\max}=\frac{R_1|\sigma|}{\varepsilon_0 R_1}=\frac{|\sigma|}{\varepsilon_0}$$

又因为

$$|V_2-V_1|=\left|\int \boldsymbol{E}\cdot \mathrm{d}\boldsymbol{r}\right|=\int_{R_1}^{R_2}\frac{R_1|\sigma|}{\varepsilon_0 r}\mathrm{d}r=\frac{R_1|\sigma|}{\varepsilon_0}\ln\frac{R_2}{R_1}$$

所以

$$\frac{|\sigma|}{\varepsilon_0}=\frac{|V_2-V_1|}{R_1\ln\dfrac{R_2}{R_1}}$$

$$E_{\max}=\frac{|V_2-V_1|}{R_1\ln\dfrac{R_2}{R_1}}$$

把金属丝做得越细（R_1 越小）或者提高两极电压，则 $E_{\max}$ 越大。当电压达到某个值以上时，$E_{\max}$ 就可增大到足以使空气被电离成带正电的正离子和带负电的负离子。正离子很快被金属丝吸引而中和，在金属丝表面上出现青紫色的光点并发出嘶嘶声，发生电晕放电现象。而大量的负离子则在径向电场的作用下背离金属丝向着圆筒壁运动，在运动过程中就附着在烟囱内排放出来的烟尘粒子上，使尘粒带负电。这些带负电的尘粒被径向电场力推向圆筒壁，与圆筒壁上的正电荷中和而失去负电荷，成为中性微粒，然后靠其自身重量或用振动方法使之落在烟囱底部的集尘器内，被净化的气体则从烟囱排放出去。

11.5 电场强度与电势的微分关系

物理学基本内容

11.5.1 电势的形象描述方法—等势面

电场强度形成一个矢量场，矢量场可用矢量线来形象描述。电势分布形成一个标量场，标量场可用等值面来形象描述。在电场中，电势相等的点所组成的曲面叫作等势面。不同的电荷分布，其电场的等势面具有不同的形状与分布。对于一个点电荷 q 的电场，根据其电势的表达式 $V=\dfrac{q}{4\pi\varepsilon_0 r}$，它的等势面应是一系列以点电荷为球心的同心球面（见图 11-32a 中虚线所示）。

图 11-33 画出了几种常见电场的等势面和电场线图。等势面的概念很有实用意义，因为在实际遇到的很多带电问题中等势面（或等势线）的分布容易通过实验描绘出来，并由此可以反过来分析电场的分布。

等势面有两个特点，能使我们从等势面的分布了解电场的分布。

（1）电场线与等势面正交且指向电势降落方向。在同一等势面上任意两点 a，b 之间的电势差为零，即将一单位正电荷从点 a 移动到点 b 电场力做功为零（见图 11-32b），所以电场强度在 a，b 之间的投影必为零。故电场强度与等势面垂直（或正交）。

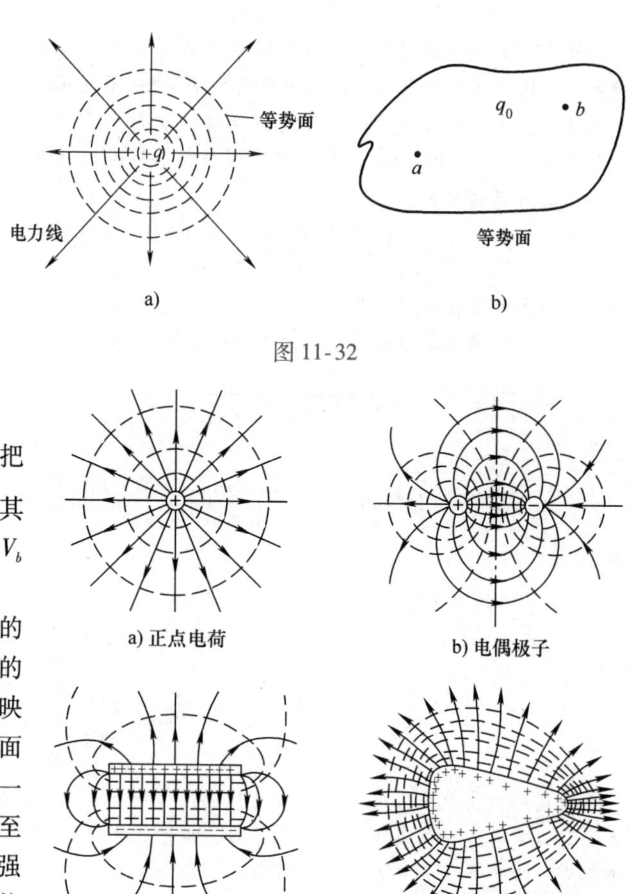

图 11-32

a) 正点电荷　b) 电偶极子　c) 平行板电容器　d) 任意带电体

图 11-33

又按电势差计算式 $U_{ab}=\int_a^b \boldsymbol{E}\cdot\mathrm{d}\boldsymbol{l}$，把电场强度沿着电场线从 a 积分到 b，其结果肯定为正，即电势差 $U_{ab}=V_a-V_b$ 为正，所以沿电场线方向电势降落。

（2）等势面密集的区域电场强度的数值大，等势面稀疏的区域电场强度的数值小。为了能通过等势面的分布反映电场中电场强度大小的分布，做等势面时我们约定：相邻等势面的电势差为一个常数。设想把等势面做得较密，以至于相邻等势面之间的电场可以看作匀强电场。把电场强度沿电场线从一个等势面积分到相邻的等势面得到等势面间的电势差 $U=Ed$，其中，d 为相邻等势面之间的距离。由于相邻等势面之间的电势差相等，所以等势面间距大的地方电场强度小，等势面间距小的地方电场强度大。

11.5.2 电场强度与电势的微分关系

物理现象

我们知道，保守力做功等于势能增量的负值

$$F_{保}\cdot\mathrm{d}l=-\mathrm{d}W$$

$$F_{保}\cos\theta\mathrm{d}l=F_{保l}\mathrm{d}l=-\mathrm{d}W$$

$$F_{保l}=-\frac{\mathrm{d}W}{\mathrm{d}l}$$

因为静电场为保守场，所以电势能与静电力是否也有相应的微分关系呢？

1. 电场强度分量与电势方向导数的关系

电场强度和电势都是描述电场性质的物理量。从逻辑上讲，描述同一事物的物理量之间应该存在某种关系。电势计算式表述了电势与电场强度的积分关系，如果电场强度已知，那么可以从这个关系式计算出电势来。反之，如果已知电势，能否计算出电场强度呢？答案是肯定的。

如图 11-34 所示，P_1 和 P_2 表示电场中的两个非常接近的点，由 P_1 指向 P_2 的方向叫作 l 方向，

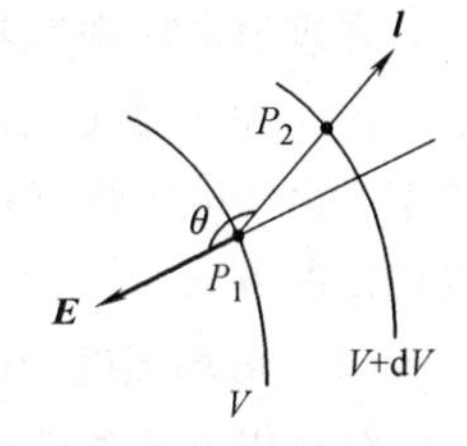

图 11-34

从 P_1 到 P_2 的距离为 dl，电势增量为 dV。由于电势差和电势增量只有一个负号的差别，所以 P_1 到 P_2 的电势差为

$$V_1 - V_2 = -\mathrm{d}V = \boldsymbol{E} \cdot \mathrm{d}\boldsymbol{l} = E\cos\theta \mathrm{d}l \tag{11-45}$$

式中，$E\cos\theta$ 就是 P_1 处电场强度在 l 方向的投影。所以有

$$E_l = -\frac{\mathrm{d}V}{\mathrm{d}l} \tag{11-46}$$

其中，$\frac{\mathrm{d}V}{\mathrm{d}l}$为电势沿 $\boldsymbol{l}$ 方向单位长度上的变化（在 $\boldsymbol{l}$ 方向的空间变化率），定义为电势在 $\boldsymbol{l}$ 方向的方向导数。式（11-46）说明，在电场中某点的电场强度沿某方向的分量等于电势沿此方向的方向导数（或空间变化率）的负值，也可以说成是等于电势在该方向的减少率。如果空间的电势分布为已知，则可由上式求出电场强度在任意方向上的分量。

2. 电场强度与电势梯度的关系

如果电势的分布已表示为直角坐标 x，y，z 的函数 $V(x, y, z)$，由式（11-46）可求得电场强度在三个坐标轴方向的分量

$$E_x = -\frac{\partial V}{\partial x},\ E_y = -\frac{\partial V}{\partial y},\ E_z = -\frac{\partial V}{\partial z} \tag{11-47}$$

由于电势是 x，y，z 的函数，所以式（11-47）中用偏导数表示电势沿这三个方向的变化率。将式（11-47）合并写为矢量式，则有

$$\boldsymbol{E} = -\left(\frac{\partial V}{\partial x}\boldsymbol{i} + \frac{\partial V}{\partial y}\boldsymbol{j} + \frac{\partial V}{\partial z}\boldsymbol{k}\right) \tag{11-48}$$

按数学中关于场的处理方法，电势是一个标量场，标量场在空间的变化率用梯度来描述，电势梯度定义为

$$\mathbf{grad}(V) = \nabla V = \frac{\partial V}{\partial x}\boldsymbol{i} + \frac{\partial V}{\partial y}\boldsymbol{j} + \frac{\partial V}{\partial z}\boldsymbol{k} \tag{11-49}$$

式中，∇表示矢量微分算符，定义为$\nabla = \frac{\partial}{\partial x}\boldsymbol{i} + \frac{\partial}{\partial y}\boldsymbol{j} + \frac{\partial}{\partial z}\boldsymbol{k}$，表示对函数求空间变化率。于是，电场强度与电势的关系式可记为

$$\boldsymbol{E} = -\mathbf{grad}(V) = -\nabla V \tag{11-50}$$

即电场中任意一点的电场强度等于该点电势梯度的负值。式（11-50）描述了电场强度与电势的微分关系。用这个公式可以很方便地由已知的电势分布求出电场强度分布。特别地，如果一点的电场强度 $\boldsymbol{E}$ 的方向可以通过对称性判定出来，则可以设该方向为 $\boldsymbol{e}$ 方向，注意到电场强度在自身方向的投影 E_e就是电场强度的大小，因而可以立即由电势分布求出电场强度的大小

$$E = E_e = -\frac{\partial V}{\partial e} \tag{11-51}$$

例如，点电荷的电势分布为 $V = \frac{q}{4\pi\varepsilon_0 r}$，由对称性可以判定点电荷的电场强度方向沿矢径 $\boldsymbol{r}$ 的方向，因而电场强度的大小为

$$E = E_r = -\frac{\partial V}{\partial r} = \frac{q}{4\pi\varepsilon_0 r^2} \tag{11-52}$$

这正是点电荷的电场强度公式。

需要指出的是，电场强度与电势的微分关系说明，电场中某点的电场强度决定于电势在该点的空间变化率，而与该点的电势值本身无直接关系。

在理解电场强度与电势梯度关系时，应注意如下几点：

（1）电场强度与电势梯度关系式表明，电场强度在自身方向的投影等于电势在该方向的减少率。由于电场强度在它自身方向的投影是最大投影，因而此式表示电场强度的方向是电势减少最快的方向；

（2）电场强度与电势梯度关系还表明，电场强度的大小等于电势沿电场强度方向的减少率。

综合以上两条即有如下结论：电场强度的方向是电势减少最快的方向，而电场强度的大小等于电势沿该方向的减少率。由于电势梯度与电场强度的大小相同而方向相反，因而反过来有下述结论：电势梯度的方向沿着电势增加最快的方向，而电势梯度的大小等于电势沿该方向的变化率，即电势的最大变化率。此结论不仅对于电势分布是正确的，而且对于所有标量场都成立。

现象解释

如果场强与电势的微分关系表达式等号两侧均乘以电荷电量，即

$$E_l q = -q\frac{\mathrm{d}V}{\mathrm{d}l}$$

当 q 为常数时，得到电场力与电势能的微分关系

$$F_e = -\frac{\mathrm{d}W_e}{\mathrm{d}l}$$

物理知识应用

【例 11-13】已知电偶极子的电势公式 $V=\frac{p\cos\theta}{4\pi\varepsilon_0 r^2}$，求电偶极子的电场强度分布。

【解】如图 11-35 所示，建立坐标系。令电偶极子中心位于坐标原点 O，并使电偶极矩 p 指向 x 轴正方向。设场点 P 所在平面为 xOy 平面，显然点 P 的电场强度也在 xOy 平面内，即只有 E_x，E_y 两个分量。由于

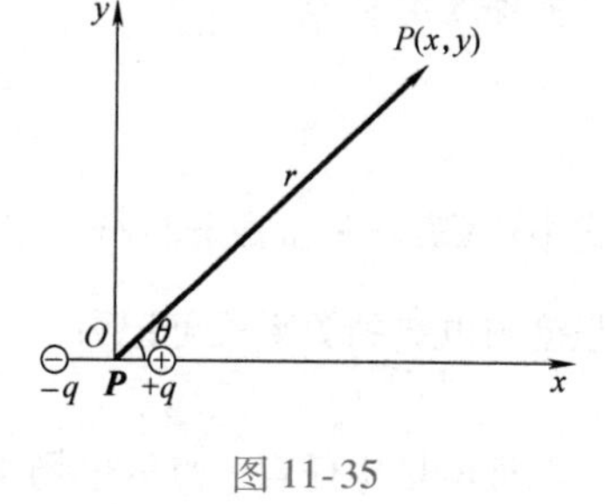

图 11-35

$$r^2=x^2+y^2 \qquad \cos\theta=\frac{x}{4\pi\varepsilon_0\,(x^2+y^2)^{1/2}}$$

所以
$$V=\frac{px}{4\pi\varepsilon_0\,(x^2+y^2)^{3/2}}$$

对任一点 $P(x,\ y)$，由电场强度与电势梯度关系式的分量式可以得出

$$E_x=-\frac{\partial V}{\partial x}=\frac{p(2x^2-y^2)}{4\pi\varepsilon_0\,(x^2+y^2)^{5/2}}$$

$$E_y=-\frac{\partial V}{\partial y}=\frac{3pxy}{4\pi\varepsilon_0\,(x^2+y^2)^{5/2}}$$

这个结果还可以用矢量式表示为

$$\boldsymbol{E}=\frac{1}{4\pi\varepsilon_0}\left[\frac{-\boldsymbol{P}}{r^3}+\frac{3\boldsymbol{P}\cdot\boldsymbol{r}}{r^5}\boldsymbol{r}\right]$$

其正确性读者可以自行验证。

【例 11-14】已知半径为 R 的均匀带电且所带电荷量为 Q 的圆环轴线上任一点 P 的电势为 $V=\frac{1}{4\pi\varepsilon_0}\frac{Q}{(R^2+x^2)^{\frac{1}{2}}}$。用电场强度与电势的关系式 $E=-\frac{\partial V}{\partial x}$，求：$E$。

【解】
$$V=\frac{1}{4\pi\varepsilon_0}\frac{Q}{(R^2+x^2)^{\frac{1}{2}}}$$

$$E=E_x=-\frac{\partial V}{\partial x}=-\frac{1}{4\pi\varepsilon_0}\frac{\partial\left[\frac{Q}{(R^2+x^2)^{\frac{1}{2}}}\right]}{\partial x}=\frac{1}{4\pi\varepsilon_0}\frac{Qx}{(R^2+x^2)^{\frac{3}{2}}}$$

方向沿 x 轴正向，这一结果与使用叠加原理得到的结果相同。

【例 11-15】如图 11-36 所示，在 x 轴上放置一端在原点 $O(x=0)$ 的长为 l 的细棒，每单位长度分布着 $\lambda=kx$ 的正电荷，其中 k 为常数。若取无限远处电势为 0，试求：(1) y 轴上任一点 P 的电势；(2) 试用电场强度与电势关系求 E_y。

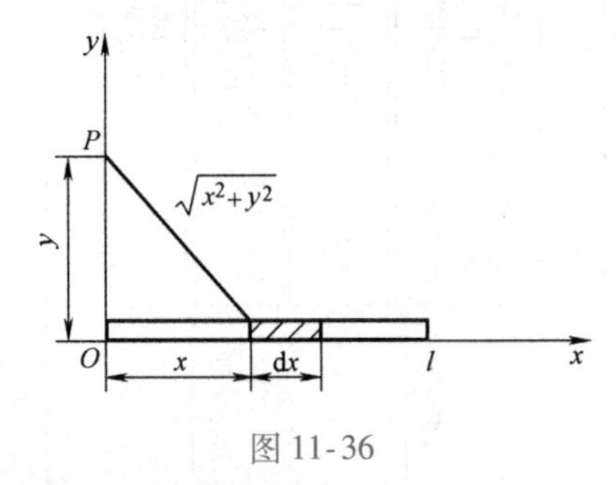

图 11-36

【解】(1) dx 段在 y 轴上任一点 P 产生的电势为

$$\mathrm{d}V=\frac{1}{4\pi\varepsilon_0}\cdot\frac{kx\mathrm{d}x}{\sqrt{x^2+y^2}}$$

整个棒在 P 点产生的电势为

$$V=\int\mathrm{d}V=\int_0^l\frac{1}{4\pi\varepsilon_0}\frac{kx\mathrm{d}x}{\sqrt{x^2+y^2}}=\frac{k}{4\pi\varepsilon_0}\cdot\frac{1}{2}\int_0^l\frac{\mathrm{d}(x^2+y^2)}{\sqrt{x^2+y^2}}$$

$$=\frac{k}{4\pi\varepsilon_0}\cdot\frac{1}{2}\cdot\frac{1}{\frac{1}{2}}\sqrt{x^2+y^2}\Big|_0^l$$

$$=\frac{k}{4\pi\varepsilon_0}\left(\sqrt{x^2+y^2}-y\right)$$

(2) $E_y=-\dfrac{\partial V}{\partial y}=\dfrac{k}{4\pi\varepsilon_0}\left(1-\dfrac{y}{\sqrt{l^2+y^2}}\right)$

当 $k>0$ 时，$\boldsymbol{E}_y$ 沿 y 轴正向；当 $k<0$ 时，$\boldsymbol{E}_y$ 沿 y 轴负向。

【例 11-16】计算电偶极子在外电场中所受的力矩。

【解】因 $W=-\boldsymbol{p}\cdot\boldsymbol{E}$，所以

$$F_l=-\frac{\partial W}{\partial l}=\frac{\partial}{\partial l}(\boldsymbol{p}\cdot\boldsymbol{E})$$

$$F_l=\nabla(\boldsymbol{p}\cdot\boldsymbol{E})$$

若电偶极矩 $\boldsymbol{p}$ 与场强 $\boldsymbol{E}$ 平行，则 $\boldsymbol{p}\cdot\boldsymbol{E}=pE$。上式表明，在此情况下偶极子受力的方向沿着 pE 的梯度 $\nabla(\boldsymbol{p}\cdot\boldsymbol{E})$ 方向，亦即指向场强的绝对值 E 较大的区域。例如当我们在一个非均匀电场中放一些电介质的小颗粒或碎片时，它们就会因极化而成为沿场强方向排列的小偶极子。这时电场力总是把它们拉向电场较强的区域。经摩擦起电后的物体能够吸引轻微物体，就是这个道理。

本章知识导图

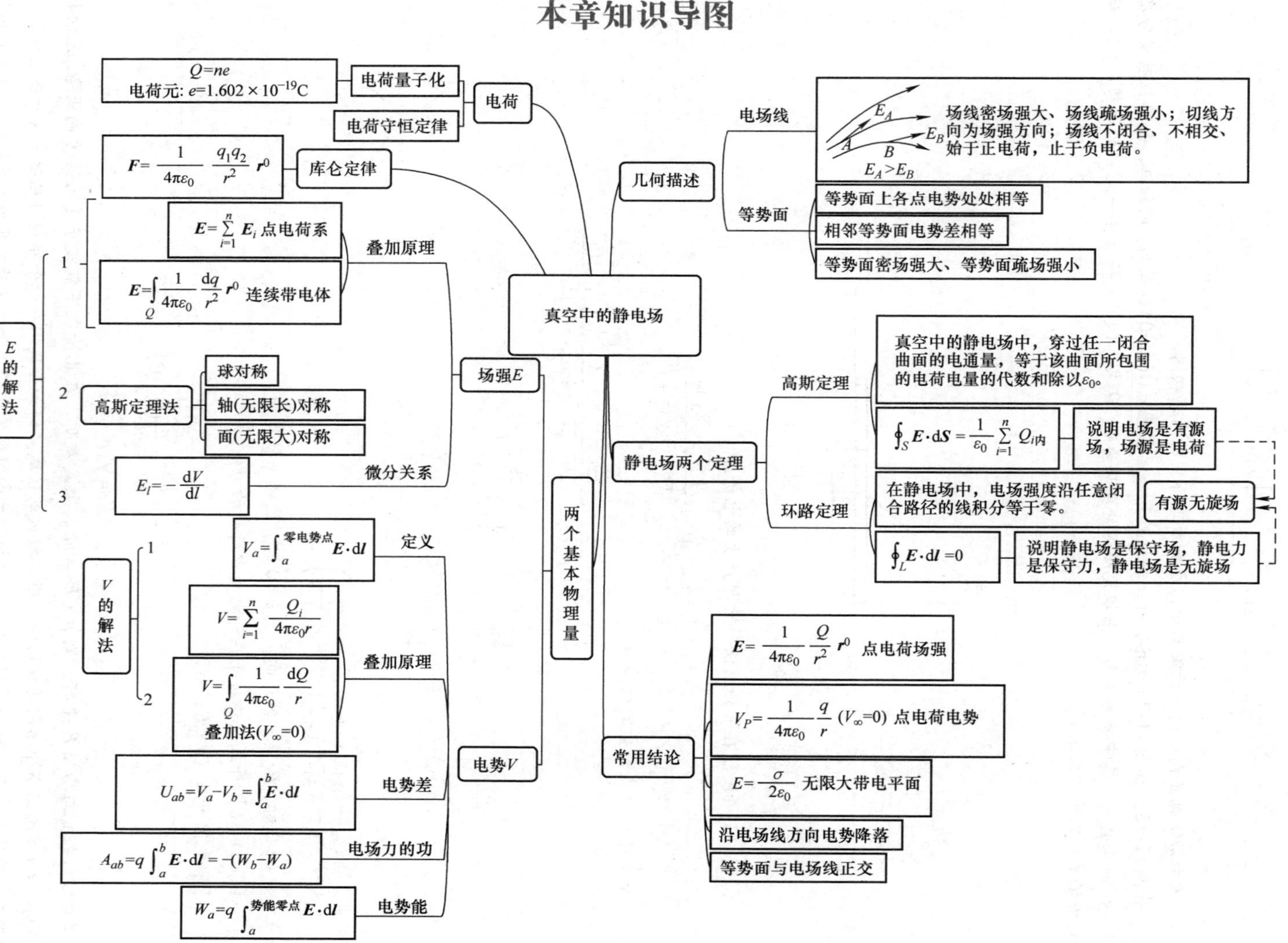

真空中的静电场
电荷
电荷量子化
电荷守恒定律
$Q=ne$
电荷元: $e=1.602\times10^{-19}$C
库仑定律
$F=\dfrac{1}{4\pi\varepsilon_0}\dfrac{q_1q_2}{r^2}\boldsymbol{r}^0$
几何描述
电场线
E_A E_B A B $E_A>E_B$
场线密场强大、场线疏场强小；切线方向为场强方向；场线不闭合、不相交、始于正电荷，止于负电荷。
等势面
等势面上各点电势处处相等
相邻等势面电势差相等
等势面密场强大、等势面疏场强小
静电场两个定理
高斯定理
真空中的静电场中，穿过任一闭合曲面的电通量，等于该曲面所包围的电荷电量的代数和除以ε_0。
$\oint_S \boldsymbol{E}\cdot d\boldsymbol{S}=\dfrac{1}{\varepsilon_0}\sum_{i=1}^{n}Q_{i内}$
说明电场是有源场，场源是电荷
环路定理
在静电场中，电场强度沿任意闭合路径的线积分等于零。
$\oint_L \boldsymbol{E}\cdot d\boldsymbol{l}=0$
说明静电场是保守场，静电力是保守力，静电场是无旋场
有源无旋场
常用结论
$\boldsymbol{E}=\dfrac{1}{4\pi\varepsilon_0}\dfrac{Q}{r^2}\boldsymbol{r}^0$ 点电荷场强
$V_P=\dfrac{1}{4\pi\varepsilon_0}\dfrac{q}{r}$ $(V_\infty=0)$ 点电荷电势
$E=\dfrac{\sigma}{2\varepsilon_0}$ 无限大带电平面
沿电场线方向电势降落
等势面与电场线正交
两个基本物理量
场强E
叠加原理
$\boldsymbol{E}=\sum_{i=1}^{n}\boldsymbol{E}_i$ 点电荷系
$\boldsymbol{E}=\int_Q\dfrac{1}{4\pi\varepsilon_0}\dfrac{dq}{r^2}\boldsymbol{r}^0$ 连续带电体
高斯定理法
球对称
轴(无限长)对称
面(无限大)对称
微分关系
$E_l=-\dfrac{dV}{dl}$
E的解法
1
2
3
电势V
定义
$V_a=\int_a^{零电势点}\boldsymbol{E}\cdot d\boldsymbol{l}$
叠加原理
$V=\sum_{i=1}^{n}\dfrac{Q_i}{4\pi\varepsilon_0 r}$
$V=\int_Q\dfrac{1}{4\pi\varepsilon_0}\dfrac{dQ}{r}$
叠加法($V_\infty=0$)
V的解法
1
2
电势差
$U_{ab}=V_a-V_b=\int_a^b\boldsymbol{E}\cdot d\boldsymbol{l}$
电场力的功
$A_{ab}=q\int_a^b\boldsymbol{E}\cdot d\boldsymbol{l}=-(W_b-W_a)$
电势能
$W_a=q\int_a^{势能零点}\boldsymbol{E}\cdot d\boldsymbol{l}$

思考与练习

思考题

11-1　对于一个点电荷或者一根无限长的带电线，怎样理解 r 趋于零时的场强计算？

11-2　电场线、电通量和电场强度三者的关系是什么？电通量的正、负是如何确定的？

11-3　有人说电场线与正电荷在电场中运动的轨迹是一致的，谈谈你的理解。

11-4　穿过一个高斯面的电通量不为零，可以推知高斯面上的电场强度处处不为零吗？

11-5　有一个高斯面，已知其面上各处场强均不为零，穿过这个高斯面的电通量能够为零吗？

11-6　电势是由电势能引入的，而势能一定是体系中相互作用的结果。但我们可以计算一个孤立的点电荷在空间某点的电势，这是什么道理呢？

11-7　电场是（分布于空间的）矢量场，电势是标量场，它们互相决定。请在引力场中找出类似的关系。

练习题

（一）填空题

11-1　静电场中某点的电场强度，其大小和方向与________相同。

11-2　在电场强度为 E 的均匀电场中，有一半径为 R，长为 l 的圆柱面，其轴线与 E 的方向垂直。在通过轴线并垂直 $\boldsymbol{E}$ 的方向将此柱面切去一半，如习题 11-2 图所示，则穿过剩下的半圆柱面的电场强度通量等于________。

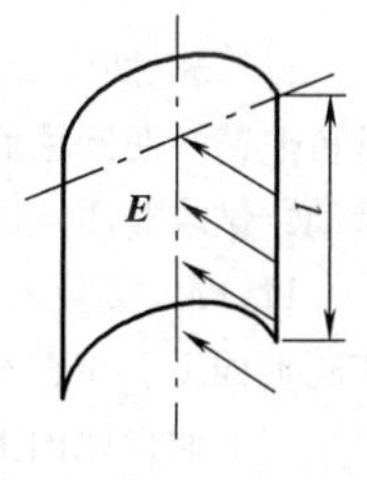

习题 11-2 图

11-3　有一半径为 R，长为 L 的均匀带电圆柱面，其单位长度带有电荷 λ。在带电圆柱的中垂面上有一点 P，它到轴线的距离为 $r(r>R)$，则点 P 的电场强度的大小：当 $r \ll l$ 时，$E=$________；当 $r \gg l$ 时，$E=$________。

11-4　静电陀螺原理：空气平行板电容器的两极板面积均为 S，两板相距很近，电荷在平板上的分布可以认为是均匀的。设两极板分别带有电荷 $\pm Q$，则两板间相互吸引力为________。

11-5　在点电荷 q 的静电场中，若选取与点电荷距离为 r_0 的一点为电势零点，则与点电荷距离为 r 处的电势 $V=$________。

11-6　静电场中有一质子（带电荷 $e=1.6\times10^{-19}$C）沿习题 11-6 图所示路径从点 a 经点 c 移动到点 b 时，电场力做功 8×10^{-15}J。则当质子从点 b 沿另一路径回到点 a 的过程中，电场力做功 $A=-8.0\times10^{-15}$J；若设点 a 电势为零，则点 b 电势 $V_b=$________。

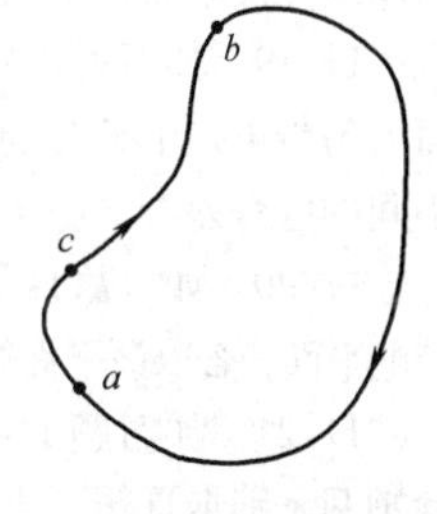

习题 11-6 图

11-7　有一半径为 R 的均匀带电圆环，电荷线密度为 λ。设无穷远处为电势零点，则圆环中心点 O 的电势 $V=$________。

11-8　有一半径为 R 的均匀带电球面，带有电荷 Q。若设该球面上电势为零，则球面内各点电势 $V=$________。

11-9　有一半径为 R 的均匀带电球面，带有电荷 Q。若设该球面上电势为零，则无限远处的电势 $V=$________。

（二）计算题

11-10　假设在地球表面附近有一均匀电场，电子可以在其中沿任意方向作匀速直线运动，试计算该电场的电场强度大小，并说明电场强度方向。（忽略地磁场，电子质量 $m_e=9.1\times10^{-31}$kg，元电荷 $e=1.6\times10^{-19}$C）

11-11　一电偶极子由电荷量为 $q=1.0\times10^{-6}$C 的两个异号点电荷组成，两点电荷相距 $l=2.0$cm。将该电偶极子放在电场强度大小为 $E=1.0\times10^5$N/C 的均匀电场中。试求：

（1）电场作用于电偶极子的最大力矩；

（2）电偶极子从受最大力矩的位置转到平衡位置的过程中，电场力所做的功。

11-12　用绝缘细线弯成的半圆环，半径为 R，其上均匀带有正电荷 Q，试求圆心点 O 的电场强度。

11-13　如习题 11-13 图所示，电荷 $Q(Q>0)$ 均匀分布在长为 L 的细棒上，在细棒的延长线上距细棒中心 O 距离为 a 的点 P 处放一电荷为 $q(q>0)$ 的点电荷，求带电细棒对该点电荷的静电力。

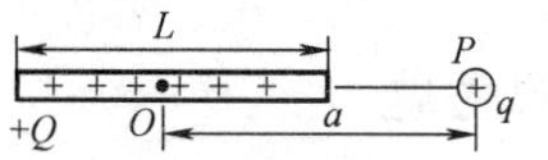

习题 11-13 图

11-14　一段半径为 a 的细圆弧，对圆心的张角为 θ_0，其上均匀分布有正电荷 q，如习题 11-14 图所示，试以 a，q，θ_0 表示出圆心 O 处的电场强度。

11-15　真空中有一半径为 R 的圆面，在通过圆心 O 且与圆面垂直的轴线上一点 P 处，有一电荷量为 q 的点电荷。O 与 P 间的距离为 h，如习题 11-15 图所示。试求通过该圆平面的电场强度通量。

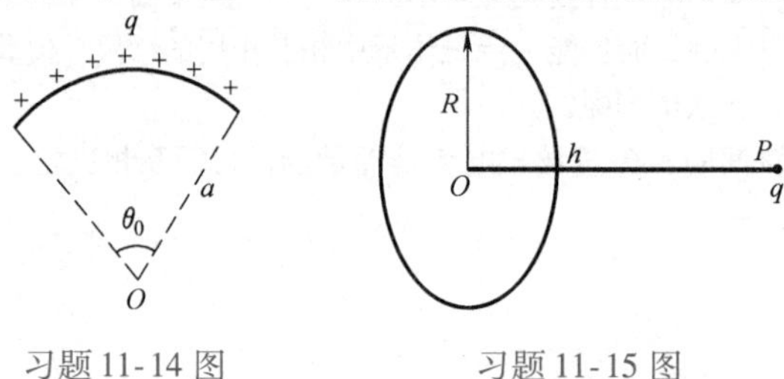

习题 11-14 图　　习题 11-15 图

11-16　两“无限长”同轴均匀带电圆柱面，外圆柱面单位长度带正电荷 λ，内圆柱面单位长度带等量负电荷。两圆柱面间为真空，其中有一质量为 m 并带正电荷 q 的质点在垂直于轴线的平面内绕轴做圆周运动，试求此质点的速率。

11-17　实验表明，在靠近地面处有相当强的电场，电场强度 $\boldsymbol{E}$ 垂直于地面向下，大小约为 100N/C；在离地面 1.5km 高的地方，$\boldsymbol{E}$ 也是垂直于地面向下的，大小约为 25N/C。

（1）假设地面上各处 $\boldsymbol{E}$ 都是垂直于地面向下的，试计算从地面到此高度大气中电荷的平均体密度；

（2）假设地表面内电场强度为零，且地球表面处的电场强度完全是由均匀分布在地表面的电荷产生，求地面上的电荷面密度。

11-18　如习题 11-18 图所示，一厚度为 d 的“无限大”均匀带电平板，电荷体密度为 ρ。试求板内外的场强分布，并画出场强随坐标 x 变化的图线（设原点在带电平板的中央平面上，Ox 轴垂直于平板）。

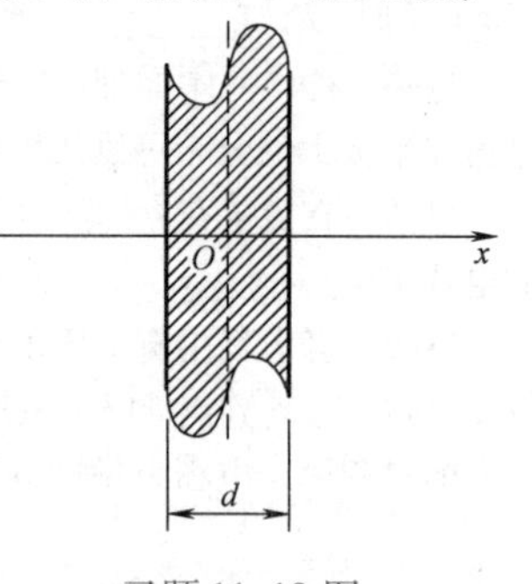

习题 11-18 图

11-19　如习题 11-19 图所示，有两个半径均为 R 的非导体球壳，表面均匀带电，电荷分别为 $+Q$ 和 $-Q$，两球心相距为 $d(d\gg 2R)$，求两球心间的电势差。

11-20　如习题 11-20 图所示，有一电荷面密度为 σ 的“无限大”均匀带电平面，若以该平面处为电势零点，试求带电平面周围空间的电势分布。

11-21　如习题 11-21 图所示，有电荷面密度分别为 $+\sigma$ 和 $-\sigma$ 的两块“无限大”均匀带电平行平面，分别与 x 轴垂直相交于 $x_1=a$，$x_2=-a$ 两点。设坐标原点 O 处电势为零，试求空间的电势分布表示式并画出其曲线。

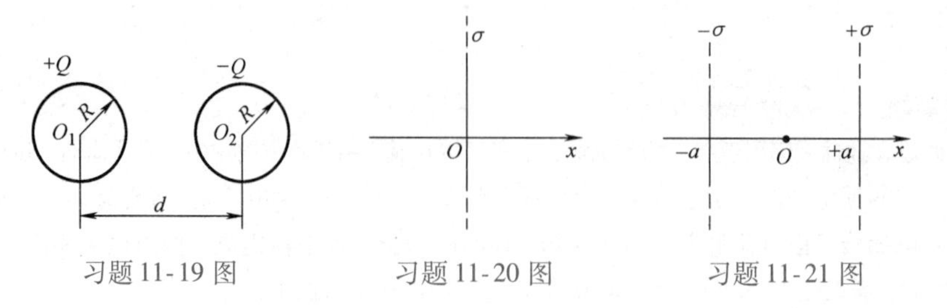

习题 11-19 图　　习题 11-20 图　　习题 11-21 图

11-22 如习题 11-22 图所示，在电偶极矩为 p 的电偶极子的电场中，将一电荷为 q 的点电荷从点 A 沿半径为 R 的圆弧（圆心与电偶极子中心重合，R 远远大于电偶极子正、负电荷之间的距离）移到点 B，求此过程中电场力所做的功。

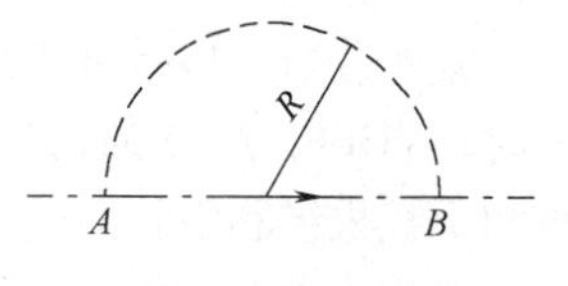

习题 11-22 图

11-23 两个带等量异号电荷的均匀带电同心球面，半径分别为 $R_1=0.03\text{m}$ 和 $R_2=0.10\text{m}$。已知两者的电势差为 450V，求内球面上所带的电荷。

11-24 在盖革计数器中有一直径为 2.00cm 的金属圆筒，在圆筒轴线上有一条直径为 0.134mm 的导线。如果在导线与圆筒之间加上 850V 的电压，试分别求：(1) 导线表面处的电场强度的大小；(2) 金属圆筒内表面处的电场强度的大小。

11-25 当有电荷在地与雷雨云之间流动时就会产生闪电。一道闪电中电荷流动的最大速度大约是 20000C/s；持续时间不到 100μs。问：在此时间内地与雷雨云之间有多少电荷在流动？有多少个电子在流动？

11-26 地球电场：地球带有净电荷，这部分电荷能够在地球表面产生电场，其电场强度为 150N/C，方向指向地心。问：(1) 一个 60kg 的人带多少电荷，才能使这些电荷受到的地球电场力克服他自身的重量？(2) 当两人之间的距离是 100m，电荷是上问中的结果时，求两个人之间的斥力？地球产生的电场能成为飞行的一种可行手段么，为什么？

11-27 一些科学家提出火星有与地球存在相似的电场，在其表面产生总电通量为 $3.63\times10^{16}\text{N}\cdot\text{m}^2/\text{C}$，试计算：(1) 火星所具有的总电荷量；(2) 火星表面的电场（火星半径为 3400km）；(3) 电荷密度（假定电荷均匀分布在火星表面）。

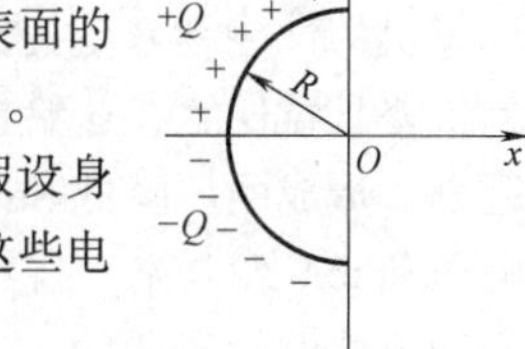

习题 11-29 图

11-28 估算你身体内的电子数量：可以进行一些必要的假设，例如，假设身体内全是水，或身体内的绝大部分原子具有相同的电子、质子和中子。所有这些电子的总电荷量是多少？

11-29 一根细玻璃棒被弯成半径为 R 的半圆形，沿其上半部分均匀分布有电荷 $+Q$，沿其下半部分均匀分布有电荷 $-Q$，如习题 11-29 图所示，试求圆心 O 处的电场强度。

11-30 某 α 粒子具有动能 $2\times10^{-12}\text{J}$，从远处射向一个金原子核，忽略金原子核的运动，求 α 粒子最接近金原子核的距离 d。已知 α 粒子是氦原子核，具有两个质子的电荷，金原子核具有 79 个质子的电荷。

阅读材料

飞机防静电装置

1. 放电刷

安装在飞机的机翼尖、平尾翼尖和垂尾顶部，根据物体尖端放电原理用于释放飞机机体所积累的静电荷。

2. 搭铁线

在附件与附件之间，附件与结构之间的金属连线，用于防止电荷积累，将飞机上的电荷通过结构传递到放电刷释放掉。

3. 腕带

维修人员在维护带有 ESD 标识符的 LRU（航线可更换件）时所使用的一种静电防护工具。

4. 接地桩或接地插孔

用于插装腕带和接地线的装置。

飞机维护要求与规定：

飞机加油和实施各级定检维护时，应将搭地线插装在飞机的接地桩或接地插孔中，以使加油和维护中产生的静电释放到地面。

拆卸、安装和移动带有ESD标识符的LRU的人员应具备静电及其防护知识，应持有上岗合格证，严格按机型维护手册（MM）有关章节规定程序执行。

案例分析：1995年5月至8月期间，某航空公司MD90型飞机B－2109在空中遇到飞机穿云时，VHF1，2，3通信接收机组耳机和扬声器里都有严重背景杂音，发射噪声也极大，严重覆盖和干扰机组和空管的通话，一度对飞行安全构成威胁。维修人员先后更换VHF收发组、控制盒、天线、馈线、放电刷等均无效。最终工程师根据故障时间分析，发现该机故障是在更换左机翼后不久才出现的。那么，机翼的工作又能与无线电通信有多大联系呢？原来，由于安装疏忽，左机翼与机身处于“绝缘状态”造成飞行中左机翼的静电无法释放，导致此严重故障。最后，拆除机翼与机身连接处的“绝缘体”后，该故障才彻底排除。

航空机载设备的静电故障

现代飞机的机载设备其内部的集成电路会由于静电放电而失效，使整台设备处于故障状态，这种因静电放电而引起的设备故障称为静电故障。那些遭受静电放电而失效的集成电路称为静电放电敏感器件。可见，静电故障是由静电放电所引起的，而人为地随便触摸和错误操作静电放电敏感器件是造成静电故障的直接原因。

微电子技术的飞速发展，以及大规模、超大规模集成电路在机载设备中的广泛使用，使得现代飞机的性能越来越先进。高密度集成电路的功能很强，尺寸很小，速度很快，功耗很低，而且价格日益便宜，这给机载设备的设计应用带来了巨大的技术经济效益。但与此同时，因为线距缩小造成耐压降低和线路面积减小而使耐流容量降低。这使高密度集成电路只能承受mV级电压和mA级电流，当其遭受到静电放电的能量时就会发生击穿或烧熔现象而导致器件失效，成为静电放电敏感器件。

对于NMOS、PMOS和CMOS集成电路来说，由于其集成度高，集成线路间分布电容容量很小，导线之间、元器件之间的绝缘层均为0.1～0.3μm，氧化膜的分布电容也很小。所以静电稍有积累，电容上即产生很高的电场强度，线路很容易损坏。许多微电路，例如CPU，RAM，ROM，I/O，D/A，A/D等都是用导电薄膜、介质薄膜、绝缘薄膜等构成电阻、电容、电感器件的隔离介质，由于绝缘膜非常薄，所以对静电的防护能力特别弱。

静电放电的能量对传统的元器件影响甚微且不易察觉。但对于高密度集成电路来说，静电场和静电流却成为致命的杀手。凡是静电放电敏感器件，不管它是安装在设备里面的，还是安装在产品组件上和印制电路板上的，或者是单个集成电路片，一旦遭受到静电放电，就会使器件的物理和电气性能发生改变而失效。器件在遭受静电放电以后，放电电流会烧穿器件的氧化膜。在电子显微镜下可以观察到器件芯片上有像“弹坑”一样的孔洞。

不同的静电放电敏感器件所能承受的静电电压的大小也不相同，表11-4列出了几种器件的静电破坏电势差的数值。

表11-4　几种器件的静电破坏电势差

静电放电敏感器件	静电破坏电势差/V
场效应晶体管（MOSFET）	150～1000
互补型金属氧化物半导体晶体管（CMOS）	250～1000
双极型晶体管	4000～15000
可控硅整流器（SCR）	4000～15000
精密薄膜电阻（RN型）	150～1000

第12章　静电场中的导体和电介质

历史背景与物理思想发展

我国对尖端放电现象的观察和研究由来已久。早在三国时期和南北朝时期，古籍中就出现过“避雷室”。一些大殿和庙宇，常有所谓“雷公柱”，古塔的尖顶多涂金属膜或鎏金。古代兵器多为长矛、剑、戟，而矛、戟锋刃尖利，常常可导致尖端放电的发生，这一现象多有记述。如《汉书·西域记》中就有“元始中（公元3年）矛端生火”，晋代《搜神记》中也有相同记述：“戟锋皆有火光，遥望如悬烛。”

1720年，格雷研究了电的传导现象，发现了导体与绝缘体的区别。随后，他又发现了导体的静电感应现象。本杰明·富兰克林进一步对放电现象进行研究，发现了尖端放电，并发明了避雷针。接下来是康顿在1754年用电流体假说解释了静电感应现象。德国的爱皮努斯于1759年对电力进行了研究，他假设电荷之间的力随带电物体之间的距离的减少而增大，对静电感应现象给出了更完善的解释，不过，他并没有实际测量电荷间的作用力，而只是进行一种猜测。

电荷如何存储？最早的电容器是莱顿瓶，也就是在玻璃瓶的内外壁敷上金属箔，形成两个电极。1746年荷兰莱顿大学的教授慕欣勃罗克，在做电学实验时，无意中把一个带了电的钉子掉进玻璃瓶里，他以为要不了多久，铁钉上所带的电就会很容易跑掉的。过了一会，他想把钉子取出来，可当他一只手拿起桌上的瓶子，另一只手刚碰到钉子时，突然感到有一种电击式的振动。这到底是铁钉上的电没有跑掉呢，还是自己的神经太过敏感呢？于是，他又照着刚才的样子重复了好几次，而每次的实验结果都和第一次一样，于是他非常高兴地得到一个结论：把带电的物体放在玻璃瓶子里，电就不会跑掉，这样就可以把电储存起来。

在当时，莱顿瓶仅是娱乐工具或玩具。这些电学示范中规模最大的应是1748年，法国人诺莱特在巴黎圣母院外面，给在法国国王路易十五的皇室成员看的700人表演。他让700位修道士手拉手排成一行，诺莱特让排头的人用手握住莱顿瓶，让排尾的人用手握住莱顿瓶的引线，然后他用起电机让莱顿瓶起电。当摇动起电机的一瞬间，700个修道士因受电击几乎同特跳起来，在场的人无不目瞪口呆。

1874年德国人鲍尔发明云母电容器。云母电容器是一利性能优异的电容器。时至今日，天然的可以直接作为电容器绝缘介质的云母越来越少，在一些特殊应用中还是用云母作为电容器的绝缘介质。1876年英国人斐茨杰拉德发明纸介电容器。由于纸张的多孔化特点，电容器纸需要浸蜡或浸电容器油才能保证其绝缘性能。浸渍蜡或电容器油后，电容器纸的相对电容率约为2.2左右，具有良好的绝缘性。时至今日，纸介电容器还在应用。随着工业技术的发展，作为三大无源元件之一，电容器有着重要而广泛的用途，在电子电气装置中几乎无处不在。现代出现大量新型电容器，例如超级电容器、脉冲电容器等，本章都会进行简单介绍。

前一章讨论了在真空条件下，电荷处于静止状态时的相互作用，研究的对象是电荷和真空。实际上，在物质世界里，真空只不过是一种理想的情况，实际电场中总会有导体或电介质（即绝缘体）存在。导体和电介质都是实物物质，静电场是另一种形态的物质，它们相互作用的现象和规律，正是本章要讨论的问题。前一章静电场的各种规律在这里仍然适用，同时这些规律也是本章讨论问题的出发点。但是，导体和电介质都有其特殊的一面，讨论它们在静电场中的行为时，要注意到它们的特殊性。

12.1 静电场中的导体

物理现象

请你观察飞机小翼，它后面的杆状装置是天线吗？飞机在空中飞行，会和空气摩擦积累电荷，从而在机体突出部位形成电晕放电，对机上无线电通信和导航系统产生干扰。而这些杆状装置能实时将机身上积累的静电释放出去，它被称为静电放电刷。

你知道放电刷释放静电的工作原理吗？

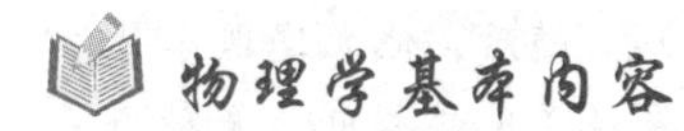

12.1.1 导体的静电平衡及其条件

1. 导体的静电感应与静电平衡

导体，就是能够导电的物体，从微观上分析，导体区别于绝缘体是因为它内部有大量可以自由移动的电荷，这些电荷称为载流子。作为基础，本章只讨论各向同性的均匀金属导体在电场中的情况，金属导体中载流子为带负电荷的电子。在不带电时，导体中的每一个区域内自由的负电荷都与正电荷中和，导体不显电性，我们说它处于电中性状态。导体可模型化为电中性的自由电荷系统。

外加电场$\boldsymbol{E}_0$作用到不带电的金属导体上，电场将驱动自由电荷定向运动，使导体上的电荷重新分布（见图12-1a）。在电场的作用下，导体上的电荷重新分布的过程称为静电感应，感应所产生的净余电荷称为感应电荷，按电荷守恒定律，感应电荷的总电荷量是零。

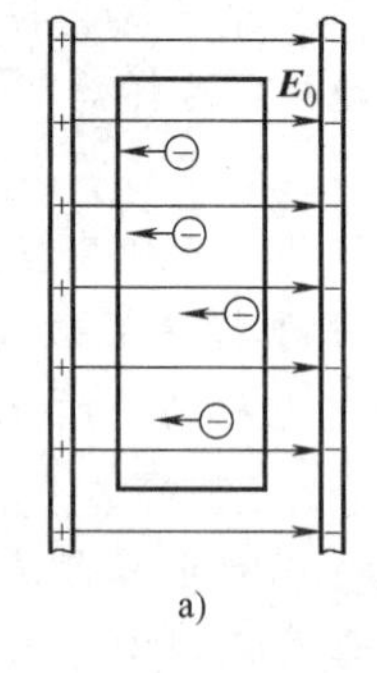

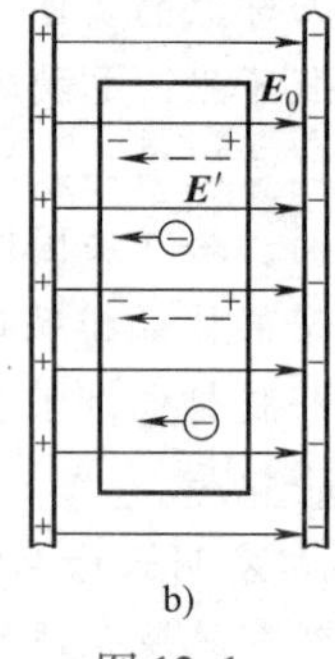

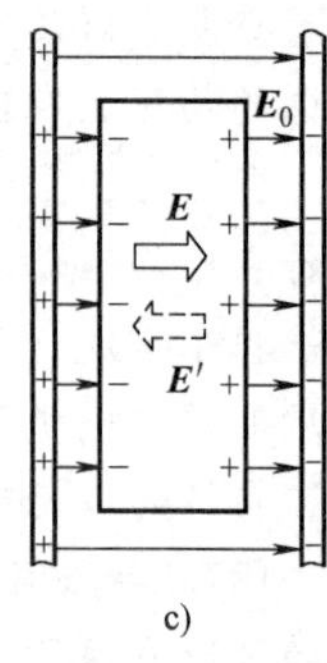

图12-1

感应电荷会产生一个附加电场$\boldsymbol{E}'$（见图12-1b），在导体内部这个电场的方向与外加电场$\boldsymbol{E}_0$相反，将会削弱导体内总电场。随着静电感应的进行，感应电荷不断增加，附加电场逐渐增强，当导体中总电场的电场强度$\boldsymbol{E}=\boldsymbol{E}_0+\boldsymbol{E}'=0$的时候，自由电荷的重新分布过程停止，导体达到静电平衡（见图12-1c）。

由于导体中自由电荷的量十分巨大（对于铜，自由电子密度为$8.5\times10^{28}\mathrm{m}^{-3}$，对应的自由电荷密度为$1.36\times10^{10}\mathrm{C/m}^3$），静电感应的时间极短约为$10^{-8}\mathrm{s}$。因此在我们处理静电场中的导体问题时，若非特别说明，通常总是把它当作已达到静电平衡的状态来讨论。

2. 导体静电平衡条件

导体达到静电平衡后，导体的电场及电势分布要满足一定的条件，称为导体静电平衡条件。

导体可能会由不同的初始条件达到静电平衡，例如把不带电的导体放入电场中，或是向不带电的导体注入电荷，或是向已经带电的导体再施加一个电场的影响。但无论是什么情况，只要导体达到了静电平衡，即自由电荷停止了定向运动，则下述的条件就一定满足。

（1）电场强度条件　静电平衡导体中的电场强度处处为零；导体表面外附近的电场强度与表面垂直。

导体中的电场强度为零是显然的，否则电场将继续驱动自由电荷运动，这就不是我们讨论的静电平衡状态了。导体表面外附近的电场强度可以不为零，但它必须与表面垂直，否则电场强度沿表面的切向分量也将驱动表面自由电荷定向流动，也不是静电平衡。

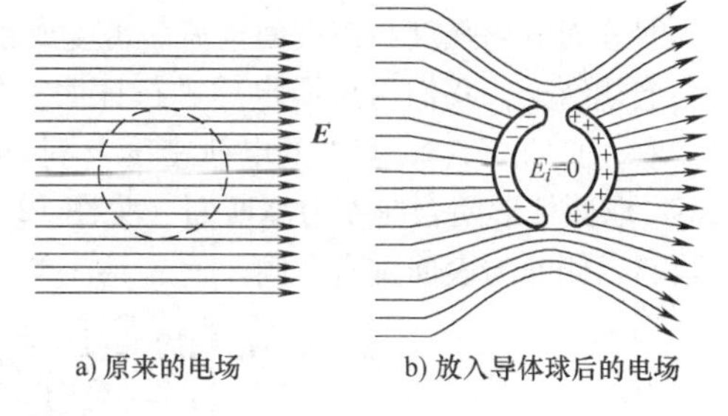

a) 原来的电场　　b) 放入导体球后的电场

图 12-2

静电感应对电场的影响不局限于导体内部，导体外部的电场也可能因静电感应而发生改变。如图 12-2所示，在均匀电场中放入一导体球，静电平衡后，不仅导体球内的电场强度变为零了，导体球外的电场也因感应电荷的生成而发生了改变，不再是原来的均匀电场了。

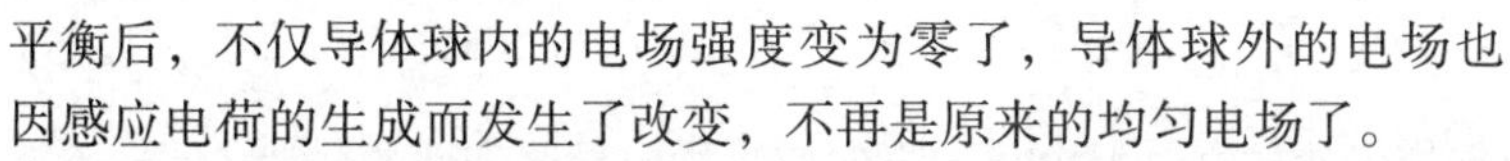

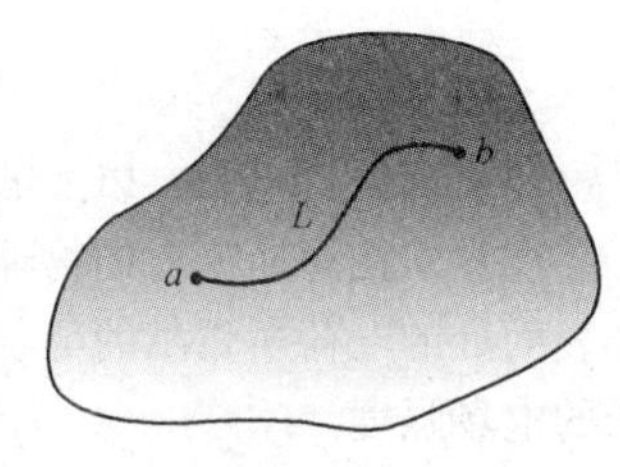

图 12-3

（2）电势条件　静电平衡的导体是一个等势体；导体表面是一个等势面。

在导体内任取两点 a 和 b（见图 12-3），由于导体内的电场强度为零，所以

$$U_{ab} = V_a - V_b = \int_a^b \boldsymbol{E} \cdot \mathrm{d}\boldsymbol{l} = 0 \qquad (12\text{-}1)$$

即导体内各处的电势相等，故导体是一个等势体。在导体表面任取两点 a 和 b，将上式积分路径取导体表面，因表面外附近 $\boldsymbol{E}$ 与表面垂直，所以积分值将为 0，故表面是一个等势面。显然，导体内与导体表面间的电势也相等，不等就会有电势差，因而就有电荷运动，就会破坏静电平衡。

大家看过科技馆的“怒发冲冠”实验仪器吗？该仪器的主体部分是范德格拉夫起电机，其带电以后可以达到上万伏电压。人先站在绝缘台上，用手与金属球保持接触。然后启动起电机，由于人与导体等势，并不担心触电。但随着起电机电势升高，人体将携带越来越多电荷，这一点从“怒发冲冠”的现象就能看出。那么，人体的这些电荷是如何分布的？

3. 静电平衡状态导体上的电荷分布

在上一章我们一般给出真空条件下的电荷分布，在本章电荷分布需要我们具体分析确定。

由前面平衡条件出发，结合静电场的普遍规律（如高斯定理，环路定理等）就可以分析静电平衡状态导体上的电荷分布问题，有了电荷分布，利用上一章的方法，就可以进一步计算出空间的场强和电势了。

（1）静电平衡状态下导体内各处的净电荷为零，导体自身带电或其感应电荷都只能分布于导体表面。

这一结论可用高斯定理来证明。在导体内部任意作一个闭合曲面 S，按高斯定理有

$$\oint_S \boldsymbol{E} \cdot \mathrm{d}\boldsymbol{S} = \frac{1}{\varepsilon_0} \sum_i Q_{i内} \qquad (12\text{-}2)$$

由于导体内的电场强度处处为零，故上式左边是零，可见等式右边 S 面包围的净电荷为零，

$\sum_i Q_{i内} = 0$，也就是说，电荷只能分布于导体表面。

（2）静电平衡导体表面外附近的电场强度的大小与该处表面上的电荷密度的关系为

$$E = \frac{\sigma}{\varepsilon_0} \tag{12-3}$$

即表面电场强度与该表面电荷面密度成正比。

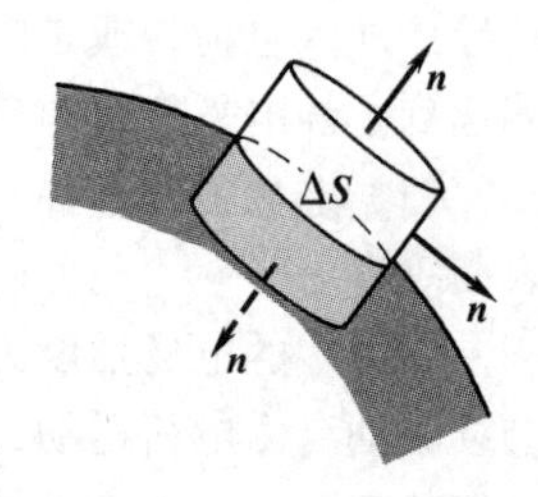

图 12-4

上述结论，我们用高斯定理进行证明。如图 12-4 所示，在导体表面任取一小曲面 ΔS，其上的电荷密度 σ 是均匀的，则面上分布电荷为 $\sigma\Delta S$。取圆柱形闭合曲面为高斯面（见图 12-4），圆柱上底面与导体表面紧邻，侧面与表面垂直，则

$$\begin{aligned}\Phi_e &= \oint_S \boldsymbol{E}\cdot \mathrm{d}\boldsymbol{S} = \int_{上底} \boldsymbol{E}\cdot \mathrm{d}\boldsymbol{S} + \int_{下底} \boldsymbol{E}\cdot \mathrm{d}\boldsymbol{S} + \int_{侧面} \boldsymbol{E}\cdot \mathrm{d}\boldsymbol{S} \\ &= \int_{上底} \boldsymbol{E}\cdot \mathrm{d}\boldsymbol{S} = E\Delta S = \frac{\sigma\Delta S}{\varepsilon_0}\end{aligned} \tag{12-4}$$

$$E = \frac{\sigma}{\varepsilon_0} \tag{12-5}$$

若表面为负电荷，以上的推论仍然成立，但电场的方向应是指向导体表面的。

注意，按高斯定理的物理含义，上式中的 E 是合电场强度，不要误解为就是考察点附近导体表面处的电荷所贡献的电场强度，而是所有表面上的电荷以及导体外的电荷共同产生的总电场的电场强度。

> **思维拓展**
>
> 考察导体外与表面邻近处某点电场时，表面看成无限大带电平面且电荷均匀分布，该处场强是 $E = \dfrac{\sigma}{\varepsilon_0}$，而前面无限大均匀带电平面的 $E = \dfrac{2\sigma}{\varepsilon_0}$，这是为什么呢？

（3）处于静电平衡的孤立带电导体其面电荷分布与导体表面曲率成正比。

如图 12-5 所示，设计两个相距很远用导线相连接的导体球 a 和球 b，半径分别为 R 和 r，带电荷量分别为 Q 和 q。由于两球相距很远，可各自视为孤立带电导体：

$$V_a = \frac{1}{4\pi\varepsilon_0}\frac{Q}{R}$$

$$V_b = \frac{1}{4\pi\varepsilon_0}\frac{q}{r}$$

a 和 b 通过导线相连，则 $V_a = V_b$，即

$$\frac{1}{4\pi\varepsilon_0}\frac{Q}{R} = \frac{1}{4\pi\varepsilon_0}\frac{q}{r}$$

故

$$\frac{4\pi R^2\sigma_R}{4\pi\varepsilon_0 R} = \frac{1}{4\pi\varepsilon_0}\frac{4\pi r^2\sigma_r}{r}$$

$$\frac{\sigma_R}{\sigma_r} = \frac{r}{R} \tag{12-6}$$

可得，孤立带电导体表面电荷分布密度与导体表面曲率半径成反比，曲率半径的倒数为曲率，所以也可以说，孤立带电导体表面电荷分布密度与导体表面曲率成正比。

思维拓展

对于12-5图中两个导体球，小球曲率大，电荷面密度大，是否意味着该导体电荷量q也大？

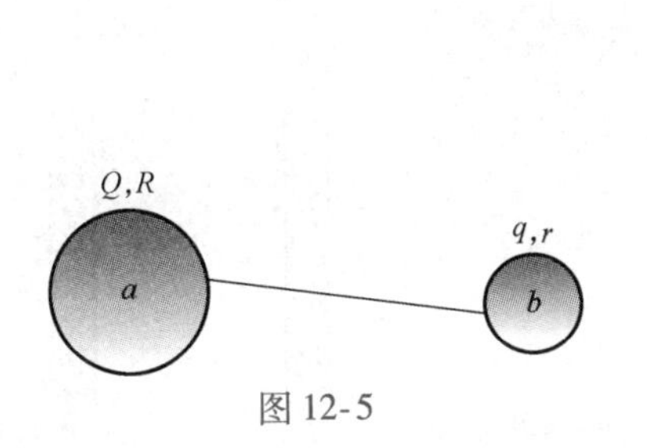

图12-5

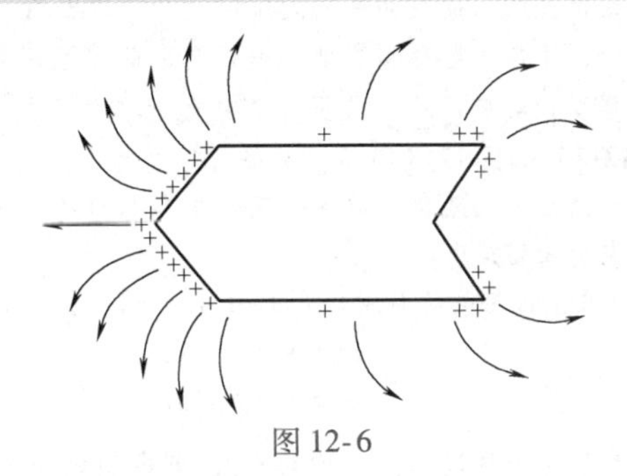
图12-6

注意，该结论的前提条件：孤立导体，即没有其他电场的影响。如一个孤立带电球，它表面的曲率处处相等，故电荷面密度是均匀的。若把它放在另一个点电荷产生的电场中，则它的电荷分布就不再均匀了。若导体表面有尖锐的凸出部分（见图12-6），尖端的电荷面密度可以达到很大的值，尖端附近的电场按$E=\frac{\sigma}{\varepsilon_0}$也可以达到很强。强大的电场使空气分子中自由电荷（电子或离子）被强电场加速，获得足够大的能量，当它们在激烈运动过程中撞上空气分子或某些原子时，就使其电离，从而产生更多新的离子，相当于使其附近部分气体被击穿而发生放电，这种现象被称为尖端放电。

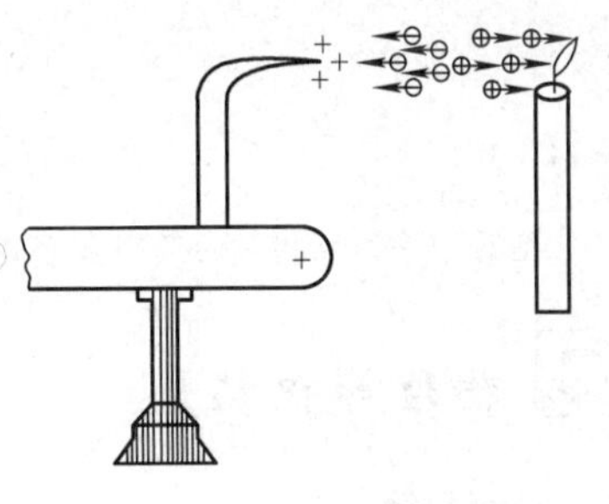
图12-7

图12-7为一种演示尖端效应的装置，若使金属针带正电，针尖附近便产生强电场使空气电离。尖端附近放一支点燃的蜡烛，负离子及电子被吸向金属针，并被中和；正离子则在电场力作用下背离针尖而激烈运动，由于这些离子的速度很大，可形成一股“电风”，将右边的烛焰吹灭。

现象解释

如图所示，将飞机放电刷装置放大，我们可以看到里面就是一些针状导体。当飞机因空气摩擦而带静电时，电荷就会沿导体机身流动，累积到尖端，达到空气击穿电压后，瞬间通过放电刷释放到机身外。这样，在导体尖端放电效应的作用下就不会形成高能量的电能聚集。放电刷是飞机上仪表电子设备的“保护伞”，通过随时放掉机身上积累的静电，避免放电损伤精密仪表电路，同时避免飞机的通信导航受到电磁场干扰而影响飞行安全。但是，放电刷的释放能力是有限的，如果飞机被高能量的雷电击中，而放电刷又不能在瞬间将这股能量释放掉，很可能发生机体被击穿的危险，甚至造成恶性事故。所以说，飞行一定要做到慎之又慎，最重要的是了解每一时刻的天气状况，及时避免危险。

物理知识应用

导体的静电学问题比真空中的静电学问题要实际一些，也要复杂一些。这主要表现在真空中电荷分布往往是已经给定的，而在导体问题中电荷分布却恰好是有待分析的问题，分析电荷分布需要正确地理解静电平衡条件，还常常要用到高斯定理以及电荷守恒等基本知识。一旦电荷分布问题解决了，余下的问题，如求电场强度和电势，就与前面真空中所处理的问题没有多大的区别了。

【例12-1】 如图12-8所示，两平行等大的导体板，面积S的线度比板的厚度和两板间的距离大得多，两板电荷量分别为Q_A和Q_B。求两板各表面的电荷面密度。

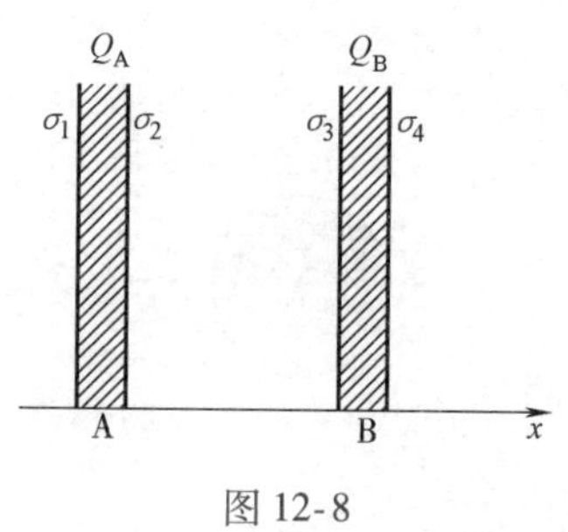

图12-8

【解】 设各面的电荷面密度分别为σ_1，σ_2，σ_3，σ_4，则有

$$\sigma_1 S+\sigma_2 S=Q_A$$
$$\sigma_3 S+\sigma_4 S=Q_B$$

每个面产生的电场强度的大小均为$\dfrac{\sigma}{2\varepsilon_0}$，考虑到电场的方向和导体板内的电场强度为零，则有

$$\frac{\sigma_1}{2\varepsilon_0}-\frac{\sigma_2}{2\varepsilon_0}-\frac{\sigma_3}{2\varepsilon_0}-\frac{\sigma_4}{2\varepsilon_0}=0$$

$$\frac{\sigma_1}{2\varepsilon_0}+\frac{\sigma_2}{2\varepsilon_0}+\frac{\sigma_3}{2\varepsilon_0}-\frac{\sigma_4}{2\varepsilon_0}=0$$

由

$$\begin{cases}\sigma_1-\sigma_2-\sigma_3-\sigma_4=0\\ \sigma_1+\sigma_2+\sigma_3-\sigma_4=0\end{cases}$$

解得

$$\sigma_1=\sigma_4=\frac{Q_A+Q_B}{2S}\qquad \sigma_2=-\sigma_3=\frac{Q_A-Q_B}{2S}$$

结论：导体板相对的两个表面带等量异号电荷，外侧表面则带等量同号电荷。

物理知识拓展

1. 避雷针

避雷针就是另一个典型的尖端放电例子。当带电的云层接近地面时，由于静电感应，使地面上的物体产生异号电荷，这些电荷比较集中地分布在突出的物体（即高大的建筑物）上。当电荷积累到一定程度时就会使云层与建筑物之间的空气电离，产生强大的火花放电，这就是雷击现象。为了避免雷击对高大建筑物造成损伤，可在建筑物上安装尖端状的避雷针，避雷针的针尖必须高过建筑物，并用粗导线将针尖和埋在地下的大块金属牢固地连接起来。当带电云层接近建筑物时，针尖附近就会形成很强的电场，空气被电离，形成放电通道，使云层与地面之间的电流通过导线流入地下，从而保证了被保护物的安全。

2. 高压设备及输电线放电

在高压电器设备中，尖端放电不仅会使电能白白损耗，还会干扰精密测量和通信，因此在此类设备中，所有金属元件都应避免带有尖棱，最好做成球形曲面。

高压输电线的表面也应尽可能光滑而平坦，这也是为了避免尖端放电的发生，从而导致电能损耗。然而，在阴雨天高压输电过程中能量的损耗却尤为严重，其原因是输电线上的电晕放电。

在阴雨天或空气湿度较大时，水雾会在高压线上聚集成水滴。水滴在重力和静电力作用下，逐渐伸长而形成尖端。由于在水滴尖端处的电荷密度最大。所以在水滴尖端附近处的电场强度也很大。当电场强度增大到足以使空气电离时，就会使水滴周围的空气产生尖端放电，这就是电晕放电现象。在电晕放电过程中，部分电能要转变为热能和光能。对于长距离的输送电，电晕放电使电能损失巨大。为减少这种损失，除使导线表面光滑之外，还要适当增大输电线的半径。但较粗的导线会增加重量，不仅要消耗更多的金属材料，还会给工程施工带来许多困难。较好的方法是将一根导线分成几根并接，对称排列在一个圆周上，即所谓“分裂导线”。这对减少电晕放电而造成的电能损失，减少它对电信号的干扰、提高高压线的稳定运行等皆有好处。

3. 场离子显微镜

利用尖端效应还可制造场离子显微镜（Field Ion Microscope，FIM）。如图12-9所示，将导体样品制成针尖状，尖端曲率半径为10～50nm，并将其放入充有少量氦气的真空玻璃球中央，球的内层敷上一层薄薄的导电的荧光性物质，在薄层和针尖之间加上很高的电压，例如在针尖上加10kV的高电压后，针尖表面附近可产生高达4×10^{10}V/m的电场强度，使吸附在针尖表面的氦分子被电离，氦离子被加速沿着辐射状的电场线运动投向荧光屏上，我们就能在荧光屏上见到针尖的“像”。随着电压的升高，在高电场强度作用下，离子受到的静电力可高达10^{-9}N，使针尖样品表面的原子电离，并被剥离而拉出表面，在荧光屏上可产生10^6倍以上的放大像，分辨率可达0.242nm，所以FIM可用于观察样品表面的原子结构。随着超高真空技术、低温技术、微电子学以及各种表面分析技术的迅速发展，使FIM可用于观察表面吸附原子的扩散、成簇、重排以及脱附等动态过程。

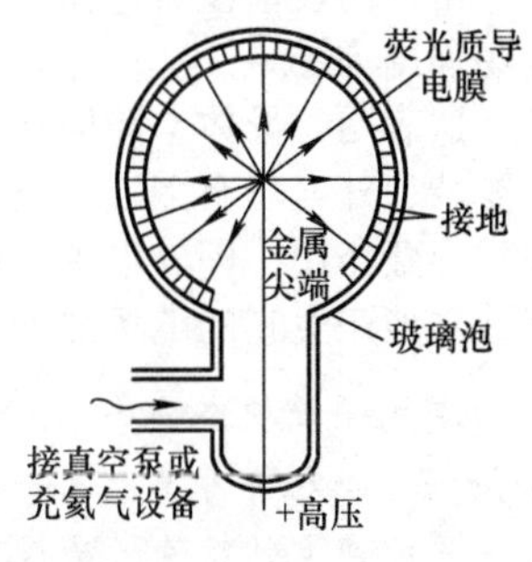

图12-9

12.1.2 空腔导体　静电屏蔽

2015年10月，澳大利亚航空一架客机在悉尼上空飞过，闪电击中了飞机。值得注意的是，雷击的强电场并没有引起乘客发生静电感应或产生击穿放电现象，乘客坐在客舱里是安全的，这主要是由于机舱是一个导体空腔，对舱内仪器和乘客形成了保护，其机理是什么？

物理现象

若导体内有空腔，我们称之为空腔导体。我们分两种情况进行讨论。

1. 腔内无带电体

（1）空腔导体内表面没有电荷，空腔自身带电或其感应电荷只分布在外表面上。

在导体中作一闭合曲面S包围空腔，如图12-10所示，由高斯定理$\oint_S \boldsymbol{E}\cdot \mathrm{d}\boldsymbol{S}=\frac{1}{\varepsilon_0}\sum_i Q_i$可知，由于曲面$S$上的电场强度为零，故电通量为零，所以$S$内的净电荷为零$\left(\sum_i Q_i=0\right)$。是否可能在内表面上存在等值异号的电荷分布而在空腔内形成电场？

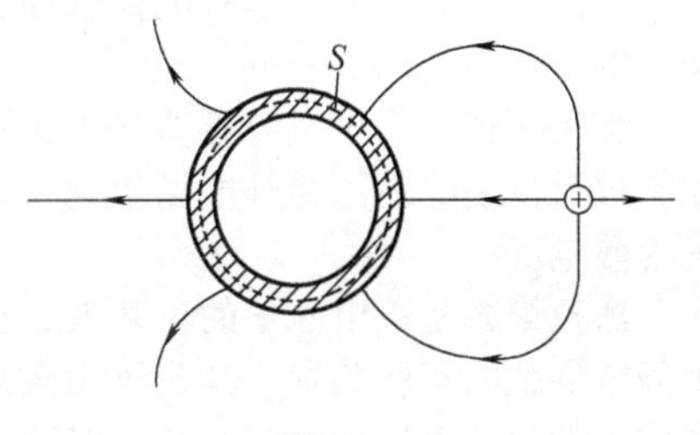

图12-10

若内表面带等量异号电荷，则由于导体内部$E=0$，没有电场线通过，所以自内表面正电荷发出的电场线必通过空腔而终止于另一侧的负电荷上，如图12-11所示，沿电场线方向电势降落，导致内表面正负电荷处电势不相等，这违背静电平衡下导体是等势体，表面是等势面的条件，因此有等量异号电荷情况不成立，即内表面不可能有电荷分布，电荷只能分布在外表面上。

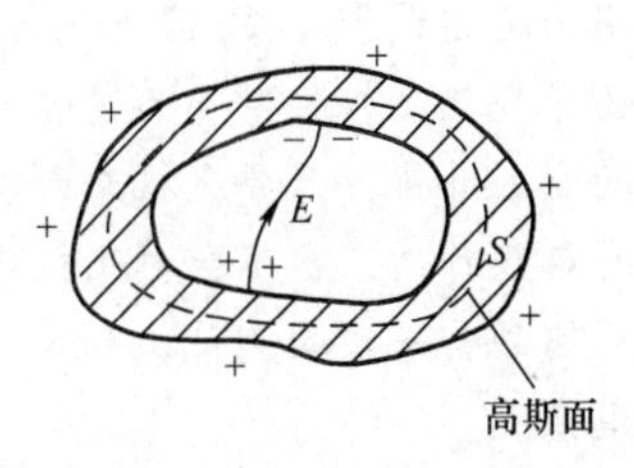

图12-11

(2) 空腔内电场强度为零，空腔内电势处处与空腔相等。

由于内表面没有电荷，根据场强与电势的微分关系和空腔内等势，则空腔内无电场线分布，电场强度为零。

这表明，导体空腔屏蔽了空腔外部的电荷和电场对空腔内部的影响，无论导体腔外带电体多复杂，外电场有多强，空腔导体都能精确地通过外表面感应电荷的电场抵消其在腔内的影响，起到屏蔽作用，即外电场不能影响腔内。但需注意，导体外部空间的电荷仍然在空腔内的每一点独立地产生它的电场强度，只是它们都被精确抵消了。

思维拓展

静电平衡状态的导体，无论外电场如何复杂，外表面电荷分布都会保证空腔导体内部场强、净电荷为零，这一结论是严格成立的，且可以通过实验进行精确验证。那么，这一严格成立的结论，是否可以用于其他理论的证明呢？前面学习过库仑定律，其中对于平方反比关系，库仑曾用扭秤实验直接地确定过，但是扭秤实验不可能做得非常精确。如何精确测量？我们可以使用库仑定律推导得到的相关定律及结论，进行间接测量。

处于静电平衡的空腔导体内表面无电荷的结论，是由高斯定理推导得到的，而该定理是库仑定律的直接结果。因此，我们就可以通过精确测量空腔导体内表面无电荷这个实验，来反推高斯定理的正确性，从而认定平方反比关系的正确性。历史上，卡文迪许和麦克斯韦等人都曾经利用这一原理做实验来验证库仑定律。

2. 腔内有带电体

当空腔导体的腔内有带电体时，内表面上所带电荷与腔内电荷的代数和为零。

如图 12-12a 所示，一个导体空腔本身不带电，而在空腔内部有一个点电荷 q。在导体中作一闭合曲面包围空腔，由高斯定理可知，曲面内的净电荷为零，即空腔内表面的感应电荷应与空腔内部的电荷等值异号，即为 $-q$。按电荷守恒定律，空腔外表面要出现感应电荷 $+q$，并在空腔外产生一个电场。把导体球接地（见图 12-12b），这时导体电势为零，外表面的感应电荷被中和。由于空腔外表面没有电荷分布，所以也没有电场。可见，一个接地的导体空腔能屏蔽空腔内的电荷对外部的影响。

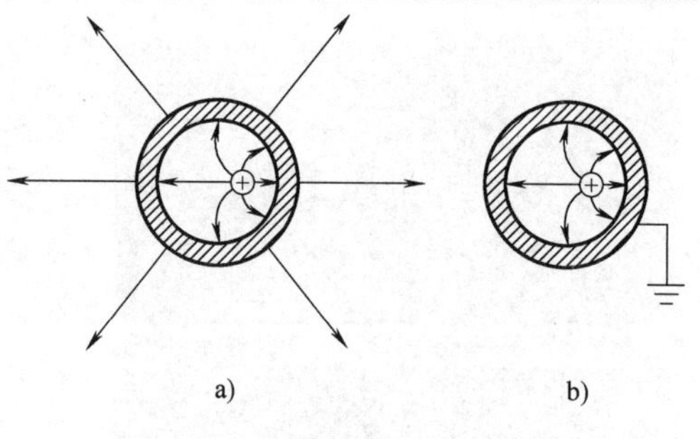

图 12-12

综上所述，一个空腔导体（不论接地与否）内部电场不受外部电荷的影响；接地的空腔导体不仅可以使腔内不受外电场影响，而且可以使腔内的带电体对腔外不产生任何影响。以上都称为静电屏蔽。

法拉第笼是以电磁学的奠基人、英国物理学家迈克尔·法拉第的名字命名的，一种用于演示静电屏蔽的实验装置，其笼体为金属网，与大地连通。高压电源将上万伏高压通过导体尖端释放，击穿空气出现放电火花，但法拉第笼里面的人却安然无恙，这是因为根据静电屏蔽，笼体是一个等势体，内部电场为零，电荷分布在法拉第笼的外表面上，笼内的人非常安全。

现象解释

飞机遭遇雷击并不罕见，大多不会导致灾难性后果。据专业机构统计，飞机日利用率若达到 7h，每 12 个月就可能被雷击中一次。虽然被雷电击中的概率很高，但是由于现代飞机机身多为复合材料，里面加有金属网或喷涂导电涂层，就像我们前面说的空腔导体，只要飞机表面能良好导电，且经过加固不会被击穿，对内就能起到良好的屏蔽作用，就不会对飞机内部人员和飞机仪表等精密设备造成伤害，飞机在出厂前都要经过严格的雷击实验测试，确保安全。不过飞机被击中的瞬间，火光四射，还是会给人强烈的恐惧感。

物理知识应用

【例 12-2】如图 12-13 所示，有一半径为 R_1 的导体球 A，其带电荷量为 q，球外有一个内、外半径分别为 R_2 和 R_3 的同心导体球壳 B，其带电荷量为 Q。求：(1) 两导体的电荷分布和空间的电场强度和电势分布；(2) 用导线将球 A 与球 B 连接后，两导体的电势。

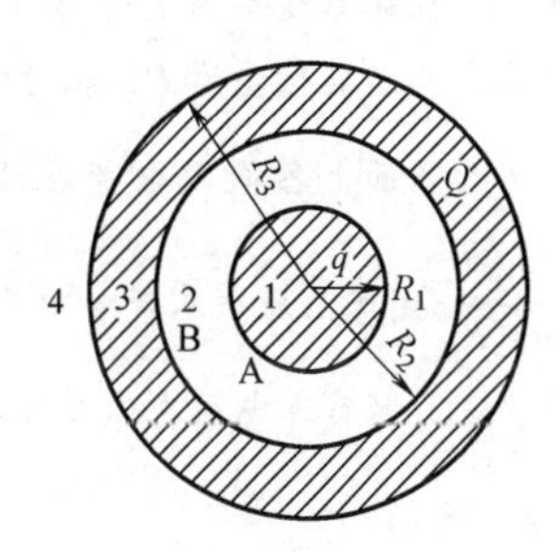

图 12-13

【解】(1) 电荷 q 均匀地分布在导体球 A 的表面，$-q$ 均匀分布在球壳 B 的内表面，则导体球壳 B 的外表面均匀带有 $Q+q$ 电荷。

取半径为 r 的同心球面为高斯面，则由高斯定理得

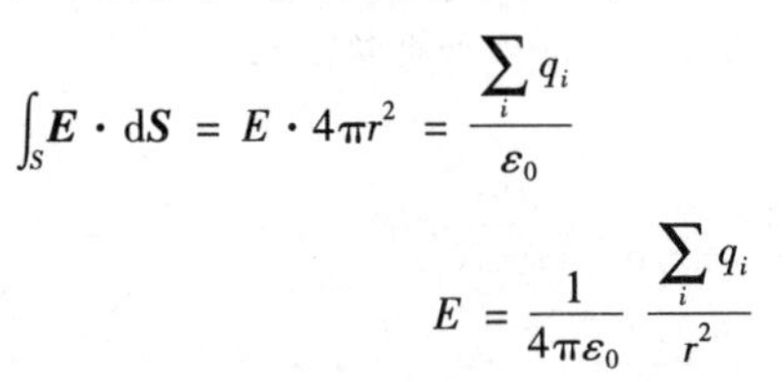

$$\oint_S \boldsymbol{E}\cdot \mathrm{d}\boldsymbol{S} = E\cdot 4\pi r^2 = \frac{\sum_i q_i}{\varepsilon_0}$$

$$E = \frac{1}{4\pi\varepsilon_0}\frac{\sum_i q_i}{r^2}$$

电场强度为

$$\begin{cases} E_1 = 0 & (r<R_1) \\ E_2 = \dfrac{1}{4\pi\varepsilon_0}\dfrac{q}{r^2} & (R_1<r<R_2) \\ E_3 = 0 & (R_2<r<R_3) \\ E_4 = \dfrac{1}{4\pi\varepsilon_0}\dfrac{Q+q}{r^2} & (r>R_3) \end{cases}$$

导体球 A 内任一点 $(r<R_1)$ 的电势为

$$V_1 = \int_r^\infty \boldsymbol{E}\cdot \mathrm{d}\boldsymbol{l} = \int_r^{R_1}\boldsymbol{E}_1\cdot \mathrm{d}\boldsymbol{l} + \int_{R_1}^{R_2}\boldsymbol{E}_2\cdot \mathrm{d}\boldsymbol{l} + \int_{R_2}^{R_3}\boldsymbol{E}_3\cdot \mathrm{d}\boldsymbol{l} + \int_{R_3}^{\infty}\boldsymbol{E}_4\cdot \mathrm{d}\boldsymbol{l}$$

$$= 0 + \int_{R_1}^{R_2}\frac{1}{4\pi\varepsilon_0}\frac{q}{r^2}\mathrm{d}r + 0 + \int_{R_3}^{\infty}\frac{1}{4\pi\varepsilon_0}\frac{Q+q}{r^2}\mathrm{d}r = \frac{1}{4\pi\varepsilon_0}\left(\frac{q}{R_1} - \frac{q}{R_2} + \frac{Q+q}{R_3}\right)$$

同理，可以求得

$$V_2 = \frac{1}{4\pi\varepsilon_0}\left(\frac{q}{r} - \frac{q}{R_2} + \frac{Q+q}{R_3}\right) \quad (R_1 \leqslant r < R_2)$$

$$V_3 = \frac{1}{4\pi\varepsilon_0}\frac{Q+q}{R_3} \quad (R_2 \leqslant r < R_3)$$

$$V_4 = \frac{1}{4\pi\varepsilon_0}\frac{Q+q}{r} \quad (r \geqslant R_3)$$

$V_1 = V_2$ 表明导体是等势体。

(2) 球 A 和球壳 B 用导线相连后，电荷 Q 和 q 全部分布在球壳外表面上，且球和球壳电势相等，则有

$$V_1 = V_3 = \int_{R_3}^{\infty}\frac{1}{4\pi\varepsilon_0}\frac{Q+q}{r^2}\mathrm{d}r = \frac{1}{4\pi\varepsilon_0}\frac{Q+q}{R_3}$$

电势差为零。

【例 12-3】如图 12-14 所示，有一半径为 R 的导体球原来不带电，在球外距球心为 d 处放一点电荷，求球电势。若将球接地，求其上的感应电荷。

【解】由于导体球是一个等势体，故只要求得球内任一点的电势，即为球的电势。此题中球心的电势可以用电势叠加原理求出，它等于点电荷在球心提供的电势与导体球在球心提供的电势的代数和。若导体球上的总电荷量为 Q，由于 Q 只分布在球表面，故它在球心提供的电势为球面上各微元电荷在球心提供的微元电势的积分 $\int_Q \frac{\mathrm{d}q}{4\pi\varepsilon_0 R} = \frac{Q}{4\pi\varepsilon_0 R}$。因球上原来不带电即总电荷量 $Q=0$，故导体球在球心提供的电势为零，只有点电荷在球心提供电势

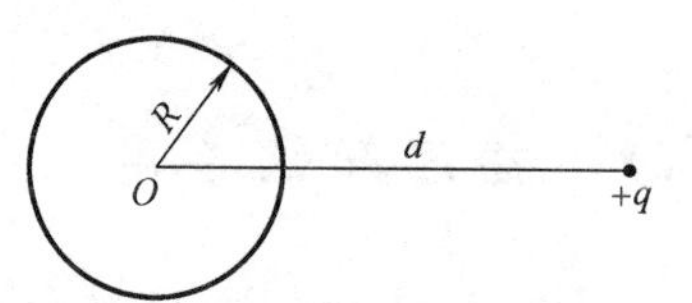

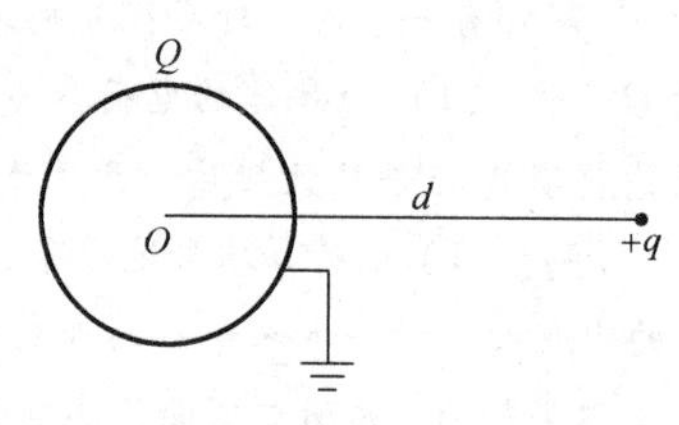

图 12-14

$$V=\frac{q}{4\pi\varepsilon_0 d}$$

若将导体球接地，则导体球总电荷量 Q 不再为零，而球心处电势应为零，即有

$$V=\frac{q}{4\pi\varepsilon_0 d}+\frac{Q}{4\pi\varepsilon_0 R}=0$$

可解得

$$Q=-\frac{R}{d}q$$

物理知识拓展

静电屏蔽的应用

电磁屏蔽在电磁测量和无线电技术中有广泛应用。例如，常把测量仪器或整个实验室用金属壳或金属网罩起来，使测量免受外部电场的影响，这称为屏蔽室。

静电屏蔽原理在生产技术中有许多应用。如图 12-15a所示，为常见开关电源模块，在其外壳上我们看到有许多孔，有了这些孔，空气就可以流通，帮助这个开关电源模块散热，所以这些孔叫作散热孔。虽然有许多孔，而且模块一端并未封闭，这个铝外壳仍然可以起到相当好的静电屏蔽作用。

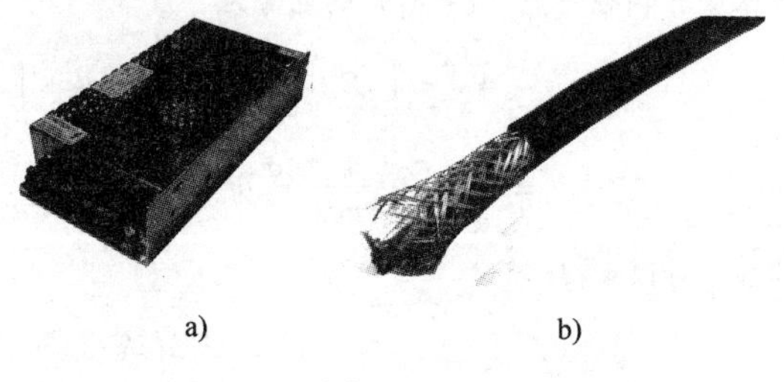

a) b)

图 12-15

再如传送弱信号的连接导线，为了避免外界的干扰，往往在绝缘层之外又包了一层金属纱网。这种导线叫作屏蔽线。如图 12-15b 所示，就是一种屏蔽线，屏蔽线的铜纱网就是屏蔽层。

此外在等电势高压带电作业中也有很多静电屏蔽的实例。人体接触高电压是很危险的，但其危险的主要原因并不在于高压电的电势高，而在于人与高压电源间存在着很大的电势差。有时需要在不切断电源的情况下进行高压线路检修，则必须采用等电势操作，即操作人员穿戴金属丝网做成的衣、帽、手套和鞋子的均压服装，用绝缘软梯或通过瓷瓶串逐渐进入强电场区，先用戴着手套的手与高压线直接接触，此时，在手套与高压电线之间发生火花放电。此后，人体就和高压电线等电势了。操作人员穿戴的均压服装相当于一个空腔导体，不仅对人体起到了静电屏蔽作用，而且还有分流作用，因为均压服与人体相比电阻很小，当人体经过电势不同的区域时，仅承受一股幅值较小的脉冲电流，其绝大部分则从均压服中分流，这样就确保了操作人员的安全。

12.2　电容　电容器

在伊拉克战争中，为了以最快的速度打击伊方的军事力量，美国军方数次动用了一种名为“微波炸弹”的新式武器。这种武器依靠其装有的超级电容器发出的超强电磁脉冲深入掩体内部，在目标内部的电子线路中产生很高的电压和电流，击穿或烧毁其中敏感元器件，毁损计算机中存贮的数据，从而使对方的武器和指挥系统陷入瘫痪，丧失战斗力。

物理现象

电容器是储存电荷，进而储存电能的元件。超级电容器很小体积就能储存大量电荷，储能也是普通电容器数倍。那么，电容器储存电荷能力如何定量描述？影响其能力的因素有哪些？超级电容器如何达到“超级”功能？

物理学基本内容

12.2.1　孤立导体的电容

孤立导体是指距离其他导体和带电体比较远，其他导体和带电体对它的影响可以忽略不计的导体。对于真空中的孤立导体，电容定义为

$$C=\frac{Q}{V} \tag{12-7}$$

式中，Q 为这个孤立导体所带电荷量；V 为这个孤立导体的电势（取无穷远为电势零点）。从这个式子中可以看出，孤立导体的电容在数值上等于孤立导体的电势每升高一个单位所需要增加的电荷量。

例如，在真空中，半径为 R 的孤立导体球所带电荷量为 Q，则导体球的电势为

$$V=\frac{1}{4\pi\varepsilon_0}\frac{Q}{R}$$

其电容为

$$C=\frac{Q}{V}=4\pi\varepsilon_0 R \tag{12-8}$$

因此，真空中孤立导体球的电容只取决于球的半径，与所带电荷量无关。电容的单位在国际单位制中是法拉（F），法拉是一个比较大的计量单位，例如像地球这么大的导体球，其电容为

$$\begin{aligned}C&=4\pi\varepsilon_0 R=4\pi\times 8.85\times 10^{-12}\times 6.4\times 10^{6}\,\text{F}\\&=7.11\times 10^{-4}\,\text{F}\end{aligned}$$

在计算时经常用到的单位是微法（μF）和皮法（pF）。

$$1\,\text{F}=10^{6}\,\mu\text{F}=10^{12}\,\text{pF}$$

孤立导体的电容受电场环境的影响较大，如何消除这种影响？

12.2.2　电容器的电容

我们可以借助静电屏蔽的方法，消除其他电场的影响。两个彼此绝缘而又互相靠近的导体的组合，可以相互提供屏蔽效应，这种导体组合称为电容器。

如图 12-16 所示，有两个导体 A 和 B 组成一个电容器，A、B 称为电容器的两个极板。设两个极板分别带电 $+Q$ 和 $-Q$，两极板间的电势差则为 U，则电容器的电容定义为

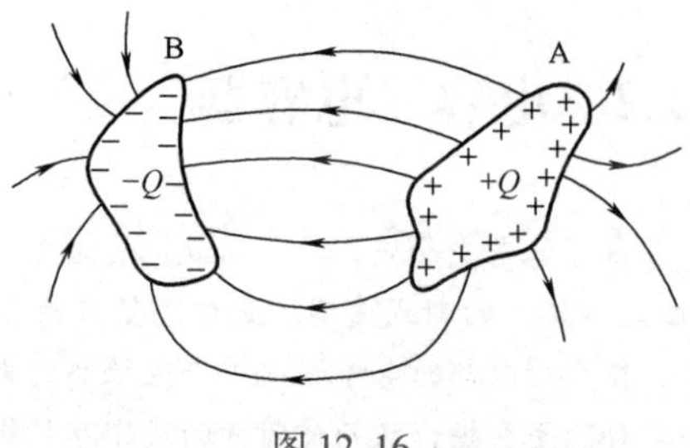

图 12-16

$$C=\frac{Q}{U} \tag{12-9}$$

电容器电容的物理意义为：电容器中极板的电势每升高一个单位所需要增加的电荷量。电容的大小取决于电容器的结构，即两导体的形状、相对位置及导体周围电介质的性质，而与电容器的带电状态无关。电容可以类比容器的“容积”这一概念，容器容积多大完全由容器本身决定，与它此时是否装水无关。

实际上，如图 12-16 所示的那样两个一般的导体构成的电容器的电容很小。通常的实用电容器是由两个距离很近的导体板构成（如平行板电容器），或是把电容器的一个极板做成一个导体空腔，另一个极板放在空腔之内形成屏蔽（如圆柱形电容器和球形电容器），这样做的好处是电容器的电容较大而且不容易受到外电场的影响。

12.2.3 常见电容器电容的计算

1. 平行板电容器

实际常用的绝大多数电容器可以看成是由两块彼此靠得很近的平行金属极板组成的平行板电容器。如图 12-17 所示，设两极板带电量分别为 $+Q$和 $-Q$，极板内表面间距离为 d，极板面积为 S，则由例 12-1 题结果可知，电荷分布在两个导体极板正对的内表面上，则极板间电场（除边缘部分外）为

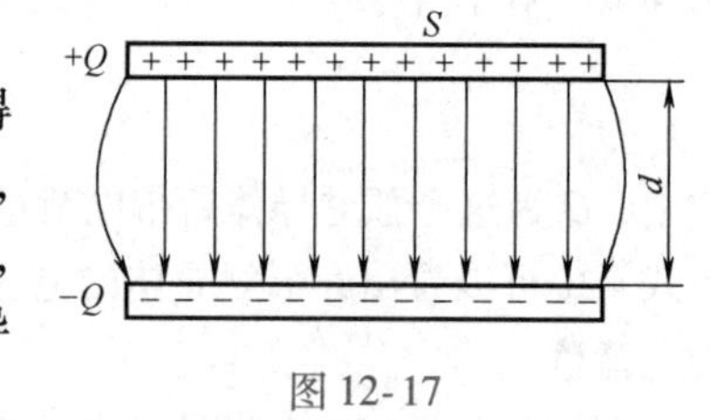

图 12-17

$$E=\frac{\sigma}{\varepsilon_0}=\frac{Q}{\varepsilon_0 S} \tag{12-10}$$

$$C=\frac{Q}{U}=\frac{Q}{Ed}=\frac{\varepsilon_0 SQ}{dQ}=\frac{\varepsilon_0 S}{d} \tag{12-11}$$

此式表明，C 正比于极板面积 S，反比于极板间距 d。

静电容键盘就是利用电容原理设计的，每个字母块下面有小电容器，如图 12-18 所示。通过按键压力来改变电容极板之间的距离以改变电容值而发出一个指令。

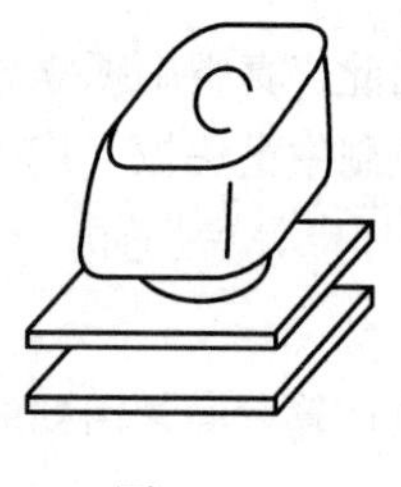

图 12-18

电容式麦克风也由该原理工作，内部有一个电容器，由一个固定板和一个活动板组成。两板之间的电势差 U 保持恒定。声波导致活动板前后移动，改变电容 C，根据 $C=Q/U$ 可知，此时有电荷流入和流出电容器。从而将声波转换成可以放大和数字化记录的电流。

2. 圆柱形电容器

如图 12-19 所示，设两圆柱面的半径分别为 R_a和 R_b，长度为 l，且 $l \gg (R_b-R_a)$，圆筒可视为无限长（边缘效应可以忽略），设 A、B 分别带电荷 $\pm Q$，则利用高斯定理有

$$E=\frac{Q}{2\pi\varepsilon_0 lr} \quad (R_a<r<R_b) \tag{12-12}$$

方向沿径向，因此

$$U=\int_{R_a}^{R_b}\boldsymbol{E}\cdot \mathrm{d}\boldsymbol{l}=\int_{R_a}^{R_b}\frac{Q}{2\pi\varepsilon_0 lr}\mathrm{d}r=\frac{Q}{2\pi\varepsilon_0 l}\ln\frac{R_b}{R_a} \tag{12-13}$$

利用电容的定义有

$$C=\frac{Q}{U}=\frac{2\pi\varepsilon_0 l}{\ln\frac{R_b}{R_a}} \tag{12-14}$$

早在第二次世界大战期间，英、美两国同时为军用机研制了电容式油量表，代替了旧的浮子式油量表。其优点是完全取消了机械传动机构，结构简单而体积较小，易于将并联的两个或四个传感器装于一个油箱内，在测油量时，能减少飞机倾斜或俯仰时的误差。电容式油量表的电容式油位测量传感器，采用同轴金属极管制成，以感受油面变化，并以模拟或数字电路进行测量和计算。其基本结构就是圆柱形电容器，如图12-20所示。

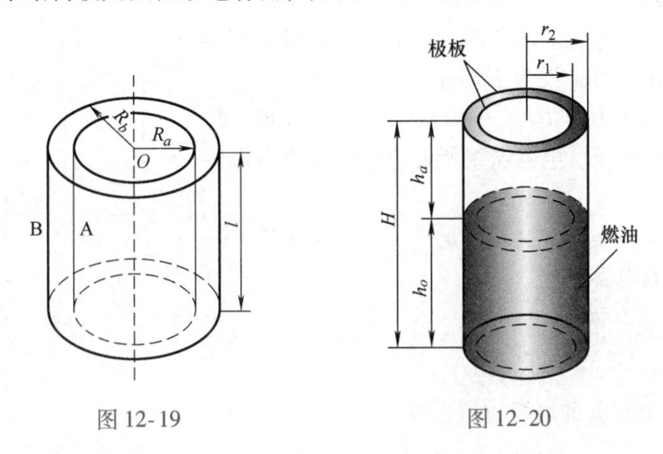

图12-19　　图12-20

3. 球形电容器

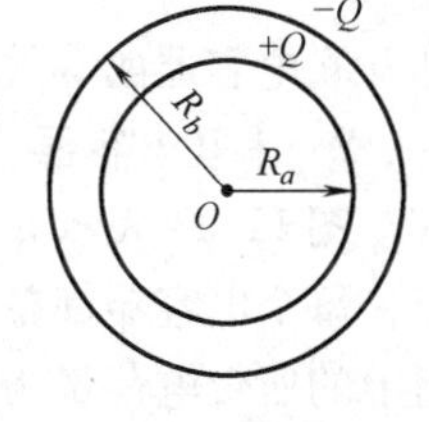

图12-21

如图12-21所示，电容器由两个同心球形导体A，B组成，内、外球壳半径分别为R_a和R_b，A，B分别带电荷$\pm Q$，则利用高斯定理有

$$E=\frac{Q}{4\pi\varepsilon_0 r^2}\quad (R_a<r<R_b) \tag{12-15}$$

方向沿径向，因此

$$U=\int_{R_a}^{R_b}\boldsymbol{E}\cdot \mathrm{d}\boldsymbol{l}=\frac{Q}{4\pi\varepsilon_0}\int_{R_a}^{R_b}\frac{\mathrm{d}r}{r^2}=\frac{Q}{4\pi\varepsilon_0}\left(\frac{1}{R_a}-\frac{1}{R_b}\right) \tag{12-16}$$

利用电容定义有

$$C=\frac{Q}{U}=\frac{4\pi\varepsilon_0 R_a R_b}{R_b-R_a} \tag{12-17}$$

若$R_b\gg R_a$，则有$C=\frac{4\pi\varepsilon_0 R_a R_b}{R_b}=4\pi\varepsilon_0 R_a$，所以孤立导体球可看成是另一极板在无限远处。

从上面的例子我们可以归纳出计算电容器电容的步骤：先令电容器两极板分别带电荷$+Q$和$-Q$，求出两极板间的电场强度分布，再由电场强度和电势差的关系求得两极板间的电势差，然后利用电容器电容的定义式求出电容。

从以上三种电容器的计算结果可以看出，加大极板的面积或减小极板间距可增大电容。但是，加大极板的面积，这势必要加大电容器的体积。间距小了也会产生另一个问题，即电容器容易被击穿。对于额定的电压，由$U=Ed$知，两板间距越小，介质中的电场强度越强，当电场强度超过一定的限度（击穿电场强度）时，分子中的束缚电荷能在强电场的作用下变成自由电荷，这时电介质将失去绝缘性能而转化为导体，电容器被击穿。为了得到体积小电容大的电容器，需要选择适当的绝缘介质，这个问题留待下节讨论。

12.2.4 电容器的连接

在实际应用中，一个电容器的性能指标由两个参数来表示，即电容值和耐压值。例如，100μF，50V；500pF，100V。其中100μF，500pF表示电容器的电容值，而50V，100V则表示电容器的耐压值。电容器的耐压值是指电容器可能承受的最大电压。由前所述，超过耐压值，电容器将被击穿。因而在实际应用中，若遇到已有的电容器的电容值或耐压值不能满足要求，就需把几个电容器组合起来使用，连接的基本方式有并联和串联两种。

1. 并联电容器

图12-22表示 n 个电容器的并联。充电以后，每个电容器两个极板间的电压相等，设为 U，有

$$U=U_1=U_2=\cdots=U_n \tag{12-18}$$

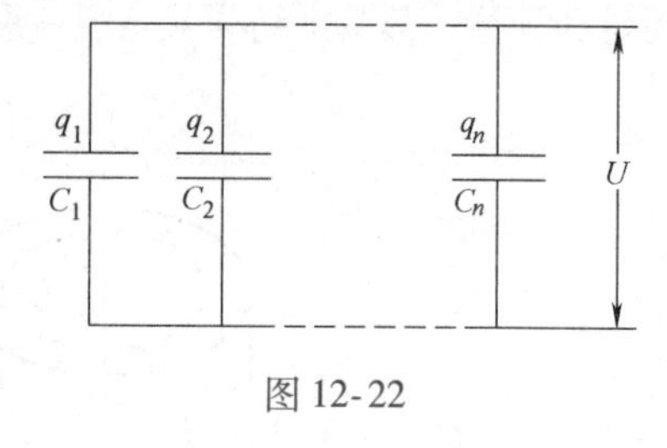

图 12-22

U 也就是电容器组的电压。电容器组所带总电荷量为各电容器带电荷量之和

$$q=q_1+q_2+\cdots+q_n \tag{12-19}$$

所以电容器组的等效电容为

$$C=\frac{q}{U}=\frac{q_1}{U}+\frac{q_2}{U}+\cdots+\frac{q_n}{U} \tag{12-20}$$

由于 $\frac{q_i}{U}=C_i$ 为每个电容器的电容，所以有

$$C=C_1+C_2+\cdots+C_n \tag{12-21}$$

即并联电容器的等效电容等于每个电容器电容之和。

2. 串联电容器

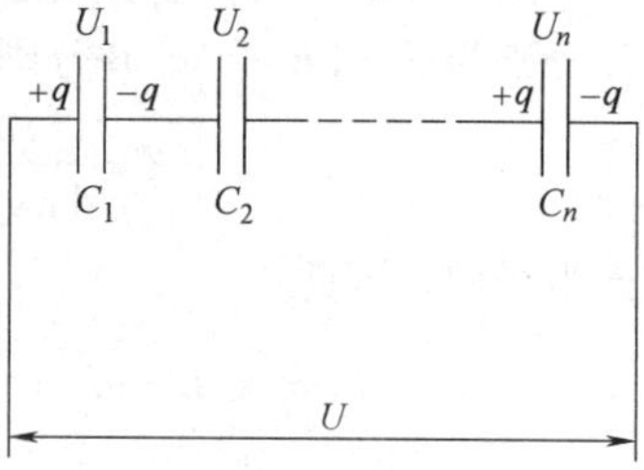

图12-23表示 n 个电容器的串联。充电以后，由于静电感应，每个电容器都带上等量异号的电荷 $+q$ 和 $-q$。而电容器组上的所带电荷量为两侧极板所带电量，故有

$$q=q_1=q_2=\cdots=q_n \tag{12-22}$$

电容器组上的总电压为各电容器的电压之和

$$U=U_1+U_2+\cdots+U_n \tag{12-23}$$

图 12-23

为了方便，我们计算等效电容的倒数

$$\frac{1}{C}=\frac{U}{q}=\frac{U_1}{q}+\frac{U_2}{q}+\cdots+\frac{U_n}{q} \tag{12-24}$$

即有

$$\frac{1}{C}=\frac{1}{C_1}+\frac{1}{C_2}+\cdots+\frac{1}{C_n} \tag{12-25}$$

此式表示串联电容器的电容的倒数等于各电容器电容的倒数之和。

手机、计算机或医疗设备上的触摸屏都用到了电容器的物理知识。屏幕后方是两个由透明导体（如铟锡氧化物）细条组成的平行层，两层之间保持恒定的电压。两层上的细条相互垂直，交叉点相当于一个电容器网格。当手指（导体）触摸到屏上某点时，手指与前面的导电层就形

成了第二个串联在该点的电容器。连接在导电层的电路探测到电容变化的位置，从而检测到你触屏的位置。

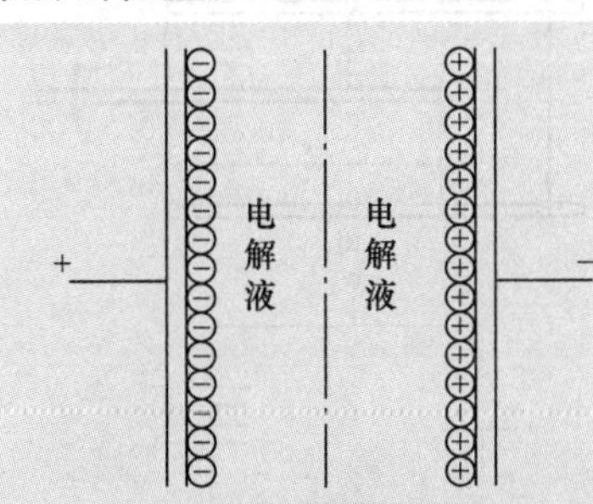

现象解释

如左图所示，超级电容器是在传统电容器基础上，在两个极板之间加入电解液和隔膜，同时极板材料应用多孔介质材料制成的新型电容器。

当外加电压加到超级电容器的两个极板上时，与普通电容器一样，极板的正电极存储正电荷，负极板存储负电荷。在超级电容器的两极板上的电荷产生的电场作用下，在电解液与电极间的界面上聚集相反的电荷，以平衡电解液的内电场。隔膜所用材料为绝缘体，起到隔离电荷的作用，但电解液能顺畅通过。这种正电荷与负电荷在两种不同物质之间的接触面上，正负电荷之间以极短间隙排列在相反的位置上，这个电荷分布层叫作双电层。该距离（<100nm）比传统电容器薄膜材料所能实现的距离更小。

超级电容器极板通常使用活性炭、碳纳米管、石墨烯等多孔介质材料，材料的多孔结构允许其面积达到2000m^2/g，通过一些措施可实现更大的表面积。这种庞大的表面积再加上非常小的电荷分离距离，使得超级电容器较传统电容器而言有着大得惊人的静电容量，这也是其“超级”所在。超级电容器电容值达到法拉量级，有的甚至达到几千法拉。采用多层叠片串联组合而成的高压超级电容器，可以达到300V 以上的工作电压。

思维拓展

蓄电池储能充放电速度慢，但容量大；电容器储能正好相反，充放电速度快，但容量小。实际使用中，一般采用蓄电池和电容器混合储能方式。

蓄电池与电容器储能为什么会有这样的差异?

物理知识应用

【例 12-4】已知平行板电容传感器极板间介质为空气，极板面积 $S=a\times a=(2\times 2)\text{cm}^2$，间隙 $d_0=0.1\text{mm}$。求传感器的初始电容值。若由于装配关系，使传感器极板一侧间隙 d_0，而另一侧间隙为 d_0+b $(b=0.01\text{mm})$，求此时传感器的电容值。

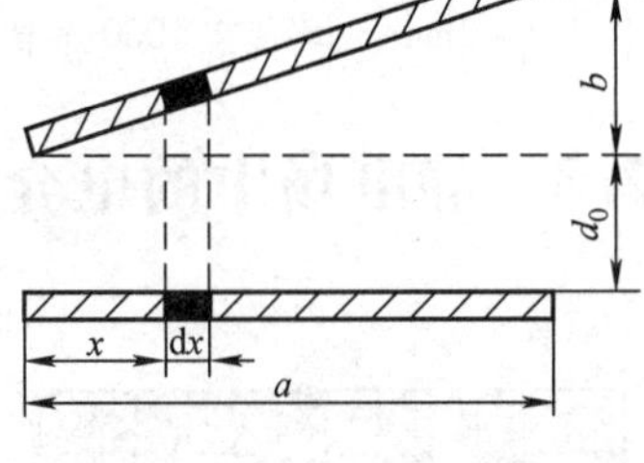

图 12-24

【解】初始电容

$$C_0=\frac{\varepsilon_0 S}{d_0}=35.4(\text{pF})$$

当两极板不平行时，用积分法计算传感器的电容，如图 12-24 所示，位置为 x 处，宽度为 dx、长度为 a 的两个狭窄长条，可认为近似平行，它们之间的电容为

$$\text{d}C=\frac{\varepsilon_0 a\text{d}x}{d_0+bx/a}$$

所以，总电容为

$$C=\int_0^a\frac{\varepsilon_0 a\text{d}x}{d_0+bx/a}=\frac{\varepsilon_0 a^2}{b}\ln\left(1+\frac{b}{d_0}\right)=33.8(\text{pF})$$

【例 12-5】平行板电容器，极板宽、长分别为 a 和 b，间距为 d，今将厚度为 t，宽为 a 的金属板平行

电容器极板插入电容器中，不计边缘效应，求电容与金属板插入深度 x 的关系（板宽方向垂直底面）。

【解】由题意知，等效电容如图 12-25b 所示，电容为

$$C=C_1+C'=C_1+\frac{C_2C_3}{C_2+C_3}$$

$$=\frac{\varepsilon_0 a(b-x)}{d}+\frac{\frac{\varepsilon_0 ax}{d_1}\cdot\frac{\varepsilon_0 ax}{(d-t-d_1)}}{\frac{\varepsilon_0 ax}{d_1}+\frac{\varepsilon_0 ax}{(d-t-d_1)}}$$

$$=\frac{\varepsilon_0 a(b-x)}{d}+\frac{\varepsilon_0 ax}{(d-t-d_1)+d_1}$$

$$=\frac{\varepsilon_0 a(b-x)}{d}+\frac{\varepsilon_0 ax}{d-t}=\frac{\varepsilon_0 a}{d}\left(b+\frac{tx}{d-t}\right)$$

值得注意，电容与金属板插入位置（距极板距离）无关。

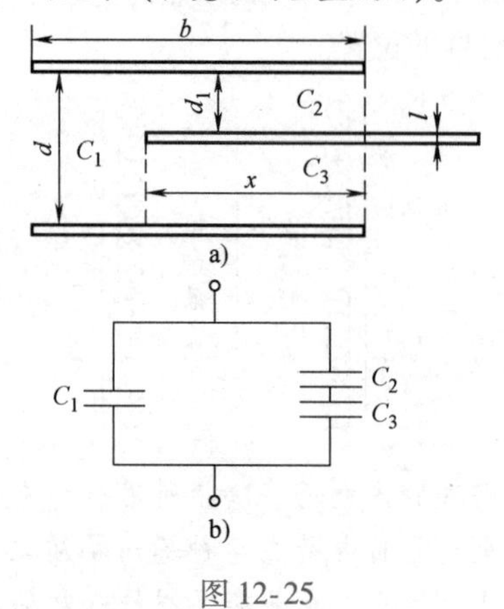

图 12-25

物理知识拓展

脉冲电容器

电磁轨道炮发射工作过程中最高功率可达 GW 级，发射过程需要大约 10ms。常规电源无法支撑这样的瞬态功率需求，一般采用脉冲功率电源（PPS）。PPS 对储能元件要求极高，要求储能密度高和放电功率大。海军工程大学马伟明院士带领的课题组在 PPS 研究上，主要采用的是蓄电池组与脉冲电容器混合储能。

目前常见的脉冲电容器，基于双向拉伸聚丙烯（BOPP）材料，然后表面蒸镀金属电极。根据其结构原理，此类脉冲电容器可以看作是由两张表面蒸镀金属电极的所谓金属化膜组成的平行板电容器卷绕而成。

介质薄膜中存在“电弱点”，这些电弱点是薄膜生产过程中引入的杂质和晶格缺陷。膜在生产过程中存在的缺陷或杂质，该处耐电强度低于周围，称其为电弱点。随着外施电压的升高，电弱点处的薄膜先被击穿形成放电通道，放电电流引起局部高温，击穿点处的极薄金属层受热迅速蒸发、向外扩散并使绝缘恢复，因局部的击穿不影响到整个电容器，故称该过程为“自愈”，自愈成功后电容器可继续工作。自愈过程持续时间通常小于 1μs，自愈能量从几十到几百毫焦耳，自愈金属蒸发面积为 $mm^2\sim cm^2$ 级。金属化膜电容器自愈必然会导致运行时电容下降，但正常的自愈不是引起电容下降的主要原因，因为每个自愈点直径仅为 $1\sim 2mm^2$，即使有 1000 个自愈点，其引起的极板面积减小也是非常有限的。

12.3 静电场中的电介质

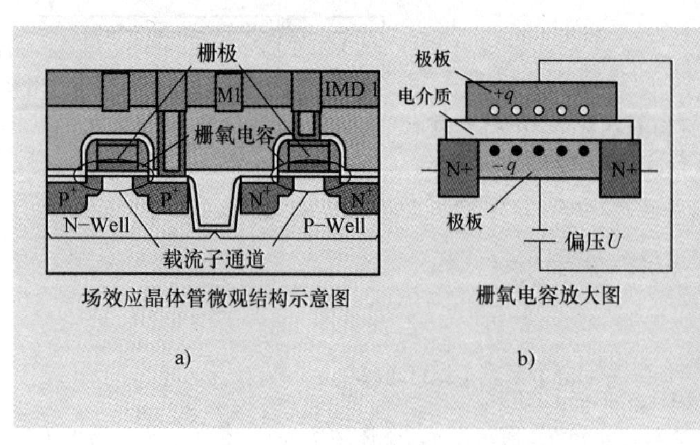

场效应晶体管微观结构示意图

a)

栅氧电容放大图

b)

物理现象

随着信息和计算机工业的飞速发展，在超大规模集成电路（又称芯片）中，$1cm^2$ 可以容纳数以亿计的电子元器件。如 a 图所示，为场效应晶体管中栅氧电容示意图，其真实尺寸仅为纳米量级。a 图中圆圈所示部分为电介质材料，上下两部分为电容器极板，其基本结构类似于平行板电容器。

根据 b 图所示，在栅氧电容上加偏压，会在极板上出现等量异号电荷，下极板的电荷成为导通左右两个电极的载流子。载流子浓度越大，晶体管性能更佳。

那么，在电容器中加入电介质会对电容 C 产生什么影响？电介质产生影响的微观机理是什么？

物理学基本内容

12.3.1　电介质对电容器电容的影响

电介质是指不导电的物质，即绝缘体。

1. 实验

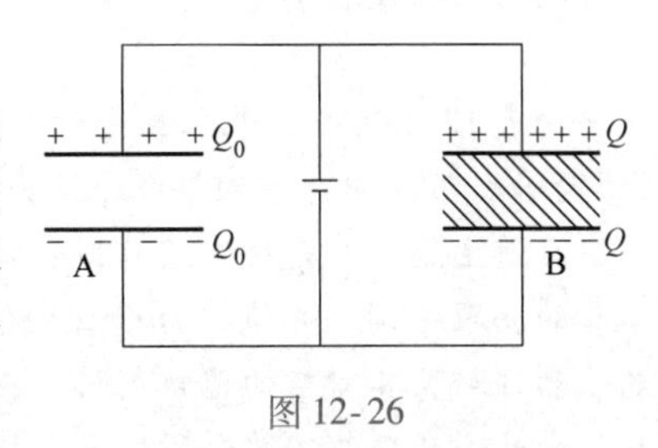

图 12-26

如图 12-26 所示，A、B 为两个相同的电容器，现将 B 充满各向同性均匀电介质，将两个电容器并联充电，则由实验测得：有介质电容器极板上的电荷量 Q 是真空电容器极板上电荷量 Q_0的 ε_r倍。设电容器 A 的电容为 C_0，则有介质时电容器的电容为

$$C=\frac{Q}{U}=\frac{\varepsilon_r Q_0}{U}=\varepsilon_r C_0 \tag{12-26}$$

ε_r叫作介质的相对电容率，它是一个仅与电介质的性质有关而与电容器无关的常数。真空的相对电容率 $\varepsilon_r=1$，所有电介质的相对电容率 $\varepsilon_r>1$，空气的相对电容率可近似视为 1。几种常见电介质的相对电容率如表 12-1 所示。

表 12-1　几种常见电介质的相对电容率

电介质	ε_r	电介质	ε_r
真空	1	木材	2.5～8
空气（0℃，1 大气压）	1.00059	云母	3～6
石蜡	2.2	玻璃	5～10
橡胶	2.5～2.8	纯水	80
变压器油	3	钛酸钡	1000～10000

2. 几种充满电介质的电容器的电容

平板电容器：

$$C=\frac{\varepsilon_r\varepsilon_0 S}{d}=\frac{\varepsilon S}{d} \tag{12-27}$$

圆柱形电容器：

$$C=\frac{2\pi\varepsilon_r\varepsilon_0 l}{\ln\frac{R_b}{R_a}}=\frac{2\pi\varepsilon l}{\ln\frac{R_b}{R_a}} \tag{12-28}$$

球形电容器：

$$C=\frac{4\pi\varepsilon_r\varepsilon_0 R_a R_b}{R_b-R_a}=\frac{4\pi\varepsilon R_a R_b}{R_b-R_a} \tag{12-29}$$

其中 $\varepsilon=\varepsilon_r\varepsilon_0$ 叫作介质的绝对电容率，简称为电介质的电容率。电介质为什么会增大电容呢？我们将在下节从电介质的微观结构进行说明。

现象解释

在电容器中加入电介质，会增大电容 C。栅氧电容类似于平行板电容器，提高 C 有三种方法：增大 S，但是，这一方法将增大晶体管的面积，降低整体功率密度；减小 d，目前可以降低到 1nm 量级，但已达到工艺极限；增大 ε_r，也就是插入电介质，受限于电介质与硅基材料结合问题，目前采用的是氧化铪（ε_r：15~25）。工艺方面改进的方向：一是从结构出发，将极板做成 3D 结构，不增大晶体管面积前提下，增大 S；二是在材料方面寻求突破，寻找高相对电容率的栅氧材料。

芯片，作为电子产品的心脏，承担着逻辑运算等核心功能，其在一定程度上代表着一个国家尖端科技的发展水平。

思维拓展

由表 12-1 可知，钛酸钡相对电容率高达 1000 以上。那么，芯片中为了提高电容 C，为什么不选用钛酸钡等电介质呢？

目前主流芯片是硅基芯片，钛酸钡材料与硅基不兼容。硅片通过光刻、蚀刻出晶体管的物理结构，并通过离子注入和覆膜等手段，赋予其电特性。这样，数以亿计的电子器件，及其对应的逻辑电路，在这些不断重复的工序中成型，成为一张晶圆上的数百枚芯片。由此，在硅基芯片上所加电介质，必须考虑材料与硅基结合问题。芯片生产链上每一环都是至关重要的，关键核心材料也是我国芯片产业亟待解决的问题。

12.3.2 电介质的极化及其机制

电介质中几乎没有自由电荷，因此它不导电，也没有静电感应。分子中的电荷由于很强的相互作用而被束缚在一个很小的尺度（10^{-10}m）内。但是，电介质中每个分子都有正电荷和负电荷。一般地，正、负电荷在分子中不是集中于一点，而是分布在分子所占的体积中。在外电场的作用下，这些电荷也会在束缚的条件下重新分布，产生新的电荷分布来削弱介质中的电场（尽管不能像导体那样把电场强度减弱为零），我们把这种现象叫作电介质的极化。下面我们主要讨论一下均匀各向同性电介质的极化性质。

1. 有极分子和无极分子

电介质中每个分子由等量的正、负电荷构成，在一级近似下，可以把分子中的正、负电荷作为两个点电荷处理，称为等效电荷，等效电荷的位置称为电荷中心。若分子的正、负电荷中心不重合，则等效电荷形成一个电偶极子，其电偶极矩 $\boldsymbol{p}=q\boldsymbol{l}$ 称为分子的固有电矩，这种分子叫作有极分子，如 H_2O 分子（见图 12-27）。若分子的正、负电荷中心重合，则分子的固有电矩为零，这种分子叫作无极分子。如 H_2，O_2，N_2，CO_2 分子即属于这一类情况。

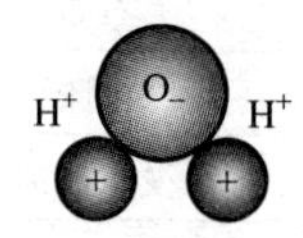

图 12-27

2. 位移极化和取向极化

有极分子在没有外场作用时，由于热运动，分子电矩无规则排列而相互抵消，内部无净余电荷，介质不显电性，（见图 12-28a）。在有外场 $\boldsymbol{E}_0$ 的作用时，分子将受到一个力矩的作用（见图 12-28b），而转动到沿电场方向导致有序排列。有极分子的极化主要是通过分子转动方向实现的，称为取向极化（见图 12-28c）。若撤去外场，则分子电矩恢复无规则排列，极化消失，介质重新回到电中性。

无极分子在没有外场作用时也不显电性，有外场作用时，正、负电荷中心受力作用而发生相对位移，形成一个电偶极矩，称为感生电矩（见图 12-28d、e）。感生电矩沿电场方向排列，使介质极化。无极分子的极化是由于分子正、负电荷中心发生相对位移来实现的，故称为位移极化。当撤去外电场后，分子的正、负电荷中心又重合，电介质的电性消失，因此，无极分子类似于一个弹性电偶极子。

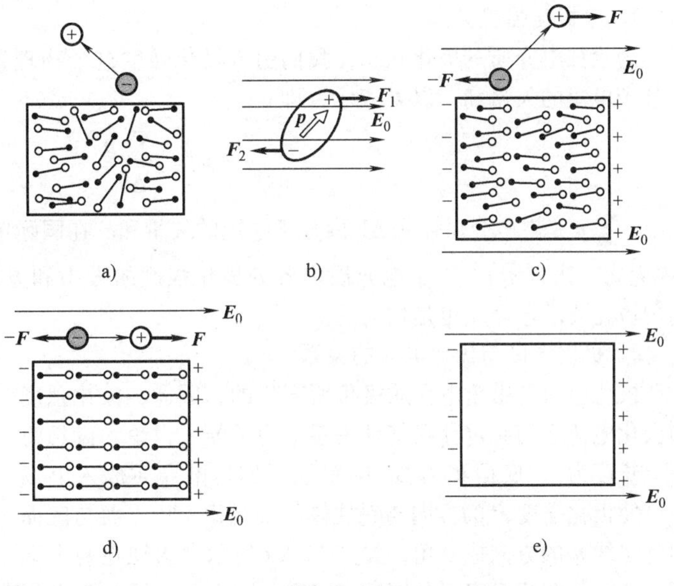

图 12-28

显然，位移极化的微观机制与取向极化不同，但结果却相同：介质中分子电偶极矩矢量和不为零，即介质被极化了。因此，如果问题不涉及极化的机制，那么在宏观处理上我们往往不必对它们刻意区分。

位移极化效应在任何电介质中都存在，而取向极化只是由有极分子构成的电介质所独有的。但是，在有极分子构成的电介质中，取向极化的效应比位移极化强得多（约大一个数量级），因而其中取向极化是主要的。在无极分子构成的电介质中，位移极化则是唯一的极化机制。

前面我们介绍过高压电线的电晕放电现象，还可以从极化角度进行定性解释该现象。阴雨天气的大气中存在着较多的水分子，水分子是具有固有电偶极矩的有极分子。长直带电的输电线附近的电场是非均匀电场，越靠近输电线场强越强。水分子在此非均匀电场的作用下，一方面要使其固有电偶极矩转向外电场方向，同时还要向输电线移动，从而使水分子凝聚在输电线的表面上形成细小的水滴。由于重力和电场力的共同作用，水滴的形状因而变长并出现尖端。而带电水滴的尖端附近的电场强度特别大，从而使大气中的气体分子电离，以致形成放电现象，这就是在阴雨天常看到高压输电线附近有淡蓝色辉光，即电晕现象。

当前广为应用的家用微波炉，就是介质分子（水分子）在高频电场（2450MHz）中反复极化的一个实际应用。水分子作为一个有极分子，其电偶极子在电场力矩的作用下，力求转向与外电场方向一致的排列。如果电场方向交替变化，水分子的电偶极矩 $\boldsymbol{p}$ 也跟随电场方向反复转动。在这个过程中水分子作高频振动，吸收微波能量，通过热运动扩散到整个食物内部。当微波频率为 2450MHz 时，水分子能极大地吸收微波的电磁能量，达到加热、煮熟食物的目的。微波在金属面上反射，却很容易穿透空气、玻璃、塑料等物质，且极大地被食物中的水、油、糖所吸收，这就是微波炉快速加热食物的原理。

12.3.3　极化的定量描述—电极化强度矢量

两类电介质极化的微观过程不同，但宏观结果是一样的。对于各向同性均匀电介质，极化后电荷体密度等于零，但介质的表面会出现电荷，称为极化电荷，如图 12-28 所示。极化电荷与自由电荷不同，它不能在电介质中移动，而是被束缚在介质的一定区域内，也称为束缚电荷。极化电荷能产生一个附加电场 $\boldsymbol{E}'$ 使介质中的电场减小。

1. 电极化强度矢量

为表征电介质的极化状态，我们引入极化强度这个物理量，定义为，在电介质的单位体积中分子电矩的矢量和，以 $\boldsymbol{P}$ 表示，即

$$\boldsymbol{P} = \frac{\sum \boldsymbol{p}}{\Delta V} \tag{12-30}$$

式中，$\sum \boldsymbol{p}$ 是在电介质体元 ΔV 内分子电矩的矢量和。在国际单位制中，极化强度的单位是 C/m^2（库仑每二次方米）。如果电介质内各处极化强度的大小和方向都相同，那么就称为均匀极化。均匀极化要求电介质也是均匀的。

2. 极化强度与极化电荷的关系

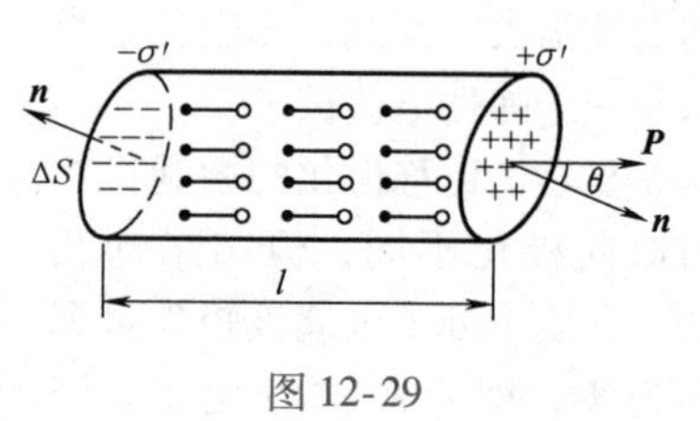

图 12-29

极化电荷是由于电介质极化所产生的，因此，极化强度与极化电荷之间必定存在某种关系。为了便于讨论，设想将一个长度为 l、底面积为 ΔS 的斜柱形均匀电介质放入电场中，使极化强度 $\boldsymbol{P}$ 的方向与斜柱体的轴线相平行，而与底面的外法线 $\boldsymbol{n}$ 的方向成 θ 角，如图 12-29 所示。出现在两个端面上的极化电荷面密度分别用 $+\sigma'$ 和 $-\sigma'$ 表示。可以把整个斜柱体视为一个“大电偶极子”，它的电矩的大小为 $ql=\sigma'\Delta Sl$，显然这个电矩是由斜柱体内所有分子电矩提供的。所以，斜柱体内分子电矩的矢量和的大小可以表示为

$$\left|\sum \boldsymbol{p}_i\right| = \sigma'\Delta S\boldsymbol{l}$$

斜柱体的体积为

$$\Delta V = \Delta Sl\cos\theta$$

极化强度的大小为

$$|\boldsymbol{P}| = \frac{\left|\sum \boldsymbol{p}_i\right|}{\Delta V} = \frac{\sigma'}{\cos\theta} \tag{12-31}$$

由此得到

$$\sigma' = |\boldsymbol{P}|\cos\theta = \boldsymbol{P}\cdot\boldsymbol{n} = P_n \tag{12-32}$$

式中，P_n 是极化强度矢量 $\boldsymbol{P}$ 沿介质表面外法线方向的分量。上式表示，极化电荷面密度等于极化强度沿该面法线方向的分量。对于图 12-29 中的斜柱体，在右底面上 $\theta<\pi/2$，$\cos\theta>0$，σ' 为正值；在左底面上 $\theta>\pi/2$，$\cos\theta<0$，σ' 为负值；而在侧面上 $\theta=\pi/2$，$\cos\theta=0$，σ' 为零。

3. 极化电荷对电场的影响

处于静电场 $\boldsymbol{E}_0$ 中的电介质，空间各处的电场强度 $\boldsymbol{E}$ 应为外加电场 $\boldsymbol{E}_0$ 与附加电场 $\boldsymbol{E}'$ 的矢量和，即

$$\boldsymbol{E} = \boldsymbol{E}_0 + \boldsymbol{E}' \tag{12-33}$$

对于电介质内部，由于 $\boldsymbol{E}'$ 与 $\boldsymbol{E}_0$ 的方向相反，于是有大小关系：

$$E = E_0 - E' \tag{12-34}$$

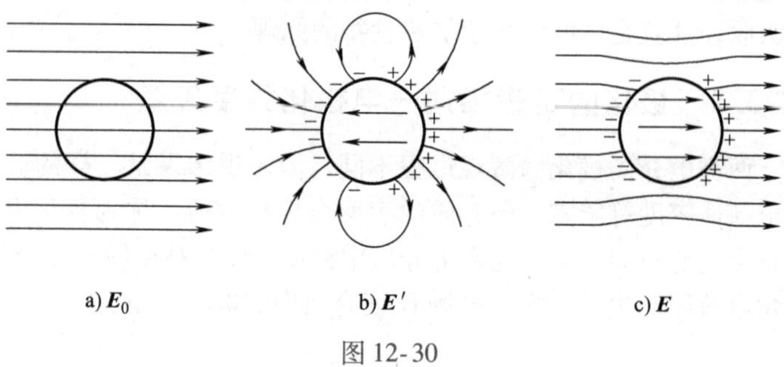
a) $\boldsymbol{E}_0$　　b) $\boldsymbol{E}'$　　c) $\boldsymbol{E}$

图 12-30

极化电荷产生的附加电场 $\boldsymbol{E}'$ 把作用于电介质的实际电场减弱了，所以在电介质内部的附加电场 $\boldsymbol{E}'$ 也叫作退极化场。图 12-30 表示了一个被匀强外电场极化的电介质球所产生的附加电场 $\boldsymbol{E}'$ 对电场 $\boldsymbol{E}_0$ 影响的

情形。

图12-31是在平行板电容器内充满均匀电介质的情形，它清楚地表明了极化电荷对板间电场的影响。

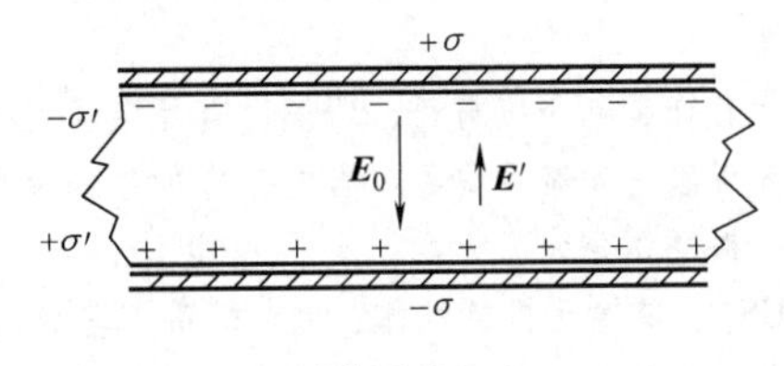

图12-31

如果电容器极板上所带自由电荷面密度分别为$+\sigma$和$-\sigma$，两板之间的电介质表面的极化电荷面密度分别为$-\sigma'$和$+\sigma'$，则自由电荷电场强度E_0和电介质内部附加电场的电场强度E'的大小为

$$E_0=\frac{\sigma}{\varepsilon_0},\ E'=\frac{\sigma'}{\varepsilon_0} \tag{12-35}$$

总电场强度E的大小可以表示为

$$E=E_0-E'=\frac{1}{\varepsilon_0}(\sigma-\sigma') \tag{12-36}$$

实验表明，对于线性各向同性的电介质，极化强度$\boldsymbol{P}$与作用于电介质内部的实际电场$\boldsymbol{E}$成正比，并且两者方向相同，可以用下式表示

$$\boldsymbol{P}=\varepsilon_0(\varepsilon_r-1)\boldsymbol{E} \tag{12-37}$$

定义$\chi_e=\varepsilon_r-1$，χ_e称为电介质的极化率。

对于图12-31中平行板电容器$\sigma'=p$代入式（12-36），有

$$\varepsilon_0E=\varepsilon_0E_0-\chi_e\varepsilon_0E$$

则

$$E=\frac{E_0}{\varepsilon_r}=\frac{\sigma}{\varepsilon_0\varepsilon_r}=\frac{\sigma}{\varepsilon} \tag{12-38}$$

上式虽然由平行板电容器导出，在均匀电介质充满电场的情况下，电介质内部的电场$\boldsymbol{E}$的大小等于自由电荷所产生的电场强度E_0的$\dfrac{1}{\varepsilon_r}$倍。由于$\varepsilon_r>1$，所以E总是小于E_0。

物理知识应用

【例12-6】已知一个均匀极化电介质球的电极化强度矢量为$\boldsymbol{P}$，求球面上极化电荷的分布。

【解】如图12-32所示，取球心为坐标原点，Oz轴与$\boldsymbol{P}$平行，极角θ是点A外法线方向与$\boldsymbol{P}$的夹角。由于轴对称，球面上任意一点A处的极化面电荷密度σ'只与θ角有关。因此有

$$\sigma'=\boldsymbol{P}\cdot\boldsymbol{n}=|\boldsymbol{P}|\cos\theta$$

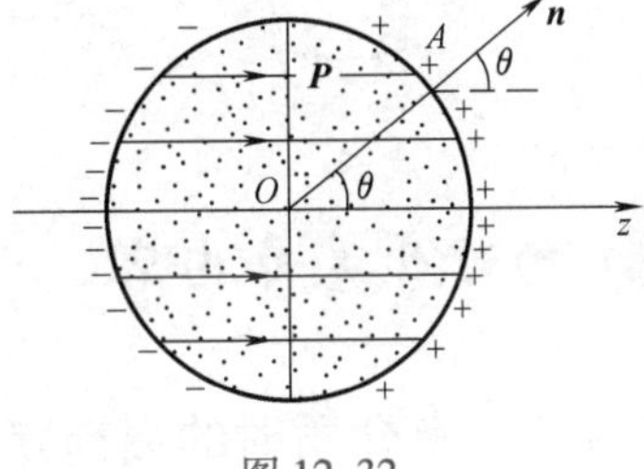

图12-32

结果表明，在右半球面上σ'为正，左半球面上σ'为负；在左、右两半球面的分界面上，即$\theta=\pi/2$处，σ'为零；而$\theta=0$和$\theta=\pi$处，σ'有最大值。

物理知识拓展

特殊电介质介绍

除了各向同性线性电介质外，还有如下一些特殊的电介质：

(1) 线性各向异性电介质　一些晶体材料（如水晶）的电性能是各向异性的，它们的极化规律虽然也是线性的，但与方向有关。这时需用极化率张量来描述$\boldsymbol{P}$和$\boldsymbol{E}$之间的关系。

(2) 铁电体　如酒石酸钾钠和钛酸钡等，$\boldsymbol{P}$和$\boldsymbol{E}$是非线性关系，并与极化的历史有关，与第15章将

介绍的铁磁质的磁滞效应类似，称之为电滞效应。因此，这些材料称为铁电体，其临界温度称为铁电居里温度。

有许多电介质材料，即使没有外电场时也能呈现极化现象，这些材料显示出与铁磁体的磁性相对应的许多现象，如滞后现象。当电介质加热到临界温度以上时，自发极化消失。

铁电体分为三大类：有机铁电体，包括最初发现的铁电体罗谢耳盐（Rochelle）和硫酸三甘氨酸（TGS）；氢键无机铁电体，例如磷酸二氢钾（KDP）；以及离子铁电体，其原始模型为钛酸钡（$BaTiO_3$）。铁电现象的产生是由于微观尺度的内场使电偶极子排列整齐而造成的。

由铁电体的性质人们提出了三类主要的应用。极化强度随着温度的变化，称为热释电效应，已用于热敏器件中。高的电容率及其随着温度和外电场而变化的事实，已用于小型可变电容器。最后，在存储器和其他开关器件中常应用铁电体的滞后特性。

（3）驻极体　如果一个材料含有具有电偶极矩的分子，则在强电场中将此材料缓慢地冷却时，沿着电场方向的电偶极子取向能被冻结起来。这样产生的材料称为驻极体，它是永磁性的电模拟。某些蜡、碳氟化合物和聚碳酸酯等可被极化而形成驻极体，如果保持在室温下，有可能保持极化状态长达100年之久。它们的极化强度不随外场的消失而消失，与永磁体的性质有些类似，如石蜡。有些驻极体还同时具有压电性和热电性。由于可以很方便地制成各种形状，现在的应用范围也越来越广泛了。

同永磁体一样，驻极体也可以用来产生不需要供给功率的效应：例如，前面提到的静电传声器，电容的一极常替换为驻极体。

12.4　介质中的高斯定理　电位移矢量

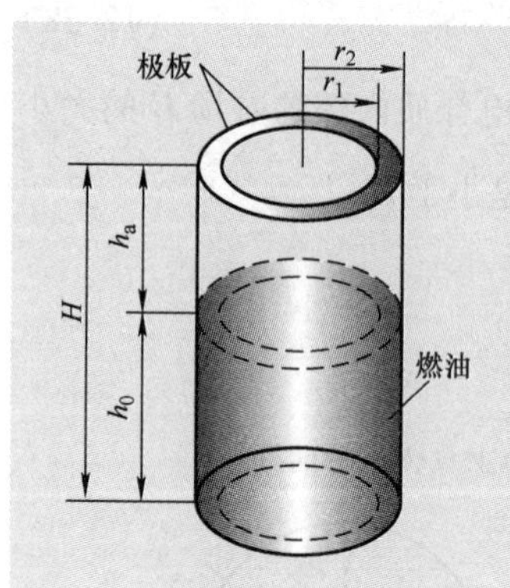

物理现象

电容式油量表利用电容式传感器把油面高度的变化转换成电容的变化。它是由同轴圆柱形极板组成的圆柱形电容器，如左图所示。相关参数为：极板的总高度 $H \gg r_2$，其垂直插入油箱中浸没的深度取决于油面高度 h_0，燃油相对电容率为 ε_{r0}，电容器露出高度为 h_a，油气混合物相对电容率为 ε_{ra}。

如何用上述参数定量描述油量表电容与油面高度的关系？

物理学基本内容

12.4.1　有介质时的高斯定理

自由电荷和极化电荷在产生静电场方面具有相同的规律，前面讨论的真空中静电场的高斯定理，有电介质存在时仍然成立。不过，在计算闭合面内的电荷时必须包括自由电荷 Q_0 和极化电荷 Q'，这里以平行板电容器的均匀电场中充满各向同性的均匀电介质为例进行讨论。设极板上自由电荷面密度为 σ_0，电介质表面上极化电荷面密度为 σ'。取一柱形的闭合面，上下底面面积均为 S，且与极板平行，如图12-33所示。

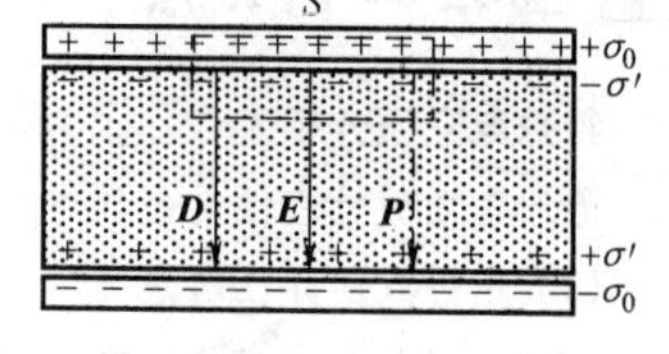

图12-33

由真空中静电场的高斯定理可知

$$\oint_S \boldsymbol{E} \cdot \mathrm{d}\boldsymbol{S} = \frac{1}{\varepsilon_0}(Q_0 - Q') \tag{12-39}$$

式中，$Q_0 = \sigma_0 S$，$Q' = \sigma' S$，极化电荷 Q'是一个未知量。Q'与极化强度 P 有关，为了消去 Q'，需要计算电极化强度 $\boldsymbol{P}$ 对上述闭合面的通量 $\oint_S \boldsymbol{P} \cdot \mathrm{d}\boldsymbol{S}$。因为电介质是均匀极化的，对于上面所取高斯面，下底面上各点 $\boldsymbol{P}$ 的大小相等且与底面垂直，而其余各面上的 $\boldsymbol{P}$ 或者为零，或者与面平行，故 $\boldsymbol{P}$ 对闭合面的通量

$$\oint_S \boldsymbol{P} \cdot \mathrm{d}\boldsymbol{S} = PS \tag{12-40}$$

而 $P = \sigma'$，所以

$$\oint_S \boldsymbol{P} \cdot \mathrm{d}\boldsymbol{S} = \sigma' S = Q' \tag{12-41}$$

代入式（12-39），得

$$\oint_S \boldsymbol{E} \cdot \mathrm{d}\boldsymbol{S} = \frac{1}{\varepsilon_0}\left(Q_0 - \oint_S \boldsymbol{P} \cdot \mathrm{d}\boldsymbol{S}\right) \tag{12-42}$$

由此得出

$$\oint_S (\varepsilon_0 \boldsymbol{E} + \boldsymbol{P}) \cdot \mathrm{d}\boldsymbol{S} = Q_0 \tag{12-43}$$

引入一个辅助矢量—电位移 $\boldsymbol{D}$，并定义

$$\boldsymbol{D} = \varepsilon_0 \boldsymbol{E} + \boldsymbol{P} \tag{12-44}$$

则有

$$\oint_S \boldsymbol{D} \cdot \mathrm{d}\boldsymbol{S} = Q_0 \tag{12-45}$$

式中，$\oint_S \boldsymbol{D} \cdot \mathrm{d}\boldsymbol{S}$ 为通过任意闭合曲面的电位移通量。上式是从平行板电容器中得出的，但是可以证明，在一般情况下它也是成立的。故有电介质时的高斯定理可叙述为：通过任意一个闭合面的电位移通量等于该闭合面所包围的自由电荷的代数和，即

$$\oint_S \boldsymbol{D} \cdot \mathrm{d}\boldsymbol{S} = \sum_{S_{内}} Q_{0i} \tag{12-46}$$

12.4.2　D，E，P 的讨论

1. D，E，P 的关系

以平行板电容器为例，对于线性各向同性电介质

$$\boldsymbol{D} = \varepsilon_0 \boldsymbol{E} + \boldsymbol{P} \tag{12-47}$$

$$\boldsymbol{P} = \chi_e \varepsilon_0 \boldsymbol{E} = (\varepsilon_r - 1)\varepsilon_0 \boldsymbol{E} \tag{12-48}$$

由式（12-47）和式（12-48），得

$$\boldsymbol{D} = \varepsilon_0 \varepsilon_r \boldsymbol{E} = \varepsilon \boldsymbol{E} \tag{12-49}$$

极化电荷面密度大小

$$\sigma' = \boldsymbol{P} \cdot \boldsymbol{n} = (\varepsilon_r - 1)\varepsilon_0 E \tag{12-50}$$

介质中场强关系为

$$E = E_0 - E',\ E_0 = \frac{\sigma_0}{\varepsilon_0},\ E' = \frac{\sigma'}{\varepsilon_0} \tag{12-51}$$

2. E 线、D 线与 P 线

和电场强度 $\boldsymbol{E}$ 相似，电位移矢量 $\boldsymbol{D}$、电极化强度 $\boldsymbol{P}$ 也在电场所在空间构成一个矢量场，其场线分别称为电位移线、电极化强度场线，简称 $\boldsymbol{D}$ 线、$\boldsymbol{P}$ 线。$\boldsymbol{D}$ 线的方向表示 $\boldsymbol{D}$ 的方向，$\boldsymbol{D}$ 线

的密度表示 $\boldsymbol{D}$ 的大小。$\boldsymbol{D}$ 的通量 Φ_D 表示通过曲面 S 的 $\boldsymbol{D}$ 线条数。高斯定理 $\oint_S \boldsymbol{D}\cdot \mathrm{d}\boldsymbol{S} = \sum\limits_{S_{内}} Q_{0i}$ 的物理意义是，$\boldsymbol{D}$ 线发自于正的自由电荷，终止于负的自由电荷。由 $\oint_S \boldsymbol{P}\cdot \mathrm{d}\boldsymbol{S} = Q'$，$\boldsymbol{P}$ 线发自于负的极化电荷，终止于正的极化电荷。这与电场线即 $\boldsymbol{E}$ 线不同，$\boldsymbol{E}$ 线始于正电荷，终于负电荷，而无论这种电荷是自由的还是束缚的，如图 12-34所示。以上结论为均匀各向同性电介质充满匀强场空间。

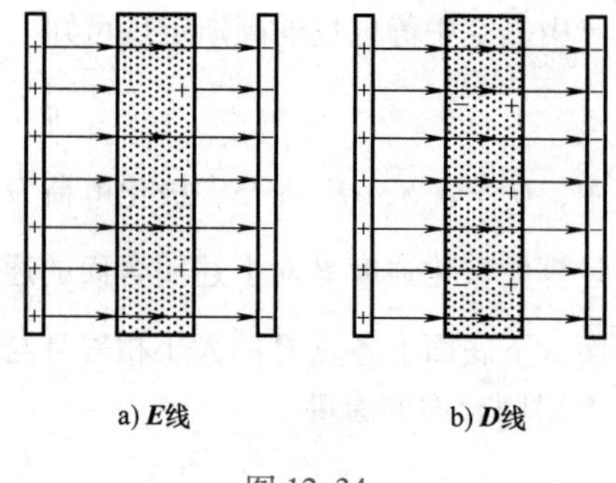
a) $\boldsymbol{E}$线　　b) $\boldsymbol{D}$线

图 12-34

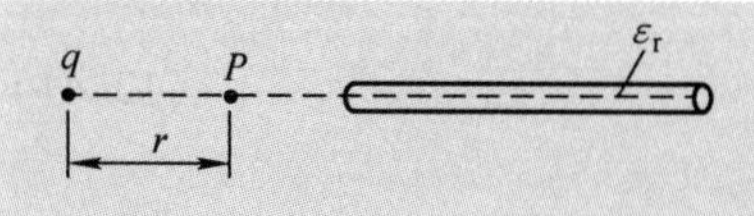

如左图所示，在电量为 q 的点电荷附近，有一细长的均匀电介质棒，距离电荷为 r 处一点 P，过 P 点做一个球面 S 包围点电荷 q，请问 $\oint_S \boldsymbol{D}\cdot \mathrm{d}\boldsymbol{S}$ 为何值？能不能由高斯定理求出该点处 D？

思维拓展

物理知识应用

电介质中的高斯定理可用于求解带电系统和电介质都具有高度对称性时产生的电场强度。下面我们通过几个例题来讲解它的应用。

【例 12-7】半径为 r_1 的导体球带电量为 $+q_0$，球外包裹一层内径为 r_1，外径为 r_2 的各向同性均匀介质，电容率为 ε，如图 12-35 所示。求电介质中和空气中的电场强度分布。

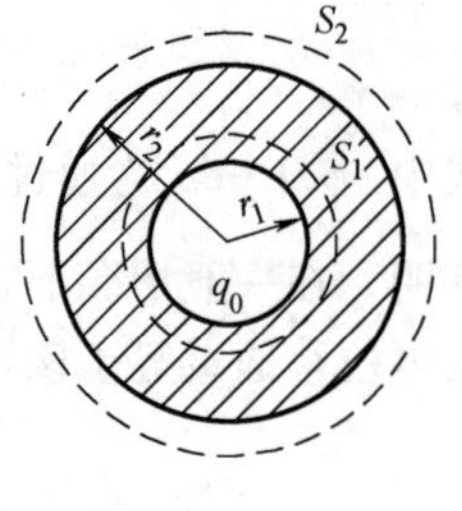

图 12-35

【解】由于导体和电介质都满足球对称性，故自由电荷和极化电荷分布也满足球对称性，因而电场的 $\boldsymbol{E}$ 和 $\boldsymbol{D}$ 分布也具有球对称性，即其方向沿径向发散，且在以 O 为中心的同一球面上 $\boldsymbol{D}$ 与 $\boldsymbol{E}$ 的大小相同。如图 12-35 所示，在电介质中作一半径为 r 的球面 S_1，按有电介质时的高斯定理

$$\oint_{S_1} \boldsymbol{D}\cdot \mathrm{d}\boldsymbol{S} = q_0$$

有 $D\cdot 4\pi r^2 = q_0$，故 $D=\dfrac{q_0}{4\pi r^2}$，所以电介质中的电场强度为

$$E=\frac{D}{\varepsilon}=\frac{q_0}{4\pi\varepsilon r^2}\qquad (r_1<r<r_2)$$

方向沿径向向外。同理，在电介质外作一球面 S_2，则仍然有

$$D=\frac{q_0}{4\pi r^2}\qquad (r>r_2)$$

故电介质外的电场强度为 $E=\dfrac{D}{\varepsilon_0}=\dfrac{q_0}{4\pi\varepsilon_0 r^2}$，方向沿径向向外。

【例 12-8】如图 12-36 所示，一个带有正电荷 Q_0、半径为 R 的金属球，浸入一个相对电容率为 ε_r 的大油箱中。求球外的电场分布以及紧贴金属球的油面上的极化电荷总量 Q'。

【解】由于具有球对称性，因此自由电荷 Q_0 均匀分布在金属球表面上；由于油箱很大，故可以认为电介质（油）充满了金属球外的整个有场空间，电介质的分布也具有球对称性。因此，D 和 E 的分布都具有

球对称性。如图 12-36 所示，作一个半径为 $r(r>R)$ 的球面为高斯面，由高斯定理可得

$$\oint_S \boldsymbol{D} \cdot \mathrm{d}\boldsymbol{S} = D \cdot 4\pi r^2 = Q_0$$

$$D = \frac{Q_0}{4\pi r^2}$$

则有

$$E = \frac{D}{\varepsilon_0 \varepsilon_r} = \frac{Q_0}{4\pi\varepsilon_0\varepsilon_r r^2}$$

电场强度 E 的方向沿球的径向向外。

图 12-36

极化电荷面密度为

$$\sigma' = \boldsymbol{P} \cdot \boldsymbol{n} = \varepsilon_0(\varepsilon_r - 1)\boldsymbol{E} \cdot \boldsymbol{n}$$

$\boldsymbol{n}$ 为电介质表面外法线方向的单位矢量。在 $r=R$ 处的电介质表面，$\boldsymbol{n}$ 沿径向指向球心，即与 $\boldsymbol{E}$ 反向。因此，紧贴金属球油面上的极化电荷面密度为

$$\sigma' = -\varepsilon_0(\varepsilon_r - 1)E|_{r=R} = -(\varepsilon_r - 1)\frac{Q_0}{4\pi\varepsilon_r R^2}$$

该面上极化电荷的总电荷量为

$$Q' = 4\pi R^2 \sigma' = -\left(1 - \frac{1}{\varepsilon_r}\right)Q_0$$

由于 $\varepsilon_r > 1$，所以 Q' 与 Q_0 符号相反，而在量值上则小于 Q_0。

【例 12-9】平行板电容器两极板面积均为 S，极板之间有两层电介质，相对电容率分别为 ε_{r1} 与 ε_{r2}，厚度分别为 d_1 与 d_2，电容器两极板上自由电荷面密度分别为 $+\sigma_0$ 与 $-\sigma_0$。求：(1) 各电介质内的电场强度；(2) 电容器的电容。

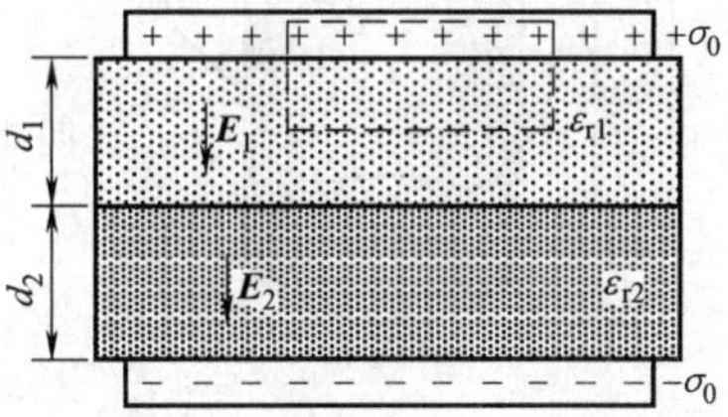

图 12-37

【解】(1) 取如图 12-37 所示柱形高斯面，上底面位于导体极板内，下底面位于电介质内。则由有电介质时的高斯定理，得

$$\oint_S \boldsymbol{D} \cdot \mathrm{d}\boldsymbol{S} = DS_1 = \sigma_0 S_1 \qquad D = \sigma_0$$

$$E_1 = \frac{D}{\varepsilon_0\varepsilon_{r1}} = \frac{\sigma_0}{\varepsilon_0\varepsilon_{r1}} \qquad E_2 = \frac{\sigma_0}{\varepsilon_0\varepsilon_{r2}}$$

(2) 两极板间电势差为

$$U = \int_L \boldsymbol{E} \cdot \mathrm{d}\boldsymbol{l} = E_1 d_1 + E_2 d_2 = \frac{\sigma_0}{\varepsilon_0}\left(\frac{d_1}{\varepsilon_{r1}} + \frac{d_2}{\varepsilon_{r2}}\right)$$

$$C = \frac{Q_0}{U} = \frac{\varepsilon_0 S}{\dfrac{d_1}{\varepsilon_{r1}} + \dfrac{d_2}{\varepsilon_{r2}}} = \frac{\varepsilon_0\varepsilon_{r1}\varepsilon_{r2}S}{\varepsilon_{r2}d_1 + \varepsilon_{r1}d_2}$$

【例 12-10】设无限长同轴电缆的芯线半径为 R_1，外皮的内半径为 R_2。芯线与外皮之间充入两层绝缘的均匀电介质，其相对电容率分别为 ε_{r1} 和 ε_{r2}，两层电介质的分界面的半径为 R，如图 12-38 所示。求单位长度电缆的电容。

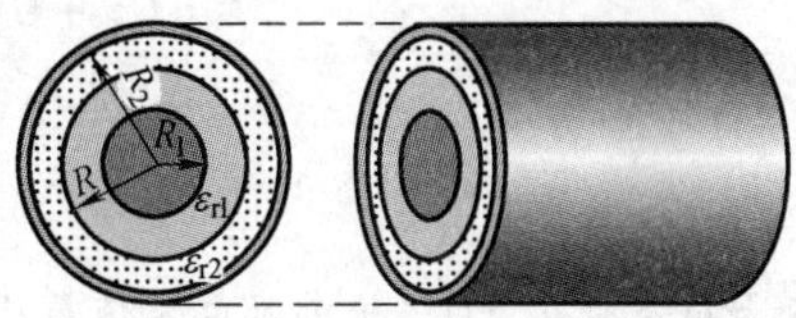

图 12-38

【解】设芯线带电线密度 λ，作同轴圆柱形高斯面，底面半径为 r，长度为 l。由介质中的高斯定理

$$\oint_S \boldsymbol{D} \cdot \mathrm{d}\boldsymbol{S} = D \cdot 2\pi r l = \lambda l$$

可得

$$D=\frac{\lambda}{2\pi r}\quad (R_1<r<R_2)$$

$$E_1=\frac{D}{\varepsilon_0\varepsilon_{r1}}=\frac{\lambda}{2\pi\varepsilon_0\varepsilon_{r1}r}\quad (R_1<r<R)$$

$$E_2=\frac{D}{\varepsilon_0\varepsilon_{r2}}=\frac{\lambda}{2\pi\varepsilon_0\varepsilon_{r2}r}\quad (R<r<R_2)$$

$$U=\int_{R_1}^{R_2}\boldsymbol{E}\cdot d\boldsymbol{r}=\int_{R_1}^{R}E_1\cdot dr+\int_{R}^{R_2}E_2\cdot dr$$

$$=\frac{\lambda}{2\pi\varepsilon_0\varepsilon_{r1}}\ln\frac{R}{R_1}+\frac{\lambda}{2\pi\varepsilon_0\varepsilon_{r2}}\ln\frac{R_2}{R}$$

$$C=\frac{\lambda}{U}=\frac{2\pi\varepsilon_0\varepsilon_{r1}\varepsilon_{r2}}{\varepsilon_{r2}\ln\frac{R}{R_1}+\varepsilon_{r1}\ln\frac{R_2}{R}}$$

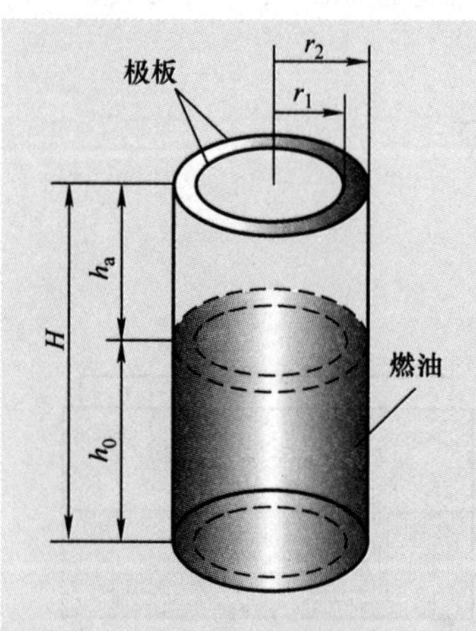

现象解释

由高斯定理得

$$D=\frac{\lambda}{2\pi r}$$

$$E_{气}=\frac{D}{\varepsilon_0\varepsilon_{ra}}=\frac{\lambda_1}{2\pi\varepsilon_0\varepsilon_{ra}r}$$

$$E_{油}=\frac{D}{\varepsilon_0\varepsilon_{r0}}=\frac{\lambda_2}{2\pi\varepsilon_0\varepsilon_{r0}r}$$

两部分电势差分别为

$$U_{气}=\int_{r_1}^{r_2}\boldsymbol{E}\cdot d\boldsymbol{r}=\int_{r_1}^{r_2}E_1\cdot dr=\frac{\lambda_1}{2\pi\varepsilon_0\varepsilon_{ra}}\ln\frac{r_2}{r_1}$$

$$U_{油}=\int_{r_1}^{r_2}\boldsymbol{E}\cdot d\boldsymbol{r}=\int_{r_1}^{r_2}E_2\cdot dr=\frac{\lambda_2}{2\pi\varepsilon_0\varepsilon_{r0}}\ln\frac{r_2}{r_1}$$

根据电容定义

$$C_{气}=\frac{2\pi\varepsilon_0\varepsilon_{ra}(H-h_0)}{\ln r_2/r_1}$$

$$C_{油}=\frac{2\pi\varepsilon_0\varepsilon_{r0}h_0}{\ln r_2/r_1}$$

如图，传感器的总电容值等于空气部分和浸入油中两部分电容器的电容并联，其值为

$$C=C_{气}+C_{油}=\frac{2\pi\varepsilon_0\varepsilon_{ra}(H-h_0)}{\ln r_2/r_1}+\frac{2\pi\varepsilon_0\varepsilon_{r0}h_0}{\ln r_2/r_1}$$

$$=\frac{2\pi\varepsilon_0\varepsilon_{ra}H}{\ln r_2/r_1}+\frac{2\pi\varepsilon_0(\varepsilon_{r0}-\varepsilon_{ra})h_0}{\ln r_2/r_1}$$

当油箱空时 $h_o=0$，传感器电容值最小，即

$$C_{\min}=\frac{2\pi\varepsilon_0\varepsilon_{ra}H}{\ln r_2/r_1}=C_0$$

当油箱装满时，$h_0=H$，传感器电容值最大，即

$$C_{max}=\frac{2\pi\varepsilon_0\varepsilon_{r0}H}{\ln r_2/r_1}$$

由上式可知，传感器的总电容由两部分组成，一部分是空箱时的电容C_0，另一部分是加油后所增加的电容ΔC，C_0只取决于传感器的本身尺寸，对已制成的传感器它是一个常数，而ΔC的大小与油面高度h_0和燃油的电容率ε_{r0}有关。因而，可得出下列结论：

(1) 在截面积一定时，燃油的油面高度反映了燃油的容积，而燃油的电容率取决于燃油的密度。因而电容式传感器的电容值所指示的为燃油的质量（质量=容积×密度），相应的指示读数应为kg，而不是L。

(2) 因为燃油的电容率ε_{r0}总是大于1的，所以ΔC恒为正值。

(3) r_2/r_1越接近1（即极板间隙越小）时，相同的高度变化量引起的电容值变化量越大，灵敏度越高，但间隙不宜过小，过小会引起毛细现象，一般间隙应选在1.5~4mm。

物理知识拓展

电介质损耗和击穿电压

在外加电压下，电介质中的一部分电能会转换为热能。这种现象主要是电介质在高频电场的作用下反复极化的过程中产生的，频率越高，发热越明显，这种现象被称为电介质损耗。

在工业生产中利用电介质损耗现象的加工技术叫作电介质加热技术。电介质加热技术在工业上被广泛地用于塑料压膜前的放热、对泡沫橡胶的迅速凝结和干燥、壁板和其他物品的烘干等。有时要尽量减少电介质损耗，因为电介质损耗不仅造成能量的损失，而且当温度超过一定范围时，电介质的绝缘性能也会被破坏。

如前所述，电介质中的自由电子数少，在通常情况下，它是绝缘体。但当外加电场大到某一程度时，电介质分子中的电子就会摆脱原子核的束缚而成为自由电子。这时，电介质的导电性能大增，绝缘性能被破坏。我们把这种现象叫作电介质的击穿。使电介质发生电击穿的临界电压叫作击穿电压，与击穿电压相应的电场强度叫作击穿电场强度。不同的电介质，击穿电场强度的数值不同。

击穿电场强度是电介质的重要参数之一。在选用电介质时，必须注意到它的耐压能力，比如在高压下工作的电容器，就必须选择击穿电场强度大的材料作为介质。这也是为什么电容器等电器元件都标有“额定电压”的缘故。在高压状态下，电缆周围的电场强度是不均匀的，一般在靠近导线的地方电场强度最大。当电压升高时，总是电场最强的地方先被击穿。正所谓好钢用到刀刃上，如果在靠近导线的地方使用电容率和击穿电场强度大的材料，就能提高电缆的耐压能力或者保证电缆在高压下工作而不被击穿，还能节省材料。因此，在工程实践中电缆外面不是包上一层而是多层电容率和击穿电场强度不同的电介质。

12.5 静电场中的能量

航空发动机都需要装备航空点火器，主要目的是产生高能电火花，使得燃烧室或气缸内燃料混合气体起火燃烧，产生热能推动涡轮或活塞做功，以产生航空发动机正常工作的条件。

物理现象

点火装置是能量贮存与释放的关键部件，内部有专门的储能器件，为电容或电感。电感储能点火装置的储存能量一般为几十毫焦耳，放电频率高，不可控。电容储能点火装置的储能可达十几焦耳，放电频率低，可控。目前除个别老机种尚沿用电感系统外，新机种均使用电容系统。常见电容系统通过对电容器充电，积累足够的电荷，以电容器瞬时放电的方式释放给点火电嘴。

电容器储能还普遍使用于照相机闪光灯、心脏除颤器（AED）等设备中。那么，电容器储能如何计算，与哪些因素有关呢？

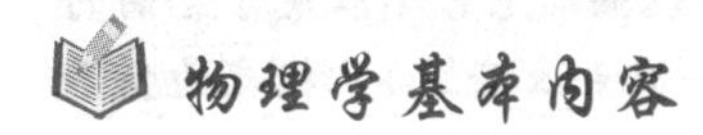

物理学基本内容

12.5.1 电容器的储能

电容在充电过程中，外力要克服电荷之间的作用而做功，把其他形式的能量转化为电能。下面我们以平行板电容器的充电过程为例，讨论通过外力做功给电容器储能的机理。如图 12-39 所示，设输运的电荷为正电荷，在某一个微元过程中，有电荷量为 dq 的电荷从负极输运到了正极。若此时电容器带电荷量为 q，极板间电压为 U，则该微元输运过程中外力克服电场力做功为

$$\mathrm{d}A = U\mathrm{d}q = \frac{q}{C}\mathrm{d}q \tag{12-52}$$

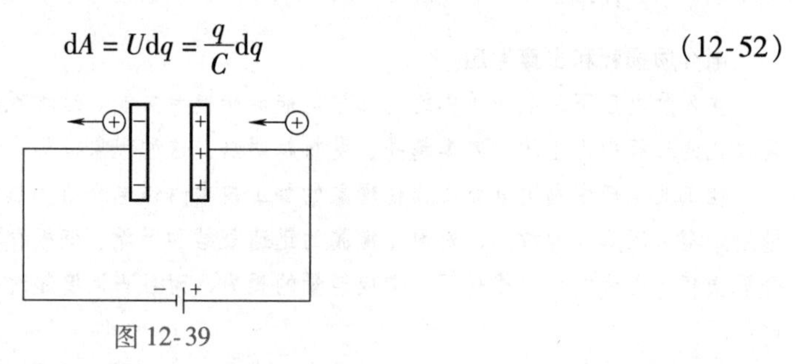

图 12-39

若在整个充电过程中电容器上的电荷量由 0 变化到 Q，则外力的总功为

$$A = \int_0^Q \frac{q}{C}\mathrm{d}q = \frac{1}{2}\frac{Q^2}{C} \tag{12-53}$$

按能量转换并守恒的思想，一个系统拥有的能量，应等于建立这个系统时外力做正功所输入的能量。因此，一个带电量为 Q、电压为 U 的电容器储存的电能应该为

$$W_e = \frac{1}{2}\frac{Q^2}{C} = \frac{1}{2}CU^2 = \frac{1}{2}QU \tag{12-54}$$

由式（12-54）可见，当 U 不变时（接电源的情况），C 增大，则 W_e 增大，从这个意义上来说，电容器是一种储存电能的元件，电容 C 也是衡量电容器储能本领大小的物理量。

图 12-39 中形式上是一个平行板电容器，但我们讨论的过程中并没有涉及平行板电容器的特性，而是对任意电容器都能适用，所以上式的结论是普遍成立的。

现象解释

航空发动机点火装置的电容储能 $W_e = \frac{1}{2}CU^2$，可见，点火装置的电容大，或者电容所加电压高，则储能大。但是，由于在放电的过程中，电容不能完全将储存的电能放尽，并且电路中还存在着能量损耗等问题，故实际使用中，电容储存的总能量要比电火花放电所释放的真实能量要大。

航空发动机点火器的点火能量是关系航空发动机能否成功起动点火的一个关键参数，对飞机发动机可靠点火、传焰和燃烧都是至关重要。尤其是对于飞机地面启动和空中再点火起着决定性作用。随着飞机的飞行高度和飞行速度的不断提高，飞机发动机的空中点火条件不断恶化，点火器能量及其放电参数对于飞机的机动性和可靠性设计将变得更加重要。

12.5.2　电能定域在电场中

电容器具有能量，请问，电能定域于哪里？关于这个问题，有两种观点，一种观点认为储存于极板上的电荷中，另一种观点认为储存于电荷激发的电场中。由于静电场总是伴随着静止电荷而产生的，所以电能是“属于电荷的”与“属于电场的”这两种说法似乎是无法区别的。但在变化的电磁场的实验中，已经证明了变化的电场可以脱离电荷独立存在，而且场的能量是能够以电磁波的形式传播的，这个事实证实了能量储存在场中的观点。能量是物质固有的属性之一，和物质是密不可分的。在前面我们指出过，电场是一种物质，电场能量正是电场物质性的一个表现。

电场的能量分布在电场中，我们仍以平行板电容器为例，不计边缘效应

$$W_e=\frac{1}{2}CU^2=\frac{1}{2}\frac{\varepsilon S}{d}(Ed)^2=\frac{1}{2}\varepsilon E^2 Sd=\frac{1}{2}\varepsilon E^2 V \tag{12-55}$$

式中，V表示电场所在的空间，上式表明储能与体积和电场相关。

电场的能量在空间的分布可以用能量密度来描述，定义为单位体积内的能量，用w_e表示，由于平行板电容器的电场是均匀的，所以其电场的能量密度为

$$w_e=\frac{W_e}{V}=\frac{1}{2}\varepsilon E^2=\frac{1}{2}DE=\frac{D^2}{2\varepsilon} \tag{12-56}$$

虽然该公式由平行板电容器得出，但可以证明对任意电场普遍适用。有了电场能量密度的概念以后，对任意电场，可以通过能量密度的体积分来求出它的能量，即

$$W_e=\int dw_e=\int_V w_e dV=\int_V \frac{1}{2}\varepsilon E^2 dV \tag{12-57}$$

物理知识应用

【例12-11】如图12-40所示，真空中有一外半径为R，带电量为q的金属球壳。(1) 求电场的总能量；(2) 在带电球壳周围空间中，多大半径球面内的电场所具有的能量等于总能量的一半？

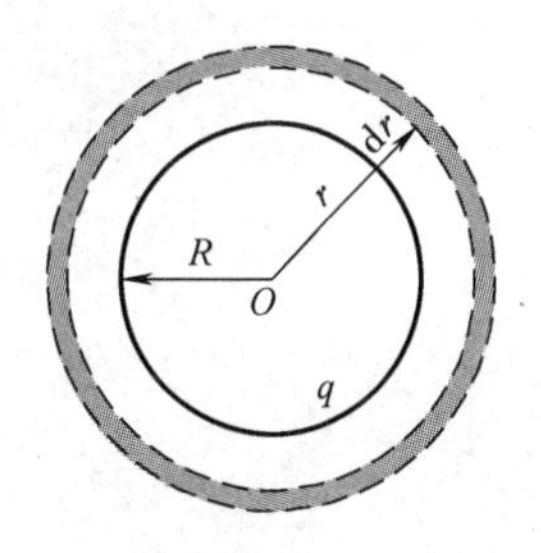

图12-40

【解】(1) 由高斯定理求得球壳内、外的电场分布

$$E_1=0 \qquad (r<R)$$

$$E_2=\frac{q}{4\pi\varepsilon_0 r^2} \qquad (r>R)$$

球壳内电场能量密度为零，球壳外电场能量密度为

$$w_e=\frac{1}{2}\varepsilon_0 E_2^2=\frac{q^2}{32\pi^2\varepsilon_0 r^4} \qquad (r>R)$$

由于电场分布具有球对称性，因此取与带电球壳同心的薄球壳空间为体积元，即

$$dV=4\pi r^2 dr$$

电场总能量为

$$W_e = \int w_e \mathrm{d}V = \int_R^\infty \frac{q^2}{32\pi^2\varepsilon_0 r^4} 4\pi r^2 \mathrm{d}r = \frac{q^2}{8\pi\varepsilon_0 R}$$

试用上述结果计算一下金属球壳的电容C，与12.2节用定义式计算所得结果进行比较，体会两种计算方法的思路差异。

(2) 设半径为R_0的球面内的电场储存的能量为总能量的一半，即

$$\int w_e \mathrm{d}V = \int_R^{R_0} \frac{q^2}{32\pi^2\varepsilon_0 r^4} 4\pi r^2 \mathrm{d}r = \frac{q^2}{8\pi\varepsilon_0}\left(\frac{1}{R} - \frac{1}{R_0}\right)$$

$$\frac{q^2}{8\pi\varepsilon_0}\left(\frac{1}{R} - \frac{1}{R_0}\right) = \frac{q^2}{16\pi\varepsilon_0 R}$$

故

$$R_0 = 2R$$

【例12-12】面积为S，距离为d的平行板电容器充电后，两极板分别带电$+q$和$-q$。断开电源后，将两极板间距缓慢地拉开至$2d$。求：(1) 外力克服电场力所做的功；(2) 两极板间的吸引力。

【解】(1) 当极板间距离为d和$2d$时，电容器的电容分别为

$$C_1 = \varepsilon_0 \frac{S}{d}, \quad C_2 = \varepsilon_0 \frac{S}{2d}$$

电场能量分别为

$$W_1 = \frac{1}{2}\frac{q^2}{C_1} = \frac{1}{2}\frac{q^2 d}{\varepsilon_0 S}, \quad W_2 = \frac{1}{2}\frac{q^2}{C_2} = \frac{q^2 d}{\varepsilon_0 S}$$

极板拉开$2d$后，电场能量的增量为

$$\Delta W = W_2 - W_1 = \frac{1}{2}\frac{q^2 d}{\varepsilon_0 S}$$

缓慢拉开无动能，外力克服电场力所做的功使电场能量增加，则外力所做的功为

$$A = \Delta W = \frac{1}{2}\frac{q^2 d}{\varepsilon_0 S}$$

(2) 在拉开过程中，极板上的电荷量q不变，由$E = \frac{\sigma}{\varepsilon_0} = \frac{q}{S\varepsilon_0}$可知电场强度也不变，所以缓慢拉开时吸引力大小与外力大小相等，即

$$F = \frac{A}{d} = \frac{q^2}{2\varepsilon_0 S}$$

【例12-13】如图12-41所示，一球形电容器的内外半径分别为R_1和R_2，两球壳间充有相对电容率分别为ε_{r1}和ε_{r2}的两层均匀电介质，分界面是半径为R的同心球面。当电容器带电荷量为$+q$时，求：(1) $\boldsymbol{D}$，$\boldsymbol{E}$，$\boldsymbol{P}$，V的分布规律；(2) 电能密度；(3) 电容器的能量；(4) 电容器的电容。

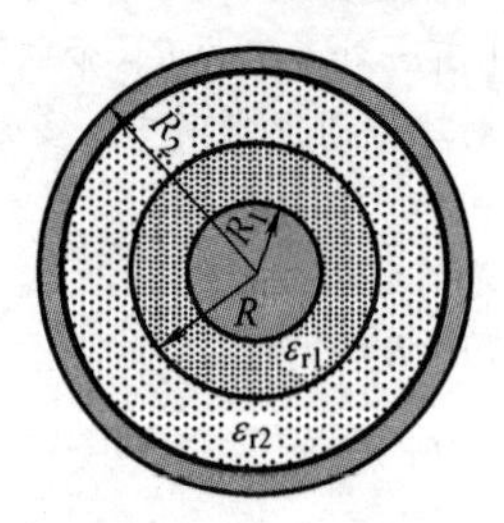

图12-41

【解】不妨设内球壳带正电，外球壳带负电。

(1) 在$r<R_1$内

$$E_1 = 0,\ D_1 = 0,\ P_1 = 0$$

当$R_1 < r < R_2$时，由高斯定理得

$$D_2 = \frac{q}{4\pi r^2} \qquad (R_1 < r < R_2)$$

$$E_2 = \frac{D_2}{\varepsilon_0 \varepsilon_{r1}} = \frac{q}{4\pi\varepsilon_0 \varepsilon_{r1} r^2} \qquad (R_1 < r < R)$$

$$E_3 = \frac{D_2}{\varepsilon_0 \varepsilon_{r2}} = \frac{q}{4\pi\varepsilon_0 \varepsilon_{r2} r^2} \qquad (R < r < R_2)$$

极化强度的大小为

$$P_2 = \varepsilon_0(\varepsilon_{r1} - 1)E_2 = \frac{(\varepsilon_{r1} - 1)q}{4\pi\varepsilon_{r1} r^2} \qquad (R_1 < r < R)$$

$$P_3 = \varepsilon_0(\varepsilon_{r2} - 1)E_3 = \frac{(\varepsilon_{r2} - 1)q}{4\pi\varepsilon_{r2} r^2} \qquad (R < r < R_2)$$

$\boldsymbol{D}$，$\boldsymbol{E}$，$\boldsymbol{P}$ 的方向都沿径向。

当 $r > R_2$时，由高斯定理得

$$D_4 = 0,\ E_4 = 0,\ P_4 = 0$$

选无穷远处为电势零点，空间的电势分布为

$$\begin{aligned} V_1 &= \int_r^{R_1} \boldsymbol{E}_1 \cdot \mathrm{d}\boldsymbol{r} + \int_{R_1}^{R} \boldsymbol{E}_2 \cdot \mathrm{d}\boldsymbol{r} + \int_R^{R_2} \boldsymbol{E}_3 \cdot \mathrm{d}\boldsymbol{r} + \int_{R_2}^{\infty} \boldsymbol{E}_4 \cdot \mathrm{d}\boldsymbol{r} \\ &= \frac{q}{4\pi\varepsilon_0}\left[\frac{1}{\varepsilon_{r1}}\left(\frac{1}{R_1} - \frac{1}{R}\right) + \frac{1}{\varepsilon_{r2}}\left(\frac{1}{R} - \frac{1}{R_2}\right)\right] \qquad (r \leqslant R_1) \end{aligned}$$

$$\begin{aligned} V_2 &= \int_r^{R} \boldsymbol{E}_2 \cdot \mathrm{d}\boldsymbol{r} + \int_R^{R_2} \boldsymbol{E}_3 \cdot \mathrm{d}\boldsymbol{r} + \int_{R_2}^{\infty} \boldsymbol{E}_4 \cdot \mathrm{d}\boldsymbol{r} \\ &= \frac{q}{4\pi\varepsilon_0}\left[\frac{1}{\varepsilon_{r1}}\left(\frac{1}{r} - \frac{1}{R}\right) + \frac{1}{\varepsilon_{r2}}\left(\frac{1}{R} - \frac{1}{R_2}\right)\right] \qquad (R_1 \leqslant r \leqslant R) \end{aligned}$$

$$\begin{aligned} V_3 &= \int_r^{R_2} \boldsymbol{E}_3 \cdot \mathrm{d}\boldsymbol{r} + \int_{R_2}^{\infty} \boldsymbol{E}_4 \cdot \mathrm{d}\boldsymbol{r} \\ &= \frac{q}{4\pi\varepsilon_0\varepsilon_{r2}}\left(\frac{1}{r} - \frac{1}{R_2}\right) \qquad (R \leqslant r \leqslant R_2) \end{aligned}$$

$$V_4 = \int_r^{\infty} \boldsymbol{E} \cdot \mathrm{d}\boldsymbol{r} = 0 \qquad (r \geqslant R_2)$$

(2) 由电能密度定义得

$$w_1 = 0 \qquad (r < R_1)$$

$$w_2 = \frac{q^2}{32\pi^2 \varepsilon_0 \varepsilon_{r1} r^4} \qquad (R_1 < r < R)$$

$$w_3 = \frac{q^2}{32\pi^2 \varepsilon_0 \varepsilon_{r2} r^4} \qquad (R < r < R_2)$$

$$w_4 = 0 \qquad (r > R_2)$$

(3) 电容器的能量

$$\begin{aligned} W_e &= \int_{R_1}^{R} w_2 4\pi r^2 \mathrm{d}r + \int_R^{R_2} w_3 4\pi r^2 \mathrm{d}r \\ &= \frac{q^2}{8\pi\varepsilon_0}\left[\frac{1}{\varepsilon_{r1}}\left(\frac{1}{R_1} - \frac{1}{R}\right) + \frac{1}{\varepsilon_{r2}}\left(\frac{1}{R} - \frac{1}{R_2}\right)\right] \end{aligned}$$

(4) 电容器的电容

$$C = \frac{q^2}{2W_e} = \frac{4\pi\varepsilon_0\varepsilon_{r1}\varepsilon_{r2}R_1R_2R}{\varepsilon_{r2}R_2(R - R_1) + \varepsilon_{r1}R_1(R_2 - R)}$$

本章知识导图

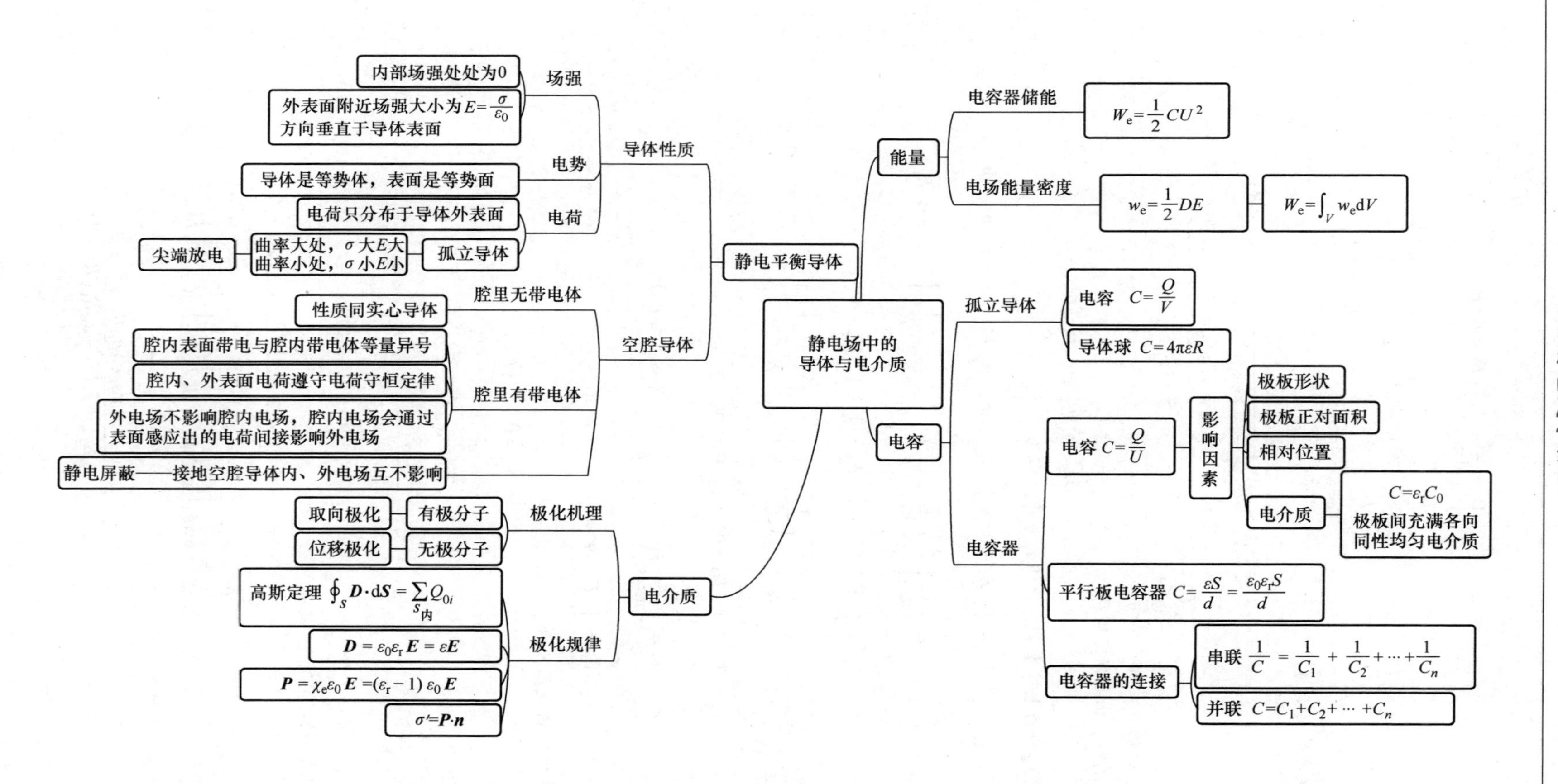
静电场中的导体与电介质
静电平衡导体
导体性质
场强
内部场强处处为0
外表面附近场强大小为$E=\frac{\sigma}{\varepsilon_0}$
方向垂直于导体表面
电势
导体是等势体，表面是等势面
电荷
电荷只分布于导体外表面
孤立导体
曲率大处，σ大E大
曲率小处，σ小E小
尖端放电
空腔导体
腔里无带电体
性质同实心导体
腔里有带电体
腔内表面带电与腔内带电体等量异号
腔内、外表面电荷遵守电荷守恒定律
外电场不影响腔内电场，腔内电场会通过
表面感应出的电荷间接影响外电场
静电屏蔽——接地空腔导体内、外电场互不影响
电介质
极化机理
有极分子
取向极化
无极分子
位移极化
极化规律
高斯定理 $\oint_S \boldsymbol{D}\cdot \mathrm{d}\boldsymbol{S}=\sum_{S内} Q_{0i}$
$\boldsymbol{D}=\varepsilon_0\varepsilon_r \boldsymbol{E}=\varepsilon \boldsymbol{E}$
$\boldsymbol{P}=\chi_e\varepsilon_0 \boldsymbol{E}=(\varepsilon_r-1)\varepsilon_0 \boldsymbol{E}$
$\sigma'=\boldsymbol{P}\cdot\boldsymbol{n}$
能量
电容器储能
$W_e=\frac{1}{2}CU^2$
电场能量密度
$w_e=\frac{1}{2}DE$
$W_e=\int_V w_e \mathrm{d}V$
电容
孤立导体
电容 $C=\frac{Q}{V}$
导体球 $C=4\pi\varepsilon R$
电容器
电容 $C=\frac{Q}{U}$
影响因素
极板形状
极板正对面积
相对位置
电介质
$C=\varepsilon_r C_0$
极板间充满各向同性均匀电介质
平行板电容器 $C=\frac{\varepsilon S}{d}=\frac{\varepsilon_0\varepsilon_r S}{d}$
电容器的连接
串联 $\frac{1}{C}=\frac{1}{C_1}+\frac{1}{C_2}+\cdots+\frac{1}{C_n}$
并联 $C=C_1+C_2+\cdots+C_n$

思考与练习

思考题

12-1 当把带电物体移近一个导体壳时，带电体自身在导体空腔内产生的电场是否为零？静电屏蔽是怎样实现的？

12-2 在孤立导体球壳的中心设置一个点电荷，球壳的内外表面的电荷分布是否均匀？当点电荷的位置偏离中心时，电荷分布有何变化？

12-3 两块大小一样、带电量不同的导体平板近距离平行放置，它们相对的两个表面的电荷密度是否大小相同，符号相反？试用高斯定理说明之。

12-4 一个均匀带电各向同性的电介质圆盘表面是不是一个等势面？

12-5 一电场由位置固定的自由电荷提供，然后在电场中置入一块电介质。与介质置入前相比，空间的电位移矢量分布是否变化？空间的电场强度分布是否变化？

12-6 把两个同样的电容器用同一电源充电，然后将其中一个脱离电源，再同时向两个电容器内充入同样的电介质。讨论这两个电容器的电容、面电荷密度、极板间电势差、场强和场能密度的变化情况。

12-7 从电场能的角度理解，如果带电体电荷分布是固定的，那么在其电场中置入一个导体时，带电体的电势是否变化？

练习题

（一）填空题

12-1 一金属球壳的内、外半径分别为 R_1 和 R_2，电荷量为 Q。在球心处有一电荷量为 q 的点电荷，则球壳内表面上的电荷面密度 $\sigma=$________。

12-2 一任意形状的带电导体，其电荷面密度分布为 $\sigma(x, y, z)$，则在导体表面外附近任意点处的电场强度的大小 $E(x, y, z)=$________，其方向________。

12-3 一个不带电的金属球壳的内、外半径分别为 R_1 和 R_2，现在中心处放置一电荷量为 q 的点电荷，则球壳的电势 $V=$________。

12-4 A，B 两个导体球，它们的半径之比为 2∶1，A 球带正电荷 Q，B 球不带电，若使两球接触一下再分离，当 A，B 两球相距为 R 时（假设 R 远大于两球半径，以致可认为 A，B 是点电荷），则两球间的静电力 $F=$________。

12-5 两个电容器 1 和 2，串联以后接上电动势恒定的电源充电。在电源保持连接的情况下，若把电介质充入电容器 2 中，则电容器 1 上的电势差________；电容器 1 极板上的电荷________。（填“增大”“减小”或“不变”）

12-6 一个孤立导体，当它带有电荷 q 而电势为 V 时，则定义该导体的电容为 $C=$________，它是表征导体的________的物理量。

12-7 一空气平行板电容器，电容为 C，两极板间距离为 d。充电后，两极板间相互作用力的大小为 F，则两极板间的电势差为________，极板上的电荷为________。

12-8 A，B 为两块无限大均匀带电平行薄平板，两板间和左、右两侧充满相对电容率为 ε_r 的各向同性均匀电介质。已知两板间的电场强度大小为 E_0，两板外的电场强度均为 $\frac{1}{3}E_0$，方向如习题 12-8 图所示。则 A，B 两板所带电荷面密度分别为 $\sigma_A=$________，$\sigma_B=$________。

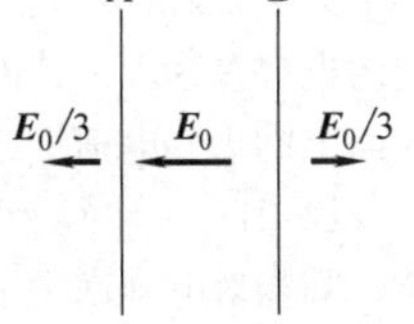

A B
$E_0/3$ E_0 $E_0/3$

习题 12-8 图

12-9 1，2 是两个完全相同的空气电容器，将其充电后与电源断开，再将一块各向同性均匀电介质板插入电容器 1 的两极板间，如习题 12-9 图所示，则电容器 2 的电压 U_2，电场能量 W_2 将如何变化？（填“增大”“减小”或“不变”）U_2________，W_2________。

12-10　两个空气电容器 1 和 2，并联后接在电压恒定的直流电源上，如习题 12-10 图所示。今将一块各向同性均匀电介质板缓慢地插入电容器 1 中，则电容器组的总电荷量将________，电容器组储存的电能将________。（填“增大”“减小”或“不变”）

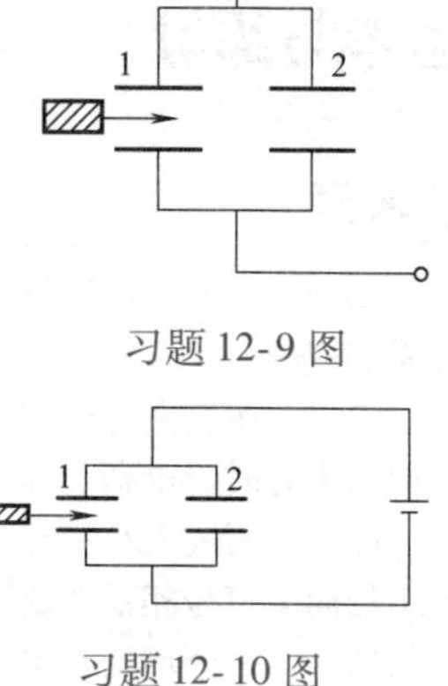

习题 12-9 图

习题 12-10 图

12-11　一个带电的金属球，当其周围真空时，储存的静电能量为 W_{e0}，使其电荷保持不变，把它浸没在相对电容率为 ε_r 的无限大各向同性均匀电介质中，这时它的静电能量 $W_e=$________。

12-12　真空中均匀带电的球面和球体，如果两者的半径和总电荷都相等，则带电球面的电场能量 W_1 与带电球体的电场能量 W_2 相比，W_1________ W_2（填“<”“=”“>”）。

12-13　一空气电容器充电后切断电源，电容器储能 W_0，若此时在极板间灌入相对电容率为 ε_r 的煤油，则电容器储能变为 W_0 的________倍；如果灌煤油时电容器一直与电源相连接，则电容器储能将是 W_0 的________倍。

（二）计算题

12-14　假设从无限远处陆续移来微量电荷使一半径为 R 的导体球带电。

（1）当球上已带有电荷 q 时，再将电荷元 dq 从无限远处移到球上的过程中，外力做多少功？

（2）使球上电荷从零开始增加到 Q 的过程中，外力共做多少功？

12-15　如习题 12-15 图所示，一内半径为 a、外半径为 b 的金属球壳，带有电荷 Q，在球壳空腔内距离球心 r 处有一点电荷 q。设无限远处为电势零点，试求：

（1）球壳内外表面上的电荷。

（2）球心点 O 处，由球壳内表面上的电荷所产生的电势。

（3）球心点 O 处的总电势。

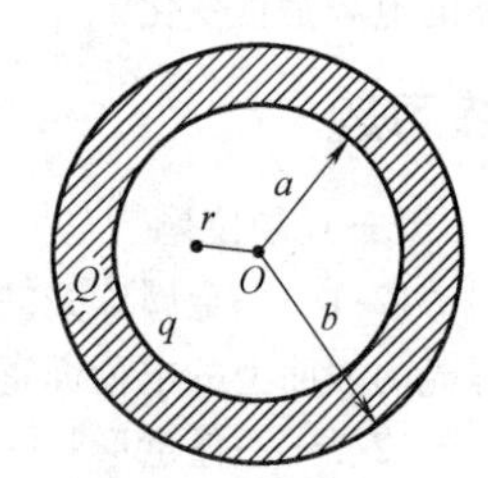

习题 12-15 图

12-16　如习题 12-16 图所示，有一半径为 a 的，带有正电荷 Q 的导体球。球外有一内半径为 b，外半径为 c 的不带电的同心导体球壳。设无限远处为电势零点，试求内球和球壳的电势。

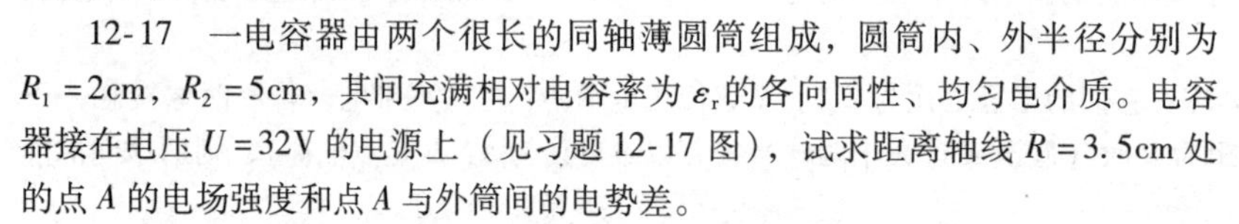

12-17　一电容器由两个很长的同轴薄圆筒组成，圆筒内、外半径分别为 $R_1=2\text{cm}$，$R_2=5\text{cm}$，其间充满相对电容率为 ε_r 的各向同性、均匀电介质。电容器接在电压 $U=32\text{V}$ 的电源上（见习题 12-17 图），试求距离轴线 $R=3.5\text{cm}$ 处的点 A 的电场强度和点 A 与外筒间的电势差。

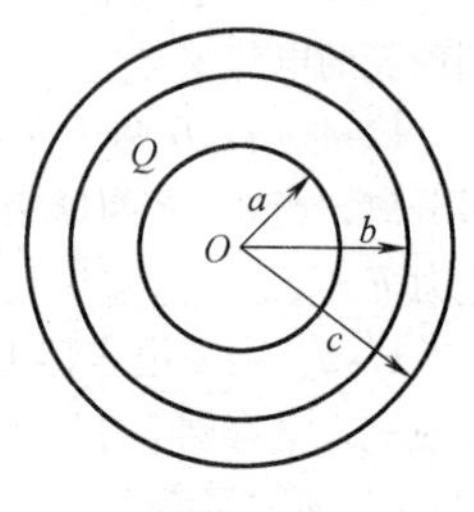

习题 12-16 图

12-18　如习题 12-18 图所示，A 为一块金属导体，其外部充满各向同性的均匀电介质，电极化率为 χ_e。已知界面上某点的自由电荷面密度为 σ，求该点的束缚电荷面密度 σ'。

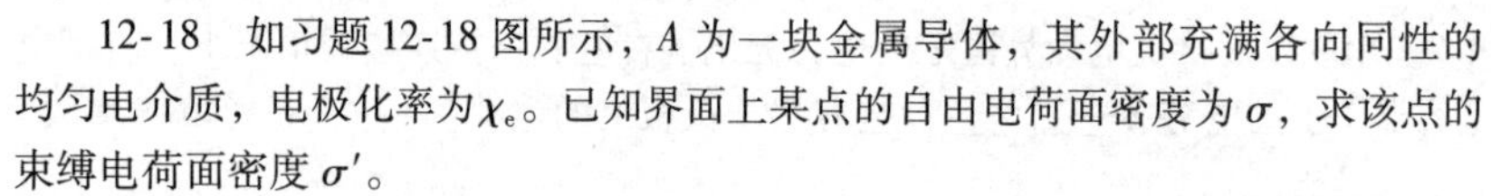

12-19　一导体球带电荷 Q。球外同心地有两层各向同性均匀电介质球壳，相对电容率分别为 ε_{r1} 和 ε_{r2}，分界面处半径为 R，如习题 12-19 图所示。求两层介质分界面上的极化电荷面密度。

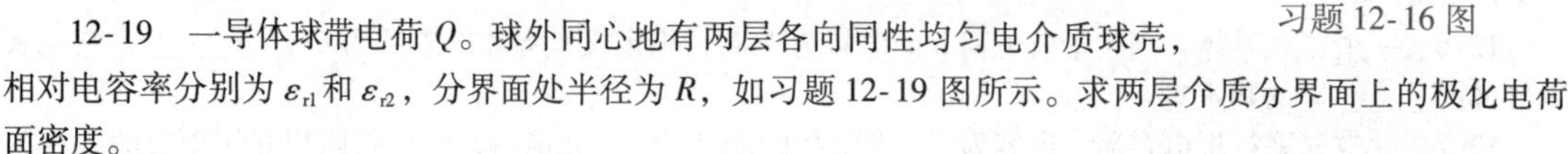

12-20　一圆柱形电容器，内、外圆筒半径分别为 r_1 和 r_2，长为 L，且 $L\gg r_2$，在 r_1 与 r_3 之间用相对电容率为 ε_r 的各向同性均匀电介质圆筒填充，其余部分为空气，如习题 12-20 图所示。已知内、外导体圆筒间的电势差为 U，其内筒电势高，求介质中的电场强度 $\boldsymbol{E}$，电极化强度 $\boldsymbol{P}$，电位移矢量 $\boldsymbol{D}$ 和半径为 r_3 的圆柱面上的极化电荷面密度 σ。

12-21　一半径为 a 的“无限长”圆柱形导体，单位长度带电荷为 λ。其外套一层各向同性均匀电介质，其相对电容率为 ε_r，内、外半径分别为 a 和 b。试求电位移和电场强度的分布。

12-22　一平行板电容器，极板间距离 $d=10\text{cm}$，其间有一半充以相对电容率 $\varepsilon_r=10$ 的各向同性均匀电介质，其余部分为空气，如习题 12-22 图所示。当两板间电势差为 $U=100\text{V}$ 时，试分别求空气中和介质中的电位移矢量和电场强度。

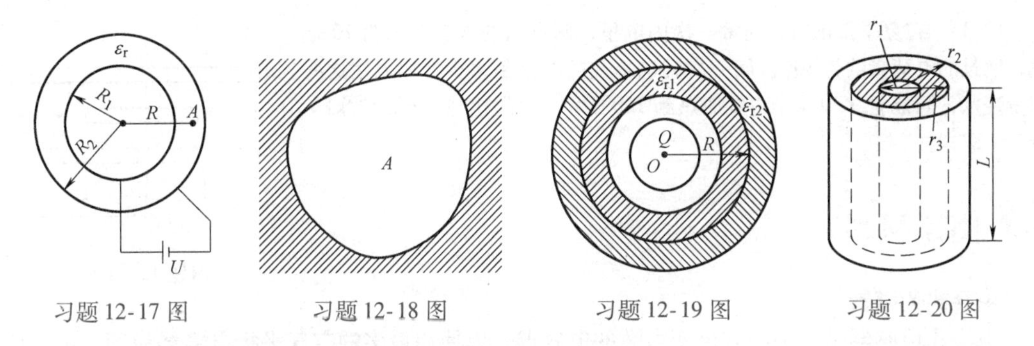

习题 12-17 图　　习题 12-18 图　　习题 12-19 图　　习题 12-20 图

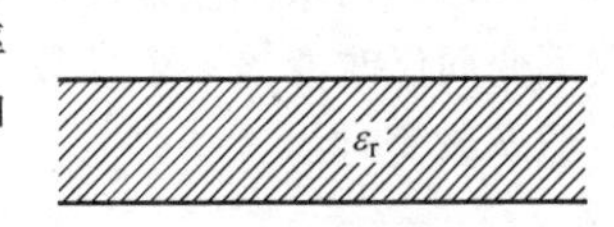

习题 12-22 图

12-23　一平行板空气电容器充电后，极板上的自由电荷面密度 $\sigma = 1.77 \times 10^{-6}\mathrm{C/m^2}$。将极板与电源断开，并平行于极板插入一块相对电容率 $\varepsilon_r = 8$ 的各向同性均匀电介质板。计算电介质中的电位移 $\boldsymbol{D}$、电场强度 $\boldsymbol{E}$ 和电极化强度 $\boldsymbol{P}$ 的大小。

12-24　一导体球带电荷 $Q = 1.0\mathrm{C}$，放在相对电容率 $\varepsilon_r = 8$ 的无限大各向同性均匀电介质中。求介质与导体球的分界面上的束缚电荷 Q'。

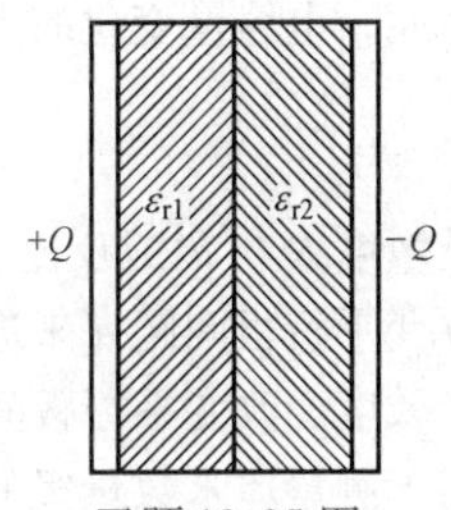

习题 12-25 图

12-25　如习题 12-25 图所示，有一平行板电容器，极板面积为 S。两极板间有两种各向同性均匀电介质板，它们的相对电容率分别为 ε_{r1} 和 ε_{r2}。已知极板上分别带有自由电荷 $+Q$ 和 $-Q$，求两种介质板中的电极化强度的大小。

12-26　一绝缘金属物体，在真空中充电达某一电势值，其电场总能量为 W_0。若断开电源，使其上所带电荷保持不变，并把它浸没在相对电容率为 ε_r 的无限大的各向同性均匀液态电介质中，问这时电场总能量有多大?

12-27　一半径为 R 的各向同性均匀电介质球体均匀带电，其自由电荷体密度为 ρ，球体的电容率为 ε_{r1}，球体外充满电容率为 ε_{r2} 的各向同性均匀电介质。求球内、外任一点的电场强度大小和电势（设无穷远处为电势零点）。

12-28　地球和电离层构成的电容器：可以将地球看作一个孤立的导体电容器，也可以看作由空气电离的那层（电离层）与地球组成的球形电容器，将地球的表面看成负极板，电离层看成正极板。电离层大约在 70km 的高度，电离层与地球之间的电势差大约是 35000V。计算：（1）这个系统的电容；（2）电容器所带电荷；（3）电容器储存的能量。

12-29　在半径 $r = 15\mathrm{cm}$ 的金属球内，有两个球形空腔，空腔中心放置了两个电荷量分别为 $q_1 = 4 \times 10^{-9}\mathrm{C}$ 和 $q_2 = -2 \times 10^{-9}\mathrm{C}$ 的点电荷。在 $d = 15\mathrm{m}$ 处有一个 $q_3 = 4 \times 10^{-9}\mathrm{C}$ 的点电荷，如习题 12-29 图所示。试求各电荷受到的静电作用力 $\boldsymbol{F}_1$，$\boldsymbol{F}_2$，$\boldsymbol{F}_3$ 和金属球受到的静电作用力 $\boldsymbol{F}$。

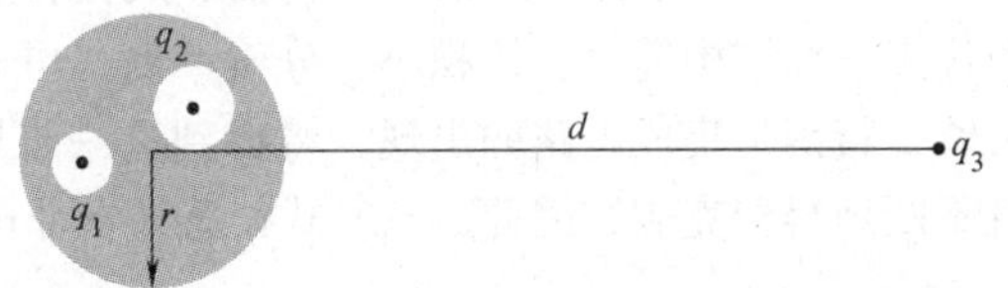

习题 12-29 图

12-30　两个共轴长导管，半径分别为 R_1，R_2，电荷线密度为 η。求单位长度的电容量 C 和电场能量 W。

12-31　一种利用电容器测量油箱中油量的装置示意图如习题 12-31 图所示，附接电子线路能测出等效相对电容率 $\varepsilon_{r,\mathrm{eff}}$（即假设在极板间满充某电介质时该电介质的相对电容率），设电容器两极板的高度都是 a，试导出等效相对电容率和油面高度 h 的关系，以 ε_r 表示油的相对电容率，就汽油（$\varepsilon_r = 1.95$）和甲醇（$\varepsilon_r = 33$）相比，哪种燃料更适宜用此种油量计?

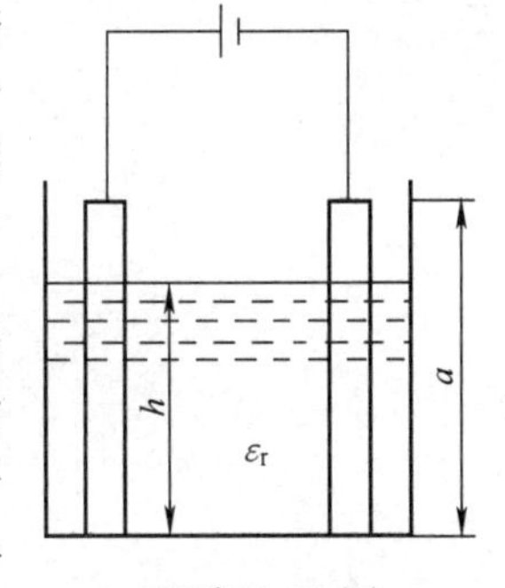

习题 12-31 图

12-32　一个电容位移传感器如习题 12-32 图所示，由四块置于空气中的平行平板组成。板 A，C 和 D 是固定极板；板 B 是活动极板，其厚度为 t，它与固定极板的间距为 d。B，C 和 D 极板的长度均为 a，A 板的长度为 $2a$，各板宽度为 b。忽略板 C 和 D 的间隙及各板的边缘效应，试推导活动极板 B 从中间位置移动 $x = \pm a/2$ 时电容 C_{AC} 和 C_{AD} 的表达式（$x = 0$ 时为对称位置）。

12-33 在夏季雷雨时，通常一次闪电里，两点间的电势差约为10亿伏，通过的电荷量约为30C。问一次闪电释放的能量是多少？如果用这些能量烧水，问能把多少水从0℃加热到100℃？（水的比热 $c=4.182\text{kJ}\cdot\text{kg}^{-1}\cdot\text{K}^{-1}$）

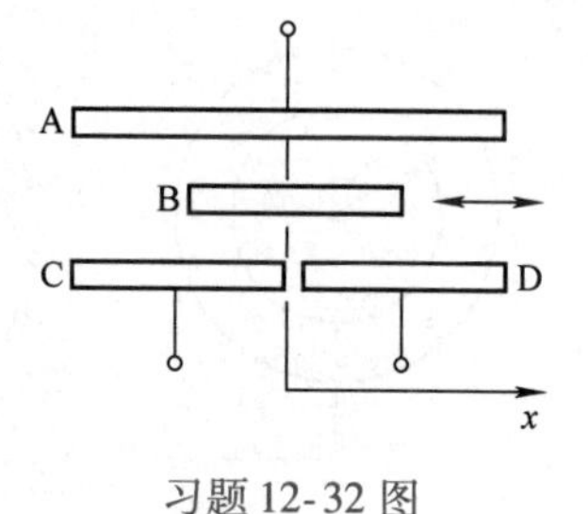

习题12-32图

阅读材料

电容式传感器

电容式传感器是一种具有可变参数的电容器。以使用最多的空气平板电容器为例，由于$C=\varepsilon S/d$，所以当被测参数使得d，S和ε发生变化时，电容量C也随之变化。如果保持其中两个参数不变而仅改变另一个参数，就可把该参数的变化转换为电容量的变化。当平板电容器两极板间隙d改变时，

$$\Delta C=\frac{\varepsilon S}{d^2}\Delta d$$

因此，电容量变化的大小与被测参数的大小成比例。这时传感器的灵敏度为

$$K=\frac{|\Delta C|}{\Delta d}=\frac{\varepsilon S}{d^2}$$

灵敏度K与d^2成反比，可见当d减小时，灵敏度迅速上升。在实际使用中，电容式传感器常以改变平行板间距d来进行测量，因为这样获得的测量灵敏度高于改变其他参数的电容传感器的灵敏度。改变平行板间距d的传感器可以测量微米数量级的位移，而改变面积S的传感器只适用于测量厘米数量级的位移。

电容式传感器可分为极距变化型、面积变化型、介质变化型三类。极距变化型一般用来测量微小的线位移或由于力、压力、振动等引起的极板间距变化。面积变化型一般用于测量角位移或较大的线位移。介质变化型常用于物位测量和各种介质的温度、密度、湿度的测定。

电容式传感器不但广泛用于位移、振动、角度、加速度等机械量的精密测量，而且还逐步扩大应用于压力、差压、液面、料面、成分含量等方面的测量。电容式传感器具有一系列突出的优点：如结构简单，体积小，分辨率高，可非接触测量等。这些优点，随着电子技术的迅速发展，特别是集成电路的出现，将得到进一步地体现。而它存在的分布电容、非线性等缺点也将不断地得到克服，因此，电容式传感器在非电测量和自动检测中得到了广泛的应用。

第13章　恒定电流

历史背景与物理思想发展

18世纪末，电学从静电领域发展到了电流领域，而这次大飞跃则是发源于对动物电的研究，意大利学者伽伐尼和伏打在这方面起到了先锋作用。伽伐尼是一位解剖学教授，1780年9月的一天，他在解剖青蛙时偶然发现电效应：他和学生一起做解剖实验，一个学生用手术刀轻轻触动了青蛙的小腿神经，这只青蛙立即抽搐起来。当时，另一个学生正在附近练习使用摩擦起电机。他注意到青蛙抽搐时，正好是起电机发出火花的那一瞬间。伽伐尼没有放过这一机会，立即研究起来。他早就知道，动物有某些特殊行为与电有关。例如，古人就曾发现有种会放电的鱼，叫作电鳗。莱顿瓶发明后，人们开始考虑电鳗放电可能与莱顿瓶类似。1772年，英国的华尔士发现电鳗的放电是在背脊和胸腹的两点之间。解剖的结果是：在鱼体内有一长圆柱体，电就是从那里发出来的。伽伐尼敏锐地感到这是研究动物电的一个极好范例。可是，由于他坚持用动物电说明所有这些现象，使他无法给出正确的解释。

意大利的自然哲学教授伏打细心地重复了伽伐尼的实验，发现伽伐尼的神经电流说有问题。他拿来一只活青蛙，用两种不同金属构成的弧叉跨接在青蛙身上，一端触青蛙的腿，一端触青蛙的脊背，青蛙就可以抽搐，用莱顿瓶经过青蛙的身体放电，青蛙也发生抽搐，这说明，两种不同金属构成的弧叉和莱顿瓶的作用是一样的。换句话说，这些现象是外部电流作用的结果。

后来，在伏打的外部电（金属接触说）和伽伐尼的内部电（神经电流说）之间展开了长期的争论。

为了阐明自己的观点，伏打继续进行了大量的实验。他比较了各种金属，按金属相互间的接触电动势把各种金属排列成表，其中有一部分是：锌—铅—锡—铁—铜—银—金—石墨。只要将表中任意两种金属接触，排在前面的金属必带正电，排在后面的金属必带负电。这样，伏打就全面地解释了伽伐尼和其他人做过的各种动物电实验。1800年，伏打进一步把锌片和铜片夹在用盐水浸湿的纸片中，重复地叠成一堆，形成了很强的电源，这就是著名的伏打电堆。把锌片和铜片插入盐水或稀酸杯中，也可以形成电源，叫作伏打电池。伏打电堆（电池）的发明提供了产生恒定电流的电源，使人们有可能从各方面研究电流的各种效应。从此，电学进入了一个飞速发展的时期—研究电流和电磁效应。

欧姆原是一名中学数学、物理教师。他是在傅里叶的热传导理论的启发下进行电学研究的。欧姆认为电流现象与此类似，猜想导线中两点之间电流也许正比于这两点的某种推动力之差，欧姆称之为电张力，这实际上是电势的概念。为了证实自己的观点，欧姆下了很大工夫进行研究。刚开始欧姆所用的电源是伏打电堆，由于这种电源不稳定，给欧姆的实验带来很大困难。1821年塞贝克发明温差电偶。德国物理学杂志主编波根道夫建议欧姆采用温差电偶作为稳定电源。当时，电流的测量还未解决技术难题。欧姆先是打算用电流的热效应，利用热膨胀效应来测量电流。后来，欧姆自己设计了一种电流扭秤，把电流的磁效应和库仑扭秤结合在一起，即通过观察挂在扭丝下的磁针所偏转的角度测量电流，并最后从实验结果总结出欧姆定律。欧姆定律的建立在电学发展史中有重要意义。但是，当时欧姆的研究成果并没有得到德国科学界的重视。直到 1841 年，英国皇家学会才肯定欧姆的功绩，也是在那一年欧姆获得了英国皇家学会授予的科普利奖章。

与此同时，对于导体电阻的研究也一直在进行着，1911 年，荷兰莱顿大学的卡茂林 - 昂尼斯意外地发现，将汞冷却到 -268.98℃时，汞的电阻突然消失。后来他又发现许多金属和合金都具有类似特性，卡茂林—昂尼斯称之为超导态。卡茂林由于他的这一发现而获得了 1913 年的诺贝尔奖。1986 年，超导转变温度由 4.2K 提高到 23.22K。1987 年 1 月升至 43K，1987 年 2 月 15 日发现了 98K 的超导体，高温超导体取得了巨大突破，使超导技术走向应用。

前面讨论了静止电荷产生的电场—静电场，在静电场中，电荷没有输运，静电场中的导体内部场强为零，导体为等势体。如果在导体两端存在电势差，电荷就将在导体内部有序运动起来，此时导体内部场的情况又如何？这样运动的电荷会有哪些电现象，遵循什么规律？这就是本章要讨论的问题。

13.1 稳恒电流

物理现象

1992 年 3 月我国用长征二号 E 捆绑式火箭发射“澳星”时，由于火箭点火控制电路的控制触点，被一块比米粒还要小得多的铝质多余物短路，造成一级、三级助推火箭误关机而中止发射。在飞机上也曾有过因电气短路故障而造成机毁人亡的悲剧。维护飞机的大量实例也说明，飞机系统中所发生的故障，大部分是由于电路接触不良所引起的。触点是电路中可接通或断开的金属接触点，是开关电器的重要组成部分，它是控制电路通断的关键环节。各类电器的关键性能，例如，配电器的分断能力、控制电器的电气寿命、继电器的可靠性等都取决于触点的工作性能和质量。同时，触点又是开关电器中最薄弱和最容易出故障的部分，引起的后果往往很严重。因此，开关电器中触点的电接触可靠性问题已引起人们高度重视。

原理如此简单的触点为何是开关电路中最薄弱和最容易出现故障的部分？其中又有什么物理原理呢？

物理学基本内容

从本质上说，电流是输送能量的一种方式，在电路传输能量过程中，除了带电粒子本身的移动外，没有任何部件的运动。带电粒子的运动使得电源或发电机的电势能转移到设备，从而将能量存储起来或者转换为其他形式。那么如何形成电流？又有哪些分类呢？

13.1.1 电流的形成

电流是带电粒子的定向运动形成的。例如，在金属导体和气态导体中电流是由电子的定向运动形成的；在电解液中电流是由正、负离子的定向运动形成的；在 N 型和 P 型半导体中电流则分别由电子和“空穴”的运动形成。因此，形成电流的带电粒子可以是电子、质子、正负离子以及“空穴”。这些在电场作用下作定向运动的带电粒子统称为载流子。

电流可以分为传导电流和运流电流两种类型。运流电流是指电荷在不导电的空间，如真空或极稀薄气体中的有规则运动所形成的电流，如真空电子管中定向运动的电子束，带电的雷云运动形成的电流等。传导电流是自由电子或其他载流子在导电介质中定向运动产生的电流。本章讨论在导线中自由电子定向运动形成的传导电流。

在一般导体中，在没有电场作用时载流子只做热运动，不形成电流。例如，在金属导体里，原子的最外层电子（价电子）受原子的束缚较弱，容易脱离原子，形成在金属中自由移动的电子。这种自由电子的运动，从总体来看，类似于气体中的分子运动，即在一定的条件下可以把自由电子看作电子气，其在一定温度下会在金属中杂乱地向各方向运动。原子中除价电子外的其余部分叫作原子实。在固态金属中原子核排列成整齐的点阵，称为晶体点阵。自由电子在晶体点阵间运动，并不时地彼此碰撞或与点阵上的原子实碰撞，这就是金属微观结构的经典图像。由于自由电子的热运动是杂乱无章的，在没有外电场或其他原因（如电子浓度或温度不均匀）的情况下，它们沿任何方向运动的机会相同，因此电子的不规则热运动不会引起电荷沿某一方向的迁移，所以也不会引起电流。若在金属导体上加了电场，则每个自由电子就将逆着电场方向发生“漂移”。正是这种定向漂移运动形成了宏观的电流。电子定向漂移的速率只有10^{-4}m/s量级，较之热运动的速率要小得多。但是，接通电路的瞬间，整个电路的电场实际上几乎是同时建立起来的（建立电场的速度等于光速），电场驱动导体中的自由电子几乎同时沿着与电场相反的路径发生漂移运动，于是导体中形成了电流。

综上所述，产生电流需要两个条件：①存在可以自由移动的电荷（或载流子）；②存在电场（超导体除外）。

13.1.2　电流　电流密度

1. 电流

电流定义为单位时间内通过导体中某一截面的电荷量。如果在$\mathrm{d}t$时间内通过导体某一横截面S的电荷量为$\mathrm{d}q$，则通过该截面的电流为

$$I=\frac{\mathrm{d}q}{\mathrm{d}t} \tag{13-1}$$

在国际单位制中，电流的单位是安培（A）。1A = 1C/s。电流是标量，它没有严格的方向含义，习惯上常将正电荷的运动方向规定为电流的方向。

用电流只能描述通过导体中某一截面上电流的整体特征。而在实际问题中，常常会遇到电流在粗细不均的导线中流动或在大块导体中流动的情形，这时导体中不同部分电流的大小和方向可能都不一样，从而形成一定的电流分布。特别地，对于随时间快速变化的交流电，电荷的流动有趋向导体表面的特性，称为趋肤效应。在这种比较复杂的情况下，如何对电流进行更为精确的描述?

2. 电流密度

电流密度$\boldsymbol{j}$的定义：在导体中任意一点，$\boldsymbol{j}$的方向为该点电流的流向或正电荷的运动方向，$\boldsymbol{j}$的大小等于通过该点垂直于电流方向单位面积的电流，即单位时间内通过单位垂面的电荷量。

如图13-1a所示，设想在导体中某点垂直于电流方向取一面积元$\mathrm{d}\boldsymbol{S}$，其法向$\boldsymbol{n}$取作该点电流的方向。如果通过该面积元的电流为$\mathrm{d}I$，按定义，该点处电流密度的大小为

$$j=\frac{\mathrm{d}I}{\mathrm{d}S}=\frac{\mathrm{d}Q}{\mathrm{d}t\mathrm{d}S} \tag{13-2}$$

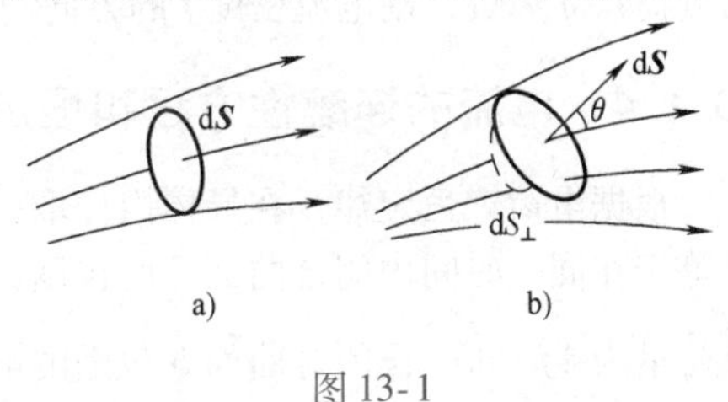

图13-1

在国际单位制中，电流密度的单位是 A/m^2（安培每二次方米）。

在导体中各点的$\boldsymbol{j}$可以有不同的量值和方向，这就构成了一个矢量场，叫作电流场。类似电场分布可以用电场线形象地描述一样，电流场也可用电流线来形象地描述。所谓电流线是这样一些曲线，其上任意一点的切线方向就是该点$\boldsymbol{j}$的方向，通过任一垂直截面的电流线的数目与该点$\boldsymbol{j}$的大小成正比。

电流密度能精确描述电流场中每一点的电流的大小和方向，其描述能力优于电流。通常所说的电流分布实际上是指电流密度$\boldsymbol{j}$的分布，而电流的强弱和方向在严格的意义上应该是指电流密度的大小和方向。

如图 13-1b 所示，一个面积元 $\mathrm{d}\boldsymbol{S}$ 的法线方向与电流方向成 θ 角，由于通过 $\mathrm{d}\boldsymbol{S}$ 的电流 $\mathrm{d}I$ 与通过面积元 $\mathrm{d}S_\perp=\mathrm{d}S\cos\theta$ 的电流相等，所以应有

$$\mathrm{d}I=j\mathrm{d}S_\perp=j\mathrm{d}S\cos\theta \tag{13-3}$$

则式（13-3）可写成

$$\mathrm{d}I=\boldsymbol{j}\cdot\mathrm{d}\boldsymbol{S} \tag{13-4}$$

这便是通过一个面积元 $\mathrm{d}\boldsymbol{S}$ 的电流 $\mathrm{d}I$ 与 $\mathrm{d}\boldsymbol{S}$ 所在点的电流密度$\boldsymbol{j}$的关系。于是我们可以得到，通过导体中任意截面 S 的电流 I 与电流密度$\boldsymbol{j}$的关系为

$$I=\int\mathrm{d}I=\int_S\boldsymbol{j}\cdot\mathrm{d}\boldsymbol{S} \tag{13-5}$$

从电流场的观点来看，上式表示截面 S 上的电流 I 等于通过该截面的电流密度$\boldsymbol{j}$的通量。

13.1.3 电流密度与载流子漂移速度的关系

载流子的实际运动是热运动和定向漂移运动的叠加。这里仅考虑导体中只有一种载流子的简单情况（如金属导体），以 n 和 q 分别表示导体中载流子的数密度和电荷量，以$\boldsymbol{v}$表示载流子的漂移速度（电子定向运动的平均速度称为漂移速度）。设想在导体中垂直于$\boldsymbol{j}$取一面积元 $\mathrm{d}\boldsymbol{S}$，如图 13-2 所示。在 $\mathrm{d}t$ 时间内通过 $\mathrm{d}\boldsymbol{S}$ 的载流子应是在底面积为 $\mathrm{d}S$，长为 $v\mathrm{d}t$ 的柱体内的全部载流子。该柱体的体积为 $v\mathrm{d}t\mathrm{d}S$，故在 $\mathrm{d}t$ 时间内通过 $\mathrm{d}\boldsymbol{S}$ 的电荷量为 $\mathrm{d}q=qnv\mathrm{d}t\mathrm{d}S$，通过 $\mathrm{d}\boldsymbol{S}$ 的电流为

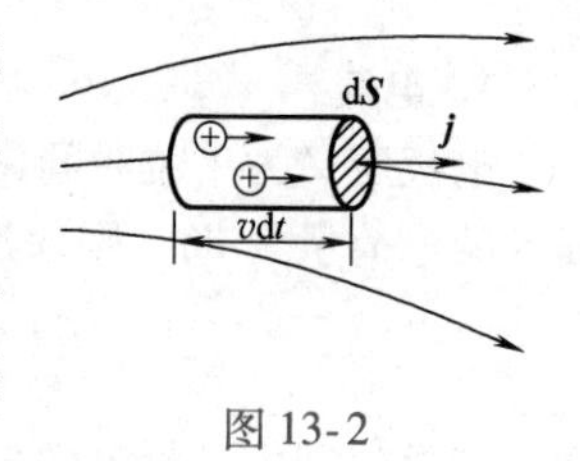

图 13-2

$$\mathrm{d}I=\frac{\mathrm{d}q}{\mathrm{d}t}=qnv\mathrm{d}S \tag{13-6}$$

导体中电流密度的大小为

$$j=\frac{\mathrm{d}I}{\mathrm{d}S}=qnv \tag{13-7}$$

上式可用矢量式表示为

$$\boldsymbol{j}=qn\boldsymbol{v} \tag{13-8}$$

如果载流子的电荷量 q 为正，则电流密度$\boldsymbol{j}$的方向与载流子漂移速度$\boldsymbol{v}$的方向相同；如果载流子的电荷量 q 为负，则电流密度$\boldsymbol{j}$的方向与载流子漂移速度的方向相反。

13.1.4 电流的连续性方程和恒定电流条件

根据电荷守恒定律，在导体内任取一闭合曲面 S，单位时间由闭合曲面 S 内流出的电荷量必定等于在同一时间内闭合曲面 S 所包围的电荷量的减少，单位时间内由闭合曲面 S 内净流出的电荷量为 $\oint_S\boldsymbol{j}\cdot\mathrm{d}\boldsymbol{S}$，设闭合曲面 S 包围的电量为 q，则有下面的关系成立：

$$I = \oint_S \boldsymbol{j} \cdot \mathrm{d}\boldsymbol{S} = -\frac{\mathrm{d}q}{\mathrm{d}t} \tag{13-9}$$

这就是电流连续性方程的积分形式。如果电荷是以体电荷形式分布的，则上式可以改写为

$$\oint_S \boldsymbol{j} \cdot \mathrm{d}\boldsymbol{S} = -\frac{\mathrm{d}}{\mathrm{d}t}\int_V \rho \mathrm{d}V \tag{13-10}$$

由高等数学中的散度定理，上式等号左边等于电流密度散度的体积分，于是可以化为

$$\int_V (\nabla \cdot \boldsymbol{j}) \mathrm{d}V = -\int_V \frac{\partial \rho}{\partial t} \mathrm{d}V \tag{13-11}$$

上式积分在闭合曲面 S 所包围的体积 V 内进行。因为对于任意闭合曲面上式都成立，所以得到电流连续性方程的微分形式为

$$\nabla \cdot \boldsymbol{j} = -\frac{\partial \rho}{\partial t} \tag{13-12}$$

一般来讲，电流场是一个有源场，它的源就在电荷量发生变化的地方，即电流线终止或发出的地方。这意味着，若闭合面 S 内有正电荷积累，则流入 S 面内的电荷量必定大于流出的电荷量，这时体内的电荷量是随时间变化的，也就是电流场会随时间变化。相反的，如要求电流场不随时间变化，就要求电流场中的电荷量分布不随时间变化，这样的电场，称为恒定电场。恒定电场中电流连续性方程（13-9）必定具有下面的形式

$$\oint_S \boldsymbol{j} \cdot \mathrm{d}\boldsymbol{S} = 0 \tag{13-13}$$

该式表明：若在导体内任作一个闭合曲面 S，则流入闭合面的电荷量等于流出的电荷量，从而体内的电荷密度不随时间变化。有一点要注意，导体内电荷不是静止的，而是动态平衡的，对应描述这一物理现象的数学表达就是通过闭合曲面 S 的电流通量为零。式（13-13）就是恒定电流条件的积分表达形式。由式（13-13）可以得到恒定电流条件的微分表达形式

$$\nabla \cdot \boldsymbol{j} = 0 \tag{13-14}$$

由式（13-14）可知，从电流场的角度，无论闭合曲面 S 取在何处，凡是从某一处穿入的电流线都必定从另一处穿出。所以，在恒定条件下，恒定电流场的电流线必定是头尾相接的闭合曲线，这就是恒定电流的闭合性。恒定电流（或直流电）只能在闭合电路中通过就是这个道理。实际上，恒定电场和恒定电流场都是由恒定的电荷分布激发的。

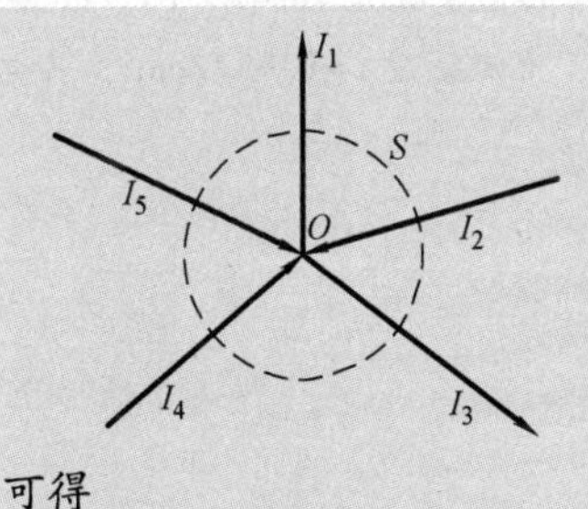

思维拓展

我们把目光聚焦到一个有多个支路的闭合电路上，在恒定电流条件下，在电路中某交叉点流入的电流值应该等于通过该点流出的电流值。

电路中的分叉点称为节点，左图中 O 节点和五个支路连接。围绕 O 作一个闭合曲面 S，设置外法线为正方向，流出节点电流为正，流入节点为负，对于恒定电流，根据式（13-13）可得

$$I_1 - I_2 + I_3 - I_4 - I_5 = 0$$

该式为恒定电流的节点电流定律，也称为基尔霍夫第一定律。一般情况下可写为：$\sum_i I_i = 0$

由于电荷分布不随时间而变化，因此恒定电场应与具有同样分布的静止电荷激发的静电场性质类似，都服从电场的高斯定理和环路定理，所以两者统称为库仑电场。以 $\boldsymbol{E}$ 表示恒定电场的电场强度，则有

$$\oint_L \boldsymbol{E} \cdot \mathrm{d}\boldsymbol{l} = 0 \tag{13-15}$$

这说明恒定电场也是保守场。根据恒定电场的这一性质，可以引进电势、电势差的概念。由于 $\boldsymbol{E} \cdot \mathrm{d}\boldsymbol{l}$ 是通过线元 $\mathrm{d}\boldsymbol{l}$ 发生的电势降落，所以式（13-15）也常解释为：在恒定电流电路中，沿任何闭合回路一周，电势降落的代数和等于零。在分析解决直流电路问题时，经常根据这一规律列出方程，这些方程为回路电压方程，也称为基尔霍夫第二定律。

静电场与恒定电场是有区别的。对于静电场，在静电平衡时，导体内没有剩余的净电荷，电荷全部分布于导体表面，导体内部的静电场为零。而对于恒定电场，导体内有电荷分布，只是这种电荷分布不随时间而变化，导体内的电场也可以不为零。电荷运动时恒定电场力要做功，因此，恒定电场的存在总要伴随着能量的转换，但是静电场是由固定电荷产生的，所以维持静电场不需要外界提供能量。

现象解释

电流流过闭合触点时电流密度增加，电热功率密度增大（见下节 $w = j^2\rho$），使触点温度上升，接触不良的触点的电流密度增加更剧烈，由此导致的过高的温度会使触点局部熔化，并焊接在一起，使触点无法继续工作，这种故障现象称之为**触点熔焊**。这种触点熔焊现象常见于大电流电器，如飞机发电机的输出接触器等。

电路系统发生短路故障时，巨大的短路电流流过闭合触点时，由于电流线的急剧收缩，电流间安培力会形成触点间的电动斥力，从而导致触点间压力减小，甚至可能使触点完全分离而形成电弧。在压力严重减小的情况下，通过大电流以及形成电弧这两种情况都会使触点局部熔化，短路电流切除以后，电动力消失，熔化的触点重新闭合在一起，极易造成严重的熔焊故障。

触点熔焊不仅发生在大电流电器的触点中，而且也发生在中小电流电器的触点中，如继电器触点，它所控制的电路的额定电流不超过5A甚至更小。但当触点所控制的是电容性电路时，在电路闭合瞬间，有一个上升很快的放电电流（涌流）流过触点，这时触点闭合瞬间接触面的增大赶不上电流的增大，接触压降超过了金属熔化压降，甚至超过汽化压降，触点表面熔化或产生爆炸式汽化，这种现象也能导致触点熔焊。

物理知识应用

【例13-1】（1）有根半径 $R = 1.9\text{mm}$、通有电流 $I = 1.5\text{A}$，单位体积内的电子数 $n = 8.47 \times 10^{28}/\text{m}^3$ 的铜导线，求电流密度 j 和电子漂移速率；（2）有一根硅制成的半导体导线，电流密度 $j = 0.65\text{A/cm}^2$，其电子密度 $n = 1.5 \times 10^{23}/\text{m}^3$，求电子的漂移速率。

【解】（1）

$$j = \frac{I}{\pi R^2} = 0.1323\text{A/mm}^2$$

$$v_{\text{Cu}} = \frac{j}{ne} = 9.8 \times 10^{-6}\text{m/s}$$

（2）

$$v_{\text{Si}} = \frac{j}{ne} = 0.27\text{m/s} \approx 2.755 \times 10^4 v_{\text{Cu}}$$

物理知识拓展

1. 电流产生的新机制

从给家庭供电到控制为聚变反应提供燃料的等离子体，再到可能产生巨大的宇宙磁场，电流无处不在。现在，美国能源部（DOE）普林斯顿等离子体物理实验室（PPPL）的科学家们发现电流可以以前所未有的方式形成。这些新发现可能会给科学家带来更大的能力，也将驱动太阳和恒星的聚变能量带到地球上。

电流是在核聚变研究中用来控制等离子体的主要工具。核聚变是以等离子体的形式将轻元素撞击在一起的过程，等离子体是由自由电子和原子核组成物质的热、带电状态，产生大量的能量。科学家们正在寻求复制核聚变，以提供几乎取之不尽的电力用来发电。这些意想不到的电流，出现在被称为托卡马克甜甜圈形状聚变设施中的等离子体中。当一种特定类型的电磁波（如收音机和微波炉发出的电磁波）自发形成时，电流就会产生。这些波推动了一些已经在移动的电子，这些电子就像在冲浪板上的冲浪者一样。但是这些波的频率很重要，当频率较高时，波会导致一些电子向前移动，另一些电子向后移动，这两种运动相互抵消，不会产生电流。然而，当频率较低时，波在电子上向前推进，在原子核或离子上向后推进，最终产生净电流。研究发现，当低频波是一种名为“离子声波”的特殊类型时，可以令人惊讶地产生这些电流，这种类型类似于空气中的声波。这一发现的意义为从实验室相对较小规模延伸到宇宙的巨大规模。

新发现的机制可能有助于了解宇宙磁场是如何“播种”的，任何可以产生磁场的新机制都会引起天体物理学家的兴趣。似乎与传统的观念相矛盾，即电流驱动需要电子碰撞。研究的合著者、天体物理科学系教授兼副主任、等离子体物理项目主任纳撒尼尔·菲施说：“波是否能在等离子体中驱动任何电流的问题实际上是非常深刻的，涉及等离子体中波的基本相互作用。研究以精湛的说教方式和数学上的严谨，推导出的不仅是这些效应有时是如何平衡的，而且这些效应有时是如何合力形成净电流的，这些发现将为今后的研究奠定了基础”。

2. 人体触电的危害

造成触电伤亡的主要因素一般有以下几个方面：

(1) 通过人体电流的大小　根据电击事故分析得出：当工频电流为0.5～1mA时，人就有手指、手腕麻或痛的感觉；当电流增至8～10mA时，人会有针刺感、疼痛感增强发生痉挛而抓紧带电体，但终能摆脱带电体；当接触电流达到20～30mA时，会使人迅速麻痹不能摆脱带电体，而且血压升高，呼吸困难；电流为50mA时，就会使人呼吸麻痹，心脏开始颤动，数秒钟后就可致命。通过人体的电流越大，人体生理反应越强烈，病理状态越严重，致命的时间也就越短。

(2) 通电时间的长短　电流通过人体的时间越长后果越严重。这是因为时间越长，人体的电阻就会降低，电流就会增大。同时，人的心脏每收缩、扩张一次，中间有0.1s的时间间隔。在这个间隔内，人体对电流作用最敏感。所以，触电时间越长，与这个间隔重合的次数就越多，从而造成的危险也就越大。

(3) 电流通过人体的途径　当电流通过人体的内部重要器官时，后果就严重。例如通过头部，会破坏脑神经，使人死亡。通过脊髓，会破坏中枢神经，使人瘫痪。通过肺部会使人呼吸困难。通过心脏，会引发心脏颤动或停止跳动而死亡。这几种伤害中，以心脏伤害最为严重。根据事故统计得出：通过人体途径最危险的是从手到脚，其次是从手到手，危险最小的是从脚到脚，但可能导致二次事故的发生。

(4) 电流的种类　电流可分为直流电、交流电。交流电可分为工频电和高频电。这些电流对人体都有伤害，但伤害程度不同。人体忍受直流电、高频电的能力比工频电强。因此，工频电对人体的危害最大。

(5) 触电者的健康状况　电击的后果与触电者的健康状况有关。根据资料统计，肌肉发达者、成年人比儿童摆脱电流的能力强，男性比女性摆脱电流的能力强。电击对患有心脏病、肺病、内分泌失调及精神病等患者最危险，他们的触电死亡率最高。另外，对触电有心理准备的人，触电伤害较轻。

13.2 欧姆定律和焦耳-楞次定律的微分形式

物理现象

随着电力系统载荷的不断增大，系统接地短路电流、设备接触电压越来越大，当架空线路发生导线掉落在大地上、导线经树木接地、电线杆的绝缘子击穿、雷击及地下电缆发生接地故障时，会在故障点附近产生跨步电压，直接威胁到敏感设备和人身的安全。跨步电压与故障电流、土壤表层的电阻率、人体触电位置以及电流持续时间有密切关系。

跨步电压如何产生的？如何避免伤害？

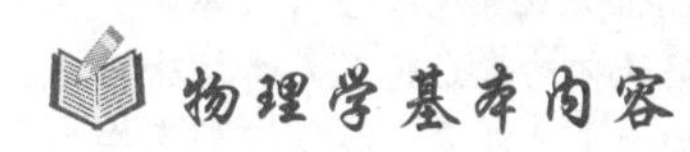

13.2.1 欧姆定律及其微分形式

1. 电阻

要使电流通过导体，导体两端必须有电压，当电流通过导体时，又受到导体本身电阻的作用，电压、电流、电阻之间存在什么联系呢？

实验发现：一段导线上的电流 I 与导线两端的电压 U 成正比。比例系数可以用 R 的倒数来表示，R 叫作导线的电阻，电阻等于电压和电流之比，单位为伏特每安培，这个单位又叫作欧姆，写作欧或希腊字母 Ω。这个结论叫作欧姆定律，即

$$I=\frac{U}{R} \tag{13-16}$$

实验表明，欧姆定律不仅适用于金属导体，而且对电解液（酸、碱、盐的水溶液）也适用。

由一定材料制成的横截面均匀的导体，如果长度为 l、横截面积为 S，则可以证明这段导体的电阻为

$$R=\rho\frac{l}{S} \tag{13-17}$$

式中，ρ 为导体材料的电阻率，单位为欧姆·米，符号为 Ω·m。电阻的倒数称为电导，用 G 表示，即 $G=1/R$。电导的单位为西门子，符号为 S。电阻率的倒数称为导体材料的电导率，用 γ 表示，$\gamma=1/\rho$。电导率的单位为西门子每米，符号为 S/m。

导体材料的电阻率决定于材料自身的性质，且都随温度而变化。在通常温度范围内，金属材料的电阻率随温度呈线性变化，变化关系可以表示为

$$\rho_2=\rho_1[1+\alpha(t_2-t_1)] \tag{13-18}$$

式中，ρ_1，ρ_2 分别是 t_1℃与 t_2℃时的电阻率；α 是电阻温度系数。表 13-1 给出了几种常用材料的电阻率和电阻温度系数。

表 13-1 几种常用材料的电阻率和电阻温度系数

材料	电阻率（20℃）$\rho/(\Omega\cdot m)$	平均电阻温度系数（0～100℃）$\alpha/℃^{-1}$
银	1.62×10^{-8}	3.5×10^{-3}
铜	1.75×10^{-8}	4.1×10^{-3}
铝	2.85×10^{-8}	4.2×10^{-3}
黄铜（铜锌合金）	$(2\sim6)\times10^{-8}$	2.0×10^{-3}
铁（铸铁）	5×10^{-7}	1.0×10^{-3}
钨	5.48×10^{-8}	5.2×10^{-3}
铂	2.66×10^{-8}	2.47×10^{-3}
钢	1.3×10^{-7}	5.77×10^{-3}
汞	4.8×10^{-8}	5.7×10^{-4}
康铜	4.4×10^{-7}	5.0×10^{-6}
碳	1.0×10^{-5}	-5.0×10^{-4}
镍铬合金	1.08×10^{-6}	1.3×10^{-6}
铁铬铝合金	1.2×10^{-6}	8.0×10^{-5}

当导线的横截面积 S 或电阻率 ρ 随导线长度变化时（相当于微元串联），式（13-17）应写成下列积分式

$$R = \int_L \rho \frac{\mathrm{d}l}{S} \tag{13-19}$$

同理，当导线的长度 l 或电导率 γ 随导线横截面积变化时（相当于微元并联），有下列积分式

$$G = \int_S \gamma \frac{\mathrm{d}S}{l}$$

2. 欧姆定律的微分形式

设想在导体中取一长为 $\mathrm{d}l$，截面积为 $\mathrm{d}S$ 的柱体，且 $\boldsymbol{j}$ 与 $\mathrm{d}\boldsymbol{S}$ 垂直，如图 13-3 所示。由欧姆定律可得，通过这段柱体的电流为

$$\mathrm{d}I = \frac{U-(U+\mathrm{d}U)}{R} = \frac{-\mathrm{d}U}{R} \tag{13-20}$$

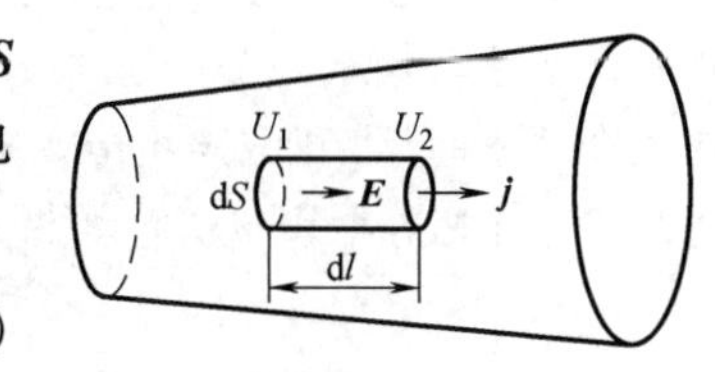

图 13-3

式中，$\mathrm{d}U$ 为柱体两端的电压，R 为柱体的电阻。设导体中电场强度为 $\boldsymbol{E}$，导体的电导率为 γ，则 $-\mathrm{d}U = \boldsymbol{E}\cdot\mathrm{d}\boldsymbol{l} = E\mathrm{d}l$，$R = \frac{1}{\gamma}\frac{\mathrm{d}l}{\mathrm{d}S}$。把这些式子代入式（13-20）得

$$\mathrm{d}I = \gamma E \mathrm{d}S \tag{13-21}$$

$$j = \frac{\mathrm{d}I}{\mathrm{d}S} = \gamma E \tag{13-22}$$

由于 $\boldsymbol{j}$ 与 $\boldsymbol{E}$ 同方向，上式可写成矢量形式

$$\boldsymbol{j} = \gamma \boldsymbol{E} \tag{13-23}$$

上式是将欧姆定律用于微元导体所得到的结论，称为欧姆定律的微分形式。它表明，导体中任意点的电流密度 $\boldsymbol{j}$ 的方向与电场强度 $\boldsymbol{E}$ 的方向相同，电流密度的大小与电场强度的大小成正比。

思维拓展

在一般物理学教材中，对静电问题的讨论比较详尽，对恒定电场问题的讨论则涉及较少。对恒定电场与静电场进行对应和比较后，若边界条件也相同，通过对一个场的求解或实验研究，利用对应量关系便可得到另一个场的解，即**静电比拟法**，见表 13-2。

表 13-2　两种场所满足的基本方程和重要关系式

静电场（无电荷分布区域）	恒定电场（电源外导体介质内）
$\oint \boldsymbol{E}\cdot\mathrm{d}\boldsymbol{l} = 0$	$\oint \boldsymbol{E}\cdot\mathrm{d}\boldsymbol{l} = 0$
$\int \boldsymbol{D}\cdot\mathrm{d}\boldsymbol{S} = \boldsymbol{0}$	$\int \boldsymbol{j}\cdot\mathrm{d}\boldsymbol{S} = \boldsymbol{0}$
$\phi_e = \int_S \boldsymbol{E}\cdot\mathrm{d}\boldsymbol{S}$	$\phi = \int_S \boldsymbol{E}\cdot\mathrm{d}\boldsymbol{S}$
$\boldsymbol{D} = \varepsilon\boldsymbol{E}$	$\boldsymbol{j} = \gamma\boldsymbol{E}$
$U = \int_L \boldsymbol{E}\cdot\mathrm{d}\boldsymbol{l}$	$U = \int_L \boldsymbol{E}\cdot\mathrm{d}\boldsymbol{l}$
$q = \int_S \boldsymbol{D}\cdot\mathrm{d}\boldsymbol{S}$	$I = \int_S \boldsymbol{j}\cdot\mathrm{d}\boldsymbol{S}$

除了以上物理量对应之外，电容 C 和电导 G 也存在对应关系。

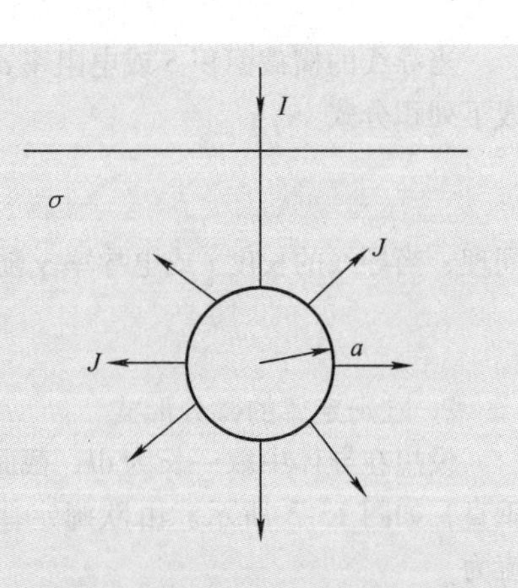

$$\frac{C}{G}=\frac{q/U}{I/U}=\frac{\int_S \boldsymbol{D}\cdot\mathrm{d}\boldsymbol{S}/\int_L \boldsymbol{E}\cdot\mathrm{d}\boldsymbol{l}}{\int_S \boldsymbol{j}\cdot\mathrm{d}\boldsymbol{S}/\int_L \boldsymbol{E}\cdot\mathrm{d}\boldsymbol{l}}=\frac{\varepsilon\int_S \boldsymbol{E}\cdot\mathrm{d}\boldsymbol{S}}{\gamma\int_S \boldsymbol{E}\cdot\mathrm{d}\boldsymbol{S}}=\frac{\varepsilon}{\gamma}$$

比如计算深埋地下半径为 a 的导体球的接地电阻（土壤的电导率为 σ）时，利用静电比拟法计算就非常方便：根据对应量之间的关系，置换 σ 为 γ 即可，而不必求解导电介质中的场，即 $C=4\pi\sigma a\rightarrow G=4\pi\gamma a$，再通过电导 G 得到 R。可见静电比拟法计算相关量非常方便。

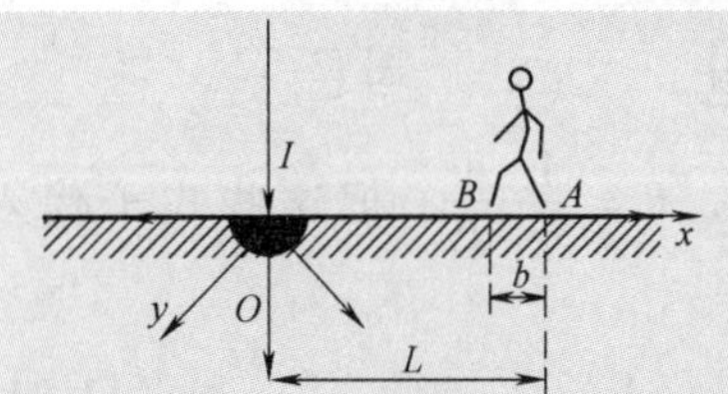

现象解释

当大的电力系统发生接地短路时，由于流入大地的电流密度较大，由式（13-23）以及电场强度和电势差的关系，在接地点附近地面的电势梯度很大，有可能危及人、畜的安全。因此，常在大的电力系统附近划出一定范围禁止人、畜入内。划定此范围的依据是跨步电压。所谓某一点 A 的跨步电压是指由该点向着接地点 O 相隔一步远的两点间的电压。如图所示，设入地电流为 I，土壤的电导率为 γ，跨步长为 b，从禁区边缘到接地点 O 的距离为 L，则电流密度 $\boldsymbol{j}$ 的大小应有：$j=I/2\pi x^2$，$E=j/\gamma=I/2\pi x^2\gamma$，即可得到 $U=\int_B^A \boldsymbol{E}\cdot\mathrm{d}\boldsymbol{l}=\frac{I}{2\pi\gamma}\left(\frac{1}{L-b}-\frac{1}{L}\right)$，可见跨步电压的大小主要和到接地点的距离 L 以及跨步长 b 有关，当人受到跨步电压时，电流虽然是沿着人的下身，从脚经腿、胯部又到脚与大地形成通路，没有经过人体的重要器官，好像比较安全，但是实际并非如此，因为人受到较高的跨步电压作用时，双脚会抽筋，使身体倒在地上。这不仅使作用于身体上的电流增加，而且使电流经过人体的路径改变，完全可能流经人体重要器官，如从头到手或脚。经验证明，人倒地后电流在体内持续作用 2s，这种触电就会致命。所以远离接地点非常重要，一旦误入跨步电压区，应迈小步，减小跨步长 b，最好一只脚跳走，朝接地点相反的地区走，逐步离开跨步电压区。

13.2.2 焦耳—楞次定律的微分形式

电流流过导体要发热，这种现象叫作电流的热效应，电炉、电烙铁等都是利用电流热效应制成的用电器，那么电流的热效应的大小与哪些因素有关呢？

电荷通过一段电路时，电场力做的功为

$$A=qU \tag{13-24}$$

电功率为

$$P=A/t=IU \tag{13-25}$$

电流通过电阻时产生的热量由实验测得为

$$Q=A=I^2Rt \tag{13-26}$$

该式叫电热定律，也叫作焦耳—楞次定律，其电热功率为

$$P=\frac{\mathrm{d}Q}{\mathrm{d}t}=I^2R \tag{13-27}$$

当导体内通有电流时，定义单位体积导体在单位时间内产生的热量为电热功率密度，用 w 表示。由于导体体积 $\mathrm{d}V=\mathrm{d}S\mathrm{d}l$，由式（13-27）可得电热功率密度为

$$w=\frac{\mathrm{d}P}{\mathrm{d}V}=\frac{R(\mathrm{d}I)^2}{\mathrm{d}S\mathrm{d}l}=\rho\left(\frac{\mathrm{d}I}{\mathrm{d}S}\right)^2=j^2\rho=(\gamma E)^2\rho=\gamma E^2 \tag{13-28}$$

式（13-28）也称作焦耳—楞次定律的微分形式，表明导体某点的电功率密度与该点电场强度和材料性质的对应关系。

 物理知识应用

【例 13-2】如图 13-4 所示，一截圆锥体是用电阻率为 ρ 的材料制成的，长度为 l，两端面的半径分别为 r_1 和 r_2。试计算此截圆锥体两端之间的电阻。

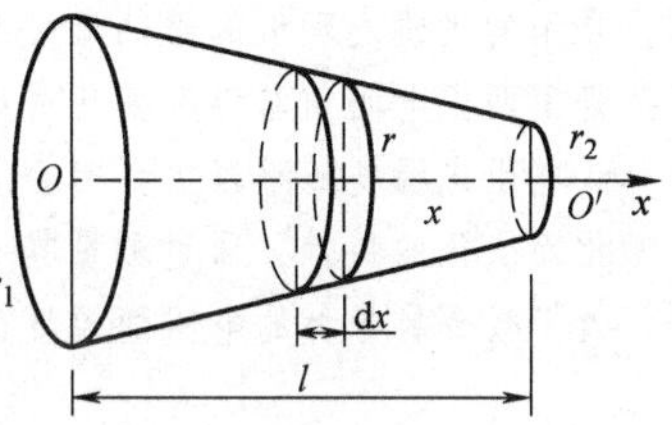

图 13-4

【解】由于导体的截面积随长度变化，所以任取一半径为 r、厚度为 $\mathrm{d}x$ 的薄圆盘，其电阻为 $\mathrm{d}R=\rho\frac{\mathrm{d}x}{S}=\rho\frac{\mathrm{d}x}{\pi r^2}$。

利用

$$\mathrm{d}x=\frac{-\mathrm{d}r}{\tan\theta}\qquad \tan\theta=\frac{r_1-r_2}{l}$$

有

$$\mathrm{d}R=\frac{\rho}{\pi}\frac{l}{r_1-r_2}\frac{-\mathrm{d}r}{r^2}$$

所以

$$R=\int\mathrm{d}R=\frac{\rho}{\pi}\cdot\frac{l}{r_1-r_2}\int_{r_1}^{r_2}\left(-\frac{1}{r^2}\right)\mathrm{d}r$$

$$=\frac{\rho}{\pi}\cdot\frac{l}{r_1-r_2}\cdot\left(\frac{1}{r_2}-\frac{1}{r_1}\right)=\frac{\rho l}{\pi r_1 r_2}$$

【例 13-3】如图 13-5 所示，碳膜电位器中的碳膜是由蒸敷在绝缘基片上的电导率为 γ，厚为 t，内、外半径分别为 r_1，r_2 的一层碳构成的。A 和 B 为引出端，环形碳膜总张角为 α，电流沿圆周曲线流动。求 A 和 B 之间的电阻。

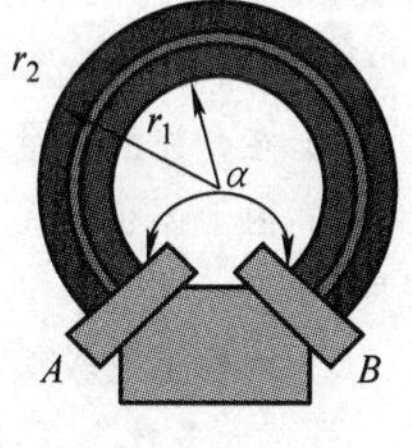

图 13-5

【解】A 和 B 间电阻可视为由若干不同长度而截面相同的电阻并联而成。电导为

$$\mathrm{d}G=\sigma\frac{\mathrm{d}S}{l}=\sigma\frac{t\mathrm{d}r}{\alpha\cdot r}$$

所以

$$G=\int\gamma\frac{\mathrm{d}S}{l}=\int_{r_1}^{r_2}\gamma\frac{t\mathrm{d}r}{\alpha\cdot r}=\frac{t\gamma}{\alpha}\ln\frac{r_2}{r_1}$$

$$R=\frac{1}{G}=\frac{\alpha}{t\gamma\ln\frac{r_2}{r_1}}$$

【例 13-4】在一由电动势恒定的直流电源供电的载流导线表面某处带有正电荷，已知其电荷面密度为 σ_0，在该处导线表面内侧的电流密度为 $\boldsymbol{j}$，其方向沿导线表面切线方向，如图 13-6 所示。导线的电导率为 γ，求在该处导线外侧的电场强度 $\boldsymbol{E}_2$。

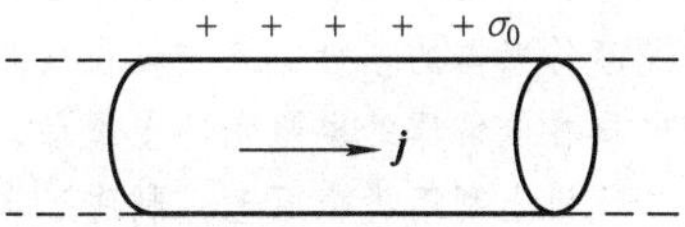

图 13-6

【解】由高斯定理可求得导线表面电场强度的垂直分量

$$E_y = \frac{\sigma_0}{\varepsilon_0}$$

由边界条件和欧姆定律可求得导线外侧电场强度的平行分量

$$E_x = J/\gamma$$

则导线外侧电场强度的大小

$$E_2 = \sqrt{E_y^2 + E_x^2} = \sqrt{\frac{\sigma_0^2}{\varepsilon_0^2} + \frac{J^2}{\gamma^2}}$$

$\boldsymbol{E}_2$的方向：$\tan\theta = \frac{E_y}{E_x} = \frac{\sigma_0\gamma}{\varepsilon_0 J}$，$\theta = \tan^{-1}\frac{\sigma_0\gamma}{\varepsilon_0 J}$。

物理知识拓展

1. 热电阻式温度传感器

常用的飞机发动机的滑油温度测量常采用热金属电阻作为感温探头。例如 RBZ11 发动机的滑油测温探头是用两根电阻值与温度变化成比例的镍电阻丝装在一个圆头金属管里而制成的。

热电阻式温度传感器主要有金属测温电阻和热敏电阻两类。这类温度传感器都是利用其电阻值随温度的变化而变化的特性，通过测量其电阻值而间接得知被测温度。

大多数金属导体的电阻随温度而变化的关系可由式（13-18）推导出：

$$R_2 = R_1[1 + \alpha(t_2 - t_1)]$$

式中，R_1和R_2分别为热电阻在t_1/℃和t_2/℃时的阻值；α为热电阻的温度系数。可见，只要系数α保持不变，金属电阻R_2就会随温度线性地增加。定义灵敏度：$S = \frac{1}{R_1}\left(\frac{\mathrm{d}R_t}{\mathrm{d}t}\right) = \alpha$，显然$\alpha$越大，灵敏度$S$就越大，纯金属的电阻温度系数$\alpha$为（0.3%～0.6%）/℃。

但是，绝大多数金属导体的电阻温度系数α并不是一个常数，只是在一定范围内它可以近似看作一个常数。不同的α近似为常数值所对应的温度范围是不相同的，而且这个范围均小于该导体能够工作的温度范围，在此范围内，对于已知的α只要测得R_t即可经计算而得到被测的温度值，它们之间具有确定的对应关系。

采用热电阻测温具有如下特点：

1）在允许的测量范围内，具有较高的测量精度，且重复性和稳定性均较好；

2）由于体积较大，因而热惯性大，适于测量介质的静态温度或平均温度，不适于测量动态温度或点温度；

3）测量上限较低，成本较高。

虽然大多数金属导体都具有式（13-18）所示的特性，但可以用作热电阻的材料并不多，主要有铂、铜和镍。由于铂金具有很好的稳定性和测量精度，因此主要应用于高精度的温度测量和标准测温装置。

2. 电位器式传感器

电位器式传感器是指采用电位器作为传感元件的一种传感器。在这里，电位器的作用是将敏感元件在被测量作用下所产生的机械位移转换为与之呈线性的或任意函数关系的电阻或电压信号输出，例如，电位器式压力传感器的弹性敏感元件膜盒的内腔，通入被测流体，在流体压力作用下，膜盒应变中心产生的弹性位移会带动电位器的电刷在电阻元件上滑动，从而输出与被测压力成比例的电压信号。又如，电位器式加速度传感器的惯性敏感质量在被测加速度的作用下，使片状弹簧产生正比于被测加速度的位移，从而带动电刷在电位器的电阻元件上滑动，输出与加速度成比例的电压信号。

飞机上利用类似原理，制成了各种各样的电位器式传感器，用来测定油量、高度、空速、舵面角等多种飞行参数。

电位器式传感器的优点是结构简单、价格低廉、特性稳定，能承受严酷环境条件，输出信号大，一般不需要附加其他电子放大装置，因此在火箭上仍被应用。但是由于电位器存在摩擦以及分辨力有限等缺点，所以一般精度不高，不适用于高精度场合；另外，由于其动态响应较差，也不适于测量快速变化量。

3. 电阻率法勘探

电阻率法勘探是以地层不同岩石和矿物的导电性差异为物理基础的，通过观测和研究人工建立的地层中稳定电流场的分布规律以达到解决地质问题的一种电阻率法勘探方法。在自然状态下，岩土介质的电阻率除与介质组分有关外，还与许多其他因素有关，如岩石的结构、构造、空隙度、含水性、含矿化度及温度等。如图13-7所示是电阻率法勘探的示意图，把电极A，B插入地面，并加上电压。由于地球本身是一个导体，因此在地表下形成一定的电流场和电势分布。用另外两个电极（图中未画出）可以探测地表上两点间的电势差。地下水、岩层或矿体的分布会影响到电流场的分布，从而在地表的电势分布中反映出来。通过地表电势分布的测量，并与理论计算的结果对比，就可以推测地下的地质结构情况。

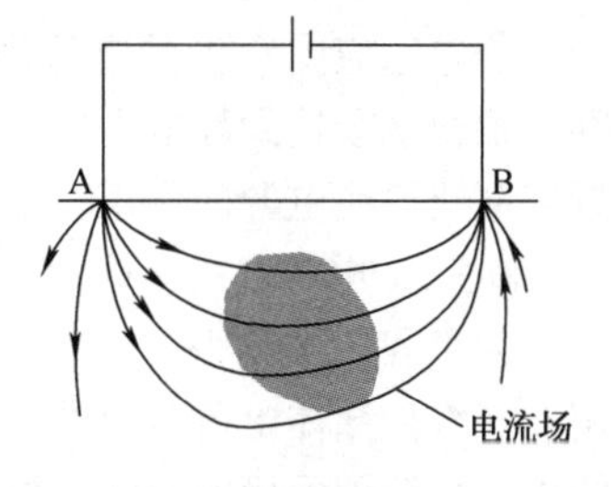

图13-7

13.3　电源　电动势

多电/全电飞机将机载二次能源逐步统一为电能，电推进飞机进一步将电能作为飞行动力能源，飞机电气化被认为是飞机机电系统与动力系统融合的重大革新，已经成为航空技术发展的重要方向。随着飞机电气化的发展，飞机电源系统成为飞机动力的重要保障。电压、频率、相数和容量是飞机电源系统的基本参数，这些参数对配电系统和用电设备的性能、体积、重量及费用等有密切的影响。

什么是电源，电源的工作原理是什么？飞机电源系统有哪些特征？

物理现象

物理学基本内容

电和水的本质是不同的，但这并不妨碍我们做个类比，以便理解电源的工作原理。如图13-8a所示，A和B水池由C管连通，A池水位较高，水流会向高度较低的B水池流动，但流速会逐渐减弱，最后在两个水池的水位相同时，水流停止。如果想使水持续流动起来，就要想办法保持A水池的高水位，维持高度差，也就是需要一个水泵把水不断地从B水池抽回A水池。同样的道理，如图13-8b所示，电路中A极板电势高，B极板电势低，正电荷会不断地通过导线由A极板向B极板运动，形成电流，这样，A极板不断累积负电荷，B极板不断累积正电荷，使两极板的电势差不断减少，直至电流为零。如果想得到稳定的电流，就需要一个“电泵”，持续不断地把正电荷从B极板搬运回A极板，克服两极板间的静电力做功，那么这个“电泵”是什么呢？

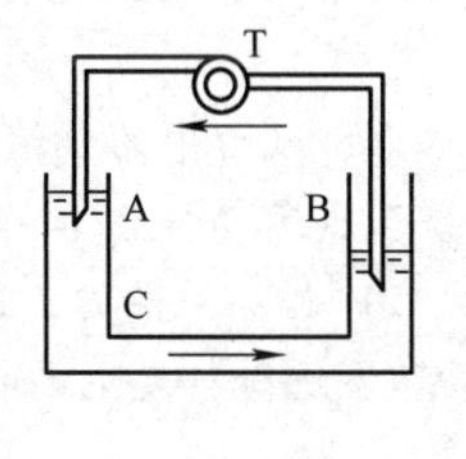

a)

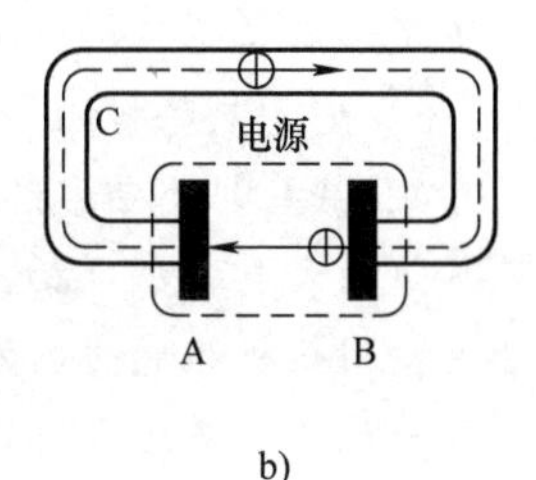

b)

图13-8

13.3.1 电源

静电感应中产生的电流由静电力驱动，只持续很短暂的时间，很快就会达到静电平衡。下面通过如图13-9所示的一个装置来简要说明电源的作用。设有两个导体a和b，分别带有电荷$+q$和$-q$，电势高的a称为正极，电势低的b称为负极。

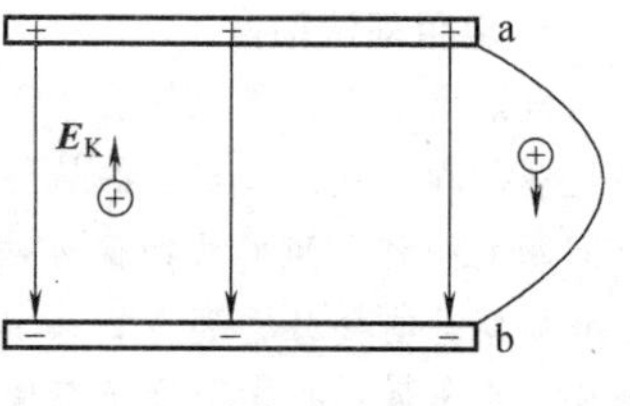

图13-9

如果我们想获得一个恒定电流，就必须维持电荷分布的恒定。要维持导体电荷恒定的基本做法是：在正电荷不断地通过导线由正极流到负极的同时，再不断地把正电荷由负极搬运回正极，从而形成一个恒定的电荷分布，实现一个恒定的电流循环，如图13-9所示。搬运电荷的力一定不是静电力，其对电荷的作用力与静电力方向相反，搬运电荷的过程中，克服静电力做功，把其他形式的能量转化为电能。这些克服静电力做功的力，我们通称为非静电力，记为$\boldsymbol{F}_K$。这种能够提供非静电力，依靠非静电力做功，将其他形式能量转化为电能的装置称为电源。在非静电力存在的空间（电源内部），我们可以定义一个非静电场。所谓非静电场是指一个能施力于电荷的场。如同对静电场的讨论那样，非静电场的力学性质也可以用非静电场的强度（简称非静电场强）来描述，非静电场强的定义式为

$$\boldsymbol{E}_K=\frac{\boldsymbol{F}_K}{q} \tag{13-29}$$

即单位正电荷所受到的非静电力，在图13-9中，$\boldsymbol{E}_K$的方向向上，与静电力方向相反。

思维拓展

能够提供非静电力的装置就是电源，如何付出最小的代价，或者利用到自然界中储量丰富的资源提供电能一直都是科学家们努力的方向，我们能通过哪些方式提供非静电力，制造不同种类不同性能的电源？

1）将化学反应释放的能量转化为具有电能的化学电池，利用化学反应提供非静电力，如干电池和蓄电池也属于此类。

2）将光能转变为电能的光电池，利用光电效应提供非静电力，如太阳能电池，常用于人造卫星和宇宙飞船等。

3）交直流发电机，将水力、风力中的机械能转化为电能，利用磁场力提供非静电力。

4）温差电效应，利用分子热运动提供非静电力。如海水温差发电技术，是以海洋受太阳能加热的表层海水（25～28℃）作高温热源，而以500～1000m深处的海水（4～7℃）作低温热源，用热机组成的热力循环系统进行发电的技术。据海洋学家估计，全世界海洋中的温度差所能产生的能量达20亿千瓦。

13.3.2 电源电动势

一个电源通过非静电力做功的本领可以用电源电动势来描述。电源电动势的定义为：把单位正电荷由电源负极经电源内部输送到电源正极非静电力所做的功，即

$$\mathscr{E}=\frac{A_K}{q} \tag{13-30}$$

在输运电荷q的过程中，非静电力做功为

$$A_K=\int_-^+\boldsymbol{F}_K\cdot d\boldsymbol{l}=q\int_-^+\boldsymbol{E}_K\cdot d\boldsymbol{l} \tag{13-31}$$

故有

$$\mathscr{E} = \int_{-}^{+} \boldsymbol{E}_{\mathrm{K}} \cdot \mathrm{d}\boldsymbol{l} \quad (电源内) \tag{13-32}$$

即电源电动势为非静电场强由电源负极到正极的曲线积分。电动势的方向为非静电力场强的方向，即由电源负极指向正极。电动势的单位和电势的单位相同，都为伏特（V）。电源电动势是非静电力场强的积分，它只取决于电源本身的性质，而与电路工作状态无关。有时在一段电路上有多个电源，这时电路上的电动势是一个串联的结果。

在电路的计算中，为了方便，通常我们要设定一个电路的计算方向 $\boldsymbol{l}$，作为一个参照方向来描述电流或电压等物理量的方向，例如，若电流 I 沿 $\boldsymbol{l}$ 方向，我们说，I 是正的，反之 I 是负的。对于电路中的电动势，我们也做同样的约定：若电动势的方向与 $\boldsymbol{l}$ 相同，就说电动势是正的，反之则是负的。如图 13-10a 所示，$\boldsymbol{l}(a \to d)$ 方向的电动势为

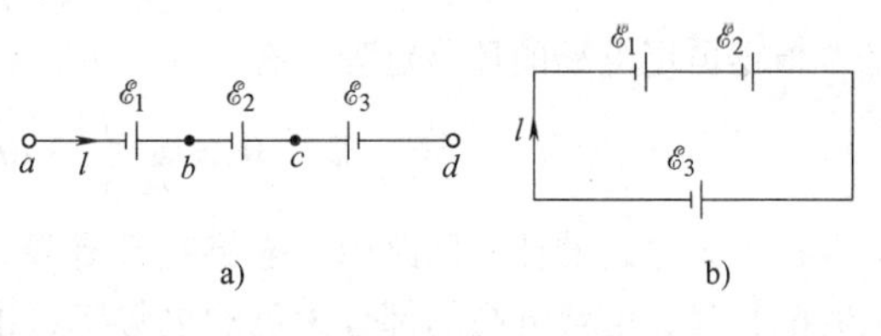

图 13-10

$$\mathscr{E} = \mathscr{E}_1 + \mathscr{E}_2 - \mathscr{E}_3 \tag{13-33}$$

利用电动势的定义式，也可记为

$$\begin{aligned}\mathscr{E} &= \int_a^b \boldsymbol{E}_{\mathrm{K}} \cdot \mathrm{d}\boldsymbol{l} + \int_b^c \boldsymbol{E}_{\mathrm{K}} \cdot \mathrm{d}\boldsymbol{l} - \int_d^c \boldsymbol{E}_{\mathrm{K}} \cdot \mathrm{d}\boldsymbol{l} \\ &= \int_a^b \boldsymbol{E}_{\mathrm{K}} \cdot \mathrm{d}\boldsymbol{l} + \int_b^c \boldsymbol{E}_{\mathrm{K}} \cdot \mathrm{d}\boldsymbol{l} + \int_c^d \boldsymbol{E}_{\mathrm{K}} \cdot \mathrm{d}\boldsymbol{l} = \int_a^d \boldsymbol{E}_{\mathrm{K}} \cdot \mathrm{d}\boldsymbol{l}\end{aligned} \tag{13-34}$$

或

$$\mathscr{E} = \int_l \boldsymbol{E}_{\mathrm{K}} \cdot \mathrm{d}\boldsymbol{l} \tag{13-35}$$

即沿 $\boldsymbol{l}$ 方向的电动势为非静电力电场强度沿 $\boldsymbol{l}$ 的曲线积分。显然，这个积分只在电源内部存在非静电场的区间内进行。上式普遍成立，它不仅适用于分离电源，也适用于连续性分布电源，通常我们把上式作为电动势的一般定义式。

有时我们会遇到在整个闭合回路上都有非静电力的情形（例如温差电动势和感生电动势），这时无法区分“电源内部”和“电源外部”，我们应该考虑整个闭合回路的电动势。若我们考察的电路是一个已设定参照方向为 $\boldsymbol{l}$ 的回路（见图 13-10b）。这相当于把图 13-10a 中电路的 a 端和 d 端连接，则回路电动势为

$$\mathscr{E} = \oint_l \boldsymbol{E}_{\mathrm{K}} \cdot \mathrm{d}\boldsymbol{l} \tag{13-36}$$

即非静电力场强沿回路方向的曲线积分。沿电路或回路的电动势可能是正的，也可能是负的。需要注意，负电动势不一定是反电动势。负电动势是指电源电动势的方向和电路计算中设定的参考方向相反，而反电动势是指电源电动势的方向和电流的方向相反，即电源处于充电状态。

在一个电路中，电源内部的电路称为内电路，电源外部的电路称为外电路。在内电路中，电源把其他形式的能量转化为电能，在外电路中，各种用电器把电能转化为其他形式的能量，如光能、热能、机械能、声能等。在人类对电能的开发利用中，电能几乎始终是作为一种中介能量，很少直接利用。人类之所以偏爱电能，一方面是电能的传输很方便，另一方面是电能转化为其他形式的能量也很方便。

13.3.3 含源电路欧姆定律

考察一个含有多个电源及电阻的闭合回路：由于电源内部包含恒定电场 $\boldsymbol{E}$ 和非静电场 $\boldsymbol{E}_{\mathrm{K}}$，电源内部电流密度为

$$\boldsymbol{j}' = \gamma'(\boldsymbol{E} + \boldsymbol{E}_{\mathrm{K}}) \tag{13-37}$$

故

$$\boldsymbol{E} = \frac{\boldsymbol{j}'}{\gamma'} - \boldsymbol{E}_{\mathrm{K}} \tag{13-38}$$

根据恒定电场的环路定理，有

$$\oint \boldsymbol{E} \cdot \mathrm{d}\boldsymbol{l} = \boldsymbol{0} = \oint_{源} \frac{\boldsymbol{j}'}{\gamma'} \cdot \mathrm{d}\boldsymbol{l} - \oint_{源} \boldsymbol{E}_{\mathrm{K}} \cdot \mathrm{d}\boldsymbol{l} + \oint_{外} \frac{\boldsymbol{j}}{\gamma} \cdot \mathrm{d}\boldsymbol{l} \tag{13-39}$$

在复杂电路的任一回路中，电势有升有降，若规定沿着选定的绕行方向电势降低的部分为正的电势降，电势升高的部分为负的电势降，由式（13-39）可知，沿任一闭合回路绕行一周，各部分电势降的代数和恒为零。具体计算复杂电路问题时规定：

（1）若电阻中的电流方向与选定方向相同，则电势降落，电势降取 IR；反之取 $-IR$，对电源内阻 r 亦相同。

（2）若电动势的方向（负极指向正极）与选定方向相同，则电势升高，取 $-\varepsilon$；反之，取 $+\varepsilon$。

这样对每一个回路，式（13-39）变为

$$\sum_i \pm I_i r_i + \sum_i \mp \varepsilon_i + \sum_i \pm I_i R_i = 0 \tag{13-40}$$

式中，$\oint_{源} \frac{\boldsymbol{j}'}{\gamma'} \cdot \mathrm{d}\boldsymbol{l} = \sum\limits_i \pm I_i r_i$ 为闭合回路中所有电源内阻的电势降，$-\oint_{源} \boldsymbol{E}_{\mathrm{K}} \cdot \mathrm{d}\boldsymbol{l} = \sum\limits_i m \varepsilon_i$ 为闭合回路中所有电源上的电势降，$\oint_{外} \frac{\boldsymbol{j}}{\gamma} \cdot \mathrm{d}\boldsymbol{l} = \sum\limits_i \pm I_i R_i$ 为闭合回路中所有外电阻的电势降。式（13-40）称为基尔霍夫第二定律，又称为回路电压方程。

对于无相互跨越支路的平面复杂电路，其所包含的每一个“网孔”对应的就是一个独立的回路。每一个独立回路都可以列出一个独立的回路方程，对于其他复杂的电路，独立回路的特点是：至少包含一个不含于其他回路的支路。把所有独立的节点方程和所有独立回路的回路方程联立，便能求解复杂电路。在求解复杂电路时各支路中电流的方向有时难以判断，这时可以先设定各支路中电流的正方向。根据所设电流正方向分别列出各独立回路方程和各独立节点方程，联立方程求解，若解出的第 i 个支路中的电流 $I_i > 0$，则表示该支路中的实际电流方向与所设电流方向一致；若 $I_i < 0$，则表示该支路中的实际电流方向与所设电流方向相反。

如果一个闭合电路含有多个电源，则先取一绕行方向，并假设电流强度方向，然后按上述规定的符号法则便可得

$$I = \frac{\sum \varepsilon_i}{\sum R_i + \sum r_i} \tag{13-41}$$

关于闭合电路的欧姆定律应注意以下几点：

1）当 $R \to \infty$ 时，外电路开路，$I = 0$，此时电路上没有电流；当 $R = 0$ 时，外电路短路，$I = \varepsilon / r$，由于 r 一般很小，而 I 很大，所以极易烧毁电源，应注意避免发生这种情况。

2）在恒定电路中，从电路的某一点出发，绕电路一周，各个元件的电势降之和为零，这是

一个很重要的结论，在分析电路时经常用到。

3）电源两端的电压 U_{AB} 称作路端电压，它是电源向电路提供能量（也称为放电）时的电压，$U_{AB}=IR=\varepsilon-Ir$。

对于一段含源电路（见图13-11），仍然沿用闭合电路关于电势降符号选取的规定，计算时需要首先假定 $A\to B$ 的方向，然后计算 A 和 B 两点间的电势差 U_{AB}。一段含源电路的欧姆定律表达式为

$$U_{AB}=U_A-U_B=\sum\pm\varepsilon_i+\sum\pm I(R_i+r_i) \tag{13-42}$$

若 $U_{AB}<0$，则表明从 $A\to B$ 电势升高，即 $U_B>U_A$；若 $U_{AB}>0$，则表明从 $A\to B$ 电势降低，即 $U_B<U_A$。

应用上面关于电势降符号选取的两条规则，可以确定图13-11所示电路中 A 和 B 两点间的电势差。我们选定自左向右为路径方向。路径方向从 A 点出发，将各部分电势降相加，得

$$U_{AB}=U_A-U_B=-\mathscr{E}_1+I_1r_1+I_1R_1+\mathscr{E}_2+I_1r_2-\mathscr{E}_3-I_2r_3-I_2R_2 \tag{13-43}$$

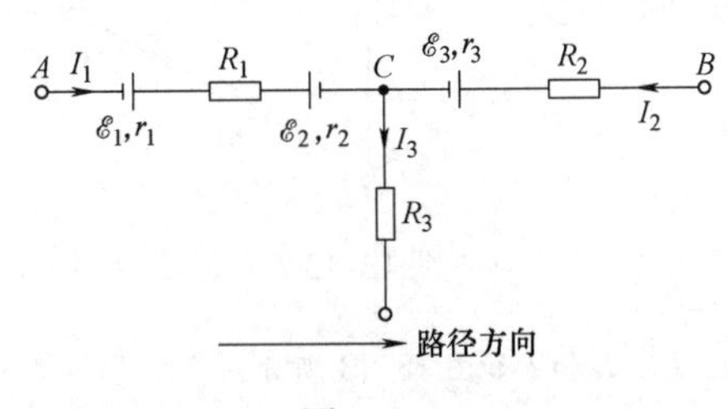

图13-11

现象解释

电源系统在多电/全电飞机中提供转化为飞机动力的电能，有多个重要参数对电源系统的供电能力起到重要作用。

（1）电压　低压直流电源系统调节点电压28.5V，单线制。

恒频交流电源系统调节点电压115~200V，400Hz，三相四线制；大型飞机调节点电压230~400V，400Hz，三相四线制。

变频交流供电系统调节点电压115~200V，300~900Hz，三相四线制。

高压直流供电系统调节点电压270V，双线或单线制。

（2）频率　目前飞机交流电源系统的额定频率为400Hz，某些飞行器，如有的导弹采用500Hz，800Hz甚至更高的频率。但导线的重量会随频率的增加而增加。

（3）相数　大多数飞机交流电源都用三相制，少数用单相制。三相电机结构效率高，启动方便，启动力矩大；若采用三相四线制，则全金属飞机可以机体为中线，中线接地电动机，一相断线后仍能运行。但三相开关电器比单相的复杂。

（4）电源容量　飞机电源系统的容量是指主电源的容量，等于飞机上主发电系统的通道数与单台发电系统额定容量的乘积。直流电源容量单位为千瓦（kW），交流电源为千伏安（kVA）。

飞机低压直流发电机的额定容量有3kW，6kW，9kW，12kW和18kW等数种。交流电源的额定容量有15kVA，20kVA，30kVA，40kVA，60kVA，90kVA，120kVA和150kVA等数种。

飞机交流发电机允许在150%额定负载下工作2min，在200%额定负载下工作5s。直流发电机要求125%~150%额定容量过载2min，150%~200%过载30s。

物理知识应用

【例 13-5】如图 13-12 所示，已知两电源的电动势及内阻分别为$\mathscr{E}_1=6\text{V}$，$r_1=1\Omega$；

$\mathscr{E}_2=4\text{V}$，$r_2=2\Omega$，外电路电阻$R=2\Omega$，求电路中的电流。

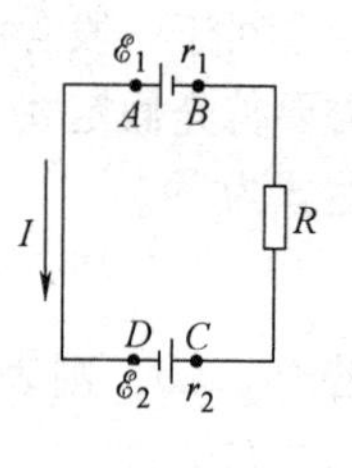

图 13-12

【解】由全电路欧姆定律可得，

$$I=\frac{\mathscr{E}_1+\mathscr{E}_2}{r_1+r_2+R}=\frac{4+6}{1+2+2}=2\text{A}$$

【例 13-6】求如图 13-13 所示电路上 a，b 两端的等效电阻。

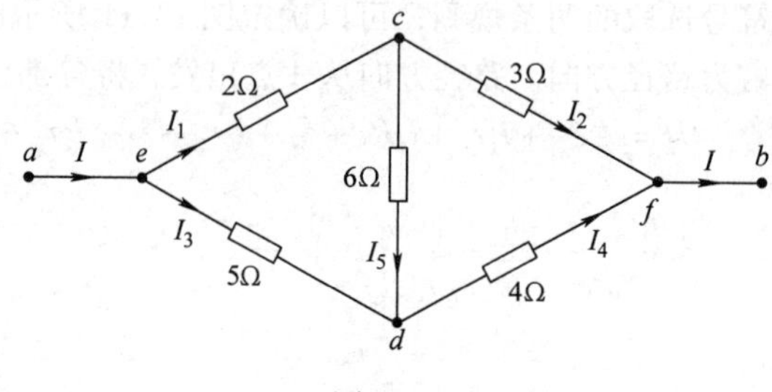

图 13-13

【解】设各段电流I_1，I_2，I_3，I_4，I_5和I如图 13-13 所示。

对于节点 e 有

$$-I+I_1+I_3=0$$

对于节点 c 有

$$-I_1+I_2+I_5=0$$

对于节点 f 有

$$-I_2-I_4+I=0$$

对回路 $c\to d\to e\to c$ 有

$$+2I_1+6I_5-5I_3=0$$

对回路 $c\to f\to d\to c$ 有

$$+3I_2-4I_4-6I_5=0$$

解以上五个方程，求得

$$I_1=\frac{89}{133}I,\ I_2=\frac{82}{133}I$$

而　$U_{ab}=U_{ac}+U_{cd}$

因此，a，b 两端的等效电阻

$$R_{ab}=\frac{U_{ab}}{I}=\frac{424}{133}\Omega=3.19\Omega$$

物理知识拓展

1. 核能电池

它的特点是电路中的电流大小与外电路的电阻无关，只取决于放射源的性质，下面简单介绍一下核能电池。

如图 13-14 所示，金属铅盒 A 中有一放射源，它放射 α 粒子—带 $+2e$ 电荷量的氦核，α 粒子穿过盒孔到达另一收集极 B 上，这样，盒上带负电，收集极上带正电，产生电动势。例如，α 粒子的动能为 5×10^6eV，则收集极 B 可不断收集 α 粒子，直到它相对于铅盒的电势上升到 2.5×10^6V，这时 α 粒子的动能正好等于它从铅盒运动到收集极 B 过程中反抗静电力所做的功，于是 B 极不再收集正电荷，此核力即非静电力，写成等式有

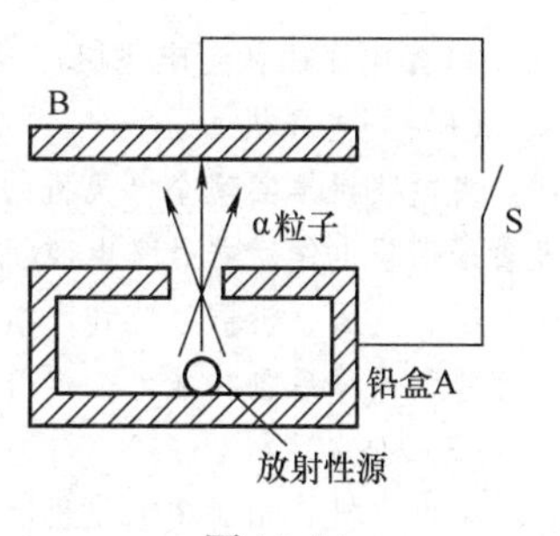

图 13-14

$$2e\int_A^B \boldsymbol{E}_K \cdot \mathrm{d}\boldsymbol{l} = \frac{1}{2}mv^2 = 5\times10^6\mathrm{eV}$$

所以

$$\mathscr{E} = \int_A^B \boldsymbol{E}_K \cdot \mathrm{d}\boldsymbol{l} = 2.5\times10^6\mathrm{V}$$

若放射源每秒发射 10^6 个 α 粒子到达 B 极，则

$$I_0 = 2e\times10^6\mathrm{s}^{-1} = 3.2\times10^{-13}\mathrm{A}$$

I_0 只取决于放射源的性质。

2. 金属温差电现象

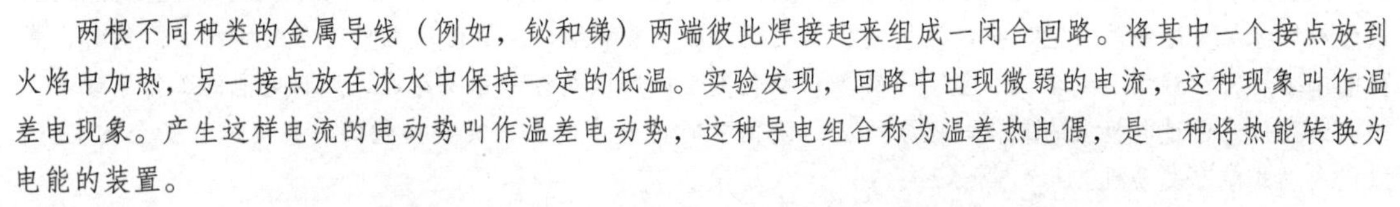
两根不同种类的金属导线（例如，铋和锑）两端彼此焊接起来组成一闭合回路。将其中一个接点放到火焰中加热，另一接点放在冰水中保持一定的低温。实验发现，回路中出现微弱的电流，这种现象叫作温差电现象。产生这样电流的电动势叫作温差电动势，这种导电组合称为温差热电偶，是一种将热能转换为电能的装置。

实验测定，在一定温度范围内，温差电动势的大小与两个接点间的温度差成正比，

$$\mathscr{E} = k(t - t_0)$$

式中，比例系数 k 为温差电动势率，其数值由材料的性质决定。

金属的温差电动势很小，由铋锑组成的温差热电偶，当温差为 100℃时，电动势只有 0.01V，热电转换效率才 1%～2%，在实际中不宜作为电源使用。但是，如果一个接点的温度已知（例如，放在冰水中），另一接点同某一物体接触，用电位差计精确测出电动势，则按上式可计算物体的温度，也就是将其作为温度计用。铂铑合金温差热电偶可测量 −200～1600℃范围的温度。

人们还发现另一种温差电现象：当电流流过两种不同金属组成的温差电偶时，其中一个接点将吸收热量，另一接点则释放热量，这种现象称为珀耳帖效应。利用这种效应，可以制成温差电制冷器。

3. 热电偶在飞机上的应用

热电偶在飞机上的典型应用是用热电偶测量飞机发动机的排气温度。喷气发动机尾喷管中燃气流速趋近于音速的一倍半。因此，排气温度的测量属于高速气流温度的测量。实验证明，在两股流速不同、静态温度相同的气流中，插入同一感温元件测量温度时，所测得的温度是不相同的。在流速高的气体中所测得的温度要比在流速低的气体中测得的高，而且流速相差越大，测得的温度差别也越大。显然，测量高速气流的温度时，必须考虑速度的影响。

由于在发动机尾喷管内喷气温度的分布不均匀，所以在飞机上测量喷气温度时一般采用多个传感器均匀分布在喷管某一截面的圆周上，感受所在处的喷气温度。通过传感器的适当连接，使温度表指示喷气温度的平均值。例如 RB211 发动机是英国罗・罗公司制造的，它是在低压涡轮的Ⅰ级导流叶片处，围绕涡轮等间隔地安装 17 个热电偶组件。每个热电偶组件里并联连接两个热电偶测温元件，用来感受不同高度上两层气流的温度。所以，整个热电偶测量系统在发动机的一个横截面上可采样 34 个点的排气温度，再将 17 个热电偶并联连接后，经补偿线输出到接线盒。输出到接线盒上的热电势是 34 个点上热电势的平均值，并且当其中有一个或几个热电偶发生断路损坏时，整个热电偶的测量系统仍然继续工作，不会影响输出信号。常用的热电偶连接方式有串联和串－并联两种。显然，热电偶的连接导线是不能任意取用的，不同的热电偶，所需配用的连接导线也不同，这种导线称为补偿导线。滥用连接导线将会产生附加的测量误差。

4. 多电飞机和全电飞机

(1) 多电飞机

多电飞机是实现全电飞机的中间产物，机上的主要功率是电功率，但不排除少量的其他功率的使用。大量采用机电作动器是多电飞机最重要的特征之一，采用机电作动器和功率电传技术，可实现电力驱动替代液压、气压、机械系统和飞机的附件传动机匣，可显著减轻飞机的重量和寿命周期费用，增强飞机系统的容错和故障后重构能力，提升飞机的整体性能。

(2) 全电飞机

全电飞机是相对多电飞机而言的，是一种完全以电气系统取代液压、气动和机械系统的飞机，即所有的次级功率均以电的形式传输、分配。由于全电飞机技术还不成熟，在应用过程中远远落后于多电飞机，但是从飞机技术的发展趋势来看，全电飞机将逐渐取代多电飞机，成为与内燃动力飞机同样重要的飞机类型。

(3) 多电飞机和全电飞机的主要特点

1) 能源动力持续性更强。

航空发动机单位时间排出气质量与速度是航空发动机作力的基本要件，与传统的化学燃烧能源相比，以燃料电池等为能源的多电、全电飞机简化了飞机的动力系统结构，使得动力更为强劲和持久。例如，燃料电池由燃料（烃类、天然气、氢、甲醇等）氧化剂、电解以及控制系统组成，燃料电池的工作原理与一般电池类似，通过电极上的氧化—还原反应，使化学能转变为电能，提供大量的、稳定的、安全的电力，取代内燃式航空发动机。

2) 电力发动机性能更好。

与传统飞机的发动机相比，依靠电力作业的飞机取消了发动机的引气，采用闭式循环系统，改善了发动机的效率和性能，使其具有噪音低，工作温度低、红外辐射小、重量轻等明显的特点，无论是用于军事领域，还是用于民用方面都具有十分突出的优势。例如，电力能源与隐形技术结合，可使飞机总重减少8%，也可以让隐形战机的作战能力得到较大提升。又如，运用电力发动机噪音低的特点，可以极大地减少民用飞机扰民的情况。

3) 发动机响应更为快速。

通过实验发现，以电力为主的混合电发动机的快速响应，有利于进一步改善飞机的横向控制，以及降低垂尾尺寸和阻力，使得飞机的反应能力和控制能力更灵敏，飞机的电气系统结构更加优化，可将飞机系统的可靠性提高 4 倍，易损性减少 20%，飞机维护将由 3 级维护变为 2 级维护。

4) 飞机的能耗更低。

不管是多电飞机还是全电飞机，与传统飞机相比还有一个巨大的优势，就是节约能源。在电力驱动系统中，飞机可以根据飞行的需求更精准地控制发电量，减少能源浪费。这一优势，也为未来发展机载高能武器提供了电力保障。

(4) 能源系统

1) 燃料电池。

燃料电池将化学能通过电极反应直接转换为电能的装置。目前使用最广泛的是质子交换膜燃料电池，它包含质子交换膜、电极、电催化剂、膜电极和双极板。

2) 超级电容。

超级电容是一种功率密度高、自身容量大、充放电循环次数多的新型储能器件。

5. 电火箭发动机

电火箭发动机是将来自电源系统的电能转化成喷气的动能的动力装置。根据能源转换方式，电火箭发动机可基本分为三类：电热型、静电型和电磁型。属于电热型的有电阻加热喷气推力器和电弧喷射推力器；属于静电型的有离子发动机（IE）；属于电磁型的有霍尔效应推力器（HET）和脉冲等离子体推力器（PPT）。目前，电火箭发动机在很多国家火箭技术中都有广泛的应用，其中俄罗斯对电火箭发动机技术的研究最为领先。

本章知识导图

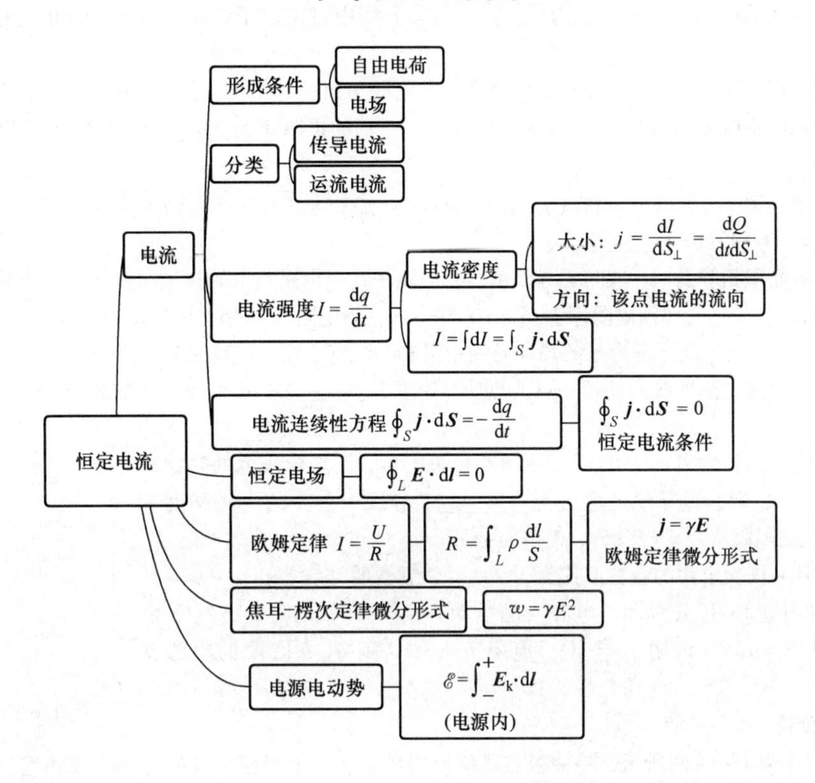

思考与练习

思考题

13-1 在直流电路中，串联接入截面相同的钨丝和铜丝，问：（1）通过两种材料的电流强度是否相同？（2）通过两种材料的电流密度是否相同？（3）通过两种材料的电场强度 I 是否相同？

13-2 高压输电时，为了减小长距离输送电时的热损耗，一般采用升高电压的方法；从另外一个角度，电阻一定时，热损耗与电压的平方成正比，电压升高，热损耗增大，如何解释这两种矛盾的观点？

13-3 温度相同的两种不同金属相接触时，能产生接触电势差。温度不同的两种相同金属相接触时会有电势差产生吗？

13-4 两种不同导体（如铜和康铜）组成一个闭合回路，当两个接触点处于不同温度时，接触点间将产生电动势，回路中会出现电流，此现象称为温差电现象，产生的电动势称为塞贝克电动势，也称为温差电动势。从能量的角度，温差电动势所做的功需要消耗什么能量？

练习题

（一）填空题

13-1 金属中传导电流是由于自由电子沿着与电场 $\boldsymbol{E}$ 相反方向的定向漂移而形成的，设电子的电荷为 e，其平均漂移速率为 $\bar{v}$，导体中单位体积内的自由电子数为 n，则电流密度的大小________，$\boldsymbol{j}$ 的方向沿 ________。

13-2 有一导线，直径为 0.02m，导线中自由电子数密度为 $8.9\times10^{21}/\mathrm{m}^3$，电子的漂移速率为 $1.5\times$

10^{-4}m/s，则导线中的电流为________。($e=1.6\times10^{-19}$C)

13-3　有一根电阻率为ρ，截面直径为d、长度为L的导线，若将电压U加在该导线的两端，则单位时间内流过导线横截面的自由电子数为________；若导线中自由电子数密度为n，则电子平均漂移速率为________。

13-4　用一根铝线代替一根铜线接在电路中，若铝线和铜线的长度、电阻都相等。那么当电路与电源接通时铜线和铝线中电流密度之比$j_1:j_2=$________。（铜的电阻率为$1.67\times10^{-8}\Omega\cdot$m，铝的电阻率为$2.66\times10^{-8}\Omega\cdot$m）

13-5　电炉丝正常工作的电流密度$j=15\text{A}\cdot\text{mm}^{-2}$，热功率密度$w=2.75\times10^{8}\text{J}/(\text{m}^3\cdot\text{s})$，电源电压220V，则电阻丝的总长度$l=$________。

13-6　横截面积相等的铜导线与铝导线串联在电路中，当电路与电源接通时铜线与铝线单位体积中产生的热量之比为________。(铜电阻率$1.67\times10^{-8}\Omega\cdot$m，铝电阻率$2.66\times10^{-8}\Omega\cdot$m)

13-7　一半径为R、电导率为γ的均匀导线中沿轴向流有电流，电流密度为kr（k为常数），r为导线内某点到轴线的距离，则导线内任意一点的热功率密度为________。在长度为l的导线内单位时间产生的热量为________。

13-8　在横截面积为2mm^{2}的铁导线中通有稳恒电流，已知导线内的热功率密度为35.4W/m^3，则通过导线的电流为________，导线中各点的电场强度为________。(铁的电阻率为$\rho=8.85\times10^{-6}\Omega\cdot$m)

13-9　焦耳-楞次定律的微分形式为________，它说明________。

13-10　如习题13-10图所示，电源A的电动势$\mathscr{E}_A=24$V，内阻$r_A=2\Omega$，电源B的电动势$\mathscr{E}_B=12$V，内阻$r_B=1\Omega$。电阻$R=3\Omega$，则a，b之间的电势差$U_{ab}=$________。

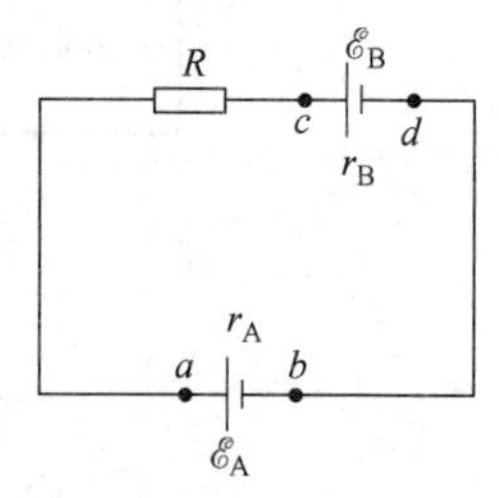

习题13-10图

（二）计算题

13-11　如习题13-11图所示，将一根需要接地的导线和一个半径为a的导体半球相连，然后将该半球埋入地下。已知地球近似为一个电阻率为ρ的导体，试求该导线的接地电阻R（接地电阻的定义是将电流从接地点通过地球传到无限远的电阻）。

13-12　如习题13-12图所示，图中ab和cd表示某传输线的往返电路。假设在传输线某处（例如图中的点p）发生了故障，断开后接地。由于导线很长，判断事故位置不是一件容易的事，现通过电测方法进行判断，接线如习题13-12图所示。先将传输线上的电源断开，再将一端短路（即用导线连接b和d），在另一端a，c之间串接一个滑动电阻，滑动端s通过电流计G接地。再将a，c和一个实验用的辅助电源$\mathscr{E}$连接。已知传输距离为9.5km，滑动电阻长1m。测试时滑动s端点，发现当点s移动到距点a为0.35m时，电流计G中的电流为0，试求断点距a的距离。

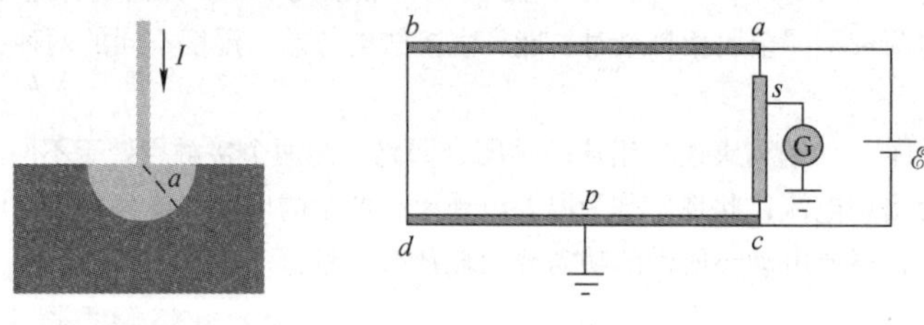

习题13-11图　　习题13-12图

13-13　一铂电阻温度计在0℃时的阻值为200.0Ω，当浸入正在熔解的三氯化锑（$SbCl_3$）中时，阻值变为257.6Ω，求三氯化锑的熔点。(已知铂电阻的温度系数$\alpha=0.00392℃^{-1}$)。

13-14　电动机未运转时，在20℃时它的铜绕组的电阻为50Ω，运转几小时后，电阻上升到58Ω。问这时铜绕组的温度为多少？

13-15　角速度计可测量飞机、航天器、潜艇的转动角速度，其结构如习题13-15图所示。当系统绕

轴 OO'转动时，元件 A 发生位移并输出相应的电压信号，成为飞机、卫星等的制导系统的信息源。已知 A 的质量为 m，弹簧的劲度系数为 k、自然长度为 l，电源的电动势为 ε、内阻不计。滑动变阻器总长也为 l，电阻分布均匀，系统静止时 P 在 B 点，试证明：当系统以角速度 ω 转动时，输出电压 U 与 ω 的函数式为 $U=\varepsilon m\omega^2/(k-m\omega^2)$。

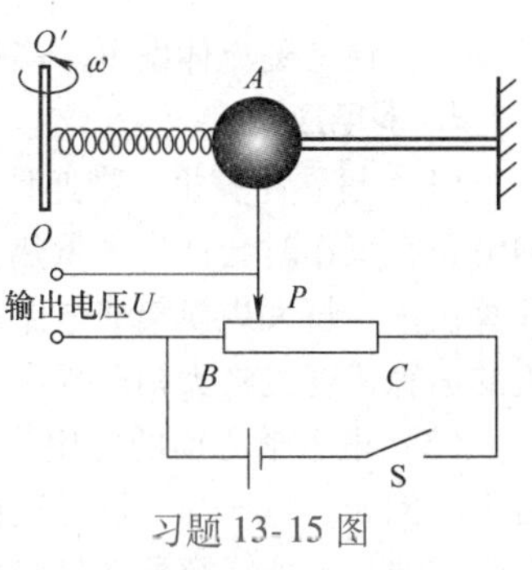

习题 13-15 图

13-16 一铜棒的横截面积为 20mm × 80mm，长为 2.0m，两端的电势差为 50mV。已知铜的电导率 $\gamma=5.7\times10^7$ s/m，铜棒内自由电子的电荷体密度为 1.36×10^{10} C/m^3。求：(1) 内阻；(2) 电流；(3) 电流密度；(4) 棒内的电场强度；(5) 所消耗的功率。

13-17 如习题 13-17 图所示，有一台内阻及损耗均可不计的直流发电机，其定子的磁场恒定。先把它的电枢（转子）与一电阻 R 连接，再在电枢的转轴上缠绕足够长的轻线绳，绳端悬挂一质量为 m 的重物，重物最后以速率 v_1 匀速下落。现将一电动势为$\mathscr{E}$，内阻不计的电源如图接入电路中，使发电机作电动机使用，悬挂重物不变，最后重物匀速上升，求重物上升的速率 v_2。

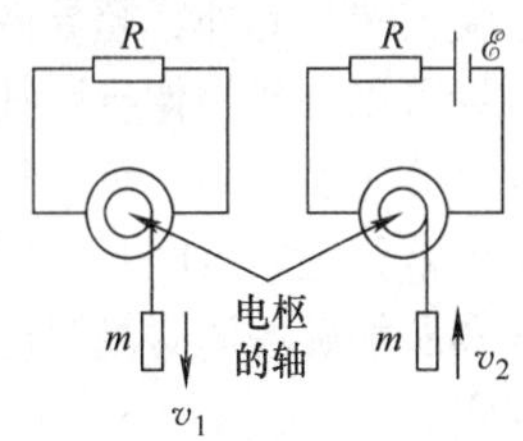

习题 13-17 图

阅读材料

超导应用

高温超导材料的用途非常广泛，大致可分为强电应用、弱电应用（电子学应用）和抗磁性应用三大类。强电应用如超导发电、输电和储能；弱电应用包括超导计算机、超导天线、超导微波器件等；抗磁性应用如磁悬浮列车和热核聚变等。

1. 强电应用

输电电缆被认为是实现高温超导应用中最有希望的领域。传统电缆由于有电阻，电流密度只有 300 ~ 400(A/cm^2)，而高温超导电缆的电流密度可超过 10000（A/cm^2），传输容量比传统电缆要提高 5 倍左右，功率损耗仅相当于后者的 40%。按现在的电价和用电量计算，如果我国输电线路全部采用超导电缆，每年可节约 400 亿元左右。据专家预测，一两年内世界上对高温超导线材的需求将达上万公里，与超导技术有关产业的产值可达到 2000 亿美元。

(1) 超导输电线路 超导材料可以用于制造超导电线和超导变压器，把电力几乎无损耗地输送给用户。常规输电线路由于电阻的存在，输电过程中的大量电能被电阻损耗。在远距离送电时，为了减少电阻的损耗，通常采用提高电压的方法，以减小输电电流。这种超高压输电的安全性就成为一个突出的问题。超导送电可以在较低电压、较大电流的情况下传输，既能确保安全，又减少了电阻损耗。据统计，按照目前采用的输电方法，约有 15% 的电能损耗在铜或铝的输电线路上。我国在这方面每年的电力损失高达 1000 亿 kW · h。若改为超导输电，节省的电能相当于新建数十个大型发电厂。

超导变压器具有效率高、体积小、无环境污染以及无火灾隐患等优点，可直接安装在现有的变电站内，并节省大笔建设经费，被公认是最有可能取代常规变压器的高新技术。

(2) 超导磁体 用于超导交流发电机、磁流体发电机、超导变压器等的磁体。由于在超导状态下电阻为零，所以只需消耗极少的电能就可以获得 10T 以上的强磁场。

超导发电机：利用超导线圈可以使发电机的磁体获得极高的磁场强度，并且几乎没有能量损耗。超导发电机的单机发电容量比常规发电机高 5 ~ 10 倍，可达 10GW，体积却可减少 1/2，整机重量减少 1/3，发电效率提高 50%。

(3) 超导磁流体发电机 将高温导电气体（等离子体）高速通过几特斯拉的超导强磁场进

行发电，便是磁流体发电。高温导电气体可以回收重复使用。

2. 弱电应用

（1）超导计算机　高速计算机要求集成电路芯片上的元件和连线密集排列，由于密集排列的电路在工作时会产生大量热量，所以散热问题成为超大规模集成电路中的一个难题。在超导计算机中，超大规模集成电路的连线用接近零电阻的超导材料制作，便可克服散热问题，计算机的运算速度也将大幅度提高。

（2）电子学方面的应用　超导不仅局限于医学、探矿等方面，也可能深入到人们的日常生活中。例如，超导滤波器可以使音乐更为动听，用超导电子器件制造的计算机体积更小、运算速度更快。此外，超导微带线可以用在大规模集成电路中传送微波信号。通过高温超导体的强磁场可以使药物像导弹那样定向运动，到达人体内部各处，进行更为有效的诊断和治疗。人体各部分主要由碳、氧、氢等元素构成，实验证明，癌细胞中的氢由共振态恢复到正常态的时间比正常细胞的时间长，即通过不同的时间信号便可以进行癌变诊断。核磁共振断层诊断的灵敏度和所加磁场的磁场强度有关，通过高温超导体可以获得极强的磁场，使癌症的早期诊断成为现实。

3. 抗磁性应用

（1）超导磁悬浮列车　利用超导材料的抗磁性，将超导材料放在一块永磁体的上方，由于磁体的磁力线不能穿过超导体，磁体和超导体之间会产生排斥力，使超导体悬浮在磁体上方。利用这种磁悬浮效应可以制造高速超导磁悬浮列车。

（2）超导核聚变反应　核聚变反应需要 1 亿～2 亿℃的高温，但没有任何耐温材料可以存放这样高温的物质。超导体产生的强磁场可以将参与核聚变反应的高温物质进行“磁隔离”，将这些物质约束在一个有限的区域内和容器壁隔离，这样便保护了容器。

4. 展望

虽然高温超导体的研究进展十分迅速，但仍没有在提高临界电流方面取得实质性的突破。在高温超导体发展的初期，人们对超导体的实用化曾寄予过高的期望，甚至指望高温超导体会比晶体管和激光的实用化过程更短。但是随着研究的深入，越来越多的人认识到，大规模应用超导体并形成一定的产业是一项艰巨的任务。尽管如此，科学家仍然认为：21 世纪的超导技术会如同 20 世纪的半导体技术一样，对人类生活产生积极而深远的影响。

第14章　真空中的恒定磁场

历史背景与物理思想发展

在磁学的领域内，我们的祖先做出了很大的贡献。远在春秋战国时期，随着冶铁业的发展和铁器的应用，对天然磁石（磁铁矿）已有了一些认识。这个时期的一些著作，如《管子·地数篇》《山海经·北山经》《鬼谷子》和《吕氏春秋·精通》中都有关于磁石的描述和记载。我国古代“磁石”写作“慈石”，意思是“石铁之母也。以有慈石，故能引其子”。汉朝以后有更多的著作记载磁石吸铁现象，东汉的王充在《论衡》中所描述的“司南勺”（图14-1）已被公认为最早的磁性指南器具。指南针是我国古代的伟大发明之一，对世界文明的发展有重大的影响。11世纪北宋的沈括在《梦溪笔谈》中第一次明确地记载了指南针。沈括还记载了以天然强磁体摩擦进行人工磁化制作指南针的方法，北宋时还有利用地磁场磁化方法的记载，西方在200多年后才有类似的记载。此外，沈括还是世界上最早发现地磁偏角的人，他的发现比欧洲早400多年。12世纪初我国已有关于指南针用于航海的明确记载。

图14-1

虽然磁现象的发现历史悠久，但是对磁现象的系统研究却是从文艺复兴时期开始的，英国科学家威廉·吉尔伯特于1600年发表了名为《论磁、磁体和地球作为一个巨大的磁体》的文章。他做了许多揭示电和磁性质的实验，记载了大量实验数据，使磁学从经验转变为科学。他认为电和磁是两种完全无关的现象。这个结论对后来的电磁学发展产生了很大的影响。1750年米切尔提出磁极之间的作用力服从平方反比定律，使磁学进入了定量研究阶段。法国物理学家安培在1802年宣称，他愿意去“证明电和磁是相互独立的两种不同的实体”；托马斯·杨在1807年的《自然哲学讲义》中写道：“没有任何理由去设想电与磁之间存在任何直接的联系”；直到1819年，实验物理学家毕奥还坚持磁作用和电作用之间的独立性：“不允许我们设想磁与电具有相同的本质。”

但是实际上，电和磁之间相互联系的现象早就引起了人们的重视。1735年，在一份科学刊物上就记载了雷电可以使刀、叉、钢针磁化的现象；1751年，富兰克林也发现了用莱顿瓶放电的方法可以使钢针磁化或退磁。当时也偶尔有关于闪电改变钢铁物件磁性的报道，这不能不引起人们的思考；1774年，巴伐利亚电学研究院提出一个有奖征文题目：“电力和磁力是否存在着实际的和物理的相似性?”。磁力和电力都服从平方反比关系的发现和伏打电堆的发明，进一步加速了上述关系的探索；1800年伏打发明电堆，使稳恒电流的产生有了可能，电学由静电走向动电；1802年，意大利的罗迈诺西企图用实验找出伏打电堆对磁针的影响，但由于设想的只是电堆的两极与磁体的两极之间的类似性以及电堆与磁体之间的静力作用，所以并没有意识到他所观察到的现象正是电流的磁效应；1805年，德国的哈切特和笛索米斯用一根绝缘绳将伏打电堆悬挂起来，企图观察它在地磁作用下的取向，但是并没有得出实验结果；英国科学家戴维在这一时期也观察到磁铁能够吸引或排斥电极的碳棒之间的弧光，并使弧光平动地旋转。这些早期实验虽然都未能得出重要的成果，但却摸索出了一个正确的研究方向。1820年，丹麦物理学家奥斯特发现，在载流导线周围的磁针会因受到力的作用而偏转，第一次指出电现象和磁现象的联系。他对于电流磁效应的发现，使电磁学的研究进入到一个迅速发展的时期。1820 年安培发现，在磁铁附近的载流导线或载流线圈也受到磁力的作用而发生运动，载流导线间或载流线圈间也有相互作用。于是，电学与磁学彼此隔绝的情况有了突破，从此建立起了电与磁之间的联系，开始了电磁学的新阶段，从而开辟了物理学的新领域—电磁学。

14.1 磁场 磁感应强度

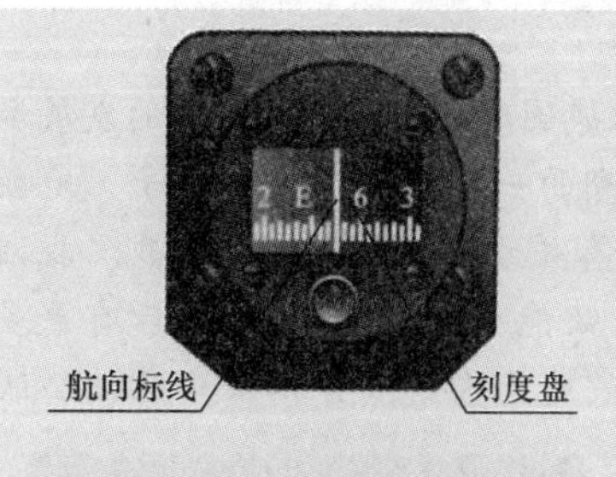

物理现象

飞机在飞行中，必须随时掌握航向这个基本航行要素，磁罗盘（如左图所示）是对其进行测定的基本领航仪表，包括直读磁罗盘、远读磁罗盘等。磁罗盘中的磁条本应指向磁经线的方向，但当罗盘安装到飞机上后，由于飞机上钢铁部件和电气设备所形成的“飞机磁场”的影响，磁条将指向地球磁场和“飞机磁场”的合成方向，从而偏离了磁经线，使航向产生误差，这种误差叫作罗差。为了修正和减小这种误差，我们就有必要对磁场进行定性和定量的研究。

电气设备中的电流是如何产生磁场的？它所产生的磁场和磁铁所产生磁场本质一样吗？如何定量描述磁场？

物理学基本内容

磁现象是人们日常生活当中经常见到的现象，人们对于磁性的基本现象的认识，可以综合成这样几个方面：一是天然磁铁能吸引铁、钴、镍等物质，这一性质被称为磁性。磁铁的两端磁性最强，称为磁极。把一条磁铁（或磁针）自由地悬挂起来，它将自动地转向南北方向，指北的一极称为指北极，简称北极，用 N 表示，指南的一极称为指南极，简称南极，用 S 表示。这一事实说明，地球本身是一个巨大的磁体，地球的磁 N 极在地理南极附近，磁 S 极在地理北极附近；二是磁极之间有相互作用力，同性磁极相排斥，异性磁极相吸引；三是磁铁的两个磁极不能分割成独立的 N 极或 S 极。虽然科学界有寻找磁单极的努力，但目前为止在自然界中没有发现独立的 N 极或 S 极，但是有独立存在的正电荷和负电荷，这是磁极和电荷的基本区别；四是载流导线间或载流线圈间也有相互作用。对于两根平行载流导线，当两电流的流向相同时，会相互吸引，相反时则相互排斥。如图 14-2 所示，在载流导线周围的磁针会受到力的作用而偏转，在磁铁附近的载流导线或载流线圈也会受到磁力的作用而发生运动。阴极射线管发出的电子流在磁场的作用下也会发生偏转。

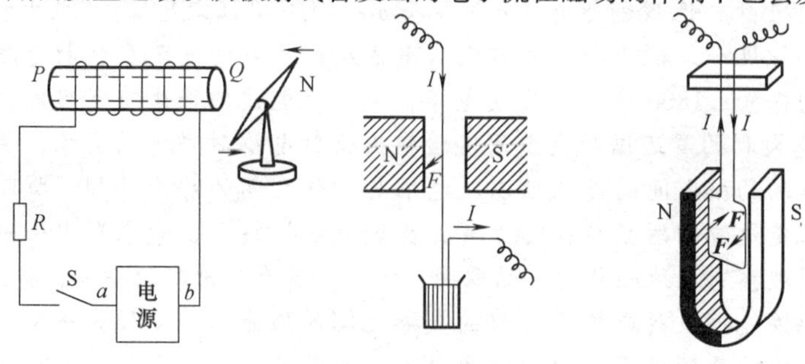

图 14-2

14.1.1　磁场的本质

各种各样的磁现象，它们的本质是什么呢？1822 年，安培提出了著名的“磁性起源假说”。他认为，一切物质的磁性皆起源于电流。构成磁性物质的每个微粒都存在着永不停息的环形电流，此环形电流使微粒显示出磁性，N 极和 S 极就分布在环形电流的两侧，对于磁铁和其他能显示磁性的物体来说，每个微粒的环形电流的取向大致相同，因此在其两端就显示出磁性。一些原来不具有磁性的物体，在外磁场的作用下，使它们内部各个原先电流取向并不一致的微粒的环形电流被迫趋向一致，从而显示出磁性，这就是磁化作用。安培的磁性起源假说很好地解释了通电螺线管两端的磁性现象，也解释了把一根棒状软铁芯插入到通电螺线管中时，铁芯会变成磁铁棒的原因。但当时无法验证微粒环形电流的存在，所以当时安培所提出的微粒环形电流被人们称为有怀疑的“安培电流”。

19 世纪末和 20 世纪初，当科学家发现了电子和揭开了原子结构的秘密后，才逐渐认识到安培的假说是真实的、有具体科学含义的。安培所说的微粒就是物质的原子、分子或分子团等物质粒子。分子与原子内电子的运动、电子与核的自旋运动形成了环形电流，物质的磁性就是由其引起的。

> 在磁现象的描述中，我们提到自然界不存在磁单极，那么根据安培分子电流假说，你能解释不存在磁单极的原因吗？
>
> 思维拓展

综上所述，一切磁现象都来源于电荷的运动，磁力本质上就是运动电荷之间的一种相互作用。这样，我们就可以用磁场的观点，把上述关于磁铁和磁铁，磁铁和电流，运动电荷和磁铁，以及电流和电流之间的相互作用统一起来。无论导线中的电流还是磁铁，它们产生磁场的本源都是一个，即电荷的运动。我们知道，静止的电荷在其周围空间要产生电场，静止电荷间的相互作用是通过电场来传递的，而电场的基本性质是它对于任何置于其中的电荷施加作用。类比电场，磁极或电流之间的相互作用也是这样，不过它通过另外一种场—磁场来传递。磁极或电流在自己周围的空间里产生磁场，而磁场的基本性质之一是它对于任何置于其中的磁极或电流施加作用力。因此，运动的电荷在自己周围空间除产生电场外，还要产生另一种场—磁场，如图 14-3 所示。运动电荷之间的相互作用是通过电磁场来传递的。在某一惯性系中若有运动电荷在另外的运动电荷或电流周围运动，则它受到的作用力 $\boldsymbol{F}$ 将是电力和磁力的矢量和，即

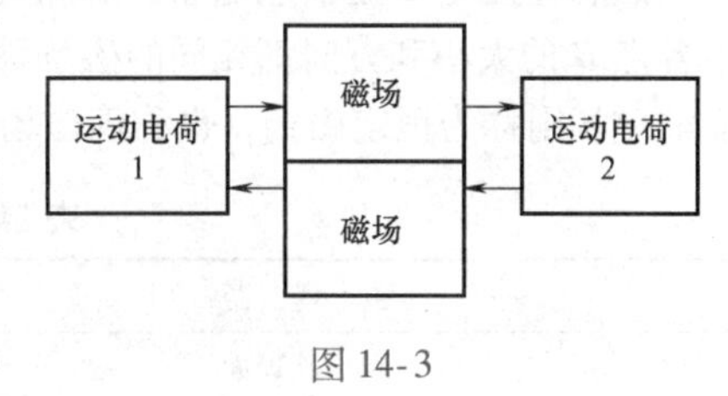

图 14-3

$$\boldsymbol{F}=\boldsymbol{F}_{\mathrm{e}}+\boldsymbol{F}_{\mathrm{m}} \tag{14-1}$$

式中，$\boldsymbol{F}_{\mathrm{e}}=q\boldsymbol{E}$ 是电场力，它与电荷 q 的运动无关；$\boldsymbol{F}_{\mathrm{m}}$是磁场对运动电荷 q 的作用力，称为磁场力或磁力，它与电荷 q 相对参考系的运动速度有关。宏观上条形磁铁或载流导线之间的相互作用力就是这种微观磁力之和。

> 运动电荷既激发电场，也激发磁场，而本章的任务是研究磁场的性质，怎样才能消除电场影响，从而研究磁场对运动电荷的作用呢？
>
> 思维拓展

14.1.2　磁感应强度

和静电场的描述一样，我们将从磁场对其他运动电荷有作用力这一特点出发，利用试验运动电荷，引入磁感应强度 $\boldsymbol{B}$ 来定量地描述磁场。

实验表明，一个试验运动电荷 q 以速率 v 通过磁场中某一点 P 时，所受的磁力 $\boldsymbol{F}_m$ 与速度 $\boldsymbol{v}$ 的方向有关。特别是当电荷沿某一个特定的方向或其反方向运动时，它受到的磁力为零。我们定义点 P 的磁感应强度 $\boldsymbol{B}$ 的方向为这两个方向中的一个方向。

实验进一步表明，一个试验电荷 q 以速度 $\boldsymbol{v}$ 垂直于磁感应强度 $\boldsymbol{B}$ 通过考察点 P 时，所受的磁力 $\boldsymbol{F}_m$ 最大，记为 $\boldsymbol{F}_{max}$。此时 $\boldsymbol{v}$、$\boldsymbol{B}$、$\boldsymbol{F}_{max}$ 三个矢量相互垂直（见图 14-4）。我们规定，对于正试验电荷，磁感应强度 $\boldsymbol{B}$、$\boldsymbol{F}_{max}$ 和 $\boldsymbol{v}$ 的方向满足右手螺旋关系，即当我们伸直大拇指并使其余的四个手指由 F_{max} 的方向经过 90°转向 $\boldsymbol{v}$ 的方向时，大拇指所指的方向为 $\boldsymbol{B}$ 的方向。这样，磁感应强度 $\boldsymbol{B}$ 的方向就完全确定了。事实上，这样定义的磁感应强度 $\boldsymbol{B}$ 的方向，也就是小磁针在 P 处平衡时 N 极的指向（也可以用它来定义 $\boldsymbol{B}$ 的方向）。

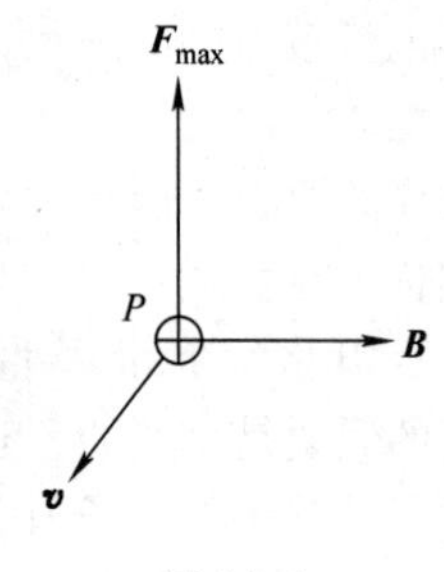

图 14-4

实验还证明，最大磁力的大小 F_{max} 正比于 q 和 v 的乘积，即比值 $\frac{F_{max}}{qv}$ 和 q、v 无关，只与点 P 处磁场的性质有关，于是定义 P 处磁感应强度 $\boldsymbol{B}$ 的大小为

$$B = \frac{F_{max}}{qv} \tag{14-2}$$

显然磁场也在空间构成一个矢量场。

在国际单位制中，磁感应强度 $\boldsymbol{B}$ 的单位是特斯拉（T），

$$1\text{T} = \frac{1\text{N}}{1\text{C} \cdot 1\text{m/s}} = 1\text{N/(A} \cdot \text{m)}$$

磁感应强度 $\boldsymbol{B}$ 是描述磁场强弱和方向的物理量，它与电场中电场强度 $\boldsymbol{E}$ 的地位相当。磁场中各点 $\boldsymbol{B}$ 的大小和方向都相同的磁场称为均匀磁场或匀强磁场，而场中各点的 $\boldsymbol{B}$ 都不随时间改变的磁场则称为恒定磁场，也称恒磁场。某些典型磁场的大小如表 14-1 所示。

表 14-1　某些典型磁场的 B 值　　（单位：T）

磁　场　源	$\boldsymbol{B}$
原子核表面	约 10^{12}
中子星表面磁场	约 10^{8}
目前实验室磁场	约 37
大型电磁铁	约 2
太阳黑子	约 0.3
小磁针	约 10^{-2}
木星表面	约 10^{-3}
地球磁场	约 0.5×10^{-4}
室内电线周围	约 10^{-4}
星际空间	10^{-10}
人体表面	约 3×10^{-10}
磁屏蔽室内	约 3×10^{-14}

罗差的消除：罗差是由于飞机的钢铁材料及工作着的电气设备所形成的“飞机磁场”所导致的对磁航向的测量误差。飞机磁场主要由硬铁磁场和软铁磁场两部分组成。硬铁磁场是由飞机上硬铁和电气设备产生的，其大小和相对飞机的方向是不变的，它引起的罗差称为半圆罗差。在罗盘传感器上安装有罗差修正器，它可以在 N－S 和 E－W 两个方向上分别建立一个人工的永久磁场来抵消飞机硬铁磁场，从而消除半圆罗差。可以将飞机硬铁磁场水平分量分解为与飞机纵轴平行的分量 X_1 和与飞机横轴平行的分量 Y_1。罗差修正器可以产生沿飞机纵轴的修正磁场 $X_{修}$（E－W 方向）和沿飞机横轴的修正磁场 $Y_{修}$（N－S 方向）。校准罗盘的过程，就是想办法使 $X_{修}=X_1$，$Y_{修}=Y_1$，且方向相反，就可以消除半圆罗差。软铁磁场由飞机上软铁受地磁场的磁化而产生，其大小和相对飞机的方向都是随着飞机航向的改变而变化的，它引起的罗差称为象限罗差，对于这种罗差又是如何消除呢？请大家自行查阅资料。

现象解释

通过上述分析可以知道，无论是天然磁铁还是电流都可以激发磁场，本质原因都是运动的电荷激发磁场，那还有没有其他方式可以激发磁场呢？

思维拓展

物理知识拓展

磁单极的探讨

电场由电荷产生，很容易在空间产生一个独立的电荷，如电子、质子等，这种独立的电荷正是静电场的源。而磁场的高斯定理表明：磁场是无源的，即磁场不是由和独立的电荷相对应的“磁单极”产生的，而是由运动电荷产生的。比较电场与磁场的所有规律，人们会发现，电场与磁场的规律非常对称（在讨论了麦克斯韦方程组以后这点将更清楚）。但是，为什么在这一点上却显示出不同呢？因为在自然界还没有发现磁单极的存在。

然而，在 1931 年，狄拉克从量子力学原理出发，经过理论分析指出，量子理论允许磁单极的存在。他还指出：磁单极的强度可以表示为

$$\mu=\frac{hc}{4\pi e}n \quad (n=1,2,\cdots)$$

式中，$h=6.626\times10^{-34}\,\mathrm{J\cdot s}$ 是普朗克常量；c 是光速；e 是电子电荷量。

自从磁单极的理论预言提出来以后，众多的物理学家对此抱有浓厚的兴趣。除了狄拉克的理论外，还有人通过非阿贝尔规范场理论认为磁单极必然存在；也有人从电磁相互作用，弱、强相互作用的“大统一理论”讨论磁单极的存在。遗憾的是，在磁单极提出后的 80 多年间，还没有真正公认的磁单极存在的实验观测。因此，磁单极的存在仍然是一个谜。如果磁单极真的存在，则是对经典电磁理论的重大突破。那么英国物理学家麦克斯韦在 19 世纪建立的描述磁场与电场的基本方程就要面临重大修改。

14.2　毕奥－萨伐尔定律及应用

飞机上很早就使用继电器来控制自动系统工作，据不完全统计，对于波音 B757－200 型飞机，直接装机的电磁继电器和接触器就有 393 个。以电磁继电器为例，如图所示，它一般是由铁芯、线圈、衔铁和触点簧片等组成。只要在线圈两端加上一定的电压，

物理现象

线圈中就会流过一定的电流，从而产生磁场，使动触点与静触点实现吸合、释放，从而达到导通、切断电路的目的。如何实现对衔铁的精确控制，就涉及电流激发磁场的定量研究。

恒定电流在空间所激发的磁场满足什么规律？科学家们研究恒定电流激发磁场定量关系的方法和思路是什么？

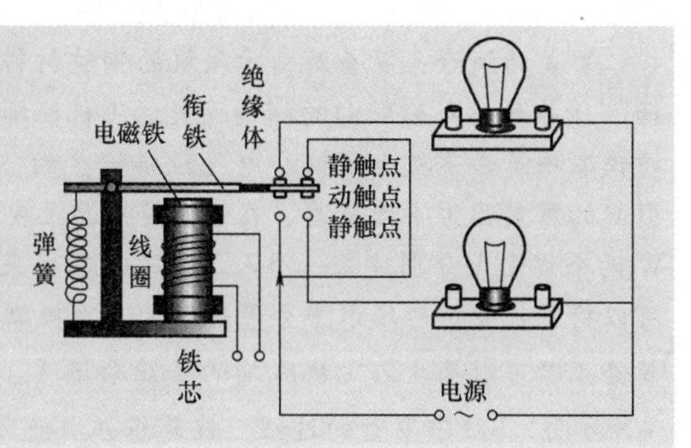

 物理学基本内容

14.2.1 毕奥－萨伐尔定律

在静电场中，用电场强度叠加原理和点电荷场强计算任意带电体产生的电场强度。与此方法类比，可以把载流导线 L 看作是由许多电流同为 I 的线元 $\mathrm{d}\boldsymbol{l}$ 组成的，把矢量 $I\mathrm{d}\boldsymbol{l}$ 称为电流元，其方向与电流的流向相同。这样，载流导线 L 在空间某点产生的磁感应强度 $\boldsymbol{B}$ 就是载流导线上许多电流元 $I\mathrm{d}\boldsymbol{l}$ 在该点产生的磁感应强度 $\mathrm{d}\boldsymbol{B}$ 的叠加，即

$$\boldsymbol{B} = \int_L \mathrm{d}\boldsymbol{B} \tag{14-3}$$

这里积分号下的 L 表示沿电流分布的曲线 L 进行积分。那么，电流元 $I\mathrm{d}\boldsymbol{l}$ 产生的磁感应强度 $\mathrm{d}\boldsymbol{B}$ 又如何计算呢？

19 世纪 20 年代，毕奥和萨伐尔两人研究并分析了大量实验资料，证明很长的直导线周围的磁场与距离成反比。此后，拉普拉斯进一步从数学上证明，任何闭合载流回路产生的磁场可以看成是由电流元的作用叠加起来的。他从毕奥和萨伐尔的实验结果倒推，最后总结出一条有关电流元 $I\mathrm{d}\boldsymbol{l}$ 磁场的基本定律，为尊重原创，称为毕奥－萨伐尔定律。这个定律的基本内容为：在真空中，电流元 $I\mathrm{d}\boldsymbol{l}$ 在给定点 P 产生的磁感应强度 $\mathrm{d}\boldsymbol{B}$ 的大小与电流元的大小成正比，与电流元和由电流元到点 P 的矢径 $\boldsymbol{r}$ 之间的夹角的正弦成正比，并与电流元到点 P 的距离的平方成反比；$\mathrm{d}\boldsymbol{B}$ 的方向垂直于 $I\mathrm{d}\boldsymbol{l}$ 和 $\boldsymbol{r}$ 所决定的平面，指向为由 $I\mathrm{d}\boldsymbol{l}$ 经小于 180°的角转向 $\boldsymbol{r}$ 时的右螺旋方向。其数学表达式为

$$\mathrm{d}\boldsymbol{B} = \frac{\mu_0}{4\pi}\frac{I\mathrm{d}\boldsymbol{l}\times\boldsymbol{r}^0}{r^2} \tag{14-4}$$

从式（14-4）可以得到，$\mathrm{d}\boldsymbol{B}$ 的大小为

$$\mathrm{d}B = \frac{\mu_0}{4\pi}\frac{I\mathrm{d}l\sin\theta}{r^2} \tag{14-5}$$

式中，θ 是 $I\mathrm{d}\boldsymbol{l}$（电流方向）与 $\boldsymbol{r}$ 之间小于 180°的夹角。可以看出，对于电流元延长线上的点，因 $\theta=0°$ 或 180°，因而 $\mathrm{d}B=0$。

$\mathrm{d}\boldsymbol{B}$ 的方向垂直于 $I\mathrm{d}\boldsymbol{l}$ 与 $\boldsymbol{r}$ 组成的平面，指向为矢量积 $I\mathrm{d}\boldsymbol{l}\times\boldsymbol{r}$ 的方向，如图 14-5 所示。对任意载流导体有

$$\boldsymbol{B} = \int_L \frac{\mu_0}{4\pi}\frac{I\mathrm{d}\boldsymbol{l}\times\boldsymbol{r}^0}{r^2} \tag{14-6}$$

其中，$\mu_0=4\pi\times10^{-7}\mathrm{N\cdot A^{-1}}$，称为真空磁导率；$\boldsymbol{r}^0$为$\boldsymbol{r}$的单位矢量。

14.2.2　毕奥－萨伐尔定律的应用

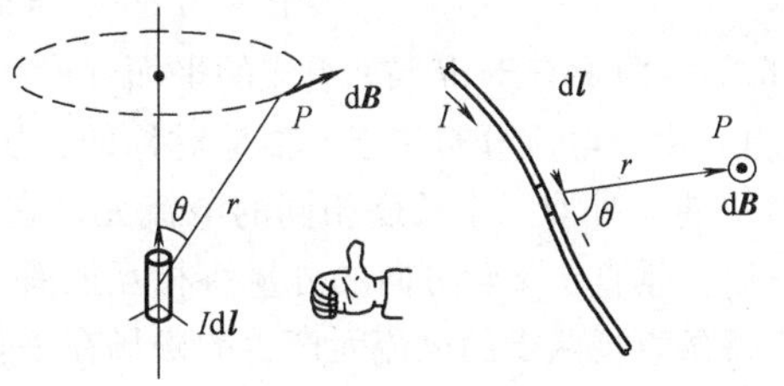

在实际应用毕奥－萨伐尔定律计算时，通常要用到分量式。如果各电流元的磁场 d$\boldsymbol{B}$ 的方向不同，应先将 d$\boldsymbol{B}$ 分解成 dB_x，dB_y及 dB_z各分量，再积分求合磁场$\boldsymbol{B}$的各分量：

$$B_x=\int \mathrm{d}B_x,\ B_y=\int \mathrm{d}B_y,\ B_z=\int \mathrm{d}B_z \tag{14-7}$$

图 14-5

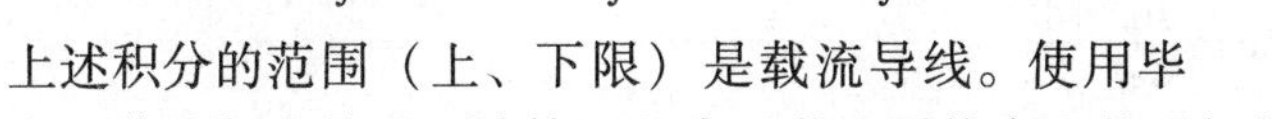
上述积分的范围（上、下限）是载流导线。使用毕

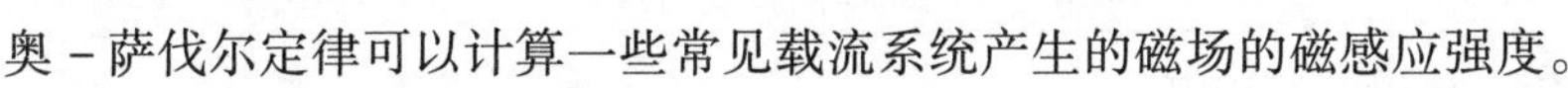
奥－萨伐尔定律可以计算一些常见载流系统产生的磁场的磁感应强度。

1. 载流直导线的磁场

设直导线长为L，通有电流I，导线旁任意一点P与导线的距离为a，如图 14-6 所示。现计算点P的磁感应强度。

以点P在导线上的垂足点O为原点，距离点O为l处取一电流元$I\mathrm{d}\boldsymbol{l}$，它在点$P$产生的磁场 d$\boldsymbol{B}$ 的大小为

$$\mathrm{d}B=\frac{\mu_0}{4\pi}\frac{I\mathrm{d}l\sin\theta}{r^2}$$

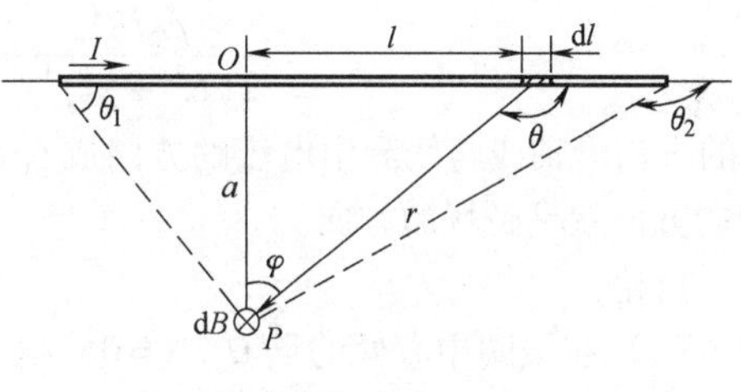

图 14-6

d$\boldsymbol{B}$ 的方向垂直纸面向里。可以看出，任意电流元$I\mathrm{d}\boldsymbol{l}$在点$P$产生的磁场 d$\boldsymbol{B}$ 的方向都相同。因此，在求总磁感应强度$\boldsymbol{B}$的大小时，只需求 dB 的代数和，即求上式的标量积分$B=\int_L \mathrm{d}B$。从图 14-6 中可以看出，

$$\frac{l}{a}=\cot(\pi-\theta)=-\cot\theta,\ \frac{a}{r}=\sin(\pi-\theta)=\sin\theta$$

$$\mathrm{d}l=\frac{a}{\sin^2\theta}\mathrm{d}\theta,\ \frac{1}{r^2}=\frac{\sin^2\theta}{a^2}$$

将积分变量换成θ后得

$$B=\frac{\mu_0}{4\pi}\int_{\theta_1}^{\theta_2}\frac{I\sin\theta\mathrm{d}\theta}{a}=\frac{\mu_0 I}{4\pi a}(\cos\theta_1-\cos\theta_2) \tag{14-8}$$

式中，θ_1和θ_2分别是导线两端的电流元与它们到点P的矢径的夹角。磁感应强度$\boldsymbol{B}$的方向垂直纸面向里。

若导线无限长，$\theta_1=0$，$\theta_2=\pi$，则有

$$B=\frac{\mu_0 I}{2\pi a} \tag{14-9}$$

上式表明，无限长载流直导线周围的磁感应强度的大小B与场点到导线的距离成反比。

2. 载流圆线圈轴线上的磁场

设一载流圆线圈（或称圆电流）半径为R，通有电流I，点P为其轴线上任意一点，它与圆心的距离为x，如图 14-7 所示。

以圆心O为原点，轴线为x轴。在圆线圈上任意A处取一电流元$I\mathrm{d}\boldsymbol{l}$，它在点$P$产生的磁场 d$\boldsymbol{B}$ 的大小为

$$\mathrm{d}B=\frac{\mu_0}{4\pi}\frac{I\mathrm{d}l\sin 90^\circ}{r^2}=\frac{\mu_0}{4\pi}\frac{I\mathrm{d}l}{r^2}$$

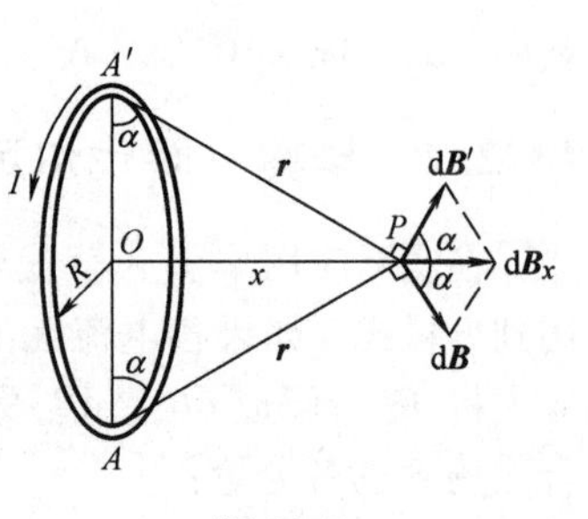

图 14-7

$\mathrm{d}\boldsymbol{B}$ 的方向垂直于 $\mathrm{d}\boldsymbol{l}$ 与 $\boldsymbol{r}$ 组成的平面（$\boldsymbol{r}$ 为由电流元 $I\mathrm{d}\boldsymbol{l}$ 到点 P 的矢径）。由于电流分布关于 x 轴是对称的，所以在通过点 A 的直径的另一端 A' 处取一个长度相同的电流元，它产生的磁场 $\mathrm{d}\boldsymbol{B}'$ 与 $\mathrm{d}\boldsymbol{B}$ 合成后，垂直于 x 轴方向的分量将相互抵消。对于整个线圈来说，由于每条直径两端的电流元产生的磁场在垂直于 x 轴方向的分量都成对抵消，所以合磁场 $\boldsymbol{B}$ 将沿 x 轴方向，因而点 P 的总磁场大小为

$$B=\oint \mathrm{d}B_x=\oint \mathrm{d}B\cos\alpha=\oint\cos\alpha\frac{\mu_0}{4\pi}\frac{I\mathrm{d}l}{r^2}$$

将 $r^2=R^2+x^2$，$\cos\alpha=\dfrac{R}{(R^2+x^2)^{1/2}}$代入上式得

$$B=\frac{\mu_0 IR}{4\pi(R^2+x^2)^{3/2}}\int_0^{2\pi R}\mathrm{d}l=\frac{\mu_0 IR}{4\pi(R^2+x^2)^{3/2}}\cdot 2\pi R$$

$$=\frac{\mu_0 IR^2}{2(R^2+x^2)^{3/2}} \tag{14-10}$$

$\boldsymbol{B}$ 的方向沿轴线与线圈中电流的方向成右手螺旋关系，即用右手四指表示电流的流向，大拇指所指的方向就是磁场的方向。

讨论：

（1）在线圈中心处的点 O，$x=0$，则

$$B=\frac{\mu_0 I}{2R} \tag{14-11}$$

（2）由于圆线圈上每一电流元 $I\mathrm{d}\boldsymbol{l}$ 在圆心处产生的磁场方向均相同，所以如图 14-8 所示的一段载流圆弧形导线在圆心处的磁场可以表示为

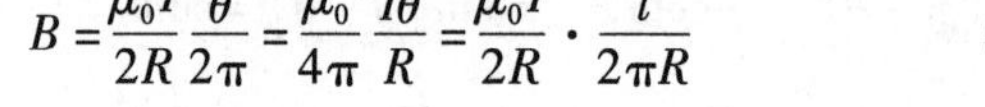

$$B=\frac{\mu_0 I}{2R}\frac{\theta}{2\pi}=\frac{\mu_0}{4\pi}\frac{I\theta}{R}=\frac{\mu_0 I}{2R}\cdot\frac{l}{2\pi R} \tag{14-12}$$

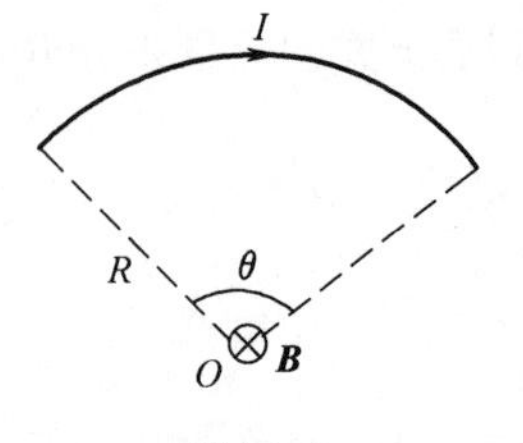

图 14-8

式中，l 为弧长。

（3）若 P 点远离圆心，即 $x\gg R$，则有

$$B=\frac{\mu_0 IR^2}{2x^3}=\frac{\mu_0}{2\pi}\frac{\pi IR^2}{x^3}$$

式中，$\pi R^2=S$ 为线圈面积。于是，$I\pi R^2=IS=p_{\mathrm{m}}$，定义为线圈的磁矩大小，其方向与电流构成右手螺旋关系。这样，上式又可写成

$$B=\frac{\mu_0}{2\pi}\frac{p_{\mathrm{m}}}{x^3}$$

由于 $\boldsymbol{B}$ 与 $\boldsymbol{p}_{\mathrm{m}}$ 的方向一致，可得在远离圆心处，圆电流轴线上 P 点的磁感应强度公式为

$$\boldsymbol{B}=\frac{\mu_0}{2\pi}\frac{\boldsymbol{p}_{\mathrm{m}}}{x^3}$$

思维拓展

在静电学中，电偶极子在其轴线延长线上且远离电偶极子处的场强公式为

$$\boldsymbol{E}=\frac{1}{2\pi\varepsilon_0}\frac{\boldsymbol{p}_{\mathrm{e}}}{x^3}$$

式中，$\boldsymbol{p}_e$ 为电偶极子的电矩，与远离圆心处圆电流轴线上磁感应强度公式比较可见，两式的形式一样，系数 $\frac{\mu_0}{2\pi}$ 与 $\frac{1}{2\pi\varepsilon_0}$ 相当，磁矩 $\boldsymbol{p}_m$ 与电矩 $\boldsymbol{p}_e$ 相当。同时，在远离场源处，载流线圈所激发的磁场与电偶极子所激发的电场在分布上相似，如图所示。因而圆电流回路可以认为是一个磁偶极子，产生的磁场称为磁偶极磁场。

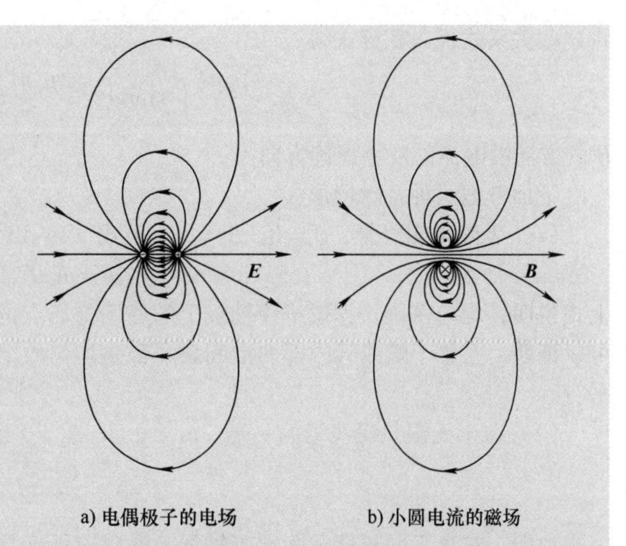

a) 电偶极子的电场　　b) 小圆电流的磁场

地球也可以被当作一个大磁偶极子，其磁矩为 $8.0\times10^{22}\,\text{A}\cdot\text{m}^2$。地球磁场与我们人类的关系十分密切，它甚至关系到地球上生命的起源和人类社会的兴衰。从古至今，地球上各处不断出现火山爆发，每一次爆发时都从地球内部喷射出大量熔融的岩浆，当这些熔岩逐渐冷凝结晶时，它里面的结晶体便会按照当时的地磁方向整齐地排列起来，采取现代检测手段，如放射性检测方法，科学家很容易推断出熔岩冷凝结晶的年代，由此我们可以间接地推知不同历史时期地磁的方向和强度。令人惊讶的是地磁的强度和方向多次倒转变化（即地球磁场的 N 极和 S 极相互南北对换），这到底是什么原因引起的，到目前为止还毫无所知。由于一切磁现象皆起源于电流，现在科学家把地磁归因于地球内部的环形电流，那么，当地磁场方向发生倒转时，产生地磁的环形电流就要反向一次，是什么力量促使如此巨大的环形电流周期性地改变电流的方向呢？是不是说明宇宙空间存在一种巨大的周期性变化的磁场呢？

3. 载流直螺线管轴线上的磁场

设螺线管长为 L，半径为 R，单位长度上绕有 n 匝线圈，通有电流 I。若线圈是密绕的，则可将螺线管近似看成是由许多圆线圈并排起来组成的。轴线上任意一点 P 的磁场便是各匝载流圆线圈在该点产生的磁场的叠加。

如图 14-9 所示，在螺线管上距点 P 为 l 处任取长为 $\mathrm{d}l$ 的一小段，将它视为一个载流圆线圈，其电流为 $\mathrm{d}I=nI\mathrm{d}l$，应用圆线圈磁场公式，可得这一小段螺线管在点 P 产生的磁感应强度 $\mathrm{d}\boldsymbol{B}$ 的大小为

$$\mathrm{d}B=\frac{\mu_0R^2\mathrm{d}I}{2(R^2+l^2)^{3/2}}$$

$\mathrm{d}\boldsymbol{B}$ 的方向沿轴线向右，与电流的绕向成右手螺旋关系。

由于各小段螺线管在点 P 产生的磁场方向相同，所以点 P 处总磁场 $\boldsymbol{B}$ 的大小为

$$B=\int\mathrm{d}B=\int\frac{\mu_0R^2\mathrm{d}I}{2(R^2+l^2)^{3/2}}=\int\frac{\mu_0R^2nI\mathrm{d}l}{2(R^2+l^2)^{3/2}}$$

图 14-9

为了便于积分，引入参变量 β 角，它的几何意义如图 14-9 所示。从图中可看出

$$l=R\tan\beta,\quad R^2+l^2=R^2\csc^2\beta,\quad \mathrm{d}l=-R\csc^2\beta\mathrm{d}\beta$$

将这些关系式代入积分式得

$$B = -\frac{\mu_0 nI}{2}\int_{\beta_1}^{\beta_2}\sin\beta \mathrm{d}\beta = \frac{\mu_0 nI}{2}(\cos\beta_2 - \cos\beta_1) \tag{14-13}$$

B 的方向沿电流的右手螺旋方向。

下面考虑两种特殊情形：

（1）无限长螺线管，$\beta_1 = 0$，$\beta_2 = \pi$，由式（14-13）可得

$$B = \mu_0 nI \tag{14-14}$$

上式说明，均匀密绕长直螺线管轴线上的磁场与场点的位置无关。这一结论不仅适用于轴线上，可以证明，在整个螺线管内部的空间磁场都是均匀的，其磁感应强度大小均为 $\mu_0 nI$，方向与轴线平行。

（2）在半无限长螺线管的一端，$\beta_1 = \pi/2$，$\beta_2 = 0$ 或 $\beta_1 = \pi$，$\beta_2 = \pi/2$，无论哪种情形，都有

$$B = \frac{1}{2}\mu_0 nI \tag{14-15}$$

上式说明，在半无限长螺线管端点轴线上磁感应强度是螺线管内部磁感应强度的一半。

现象解释

飞机中电磁继电器组成部件之一的线圈就是一个螺线管，对于螺线管运用上述已经得出的结论可以算出磁感应强度 **B**，从而实现对磁场的精确控制。按控制线圈所感受的信号性质可分为电压继电器和电流继电器，电压继电器的线圈与电源回路并联，匝数较多，线径较细，匝间与层间绝缘性能好；电流继电器的线圈与电源回路串联，匝数较少，线径较粗，能通过较大的电流，匝间与层间绝缘性能要求不高。按触点所控制的电流性质可以分为交流继电器和直流继电器。

思维拓展

通常我们见到的线圈类电磁铁，中间都要插入铁芯，能够起到增强磁场的作用，那么铁芯能增强磁场的原理是什么呢？

14.2.3 运动电荷的磁场

设电流元 $I\mathrm{d}\boldsymbol{l}$ 内共有 $\mathrm{d}N = nS\mathrm{d}l$ 个定向运动的电荷，因而电流元 $I\mathrm{d}\boldsymbol{l}$ 的磁场是由 $\mathrm{d}N = nS\mathrm{d}l$ 个定向运动的电荷产生的。利用 $I = qnvS$，有

$$\mathrm{d}\boldsymbol{B} = \frac{\mu_0}{4\pi}\cdot\frac{S\mathrm{d}l\cdot qn\boldsymbol{v}\times\boldsymbol{r}^0}{r^2} = nS\mathrm{d}l\cdot\frac{\mu_0}{4\pi}\frac{q\boldsymbol{v}\times\boldsymbol{r}^0}{r^2} = \mathrm{d}N\cdot\boldsymbol{B} \tag{14-16}$$

于是，一个电荷量为 q，以速度 $\boldsymbol{v}$（$v \ll c$）运动的点电荷在场点 P 所激发的磁场的磁感应强度 **B** 为

$$\boldsymbol{B} = \frac{\mu_0}{4\pi}\frac{q\boldsymbol{v}\times\boldsymbol{r}^0}{r^2} \tag{14-17}$$

此式为运动点电荷的磁场公式。它阐明了运动点电荷产生磁场的规律。对此公式，要注意以下几个问题：

（1）运动点电荷所激发的磁场的大小为

$$B = \frac{\mu_0}{4\pi}\frac{qv\sin\alpha}{r^2} \tag{14-18}$$

式中，α 是速度 $\boldsymbol{v}$ 与矢径 $\boldsymbol{r}$ 之间的夹角。与电场不同的是，运动电荷的磁场的大小与考察点的方

向有关。如果以运动电荷为球心作一个球面，在球面上每一点的电场强度的大小相同，但磁感应强度并不相等。垂直于运动方向即 $\alpha=90°$方向的场点，磁感应强度最大，沿运动方向即 $\alpha=0°$或 $\alpha=180°$的场点，磁感应强度为零。

(2) 磁场的方向　式（14-17）表明，在任一场点 P，运动电荷激发磁场的方向始终垂直于 $\boldsymbol{v}$与 $\boldsymbol{r}$ 组成的平面。当 q 为正电荷时，$\boldsymbol{B}$ 的指向为$\boldsymbol{v}\times\boldsymbol{r}$ 的方向，当 q 为负电荷时，$\boldsymbol{B}$ 的指向与矢积$\boldsymbol{v}\times\boldsymbol{r}$ 的方向相反，如图 14-10 所示。

一个运动电荷在同一场点除了要激发一个磁场 $\boldsymbol{B}=\dfrac{\mu_0}{4\pi}\dfrac{q\boldsymbol{v}\times\boldsymbol{r}^0}{r^2}$之外，还要激发一个电场 $\boldsymbol{E}=\dfrac{q}{4\pi\varepsilon_0 r^2}\boldsymbol{r}^0$，图 14-11 清楚地表明了这两个场及其方向。

应当指出，只有当运动电荷的速率远小于光速（$v\ll c$）时，式（14-17）才成立，当电荷的速率 v 接近光速 c 时，上式就不再成立了，这时应考虑相对论效应。

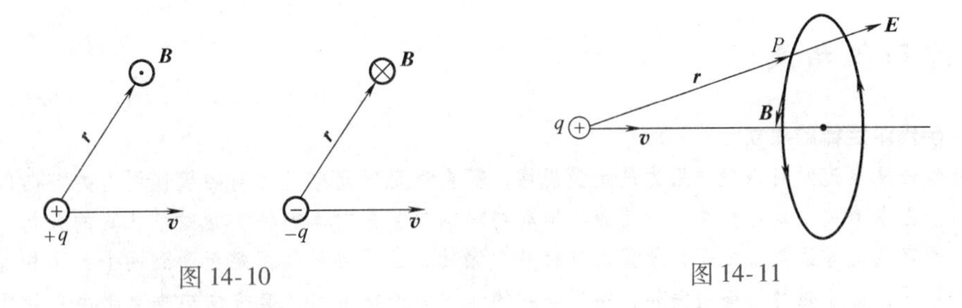

图 14-10　　图 14-11

物理知识应用

【例 14-1】磁罗盘是对飞机航向进行测定的基本领航仪表，是通过感受地球磁场测定磁子午线的方向而指示飞机磁航向的。假定有一磁罗盘位于图 14-12 中 O 点，无限长输电线通有电流为 I，半圆环的半径为 R。问：输电线在罗盘所在处产生的磁场如何？

【解】ab 段为半无限长直导线，$a=R$，$\theta_1=0$，$\theta_2=90°$，其在点 O 产生的磁场为

$$B_1=\frac{\mu_0 I}{4\pi a}(\cos\theta_1-\cos\theta_2)=\frac{\mu_0 I}{4\pi R}$$

方向：垂直纸面向里

bc 段为半圆环，$\theta=\pi$，其在点 O 产生的磁场为

$$B_2=\frac{\mu_0 I\theta}{4\pi R}=\frac{\mu_0 I}{4R}$$

方向：垂直纸面向里

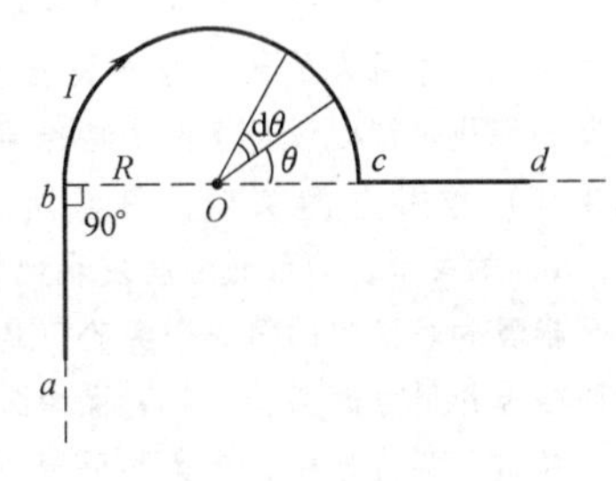

图 14-12

cd 段为半无限长直导线，点 O 在其延长线上，其磁场为 $B_3=0$，总磁场为 $B=B_1+B_2+B_3=\dfrac{\mu_0 I}{4\pi R}(1+\pi)$，方向垂直纸面向里。

【例 14-2】细菌导航是利用某种细菌体内含有对磁场敏感的微小颗粒而进行辨别方向的，假设有如图 14-13 所示宽度为 a 的无限长载流薄铜片，设恒定电流 I 均匀分布。点 P 到铜片的距离为 b。求与铜片共面的点 P 的磁感应强度。并讨论在与铜片共面会干扰细菌辨别方向的 x 轴上的范围？（假设小于地球磁场 5% 的磁场不会对细菌产生影响。取地球磁场大小为 5.0×10^{-5}T，$I=2.5$A，$a=0.2$m）

【解】元电流 $\mathrm{d}I=\dfrac{I}{a}\mathrm{d}x$ 产生的磁感应强度为

$$dB=\frac{\mu_0 dI}{2\pi(a+b-x)}=\frac{\mu_0 I dx}{2\pi a(a+b-x)}$$

$$B=\int dB=\int_0^a \frac{\mu_0 I dx}{2\pi a(a+b-x)}$$

$$=-\frac{\mu_0 I}{2\pi a}\ln(a+b-x)\Big|_0^a=\frac{\mu_0 I}{2\pi a}\ln\frac{a+b}{b}$$

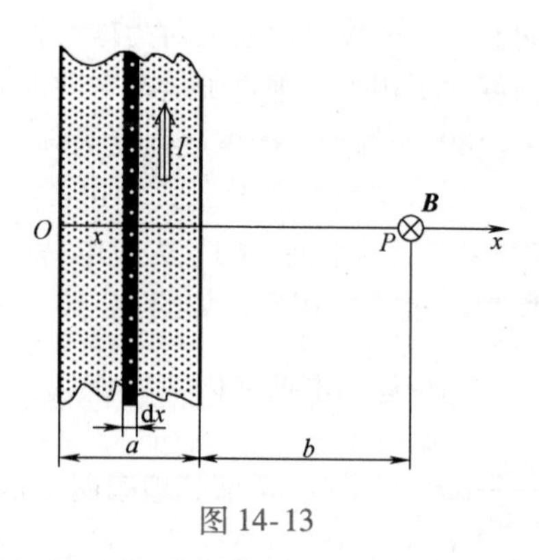

图 14-13

由题意,令

$$\frac{\mu_0 I}{2\pi a}\ln\frac{a+b}{b}=5\times10^{-5}\times0.05=2.5\times10^{-6}$$

可求得

$$b=0.116\text{m}$$

由对称性可知，在距薄铜片左右两边 0.116m 以外的区域不会干扰细菌辨别方向。

物理知识拓展

毕奥－萨伐尔定律的建立[⊖]

为了寻找任意电流元对磁极作用力的定量规律，需要确定任意电流元对磁极作用力的方向以及作用力的大小与哪些因素有关、是什么关系。为此，毕奥和萨伐尔首先对奥斯特实验做了认真的分析。毕奥和萨伐尔认为，长直载流导线使与之平行放置的磁针受力偏转，这是磁针的两磁极受到两个大小相等、方向相反作用力的结果，由于磁针沿横向偏转，磁极受到的作用力是横向力，其方向应垂直于由直导线和磁极构成的平面。而长直载流导线对磁极的作用力又是其中各电流元对磁极的作用力之和，既然磁极所受合力是横向力，那么，合理的推断是，其中各电流元对磁极的作用力也应都是横向力。换言之，任意电流元对磁极作用力的方向应垂直于由该电流元和磁极构成的平面。于是，作用力的方向得以确定。进而，不难设想，任意电流元对磁极作用力的大小，除了与电流强弱、电流元长短（即 $I\mathbf{dl}$）以及磁极强弱（即所含磁荷的多少）有关外，还应与距离 r 和角度 α 有关，其中，r 是电流元和磁极之间的距离，α 是电流元 $I\mathbf{dl}$ 和 $\mathbf{r}$ 之间的夹角。毕奥和萨伐尔意识到，寻找作用力大小与几何因素（r，α）的关系，正是问题的关键。

鉴于恒定电流的闭合性，不容割裂，不存在孤立的恒定电流元，无法通过直接的实验测量寻找任意电流元对磁极作用力的大小与相关物理量的关系。为了克服这一困难，毕奥和萨伐尔精心设计了两个特殊闭合载流回路对磁极（实际是磁棒或磁针）作用力的实验，希望所得结果能凸显出作用力大小与（r，α）的关系，为经过分析发现规律提供依据。

毕奥和萨伐尔的第一个实验，是长直载流导线对两个与之垂直的相同磁棒作用力的实验。其装置如图 14-14 所示。

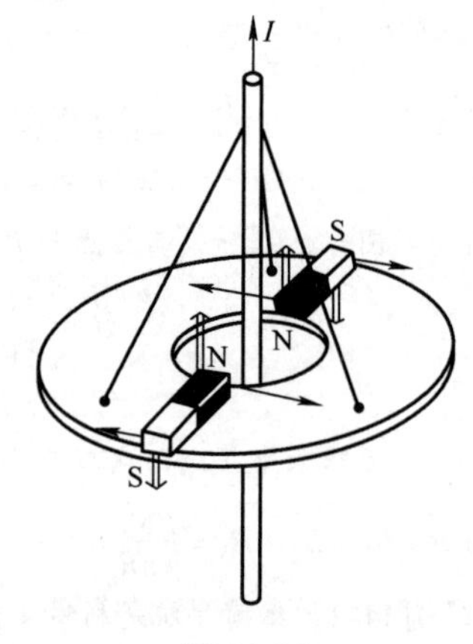

图 14-14

从这个实验当中，毕奥和萨伐尔得出结论：“从磁极到导线（长直载流导线）作垂线，作用在磁极上的力（力的方向）与这条垂线和导线都垂直，它的大小与磁极到导线的距离（垂直距离）成反比。”写成公式：

$$H=k\frac{I}{r}$$

式中 H 是长直载流导线对单位磁极的作用力（为了除去磁极强弱对作用力大小的影响，取单位磁极），r 是磁极到长直载流导线的垂直

⊖ 陈秉乾. 电磁学［M］. 北京：北京大学出版社，2014：9.

距离，I是长直载流导线中的电流（当时，认为H正比于I是理所当然的），k是常数取决于各量单位的选择，显然，上式只适用于长直载流导线对磁极作用的特殊情形。为了同时寻找作用力大小与距离r和角度α的定量关系，毕奥和萨伐尔又精心设计了下述实验，终于达成了愿望。

毕奥和萨伐尔的第二个实验是弯折载流导线对磁极作用力的实验，其装置如图14-15所示，把直导线换成弯折导线，既能构成闭合回路保持电流恒定，又能比较不同r、特别是不同α时磁极受力的大小，从而克服了长直载流导线两端无限延伸导致α的影响被掩盖的缺点，其构思之巧妙正在于此。

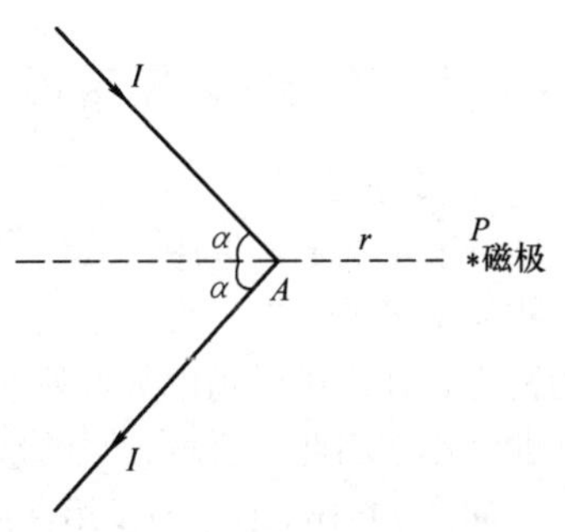

图14-15

毕奥和萨伐尔通过弯折载流导线对磁极作用力的实验得出弯折载流导线对单位磁极作用力大小的定量公式为

$$H = k\frac{I}{r}\tan\frac{\alpha}{2}$$

上式给出了弯折载流导线对单位磁极作用力大小与r，α以及I的定量关系H（r，α），它的得出虽然不容易，但仍然是特殊实验的结果，只适用于弯折载流导线，并非毕奥和萨伐尔试图寻找的任意电流元对单位磁极作用力的普遍规律dH（r，α）。尽管如此，它却为寻找dH（r，α）提供了有力的依托和线索。后来拉普拉斯经过缜密的理论分析，终于得出了dH（r，α）的表达式：

$$\mathrm{d}\boldsymbol{H} = k\frac{I\mathrm{d}\boldsymbol{l}\times\boldsymbol{r}^0}{r^2}$$

式中，d$\boldsymbol{H}$是任意电流元Id$\boldsymbol{l}$对单位磁极的作用力；d$\boldsymbol{l}$的方向是电流的方向；r是从电流元指向单位磁极的矢量；$\boldsymbol{r}^0$是单位矢量；比例系数k取决于单位的选择。

毕奥指出：“把载流导线分解为许多电流元，并经数学分析得出此式，这是拉普拉斯所做的工作，他从我们的观测推导出载流导线上每一小段产生的力元与距离平方成反比的特殊定律”。

因此，上式又被称为毕奥－萨伐尔定律或毕奥－萨伐尔－拉普拉斯定律。回顾毕奥－萨伐尔定律的建立，在当年简陋的条件下，又面临不存在孤立的恒定电流元和无法直接测量的困难，毕奥和萨伐尔精心设计的特殊实验给出了定量关系式，拉普拉斯严谨的理论分析得出了普遍规律式，毕奥－萨伐尔定律正是两者完美结合的产物，令人赞叹不已。同时，从毕奥－萨伐尔定律的建立过程，可以感受到，发现规律的过程是由特殊、个别再到一般、普遍的过程，其间并无逻辑的通道。换言之，一般说来，由某些特殊实验是无法合乎逻辑地得出普遍规律的，其中往往不可避免地伴随着并不严格的猜测和推广。因此，物理定律的真实含义及其是非真伪、成立条件、适用范围等都还有待更广泛地检验、考量，才能逐步得到确认、界定，在发现之初，关键是通过实验和分析，设法得到一些结果，找到一些联系，为进一步的检验提供基础。

14.3　磁场的高斯定理　安培环路定理

物理现象

对于一个矢量场，只有同时确定了它的散度和旋度，对该矢量场的描述才完备。电场是矢量场，它的散度和旋度对应的是电场的高斯定理和环路定理，磁场也是矢量场，相对应的也应该有磁场的高斯定理和环路定理。描述电场与磁场性质的物理形式对称，静电场中有的物理量、基本定理、基本规律的数学公式，磁场也有相应的物理量、基本定理、基本规律的数学公式与之对称。这种电场与磁场表现出的对称是自然规律对称美的充分体现。

磁场和电场的性质有什么异同，这会导致磁场的高斯定理和环路定理与电场有什么不同呢？

物理学基本内容

14.3.1 磁场的高斯定理

1. 磁感应线

在静电场的研究中，我们用电场线形象地描绘了静电场的分布。同样，也可用磁感应线形象地描绘磁场的分布。规定：磁感应线上任一点的切线方向表示该点磁感应强度的方向；磁感应线的密度，即通过磁场中某点处垂直于磁场方向的单位面积的磁感应线数目，等于该点磁感应强度的大小。因此，磁场较强的地方，磁感应线较密集，反之，磁感应线较稀疏。

如图 14-16a 所示的是用铁屑显示的长直电流的磁感应线，图 14-16b、c 分别是圆电流和载流螺线管的磁感应线分布图。

由这些磁感应线图可以看出，磁感应线具有以下特点：

（1）磁感应线都是和电流相互套链的无头无尾的闭合曲线，磁感应线的闭合特性表明，磁场是一个无源有旋场。

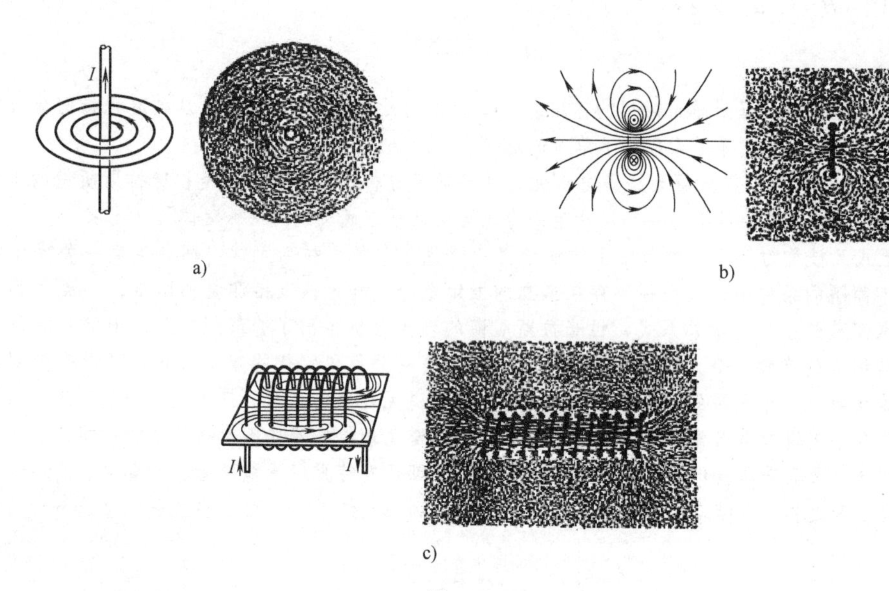

图 14-16

（2）磁感应线的方向和电流的流动方向成右手螺旋关系，如图 14-17 所示。

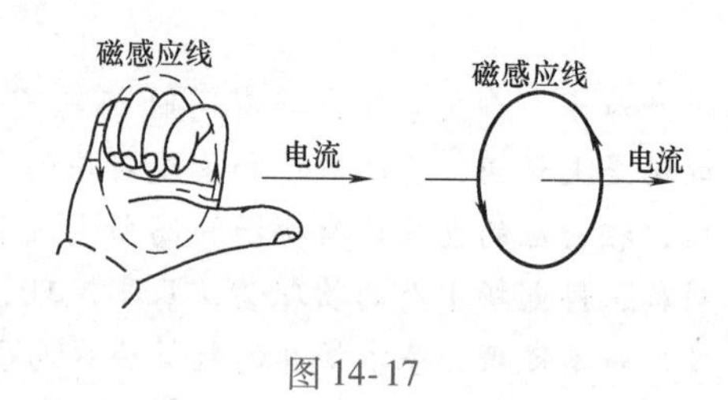

图 14-17

2. 磁通量

类似电场通量的概念，我们定义通过磁场中某一曲面 S 的磁通量为

$$\Phi_{\mathrm{m}} = \int_S B\cos\theta \mathrm{d}S = \int_S \boldsymbol{B} \cdot \mathrm{d}\boldsymbol{S} \qquad (14\text{-}19)$$

式中，θ 是磁感应强度 $\boldsymbol{B}$ 与面积元 $\mathrm{d}\boldsymbol{S}$ 的法线之间的夹角。和电场通量的意义相似，磁通量 Φ_{m} 也可理解为通过曲面 S 的磁感应线数。在国际单位制中，Φ_{m} 的单位是 $\mathrm{T}\cdot\mathrm{m}^2$，这一单位叫作韦伯，用符号 Wb 表示，即 $1\mathrm{Wb}=1\mathrm{T}\cdot\mathrm{m}^2$。

3. 磁场的高斯定理

由于磁感应线是无头无尾的闭合曲线，所以任何一条进入一个闭合曲面的磁感应线必定会从曲面内部出来，否则这条磁感应线就不会闭合起来了。可以想象，对于磁场中任一闭合曲面来说，有多少条磁感应线穿进闭合曲面，必有多少条磁感应线穿出闭合曲面。对于一个闭合曲面，如果定义向外为正法线的指向，则进入曲面的磁通量为负，出来的磁通量为正，这样就可以得到通过一个闭合曲面的总磁通量为零，即

$$\oint_S \boldsymbol{B} \cdot \mathrm{d}\boldsymbol{S} = 0 \tag{14-20}$$

这个结论叫作磁场的高斯定理。磁场的高斯定理是“磁感应线是闭合曲线”这一磁场重要性质的数学表示，也是磁场无源性的数学表达。

磁场的高斯定理与静电场中的高斯定理相比较，两者有着本质上的区别。在静电场中，由于自然界中存在着独立的电荷，所以电场线有起点和终点，只要闭合面内有净余的正（负）电荷，穿过闭合面的电通量就不等于零，即静电场是有源场；而在磁场中，由于自然界中没有单独的磁极存在，N 极和 S 极是不能分离的，磁感线都是无头无尾的闭合线，所以通过任何闭合面的磁通量必等于零。

14.3.2　安培环路定理

毕奥 - 萨伐尔定律描述了空间某一点的磁场与产生该磁场的电流的分布的关系，安培环路定理则描述了磁场的整体特性，就如同高斯定理描述了电场的整体性质一样。下面我们通过长直载流导线产生的磁场，计算在垂直于导线的平面内任意闭合曲线上磁感应强度的环流，并探讨环流与哪些因素有关。

1. 环流的意义

在前面的知识点中我们给大家介绍了静电场的环流 $\oint_L \boldsymbol{E} \cdot \mathrm{d}\boldsymbol{l}$ 概念。在静电场中，环流定理 $\oint_L \boldsymbol{E} \cdot \mathrm{d}\boldsymbol{l} = 0$ 表明了静电场的一个重要性质：静电场是保守力场，是无旋场。下面讨论磁感应强度 $\boldsymbol{B}$ 的环流。$\oint_L \boldsymbol{B} \cdot \mathrm{d}\boldsymbol{l}$ 叫作磁感应强度在回路 L 上的环流，简称磁场的环流。

为了了解和掌握后面的知识，下面先介绍几个相关的概念。

（1）有向闭合回路：指定了绕行方向的闭合回路。

（2）以有向闭合回路为边界的有向曲面是指以回路为边界的所有曲面，其面积元的法向与回路的绕行方向成右手关系。

（3）闭合回路所围住的电流是指电流穿过了以该回路为边界的所有曲面，该电流称为被该回路围住。

（4）电流的正负：当被回路围住的电流方向与回路的绕行方向成右手关系时，该电流取正，反之取负。

（5）电流被多次围住：是指电流线在回路上缠绕了多次，或回路将电流缠绕了多次。此时，围住的电流大小应该在围住的电流上乘以缠绕次数。

如图 14-18 所示，若电流 I_1，I_2，I_3 均穿过以回路 l 为边界的所有曲面，则称它们被回路围住。电流 I_1 和 I_2 与回路方向成右手关系，其电流取正。I_3 与回路方向不成右手关系，其值取负。I_4 显然没有被回路围住。

2. 安培环路定理

可以证明：磁感应强度 $\boldsymbol{B}$ 沿任意闭合路径 L 的线积分，等于该闭合路径所围住的电流的代

数和的μ_0倍，即

$$\oint_L \boldsymbol{B} \cdot \mathrm{d}\boldsymbol{l} = \mu_0 \sum I_{内} \tag{14-21}$$

这个结论叫作安培环路定理，它反映了磁场的有旋性和磁感应线的闭合特性。式中的$\boldsymbol{B}$是指总磁场，既有L外电流产生的磁场也有L内电流产生的磁场。$I_{内}$是我们理解和掌握安培环路定理的关键。

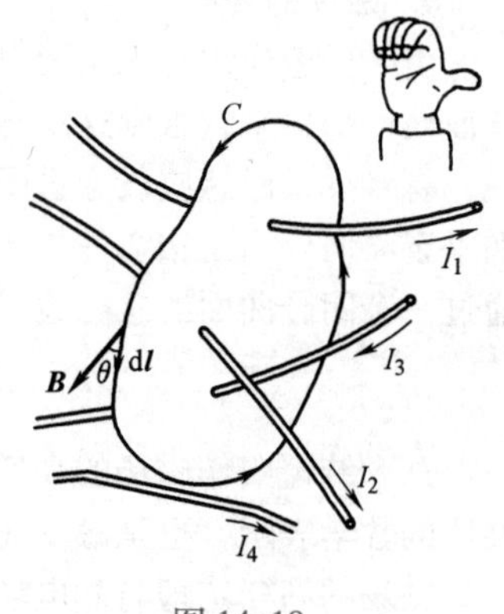

图 14-18

应该指出，在安培环路定理的表达式中，右端的$\sum I_{内}$只包括闭合路径L围住的电流，但左端的$\boldsymbol{B}$却表示所有电流产生的磁感应强度的矢量和，其中也包括那些不穿过L的电流产生的磁场，只不过后者的磁场对沿L的$\boldsymbol{B}$的环流无贡献而已。

$\boldsymbol{B}$的环路积分一般不为零，表明磁场不是保守力场，因而也不能引入标量势来描述磁场，这是磁场与电场的本质区别之一。

安培环路定理的证明这里从略。下面我们仅以长直电流为例予以说明。前面我们已由毕奥－萨伐尔定律计算出无限长直电流周围的磁感应强度为

$$B = \frac{\mu_0 I}{2\pi r} \tag{14-22}$$

磁感应线为在垂直于电流的平面内围绕电流的同心圆。现在垂直于电流的平面内围绕电流取一任意形状的闭合路径L（称为安培环路），如图 14-19a 所示。考虑回路L上任一线元$\mathrm{d}\boldsymbol{l}$，磁感应强度$\boldsymbol{B}$与$\mathrm{d}\boldsymbol{l}$的标量积为

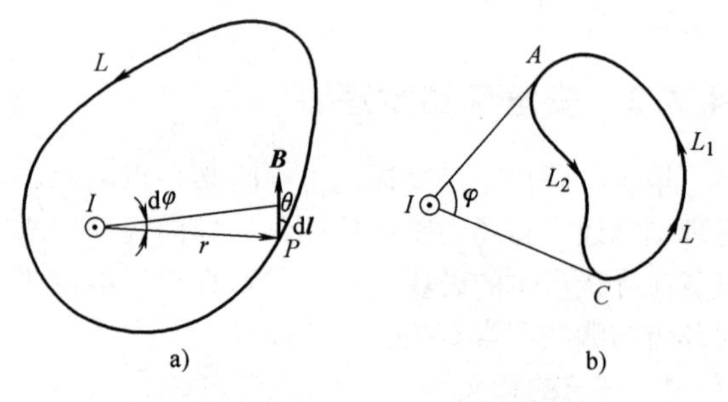

图 14-19

$$\oint_L \boldsymbol{B} \cdot \mathrm{d}\boldsymbol{l} = \oint_L B \mathrm{d}l\cos\theta = \oint_L B r \mathrm{d}\varphi \tag{14-23}$$

于是有

$$\oint_L \boldsymbol{B} \cdot \mathrm{d}\boldsymbol{l} = \oint_L \frac{\mu_0 I}{2\pi r} r \mathrm{d}\varphi = \frac{\mu_0 I}{2\pi}\oint_L \mathrm{d}\varphi \tag{14-24}$$

由于$\oint_L \mathrm{d}\varphi = 2\pi$，所以

$$\oint_L \boldsymbol{B} \cdot \mathrm{d}\boldsymbol{l} = \mu_0 I \tag{14-25}$$

不难看出，若I的方向相反，则B的方向与图 14-19a 所示方向相反，θ为钝角，应有

$$\mathrm{d}l\cos\theta = -r\mathrm{d}\varphi,\ \oint_L \boldsymbol{B} \cdot \mathrm{d}\boldsymbol{l} = -\mu_0 I$$

如果闭合路径L不包围电流，如图 14-19b 所示，则从L上某点出发，绕行一周后，角φ的变化为零，即$\oint_L \mathrm{d}\varphi = 0$，因而有

$$\oint_L \boldsymbol{B} \cdot \mathrm{d}\boldsymbol{l} = 0 \tag{14-26}$$

如果有多根直载流导线穿过闭合路径L，如图 14-18 所示，则根据磁场叠加原理仍然可得

$$\oint_L \boldsymbol{B} \cdot \mathrm{d}\boldsymbol{l} = \mu_0 \sum I_{内} \tag{14-27}$$

安培环路定理可以从毕－萨定律出发进行严格证明，这里不作介绍。从验证过程可以看到，磁感应强度 $\boldsymbol{B}$ 是由所有恒定电流及其分布决定的，但是，$\boldsymbol{B}$ 的环流仅与穿过闭合路径的电流的代数和有关。在矢量分析中，把矢量环流等于零的场称为无旋场，反之称为有旋场（又称涡旋场）。因此，静电场是无旋场，恒定磁场是有旋场。

思维拓展

1. 静电场是保守场，我们提出了电势的概念，磁场是非保守场，还能提出势的概念吗？

2. 类比电场，电场会受到导体和电介质的影响，那么磁场是不是也要受到物质对它的影响呢？如果有这种影响，上述高斯定理和环路定理还适用吗？

应用安培环路定理可以方便地计算某些具有特殊对称性的电流的磁场分布。具体计算一般按以下步骤：①根据电流分布的对称性分析磁场分布的对称性；②选取合适的闭合积分路径 L（称为安培环路），注意闭合路径 L 的选择一定要便于使积分 $\oint_L \boldsymbol{B}\cdot \mathrm{d}\boldsymbol{l}$ 中的 $\boldsymbol{B}$ 能以标量的形式从积分号中提出来；③应用安培环路定理求出 $\boldsymbol{B}$ 的数值。

能够直接用安培环路定理计算磁场的电流分布有以下几种情形：①具有轴对称性的无限长电流，因而磁场的分布也具有轴对称性；②具有平面对称性的无限大电流，因而 $\boldsymbol{B}$ 的大小也呈平面对称性，且 $\boldsymbol{B}$ 的方向平行于对称面；③均匀密绕的长直螺线管及螺绕环电流，其磁场的分布具有轴对称性。下面举例说明。

（1）无限长圆柱形载流导线内外的磁场　如图14-20a所示，设导线的半径为 R，电流 I 沿轴线方向均匀流过横截面。由于电流分布对圆柱轴线具有对称性，因而磁场分布对轴线也具有对称性，在与 OP 对称的位置上取两根直线电流1和2，如图14-20b所示，它们的合磁场 $\mathrm{d}\boldsymbol{B}=\mathrm{d}\boldsymbol{B}_1+\mathrm{d}\boldsymbol{B}_2$ 必垂直于 OP，沿圆周的切向，由于整个圆柱形电流可分成许多对称的细电流，叠加的结果必然是沿圆周的切线方向。因此，磁感应线应该是在垂直轴线平面内以轴线为中心的同心圆，方向绕电流的方向逆时针旋转，而且在同一圆周上磁感应强度 $\boldsymbol{B}$ 的大小相等。

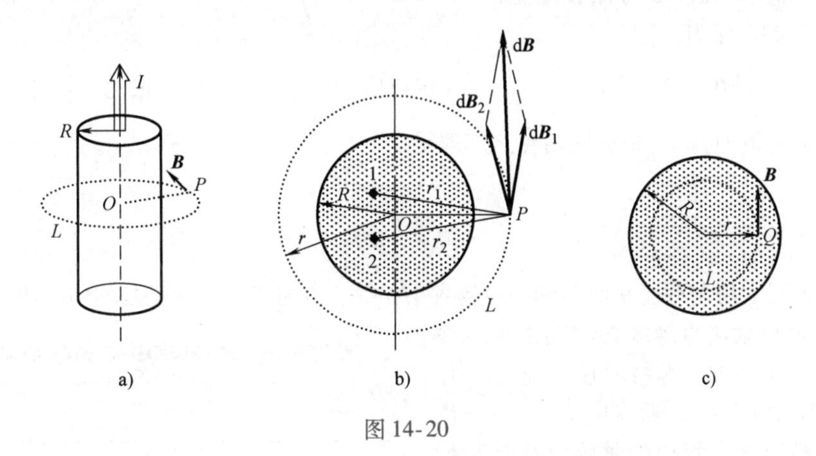

图14-20

过任意场点 P，在垂直轴线的平面内取一中心在轴线上半径为 r 的圆周为积分的闭合路径，称为安培环路 L，积分方向与磁感应线的方向相同。由于 L 上 $\boldsymbol{B}$ 的量值处处相等，且 $\boldsymbol{B}$ 的方向沿 L 各点的切线方向，即与积分路径 $\mathrm{d}\boldsymbol{l}$ 的方向一致，所以沿 L 的 $\boldsymbol{B}$ 的环流为

$$\oint_L \boldsymbol{B}\cdot \mathrm{d}\boldsymbol{l} = \oint_L B\mathrm{d}l\cos\theta = 2\pi rB = \mu_0 \sum I_{内} \tag{14-28}$$

当 $r>R$ 时（见图14-20b），$\sum I_{内}=I$，则

$$B=\frac{\mu_0 I}{2\pi r} \tag{14-29}$$

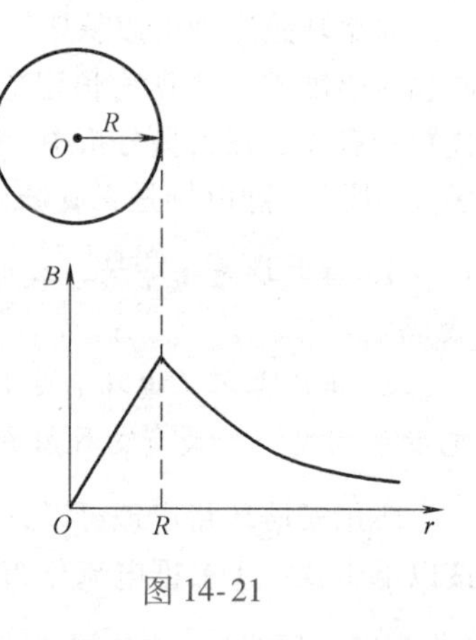

图 14-21

当 $r<R$ 时（见图 14-20c），$\sum I_{内}=\frac{I}{\pi R^2}\pi r^2=I\frac{r^2}{R^2}$，则

$$B=\frac{\mu_0 Ir}{2\pi R^2} \tag{14-30}$$

上式表明，在圆柱形导线外部，磁场分布与全部电流沿轴线流过所激发的磁场相同，B 与 r 成反比。图 14-21 给出了 B 与 r 的关系曲线。

（2）无限大载流平面的磁场分布　设电流均匀地流过一无限大平面导体薄板，电流面密度为 j（即通过与电流方向垂直的单位长度的电流），如图 14-22a 所示。

将无限大载流薄板视为由无限多根平行排列的长直电流组成。对板外任意场点 P，相对 $\overline{OP}$ 对称地取一对宽度相等的长直电流 $j\mathrm{d}l$ 和 $j\mathrm{d}l'$，它们在点 P 产生的磁感应强度分别为 $\mathrm{d}\boldsymbol{B}$ 和 $\mathrm{d}\boldsymbol{B}'$，如图 14-22b 所示。由对称性可知，它们的合磁场 $\mathrm{d}\boldsymbol{B}_{//}$ 的方向平行于载流平面，因而无数对对称长直电流在点 P 产生的总磁场也一定平行于载流平面。由相同的分析可知，对平面另一侧的场点，其总磁场也与载流平面平行，但方向与点 P 的磁场方向相反，即载流平面两侧 $\boldsymbol{B}$ 的方向相反。又由于载流平面无限大，故磁场分布对载流平面具有对称性，即在与平面等距离的各点处 $\boldsymbol{B}$ 的大小相等。

根据磁场分布的面对称性，取一相对载流平面对称的矩形回路 $abcda$（见图 14-22b）为安培环路 L，由于在回路的 ab 及 cd 段上 $\boldsymbol{B}$ 的量值处处相等，且 $\boldsymbol{B}$ 的方向与积分路径的方向相同，在回路的 bc 和 da 段上 $\boldsymbol{B}$ 的方向处处与积分路径垂直，$\boldsymbol{B}\cdot\mathrm{d}\boldsymbol{l}=0$，所以沿回路 B 的环流为

$$\oint_L \boldsymbol{B}\cdot\mathrm{d}\boldsymbol{l}=2B\,\overline{ab} \tag{14-31}$$

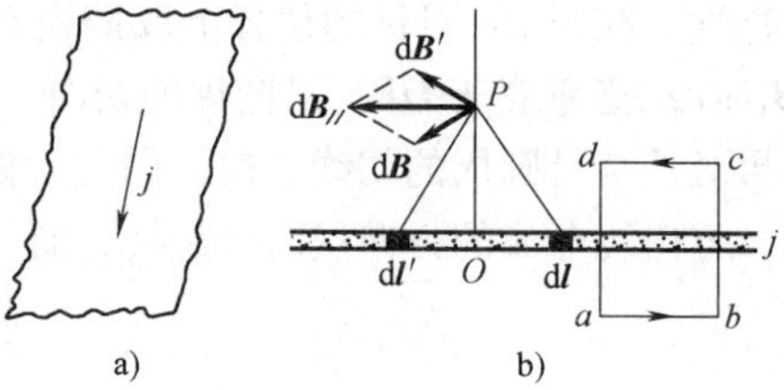

a)　　b)

图 14-22

穿过该回路的电流为 $j\,\overline{ab}$，根据安培环路定理得

$$2B\,\overline{ab}=\mu_0 j\,\overline{ab} \tag{14-32}$$

$$B=\frac{1}{2}\mu_0 j \tag{14-33}$$

上式表明，无限大均匀载流平面两侧的磁场大小相等、方向相反，并且是均匀磁场。

（3）无限长载流直螺线管内的磁场　设螺线管是均匀密绕的，缠绕密度（即单位长度上的线圈匝数）为 n，通有电流 I。由电流分布的对称性可知，管内的磁感应线是平行于轴线的直线，方向沿电流的右手螺旋方向，而且在同一磁感应线上 B 的量值处处相等。管外的磁场很弱，可以忽略不计。过管内任意场点 P 作如图 14-23 所示的矩形回路 $abcda$，

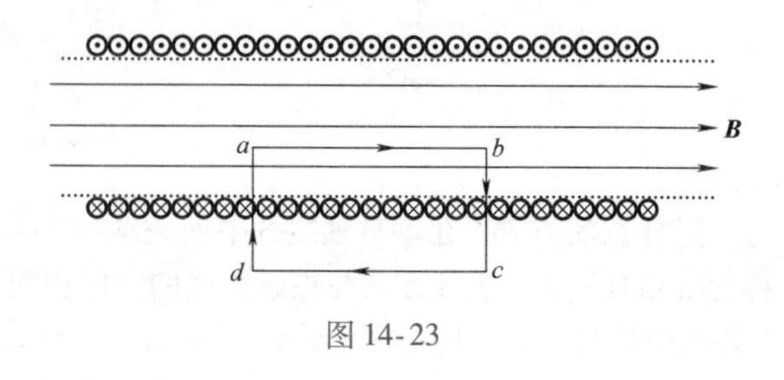

图 14-23

在回路的 cd 段上以及 bc 和 da 段的管外部分，均有 $B=0$，在 bc 和 da 的管内部分，$\boldsymbol{B}$ 与 $\mathrm{d}\boldsymbol{l}$ 相互

垂直，即 $\boldsymbol{B}\cdot\mathrm{d}\boldsymbol{l}=0$，回路 ab 段上各点的 $\boldsymbol{B}$ 的量值相等，方向与 $\mathrm{d}\boldsymbol{l}$ 一致，所以沿闭合路径 $abcda$ 上$\boldsymbol{B}$的环流为

$$\oint_L \boldsymbol{B}\cdot\mathrm{d}\boldsymbol{l}=\int_a^b \boldsymbol{B}\cdot\mathrm{d}\boldsymbol{l}+\int_b^c \boldsymbol{B}\cdot\mathrm{d}\boldsymbol{l}+\int_c^d \boldsymbol{B}\cdot\mathrm{d}\boldsymbol{l}+\int_d^a \boldsymbol{B}\cdot\mathrm{d}\boldsymbol{l} \tag{14-34}$$

因为

$$\int_c^d \boldsymbol{B}\cdot\mathrm{d}\boldsymbol{l}=0,\int_b^c \boldsymbol{B}\cdot\mathrm{d}\boldsymbol{l}=\int_d^a \boldsymbol{B}\cdot\mathrm{d}\boldsymbol{l}=0 \tag{14-35}$$

所以

$$\oint_L \boldsymbol{B}\cdot\mathrm{d}\boldsymbol{l}=\int_a^b \boldsymbol{B}\cdot\mathrm{d}\boldsymbol{l}=B\,\overline{ab}=\mu_0\,\overline{ab}nI \tag{14-36}$$

$$B=\mu_0 nI=\mu_0\frac{N}{l}I \tag{14-37}$$

上述计算与矩形回路的 ab 边在管内位置无关，表明无限长载流直螺线管内的磁场是均匀磁场（此结果与使用叠加原理得到的结果是一致的）。

（4）载流螺绕环的磁场　绕在圆环上的螺线形线圈叫作螺绕环，如图 14-24a 所示。设环管的平均半径为 R，环上均匀密绕 N 匝线圈，每匝线圈通有电流 I。

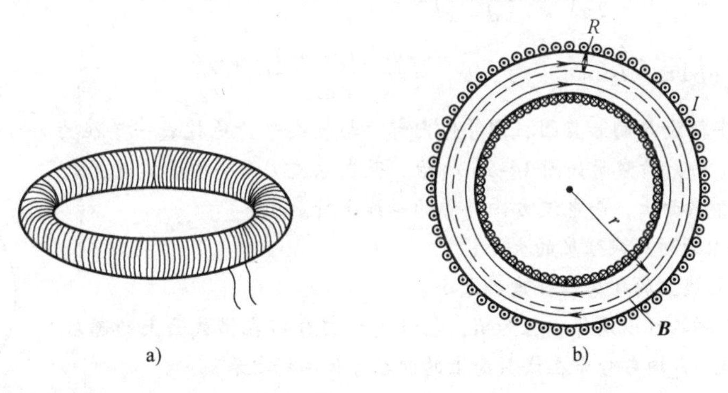

图 14-24

根据电流分布的对称性可知，在管内的磁感应线为与环共轴的圆周，圆周上各点 B 的大小相等，方向沿电流的右手螺旋方向。故取与环共轴、半径为 r 的圆周为安培环路 L，如图 14-24b 所示。沿环路 L，B 的环流为

$$\oint_L \boldsymbol{B}\cdot\mathrm{d}\boldsymbol{l}=B2\pi R=\mu_0 NI \tag{14-38}$$

穿过 L 的电流总和为 NI。由安培环路定理得

$$B=\mu_0\frac{N}{2\pi R}I \tag{14-39}$$

在螺绕环横截面半径比环的平均半径 R 小得多（细环）的情形下，可取 $r\approx R$，因而上式可以表示为

$$B=\frac{\mu_0 NI}{2\pi R}=\mu_0 nI \tag{14-40}$$

式中，$n=\dfrac{N}{2\pi R}$为螺绕环的平均缠绕密度；B 的方向沿电流的右手螺旋方向。

对环外任意一点，若过该点作一与环共轴的圆周为安培环路 L，则因穿过 L 的总电流为 0，因而有 $B=0$。

上述结果说明，密绕螺绕环的磁场全部限制在环内，磁感应线是一些与环共轴的同心圆，环外无磁场。当环的横截面半径远小于环的平均半径时，环内的磁场 $B=\mu_0 nI$，与无限长直螺线管

的磁场相同。这是因为，当环的半径趋于无限大时，螺绕环的一段就过渡为无限长的螺线管。

物理知识应用

【例 14-3】真空中两平行长直导线相距为 d，分别载有电流 I_1 和 I_2，I_1 和 I_2 方向相反，一矩形线圈与两直导线距离分别为 a 和 b，如图 14-25 所示，求通过与长直导线平行的矩形面积的磁通量。

【解】将矩形线圈分成许多面积元 $\mathrm{d}S=l\mathrm{d}x$，则面积元处的磁感应强度

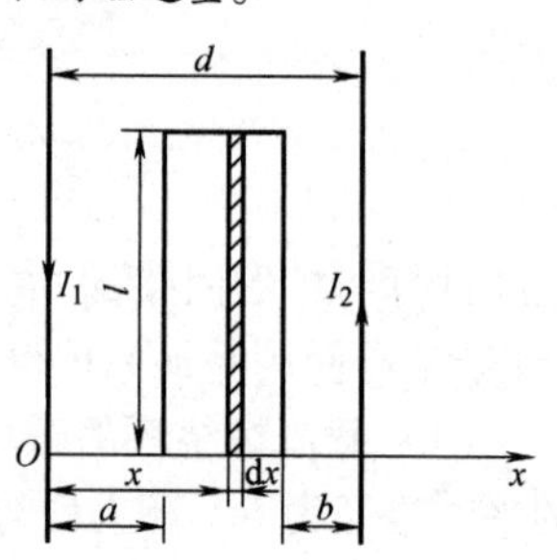

图 14-25

$$B=\frac{\mu_0 I_1}{2\pi x}+\frac{\mu_0 I_2}{2\pi(d-x)}$$

通过面积元 $\mathrm{d}S$ 的磁通量为

$$\mathrm{d}\Phi_{\mathrm{m}}=\boldsymbol{B}\cdot\mathrm{d}\boldsymbol{S}=B\mathrm{d}S=\frac{\mu_0 l}{2\pi}\left(\frac{I_1}{x}-\frac{I_2}{d-x}\right)\mathrm{d}x$$

通过矩形面积的磁通量为

$$\Phi_{\mathrm{m}}=\int\mathrm{d}\Phi_{\mathrm{m}}=\int_a^{d-b}\frac{\mu_0 l}{2\pi}\left(\frac{I_1}{x}-\frac{I_2}{d-x}\right)\mathrm{d}x$$

$$=\frac{\mu_0 l}{2\pi}[I_1\ln x-I_2\ln(d-x)]\Big|_a^{d-b}=\frac{\mu_0 l(I_1+I_2)}{2\pi}\ln\frac{d-b}{a}$$

【例 14-4】在半径为 R 的长直圆柱形导体内部，与轴线平行地挖成一半径为 r 的长直圆柱形空腔，两轴间距离为 a，且 $a>r$，横截面如图 14-26 所示。现在电流 I 沿导体管流动，电流均匀分布在管的横截面上，而电流方向与管的轴线平行。求：

（1）圆柱轴线上的磁感应强度的大小；

（2）空心部分轴线上的磁感应强度的大小。

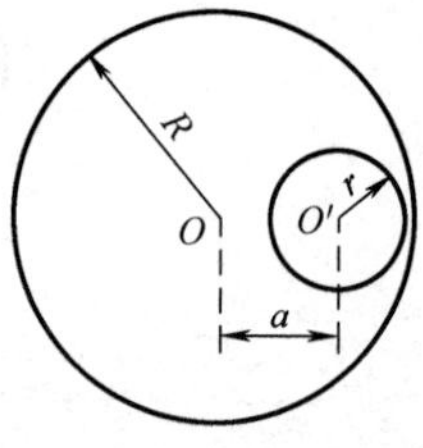

图 14-26

【解】空间各点磁场可以看作半径为 R，电流 I_1 均匀分布在横截面上的圆柱导体和半径为 r 电流 $-I_2$ 均匀分布在横截面上的圆柱导体磁场之和。

（1）圆柱轴线上点 O 处 B 的大小：

电流 I_1 产生的磁场 $B_1=0$，电流 $-I_2$ 产生的磁场

$$B_2=\frac{\mu_0 I_2}{2\pi a}=\frac{\mu_0}{2\pi a}\frac{Ir^2}{R^2-r^2}$$

故
$$B_0=\frac{\mu_0 Ir^2}{2\pi a(R^2-r^2)}$$

（2）空心部分轴线上点 O' 处 B 的大小：

电流 I_2 产生的
$$B_2'=0,$$

电流 I_1 产生的
$$B_2'=\frac{\mu_0}{2\pi a}\frac{Ia^2}{R^2-r^2}=\frac{\mu_0 Ia}{2\pi(R^2-r^2)}$$

故
$$B_0'=\frac{\mu_0 Ia}{2\pi(R^2-r^2)}$$

物理知识拓展

磁矢势[㊀]

磁场高斯定理的意义不仅在于它可以用来分析磁场的分布，其更根本的意义在于它可以使我们引入另一个矢量—磁矢势的概念。磁场中磁矢势与静电场中电势概念上是相当的，只不过前者是矢量，后者是标

㊀ 赵凯华，陈熙谋. 电磁学：2 版［M］. 北京：高等教育出版社，2006：12.

量。磁场的“高斯定理”表明：通过一个曲面的磁通量仅由此曲面的边界线所决定。如图 14-27 所示，有一个闭合环路 L，选定它们的环绕方向。在 L 上任意作两个不同的曲面 S_1 和 S_2，按右手螺旋法则取它们的正法向 $\boldsymbol{n}_1$ 和 $\boldsymbol{n}_2$，从另一个角度看，S_1 和 S_2 组成一个闭合曲面 S，根据磁场的“高斯定理”，通过此闭合曲面的磁通量恒等于 0。用公式来表达时，应注意法线的方向，因为作为闭合曲面的外法向，必与 S_1、S_2 原来所取的正法向之一（譬如说 S_2）相反。所以通过闭合面 S 的磁通量是通过 S_1、S_2 磁通量之差：

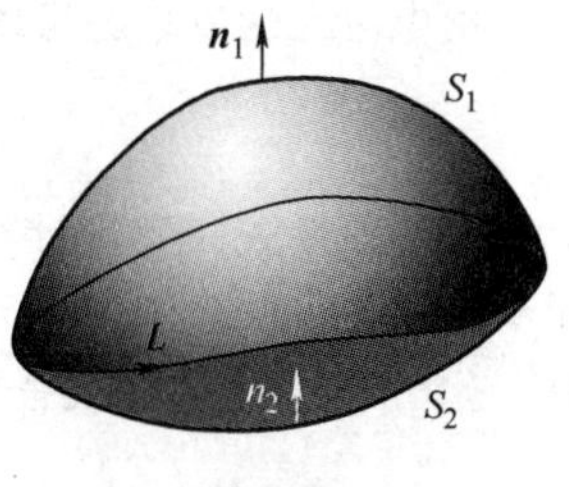

图 14-27

$$\oint_S \boldsymbol{B}\cdot \mathrm{d}\boldsymbol{S} = \int_{S_1} \boldsymbol{B}\cdot \mathrm{d}\boldsymbol{S} - \int_{S_2} \boldsymbol{B}\cdot \mathrm{d}\boldsymbol{S}$$

因上式右端等于 0，故：

$$\int_{S_1} \boldsymbol{B}\cdot \mathrm{d}\boldsymbol{S} = \int_{S_2} \boldsymbol{B}\cdot \mathrm{d}\boldsymbol{S}$$

即磁通量仅由 S_1、S_2 的共同边界线 L 所决定。

既然通过曲面 S 的磁通量仅由它的边界线 L 所决定，我们就可能找到一个矢量 $\boldsymbol{A}$，它沿 L 作线积分等于通过 S 的磁通量：

$$\oint_L \boldsymbol{A}\cdot \mathrm{d}\boldsymbol{l} = \oint_S \boldsymbol{B}\cdot \mathrm{d}\boldsymbol{S} \tag{14-41}$$

数学上可以证明，这样的矢量 $\boldsymbol{A}$ 的确是存在的。对于磁感应强度 $\boldsymbol{B}$，这个矢量 $\boldsymbol{A}$ 叫作磁矢势。矢量 $\boldsymbol{A}$ 是与矢量 $\boldsymbol{B}$ 联系在一起的，磁矢势 $\boldsymbol{A}$ 也是一个矢量场。读者可自行尝试来找电流产生的磁场中磁矢势的表达式。

14.4 安培定律　磁力矩

物理现象

2021 年，法国准备建造一艘新的核动力航母，并且吨位要比“戴高乐”号更大，达到 7 万吨。这艘航母的其他设备法国都能够解决，但是其中的电磁弹射器却是无论怎样也解决不了的难题。为此，法国只好和美国搞好关系，请求购买美国的电磁弹射器。这里所用到的电磁弹射技术是一种全新概念的发射方式，在军事和民用领域都有着巨大的潜在优势和广阔的应用前景。

电磁弹射的原理是什么？如何对其进行定量研究，使其具有更大的弹射速度？

物理学基本内容

14.4.1 安培定律

置于磁场中的载流导线要受到磁场的作用力。安培根据大量实验数据总结归纳出磁场中电流元 $I\mathrm{d}\boldsymbol{l}$ 所受的磁场力，通常叫作安培力：

$$\mathrm{d}\boldsymbol{F} = I\mathrm{d}\boldsymbol{l} \times \boldsymbol{B} \tag{14-42}$$

上式即是安培定律。

安培力的大小：

$$\mathrm{d}F = I\mathrm{d}lB\sin\theta \tag{14-43}$$

安培力的方向：$\mathrm{d}\boldsymbol{F}$ 的方向垂直于 $I\mathrm{d}\boldsymbol{l}$ 和 $\boldsymbol{B}$ 确定的平面，与 $I\mathrm{d}\boldsymbol{l}$ 和 $\boldsymbol{B}$ 符合右手螺旋法则，如图 14-28所示，即 $I\mathrm{d}\boldsymbol{l} \times \boldsymbol{B}$ 的方向。

由电流元的安培力可求磁场对任意载流导线的作用力：

$$F = \int_L I\mathrm{d}\boldsymbol{l} \times \boldsymbol{B} \tag{14-44}$$

上式是一矢量式，实际计算时要对各分量式积分。即若各电流元受到的磁力 d$\boldsymbol{F}$ 的方向不同，可先将 d$\boldsymbol{F}$ 分解成 dF_x，dF_y及dF_z三个分量，再积分求合磁力 $\boldsymbol{F}$ 的各分量，即

$$F_x = \int \mathrm{d}F_x, F_y = \int \mathrm{d}F_y, F_z = \int \mathrm{d}F_z \tag{14-45}$$

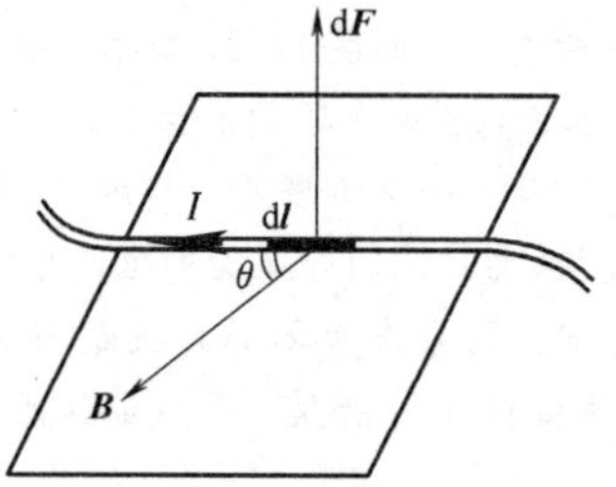

然后求出合磁力 $\boldsymbol{F}$，其大小为

$$F = \sqrt{F_x^2 + F_y^2 + F_z^2} \tag{14-46}$$

各个积分的范围（积分限）是载流导线。

图 14-28

14.4.2 磁力矩

物理现象

控制电机作为自动控制系统中的元件，在飞机上得到了广泛的应用，如自动驾驶仪、导航仪、导弹的制导、火炮的射击控制、雷达的自动跟踪等。控制电机是根据外界特定的信号和要求，自动或手动接通和断开电路，断续或连续地改变电路参数，实现对电路或非电路对象的切换、控制、保护、检测、变换和调节的电气设备，它是飞机各电气控制系统的重要组成部分。控制电机是在普通电机的基础上发展起来的，因而它们并没有更多特别的地方，无非是针对具体应用有一些结构上的特殊性。

那么普通电动机的主要工作原理是什么？

1. 平面载流线圈的磁矩

若以 S 表示载流线圈包围的面积，并规定 $\boldsymbol{S}$ 的法线方向与电流的流向成右手螺旋关系，法向单位矢量记为 $\boldsymbol{n}$，定义面积矢量为 $\boldsymbol{S} = S\boldsymbol{n}$，则平面载流线圈的磁矩为

$$\boldsymbol{p}_\mathrm{m} = I\boldsymbol{S} = IS\boldsymbol{n} \tag{14-47}$$

磁矩是一矢量，其大小就是 IS，方向即为 $\boldsymbol{S}$ 的法线方向。如果线圈有 N 匝，则

$$\boldsymbol{p}_\mathrm{m} = NI\boldsymbol{S} \tag{14-48}$$

2. 定轴转动磁力矩的一般计算

载流导线上各电流元受到的磁力对定轴或定点产生的力矩，叫作磁力矩。由于磁力对定点的力矩较复杂，在本知识点中我们只讨论载流导线所受的磁力对定轴的力矩。

设载流导线在磁力作用下可绕某一定轴 z 转动，点 O 是任一电流元 $I\mathrm{d}\boldsymbol{l}$ 的转动平面与转轴的交点，$\boldsymbol{r}$ 为点 O 到电流元所在位置的矢径，如图 14-29 所示。

只有在转动平面内的力对转轴才会产生力矩，而垂直于转动平面的力对转动轴的力矩为零，以 d$\boldsymbol{F}_{/\!/}$表示电流元 $I\mathrm{d}\boldsymbol{l}$ 受到的磁力 $I\mathrm{d}\boldsymbol{l} \times \boldsymbol{B}$ 在转动平面内的分力，则该力对转轴的磁力矩为

$$\mathrm{d}\boldsymbol{M} = \boldsymbol{r} \times \mathrm{d}\boldsymbol{F}_{/\!/} \tag{14-49}$$

d$\boldsymbol{M}$ 的大小为

$$\mathrm{d}M = r\mathrm{d}F_{/\!/}\sin\alpha \tag{14-50}$$

式中，α 为 $\boldsymbol{r}$ 与 d$\boldsymbol{F}_{/\!/}$的夹角。d$\boldsymbol{M}$ 的方向沿转轴，可用正、负号表示它的指向。

根据叠加原理，一根有限长载流导线在磁场中受到的磁力对给定转轴的磁力矩可表示为

$$M = \int \mathrm{d}M = \int r\mathrm{d}F_{/\!/}\sin\alpha \tag{14-51}$$

3. 载流线圈在均匀磁场中受到的磁力矩

在各种发电机、电动机和磁电式仪表中，都会涉及平面载流线圈在磁场中的运动，因此，研究磁场对载流线圈的作用具有重要的实际意义。如图 14-30 所示，在磁感应强度为 $\boldsymbol{B}$ 的均匀磁场中，有一刚性矩形线圈 $abcd$，其边长为 l_1 和 l_2，通有电流 I。设线圈平面的法向矢量 $\boldsymbol{n}$ 与磁感应强度 $\boldsymbol{B}$ 的夹角为 θ（$\boldsymbol{n}$ 的方向与电流的流向遵守右手螺旋关系）。由安培力公式可得线圈的 ab 和 cd 边所受磁力大小相等，即

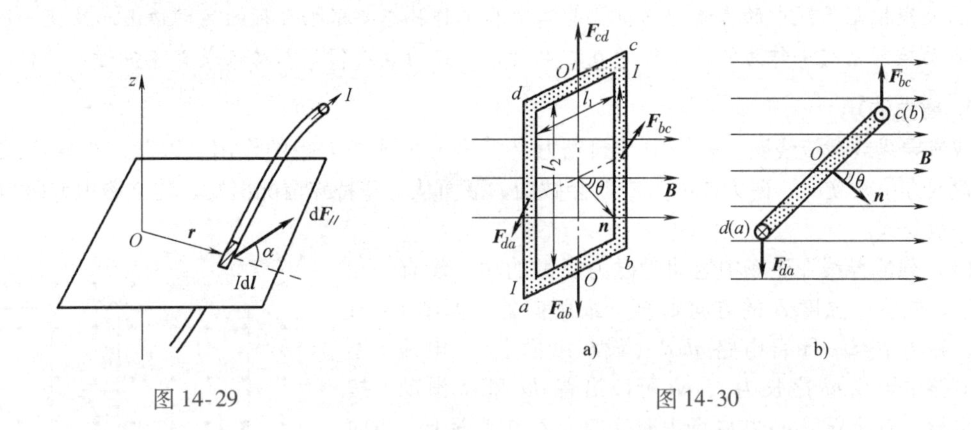

图 14-29　　图 14-30

$$
\begin{aligned}
F_{ab} &= Il_1 B\sin\left(\frac{\pi}{2}+\theta\right) \\
&= Il_1 B\sin\left(\frac{\pi}{2}+\theta\right) = F_{cd}
\end{aligned}
\tag{14-52}
$$

F_{ab} 与 F_{cd} 方向相反，且它们的作用线在同一直线上，所以这一对力不产生任何效果。bc 边 da 边都与 $\boldsymbol{B}$ 垂直，它们受到的磁力大小也相等，即

$$
F_{bc} = F_{da} = Il_2 B \tag{14-53}
$$

F_{bc} 与 F_{da} 方向也相反，它们的合力为零，但这两个力的作用线不在同一直线上，因而形成一力偶，它们对线圈作用的磁力矩为

$$
\begin{aligned}
M &= F_{bc}\frac{l_1}{2}\sin\theta + F_{da}\frac{l_1}{2}\sin\theta \\
&= Il_1 l_2 B\sin\theta = ISB\sin\theta
\end{aligned}
\tag{14-54}
$$

式中，$S = l_1 l_2$ 为线圈的面积。考虑到力矩的方向，上式可用矢量式表示为

$$
\boldsymbol{M} = IS(\boldsymbol{n}\times\boldsymbol{B}) \tag{14-55}
$$

由于 $\boldsymbol{p}_{\mathrm{m}} = IS\boldsymbol{n}$ 为线圈的磁矩，于是上式可写成

$$
\boldsymbol{M} = \boldsymbol{p}_{\mathrm{m}}\times\boldsymbol{B} \tag{14-56}
$$

上式虽然是根据矩形线圈的特例导出的，但可以证明它是关于载流平面线圈所受磁力矩的普遍公式。

由上述讨论我们得出普遍结论：任意形状的载流平面线圈在均匀磁场中所受合磁力为零，但要受到磁力矩 $\boldsymbol{M} = \boldsymbol{p}_{\mathrm{m}}\times\boldsymbol{B}$ 的作用。该磁力矩总是力图使线圈的磁矩 $\boldsymbol{p}_{\mathrm{m}}$ 转到磁场 $\boldsymbol{B}$ 的方向（这实际上正是指南针的原理）。当 $\boldsymbol{p}_{\mathrm{m}}$ 与 $\boldsymbol{B}$ 的夹角 $\theta=\pi/2$ 时，线圈受到的磁力矩最大；当 $\theta=0$ 或 π 时，线圈受到的磁力矩为零。但当 $\theta=0$ 时，线圈处于稳定平衡状态；$\theta=\pi$ 时，线圈处于非稳定平衡状态，这时，它稍受扰动，就会在磁力矩作用下发生转动，直到 $\boldsymbol{p}_{\mathrm{m}}$ 转到 $\boldsymbol{B}$ 的方向为止。

现象解释

电动机是一种机电能量转换的电磁机械，其主要原理就是载流线圈在磁场中受到磁力的作用发生偏转，从而对外做功。自动控制系统中使用的直流电动机和一般动力用的直流电动机虽然在工作原理上是完全相同的，但由于各自的功用不同，因而它们的工作状态与工作性能差别很大。例如，飞机上的变流机，是用飞机的直流电源驱动一台直流电动机，来带动一台交流发电机产生400Hz的交流电，为了保持输出电压的频率稳定，要求这台直流电动机正常工作过程中的转速要尽量保持不变。但在自动控制系统中，如雷达天线控制系统中的直流电动机，其转速和工作状态要根据目标的运动情况而改变。因此，把在自动控制系统中作为执行元件的直流电动机，称为直流伺服电动机或直流执行电动机。

4. 磁力的功

载流导线或载流线圈在磁场中受到磁力（安培力）或磁力矩的作用。因此，当导线或线圈的位置或方位改变时，磁力或磁力矩就会做功。下面从一些特殊情况出发，建立磁力或磁力矩做功的一般公式。

（1）载流导线在磁场中运动时磁力所做的功　设有一匀强磁场，磁感应强度 $\boldsymbol{B}$ 的方向垂直于纸面向外，如图 14-31 所示，磁场中有一闭合电路 $abcd$（设在纸面上），电流 I 不变，电路中导线 ab 之长为 l，ab 可以沿着 da 和 cb 滑动。按安培定律，载流导线 ab 在磁场中所受的力 $\boldsymbol{F}$ 在纸面上，指向右，$\boldsymbol{F}$ 的大小为

$$F = IBl \tag{14-57}$$

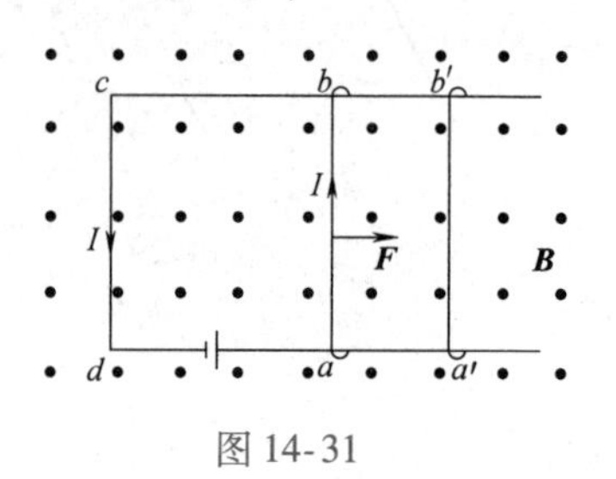

图 14-31

在力 $\boldsymbol{F}$ 作用下 ab 从初始位置移动到 $a'b'$，磁力 $\boldsymbol{F}$ 所做的功为

$$A = Faa' = IBlaa' \tag{14-58}$$

当导线在初始位置 ab 和终止位置 $a'b'$时，通过的磁通量分别为

$$\Phi_{m1} = Blda, \Phi_{m2} = Blda' \tag{14-59}$$

所以磁通量的增量为

$$\Delta\Phi_m = \Phi_{m2} - \Phi_{m1} = Bl(da' - da) = Blaa' \tag{14-60}$$

这样，磁力所做的功为

$$A = I\Delta\Phi_m \tag{14-61}$$

这一关系式说明，当载流导线在磁场中运动时，如果电流保持不变，磁力所做的功等于电流乘以导线所扫过面积内通过的磁通量。

（2）载流线圈在磁场内转动时磁力矩所做的功　设有一面积为 S 的载流线圈在匀强磁场内转动，如图 14-32 所示。设法使线圈中的电流 I 维持不变。现在计算线圈转动时磁力矩所做的功。

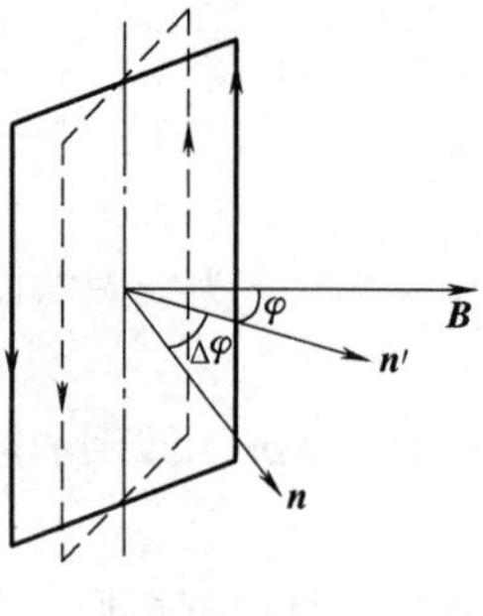

图 14-32

载流线圈在外磁场中受的力矩为

$$\boldsymbol{M} = \boldsymbol{p}_m \times \boldsymbol{B} = IS\boldsymbol{n} \times \boldsymbol{B} \tag{14-62}$$

当线圈转过 $d\varphi$ 角度时，磁力矩所做的功为

$$\begin{aligned} dA &= -Md\varphi = -IBS\sin\varphi d\varphi \\ &= IBSd(\cos\varphi) = Id(BS\cos\varphi) = Id\Phi_m \end{aligned} \tag{14-63}$$

式中，$d\Phi_m$代表线圈转动 $d\varphi$ 角度后磁通量的增量。

当载流线圈从 φ_1角转到 φ_2角时，磁力矩所做的功为

$$A = \int \mathrm{d}A = \int_{\Phi_{m1}}^{\Phi_{m2}} I\mathrm{d}\Phi_m = I(\Phi_{m2} - \Phi_{m1}) = I\Delta\Phi_m \tag{14-64}$$

式中，Φ_{m1}和Φ_{m2}分别表示线圈在φ_1和φ_2角时通过线圈平面的磁通量。

由此可见，一个任意的闭合线圈在均匀磁场中改变位置或改变形状时，磁力矩所做的功等于电流乘以通过载流线圈平面的磁通量的增量。

在非匀强磁场中，线圈所受的合力和合力矩一般都不会等于零，线圈的运动状态会是什么样呢？

思维拓展

物理知识应用

【例 14-5】设真空中有一竖直放置的无限长直导线，通有电流I_0，在距离长直导线d处放置一长为L，通有电流I的水平直导线，如图 14-33 所示。求水平直导线受到的安培力。

【解】在水平直导线上取电流元$I\mathrm{d}\boldsymbol{l}$，则电流元处的磁感应强度为

$$B = \frac{\mu_0 I_0}{2\pi l}\text{（方向垂直纸面向里）}$$

电流元受到的安培力为

$$\mathrm{d}F = IB\mathrm{d}l = \frac{\mu_0 I_0 I}{2\pi l}\mathrm{d}l$$

$$F = \int \mathrm{d}F = \int_d^{d+L} \frac{\mu_0 I_0 I}{2\pi l}\mathrm{d}l = \frac{\mu_0 I_0 I}{2\pi}\ln\frac{d+L}{d}$$

合力的方向为竖直向上。

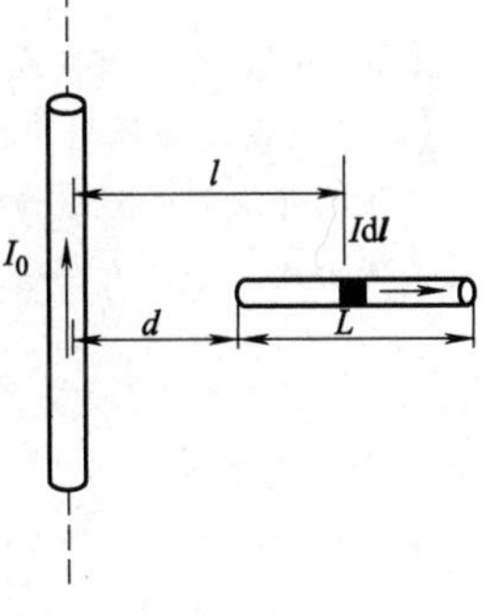

图 14-33

【例 14-6】正在研究的一种电磁轨道炮（炮弹的出口速度可达 10km/s）的原理如图 14-34 所示。炮弹置于两条平行导轨之间，通以电流后炮弹会被磁力加速而以高速从出口射出。以I表示电流，r表示导轨（视为圆柱）半径，a表示两轨面之间的距离。将导轨近似地按无限长处理，证明炮弹所受的磁力大小可以近似地表示为

$$F = \frac{\mu_0 I^2}{2\pi}\ln\frac{a+r}{r}$$

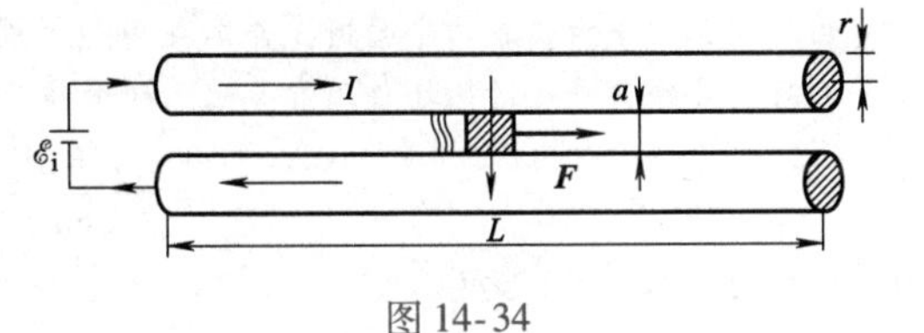

图 14-34

设导轨长度$L=5.0\text{m}$，$a=1.2\text{cm}$，$r=6.7\text{cm}$，炮弹质量为$m=317\text{g}$，发射速度为 4.2km/s。问：

（1）该炮弹在导轨内的平均加速度是重力加速度的几倍？（设炮弹由导轨末端启动）

（2）通过导轨的电流应为多大？

（3）以能量转换效率 40% 计，炮弹发射需要多大功率的电源？

【解】炮弹受到的磁力为（炮弹处磁场B_1按半无限长直电流计）

$$F = 2\int_r^{a+r} IB_1\mathrm{d}r = 2\int_r^{a+r}\frac{\mu_0 I^2}{4\pi r}\mathrm{d}r = \frac{\mu_0 I^2}{2\pi}\ln\frac{a+r}{r}$$

（1）炮弹的平均加速度为

$$\overline{a} = v^2/2L = \left[(4.2\times10^3)^2/(2\times5.0)\right]\text{m/s}^2 = 1.76\times10^6\text{m/s}^2$$

这一加速度与重力加速度的倍数为

$$\frac{\overline{a}}{g} = \frac{1.76\times10^6}{9.8} = 1.8\times10^5$$

（2）由 $F=m\bar{a}$可得

$$\frac{\mu_0 I^2}{2\pi}\ln\frac{a+r}{r}=m\bar{a}$$

由此可得

$$I=\left\{\frac{2\pi m\bar{a}}{\mu_0\ln[(a+r)/r]}\right\}^{1/2}=\left\{\frac{2\pi\times 317\times 10^{-3}\times 1.76\times 10^6}{4\pi\times 10^{-7}\times\ln[(1.2+6.7)/6.7]}\right\}\mathrm{A}=4.1\times 10^6\mathrm{A}$$

（3）所需电源的功率应为

$$P=\frac{1}{2}mv^2/(0.4t)=\frac{1}{2}mv^2/(0.4\times 2L/v)=\frac{mv^3}{1.6L}$$
$$=\frac{317\times 10^{-3}\times 4.2^3\times 10^9}{1.6\times 5.0}\mathrm{W}=2.9\times 10^9\mathrm{W}=2.9\mathrm{MkW}$$

现象解释

目前正在发展的电磁轨道炮就是利用安培定律这一原理发射炮弹的一种武器，炮弹在强大电流产生的磁场作用下被加速，以很大的速度射出。一般来说，普通火炮要受到结构和材料强度的制约，而电磁轨道炮却没有这种限制，因此，电磁轨道炮成为一种很具有吸引力和发展前景的武器，目前已投入使用，并还在深入研究中。

【例 14-7】求通有同向电流时两无限长平行载流直导线间的相互作用力。

【解】两载流导线间的相互作用力实质上是一载流导线的磁场对另一载流导线的作用力。设两导线间的距离为 a，分别通有同向电流 I_1和 I_2，如图 14-35 所示。根据长直电流的磁场公式，导线 1 在导线 2 处产生的磁场为

$$B_1=\frac{\mu_0 I_1}{2\pi a}$$

$\boldsymbol{B}_1$的方向垂直导线 2。

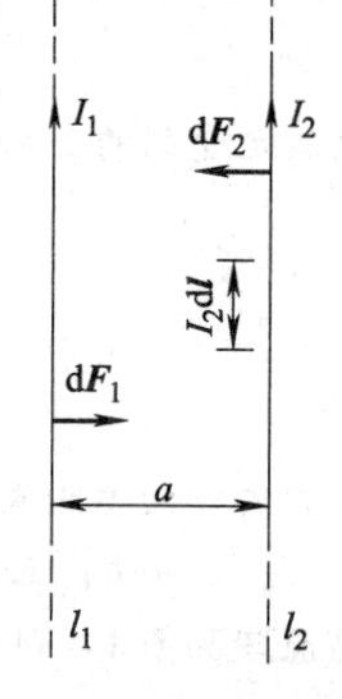

图 14-35

由安培力公式，导线 2 上电流元 $I_2\mathrm{d}\boldsymbol{l}_2$ 受到的磁力为 $\mathrm{d}\boldsymbol{F}_{21}=I_2\mathrm{d}\boldsymbol{l}_2\times\boldsymbol{B}_1$，其大小为

$$\mathrm{d}F_{21}=I_2\mathrm{d}l_2B_1=\frac{\mu_0 I_1 I_2\mathrm{d}l_2}{2\pi a}$$

$\mathrm{d}\boldsymbol{F}_{21}$的方向在两导线构成的平面内，并垂直指向导线 1。

同理，导线 2 产生的磁场作用在导线 1 的电流元 $I_1\mathrm{d}\boldsymbol{l}_1$ 上的磁力大小为

$$\mathrm{d}F_{12}=\frac{\mu_0 I_1 I_2\mathrm{d}l_1}{2\pi a}$$

$\mathrm{d}\boldsymbol{F}_{12}$的方向与 $\mathrm{d}\boldsymbol{F}_{21}$的方向相反。

因此，单位长度导线所受磁力大小为

$$F=\frac{\mathrm{d}F_{21}}{\mathrm{d}l_2}=\frac{\mathrm{d}F_{12}}{\mathrm{d}l_1}=\frac{\mu_0 I_1 I_2}{2\pi a}$$

上述讨论表明，当两平行长直导线通有同向电流时，其间磁相互作用力是吸引力，通有反向电流时，其间磁相互作用力是排斥力。

在国际单位制中，电流的单位“安培”就是根据上式定义的。设在真空中两无限长平行直导线相距 1m，通以大小相等的电流。如果导线每米长度的作用力为 2×10^{-3}N，则每根导线上的电流就规定为 1“安培”。

思维拓展

两个电流元之间的作用力满足牛顿第三定律吗？为什么？

【例 14-8】一内外半径分别为 R_1和 R_2的薄圆环均匀带正电，电荷面密度为 σ，以角速度 ω 绕通过环心

且垂直于纸面的轴转动。求：(1) 环心处的磁场；(2) 等效磁矩。

【解】(1) 可将圆环分成许多同心的细圆环。考虑其上任一半径为 r、宽为 $\mathrm{d}r$ 的细圆环，如图 14-36 所示，该细环所带电荷量为

$$\mathrm{d}q=\sigma\mathrm{d}S=\sigma\cdot 2\pi r\cdot \mathrm{d}r$$

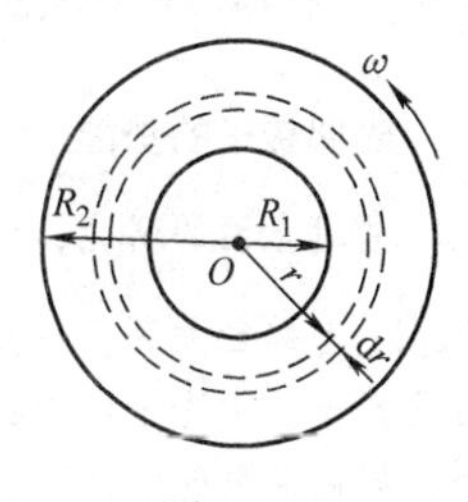

图 14-36

当圆环以角速度 ω 转动时，该细环等效于一载流圆线圈，其电流为

$$\mathrm{d}I=\frac{\omega}{2\pi}\mathrm{d}q=\sigma\omega r\mathrm{d}r$$

应用圆电流在圆心处的磁场公式，可得细环在环心 O 处的磁场为

$$\mathrm{d}B=\frac{\mu_0\mathrm{d}I}{2r}=\frac{\mu_0\sigma\omega}{2}\mathrm{d}r$$

于是整个圆环转动在环心 O 处产生的磁场为

$$B=\int\mathrm{d}B=\int_{R_1}^{R_2}\frac{\mu_0\sigma\omega}{2}\mathrm{d}r=\frac{\mu_0\sigma\omega}{2r}(R_2-R_1)$$

$\boldsymbol{B}$ 的方向垂直纸面向外。

(2) 细环转动形成的圆电流的磁矩为

$$p_{\mathrm{m}}=\mathrm{d}I\cdot S=\sigma\omega r\mathrm{d}r\cdot\pi r^2=\sigma\omega\pi r^3\mathrm{d}r$$

整个圆环转动形成的电流的等效磁矩为

$$p_{\mathrm{m}}=\int\mathrm{d}p_{\mathrm{m}}=\int_{R_1}^{R_2}\sigma\omega\pi r^3\mathrm{d}r=\frac{1}{4}\sigma\omega\pi(R_2^4-R_1^4)$$

方向：垂直纸面向外

【例 14-9】磁流体推进船的动力来源于电流与磁场间的相互作用，图 14-37 是在平静海面上某实验船的示意图。磁流体推进器由磁体、电极和矩形通道（简称通道）组成，其具体可以简化成如图 14-38 所示模型，通道尺寸 $a=2.0\mathrm{m}$，$b=0.15\mathrm{m}$，$c=0.10\mathrm{m}$，工作时，在通道内沿 z 轴正方向加 $B=8.0\mathrm{T}$ 的匀强磁场；沿 x 轴负方向加匀强电场，使两极板间的电压 $U=99.6\mathrm{V}$；海水沿 y 轴方向流过通道。已知海水的电阻率 $\rho=0.20\Omega\cdot\mathrm{m}$。

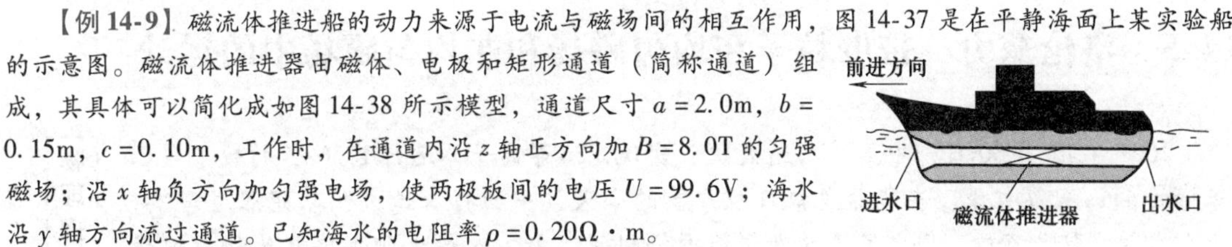

图 14-37

(1) 船静止时，求电源接通瞬间推进器对海水推力的大小和方向；

(2) 船以 $v_{\mathrm{s}}=5.0\mathrm{m/s}$ 的速度匀速前进。以船为参照物，海水以 5.0m/s 的速率涌入进水口，由于通道的截面积小于进水口的截面积，在通道内海水的速率增加到 $v_{\mathrm{d}}=8.0\mathrm{m/s}$。求此时金属板间的感应电动势 $\mathscr{E}_{感}$。

(3) 船行驶时，通道中海水两侧的电压按 $U'=U-\mathscr{E}_{感}$ 计算，海水受到电磁力的 80% 可以转换为船的动力。当船以 $v_{\mathrm{s}}=5.0\mathrm{m/s}$ 的速度匀速前进时，求海水推力的功率。

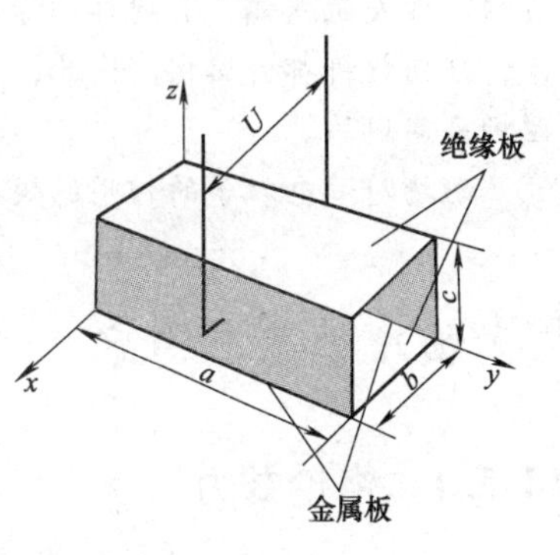

图 14-38

【解】(1) 根据安培力公式，推力 $F_1=I_1Bb$，其中，$I_1=\dfrac{U}{R}$，$R=\rho\dfrac{b}{ac}$，则

$$F_1=\frac{U}{R}Bb=\frac{U_{ac}}{\rho}B=796.8\mathrm{N}$$

推进器对海水推力的方向沿 y 轴正方向（向右）。

(2) $\mathscr{E}_{感}=Bv_{\mathrm{d}}b=9.6\mathrm{V}$

(3) 根据欧姆定律，

$$I_2=\frac{U'}{R}=\frac{(U-Bv_{\mathrm{s}}b)ac}{\rho b}=600\mathrm{A}$$

安培推力 $F_2=I_2Bb=720\text{N}$，对船的推力 $F=80\%F_2=576\text{N}$，推力的功率 $P=Fv_s=80\%F_2v_s=2880\text{W}$。

物理知识拓展

磁偶极子的势能

通过上面的研究，我们知道，磁场对处在其中的载流线圈的磁力矩所做的功 $A=\int_{\Phi_{m1}}^{\Phi_{m2}}I\mathrm{d}\Phi_m=I(\Phi_{m2}-\Phi_{m1})$，与路径无关。在第14.1节我们提到过，类比于电偶极子，载流线圈所激发的磁场分布就相当于一个磁偶极子。类比于电偶极子在电场中的势能，下面讨论载流线圈在磁场中的势能。当载流线圈处在磁场中时，要使它改变空间取向，外力必须对它做功，因此，载流线圈具有的势能与其在磁场中的取向有关，载流线圈的势能零点可取载流线圈所在的任意位置，实际上，我们注重的是载流线圈在转动过程中势能的变化。设载流线圈的磁矩 p_m 与磁感应强度 $\boldsymbol{B}$ 相互垂直，即 $\theta=\pi/2$ 时，载流线圈的势能 E_p 为零，于是，载流线圈在任意位置 θ 处的势能 E_p 定义为，使载流线圈由给定的取向位置 θ 转动到势能零点位置（$\theta=\pi/2$）过程中磁力矩所做的功

$$E_p=A=-\int_{\theta}^{\frac{\pi}{2}}M\mathrm{d}\theta=-\int_{\theta}^{\frac{\pi}{2}}p_mB\sin\theta\mathrm{d}\theta=-p_mB\cos\theta \tag{14-65}$$

或者写为

$$E_p=-\boldsymbol{p}_m\cdot\boldsymbol{B} \tag{14-66}$$

载流线圈相当于一个磁偶极子，所以，上式也就是磁偶极子在磁场中的势能，它与电偶极子在电场中的势能公式相对应。事实上，从磁性上讲，不仅平面载流线圈相当于一个磁偶极子，棒状磁体、地球、大多数基本粒子（如质子、电子和中子）也都相当于磁偶极子，都具有自身的磁矩和势能。

14.5 洛伦兹力 带电粒子在均匀磁场和非均匀磁场中的运动

物理现象

2021年12月30日，中国"人造太阳"实现高温等离子体运行1056s，打破了自己保持的411s世界纪录。在能源危机日益严重的今天，中国将人造太阳梦想照进现实，为人类寻找取之不尽、用之不竭的新型能源提供了可能。人造太阳主要就是利用核聚变的原理发光发热，其内部的等离子体温度可以达到1亿摄氏度以上，在这样的高温下，任何材料都会熔化。因此，现代技术中用来盛放或约束等离子体的方法是借助于磁场来实现的。

磁场对带电粒子的作用的规律是什么，如何实现磁场对带电粒子的约束？

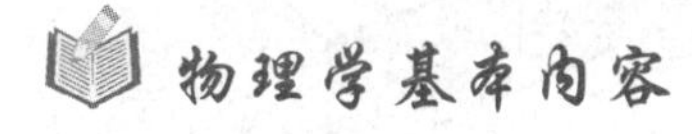

物理学基本内容

14.5.1 洛伦兹力

运动电荷在磁场中所受磁力即洛伦兹力。实验证明，一个运动电荷 q 在磁场中所受磁力 $\boldsymbol{F}$ 与电荷的电荷量 q、运动速度 $\boldsymbol{v}$ 以及磁感应强度 $\boldsymbol{B}$ 有如下关系：

$$\boldsymbol{F}=q\boldsymbol{v}\times\boldsymbol{B} \tag{14-67}$$

上式表示的磁场对运动电荷的作用力，也叫作洛伦兹公式。其中，$\boldsymbol{F}$ 的大小为

$$F=qvB\sin\theta \tag{14-68}$$

式中，θ 是 $\boldsymbol{v}$ 与 $\boldsymbol{B}$ 间的夹角。显然，当 θ 为0或 π 时，洛伦兹力为零。

洛伦兹力 $\boldsymbol{F}$ 的方向垂直于$\boldsymbol{v}$与 $\boldsymbol{B}$ 决定的平面，指向与 q 的正负有关，当 q 为正电荷时，$\boldsymbol{F}$ 的指向为矢量积$\boldsymbol{v}\times\boldsymbol{B}$ 的方向，当 q 为负电荷时，$\boldsymbol{F}$ 的指向与矢量积$\boldsymbol{v}\times\boldsymbol{B}$ 的方向相反，如图 14-39 所示。

若运动电荷的速率和磁感应强度的大小一定，则当电荷速度的方向垂直于磁场时，运动电荷受到的磁力将达到最大 $F_{\max}=qvB$，即有 $B=\dfrac{F_{\max}}{qv}$，这正是磁感应强度 $\boldsymbol{B}$ 的大小的定义式。

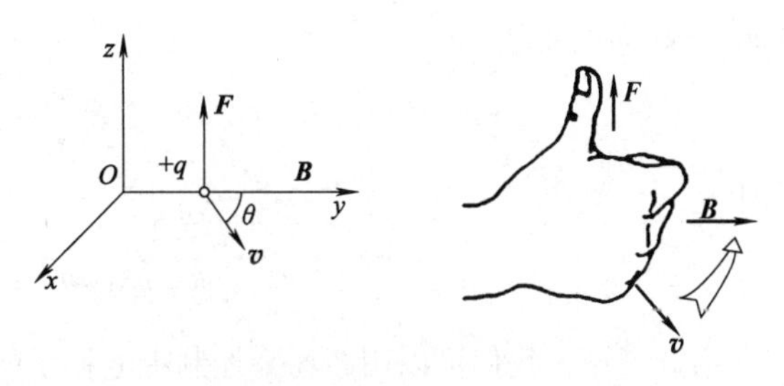

图 14-39

由于洛伦兹力总是与运动电荷的速度方向垂直，所以洛伦兹力永远不对运动电荷做功，它只改变电荷运动的方向，不改变其速率，这是洛伦兹力的一个重要特性。

14.5.2　带电粒子在均匀磁场中的运动

设在磁感应强度为 $\boldsymbol{B}$ 的均匀磁场中，有一电荷量为 q、质量为 m 的带电粒子，以初速$\boldsymbol{v}_0$进入磁场中运动：

（1）如果$\boldsymbol{v}_0$与 $\boldsymbol{B}$ 平行，则由式（14-67）知，带电粒子所受洛伦兹力为零，带电粒子仍做匀速直线运动，不受磁场的影响。

（2）如果$\boldsymbol{v}_0$与 $\boldsymbol{B}$ 垂直，如图 14-40 所示，这时粒子受到与运动方向垂直的洛伦兹力 $\boldsymbol{F}$，其值为

$$F=qv_0B$$

方向垂直于$\boldsymbol{v}_0$及 $\boldsymbol{B}$。所以粒子的速度大小不变，只改变方向，带电粒子将做匀速圆周运动，而洛伦兹力起着向心力的作用，因此

$$qv_0B=m\frac{v_0^2}{R}$$

圆形轨道半径为

$$R=\frac{mv_0}{qB} \tag{14-69}$$

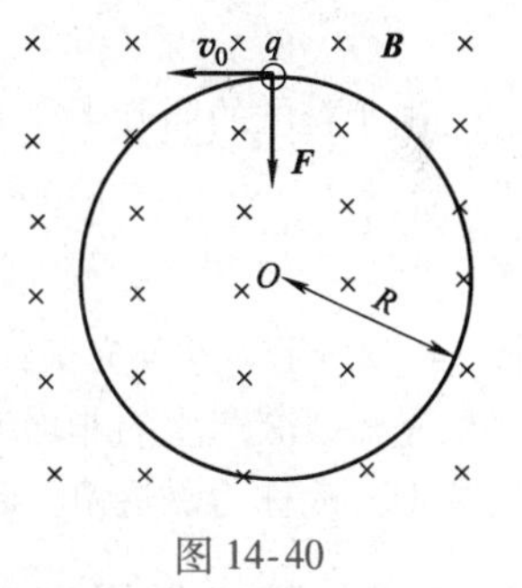

图 14-40

由此可知，轨道半径与带电粒子的运动速度成正比，而与磁感应强度成反比。速度越小，或磁感应强度越大，轨道就弯曲得越厉害。

带电粒子绕圆形轨道一周所需时间（即周期）为

$$T=\frac{2\pi R}{v_0}=\frac{2\pi m}{qB} \tag{14-70}$$

这一周期只与 B 成反比，而与带电粒子的运动速度无关。

（3）如果$\boldsymbol{v}_0$与 $\boldsymbol{B}$ 斜交成 θ 角，如图 14-41 所示，我们可把$\boldsymbol{v}_0$分解成两个分量：平行于 $\boldsymbol{B}$ 的分量 $v_{/\!/}=v_0\cos\theta$ 和垂直于 $\boldsymbol{B}$ 的分量 $v_{\perp}=v_0\sin\theta$。由于磁场的作用，垂直于 $\boldsymbol{B}$ 的速度分量不改变其大小，而只改变方向，也就是说，带电粒子在垂直于磁场的平面内做匀速圆周运动。但是由于同时有平行于 $\boldsymbol{B}$ 的速度分量 $v_{/\!/}$（$v_{/\!/}$不受磁场的影响，保持不

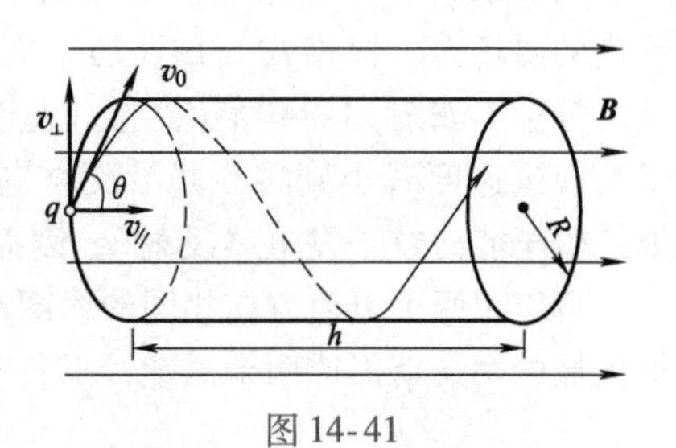

图 14-41

变)，所以带电粒子的轨道是一条螺旋线。螺旋线的半径由式（14-69）得

$$R=\frac{mv_0\sin\theta}{qB} \tag{14-71}$$

旋转一周的时间为

$$T=\frac{2\pi R}{v_0}=\frac{2\pi m}{qB} \tag{14-72}$$

螺距是

$$h=v_0\cos\theta T=\frac{2\pi mv_0\cos\theta}{qB} \tag{14-73}$$

由此可见，我们可以用磁场来控制带电粒子的运动。显然，也可以通过电场来控制带电粒子的运动。带电粒子在电磁场中的运动规律在近代科学技术中极为重要，例如，在电子光学技术（如电子射线示波管、电子显微镜等）和基本粒子的加速器技术中，已经广泛应用。

（4）磁聚焦。下面我们来介绍在电子显微镜中有重要应用的磁聚焦现象。设想在匀强磁场中（匀强磁场可由长直螺线管来实现）某点 A 发射出一束很窄的带电粒子流，其速度$\boldsymbol{v}$差不多都相等，且与 $\boldsymbol{B}$ 的夹角 θ 都很小，如图 14-42 所示，则

$$v_{/\!/}=v\cos\theta\approx v, v_{\perp}=v\sin\theta\approx v\theta \tag{14-74}$$

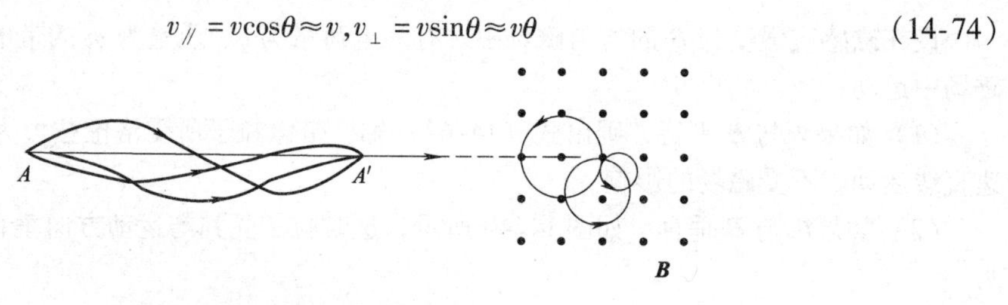

图 14-42

由于粒子的回旋半径 $R=\frac{mv_{\perp}}{qB}$，各粒子的 $v_{\perp}$ 不同，将沿不同半径的螺旋线前进。但由于它们速度的水平分量 $v_{/\!/}$ 近似相等，经过距离 $h=\frac{2\pi mv_{/\!/}}{qB}\approx\frac{2\pi mv}{qB}$后，它们又重新会聚在 A' 点，如图 14-42所示。这与光束经透镜后聚焦的现象有些类似，所以叫作磁聚焦现象。在实际中用得更多的是短线圈产生的非均匀磁场的聚焦作用，如图 14-43 所示，短线圈的作用与光学中透镜的作用相似，故称为磁透镜。磁聚焦原理在许多电真空器件中得到了广泛的应用。

14.5.3 带电粒子在非均匀磁场中的运动

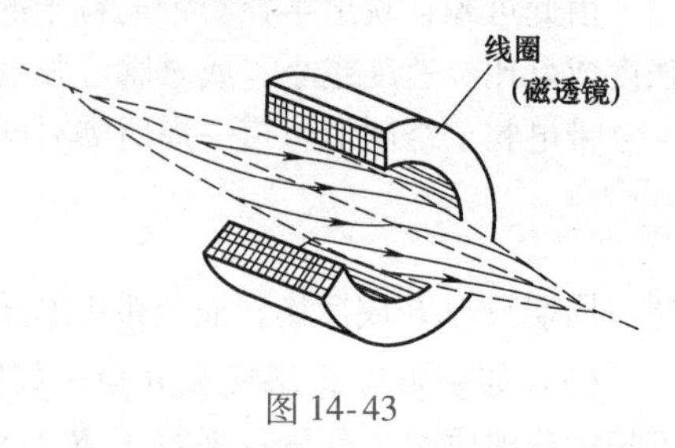

图 14-43

在非均匀磁场中，速度方向和磁场方向不同的带电粒子也要做螺旋运动，但半径和螺距都将不断变化。特别是当粒子具有一分速度向磁场较强处螺旋前进时，它受到的磁场力，根据式（14-67），有一个和前进方向相反的分量，如图 14-44 所示。这一速度分量可能最终使粒子的前进速度减小到零，并沿反方向前进。强度逐渐增加的磁场能使粒子发生“反射”，因而把这种磁场分布叫作磁镜。

可以用两个电流方向相同的线圈产生一个中间弱两端强的磁场，如图 14-45 所示。在这一磁场区域的两端就形成两个磁镜，平行于磁场方向有速度分量不太大的带电粒子将被约束在两个

磁镜间的磁场内来回运动而不能逃脱。这种能约束带电粒子的磁场分布叫作磁瓶。在现代研究受控热核反应的实验中，需要把很高温度的等离子体限制在一定空间区域内。在这样的高温下，所有固体材料都将化为气体而不能用作容器，利用磁场来约束等离子体这一杰作正是基础电磁场理论与牛顿力学相结合的产物。

带电粒子在磁场中做螺旋式运动时，一方面以平行于磁场方向的纵向分速度 $v_{/\!/}$ 前进，一方面又以垂直于磁场方向的横向分速度 $v_{\perp}$ 绕磁力线做圆周运动。由于洛伦兹力不做功，故带电粒子的动能保持不变，即

$$\frac{1}{2}mv^2 = \frac{1}{2}mv_{\perp}^2 + \frac{1}{2}mv_{/\!/}^2 = \text{常量} \tag{14-75}$$

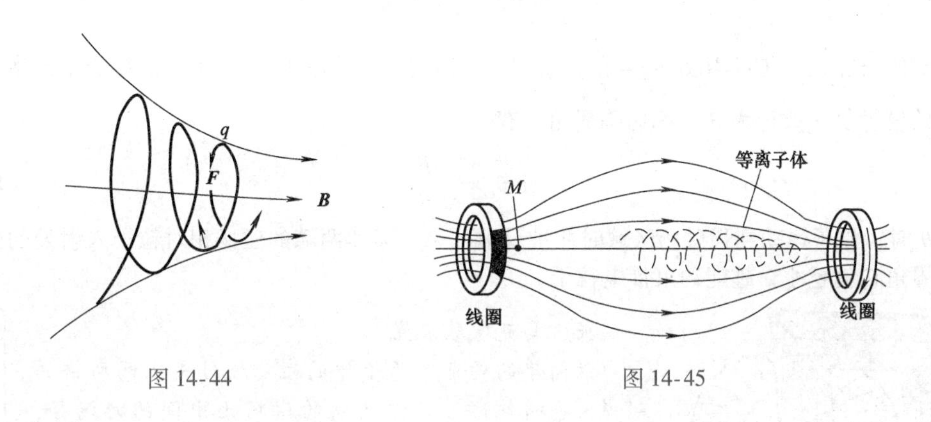

图 14-44　　　　图 14-45

在运动过程中，由于磁场的非均匀性，使得 $v_{/\!/}$ 和 $v_{\perp}$ 不守恒，导致纵向动能 $\frac{1}{2}mv_{/\!/}^2$ 和横向动能 $\frac{1}{2}mv_{\perp}^2$ 相互转化。因磁场通常沿轴线方向的变化缓慢，并且 $\boldsymbol{B}$ 的方向几乎保持不变，所以当粒子做回旋运动时，可认为洛伦兹力的方向指向轴线。故粒子绕磁场回转的角动量应保持不变，即

$$mv_{\perp}r = \text{常量(非相对论情形)} \tag{14-76}$$

式中，r 是粒子做回转运动的半径。另据牛顿定律和洛伦兹力的公式可知，

$$\frac{mv_{\perp}^2}{r} = qBv_{\perp}$$

故有

$$\frac{mv_{\perp}^2/2}{B} = \text{常量} \tag{14-77}$$

可见，磁场越强，横向动能越大，横向速度也越大，由 $R = \frac{mv_{\perp}}{qB}$ 知回旋半径越小。所以当带电粒子向一端做螺旋式运动前进时，越转越快，回旋半径也越来越小，如图 14-45 所示。因粒子动能守恒，在其横向动能增大的同时，其纵向动能 $\frac{1}{2}mv_{/\!/}^2$ 不断减少，纵向速度 $v_{/\!/}$ 不断减少，直至 $v_{/\!/}=0$，横向速度达到最大值。粒子此时不可能再穿过强磁场区逃逸出去而被反射回来，这就是磁镜反射的原理。

为分析反射应具备的条件，需要考虑带电粒子初速度的方向和磁场的不均匀程度。设初速度 $\boldsymbol{v}_0$ 与磁场 $\boldsymbol{B}$ 方向间的角度为 θ_0（称投射角），粒子在磁场中运动时纵向速度和横向速度不断变化，故粒子的速度与磁场方向间的角度 θ 也随之变化，但速率 v_0 保持不变，有

$$v_{\perp} = v_0 \sin\theta \tag{14-78}$$

又因

$$\frac{\frac{1}{2}mv_{\perp}^2}{B} = \frac{\frac{1}{2}mv_0^2 \sin^2\theta}{B} = 常量$$

可知，在运动过程中$\frac{\sin^2\theta}{B}$为常量。设粒子初始射入处磁场为B_0，投射角为θ_0。在点M处$v_{/\!/}=0$，而磁场为$\boldsymbol{B}$，角度$\theta=\theta_{\mathrm{m}}$，则当粒子到达点$M$时，由$\frac{\sin^2\theta_0}{B_0}=\frac{\sin^2\theta_{\mathrm{m}}}{B_{\mathrm{m}}}$可知

$$\sin^2\theta_{\mathrm{m}} = \frac{B_{\mathrm{m}}}{B_0}\sin^2\theta_0 \tag{14-79}$$

产生反射的条件是：在点M处$\theta_{\mathrm{m}}=\frac{\pi}{2}$，点$M$应该位于端点的内侧，才能保证粒子不逸出，将相应的初始投射角θ_0改记为θ_{c}，称为临界角，有

$$\sin\theta_{\mathrm{c}} = \sqrt{\frac{B_0}{B_{\mathrm{m}}}} \tag{14-80}$$

当$\theta_0 \geqslant \theta_{\mathrm{c}}$时，粒子运动到强磁场区域时才被反射回来。显然两端的磁场相对粒子入射处的磁场越强，临界角θ_{c}就越小，越能约束带电粒子。

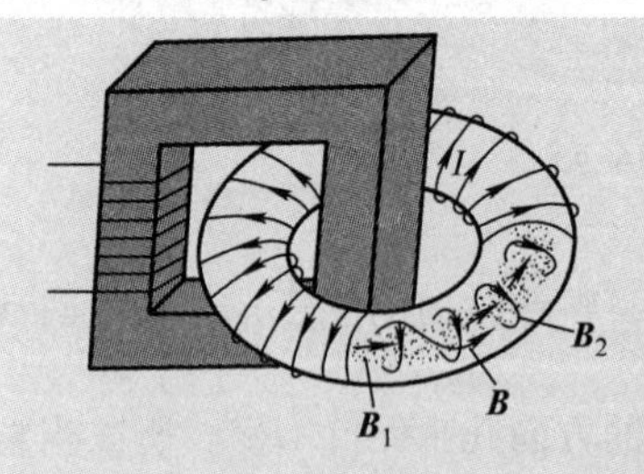

现象解释

托卡马克实验装置[⊖]。

最简单的约束等离子体的磁场设计是上面所讲的磁镜，也叫作磁瓶。它两端的磁场比中间的磁场强，形成了两个能反射等离子体中的电子和正离子的磁镜，因而把等离子体限制在这样的磁瓶中。但是，由于磁场对沿磁感线方向运动的离子没有作用力，所以，实际上离子和电子还是有可能从两端逃逸出去的。

为了避免等离子体从磁瓶的两端泄漏，人们设计了环形磁瓶来约束等离子体，如图所示的托卡马克实验装置，是目前建造得比较多的受控热核反应实验装置。当合上变压器原线圈上的开关后，在反应器内就会有两种磁场：一种是轴向的（B_1），它由反应室外面线圈中的电流产生；另一种是圈向的（B_2），它由等离子体中的感生电流产生。这两种磁场的叠加形成螺旋形的总磁场（B），理论和实验都证明，约束在这种磁场内的等离子体，稳定性比较好。在这种反应器内，粒子除了由于碰撞而引起的横越磁感线的损失外，几乎可以无休止地在环形室内绕磁感线旋进。由于磁感线呈螺线形或扭曲形，在绕环管一周后并不自相闭合，所以粒子绕磁感线旋进时，一会儿跑到环管内侧，一会儿跑到环管外侧，总徘徊于磁场之中，而不会由于磁场的不均匀而引起电荷的分离。在这种装置里，还可分别调节轴向磁场B_1和圈向磁场B_2，从而找到等离子体比较稳定的工作条件。

思维拓展

我们都知道，地球也是一个巨大的磁体，会产生非均匀磁场，它会对处在其中的离子起到约束的作用吗?

⊖ 张三慧：大学物理学电磁学：3版. 北京：清华大学出版社，2008：9.

14.5.4　霍尔效应

2021 年 4 月 29 日，在中国航天史上留下了浓墨重彩的一笔，神舟 12 号飞船在酒泉卫星发射中心升空，成功把三名航天员送入天和核心舱。天和核心舱所携带的四台国产霍尔推进器是我国首次在航天器上使用的最新推进技术，主要用于航天器的日常姿态和轨道调整，它和传统的推进装置不同，不需要发生任何化学反应，就能长期维持在轨运行。

霍尔推进器提供动力的原理是什么？

物理现象

1879 年霍尔发现，将一载流导体板放在磁场中，若磁场方向垂直于导体板并与电流方向垂直，如图 14-46 所示，则在导体板的上、下两侧面之间会产生一定的电势差。这一现象叫作霍尔效应，所产生的电势差叫作霍尔电压。

实验表明，霍尔电压 U_H 与导体中电流 I 及磁感应强度 B 成正比，与导体板的厚度 d 成反比，即

$$U_H = R_H \frac{IB}{d} \tag{14-81}$$

式中，比例系数 R_H 叫作霍尔系数，它取决于导体的电学性质。

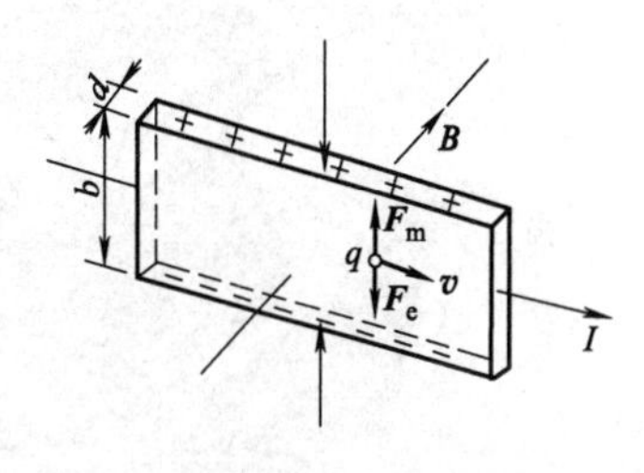

图 14-46

经典理论认为，霍尔效应的产生是导体中载流子在磁场中受到洛伦兹力的作用而发生横向漂移的结果。设导体中载流子数密度为 n，每个载流子的电荷量为 q，平均漂移速率为 v。它们在磁场中受到的洛伦兹力的大小为

$$F_m = qvB \tag{14-82}$$

$\boldsymbol{F}_m$ 的方向向上，载流子将向上漂移。若载流子带正电，$q>0$，则导体板的上、下两侧面将分别积累等量的正、负电荷，于是，在导体内形成一向下的附加电场 $\boldsymbol{E}_H$（叫作霍尔电场）。这一电场又将对载流子作用一方向向下的电场力 $\boldsymbol{F}_e = q\boldsymbol{E}_H$。$\boldsymbol{F}_e$ 的大小随导体板上、下两侧积累的电荷的增加而增大，当 $\boldsymbol{F}_e$ 与 $\boldsymbol{F}_m$ 的大小相等时，两力达到平衡，载流子就不再有横向漂移，导体内的霍尔电场 $\boldsymbol{E}_H$ 达到稳定，这时导体板上、下两侧面间便产生一恒定的电势差，这便是霍尔电压 U_H。

由平衡条件

$$qE_H = qvB \tag{14-83}$$

得

$$E_H = vB \tag{14-84}$$

$$U_H = E_H b = vBb \tag{14-85}$$

又根据导体中电流 $I = qnvbd$，得

$$v = \frac{I}{qnbd} \tag{14-86}$$

代入上式，得

$$U_H = \frac{1}{qn}\frac{IB}{d} \tag{14-87}$$

式中，$\frac{1}{nq} = R_H$ 为霍尔系数。

若载流子带负电，$q<0$，则在电流和磁场方向都不变的情况下，洛伦兹力 $\boldsymbol{F}_{\mathrm{m}}$将使负载流子向导体板上侧漂移，于是导体板的上、下两侧分别积累负电荷和正电荷，$\boldsymbol{E}_{\mathrm{H}}$的方向应向上，因而导体板下端电势高于上端电势，即霍尔电压的极性与载流子带正电的情形相反。因此，根据霍尔电压的极性可以确定半导体的导电类型。

半导体材料的载流子数密度小，因而其霍尔系数大，效应较为明显，因此，常用于制作霍尔元件。霍尔效应现已广泛应用于生产及科研中，如用半导体材料制成的霍尔元件可以用来测量磁场、电流，确定载流子数密度等。

经典理论给出的霍尔系数与实验有一定的偏差，原因是没有考虑量子效应。霍尔效应的完整解释要使用量子理论。有兴趣的读者可以参考相关书籍。

现象解释

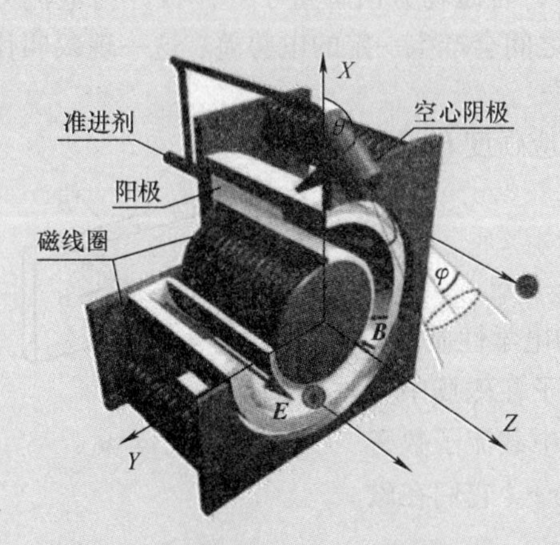

霍尔推进器工作原理图

霍尔效应推进器（Hall Effect Thruster，简称 HET）是目前最先进和有效的电推进装置之一。其主要工作原理如图所示，推进剂气体一部分通过阳极进入环形放电室，一部分进入空心阴极。在推进器内部，有一对互相垂直的电场和磁场（电场沿轴向方向，磁场沿径向方向），空心阴极是一个维持稳定放电的电子源。其产生的电子在径向磁场的洛伦兹力的作用下，形成了一个做圆周运动的电子束。这个电子束便是霍尔电流的来源。霍尔电流在磁场中产生霍尔效应，在轴向电场的相互作用下，活跃的电子与推进剂激烈碰撞并使推进剂电离。在电磁场的作用下，推进器内部的离子产生轴向加速度，并最终高速喷出，形成推力。霍尔效应推进器在航空航天领域有着越来越广泛的应用。

物理知识应用

【例 14-10】两质子在同一平面内的 a，b 两点沿相反方向运动，如图 14-47 所示。设 $v_a=10^7\mathrm{m/s}$，$v_b=2\times10^7\mathrm{m/s}$，求它们距离为 $r=10^{-6}\mathrm{m}$ 的瞬间，两质子间的电力和磁力。

【解】根据库仑定律可得两质子间的电力大小为

$$F_{\mathrm{e}}=\frac{e^2}{4\pi\varepsilon_0 r^2}=2.3\times10^{-16}\mathrm{N}$$

$\boldsymbol{F}_{\mathrm{e}}$沿两质子的连线方向，且为排斥力。

为了求两质子间的磁力，可先求 a 点处质子在 b 点处产生的磁感应强度 $\boldsymbol{B}_a$，其大小为

$$B_a=\frac{\mu_0}{4\pi}\frac{ev_a\sin45°}{r^2}$$

$\boldsymbol{B}_a$的方向垂直纸面向外。

由洛伦兹公式得 b 点处质子受到的磁力大小为

$$F_{\mathrm{m}}=ev_bB_a=\frac{\mu_0}{4\pi}\frac{e^2v_av_b\sin45°}{r^2}=3.6\times10^{-19}\mathrm{N}$$

$\boldsymbol{F}_{\mathrm{m}}$的方向水平向右。

同理可得 a 点处质子受到的磁力大小为

$$F'_{\mathrm{m}}=ev_aB_b=\frac{\mu_0}{4\pi}\frac{e^2v_av_b\sin45^\circ}{r^2}=3.6\times10^{-19}\mathrm{N}$$

$\boldsymbol{F}'_{\mathrm{m}}$的方向水平向左。

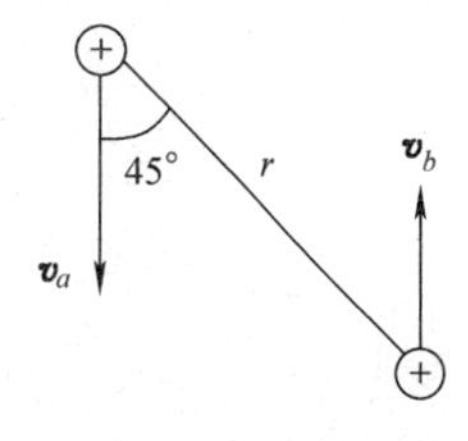

图 14-47

$\boldsymbol{F}'_{\mathrm{m}}$与 $\boldsymbol{F}_{\mathrm{m}}$ 大小相等，方向相反，但注意它们的作用线并不在同一直线上。这表明，运动电荷之间的磁相互作用不满足牛顿第三定律。

物理知识拓展

自然界的磁约束—范艾伦（Van Allen）辐射带

在自然界中也存在着磁约束现象，由于地球磁场是一个两极强、中间弱的非匀强磁场，这就形成了一个天然磁瓶。当来自外层空间的大量带电粒子（宇宙射线）进入地球磁场后，粒子将绕着地球磁场的磁场线做螺旋运动，由于在两极处的磁场较强，做螺旋运动的粒子将被折回，结果很多带电粒子（大部分是质子和电子）被地球磁场俘获并在两极间来回振荡，形成范艾伦辐射带。范艾伦辐射带一般分内、外两层，内层位于离地面 800 ~ 4000km 之间，外层离地面 6000km 并相对于地轴对称分布，如图 14-48 所示。地球南北磁极附近的高层大气中大量带电粒子与氧原子、氮分子等质点碰撞，因而产生了“电磁风暴”和“可见光”的现象，就成了众所瞩目的“极光”。高空核爆炸实验表明，爆炸后射入地球磁场的电子所造成的人工辐射带可持续几天到几个星期。

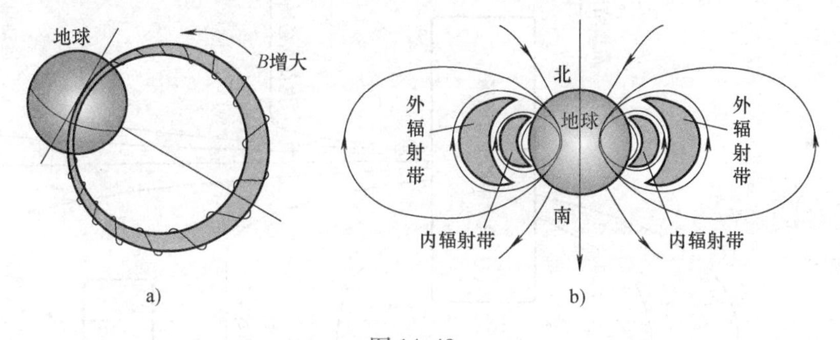

图 14-48

过去人们一直认为地球磁场和一根大磁棒的磁场一样，磁力线对称分布，逐渐消失在星际空间。人造卫星的探测结果纠正了人们的错误认识，绘出了全新的地球磁场图像：当太阳风到达地球附近空间时，太阳风与地球的偶极磁场发生作用，把地球磁场压缩在一个固定的区域里，这个区域叫作磁层。磁层像一个头朝太阳的蛋形物，它的外壳叫作磁层顶。地球的磁力线被压在“壳”内。在背着太阳的一面，壳拉长，尾端呈开放状，磁力线像小姑娘的长发，“飘散”到 2×10^6km 以外。磁层好像一道防护林，保护着地球上的生物免受太阳风的袭击。地球的磁层是个非常复杂的问题，其中许多物理机制还需要进一步研究和探讨。

本章知识导图

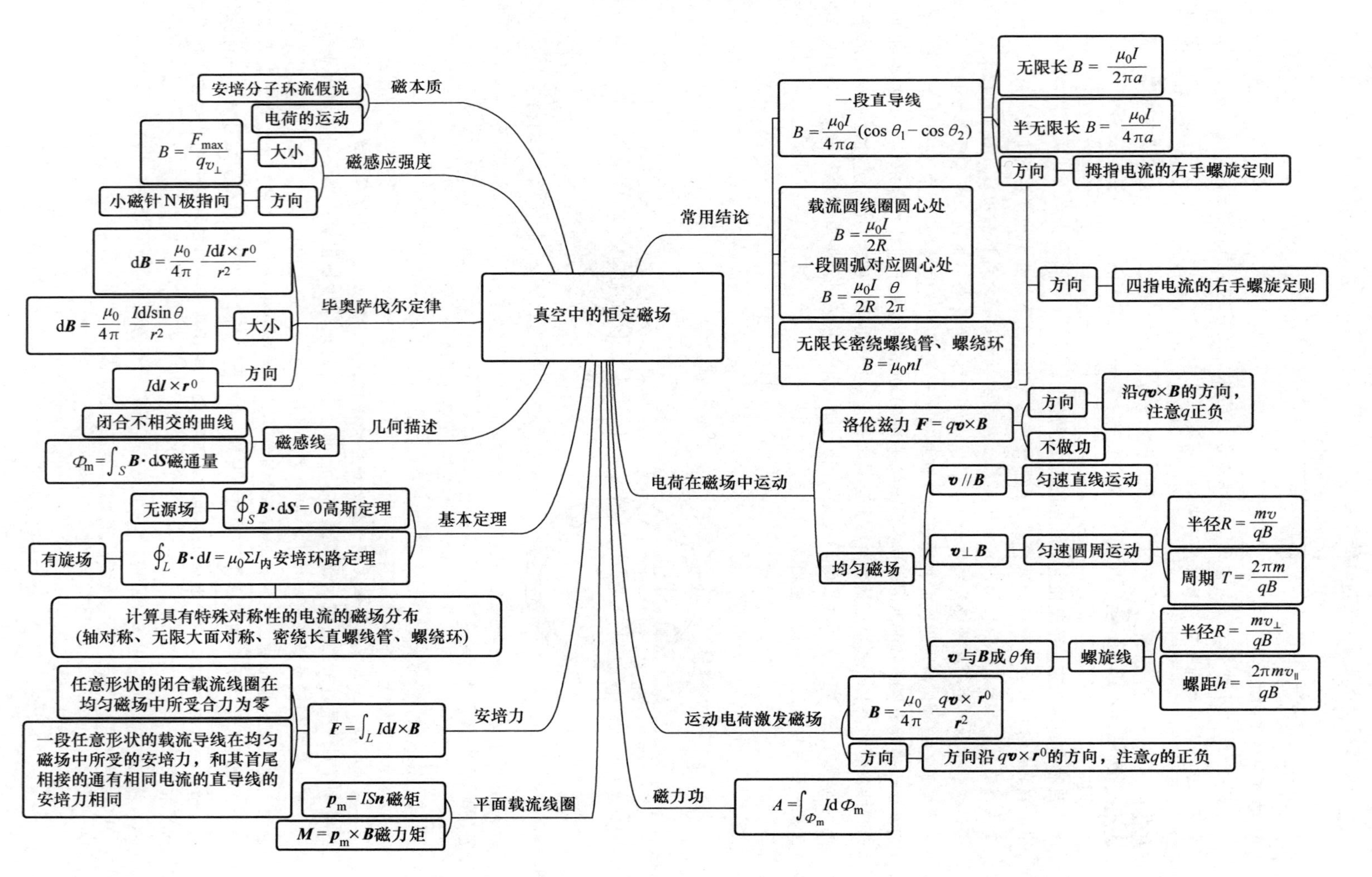
真空中的恒定磁场
磁本质
安培分子环流假说
电荷的运动
磁感应强度
大小
$B=\frac{F_{max}}{qv_{\perp}}$
方向
小磁针N极指向
毕奥萨伐尔定律
$dB=\frac{\mu_0}{4\pi}\frac{Idl\times r^0}{r^2}$
大小
$dB=\frac{\mu_0}{4\pi}\frac{Idl\sin\theta}{r^2}$
方向
$Idl\times r^0$
几何描述
磁感线
闭合不相交的曲线
$\Phi_m=\int_S B\cdot dS$磁通量
基本定理
无源场
$\oint_S B\cdot dS=0$高斯定理
有旋场
$\oint_L B\cdot dl=\mu_0\Sigma I_{内}$安培环路定理
计算具有特殊对称性的电流的磁场分布
(轴对称、无限大面对称、密绕长直螺线管、螺绕环)
安培力
$F=\int_L Idl\times B$
任意形状的闭合载流线圈在均匀磁场中所受合力为零
一段任意形状的载流导线在均匀磁场中所受的安培力，和其首尾相接的通有相同电流的直导线的安培力相同
平面载流线圈
$p_m=ISn$磁矩
$M=p_m\times B$磁力矩
常用结论
一段直导线
$B=\frac{\mu_0 I}{4\pi a}(\cos\theta_1-\cos\theta_2)$
无限长 $B=\frac{\mu_0 I}{2\pi a}$
半无限长 $B=\frac{\mu_0 I}{4\pi a}$
方向
拇指电流的右手螺旋定则
载流圆线圈圆心处
$B=\frac{\mu_0 I}{2R}$
一段圆弧对应圆心处
$B=\frac{\mu_0 I}{2R}\frac{\theta}{2\pi}$
方向
四指电流的右手螺旋定则
无限长密绕螺线管、螺绕环
$B=\mu_0 nI$
电荷在磁场中运动
洛伦兹力 $F=qv\times B$
方向
沿$qv\times B$的方向，注意q正负
不做功
均匀磁场
$v/\!/B$
匀速直线运动
$v\perp B$
匀速圆周运动
半径$R=\frac{mv}{qB}$
周期 $T=\frac{2\pi m}{qB}$
v与B成θ角
螺旋线
半径$R=\frac{mv_{\perp}}{qB}$
螺距$h=\frac{2\pi mv_{/\!/}}{qB}$
运动电荷激发磁场
$B=\frac{\mu_0}{4\pi}\frac{qv\times r^0}{r^2}$
方向
方向沿$qv\times r^0$的方向，注意q的正负
磁力功
$A=\int_{\Phi_m} Id\Phi_m$

思考与练习

思考题

14-1　目前物理研究中的热门课题之一是寻找孤立的磁极或磁单极子。如果这样的实体被发现，那么如何识别它，它有什么性质？

14-2　为了减少磁场的影响，在电子设备中，有时将进入电源组件的成对导线或从电源组件中出来的成对导线缠绕在一起，这样做有何好处？

14-3　由下述三种电流分布，能否用安培环路定理求出磁感应强度的分布，为什么？（1）有限长载流直导线；（2）圆电流；（3）两条无限长载流同轴电缆。

14-4　积分回路 L 与电流环同心共面，由安培环路定理可知磁感应强度的环流为零，即 $\oint_L \boldsymbol{B}\cdot \mathrm{d}\boldsymbol{l} = 0$，可否由此推知回路上各点的磁感应强度为零？

14-5　在一方向为水平向右的匀强磁场中，有一矩形载流线框竖直放置，依其电流方向而言，它在什么位置时稳定平衡，在什么位置时不稳定平衡？

14-6　一个带电粒子在没有任何外力作用下能否穿过一个磁场？如果能，如何实现？如果不能，为什么？

练习题

（一）填空题

14-1　真空中有一电流元 $I\mathrm{d}\boldsymbol{l}$，在由它起始的矢径 $\boldsymbol{r}$ 的端点处的磁感强度的数学表达式为＿＿＿＿＿＿＿＿＿＿＿＿。

14-2　假定有一飞机磁罗盘位于习题 14-2 图所示回路中的圆心 O 处，两共面半圆的半径分别为 a 和 b，且有公共圆心 O，当回路中通有电流 I 时，磁罗盘所在位置处的磁感应强度 B_0 = ＿＿＿＿＿，方向＿＿＿＿＿。

14-3　沿着弯成直角的无限长直导线，通有电流 $I=10\mathrm{A}$。在直角所决定的平面内，距两段导线的距离都是 $a=20\mathrm{cm}$ 处的磁感应强度 $B=$＿＿＿＿＿。（$\mu_0=4\pi\times10^{-7}\mathrm{N/A^2}$）

14-4　受“飞机磁场”的影响而产生的航向误差叫作罗差。“飞机磁场”可简化成如习题 14-4 图所示模型，球心位于点 O 的球面，在直角坐标系中 xOy 和 xOz 平面上的两个圆形交线上分别流有相同的电流，其流向各与 y 轴和 z 轴的正方向成右手螺旋关系，则由此形成的磁场在点 O 的方向为＿＿＿＿＿。

14-5　两根长直导线通有电流 I，如习题 14-5 图所示有三种环路；在每种情况下，$\oint \boldsymbol{B}\cdot \mathrm{d}\boldsymbol{l}$ 等于：

（1）＿＿＿＿＿＿＿＿＿＿＿＿（对环路 a）。

（2）＿＿＿＿＿＿＿＿＿＿＿＿（对环路 b）。

（3）＿＿＿＿＿＿＿＿＿＿＿＿（对环路 c）。

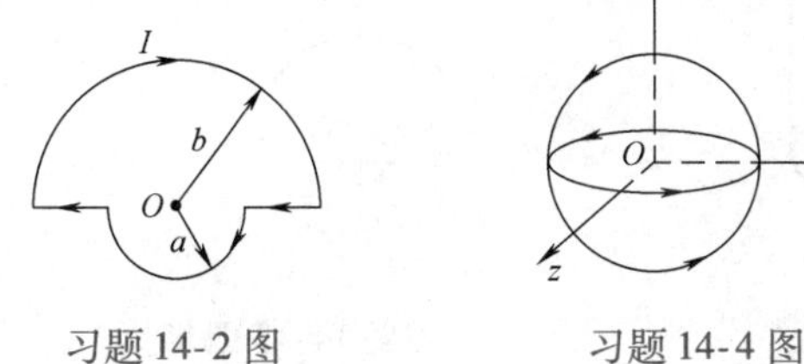

习题 14-2 图

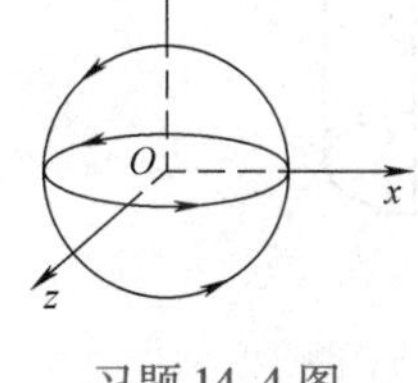

习题 14-4 图

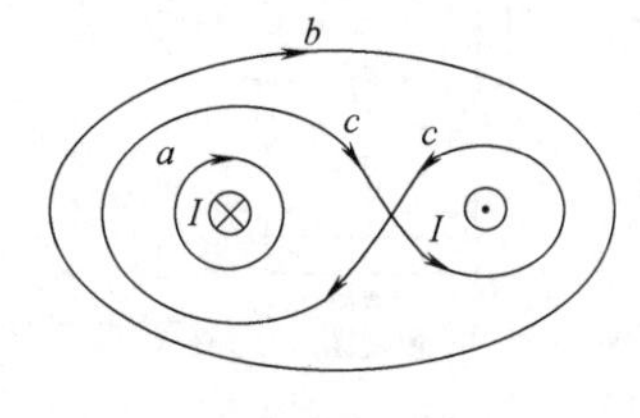

习题 14-5 图

14-6　飞机中电磁继电器组成部件之一的线圈就是一个螺线管，为实现对磁场的精确控制，就需要计算其内部的磁场。一长直螺线管是由直径 $d=0.2\text{mm}$ 的漆包线密绕而成。当它通以 $I=0.5\text{A}$ 的电流时，其内部的磁感应强度 $B=$________（忽略绝缘层厚度，$\mu_0=4\pi\times10^{-7}\text{N/A}^2$）。

14-7 如习题 14-7 图所示，在无限长直载流导线的右侧有面积为 S_1 和 S_2 的两个矩形回路。两个回路与长直载流导线在同一平面，且矩形回路的一边与长直载流导线平行，则通过面积为 S_1 的矩形回路的磁通量与通过面积为 S_2 的矩形回路的磁通量之比为________。

14-8 如习题 14-8 图所示，平行的无限长直载流导线 A 和 B，电流均为 I，垂直纸面向外，两根载流导线之间相距为 a，则

（1）$\overline{AB}$中点（点 P）的磁感应强度 $B_P=$________。

（2）磁感应强度 B 沿图中环路 L 的线积分 $\oint_L \boldsymbol{B}\cdot \mathrm{d}\boldsymbol{l}=$________。

14-9 半径为 R 的圆柱体上载有电流 I，电流在其横截面上均匀分布，一回路 L 通过圆柱内部将圆柱体横截面分为两部分，其面积大小分别为 S_1，S_2 如习题 14-9 图所示，则 $\oint_L \boldsymbol{B}\cdot \mathrm{d}\boldsymbol{l}=$________。

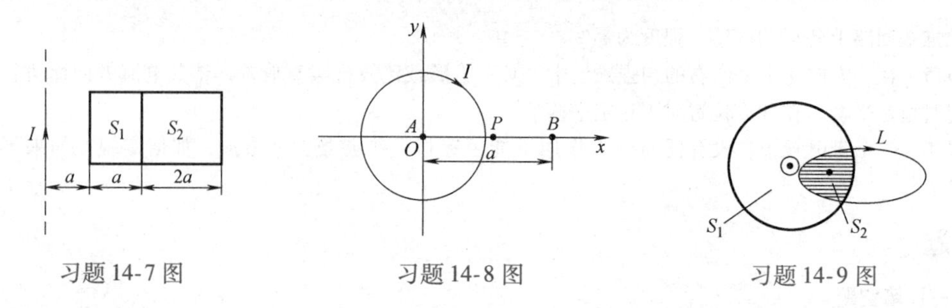

习题 14-7 图　　习题 14-8 图　　习题 14-9 图

14-10 如习题 14-10 图所示，在宽度为 d 的导体薄片上有电流 I 沿此导体长度方向流过，电流在导体宽度方向均匀分布。在导体外，导体中线附近处点 P 的磁感应强度 B 的大小为________。

14-11 将半径为 R 的无限长导体薄壁管（厚度忽略）沿轴向割去一宽度为 h（$h\ll R$）的无限长狭缝后，再沿轴向通过在管壁上均匀分布的电流，其面电流密度（垂直于电流的单位长度截线上的电流）为 i（见习题 14-11 图），则管轴线磁感应强度的大小是________。

14-12 已知载流圆线圈 1 与载流正方形线圈 2 在其中心 O 处产生的磁感应强度大小之比为 $B_1:B_2=1:2$，若两线圈所围面积相等，两线圈彼此平行地放置在均匀外磁场中，则它们所受力矩之比 $M_1:M_2=$________。

14-13 电磁弹射的基本原理就是磁场对电流的作用。如习题 14-13 图所示，一根载流导线被弯成半径为 R 的 1/4 圆弧，放在磁感应强度为 B 的均匀磁场中，则载流导线 ab 所受磁场的作用力的大小为________，方向________。

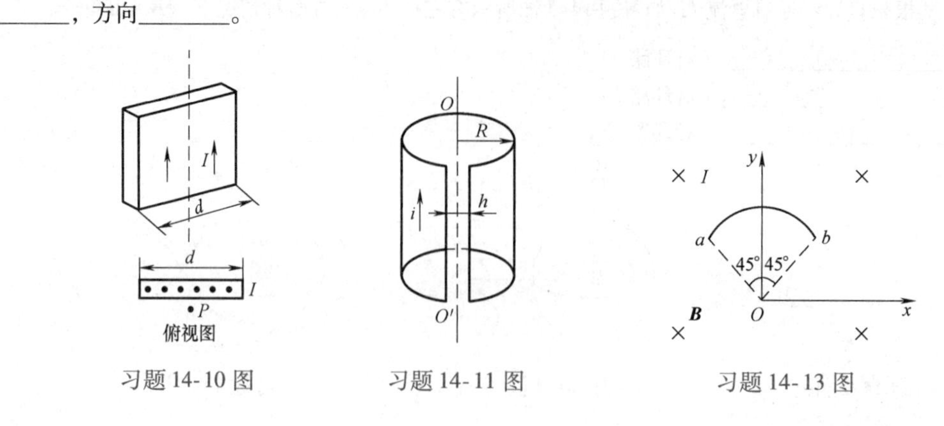

习题 14-10 图　　习题 14-11 图　　习题 14-13 图

14-14 如习题 14-14 图所示，均匀磁场中放一均匀带正电荷的圆环，其电荷线密度为 λ，圆环可绕通

过环心 O 与环面垂直的转轴旋转。当圆环以角速度 ω 转动时，圆环受到的磁力矩为________，其方向________。

14-15　如习题14-15图所示，在真空中有一半径为 a 的3/4圆弧形的导线，其中通以恒定电流 I，导线置于均匀外磁场 B 中，且 B 与导线所在平面垂直，则该载流导线 bc 所受的磁力大小为________。

14-16　如习题14-16图所示，在纸面上的直角坐标系中，有一根载流导线 AC 置于垂直于纸面的均匀磁场 B 中，若 $I=1\text{A}$，$B=0.1\text{T}$，则导线 AC 所受的磁力大小为________。

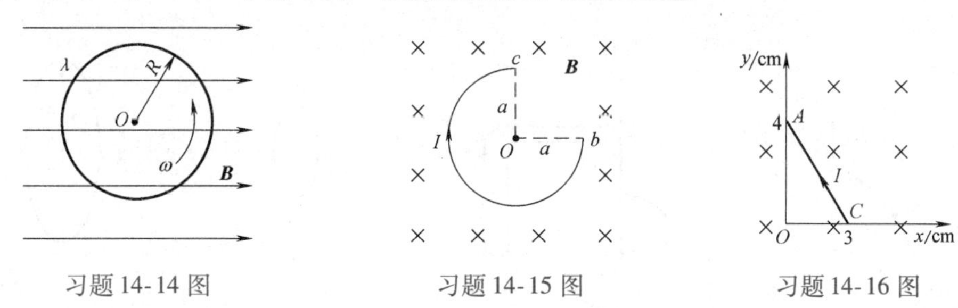

习题14-14图　　习题14-15图　　习题14-16图

14-17　一质点带有电荷 $q=8.0\times10^{-10}\text{C}$，以速度 $v=3.0\times10^{5}\text{m/s}$ 在半径为 $R=6.00\times10^{-3}\text{m}$ 的圆周上，做匀速圆周运动。该带电质点在轨道中心所产生的磁感应强度 $B=$________，该带电质点轨道运动的磁矩 $m=$________。

14-18　如习题14-18图所示，一根通电流 I 的导线，被折成长度分别为 a，b，夹角为120°的两段，并置于均匀磁场 $\boldsymbol{B}$ 中，若导线的长度为 b 的一段与 $\boldsymbol{B}$ 平行，则 a，b 两段载流导线所受的合磁力的大小为________。

14-19　截面积为 S，截面形状为矩形的直金属条中通有电流 I。金属条放在磁感应强度为 B 的匀强磁场中，B 的方向垂直于金属条的左、右侧面，如习题14-19图所示。在图示情况下金属条的上侧面将积累电荷，载流子所受的洛伦兹力 $F_m=$________。（注：金属中单位体积内载流子数为 n）

14-20　“人造太阳”即托卡马克装置的主要原理就是利用磁场对其中的运动电荷有力的作用。那么，如习题14-20图所示，设有一个顶角为30°的扇形区域内有垂直纸面向内的均匀磁场 $\boldsymbol{B}$。有一质量为 m、电荷为 q（$q>0$）的粒子从一个边界上的距顶点为 l 的地方以速率 $v=lqB/(2m)$ 垂直于边界射入磁场，则粒子从另一边界上的射出的点与顶点的距离为________，粒子出射方向与该边界的夹角为________。

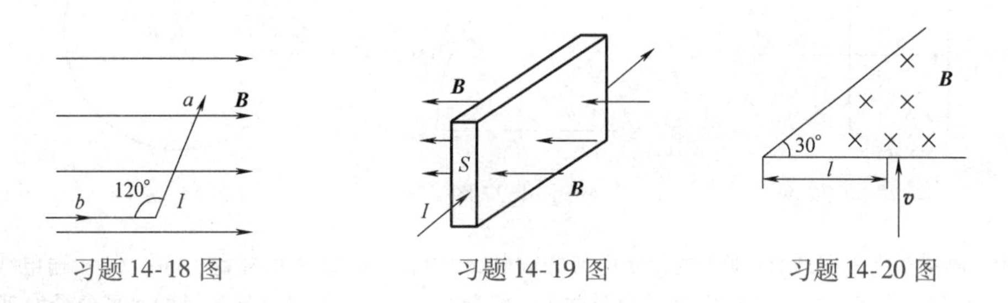

习题14-18图　　习题14-19图　　习题14-20图

（二）计算题

14-21　如习题14-21图所示，载流圆线圈（半径为 R）与正方形线圈（边长为 a）通有相同电流 I，若两线圈中心 O_1 与 O_2 处的磁感应强度大小相同，求半径 R 与边长 a 之比。

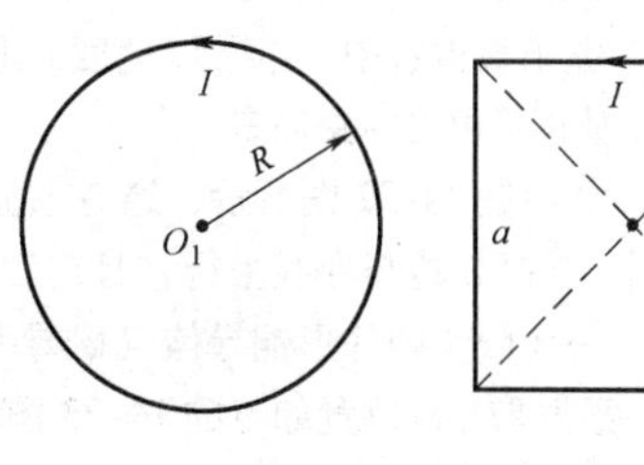

习题14-21图

14-22　一根无限长导线弯成如习题14-22图所示形状，设各线段都在同一平面内（纸面内），导线中通有电流 I，求图中 O 点处的磁感强度。

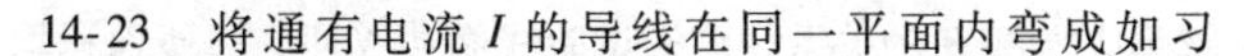

14-23　将通有电流 I 的导线在同一平面内弯成如习

题14-23图所示的形状，求点 D 的磁感应强度 B 的大小。

14-24　在核试验中，一具有1.00MeV动能的质子在均匀磁场中沿圆形轨道运动。如果（1）一α粒子（$q=+2e$，$m=4.0\mathrm{u}$）及（2）一氘核（$q=+e$，$m=2.0\mathrm{u}$）沿相同的圆形轨道运动，则它们各应具有多大的能量？

14-25　“人造太阳”即托卡马克装置的主要原理就是利用磁场对带电粒子的约束作用。最简单的约束等离子体的磁场设计是磁镜。如习题14-25图所示，两圆线圈共轴，半径分别为 R_1 和 R_2，电流分别为 I_1 和 I_2，电流方向相同，两圆心相距为 $2b$，连线的中点为 O。求轴线上距 O 为 x 的点 P 处的磁感应强度。

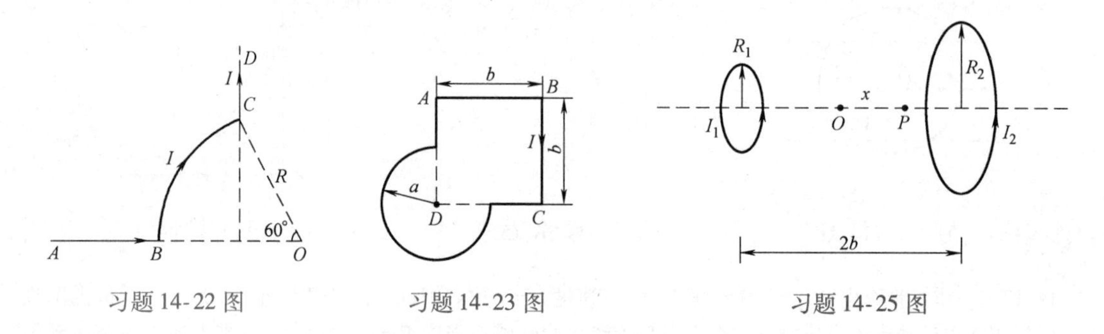

习题14-22图　　习题14-23图　　习题14-25图

14-26　有一无限长通电流的扁平铜片，宽度为 a，厚度不计，电流 I 在铜片上均匀分布，在铜片外与铜片共面，且离铜片右边缘为 b 的点 P 处（见习题14-26图）的磁感应强度 B 的大小。

14-27　如习题14-27图所示，一扇形薄片，半径为 R，张角为 θ，其上均匀分布正电荷，电荷面密度为 σ，薄片绕过角的顶点 O 且垂直于薄片的轴转动，角速度为 ω。求点 O 处的磁感应强度。

14-28　假定地球的磁场是由地球中心的载流小环产生的，已知地极附近磁感应强度 $B=6.27\times10^{-5}\mathrm{T}$，地球半径为 $R=6.37\times10^{6}\mathrm{m}$。$\mu_0=4\pi\times10^{-7}\mathrm{H/m}$。试用毕奥－萨伐尔定律求该电流环的磁矩大小。

14-29　如习题14-29图所示，氢原子处在基态时，它的电子可看作是在半径 $a=0.52\times10^{-8}\mathrm{cm}$ 的轨道上做匀速圆周运动，速率 $v=2.2\times10^{8}\mathrm{cm/s}$。求电子在轨道中心所产生的磁感应强度和电子轨道磁矩的值。

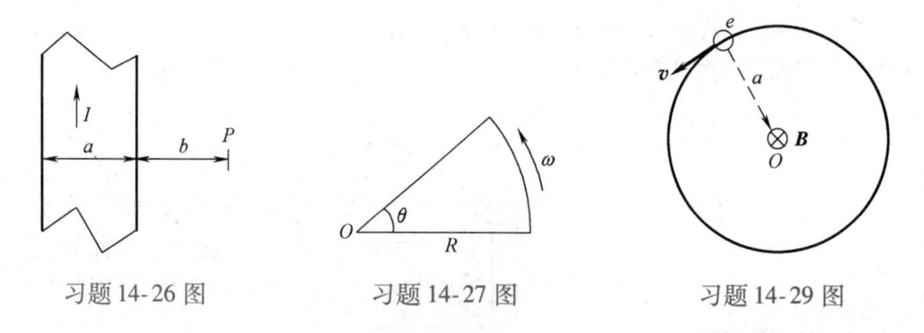

习题14-26图　　习题14-27图　　习题14-29图

14-30　测量员在一根通有100A的恒定电流的输电线下方6.1m处使用罗盘。问：（1）输电线在罗盘所在处产生的磁场如何？（2）这样做是否会严重影响罗盘的读数？已知该处地磁场的水平分量为 $20\mu\mathrm{T}$。

14-31　电子显像管中一电子以速度 v 垂直地进入磁感应强度为 $\boldsymbol{B}$ 的均匀磁场中，求此电子在磁场中运动的轨道所围的面积内的磁通量。

14-32　如习题14-32图所示，通有电流 I 的无限长直载流导线旁，与之共面放着一个长为 a、宽为 b 的矩形线框。线框长边与导线平行，且二者相距 b，求此时框中的磁通量 Φ。

14-33　一无限长圆柱形铜导体（磁导率为 μ_0），半径为 R，通有均匀分布的电流 I。今取一矩形平面 S（长为1m，宽为 $2R$），位置如习题14-33图中画斜线部分所示，求通过该矩形平面的磁通量。

14-34　用试验线圈磁通量与感应电量之间的关系解释信用卡读卡机原理。

（1）推导通过试验线圈的总电荷量 Q 与磁感应强度 $\boldsymbol{B}$ 的关系。已知试验线圈共 N 匝，每匝面积均为

A，通过线圈的磁通量在 Δt 时间内由其初始值减小到零。线圈的总电阻为 R，总电荷量 $Q = I\Delta t$，I 为由于磁通量变化产生的平均感应电流。

（2）使用信用卡读卡机时，信用卡背面的磁条被迅速地“挥过”读卡机内的线圈。请运用试验线圈同样的思想解释读卡机是如何破译磁条内存储的信息的。

（3）信用卡必须恰好以确切的速度“挥过”读卡机吗？为什么？

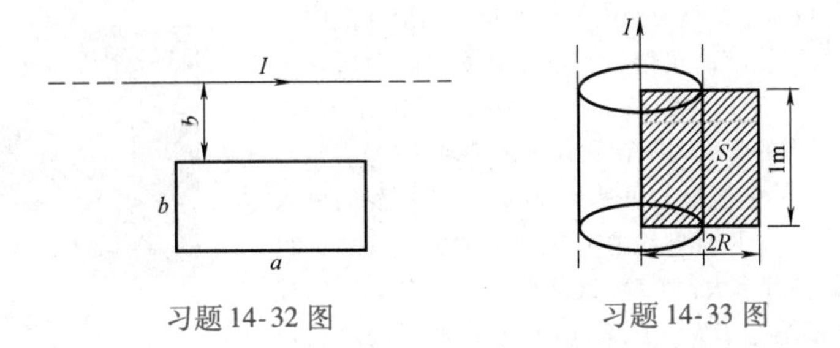

习题 14-32 图　　习题 14-33 图

14-35　如习题 14-35 图所示，有两根平行放置的长直载流导线。它们的直径为 a，反向流过相同大小的电流 I，电流在导线内均匀分布。试在图示的坐标系中求出 x 轴上两导线之间区域 $\left[\frac{1}{2}a,\ \frac{5}{2}a\right]$ 内磁感应强度的分布。

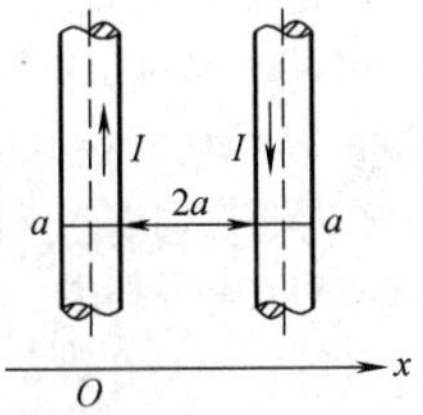

习题 14-35 图

14-36　半径为 R 的无限长圆筒上有一层均匀分布的面电流，这些电流环绕着轴线沿螺旋线流动并与轴线方向成 α 角。设面电流密度（沿筒面垂直电流方向单位长度的电流）为 i，求轴线上的磁感应强度。

14-37　如习题 14-37 图所示，一段直的、水平铜导线载有 $i = 28\text{A}$ 的电流。要使导线悬浮，即让作用在导线上的磁力与重力平衡，所需最小的磁场的大小及方向为何？已知：导线的线密度（每单位长度的质量）为 46.6g/m。

14-38　控制电机在飞机上得到了广泛的应用，电动机是一种机电能量转换的电磁机械，其主要原理就是载流线圈在磁场中受到磁力的作用发生偏转。设有一矩形线圈边长分别为 $a = 10\text{cm}$ 和 $b = 5\text{cm}$，导线中电流为 $I = 2\text{A}$，此线圈可绕它的一边 OO' 转动，如习题 14-38 图所示。当加上正 y 方向 $B = 0.5\text{T}$ 的均匀外磁场 $\boldsymbol{B}$，且磁场方向与线圈平面成 30°角时，线圈的角加速度为 $\beta = 2\text{rad/s}^2$，求：线圈平面由初始位置转到与 $\boldsymbol{B}$ 垂直时磁力所做的功？

14-39　均匀磁场 $\boldsymbol{B}$ 沿水平方向。有一竖直面内的圆形线圈可绕通过其圆心的竖直轴 OO' 以匀角速度 $\boldsymbol{\omega}$ 转动，如习题 14-39 图所示。已知线圈内的电流为 $i = I_0\sin\omega t$（$t = 0$ 时线圈平面法线沿着 $\boldsymbol{B}$ 的方向）。若线圈半径为 a，试求：

（1）在转动过程中，该线圈所受的磁力矩 $M(t)$。

（2）为维持匀速转动，外界需供给的平均功率 $\overline{P}$（不计轴上摩擦）。

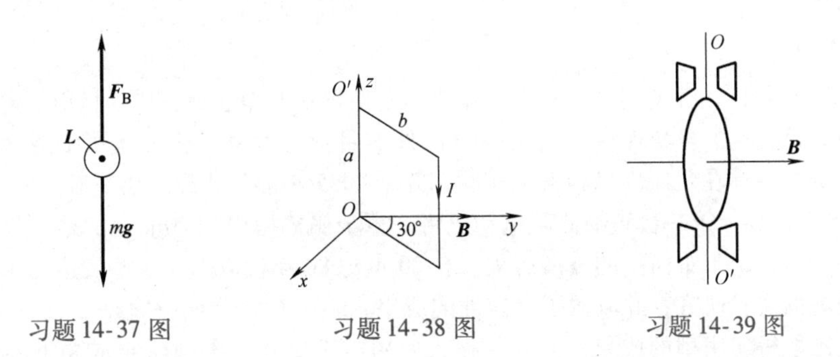

习题 14-37 图　　习题 14-38 图　　习题 14-39 图

14-40 模拟伏特计和安培计是通过测量磁场对载流线圈的力矩来工作的。读数由反映针在刻度上的偏转显示。习题 14-40 图中给出电流计的基本结构，模拟伏特计和模拟安培计二者都以它为基础。假定线圈高 2.1cm，有 250 匝，安装后能绕轴（该轴垂直纸面向里）在 $B=0.23\mathrm{T}$ 的均匀径向磁场中转动。对于线圈的任一取向，穿过线圈的净磁场都垂直于线圈的法向矢量（因而平行于线圈平面）。弹簧提供一平衡磁力矩的反抗力矩，以使线圈中一给定的稳定电流 i 导致一稳定的角偏转。电流越大，因而所要求的弹簧的力矩也越大。如果以 100μA 的电流引起 28°的角偏转，则如在式 $\tau=-k\varphi$ 中所用的弹簧的扭转常数应该是多少？

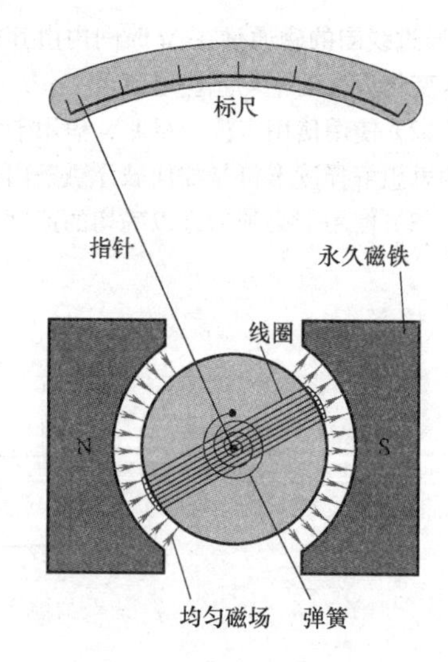

习题 14-40 图

14-41 闪电所产生的电流最大可达到 20kA。（1）我们可以建立这样一个模型，使一个长直导线通有这样大的电流，那么距这个电流 5m 远处的磁场有多大？（2）试计算一个通有 10A 的长直电流在 5cm 远处的磁场有多大？在第（1）问中产生的磁场是这个磁场的多少倍？

14-42 某种工业用质谱仪被用于从其他相关的核素中分离质量为 $3.92\times10^{-25}\mathrm{kg}$ 且电荷量为 $3.20\times10^{-19}\mathrm{C}$ 的铀离子。离子通过 100kV 的电势差被加速然后进入均匀磁场，在那里它们进入半径为 1.00m 的圆形路径。在经过 180°并穿过一宽 1.00mm，高 1.00cm 的狭缝后，它们被收集在一只杯中。(1) 分离器中（垂直的）磁场大小是多少？如果该设备每小时分离出 100mg 的材料，计算：(2) 在设备中所想要的离子的电流；(3) 1.00h 内在杯中所产生的热能。

14-43 空间某一区域有均匀电场 $\boldsymbol{E}$ 和均匀磁场 $\boldsymbol{B}$，$\boldsymbol{E}$ 和 $\boldsymbol{B}$ 同方向。一电子（质量 m，电荷 $-e$）以初速 $\boldsymbol{v}$ 在场中开始运动，$\boldsymbol{v}$ 与 $\boldsymbol{E}$ 的夹角为 θ，求电子的加速度的大小并指出电子的运动轨迹。

14-44 一个半径为 R 带缺口的圆形无限长柱面，如习题 14-44 图所示，轴向电流 I 均匀分布在柱面上。已知缺口宽度 $\Delta l \ll R$，求过中心点 O 的垂直轴线上各点的磁感应强度的大小。

14-45 脉冲星或中子星表面的磁场强度为 $10^8\mathrm{T}$。考虑一颗中子星表面上的一个氢原子中的电子，电子距质子 $0.53\times10^{-10}\mathrm{m}$，其速度是 $2.2\times10^6\mathrm{m/s}$。试将质子作用到电子上的电场力与中子星磁场作用到电子上的磁场力加以比较。

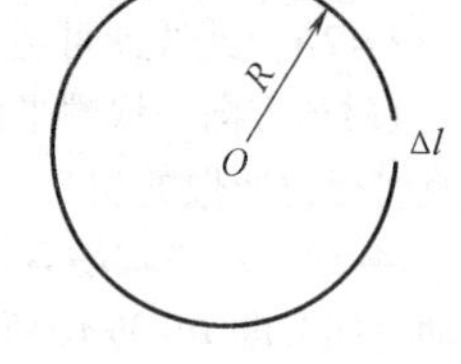

习题 14-44 图

14-46 根据测量，地球的磁矩为 $8.4\times10^{22}\mathrm{A\cdot m^2}$。

(1) 如果在地磁赤道上套一个铜环。在铜环中通以电流 I，使它的磁矩等于地球的磁矩，求 I 的值（已知地球半径为 6370km）。

(2) 如果该电流的磁矩正好与地磁矩的方向相反，问这样能不能抵消地球表面的磁场？

阅读材料

电磁炮

2010 年 12 月 10 日，美国海军在弗吉尼亚州达尔格林水面作战中心成功试射了电磁炮。试射中，电磁炮以 5 倍音速的极快速度，击向 200km 外的目标，射程为美国海军常规武器的 10 倍，破坏力惊人。美军目标在 8 年内进行海上实测，并于 2025 年前正式配备于军舰上。

自从 1845 年世界上第一台直线磁阻电动机将一根金属棒抛射到 20m 远的地方算起，电磁炮已经经历了一个多世纪艰难曲折的发展历程。自 20 世纪 80 年代以来，一些发达国家投入了巨额经费进行电磁炮的实验研究，并取得了突破性的成果，美国在该领域一直处于领先地位。目前，轨道炮的研究已取得实用型的成果，并开始投入使用。1992 年，美国研制成功世界上第一套完整的靶场轨道炮，并在陆军尤马试验场进行了发射试验，迈出了电磁炮走出实验室的第一步。2006 年 7 月，英国 BAE 系统公司与美国军方签约，为美国海军设计和制造 32MJ 实验室型发射装置，旨在为下一步发展 64MJ 战术型电磁轨道炮奠定基础。重接炮的研究工作于 20 世纪 80 年代初在美国桑迪亚实验室开始，研究仍处于应用基础研究阶段。

目前，电磁炮技术的突破与发展引起各国军方的强烈关注并不惜投入巨大的人力、财力从事现代电磁炮研究，电磁炮逐步由理论研究、实验室试验到武器级别的电磁炮研究、试验，并陆续取得积极成果。

1. 电磁炮的特点

与常规火炮相比，电磁炮具有如下 10 大优点：

(1) 初速高、动能大　电磁炮作用在弹丸上的力，在数量级上比传统火炮大一个量级，且不存在声速的限制。可将质量不等的弹丸加速到每秒几千公里到每秒上万公里，极大地提高了弹丸的动能，能更有效地对付机动目标和进行天基反导。

(2) 能源简单、安全　电磁炮一般使用低成本、安全的低级燃料（如低烃类燃料），降低了能源成本，增加了发射的安全性。

(3) 隐蔽性好　由于电磁炮火焰、烟雾和后坐力都很小，有利于阵地隐蔽。

(4) 易于调整射程　电磁炮只需简单地控制激励电流的大小，即可方便地改变射程，以满足不同的射击要求。

(5) 工作稳定，重复性好　电磁炮不存在常规火炮因点火过程和发射药燃烧过程的微量变化引起的弹丸速度的不稳定，每次发射均具有相似的重复性。

(6) 弹丸形状多样　由于不需要密闭火药气体，电磁炮的弹丸不受身管形状的限制，有的电磁炮甚至没有身管，因此可以根据需要采用各种形状的弹丸，特别是可以采用空气阻力小的弹丸，以增大弹丸的速度，提高弹丸动能。

(7) 弹丸飞行稳定　由于弹丸受力不随弹丸行程变化，弹丸以匀加速运动，发射期间，弹丸具有良好的稳定性，减小了弹丸过载的可能，便于装配精确制导装置。

(8) 装填方便、快捷　由于电磁炮能够做成开放式后膛，无炮闩，因此能够简化装填机构，易于实现自动装填和连续发射，提高了武器系统的快速反应能力。

(9) 效率高　常规火炮的效率一般小于 30%，分段轨道炮的效率为 35%，线圈炮的效率可达 50%，单级重接炮的效率为 30% ~50%，且电磁炮的转换效率与弹丸的初速无关。

(10) 弹丸质量可大可小　电磁炮既可发射小至 mg 级的小弹丸，也能发射大至几百 t 的大弹丸。

2. 电磁炮的应用

鉴于电磁炮的诸多特点，电磁炮在军事上、航天和高压物理研究方面均有美好的应用前景。军事上电磁炮主要用于战术武器。陆军：自行火炮的弹丸初速一般控制在 4km/s，以防止大气烧蚀；3km/s 的穿甲弹能使坦克的防御和进攻能力提高 4 倍；大口径的电磁炮射程达几十公里，并能发射制导炮弹丸，可以取代远程火炮；具有高射速的小口径电磁炮可作为防空高炮使用。海军：同样采用高射速小口径电磁炮能够拦截新一代超声速导弹，以解决所面临的高性能反舰导弹威胁的严重问题。空军：利用电磁发射技术，能够建设形成一种全新的野战机场和短程起降方式，高射速、高初速的小口径电磁炮也可作为机载武器使用。基于电磁炮高动能、能够发射制导炮弹及火控系统简单、易于实现的特点，天基电磁炮具有更大的威力，可用于战略防御。另外，电磁炮在高压物理方面，可以用来研究材料的状态方程、金属成型焊接、进行碰撞核聚变和磁悬浮列车的研究。

3. 电磁炮的未来发展

未来的电磁炮主要向以下几个方面发展：第一，能源小型化。体积和重量是电磁炮武器化和战术应用的主要障碍之一，而这两者主要由脉冲功率源及功率调节装置的能量密度和功率密度所决定。要减小体积、降低重量，必须实现能源小型化；第二，提高能量转换效率。目前电磁炮能量转换效率仅有 10% ~20%，这就需要在电力调节及控制技术方面加大技术攻关，力争大大提高其能量转换效率；第三，提高稳定性。2010 年 12 月 10 日美国海军在弗吉尼亚州达尔格林水面作战中心，成功试射电磁炮的射程是 200km，未来实际上比较理想的状态是要超过 300km，就必须要借助卫星的指令，包括其他的无线指令来对它进行校正，因此提高其稳定性就显得尤为重要。

第15章 磁 介 质

历史背景与物理思想发展

最早发现抗磁体的是布鲁格曼斯。他在1778年发现铋被磁极排斥，但这一发现未引起人们的注意，因此，劳厄称它为早产的知识。不久，库仑又发现木针被推出磁场的现象。1827年，贝利夫再次报道铋和锑被磁极排斥的现象。半个世纪以来，关于抗磁体的报道不少，但它始终未能在磁学领域占据重要位置。后来法拉第读了贝利夫的论文，叹息道："使人惊奇的是，这样一个实验在如此漫长的时间内未能得到进一步的结论"。

法拉第发现透明的物体都有抗磁性，并称之为抗磁体。"抗磁体"一词是他在《电学实验研究》第19辑中引进的。抗磁体的名称与法拉第的名字联系在一起，其原因不仅是由于他创造了"抗磁体"一词，更是由于这样一个公认的原因：在他以前的物理学家在发现抗磁体后不知道应当做些什么，更不知道应从这种新现象中发掘隐藏着的原理，而他却能预见，研究抗磁体会使原有的磁学理论发生重要改变；同时，也由于他将抗磁体从铁磁体和顺磁体中分离出来，并用实验证明抗磁体比其他两类物质更普遍、更基本。他在1845年12月18日发表的（《电学实验研究》第20辑）和在1846年1月8日继续发表的（《电学实验研究》第21绎）的题为《论新磁作用兼论所有物质的磁状态》的论文中，分析了抗磁体的性质，并对抗磁体和顺磁体进行了分类。

法拉第的实验证明，绝大多数物质属于抗磁体，甚至木头、牛肉、苹果、人体都会被磁铁排斥；连许多金属也属抗磁体范围，如铋、锑、锌、锡、镉、水银、铜等。他把物质从强顺磁性到强抗磁性的顺序排列成：铁、镍、钴、锰……空气和真空、以太、酒精、金、水、水银、燧石玻璃、锡、重玻璃、锑、磷、铋。在这个序列中，空气介于顺磁性和抗磁性之间。

法拉第通过分析认为抗磁体具有如下几个性质：抗磁体棒在磁极间总是先转至横向位置，然后才受到磁极的排挤；这种排斥作用是不论极性的，即磁北极和磁南极对抗磁体均能产生排斥作用；抗磁体在磁场中总是从磁场强度高的地方运动到磁场强度低的地方，但在均匀磁场中并不运动。

法拉第在这里假设，抗磁体跟铁磁体和顺磁体一样，在受到磁场感应时会产生"磁性"和"极性"，抗磁体与铁磁体的区别仅在于它们的感应极性正好相反。他在这里将安培的理论用于抗磁体，抗磁体的"磁性"和"极性"就成了这个理论的一种推论。然而，这种设想是错误的。法拉第本人的进一步实验证明，抗磁体的性质不能简单地用被磁极"排斥"二字来概括，抗磁体既不存在磁性，也不存在极性；抗磁体与顺磁体既是对立物，也是统一的实体，它们在磁场中的性质的不同正好表明它们在磁通量的概念上的统一。法拉第的思想发生了很大转变。磁导率的概念便在这个转变中产生了。

在抗磁质与顺磁质中，磁化强度是和磁场强度成正比的，而铁磁质则不同。1880年，瓦尔堡发现，在人们最先观察到磁性的那些物质如铁、钴、镍和某些合金中，在继续增加磁场强度的情况下，磁化强度达到一个饱和值，且远远超出了其他材料能够达到的磁化强度的界限。在铁磁性物质中，例如，在大多数钢中，磁化强度一般很少依赖于同时存在的磁场强度，而是更多地依赖于以前的处理，否则就不会有任何永磁体。艾文在1882年也独立地发现了所谓的滞后现象，即在场从零开始增加时，磁化所遵循的规律同场重新减小时不同，因此，由于反复磁化所做的功在磁体中转化为热。

皮埃尔·居里发现，抗磁性不依赖于温度，与此相反，顺磁磁化率却随着温度的增加而减少，而铁磁性在超过一个物质的特性居里温度时，转变为正常的顺磁性，并随着温度的进一步增加而渐渐地减弱。1905年，朗之万对于抗磁物质和顺磁物质的相反行为给出了理论解释。抗磁性以磁场作用于分子中电子上的感应作用为基础，顺磁性则由可自由转动的分子磁矩引起。1907年，魏斯通过内磁场的假说进一步发展了铁磁性的统计热力学理论，这种内磁场的强度对于每一种物质是有特征性的，而在有内磁场存在的磁化过程中，内磁场和磁场共同决定分子磁矩的取向。虽然这个假说在起初看来是如此的随意，但却使魏斯走上了正确的道路，因为在1927年海森伯能够用量子论方法把内磁场归结为导体中电子的自旋，从而和电一样把磁归结为基本粒子的属性。

在实际应用中，需要了解物质中磁场的规律。当物质放到磁场中，处于轨道运动和自旋运动的电荷（见第20.5节）将受到磁的作用而使物质处于一种特殊的状态中，称为磁化。处于这种特殊状态的物质又会反过来影响磁场，这种物质称为磁介质。电是物质的属性，因此，一切物质都是磁介质。本章讨论磁介质影响磁场的规律。

15.1　磁介质对磁场的影响

物理现象

用头发丝分别系在细铁棒、铜棒和铝棒的中间位置，悬挂起来，待悬挂系统平衡后，使磁铁N级（或S级）分别靠近铁棒、铜棒、铝棒的一端但不接触，我们会发现铁棒被迅速吸引粘在磁铁上；而铜棒在磁铁持续无限靠近的情况下，明显被排斥而旋转起来；铝棒在磁铁持续无限靠近的情况下，明显被吸引而旋转起来。

为什么三种材料在磁铁的作用下表现出了不同的现象？

物理学基本内容

磁介质对磁场的影响可以通过下面的实验来观测。如图15-1所示，做一长直螺线管，先让管内是真空（或空气），如图15-1a所示。在导线中通以电流I，测出管内的磁感应强度，然后保持电流I不变，将管内均匀充满某种磁介质，如图15-1b所示，再测出管内磁感应强度。若以B_0和B分别表示管内为真空和充满磁介质时的磁感应强度的大小，则实验结果表明它们之间的关系可表示为

$$\boldsymbol{B}=\mu_r\boldsymbol{B}_0 \tag{15-1}$$

式中，μ_r叫作磁介质的相对磁导率，它与磁介质的种类有关。实验证明，在磁场中均匀地充满各

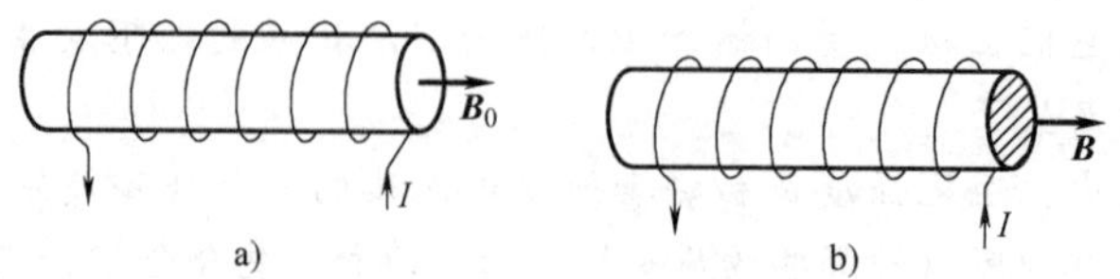

图15-1

向同性的磁介质时，上式普遍地成立，即在传导电流不变的前提下，管中磁介质的磁感应强度总是等于没有磁介质时的磁感应强度的μ_r倍。

根据μ_r的大小可将磁介质分为：

（1）顺磁质，μ_r略大于1　外加磁场$\boldsymbol{B}_0$后，介质磁化后产生远小于$\boldsymbol{B}_0$且同向的附加磁场$\boldsymbol{B}'$，介质内合磁场大小$B=B_0+B'=\mu_r B_0$，介质内$\boldsymbol{B}$略增强。

（2）抗磁质，μ_r略小于1　磁化后产生远小于$\boldsymbol{B}_0$且反向的附加磁场$\boldsymbol{B}'$，介质内合磁场大小$B=B_0-B'=\mu_r B_0$，介质内$\boldsymbol{B}$略减小。

（3）铁磁质，μ_r远远大于1　磁化后产生远大于$\boldsymbol{B}_0$且同向的附加磁场$\boldsymbol{B}'$，介质内合磁场大小$B=B_0+B'=\mu_r B_0$，介质内$\boldsymbol{B}$大大增强。

顺磁质和抗磁质的相对磁导率μ_r只是略大于1或略小于1，且为由材料种类决定的常数，它们对磁场的影响很小，属于弱磁性物质。而铁磁质对磁场的影响很大，属于强磁性物质。

表15-1　几种磁介质的相对磁导率

磁介质种类	物质名称	相对磁导率
抗磁质$\mu_r<1$	铋（293K）	$1-16.6\times10^{-5}$
	汞（293K）	$1-2.9\times10^{-5}$
	铜（293K）	$1-1.0\times10^{-5}$
	氢（气体）	$1-3.98\times10^{-5}$
顺磁质$\mu_r>1$	氧（液体90K）	$1+769.9\times10^{-5}$
	氧（气体293K）	$1+344.9\times10^{-5}$
	铝（293K）	$1+1.65\times10^{-5}$
	铂（293K）	$1+26\times10^{-5}$
铁磁质$\mu_r\gg1$	纯铁	5×10^3（最大值）
	硅钢	7×10^2（最大值）
	坡莫合金	1×10^5（最大值）

现象解释

从表15-1看出，铁属于强磁性物质，被磁化后产生与外场同方向的强附加磁场而与磁铁相互吸引；铜属于抗磁性物质，磁化后产生反方向的弱附加磁场而相互排斥；铝属于顺磁性物质，磁化后产生同方向的弱附加磁场而相互吸引。但后两者的排斥和吸引都非常弱。

思维拓展

$\mu_r<1$是抗磁质，$\mu_r>1$是顺磁质，则介于两者之间，即$\mu_r=1$的是什么物质？铁磁质的$\mu_r\gg1$，则有没有$\mu_r=0$的磁介质，有没有$\mu_r\ll1$的磁介质呢？

超导体的抗磁性：超导体最熟悉的性质是当材料被冷却到临界温度以下时，电阻突然消失，但超导体远不止是没有可测量电阻，超导体也有奇特的磁学性质。处在超导状态时，超导体内的磁感应强度为零，好像是$\mu_r=0$的完全抗磁体。但是外加磁场之所以无法穿透它的内部，是因为在超导体的表面感生一个无损耗的抗磁超导电流，这一电流产生的磁场，抵消了超导体内部的磁场。1933年，荷兰的迈斯纳和奥森菲尔德发现超导体的这个重要性质。超导体内磁感应强度为零的现象，称为迈斯纳效应。

15.2 顺磁质与抗磁质的磁化机理

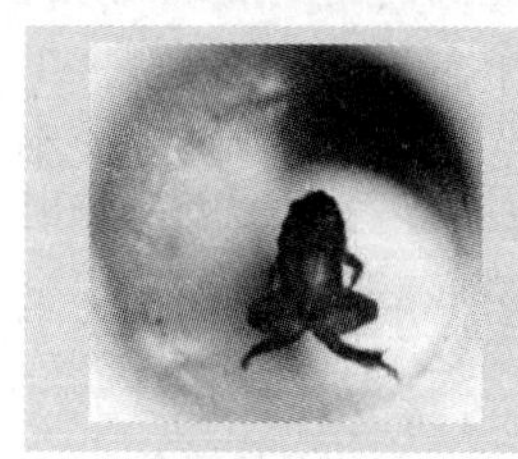

这是一只青蛙悬浮在磁场中的俯视图，磁场由竖直螺线管中通电流产生，青蛙为什么会悬浮其中呢？

物理现象

物理学基本内容

不同磁介质的磁化机理不同，下面先定性说明顺磁质和抗磁质的磁化机理。在15.3节中将讨论铁磁质的磁化机理及其磁化特性。

关于磁介质磁化的微观理论有两种不同的观点，即分子电流的观点和磁荷的观点。这两种观点的微观模型不同，得到的宏观规律的表达式虽然有些差别，但就描述磁化的宏观规律而言，它们是等价的，这里只介绍分子电流的观点。在任何物质的分子中，每一个电子都同时参与两种运动，即绕原子核的运动和自旋运动，因而具有一定的磁矩，称为轨道磁矩和自旋磁矩。在一个分子中有许多电子和若干个核，一个分子中全部电子的轨道磁矩和自旋磁矩以及核的自旋磁矩的矢量和叫作分子的固有磁矩，简称分子磁矩，用符号$\boldsymbol{P}_m$表示。分子磁矩又可以用一个等效的圆电流表示，称为分子电流。在没有外磁场时，有些分子的分子磁矩为零，由这些分子组成的物质就是抗磁质。有些分子的分子磁矩具有一定的值，这个值就是分子的固有磁矩，由这些分子组成的物质就是顺磁质。本节主要根据安培的分子电流观点来讨论物质的磁性。

15.2.1 抗磁质磁化机理

抗磁质分子的固有磁矩为零。没有外磁场时，对外不显磁性。加上外磁场后，抗磁质会产生与外磁场方向相反的附加磁矩，如图15-2所示。现在让我们来分析抗磁质的附加磁矩是如何产生的。

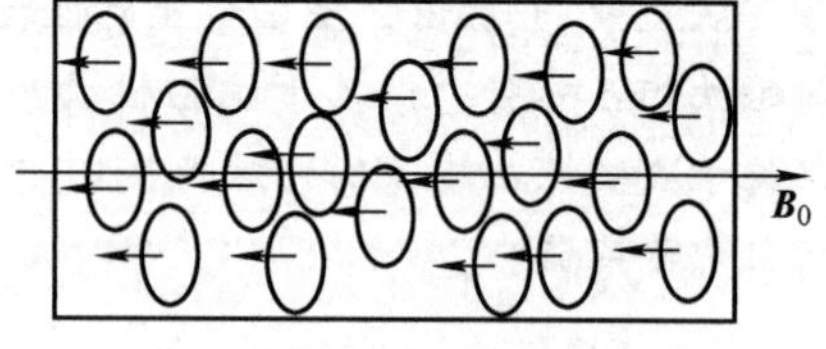

图 15-2

为简便起见，我们只考虑一个电子绕原子核运动的情形。电荷量为$-e$的电子，以角速度ω_0、半径r绕原子核做圆周运动，相当于一个圆电流。电子的运动周期T与角速度ω_0的关系可以表示为

$$T=\frac{2\pi}{\omega_0} \tag{15-2}$$

等效的圆电流为

$$I=\frac{e}{T}=\frac{e\omega_0}{2\pi} \tag{15-3}$$

这样的圆电流所对应的磁矩就是轨道磁矩，它应等于电流与圆面积的乘积，即

$$\boldsymbol{P}_m=IS\boldsymbol{n}=\frac{e\omega_0}{2\pi}\pi r^2\boldsymbol{n}=-\frac{er^2}{2}\boldsymbol{\omega}_0 \tag{15-4}$$

上式表示，电子轨道磁矩的方向总是与其角速度的方向相反。电子轨道运动的向心力由其与原子核中正电荷的库仑力提供

$$F_e = m_e\omega_0^2 r \tag{15-5}$$

当施加外磁场 $\boldsymbol{B}$ 之后，电子除受 $\boldsymbol{F}_e$ 作用外，还受到洛伦兹力 $\boldsymbol{f}$ 的作用，这就引起电子做圆周运动的向心力发生变化，但电子轨道半径一般保持不变。当电子的原有磁矩 $\boldsymbol{P}_m$ 与 $\boldsymbol{B}_0$ 方向一致时，电子受到的洛伦兹力 $\boldsymbol{f}$ 将使它所受的向心力减小，如图 15-3a 所示。由于电子的轨道半径不变，所以电子旋转角速度 ω_0 必定变小，由式（15-4），电子磁矩将变小，这就相当于在与 $\boldsymbol{B}_0$ 相反的方向产生一个附加磁矩 $\Delta\boldsymbol{P}_m$。根据同样的理由，当电子原有磁矩与外磁场 $\boldsymbol{B}_0$ 方向相反时（见图 15-3b)，电子的磁矩将增大，这相当于在电子原有磁矩的方向上产生一个附加磁矩 $\Delta\boldsymbol{P}_m$，$\Delta\boldsymbol{P}_m$ 的方向也与外磁场 $\boldsymbol{B}_0$ 相反。因此，不论电子磁矩与外磁场方向一致或相反，加上外磁场后总会产生一个与外磁场方向相反的附加磁矩 $\Delta\boldsymbol{P}_m$，它将产生一个与 $\boldsymbol{B}_0$ 方向相反的附加磁场 $\boldsymbol{B}'$，即在外磁场中微观上产生的附加磁矩导致了宏观上对外表现为抗磁性。

当电子的原有磁矩 $\boldsymbol{P}_m$ 与 $\boldsymbol{B}_0$ 方向任意时，在外磁场作用下，分子中每个电子的运动将更加复杂，除了保持原来两种运动外，还要附加一种以外磁场方向为轴线的转动（进动)，这种转动也相当于一个圆电流，也引起一个与外磁场方向相反的附加磁矩。此外，电子的自旋以及核的自旋，也产生相同的效果。

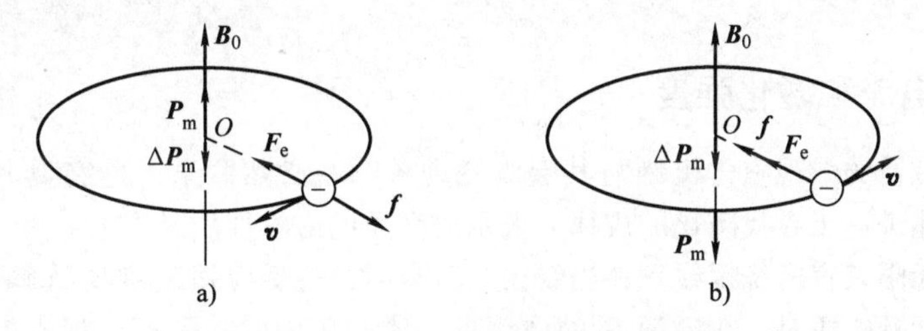

图 15-3

青蛙（与其他所有动物一样，包括人）是抗磁质。当青蛙被置于垂直载流螺线管顶端附近的强发散磁场中时，青蛙身体被抗磁力向上推，离开螺线管顶端的较强磁场区域。青蛙向上移动，进入越来越弱的磁场，直到向上的磁力与青蛙所受的重力平衡时，它就悬在空中。由于人的抗磁性，如果我们造一个足够强的磁场，也可以使人浮在空中。

现象解释

15.2.2 顺磁质的磁化机理

磁冷却是一种利用磁性材料的磁热效应来实现制冷的新技术，是德拜在 1926 年提出的。乔克于 1933 年首次实现该技术，使物体的温度降至了 0.25K。相比传统蒸汽压缩式制冷技术，磁制冷技术是一种基于材料磁热效应的固态制冷方式。

磁热效应的原理是什么，是如何实现制冷的?

物理现象

从抗磁质磁化机理可以看出，原子中任何一个绕核运动的电子在外磁场的作用下都会出现与磁场方向相反的附加磁矩，顺磁质也不例外，也就是说，抗磁性在顺磁质中也存在，那么它所表现的顺磁性又来源于什么呢?

对于顺磁质，分子的固有磁矩 $\boldsymbol{P}_m \neq 0$，无外磁场时，由于热运动，各分子磁矩取向无规则，在任一宏观体积元内的分子磁矩之和为零，不显磁性。加外磁场 $\boldsymbol{B}_0$ 后，各分子磁矩受到磁力矩

的作用，使分子磁矩或多或少地转向外磁场的方向，如图 15-4 所示，分子磁矩矢量和不为零，产生一个与外磁场 $\boldsymbol{B}_0$ 方向一致的附加磁场 $\boldsymbol{B}'$，即在外磁场中，微观上表现为分子磁矩向外磁场方向取向排列，宏观上表现为对外显示出顺磁性。

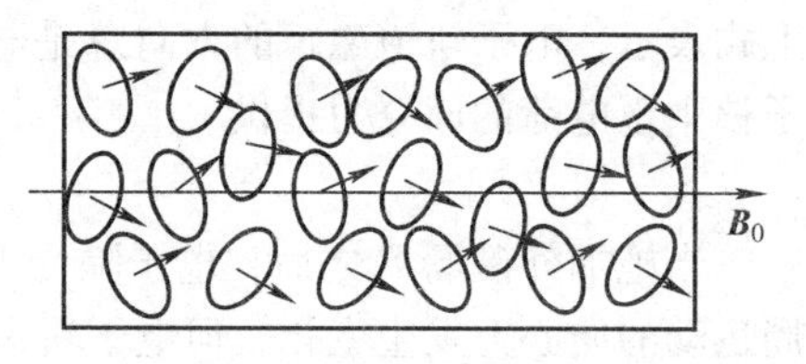

图 15-4

当然，加外磁场后，顺磁质除分子固有磁矩规则取向引起的顺磁效应外，还有外磁场对分子内电荷运动产生的反向附加磁矩，即抗磁效应，但因顺磁效应强于抗磁效应（约大一个量级），后者被掩盖了，故显示出顺磁性。

现象解释

磁热效应是一种变化磁场下磁性材料磁矩有序度发生变化而导致的热现象。在顺磁性材料被磁化时，磁矩有序度增加，磁熵减小，温度上升，向外界放出热量；退磁时，磁性材料磁矩有序度减少，磁熵增加，温度下降，自外界吸收热量。将顺磁体放在装有低压氦气的容器内，通过低压氦气与液氦的接触而保持在 1K 左右的低温，加上磁场使顺磁体磁化，磁化过程时放出的热量由液氦吸收，从而保证磁化过程是等温的。顺磁体磁化后，抽出低压氦气而使顺磁体绝热，然后准静态地使磁场减小到零，磁矩的有序度减小使材料温度下降。

15.2.3　磁化电流和磁化强度

顺磁质、抗磁质的微观磁化机制与其宏观磁现象存在必然联系，是宏观上对磁化做出定量描述的依据，以此进一步寻找磁化的规律，揭示磁介质的磁学性质。

设有一载流无限长直密绕螺线管，当管内为真空时，磁感应强度为 $\boldsymbol{B}_0$（均匀磁场）。当管内充满均匀各向同性顺磁质时，在磁场 $\boldsymbol{B}_0$ 的作用下，磁介质中的分子磁矩都或多或少地转向磁场 $\boldsymbol{B}_0$ 的方向。为便于讨论，假定每个分子磁矩都转向与磁场 $\boldsymbol{B}_0$ 相同的方向，如图 15-5a 所示。图 15-5b 表示螺线管内磁介质的一个截面的分子电流的排列情况。由于磁介质均匀磁化，介质内部任意一点附近的分子电流的效应相互抵消，只有介质表面的分子电流未被抵消，形成与截面边缘重合的圆电流，如图 15-5c 所示。对于磁介质的整体来说，相当于磁介质表面有一层电流，这种因磁化而出现的宏观等效电流叫作磁化电流。对顺磁质来说，磁化电流与螺线管电流方向相同；对于抗磁质，则方向相反。与传导电流不同，磁化电流是分子电流规则排列的宏观效果，它并不伴随电荷的宏观移动，不能用导线引出，也称为束缚电流，无热效应。与传导电流相同的是，磁化电流也产生磁场，它所产生的附加磁场 $\boldsymbol{B}'$ 叠加在引起磁化的外磁场 $\boldsymbol{B}_0$ 上，构成磁介质内外各场点的合磁场 $\boldsymbol{B}$。

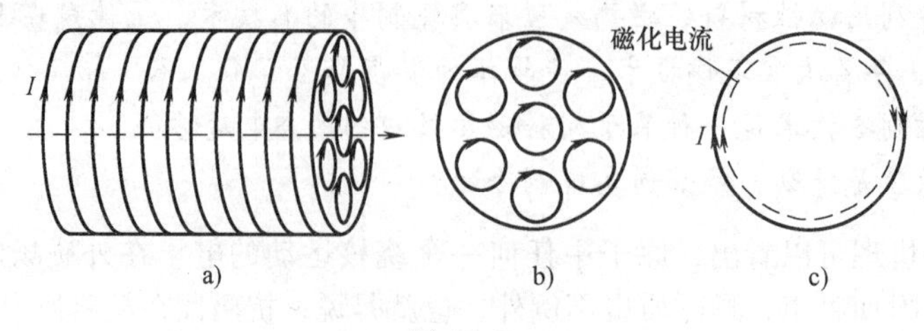

图 15-5

磁介质被磁化后，分子磁矩矢量和不再为零，被磁化越强，分子磁矩矢量和越大。磁介质被

磁化的程度用物理量—磁化强度来描写，定义为：单位体积内分子磁矩的矢量和，即

$$\boldsymbol{M} = \frac{\sum \boldsymbol{P}_{\mathrm{m}}}{\Delta V} \tag{15-6}$$

式中，$\boldsymbol{P}_{\mathrm{m}}$表示分子磁矩。

从宏观上来看，磁介质被磁化强度越强，表面出现磁化电流强度应该越大，所以磁化强度和磁化电流之间，一定是存在某种定量关系。可以证明，

$$\boldsymbol{j}' = \boldsymbol{M} \times \boldsymbol{n} \tag{15-7}$$

即面束缚电流密度$\boldsymbol{j}'$大小等于该表面处磁介质的磁化强度沿表面的分量。当$\boldsymbol{M}$与表面平行时$j' = M$，介质表面磁化电流密度只取决于磁化强度沿该表面的切向分量，而与法向分量无关。

可以证明，磁化强度沿闭合回路的积分等于回路围住的磁化电流

$$\sum I_{\mathrm{m}} = \oint_L \boldsymbol{M} \cdot \mathrm{d}\boldsymbol{l} \tag{15-8}$$

式（15-8）只需要读者了解，这里就不进行具体证明。

15.3　磁介质中的安培环路定理

物理学基本内容

在电场中，为消去电解质极化后极化电荷带来的计算麻烦，我们对高斯定理进行了修改，引入电位移矢量概念。在磁场中，磁介质磁化后的磁化电流也激发磁场，我们也需要对磁场的安培环路定理做出调整。

15.3.1　磁化电流和磁化强度

真空中的安培环路定理为

$$\oint_L \boldsymbol{B} \cdot \mathrm{d}\boldsymbol{l} = \mu_0 \sum I \tag{15-9}$$

式中，$\boldsymbol{B}$表示真空中环路L上各点的合磁场；$\sum I$是穿过以L为边界的曲面的电流。

在磁场中有磁介质存在的情况下，环路L上各点的$\boldsymbol{B}$仍为各磁场在该点的合磁场（包括磁化电流的磁场），此时穿过以L为边界的曲面的电流必须考虑磁化电流，如图15-6所示，于是

$$\oint_L \boldsymbol{B} \cdot \mathrm{d}\boldsymbol{l} = \mu_0 \left(\sum I_0 + \sum I_{\mathrm{m}} \right) \tag{15-10}$$

式中，$\sum I_{\mathrm{m}}$是闭合环路L所围绕的磁化电流。

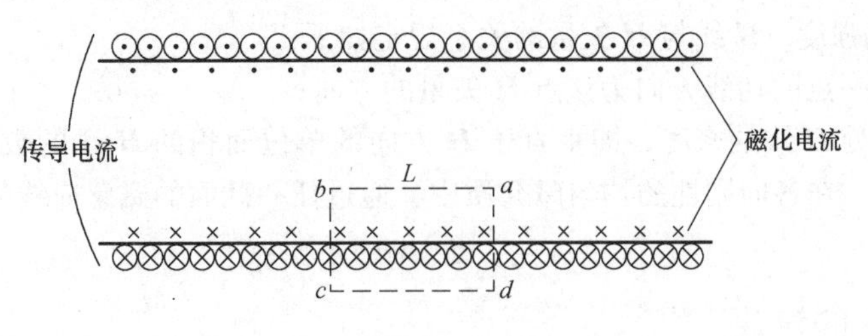

图15-6

在一般情况下，$\sum I_m$ 的分布是很复杂的，而且是难以直接测量的。为了在上述公式中不出现 $\sum I_m$，可以仿照导出电介质中高斯定理时消去极化电荷 $\sum Q'$ 的办法，消去 $\sum I_m$。根据式（15-8）得

$$\oint_L \boldsymbol{B} \cdot \mathrm{d}\boldsymbol{l} = \mu_0 \left(\sum I_0 + \oint_L \boldsymbol{M} \cdot \mathrm{d}\boldsymbol{l} \right) \tag{15-11}$$

$$\oint_L \left(\frac{\boldsymbol{B}}{\mu_0} - \boldsymbol{M} \right) \cdot \mathrm{d}\boldsymbol{l} = \sum I_0 \tag{15-12}$$

仿照在电介质中引入电位移矢量 $\boldsymbol{D}$ 的方法，我们引入一辅助矢量—$\boldsymbol{H}$，并定义

$$\boldsymbol{H} = \frac{\boldsymbol{B}}{\mu_0} - \boldsymbol{M} \tag{15-13}$$

由于历史原因，$\boldsymbol{H}$ 被称为磁场强度，它并不与电场强度 $\boldsymbol{E}$ 相对应，而是与电介质中的电位移矢量 $\boldsymbol{D}$ 相对。在国际单位制中，磁场强度的单位是安培每米（A/m）。

引入 $\boldsymbol{H}$ 后，式（15-12）可写成

$$\oint_L \boldsymbol{H} \cdot \mathrm{d}\boldsymbol{l} = \sum I_0 \tag{15-14}$$

这就是有磁介质时的安培环路定理的数学表达式。式（15-14）表明，磁场强度 $\boldsymbol{H}$ 沿任一闭合环路 L 的线积分等于通过以 L 为边界的曲面的传导电流的代数和。上式虽然是从特殊情况下导出的，但它却是普遍适用的。

15.3.2 关于 H 的讨论

实验表明，对各向同性的非铁磁质，有

$$\boldsymbol{M} = (\mu_r - 1)\boldsymbol{H} = \chi_m \boldsymbol{H} \tag{15-15}$$

式中，$\chi_m = \mu_r - 1$，χ_m 叫作磁介质的磁化率。将此关系式代入 $\boldsymbol{H} = \frac{\boldsymbol{B}}{\mu_0} - \boldsymbol{M}$ 中，可得

$$\boldsymbol{B} = \mu_0 \boldsymbol{H} + \mu_0 \boldsymbol{M} = \mu_0 \mu_r \boldsymbol{H} \tag{15-16}$$

令 $\mu = \mu_0 \mu_r$，μ 叫作磁介质的磁导率。则

$$\boldsymbol{B} = \mu_0 \mu_r \boldsymbol{H} = \mu \boldsymbol{H} \tag{15-17}$$

在真空中，磁化强度 $\boldsymbol{M} = 0$，故 $\chi_m = 0$，$\mu_r = 1$，$\mu = \mu_0$，所以 $\boldsymbol{B} = \mu_0 \boldsymbol{H}$，代入有磁介质时的安培环路定理，定理回到真空形式；顺磁质的 $\chi_m > 0$，$\mu_r > 1$；抗磁质的 $\chi_m < 0$，$\mu_r < 1$；非铁磁性物质的磁化率 χ_m 的值都很小，因此它们的相对磁导率 μ_r 的值都接近 1；对于空气与真空基本相同，取 $\mu_r = 1$。磁导率与相对磁导率都是描述磁介质特性的物理量，通常通过实验来测量。在国际单位制中，磁导率的单位与真空磁导率 μ_0 的单位相同，为亨［利］每米，符号是 H/m，或韦伯每安培米，符号是 Wb/（A · m）。

为了能形象地表示磁场中 $\boldsymbol{H}$ 矢量的分布，我们也可以类似用磁感应线描绘磁场的方法，引入 $\boldsymbol{H}$ 线来描绘磁场强度，$\boldsymbol{H}$ 线与 $\boldsymbol{H}$ 矢量的关系规定如下：

（1）$\boldsymbol{H}$ 线上任一点的切线方向为该点 $\boldsymbol{H}$ 矢量的方向；

（2）通过某点处 $\boldsymbol{H}$ 线的密度，即垂直于 $\boldsymbol{H}$ 方向的单位面积的 $\boldsymbol{H}$ 线的数目等于该点 $\boldsymbol{H}$ 的量值。由定义式可知，在各向同性的均匀磁介质中，通过任一截面的磁感应线的数目是通过同一截面 $\boldsymbol{H}$ 线的 μ 倍。

15.3.3 关于 B 的讨论

式（15-17）描述了各向同性非铁磁质中同一场点的 $\boldsymbol{B}$ 与 $\boldsymbol{H}$ 之间的关系。在充满均匀的各向

同性的磁介质中，将式（15-17）代入式（15-14）可得

$$\oint_L \boldsymbol{B} \cdot \mathrm{d}\boldsymbol{l} = \oint_L \mu_0\mu_r \boldsymbol{H} \cdot \mathrm{d}\boldsymbol{l} = \mu_0\mu_r \sum I_0 \tag{15-18}$$

可见，磁场中 $\boldsymbol{B}$ 的环流与磁介质有关，而 $\boldsymbol{H}$ 的环流［见式（15-14）］与磁介质无关。

对于毕奥－萨伐尔定律也有类似的结果。在磁介质中某点的磁感应强度和磁场强度分别为

$$\mathrm{d}\boldsymbol{B} = \frac{\mu_0\mu_r}{4\pi}\frac{I_0\mathrm{d}\boldsymbol{l}\times\boldsymbol{r}}{r^3} \tag{15-19}$$

$$\mathrm{d}\boldsymbol{H} = \frac{1}{4\pi}\frac{I_0\mathrm{d}\boldsymbol{l}\times\boldsymbol{r}}{r^3} \tag{15-20}$$

磁场中的其他公式可以类推。可见在充满均匀的各向同性的磁介质中，磁场中某点的磁感应强度与磁介质有关，而该点的磁场强度则与磁介质无关。因此，引入磁场强度这个物理量后，我们能够比较方便地处理磁介质中的磁场问题。例如，在 $\boldsymbol{H}$ 存在某种对称性的情况下，可由式（15-14）求出 $\boldsymbol{H}$，再根据式（15-17）求出 $\boldsymbol{B}$。

物理知识应用

【例 15-1】如图 15-7 所示，有两个半径分别为 R_1 和 R_2 的无限长同轴电缆，在它们之间充以相对磁导率为 μ_r 的磁介质。当两圆柱体通有相反方向的电流 I 时，试求：(1) 导线内的磁场分布；(2) 磁介质中磁场分布；(3) 磁介质外面的磁场分布。

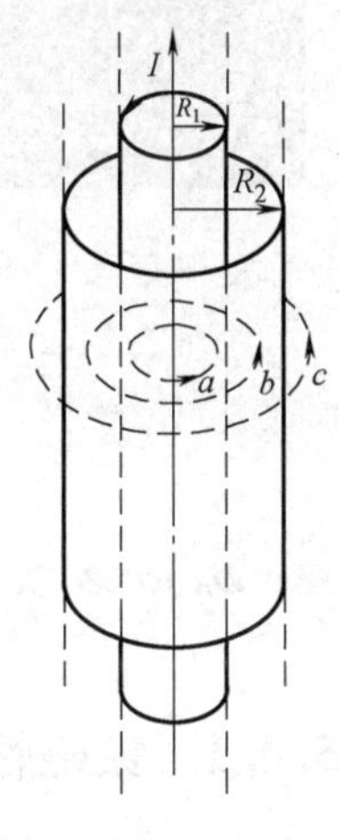

图 15-7

【解】圆柱体电流所产生的 B 和 H 的分布均具有轴对称性。设 a，b，c 分别为导线内、磁介质中及磁介质外的任意点，它们到圆柱体轴线的垂直距离用 r 表示，以 r 为半径作圆周。

(1) 对过点 a 的圆周应用 $\boldsymbol{H}$ 的安培环路定理，得

$$\oint_L \boldsymbol{H} \cdot \mathrm{d}\boldsymbol{l} = H\int_0^{2\pi a}\mathrm{d}l = H2\pi r = I\frac{\pi r^2}{\pi R_1^2} = \frac{Ir^2}{R_1^2}$$

于是得

$$H = \frac{Ir}{2\pi R_1^2}$$

再由 $B = \mu H$ 得导线内的磁感应强度为

$$B = \frac{\mu_0 Ir}{2\pi R_1^2} \quad (0 < r < R_1)$$

(2) 对过点 b 的圆周应用 $\boldsymbol{H}$ 的安培环路定理得

$$\oint_L \boldsymbol{H} \cdot \mathrm{d}\boldsymbol{l} = H\int_0^{2\pi a}\mathrm{d}l = H2\pi r = I$$

由此得磁介质中的磁感应强度为

$$H = \frac{I}{2\pi r} \quad B = \mu H = \frac{\mu_0\mu_r I}{2\pi r} \quad (R_1 < r < R_2)$$

(3) 将 $\boldsymbol{H}$ 的安培环路定理应用于过点 c 的圆周，仍然有

$$\oint_L \boldsymbol{H} \cdot \mathrm{d}\boldsymbol{l} = H\int_0^{2\pi a}\mathrm{d}l = 0$$

$$H = 0 \quad B = 0$$

【例 15-2】在密绕螺绕环内充满均匀磁介质，已知螺绕环上线圈总匝数为 N，通有电流 I，环的横截面半径远小于环的平均半径 r，磁介质的相磁导率为 μ_r。求磁介质中的磁感应强度。

【解】由于电流和磁介质的分布关于环的中心轴对称，所以与螺绕环共轴的圆周上各点 $\boldsymbol{H}$ 的大小相等，

方向沿圆周的切线。如图 15-8 所示，在环管内取与环共轴的半径为 r 的圆周环路 L，应用 H 的安培环路定理得

$$\oint_L \boldsymbol{H}\cdot \mathrm{d}\boldsymbol{l} = H2\pi r = NI$$

$$H=\frac{NI}{2\pi r}$$

再由 $B=\mu_0\mu_r H$ 得环管内的磁感应强度为

$$B=\frac{\mu_0\mu_r NI}{2\pi r}$$

磁感应强度的方向沿电流流动方向的右手螺旋方向。

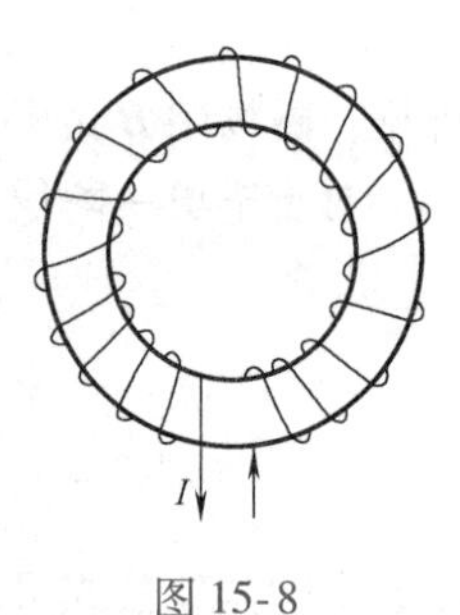

图 15-8

15.4 铁磁性与铁磁质

物理现象

1939 年 11 月 23 日，英国皇家海军在浅滩上捞起了一枚长椭圆形的德国水雷，它没有触发机构，粗糙的外壳上只有类似磁罗经的仪表在磁极方向上左右摇摆。2 个多月以来，从泰晤士河口到哈姆贝尔海域已有包括扫雷舰在内的 17 艘盟军舰船被神秘炸沉，罪魁祸首就是这种暗藏在海底的磁性沉底水雷，它们不再需要与舰船直接触发，而是感应舰船经过时磁场的信号变化，从此舰船消磁被正式拉进了人类的战争工具箱，成为了海军技术领域中一个重要课题。

舰艇的钢铁结构（铁磁材料）被磁化并保留一定剩磁的机理是什么，我们如何利用铁磁材料性质消磁呢？

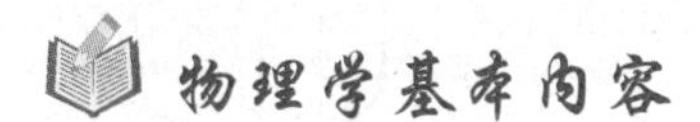

15.4.1 铁磁性

铁、镍、钴和它们的一些合金、稀土族金属以及一些氧化物等都具有明显而特殊的铁磁性。我们来做这样一个实验：

把铁磁质材料做成环状，外面均匀地绕上 N 匝线圈成为螺绕环。线圈中通入电流后，铁磁质就被磁化。当线圈中电流为 I 时（称为励磁电流），由例 15-2 知环中的磁场强度的大小为

$$H=\frac{NI}{2\pi r} \tag{15-21}$$

式中，r 为环的平均半径。环中的磁感应强度 B 可用磁通计测出，于是可得一组对应的 B 和 H 值。改变电流 I，可依次测得 B 随 H 变化的函数关系，这样就可绘出一条 B 和 H 的关系曲线，这样的曲线叫作磁化曲线。

如果从铁磁质完全没有被磁化开始，逐渐增大线圈中的电流 I，得到的磁化曲线叫作起始磁化曲线，如图 15-9 所示。可以看出，H 较小时，B 随 H 近似成正比地增大，H 稍大后，B 便开始急剧增大，随后增大幅度减慢，当 H 达到某一值后再增大时，B 几乎不随 H 的增大而增大了，这时铁磁质达到磁饱和状态。

根据$\mu_r=\dfrac{B}{\mu_0 H}$还可求出不同H对应的μ_r值，于是可绘出μ_r随H变化的曲线，即μ_r-H曲线。可以看出，铁磁质的μ_r不是常数，它随磁场强度H而变化。

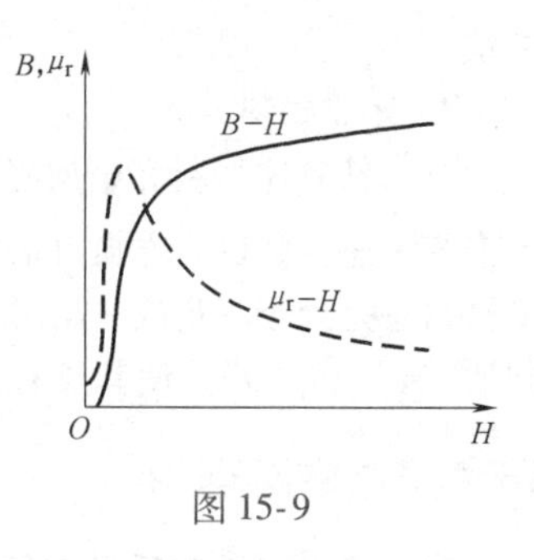

图15-9

实验表明，各种铁磁质的磁化曲线都是不可逆的，即达到饱和后，如果逐渐减小电流I，B并不沿起始磁化曲线逆向地随H的减小而减小，而是减小得比原来增加时慢，而且当$I=0$，从而$H=0$时，B并不为零，而是保持一定的值B_r，如图15-10中ab段所示。这种现象叫作磁滞效应，即当H恢复到零时，铁磁质中保留有磁感应强度B_r，叫作剩磁。这时撤去线圈，铁磁质就是一块永磁体。

要完全消除剩磁B_r，必须让电流I反向，只有当反向电流增大到一定值从而使反向的H增大到一定值时，介质才完全退磁，即$B=0$（见图15-10中bc段）。使介质完全退磁所需的反向磁场强度的大小叫作铁磁质的矫顽力，用H_c表示。铁磁质的矫顽力越大，退磁所需的反向磁场也越大。

继续增大反向电流以增大反向的H，可以使铁磁质达到反向磁饱和状态（见图15-10中cd段）。再将反向电流逐渐减小到零，铁磁质又会达到反向剩磁状态，相应的磁感应强度为$-B_r$（见图15-10中de段）。最后将电流又改回原来的方向并逐渐增大，铁磁质又会经H_c表示的状态回到原来的饱和状态（见图15-10中efa段）。这样，磁化曲线便形成一闭合的$B-H$曲线，叫作磁滞回线。由磁滞回线可看出，铁磁质中的B不是H的单值函数，它取决于铁磁质的磁化历史。不同的铁磁质具有不同宽窄的磁滞回线，表示它们具有不同的矫顽力。实验指出，当铁磁质在周期性变化的外磁场作用下反复磁化时，它会发热。这种因反复磁化发热而引起的能量损耗，叫作磁滞损耗。实验和理论证明，单位体积的铁磁质反复磁化一次，因发热而损耗的能量，与铁磁质材料的磁滞回线所包围的面积成正比，即磁滞回线所包围的面积越大，磁滞损耗也越大。

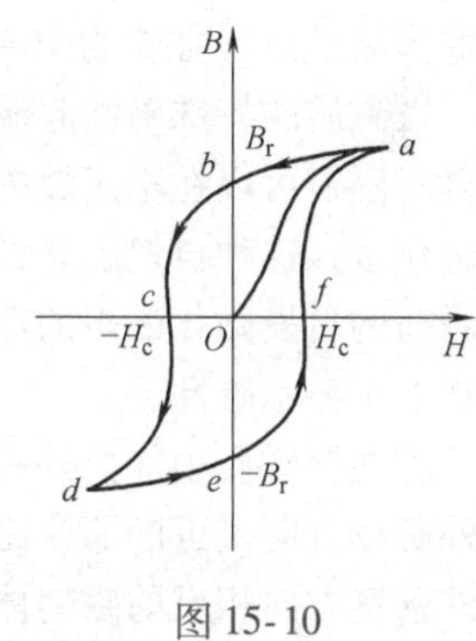

图15-10

15.4.2 铁磁质的分类

铁磁质可以根据其饱和磁滞回线的形状和矫顽力H_c的大小进行分类。它们的磁滞回线如图15-11所示。

1. 软磁材料

矫顽力很小（$H_c<10^2\,\mathrm{A/m}$），磁滞回线狭长的材料叫作软磁材料。如纯铁、硅钢、含铁、镍的坡莫合金等。软磁材料在交变磁场中的磁滞损耗小，所以常用来制作变压器、电动机和发电机的铁心。

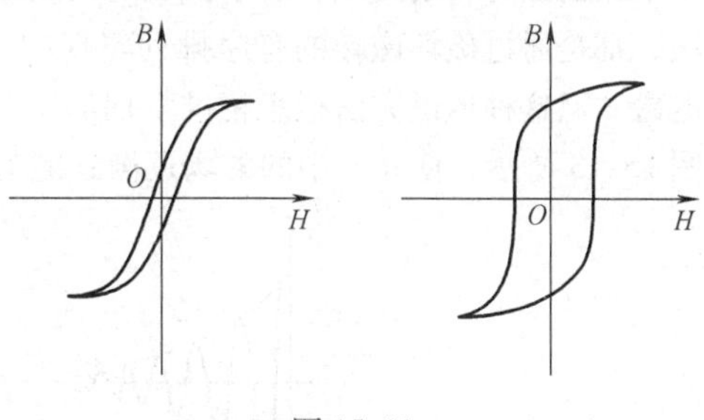

图15-11

2. 硬磁材料

矫顽力较大（$H_c=10^4\sim10^6\,\mathrm{A/m}$），磁滞回线较宽的材料叫作硬磁材料。如碳钢、钨钢、铁镍钴合金等。硬磁材料一旦磁化后，能保留很大的剩磁，并且这种剩磁不易消除，所以常作为永磁铁。

3. 矩磁材料

有些铁氧体材料和金属磁性材料，其磁滞回线接近矩形，其特点是剩余磁感应强度B_r接近于饱和磁感应强度，矫顽力很小。若把它放在不同方向的磁场中磁化，然后撤去外磁场，这种矩磁材料总是处于$+B_r$或$-B_r$两种剩磁状态，因此，电子计算机利用这两个剩磁状态分别代表二进制的“1”和“0”，使其具有“写入”和“读出”的功能，制成随机存取信息的磁存储器。

15.4.3 磁畴理论

我们可以将铁磁质具有的特殊磁性质总结为

（1）相对磁导率μ_r很大，能产生很强的与外磁场同方向的附加磁场B'；

（2）磁化强度随外磁场的变化呈现非线性和不可逆的变化，μ_r不是常数，它随磁场强度H而变化；

（3）外磁场撤除后仍能保持一定的磁性。

（4）铁磁质存在一个临界温度（T_c），在此温度以上铁磁性消失而转变为顺磁性，该临界温度称为居里点（如铁为1040K，钴为1088K，镍为631K）。

铁磁质的特殊磁性起源可以用磁畴理论来解释。铁磁质中的电子自旋磁矩可以在小区域内自发地平行排列起来，形成一个小的自发磁化区，这种自发磁化的小区域叫作磁畴。没有外磁场作用时，各磁畴的自发磁化磁矩的取向是无规则的，如图15-12所示，因而宏观上不显示磁性。

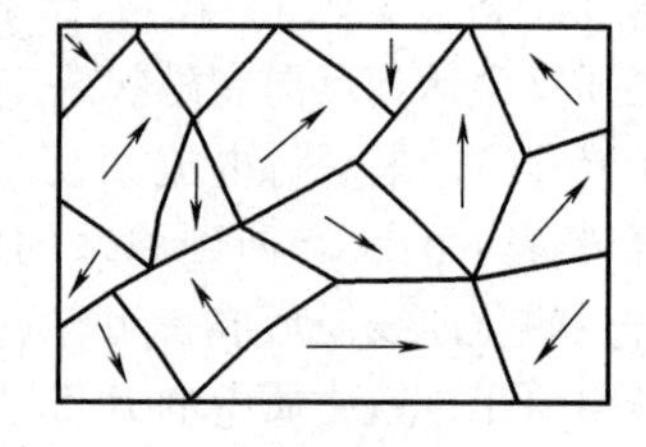

图15-12

若在铁磁质中加上外磁场，当逐渐增大外磁场时，磁矩的方向与外磁场方向接近的那些磁畴的体积会逐渐增大，而那些磁矩方向与外磁场方向相反的磁畴体积则逐渐缩小，继而其他磁畴的磁矩方向也将在不同程度上转向外磁场方向。这样，由于磁畴磁矩方向的有序程度提高了，因而宏观上呈现出磁性。最后，当外磁场增大到一定程度时，所有磁畴的磁矩都沿外磁场方向整齐排列，这时铁磁质的磁化就达到了饱和。这种磁化状态建立后，由于存在原子间的相互作用，使这种状态不易被扰动，因此，即使外磁场撤销，介质也可以有剩磁。磁滞现象也可以用磁畴的边界很难按原形状恢复来说明。存在临界温度（居里点），是因为在高于临界温度时分子的剧烈运动，磁畴会被瓦解，铁磁性消失呈现出顺磁性，当温度低于临界点时，铁磁性恢复。

根据铁磁材料的性质，对于磁化后的剩磁，我们可以采取针对性措施退磁，比如加热法和敲击法，都是通过破坏磁畴的有序排列实现的。也可以加反向磁场，提供一个矫顽力H_c，使铁磁质退磁。但这种退磁方法很难精准掌握加反向磁场的强度，实际中常用的是加交变衰减的磁场，如图15-13所示，使介质中的磁场逐渐衰减为0，比如应用在录音机的交流抹音磁头中。

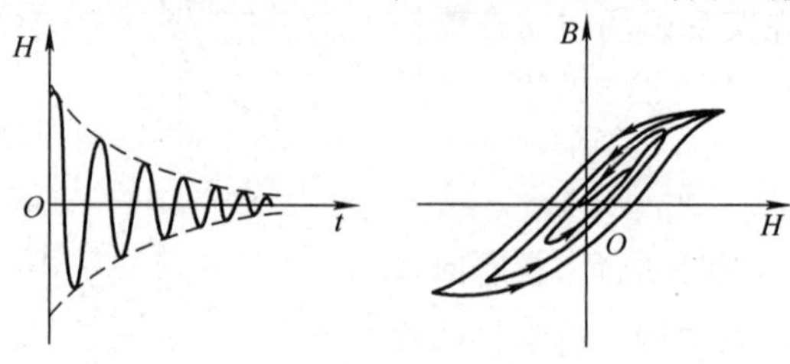

图15-13

现象解释

舰艇的磁场第一是由地磁场、电缆电流和电力电子设备对艇体的持续磁化积累的磁场，这些因素不受舰艇的经纬度和航态的影响，占主要成分。第二是感应磁场，某一时刻地磁场对潜艇的磁化，是一个实时的磁场，与潜艇的经纬度、航态有关，所占比例小于固定磁场。第三是杂散磁场，比如艇体凸出体的磁场，还有交变磁场（周期运动的铁磁体产生），所占比例极小。

消磁的方法主要是利用前面提到的加交变衰减的磁场，方式有临时线圈消磁法、固定绕组消磁法和综合消磁法。

1. 临时线圈消磁法通常是在消磁站或消磁船等专用场地进行，即在被消磁的舰船上临时绕上若干个线圈，通以强大的电流，由此消去舰船的固定磁性，直到剩余的磁场值符合消磁标准。

2. 固定绕组消磁法则是在舰艇内部设置若干组固定线圈，借助于消磁电流整流器，在固定线圈中产生会随航向和海区变化的消磁电流，由此补偿掉舰艇的感应磁场。固定绕组可随时消除舰艇的感应磁场，使舰艇的剩余磁场很小且能保持稳定。

3. 综合消磁的原理就是利用退磁原理和无磁滞磁化原理，在工作线圈中通交变衰减电流，从而实现对既有磁场消除的目的。

潜艇的固定磁场较大，必须通过大功率的消磁站进行全面消磁。但潜艇在消磁站消完磁后，感应磁场远大于剩余固定磁场，成为潜艇磁场中的主要成分，故消磁站并不能取代舰艇自身消磁系统。

思维拓展

北宋时，曾公亮在《武经总要》载有制作和使用指南鱼的方法：“用薄铁叶剪裁，长二寸，阔五分，首尾锐如鱼形，置炭火中烧之，候通赤，以铁钤钤鱼首出火，以尾正对子位，蘸水盆中，没尾数分则止，以密器收之。用时，置水碗于无风处平放，鱼在水面，令浮，其首常向午也。”这段生动的描述包含了对铁磁性的哪些认知？

物理知识拓展

1. 磁路问题处理的思想方法

由于铁磁材料的磁导率μ很大（数量级在$10^2 \sim 10^3$以上），铁心有使磁感应通量集中到自己内部的作用。例如，如图15-14a所示，一个没有铁心的载流线圈产生的磁通量是弥散在整个空间的，若把同样的线圈绕在一个闭合或差不多闭合的铁心上，如图15-14b所示，则不仅磁通量的数值大大增加，而且磁感应线几乎是沿着铁心的。换句话说，铁心的边界就构成一个磁感应管，它把绝大部分磁通量集中到这个管子里。这一点和一个电路很相似，当我们把一根导线接在电源的两端时，电流集中在导线内并沿着它流动，如图15-14c所示。因此，人们常常把由铁芯（或一定的间隙）构成的这种磁感线集中的通路叫作磁路。

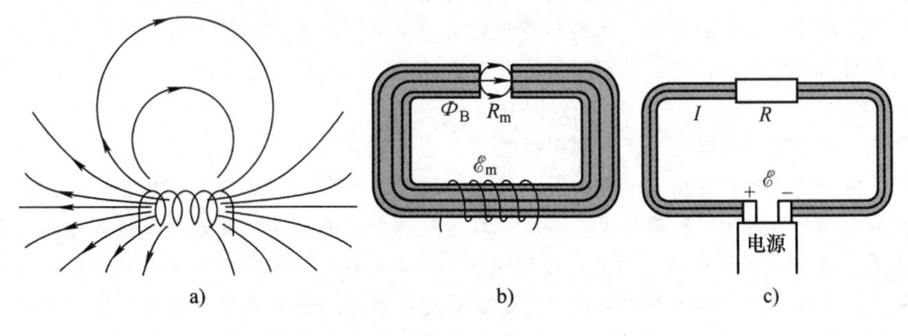

图15-14

磁路与电路之间的相似性为我们提供了一个分析和计算磁场分布的类比关系，从而有关电路的一些概念和分析问题的方法都可借用过来。

2. 磁力表座的原理

磁力表座就是利用了磁路原理控制与被吸附表面的吸合或放开。其外壳为两块导磁体（铸铁），中间用不导磁的铜板隔开。内部有一个可以旋转的永磁体，此磁体N、S极方向如图15-15所示，通过旋转磁极方向，控制磁通的分断和接通。当磁体旋转到图15-15a所示位置，磁感线的导通回路为表座的导磁外壳和与之相接的铁版，此时表座牢牢地吸附在铁板表面；旋转90°后，如图15-15b所示，磁感线的通路变为表座的导磁外壳自身，此时表座与铁板间无磁力，可以轻松取走。

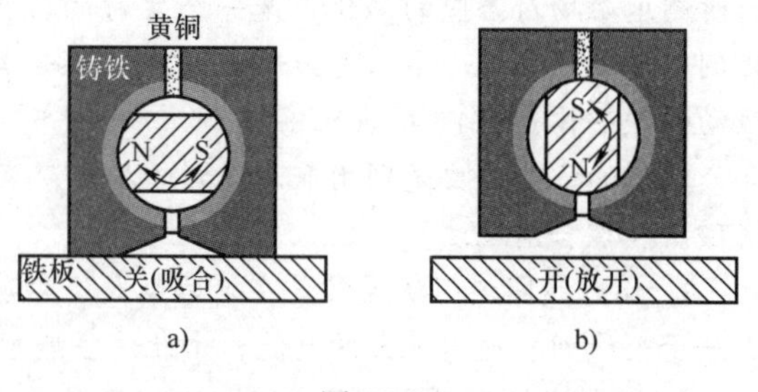

图15-15

3. 磁粉无损探伤

磁粉无损探伤，是利用工件缺陷处的漏磁场与磁粉的相互作用。钢铁制品表面和近表面缺陷（如裂纹，夹渣，发纹等）处的磁导率和钢铁磁导率是有差异的，磁化后这些材料不连续处的磁场将发生畸变，形成表面漏磁场，从而吸引磁粉形成缺陷处的磁粉堆积——磁痕，如图15-16所示，在适当的光照条件下，显现出缺陷位置和形状，对这些磁粉的堆积加以观察和解释，就实现了磁粉探伤。

4. 磁屏蔽

在实际中（例如做精密的磁场测量实验时）往往需要把一部分空间屏蔽起来，免受外界磁场的干扰，铁心具有把磁感应线集中到内部的性质，就提供了制造磁屏蔽的可能性。磁屏蔽的原理可借助并联磁路的概念来说明。如图15-17所示，将一个铁壳放在外磁场中，则铁壳的壁与空腔中的空气可以看成是并联的磁路，由于空气的磁导率μ接近于1，而铁壳的磁导率至少有几千，所以空腔的磁阻比铁壳壁的磁阻大得多。这样一来，外磁场的磁感应通量中绝大部分将沿着空腔两侧的铁壳壁内“通过”，“进入”空腔内部的磁通量是很少的，这就可以达到磁屏蔽的目的。

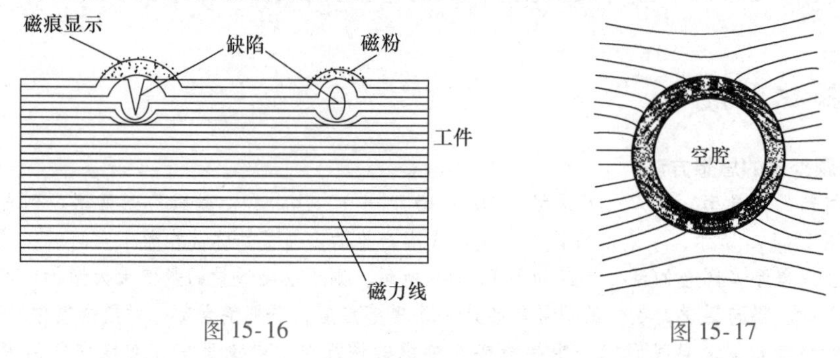

图15-16　　图15-17

应当指出，用金属导体壳制作的静电屏蔽的效果远比其磁屏蔽好得多，这是因为金属导体的电导率一般要比空气的电导率大十几个数量级，而铁与空气的磁导率差别远没有那样大。为了达到更好的磁屏蔽效果，可以采用多层铁壳的办法，把漏进空腔里的残余磁通量一次次地屏蔽掉。

5. 磁光记录

磁光记录是一种新型的存储技术，它利用磁性介质的热效应来记录信息。通常在一磁性介质薄膜上加一特定外磁场，使介质的磁化方向向上或向下，并分别用来表示“0”和“1”这两个状态。开始记录信息时，使磁介质各个部分的磁化方向都向下，然后用激光照射介质表面某一部分，使该区域的温度T高于介质的居里温度T_{C}，从而使该区域磁化消失成为顺磁区，然后再在外加偏磁场作用下使该区域的磁化方向向上，并撤去激光，温度下降，该区域的磁化方向就被固定了下来。当激光束照射到介质的下一个微小区域时，同样可使这一区域的磁化方向在外磁场的调控下发生向上或向下的变化，根据外来信息以“0”和“1”的状态记录在薄膜上。信号的擦除过程与记录过程相反，只要在该区域加热时，施以大小适当、方向相反的偏磁场，就可以使介质复原，从而消除读入的信号。

本章知识导图

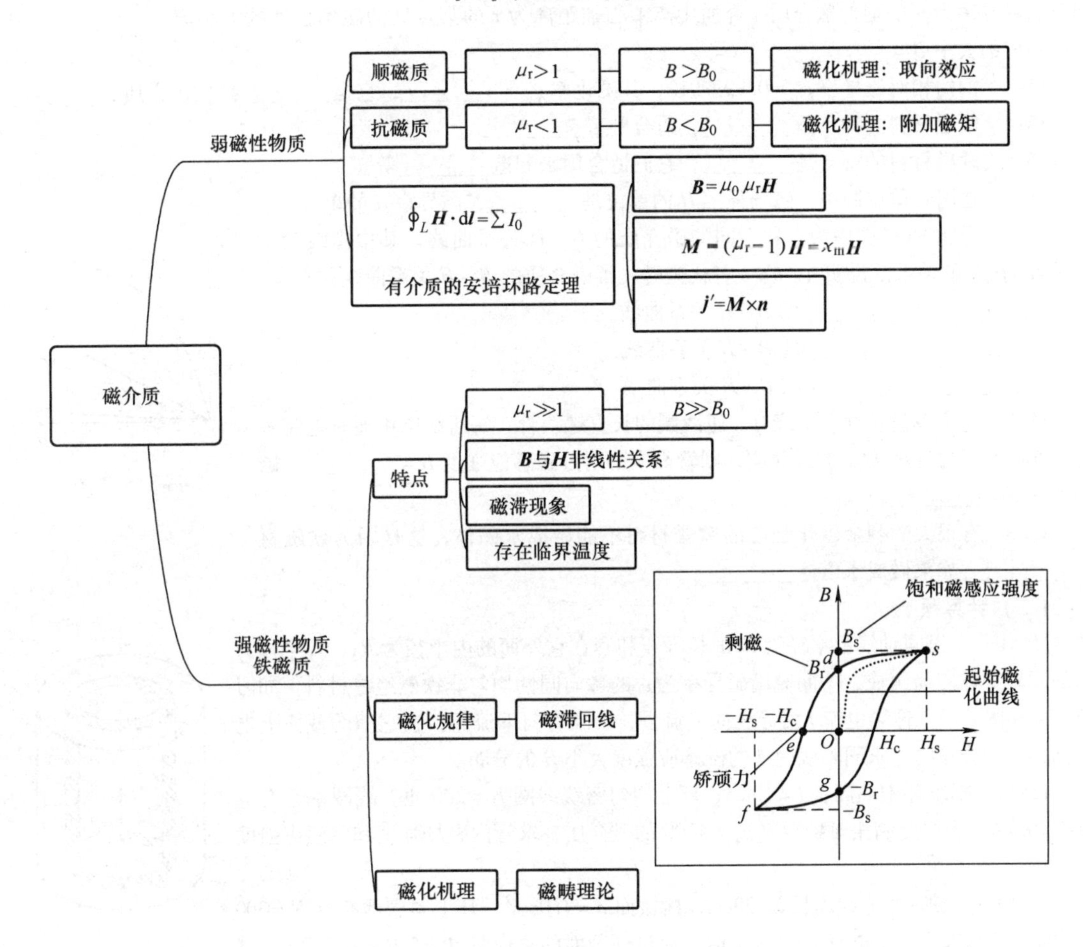

思考与练习

思考题

15-1 用细绳将顺磁棒水平悬挂起来，置于两磁极之间，顺磁棒将会旋转至平行于磁场方向，为什么？如果换成抗磁棒呢？

15-2 将一块铁磁材料制成的永磁体加热到它的居里温度以上，它将会转变为顺磁质。之后使它自然降温到室温，此时它是顺磁质、抗磁质还是铁磁质？它现在还有磁性么？

15-3 条形磁铁平时不用时，最好将它们两两成对的、N 极和 S 极相互靠近的放置，为什么？

练习题

（一）填空题

15-1 一个绕有 500 匝导线的平均周长为 50cm 的细环，当载有 0.3A 电流时，铁心的相对磁导率为 600。（$\mu_0=4\pi\times10^{-7}\mathrm{N/A^2}$）

（1）铁心中的磁感强度 B 为______________；

（2）铁心中的磁场强度 H 为________________。

15-2 长直电缆由一个圆柱导体和一共轴圆筒状导体组成，两导体中有等值反向均匀电流 I 通过，其间充满磁导率为 μ 的均匀磁介质，介质中离中心轴距离为 r 的某点处的磁场强度的大小 $H=$________，磁感应强度的大小 $B=$________。

15-3 铜的相对磁导率 $\mu_r=0.9999912$，其磁化率 $\chi_m=$________，它是________磁性磁介质。

15-4 硬磁材料的特点是________，适合制造________。

15-5 软磁材料的特点是________，它们适合用来制造________等。

15-6 在国际单位制中，磁场强度 H 的单位是________，磁导率 μ 的单位是________。

15-7 习题 15-7 图中为三种不同的磁介质的 $B-H$ 关系曲线，其中虚线表示的是 $B=\mu_0 H$ 的关系。说明 a，b，c 各代表哪一类磁介质的 $B-H$ 关系曲线：

a 代表________________的 $B-H$ 关系曲线。

b 代表________________的 $B-H$ 关系曲线。

c 代表________________的 $B-H$ 关系曲线。

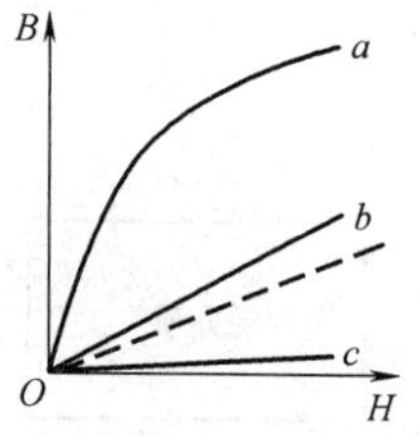

习题 15-7 图

15-8 一个单位长度上密绕有 n 匝线圈的长直螺线管，每匝线圈中通有电流 I，管内充满相对磁导率为 μ_r 的磁介质，则管内中部附近磁感应强度 $B=$________，磁场强度 $H=$________。

15-9 有很大的剩余磁化强度的软磁材料不能做成永磁体，这是因为软磁材料________，如果做成永磁体________。

（二）计算题

15-10 一根同轴线由半径为 R_1 的长导线和套在它外面的内半径为 R_2、外半径为 R_3 的同轴导体圆筒组成，中间充满磁导率为 μ 的各向同性均匀非铁磁绝缘材料，如习题 15-10 图所示。传导电流 I 沿导线向上流去，由圆筒向下流回，在它们的截面上电流都是均匀分布的。求同轴线内外的磁感应强度大小 B 的分布。

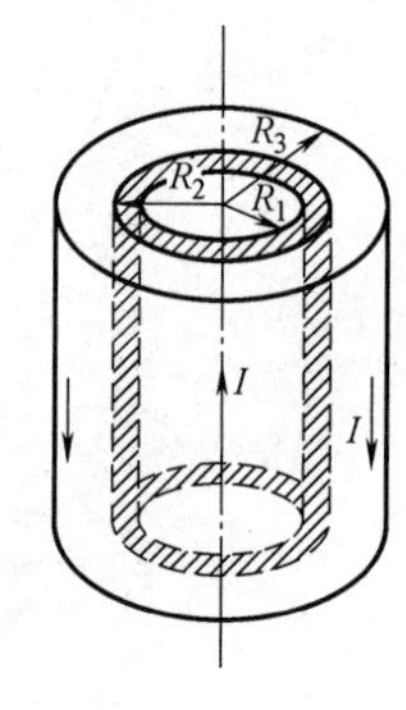

习题 15-10 图

15-11 螺绕环中心周长 $l=10\text{cm}$，环上均匀密绕线圈 $N=200$ 匝，线圈中通有电流 $I=0.1\text{A}$，管内充满相对磁导率 $\mu_r=4200$ 的磁介质，求管内磁场强度和磁感应强度的大小。

15-12 一铁环中心线周长 $l=30\text{cm}$，横截面 $S=1.0\text{cm}^2$，环上紧密地绕有 $N=300$ 匝线圈，当导线中通有电流 $I=32\text{mA}$ 时，通过环截面的磁通量 $\Phi=2.0\times10^{-5}\text{Wb}$，试求铁心的磁化率 χ_m。

阅读材料

1. 阿尔法磁谱仪的空间探测

阿尔法磁谱仪（AMS）是探测空间物质的大型磁谱仪，它的目的在于探测宇宙中的奇异物质，包括暗物质及反物质。1998 年 6 月，AMS 由“发现号”航天飞机第一次送入宇宙空间，进行了历时约 10 天的试验性探测，它依靠一个巨大的超导磁铁及 6 个超高精确度的探测器来完成搜索使命。

根据现代科学研究中的一些学说，宇宙中除一般见到的物质（即正物质）以外，还应存在着反物质，即由质量相同但电荷符号相反的反电子（即正电子）、反质子和反中子组成的反原子构成的物质，如反氦和反碳等；除用光学方法探测到的一般物质以外，还应存在用光学方法探测不到的暗物质。反物质和暗物质在磁场中运动时会表现出不同的特点，因而可以用探测器探测出来。

AMS 能精确测量宇宙中带电粒子的动量和电荷，其核心部分是中国研制的一台用钕铁硼材料制成的大型永磁体，直径1.2m，高0.8m，质量为2.2t，中心磁场强度为0.136T。太空实验中对磁谱仪的磁体要求极为严格，不仅要磁场强、接收度大、重量轻，而且偏磁和磁偶极矩必须非常小，并能经受航天飞机起飞和着陆时的加速度和剧烈振动。AMS磁铁初样制造出来后，经历了10多项振动和离心试验，试验表明，磁体性能完全达到了预定指标。

AMS的研制工作是由美籍华裔物理学家、1976年度诺贝尔物理学奖获得者丁肇中教授提出并领导的大型国际合作科学研究项目，有美国和中国等10多个国家和地区的37个科研机构参加，其中包括北京卫星环境工程研究所。美国已计划将新的阿尔法磁谱仪（AMS-2）送入国际空间站，继续寻找反物质。探测结果有可能解答关于宇宙大爆炸一些重要的疑问，例如“为何宇宙大爆炸产出如此少的反物质”或“何种物质构成了宇宙中看不见的质量”。

2. 磁致伸缩材料的研究应用现状

磁致伸缩现象是由英国物理学家焦耳于19世纪40年代首先发现的。磁致伸缩就是物体在受到外磁场作用时，会沿磁化方向发生微量伸长和缩短。这种现象的产生是因为铁磁材料或亚铁磁材料在居里点温度以下发生磁化，形成大量磁畴，在每个磁畴内晶格都发生形变，其磁场强度的方向是自发形变的主轴。在无外加磁场时，磁畴的磁化方向是随机取向的，不显示宏观效应。在外加磁场作用下，大量磁畴的磁化方向转向外磁场方向，其宏观效应表现为材料在磁场线方向的伸长或缩短，即所谓的正、负磁致伸缩。相反，当材料受到压力或张力作用而使材料长度发生变化时，材料内部的磁化状态也随之改变，即磁致伸缩逆效应。

维德曼效应作为磁致伸缩效应的特例，是指铁磁体同时为纵向磁场和环周磁场所磁化时，试件发生扭转的现象。逆维德曼效应可视为逆磁致伸缩效应的特例，其实验现象包括：置于环周磁场中的铁磁体受到扭转变形时会产生纵向磁化；置于纵向磁场中的铁磁体受到扭曲变形时，会产生轴向磁化。

传统的磁致伸缩材料的饱和磁致伸缩应变λ_s很小，虽然已利用它来制造电声与水声换能器，但是始终没有得到广泛的推广。20世纪70年代以来，人们又发展了超磁致伸缩材料，其λ_s值很大，较传统的磁致伸缩材料要大到两个数量级以上，即由传统材料的$(10\sim100)\times10^{-6}$提高到$(1000\sim2500)\times10^{-6}$。新型的超磁致伸缩材料，尤其适合于大功率的场合。一方面，它具有很高的机械强度，大功率时不会引起系统的破坏；另一方面，因压电陶瓷材料在制造时通过一定电场产生的剩余极化会随时间的推移而退化，称为退极化。而超磁致伸缩材料则不存在类似的问题，对于大功率传感器，即使是瞬时的过载也可能使压电材料产生永久的退极化，而超磁致伸缩材料即使是加热到居里点以上也只是瞬时伸缩，温度一下降即可恢复原状，工作十分稳定可靠。

磁致伸缩材料具有电磁能与机械能或声能相互转换的功能，1940年，磁致伸缩技术首先被成功地应用在潜艇声呐探测距离系统上。20世纪60年代，稀土元素的加入使磁致伸缩应变升高到10^{-3}数量级，磁致伸缩效应才具有了真正的商业应用价值。它主要应用于水声或电声换能器（如声呐的水声发射与接收器、超声换能器）、各种驱动器（如机械功率源、精密加工、激光聚焦控制微位器、照相机、线性马达、延迟线、机器人的功能器件等）、减振与消振系统器件、各种运载工具（如汽车、飞机、航天器等）及液体与燃油的喷射系统等。

第16章　变化的电场和磁场

历史背景与物理思想发展

1820年奥斯特发现电流的磁效应后，在科学界引起了巨大的轰动，引发了人们对电现象和磁现象内在联系的讨论。既然电流能够激发磁场，人们自然想到磁场是否也会产生电流。法拉第设想，既然电荷可以感应周围的导体使之带电，磁铁可以感应铁质物体使之磁化，那为什么电流就不可以在周围导体中感应出电流来呢？于是，他试图从静止的磁力对导线或线圈的作用中产生电流，但是他的努力失败了。1831年8月29日，法拉第终于取得了突破性进展。他发现，一个通电线圈的磁力虽然不能在另一个线圈中引起电流，但是，当通电线圈的电流刚接通或中断的时候，另一个线圈中的电流计指针有微小偏转。法拉第用实验揭开了电磁感应现象的神秘面纱，其成功的关键就在于摆脱固定的限制，让电流变化。电磁感应现象的发现是电磁学发展史上具有里程碑意义的重大事件，标志着电磁学的研究实现了从静电、恒磁向运动电荷、变化磁场的跨越。

1831年10月28日法拉第发明了圆盘发电机，这是法拉第的第二项重大发明。这个发电机结构虽然简单，但却是人类创造出的第一个发电机。法拉第对电磁学的贡献不仅是发现了电磁感应，他还发现了光磁效应（也叫法拉第效应）、电解定律和物质的抗磁性。他在大量实验的基础上创建了力线思想和场的概念，为麦克斯韦电磁场理论奠定了基础。

1833年楞次进一步发现楞次定律，说明感应电流的方向。1845年诺埃曼把法拉第电磁感应现象的定性描述用数学形式表达了出来。

电磁理论在发展中产生过两大学派，一是以安培、纽曼和韦伯为代表的“源派”，他们主要从超距作用的观点出发研究电磁现象，认为电磁作用是直接的、瞬时的，不需要传递媒质和传递时间，不存在所谓的电磁场。但是他们的理论还不能说明电磁感应现象，也没有包括库仑定律，对静电领域也无能为力。二是以法拉第和麦克斯韦为代表的“场论派”，他们从近距作用的观点出发研究电磁现象，认为电磁作用是以电磁场为媒质传递的，需要传递时间。法拉第从大量的电磁实验研究中提出了描绘电磁作用的“力线”思想，认为在带电体和磁体周围存在着某种特殊的状态，并用电力（场）线和磁力（感）线来描述这种状态。力线是物质的，充满整个空间，把相异的电荷和相异的磁极联系起来，力线的疏密反映了场的强弱。力线或场是认识电磁现象必不可少的组成部分，它甚至比产生或汇集它们的“源”更具有研究价值。近距作用的场论思想、寻求联系追求统一的不懈努力和对实际应用的关注，是法拉第学术生涯的鲜明特点，体现了物理学固有的“崇尚理性、崇尚实践、追求真理”的伟大精神。

麦克斯韦继承了法拉第的力线思想，坚持近距作用，同时又正确地吸取了“源派”的成果，在两种不同学说争论的背景下，创建了电磁场理论。他在创建电磁场理论的过程中实现了三次飞跃，前后历程达十余年。1856年，麦克斯韦通过类比的方法，用不可压缩流体的流线类比法拉第的力线，把流线的数学表达式应用到静电理论中，明确了两类不同的概念，一类相当于流体中的力，也就是$\boldsymbol{E}$和$\boldsymbol{H}$；另一类相当于流体的流量，$\boldsymbol{D}$和$\boldsymbol{B}$属于这一类。麦克斯韦进一步讨论了这两类量的性质，流量服从连续性方程，可以沿曲面积分，而力则应该进行线积分。

1861 年，麦克斯韦认识到，电磁现象与流体力学现象有很大差别，如流线越密的地方压力越小，流速越快，而力线越密，应力越大，两者不宜类比。电现象与磁现象也无法简单类比，如从电解质现象中知道电的运动是平移运动，而从偏振光在透明晶体中旋转的现象看，磁的运动好像是介质中分子的旋转运动。意识到几何上的类比无法洞察事物的本质，于是，麦克斯韦转向运用模型来建立假说，“位移电流”假设在电磁场理论中具有非常重要的地位。这是一个重大的突破，然而如果没有足够的胆识，是难以做出决断的，因为在这以前，甚至在麦克斯韦去世时 (1879 年)，还没有人做出过可靠的实验，证明位移电流的存在。

1865 年，麦克斯韦把法拉第的电磁近距作用思想和安培开创的电动力学规律结合在一起，全面阐述了电磁场的含意，他指出：“电磁场是包含和围绕着处于电或磁状态的物体的那部分空间，它可能充有任何一种物质”，“介质可以接收和储存两类能量，即由于各部分运动的‘实际能’（即动能）和介质因弹性从位移恢复时要做功的‘位能’。”他还运用类比方法说明电流的电磁动量，这个量代表了“电应力状态”，就是先前用过的矢势 A。麦克斯韦提出了电磁场的普遍方程组，共 20 个方程，包括 20 个变量，建立了电磁场理论。直到 1890 年，赫兹才给出简化的对称形式，整个方程组只包括四个矢量方程，一直沿用至今。爱因斯坦评价麦克斯韦：“自从牛顿奠定理论物理学的基础以来，物理学的公理基础的最伟大的变革，是由法拉第和麦克斯韦在电磁现象方面的工作所引起的”。“这样一次伟大的变革是同法拉第、麦克斯韦和赫兹的名字永远连在一起的，而这次革命的最大部分出自麦克斯韦。”

16.1 电磁感应定律

物理现象

海上反潜作战是维护国家海洋安全、维护海上作战力量安全的重要手段。海上反潜方式之一是利用机载磁探仪对水下环境磁场进行航测，磁通门磁力仪是在第二次世界大战中发展起来的机载磁探仪之一，其原理是通过数据处理探测潜艇活动造成地磁场的变化和异常，进而实现对潜艇的确认和定位。

磁通门磁力仪是如何检测地磁场的变化，从而对潜艇进行探测的呢？

物理学基本内容

16.1.1 电磁感应现象

1820 年，奥斯特发现了电流的磁效应，从一个侧面揭示了电现象和磁现象之间的联系。既然电流可以产生磁场，人们自然也联想到，磁场是否也能产生电流呢？英国物理学家法拉第经过十年努力，于 1831 年第一次发现了因磁场变化而在回路中产生电流的现象，而后总结出相应的电磁感应规律。下面结合几个典型的电磁感应实验，说明电磁感应现象及其产生的条件。

如图 16-1 所示，线圈与灵敏电流计相连。当条形磁铁不动时，灵敏电流计中无电流（见图 16-1a)。但是当条形磁铁插入或拔出闭合线圈时（见图 16-1b)，电流计的指针都会发生偏转，显示线圈回路中产生电流，且条形磁铁插入或拔出线圈的速率越大，电流计指针的偏角就越大。如果用一个载有恒定电流的螺线管代替条形磁铁，可得到相同的实验结果（见图 16-1c），只有当载流螺线管与线圈有相对运动时才会有电流。进一步地，用图 16-1d 所示的装置，令两线圈无相对运动，当开关接通或断开时，线圈回路中亦有电流。可见，相对运动不是线圈回路中产生电流的原因。那么产生电流的原因是什么呢？

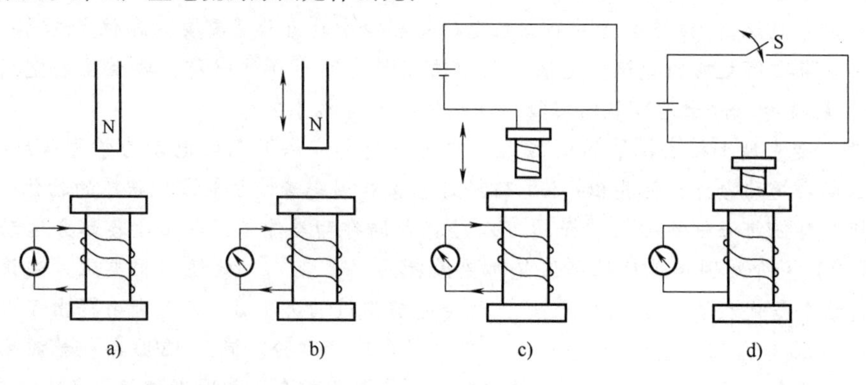

图 16-1

上述实验中，回路内产生电流的原因似乎不同，但经过仔细分析，不难发现它们有一个共同的特点，就是穿过闭合导体回路的磁通量都发生了变化，并且电流的大小与磁通量变化的快慢有关，磁通量变化越快，电流就越大，反之则越小。我们把这种由于磁通量变化而产生电流的现象称为电磁感应现象，回路中产生的电流称为感应电流，相应的电动势称为感应电动势。

16.1.2 楞次定律

1833 年，楞次在总结大量实验结果的基础上，提出了一个判定感应电流方向的定律：闭合回路中感应电流的方向，总是使它产生的磁通量去阻碍引起感应电流的磁通量的变化。“阻碍”磁通量的变化是指：当磁通量增加时，感应电流的磁通量阻碍它的增加；当磁通量减小时，感应电流的磁通量阻碍它的减小。如图 16-2 所示的条形磁铁靠近或远离闭合线圈的过程。当条形磁铁向左运动靠近线圈时，线圈中的磁场 $\boldsymbol{B}$ 向左且在增强，故磁通量 Φ_{m}增加，按楞次定律，感应电流 I'的磁通量 Φ'_{m} 应阻碍 Φ_{m}的增加，即感应电流在线圈中的磁场 $\boldsymbol{B}'$应与 $\boldsymbol{B}$ 的方向相反即向右（见图 16-2a 中虚线），再根据右手螺旋法则，可以确定感应电流 I'的方向如图导线中的箭头所示。反之，当条形磁铁向右运动远离线圈时，穿过线圈的磁通量减小，感应电流激发的磁场方向向左（见图 16-2b 中虚线），感应电流方向如图导线中的箭头所示。

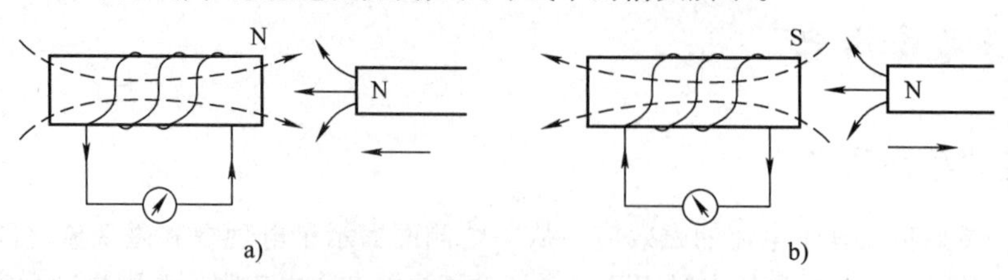

图 16-2

楞次定律实际是能量守恒定律在电磁感应现象中的反映，借助上述实验可以说明楞次定律的这一物理意义。在实验中闭合线圈里有感应电流产生，于是线圈中应有电能释放出来。这些能量究竟是从哪里来的呢？观察图 16-2a，感应电流所激发磁场的磁感线如图中虚线所示，如果把这个线圈看作是磁铁，其右端就相当于 N 极，它刚好与条形磁铁的 N 极相排斥。为使条形磁铁向左运动，外力就必须要克服斥力而做功。通过做功，磁铁运动的机械能转化为线圈中的电能。如果感应电流的方向不符合楞次定律，图 16-2a 中线圈中的右端就相当于 S 极，它与向左运动的条形磁铁的左端 N 极相互吸引，导致条形磁铁在此吸引力的作用下向左加速运动，线圈中磁通量变化的越来越快，产生的感应电流越来越大，线圈与条形磁铁的吸引力也就越来越强。这一过程中，在没有外力做功的情况下，条形磁铁的动能不断变大，感应电流释放的焦耳热也越来越多，这显然是违反能量守恒定律的。可见，能量守恒定律要求感应电流或者说感应电动势的方向服从楞次定律。

16.1.3　法拉第电磁感应定律

法拉第电磁感应定律是感应电动势所服从的定量规律，它既描述了感应电动势的大小，又给出了感应电动势的方向。

1. 关于法拉第电磁感应定律的两个约定

在电磁感应现象中，只有当穿过闭合回路所围面积的磁通量发生变化时，回路中才会产生感应电动势，这是法拉第在总结大量实验事实基础上得出的结论。我们将各种形式的闭合回路模型化为如图 16-3 所示的回路 l，并做如下两个约定，以使法拉第电磁感应定律的表述更简洁。约定一：任选一个方向作为回路 l 绕行的正方向（图 16-3 中为逆时针方向），在回路上的物理量，如电动势、电流等，均以该方向作为参考方向来决定它们符号的正、负。约定二：按右手螺旋关系确定闭合回路所围曲面 S 的法向 $\boldsymbol{n}$，即右手四指沿回路绕行正方向弯曲时，大拇指的指向为 $\boldsymbol{n}$ 方向（见图 16-3），定义于该面积上的物理量，如磁通量，$\Phi_m = \int_S \boldsymbol{B}\cdot \mathrm{d}\boldsymbol{S}$，以该方向来决定其符号，如果磁场向上则磁通量为正，磁场向下则磁通量为负。在本章我们也把以回路为边界的曲面上的磁通量简称为回路中的磁通量。

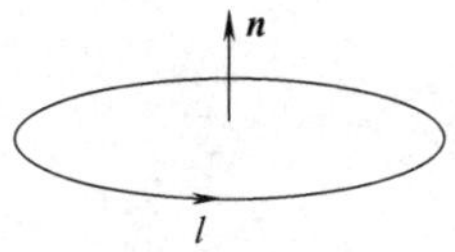

n
l

图 16-3

2. 法拉第电磁感应定律

在上述约定下，法拉第电磁感应定律可表述为：当回路中的磁通量 Φ_m 变化时，在回路上产生的感应电动势为

$$\mathscr{E}_i = -\frac{\mathrm{d}\Phi_m}{\mathrm{d}t} \tag{16-1}$$

即感应电动势等于回路中的磁通量对时间的变化率的负值。显然，感应电动势的大小为

$$\mathscr{E}_i = \left|\frac{\mathrm{d}\Phi_m}{\mathrm{d}t}\right| \tag{16-2}$$

可见，感应电动势的大小与磁通量对时间的变化率成正比，或者说与磁通量变化的快慢有关，而与原来磁通量的大小无关。

下面我们来分析如何用法拉第电磁感应定律判定感应电动势的方向。如图 16-4a 所示的闭合回路 l，取逆时针方向为回路的绕行正方向，曲面的法向向上。条形磁铁 N 极朝上并向上运动，则回路中的磁场 $\boldsymbol{B}$ 向上且在增强，按磁通量的定义，回路中的磁通量 Φ_m 为正，且在增加，即磁通量随时间的变化率 $\frac{\mathrm{d}\Phi_m}{\mathrm{d}t}$ 也为正。按法拉第电磁感应定律，感应电动势 $\mathscr{E}_i$ 应为负值，即逆着回路的正方向，为顺时针方向。这个方向显然与楞次定律判定的方向一致。若条形磁铁向下运动，$\boldsymbol{B}$

在减弱，如图 16-4b 所示，则 Φ_m 在减小，$\frac{d\Phi_m}{dt}$ 为负，则 $\mathscr{E}_i$ 应为正，即为逆时针方向，这也正是楞次定律指出的方向。读者可以自己验证图 16-5 的其他情况。从上述的分析中我们可以得到一个启示，即在法拉第电磁感应定律中的负号，实际上代表着对感应电动势方向的判定，是楞次定律的数学表示。顺便说明一下，以后我们在提到电磁感应定律时，通常是指楞次定律和法拉第电磁感应定律这两个实验定律的全部内容。

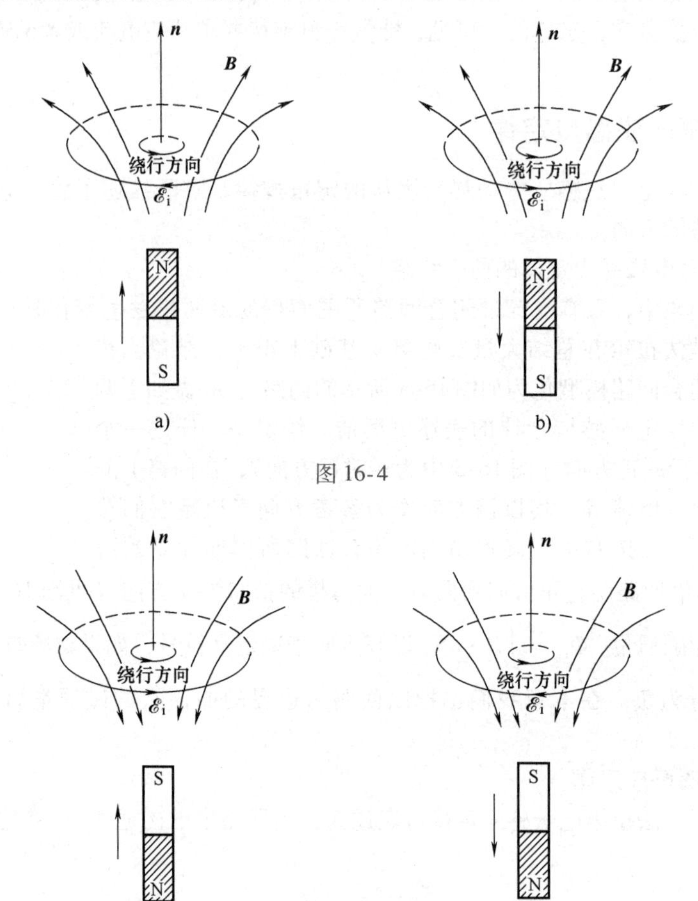

图 16-4

图 16-5

电磁感应定律具有瞬时性，即磁通量的瞬时变化率决定感应电动势在该瞬时的大小和方向。

有时一个闭合回路是由多匝线圈串联组成的，此时回路的总电动势应该是每匝线圈中的电动势之和。设穿过各匝线圈的磁通量分别为 Φ_{m1}，Φ_{m2}，…，Φ_{mN}，则总电动势为

$$\mathscr{E}_i = -\left(\frac{d\Phi_{m1}}{dt} + \frac{d\Phi_{m2}}{dt} + \cdots + \frac{d\Phi_{mN}}{dt}\right) = -\frac{d}{dt}\left(\sum_{i=1}^{N}\Phi_{mi}\right) = -\frac{d\Psi_m}{dt} \tag{16-3}$$

式中，$\Psi_m = \sum \Phi_{mi}$ 为各匝线圈磁通量的总和，称为全磁通或磁链。在简单情况下，各匝线圈的磁通量相等，则全磁通 $\Psi_m = N\Phi_m$，其中，Φ_m 为一匝线圈的磁通量，有

$$\mathscr{E}_i = -\frac{d\Psi_m}{dt} = -\frac{d(N\Phi_m)}{dt} = -N\frac{d\Phi_m}{dt} \tag{16-4}$$

式（16-4）是确定感应电动势大小和方向的普遍公式，由于用楞次定律来判定感应电动势的方向更方便，为简化实际计算，我们常使用楞次定律来判断电动势的方向，用法拉第电磁感应定律式（16-2）来确定感应电动势的大小。

3. 感应电流和感应电荷量

若闭合回路的电阻为 R，则感应电流为

$$I_{\mathrm{i}}=\frac{\mathscr{E}_{\mathrm{i}}}{R}=-\frac{1}{R}\frac{\mathrm{d}\Phi_{\mathrm{m}}}{\mathrm{d}t} \tag{16-5}$$

其中各量的方向约定与电磁感应定律中的方向约定相同。若回路中只有感应电流，则在 t_1 到 t_2 时间内流过闭合回路任一截面的感应电荷量为

$$q=\int_{t_1}^{t_2}I_{\mathrm{i}}\mathrm{d}t=-\frac{1}{R}\int_{\Phi_{\mathrm{m1}}}^{\Phi_{\mathrm{m2}}}\mathrm{d}\Phi_{\mathrm{m}}=\frac{1}{R}(\Phi_{\mathrm{m1}}-\Phi_{\mathrm{m2}}) \tag{16-6}$$

其方向约定和电磁感应定律相同。上式表明，一段时间内的感应电荷量与该段时间内回路中的磁通量的变化量成正比，而与磁通量的变化率无关。

现象解释

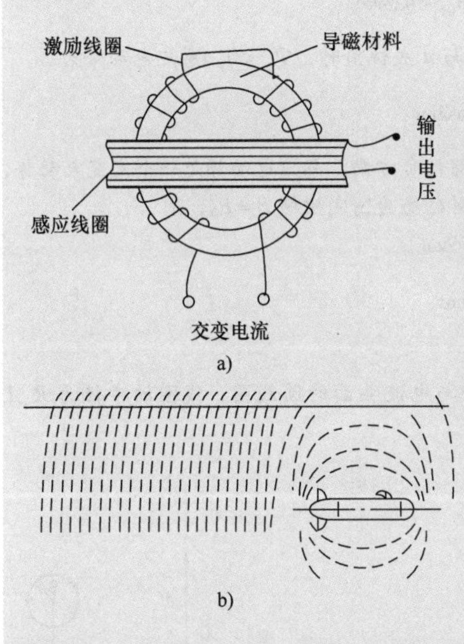

a)

b)

磁通门磁力仪测量环境磁场的原理就是基于法拉第电磁感应定律。以环形芯磁通门为例，它的磁探头主要由环芯（高磁导率 μ_{r} 的导磁材料）、激励线圈和感应线圈构成，如图 a 所示，激励线圈对称绕制在环芯上，感应线圈绕制其外。当激励线圈中通以交变电流时，在环芯左右两边产生大小相等、方向相反的激励磁场，环芯内磁通量为零，激励磁场的存在只是使铁芯的磁导率发生周期性的变化。当铁芯没有被磁化到饱和时，磁导率很大，环境磁场的磁感线进入环芯，并且环境磁场 B_0 与环芯磁化后的磁场 B 间的关系为 $B=\mu_{\mathrm{r}}B_0$，此时环境磁场被放大。当环芯磁化饱和时，磁导率很小，环境磁场的磁感线被阻断而无法进入环芯。在环芯被反复磁化的过程中，磁导率的变化对环境磁场好像是一道"门"，让环境磁场的磁感线通过或者关断，达到被调制放大的效果。相应地，感应线圈内部的磁通量也要发生周期性的变化，并在感应线圈两端产生感应电动势，其与磁通量的变化率成正比，测量出此电动势就能够得出环境磁场的大小。因此，只要事先掌握该片海域的地磁场数据，机载磁探仪就可以利用上述原理探测出海域内潜艇活动导致的磁场变化，并且判断其处于静止还是移动状态，如图 b 所示。

思维拓展

法拉第电磁感应定律揭示了闭合导体回路中产生感应电动势的规律，那么对于非闭合导体回路，如何考虑导体中的感应电动势呢？感应电动势是只有在闭合回路中才能产生吗？

物理知识应用

【例 16-1】如图 16-6 所示，一回路 l 由 N 匝面积为 S 的线圈串联而成，回路绕行的正方向及面积 S 的

法向矢量$\boldsymbol{n}$均标明在图中。线圈绕z轴以匀角速度ω转动，$t=0$时线圈法向与x轴的夹角$\theta=0$。若有均匀磁场沿x轴方向且$B=B_0\sin\omega t$，求回路中的感应电动势。

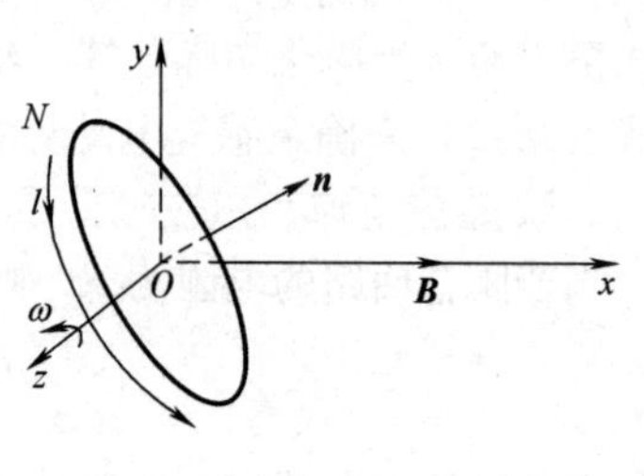

图 16-6

【解】由题意可知，磁感应强度$B=B_0\sin\omega t$的值是按正弦规律振荡的，所以图 16-6 中标出的B的方向应该是一个参考方向。就是说，若$B>0$，即B沿x轴正向，若$B<0$，即B沿着x轴负向。设任意时刻线圈的方向$\boldsymbol{n}$与x轴正向夹角为θ，由于磁场是均匀磁场，所以面积S上的磁链数

$$\Psi_m=NBS\cos\theta$$

按题意

$$B=B_0\sin\omega t$$

$$\theta=\omega t$$

故

$$\Psi_m=NB_0\sin\omega tS\cos\omega t=\frac{1}{2}NB_0S\sin2\omega t$$

磁链数也是一个振荡的量，当$\boldsymbol{B}$与$\boldsymbol{n}$成锐角时，$\Psi_m>0$；当$\boldsymbol{B}$与$\boldsymbol{n}$成钝角时，$\Psi_m<0$。感应电动势为

$$\mathscr{E}_i=-\frac{d\Psi_m}{dt}=-NB_0S\omega\cos2\omega t$$

当$\mathscr{E}_i>0$时，电动势沿回路的正方向；当$\mathscr{E}_i<0$时，电动势沿回路的负方向。感应电动势是一个交变电动势，其频率为转动频率的2倍，这是由于磁场也是在振荡的缘故。若磁场为恒定磁场$B=B_0$，则

$$\Psi_m=NB_0S\cos\theta=NB_0S\cos\omega t$$

感应电动势
$$\mathscr{E}_i=-\frac{d\Psi_m}{dt}=NB_0S\omega\sin\omega t$$

即为一般发电机中的交变电动势，其频率与转动频率一致。

【例 16-2】如图 16-7 所示，一长直电流I旁距离r处有一与电流共面的圆线圈，线圈的半径为R且$R\ll r$。就下列两种情况求线圈中的感应电动势。

（1）若电流以速率$\frac{dI}{dt}$增加；

（2）若线圈以速率v向右平移。

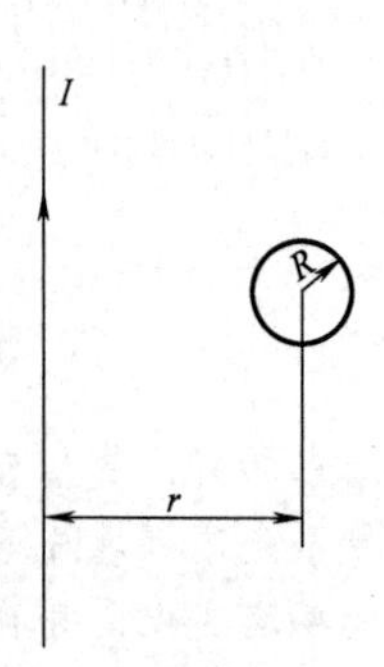

图 16-7

【解】按题意，线圈所在处磁场可看作匀强磁场

$$B=\frac{\mu_0 I}{2\pi r}$$

且方向垂直纸面向里。设顺时针方向为原线圈的绕行正方向，故穿过线圈的磁通量为

$$\Phi_m=BS=\frac{\mu_0 I}{2\pi r}\pi R^2=\frac{\mu_0 IR^2}{2r}$$

（1）按法拉第电磁感应定律，线圈中感应电动势的大小为

$$\mathscr{E}_i=\left|\frac{d\Phi_m}{dt}\right|=\frac{d}{dt}\left(\frac{\mu_0 IR^2}{2r}\right)=\frac{\mu_0 R^2}{2r}\frac{dI}{dt}$$

由楞次定律可知，感应电动势的方向为逆时针方向。

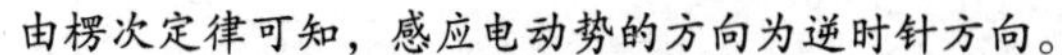

（2）按法拉第电磁感应定律

$$\mathscr{E}_i=\left|\frac{d\Phi_m}{dt}\right|=\left|\frac{d}{dt}\left(\frac{\mu_0 IR^2}{2r}\right)\right|=\frac{1}{2}\mu_0 IR^2\frac{1}{r^2}\frac{dr}{dt}$$

由于$\frac{dr}{dt}=v$，故

$$\mathscr{E}_i = \frac{\mu_0 I R^2 v}{2r^2}$$

由楞次定律可知，感应电动势为顺时针方向。

16.2　感应电动势

物理现象

飞机上产生电能的装置和相应配套设备构成的系统称为电源系统，机载设备工作时所需要的电能都是由飞机电源系统提供的。电源系统通常包括主电源、辅助电源、应急电源等，其中主电源是由航空发动机直接或间接传动的发电机及其变化调节和控制保护部分构成，正常工作时向全机提供充足的电能，满足用电设备的需要。

那么发电机的工作原理是什么？如何调整设备参数使得发电机提供更多的电能以满足各类机载设备的需求？

物理学基本内容

根据法拉第电磁感应定律，磁通量的变化会产生感应电动势。然而，磁通量变化有两种可能的原因。一是磁场不变，而导体回路的形状、大小或位置变化而引起的磁通量变化，这种情况下产生的电动势称为动生电动势，此时一定包含有导体相对于磁场的运动。另一种情况是导体回路不发生任何变化，而是磁场随时间变化，包括磁场的大小变化、方向变化或者两者同时变化，这种情况下产生的电动势称为感生电动势。

16.2.1　动生电动势

在匀强磁场 $\boldsymbol{B}$ 中有一固定的U形导线框，上面放置一长度为 l 的活动边导体棒，如图16-8所示，导体棒以速度 $\boldsymbol{v}$ 向右平移，我们求回路中的感应电动势。建立图中所示的坐标轴 Ox，则穿过回路的磁通量为

$$\Phi_m = BS = Blx \tag{16-7}$$

于是，回路中电动势的大小为

$$\mathscr{E}_i = \frac{d\Phi_m}{dt} = Bl\frac{dx}{dt} = Blv \tag{16-8}$$

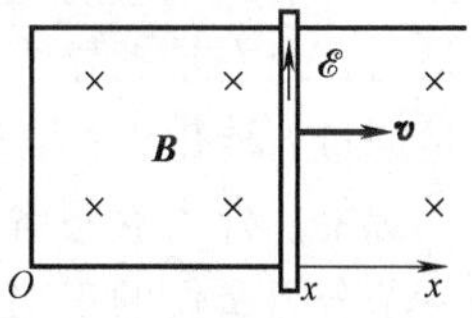

图16-8

按楞次定律，回路中电动势的方向是沿着逆时针方向的。由于其他边都未动，所以动生电动势应源自于导体棒的运动，只在棒内产生，方向自下而上。电动势的大小 Blv 可以这样理解：lv 是导体棒单位时间内扫过的面积，而 Blv 则是导体棒单位时间内扫过的磁通量。注意，动生电动势的大小等于导体单位时间内扫过的磁通量这个结论，仅适用于匀强磁场。

由电源电动势的定义 $\mathscr{E}_i = \int_l \boldsymbol{E}_K \cdot d\boldsymbol{l}$，产生动生电动势的非静电力是什么？考虑图16-9中的导体棒 l，当 l 以速度 $\boldsymbol{v}$ 向右运动时，导体中的载流子（设带 $+q$）也一同以速度 $\boldsymbol{v}$ 向右运动，因此，受到洛伦兹力作用，为

$$\boldsymbol{f} = q\boldsymbol{v} \times \boldsymbol{B} \tag{16-9}$$

方向向上，正电荷将沿导体棒向上运动，在导体棒上端积累正电荷，下端积累负电荷，故运动的导体棒相当于一个电源，其上端对应电源的正极，下端为电源负极，即电动势方向自下而上。上

述分析表明，动生电动势所对应的非静电力就是洛伦兹力，即 $\boldsymbol{F}_k=\boldsymbol{f}$，在电源内部与非静电力对应的非静电场为

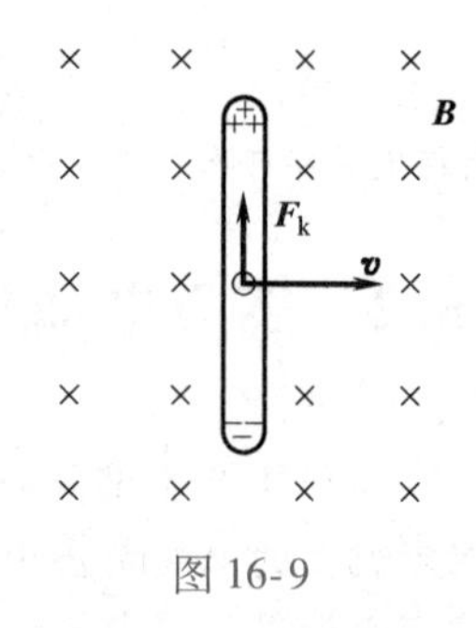

图 16-9

$$\boldsymbol{E}_K=\frac{\boldsymbol{f}}{q}=\boldsymbol{v}\times\boldsymbol{B} \tag{16-10}$$

按电源电动势的定义，运动导体的动生电动势为

$$\mathscr{E}_i=\int_l \boldsymbol{E}_K\cdot d\boldsymbol{l}=\int_l(\boldsymbol{v}\times\boldsymbol{B})\cdot d\boldsymbol{l} \tag{16-11}$$

可以证明，这个结论对任意形状的导线在任意恒定磁场中作任意运动造成的动生电动势都成立，这是计算动生电动势的一般公式。这个结论不仅说明了动生电动势的形成机制，而且也指出了动生电动势的分布：它只存在于磁场中运动着的导线上。

对于在恒定磁场中运动的导体，在运用动生电动势式（16-11）时，先在运动导体上取线元 dl，设定 $d\boldsymbol{l}$ 的正方向，则线元上产生的动生电动势为 $d\mathscr{E}_i=(\boldsymbol{v}\times\boldsymbol{B})\cdot d\boldsymbol{l}$，整个导体上产生的动生电动势应该是在各段线元上动生电动势之和，即式（16-11），积分遍及整个运动导体，积分方向沿 $d\boldsymbol{l}$ 方向。计算结果 $\mathscr{E}_i>0$ 表示电动势方向与所设 $d\boldsymbol{l}$ 方向相同；如果 $\mathscr{E}_i<0$，表示电动势方向与所设 $d\boldsymbol{l}$ 方向相反。

电源是将其他形式的能量转化为电能的装置，动生电动势的非静电力为洛伦兹力，我们知道洛伦兹力不做功，那么运动导线是如何将其他形式的能量转化为电能的？

前面的讨论只涉及洛伦兹力的一部分，即洛伦兹力的一个分力。由图 16-10 可见，当导体棒在均匀磁场中以速度 $\boldsymbol{v}$ 向右运动产生动生电动势时，载流子还有相对于导体向上的定向运动速度 $\boldsymbol{u}$，载流子的总定向运动速度为 $\boldsymbol{V}=\boldsymbol{v}+\boldsymbol{u}$，载流子所受的洛伦兹力为 $\boldsymbol{f}'$，方向垂直于 $\boldsymbol{V}$，因此 $\boldsymbol{f}'$ 不做功。我们将 $\boldsymbol{f}'$ 沿导线方向和垂直于导线方向分解为 f_v 和 f_u，其中 f_v 是载流子相对于导体向上定向运动而受到的洛伦兹力，每个载流子所受到向左的 f_u 在宏观上即为运动导线中电流在磁场中受到的安培力，向右带动导线运动的外力需克服安培力做功，将其他形式的能量通过 f_u 转化为 f_v 推动载流子向上运动的感应电流的能量。

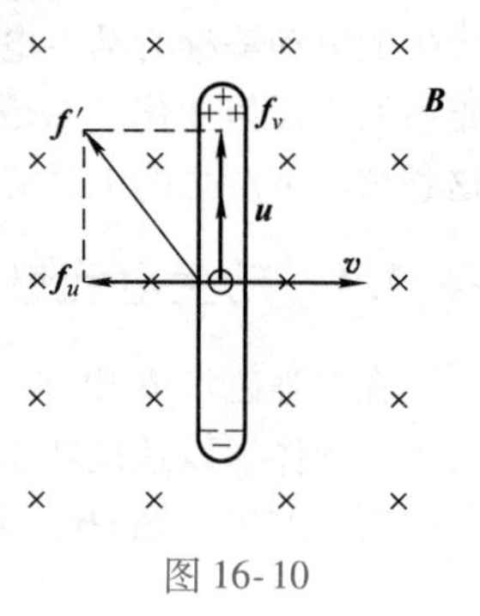

图 16-10

综上，外力克服洛伦兹力的一个分力所做的功转化为洛伦兹力的另一个分力所做的正功，这两个功的和为零，即洛伦兹力并不提供能量，而只是传递能量，它是完全符合能量守恒和转换这一普遍规律的。动生电动势的能量是由外部机械能提供的，在导体棒运动时，外力克服阻力（安培力）所做的功（机械功）全部转化为回路中的电能。

现象解释

交流发电机模型如图所示，它是利用电磁感应现象将机械能转化为电磁能、产生交流电的装置，是动生电动势实际应用的典型例子。如图所示，$abcd$ 是面积为 S 的矩形线框，靠外力的推动在匀强磁场 $\boldsymbol{B}$ 中以匀角速度 ω 绕中心轴 OO' 逆时针转动，则长度为 l、与转轴 OO' 相距为 r 的 ab、cd 两边切割磁感线，产生动生电动势，其中正电荷所受洛伦兹力方向在图示位置情况下从 a 指向 b，由 c 指向 d，转过 180°后，正电荷受力方向将反向。所以线框转动时，随着 ab、cd 两边的速度 v 的方向不断

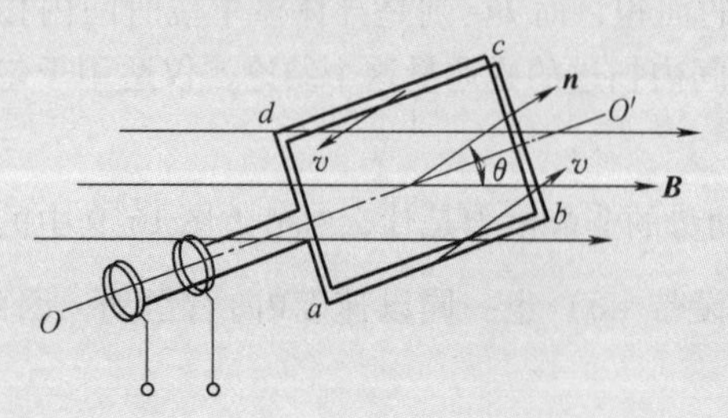

变化，电动势的大小和方向也随时间变化。若$t=0$时线圈的法线方向$\boldsymbol{n}$平行于$\boldsymbol{B}$，t时刻线圈的法线方向$\boldsymbol{n}$与磁感应强度$\boldsymbol{B}$间的夹角$\theta=\omega t$，ab、cd两边的速度v与$\boldsymbol{B}$的夹角分别为θ、$\pi-\theta$，且两边动生电动势的方向相同，则线框中总的电动势为

$$\begin{aligned}\mathscr{E}_{\mathrm{i}} &= \int_a^b (\boldsymbol{v}\times\boldsymbol{B})\cdot \mathrm{d}\boldsymbol{l} + \int_c^d (\boldsymbol{v}\times\boldsymbol{B})\cdot \mathrm{d}\boldsymbol{l} \\ &= \int_0^l vB\sin\theta \mathrm{d}l + \int_0^l vB\sin(\pi-\theta)\mathrm{d}l \\ &= 2vBl\sin\theta\end{aligned}$$

由$v=\omega r$，$S=2rl$可得

$$\mathscr{E}_{\mathrm{i}} = 2\omega rlB\sin\omega t = BS\omega\sin\omega t$$

若线圈匝数为N，则$\mathscr{E}=N\mathscr{E}_{\mathrm{i}}=NBS\omega\sin\omega t$。

此处也可以用法拉第电磁感应定律来计算，若为N匝线圈，在通过线圈的全磁通为

$$\Phi_{\mathrm{m}} = N\boldsymbol{B}\cdot\boldsymbol{S} = NBS\cos\omega t$$

因此有

$$\mathscr{E}_{\mathrm{i}} = -N\frac{\mathrm{d}\Phi_{\mathrm{m}}}{\mathrm{d}t} = NBS\omega\sin\omega t = \mathscr{E}_{\mathrm{m}}\sin\omega t$$

式中，$\mathscr{E}_{\mathrm{m}}=NBS\omega$是动生电动势的最大值。

以上就是交流发电机的工作原理。显然，要使得发电机提供更多的电能，可以通过增加线圈的匝数N、增大线圈面积S、提高线框转动角速度ω等参数，从而满足各类机载设备的需求。

计算结果表明，转动线圈中的感应电动势是随时间变化的，这种随时间按正弦或余弦函数规律变化的电动势和与其相应的电路中的电流通常称为交流电。我们也可以通过在旋转轴上安装换向器，使发电机输出直流电，当然，发电机产生直流电的方法还有很多，这里不再赘述。

思维拓展

以上我们通过发电机将机械能转换为了电能。例如，活塞式飞机在飞行时，由旋转机轴转动磁铁，在相邻线圈中产生感应电动势，并产生电火花，点燃发动机气缸中的燃料。即使飞机的其他电气系统出现障碍，仍能保证发动机正常运行。

在自然界中还存在着丰富的其他能源，能否将它们采集、转换为电能呢？比如火力发电、水力发电等，现在还有利用海洋能量的海浪发电机，你还能想到哪些资源丰富而又能方便地转化为电能的好主意，比如利用风力的树摇发电机？

16.2.2　感生电动势

现象解释

大多数情况下，飞机设备以及相关金属零件的表面都会出现不同程度的疲劳裂纹[㊀]。为保证飞行安全，需要对这些表面裂纹进行无损探伤。涡流检测技术是目前飞机设备检测和维修过程中使用最为广泛的一种技术。该技术不仅可靠性高，而且在探测时不需清除零件表面的油脂、积碳和保护层，多数可在不分解飞机的前提下，在外场对飞机进行原位探伤。另外，一些飞机设备内部裂缝，从飞机的机身、机翼、控制面、发动机到起落架等每个部位的紧固螺栓孔缝，非磁性零件等设备也同样可以应用涡流检测技术进行无损探伤检查。

涡流检测是如何探测出金属表面的疲劳裂纹的呢？它的物理学原理是什么呢？

㊀ 周晶．无损检测在飞机维修中的应用分析［J］．工程技术研究，2020，5（9）：2.

当导体回路不变时，由于磁场变化引起穿过回路的磁通量发生变化而产生的电动势，叫作感生电动势。显然，由于回路不发生运动，所以这时产生电动势的非静电力将不再是洛伦兹力。那么，它应该是什么力呢？麦克斯韦首先分析了这种情况并提出感生电场假说：变化磁场会在它的周围空间激发感生电场。这个电场是一个非静电性的有旋电场（也叫作涡旋电场），它沿导体回路的环流$\oint_l \boldsymbol{E}_{感} \cdot \mathrm{d}\boldsymbol{l}$不等于零，$\boldsymbol{E}_{感}$表示感生电场的电场强度。于是，这个环流就正好为一个回路提供电动势

$$\mathscr{E}_\mathrm{i} = \oint_l \boldsymbol{E}_{感} \cdot \mathrm{d}\boldsymbol{l} \tag{16-12}$$

对比电源电动势的定义式，可知$\boldsymbol{E}_{感}$就是感生电动势的非静电场场强，其对电荷的感生电场力$q\boldsymbol{E}_{感}$就是感生电动势的非静电力。这就是感生电动势的理论解释。麦克斯韦关于感生电场的假说完满地解释了感生电动势的形成机制并得到近代物理实验的完全证明。如在电子感应加速器中，一个电子在变化着的磁场产生的感生电场中获得加速度而加速旋转，并最终使电子加速到非常接近光速的水平。再如使用电磁脉冲弹攻击敌方电子设备时，炸药爆炸时释放的高能量使空气电离成高速运动的电荷，变速运动的电荷产生变化的磁场，进而产生感生电场，使得处于其中的电子设备回路中产生极大的感应电流，从而烧毁电子设备。

下面我们来定量地分析感生电场与变化磁场的关系。在变化磁场中，设有一个导线回路l，按法拉第电磁感应定律，可得出回路中的电动势

$$\mathscr{E}_\mathrm{i} = -\frac{\mathrm{d}\Phi_\mathrm{m}}{\mathrm{d}t} = -\frac{\mathrm{d}}{\mathrm{d}t}\int_S \boldsymbol{B} \cdot \mathrm{d}\boldsymbol{S} \tag{16-13}$$

其中，面积S为回路l所围的面积，由式（16-12）和式（16-13）可得

$$\oint_l \boldsymbol{E}_{感} \cdot \mathrm{d}\boldsymbol{l} = -\frac{\mathrm{d}}{\mathrm{d}t}\int_S \boldsymbol{B} \cdot \mathrm{d}\boldsymbol{S} \tag{16-14}$$

或

$$\oint_l \boldsymbol{E}_{感} \cdot \mathrm{d}\boldsymbol{l} = -\int_S \frac{\partial \boldsymbol{B}}{\partial t} \cdot \mathrm{d}\boldsymbol{S} \tag{16-15}$$

式中，$\frac{\partial \boldsymbol{B}}{\partial t}$为磁场$\boldsymbol{B}$对时间的变化率，记为偏导数形式是因为$\boldsymbol{B}$还可能会随空间而变。上式即为感生电场和变化磁场的关系，也明确地显示了变化的磁场将会激发感生电场。上式中的负号表明：感生电场$\boldsymbol{E}_{感}$绕磁场变化率$\frac{\partial \boldsymbol{B}}{\partial t}$左旋，这一点在下面的例子中会有具体说明。

感生电场与静电场既有联系也有区别。它与静电场的共同之处是：对电荷有作用力（不论电荷运动与否）。它们的区别之处在于：静电场是由电荷产生的，而感生电场是由变化的磁场产生的；静电场是有源无旋场，而感生电场是无源有旋场。

从上述公式可以看出，只要知道感生电场，就可以计算出感生电动势。在前面的知识点中，我们利用安培环路定理可以求出高度对称的电流分布所激发的磁场。同样的道理，用感生电场和变化磁场的关系式（16-15），我们可以求出高度对称的磁场在变化时所激发的有旋电场。

思维拓展

既然变化的磁场会在其周围空间激发感生电场，那么，由对称性，变化的电场能否在周围空间激发磁场？如果有，这种磁场与恒定电流激发的恒定磁场是否具有相同的性质？

最后应当指出，上面我们把感应电动势分为动生和感生两种，这种分法在一定程度上只有相对的意义。例如在图 16-1b 所示的情形中，如果在线圈为静止的参考系内观察，条形磁铁的运动引起空间磁场的变化，线圈中的电动势是感生的。但是，如果我们在随条形磁铁一起运动的参考系内观察，则条形磁铁是静止的，空间的磁场也未发生变化，而线圈在运动，因而线圈内的电动势是动生的。所以，由于运动是相对的，就发生了这样的情况，同一感应电动势，在某一参考系内看，是感生的，在另一参考系内看，变成动生的了。然而，我们也必须清楚地看到，利用坐标变换只能在一些特殊情形里消除动生和感生电动势的界限，在普遍的情况下感生电动势是不可能通过参考系变换完全转变为动生电动势的，反之亦然。

物理知识应用

【例 16-3】 如图 16-11 所示，一导线弯成 3/4 圆弧，圆弧的半径为 R。导线在与圆面垂直的均匀磁场 B 中以速度 $\boldsymbol{v}$ 垂直于磁场向右平动，求导线上的动生电动势。

【解】 直接考虑圆弧扫过的磁通量或进行积分均可解出此题，但最简单的方法是构造一个回路，借助法拉第电磁感应定律来求解。设想连接 aO 和 Ob，使导线形成一个回路。顺便说明一下，圆弧上的动生电动势只取决于圆弧在磁场中运动的情况，与是否连成一个回路无关，因而连接后圆弧上的动生电动势并不会发生改变，但是计算却要简单得多。此时回路中的磁通量是一个常量，所以回路电动势为零。回路电动势为零并不意味着回路中没有电动势分布，而是电动势在回路中相互抵消了。aO 段由于不切割磁力线，所以没有动生电动势，

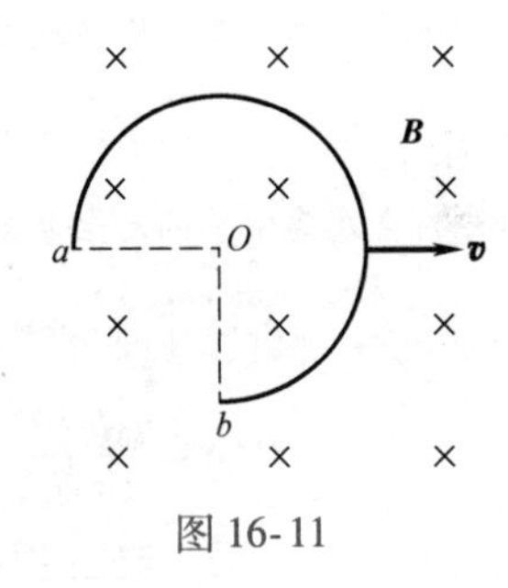

图 16-11

$$\mathscr{E}_{Oa}=0$$

bO 段上的动生电动势的大小显然为

$$\mathscr{E}_{bO}=BRv$$

方向向上。故圆弧上的动生电动势大小也必然为

$$\mathscr{E}_{\mathrm{i}}=BRv$$

其方向应沿回路抵消 bO 段上的电动势$\mathscr{E}_{bO}$，即是沿弧由 b 到 a 的方向。

【例 16-4】 如图 16-12 所示，一根长度为 L 的铜棒，在磁感应强度为 $\boldsymbol{B}$ 的匀强磁场中，以角速度 ω 在与磁场方向垂直的平面上绕棒端点 a 做匀速转动。试求在铜棒中产生的感应电动势和铜棒两端的电势差 U_{ab}。

【解 1】 在铜棒上距 a 点为 l 处取线元 $\mathrm{d}\boldsymbol{l}$，设其正方向为由 a 指向 b。

由动生电动势公式，得

$$\mathscr{E}_{\mathrm{i}}=\int_a^b(\boldsymbol{v}\times\boldsymbol{B})\cdot\mathrm{d}\boldsymbol{l}=-\int_0^L vB\mathrm{d}l=-\int_0^L\omega Bl\mathrm{d}l=-\frac{1}{2}\omega BL^2$$

结果小于 0，说明 a 为正极，即 a 点电势比 b 点高。

a 和 b 两点间电势差为

$$U_{ab}=-\mathscr{E}_{\mathrm{i}}=\frac{1}{2}\omega BL^2$$

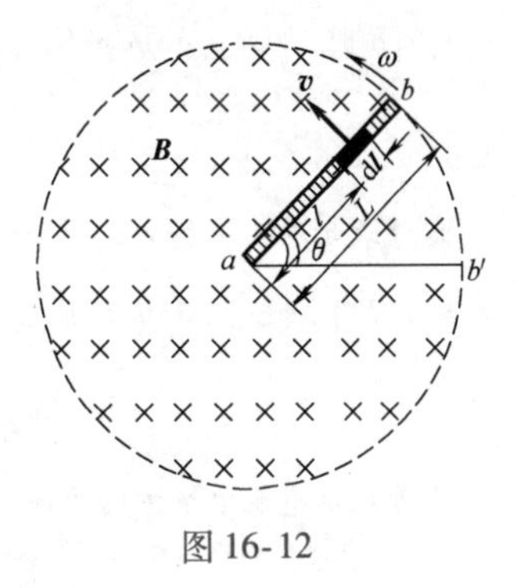

图 16-12

【解 2】 设铜棒所扫过的扇形面积为 $S=\frac{1}{2}L^2\theta$。

通过回路的磁通量为

$$\Phi_{\mathrm{m}}=\int_S\boldsymbol{B}\cdot\mathrm{d}\boldsymbol{S}=-BS=-\frac{1}{2}BL^2\theta$$

则回路中的感应电动势为

$$\mathscr{E}_{\mathrm{i}}=-\frac{\mathrm{d}\Phi_{\mathrm{m}}}{\mathrm{d}t}=\frac{1}{2}BL^2\frac{\mathrm{d}\theta}{\mathrm{d}t}=\frac{1}{2}\omega BL^2$$

【解3】铜棒以角速度 ω 转动，即单位时间内转过的角度 ω，则其所扫过的扇形面积为 $S'=\frac{1}{2}L^2\omega$，在匀强磁场条件下，铜棒单位时间内扫过的磁通量即动生电动势为

$$\mathscr{E}_{\mathrm{i}}=BS'=\frac{1}{2}\omega BL^2$$

【例16-5】如图16-13所示，一长直导线中通有电流 $I=10\mathrm{A}$，有一长 $L=0.2\mathrm{m}$ 的金属棒 AB，AB 与直导线共面且垂直，并以 $v=2\mathrm{m/s}$ 的速度平行于长直导线做匀速运动，A 端距离导线 $a=0.1\mathrm{m}$，求金属棒中的动生电动势。

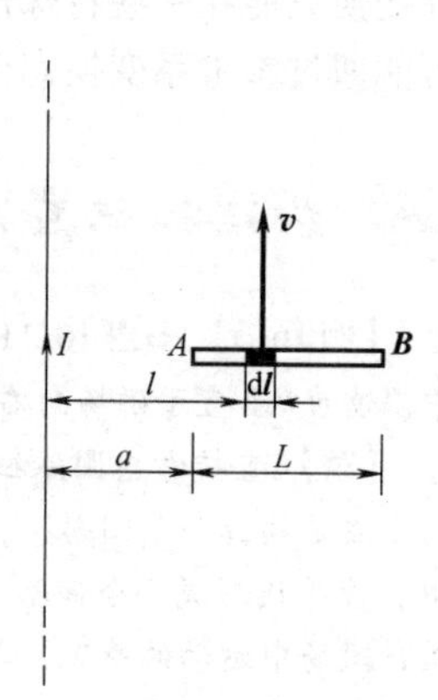

图16-13

【解】在金属棒上距长直导线 l 处取线元 $\mathrm{d}l$，方向向右，则在 $\mathrm{d}l$ 处的磁感应强度为

$$B=\frac{\mu_0 I}{2\pi l}$$

方向垂直纸面向里，则该线元中产生的动生电动势为

$$\mathrm{d}\mathscr{E}_{\mathrm{i}}=(\boldsymbol{v}\times\boldsymbol{B})\cdot\mathrm{d}\boldsymbol{l}=-vB\mathrm{d}l=-v\frac{\mu_0 I}{2\pi l}\mathrm{d}l$$

所以，金属棒中总的动生电动势为

$$\begin{aligned}\mathscr{E}_{\mathrm{i}}&=\int_L\mathrm{d}\mathscr{E}_{\mathrm{i}}=-\int_a^{a+L}v\frac{\mu_0 I}{2\pi l}\mathrm{d}l\\&=-\frac{\mu_0 Iv}{2\pi}\int_a^{a+L}\frac{\mathrm{d}l}{l}=-\frac{\mu_0 Iv}{2\pi}\ln\frac{a+L}{a}\\&=-\frac{4\pi\times10^{-7}\times10\times2}{2\pi}\ln\frac{0.3}{0.1}\mathrm{V}=-4.4\times10^{-6}\mathrm{V}\end{aligned}$$

结果小于0，说明 A 为正极，即 A 点的电势比 B 点的高。

【例16-6】有一半径为 R 的长直载流螺线管，其横截面如图16-14所示，螺线管内有垂直于纸面向里的匀强磁场 $\boldsymbol{B}$，$\boldsymbol{B}$ 以 $\frac{\partial B}{\partial t}$ 的变化率增强，求螺线管内、外感生电场的分布。

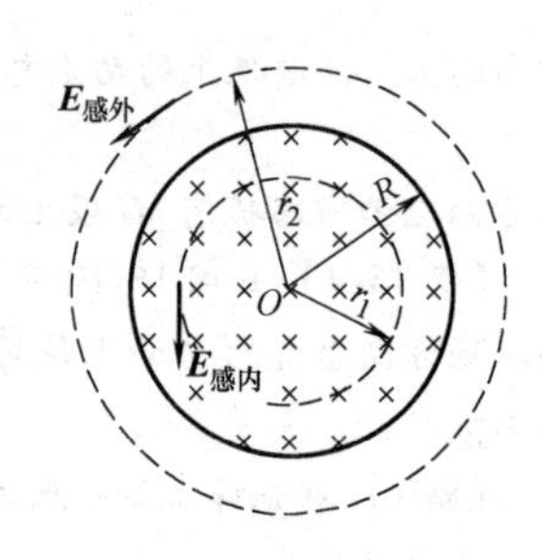

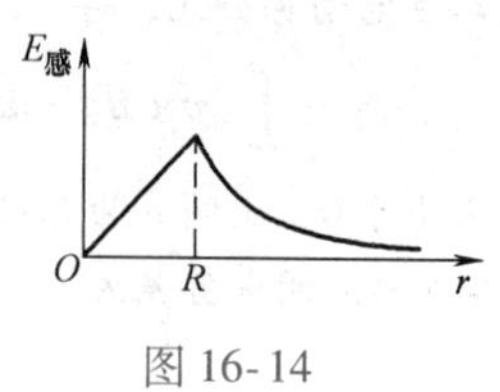

图16-14

【解】由于空间存在变化的磁场，所以空间各点将激发感生电场，由于螺线管磁场的柱对称性，以螺线管轴心为圆心的任意半径圆周上各点 $\boldsymbol{E}_{感}$ 大小相等，方向沿切向，假设圆周绕行方向为顺时针方向，则在螺线管内

$r_1<R$ 时，$\oint_l\boldsymbol{E}_{感内}\cdot\mathrm{d}\boldsymbol{l}=E_{感内}\cdot2\pi r_1=-\int_S\frac{\partial\boldsymbol{B}}{\partial t}\cdot\mathrm{d}\boldsymbol{S}=-\frac{\partial B}{\partial t}\pi r_1^2$

$$E_{感内}=-\frac{r_1}{2}\frac{\partial B}{\partial t}$$

负号表示感生电场方向为逆时针方向，如图16-14所示。在螺线管外，

$r_2>R$ 时，$\oint_l\boldsymbol{E}_{感外}\cdot\mathrm{d}\boldsymbol{l}=E_{感外}\cdot2\pi r_2=-\int_S\frac{\partial\boldsymbol{B}}{\partial t}\cdot\mathrm{d}\boldsymbol{S}=-\frac{\partial B}{\partial t}\pi R^2$

$$E_{感外}=-\frac{R^2}{2r_2}\frac{\partial B}{\partial t}$$

负号表示感生电场方向为逆时针方向，如图16-14所示。

$$r=R\quad E_R=-\frac{R}{2}\frac{\partial B}{\partial t}$$

【例16-7】在上述螺线管内，在与轴线相距 h 处放置长为 L 的金属棒 ab，如图16-15a所示。求棒中的感生电动势。

【解1】用电动势定义求解。由前面的讨论可知，在螺线管内感生电场的大小为 $E_{感内}=\dfrac{r}{2}\dfrac{\partial B}{\partial t}$，如图16-15b所示，方向为逆时针方向，在 ab 上距 O 为 r 处取线元 $\mathrm{d}\boldsymbol{l}$，$\mathrm{d}\boldsymbol{l}$ 方向从 a 指向 b，其上的感生电动势为

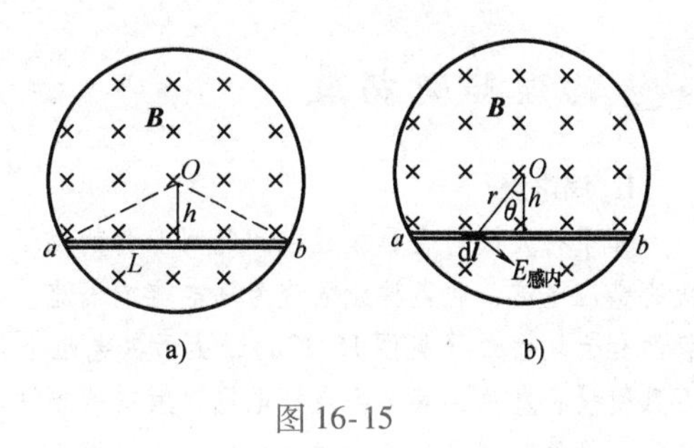

图16-15

$$\mathrm{d}\mathscr{E}_\mathrm{i}=\boldsymbol{E}_{感内}\cdot\mathrm{d}\boldsymbol{l}=\frac{r}{2}\frac{\partial B}{\partial t}\mathrm{d}l\cos\theta$$

$$\mathscr{E}_{ab}=\int_a^b\mathrm{d}\mathscr{E}_\mathrm{i}=\int_0^L\frac{h}{2}\frac{\partial B}{\partial t}\mathrm{d}l=\frac{1}{2}hL\frac{\partial B}{\partial t}$$

方向：因 $\dfrac{\partial B}{\partial t}>0$，所以 $\mathscr{E}_{ab}>0$，即由 a 指向 b，b 端电势高。

【解2】应用法拉第电磁感应定律求解，构造一假想回路 $aOba$，绕行方向设为顺时针方向。设回路的面积为 S，则

$$S=\frac{1}{2}hL$$

磁通量为 $\Phi_\mathrm{m}=\dfrac{1}{2}hLB$，根据法拉第电磁感应定律得

$$\mathscr{E}_\mathrm{i}=-\frac{\mathrm{d}\Phi_\mathrm{m}}{\mathrm{d}t}=-\frac{1}{2}hL\frac{\partial B}{\partial t}$$

由题意 $\dfrac{\partial B}{\partial t}>0$，所以 $\mathscr{E}_\mathrm{i}<0$，即为逆时针方向。

由于 $\boldsymbol{E}_{感内}$ 与回路中 aO、Ob 垂直，在 aO、Ob 中不产生感生电动势，所以回路中产生的感生电动势是由 ab 产生的，则有

$$\mathscr{E}_{ab}=\frac{1}{2}hL\frac{\partial B}{\partial t}$$

方向：由 a 指向 b，b 端电势高。

以上两种解法，结果完全一样。

【例16-8】如图16-16所示，在长直电流 I 的磁场中，一长为 L 的直导线绕距长直电流为 a 的点 O 在长直电流所在平面内以角速度 ω 旋转，当导线转到图中倾角为 θ 的位置时，求导线上的感应电动势。

【解】在长直导线上建坐标系 Ol，距原点 O 为 l 处取线元 $\mathrm{d}l$，方向由 O 点指向 P 点，则在 $\mathrm{d}l$ 上的微元电动势为

$$\mathrm{d}\mathscr{E}_\mathrm{i}=-Bv\mathrm{d}l=-\frac{\mu_0 I}{2\pi r}l\omega\mathrm{d}l$$

负号说明电动势方向为 $P\to O$ 方向，$\mathrm{d}l$ 距长直电流 $r=a+l\cos\theta$，故有

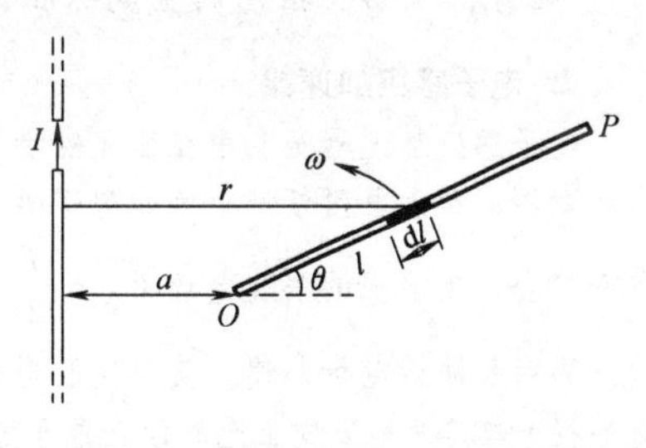

图16-16

$$\mathrm{d}\mathscr{E}_\mathrm{i}=\frac{\mu_0 I\omega}{2\pi(a+l\cos\theta)}l\mathrm{d}l=\frac{\mu_0 I\omega}{2\pi}\left[\frac{\mathrm{d}l}{\cos\theta}-\frac{a\mathrm{d}l}{\cos\theta(a+l\cos\theta)}\right]$$

对直导线上的微元电动势求和

$$\begin{aligned}\mathscr{E}_\mathrm{i}&=\int_0^L\frac{\mu_0 I\omega}{2\pi}\left[\frac{\mathrm{d}l}{\cos\theta}-\frac{a\mathrm{d}l}{\cos\theta(a+l\cos\theta)}\right]\\&=\frac{\mu_0 I\omega}{2\pi\cos^2\theta}\left(L\cos\theta-a\ln\frac{a+L\cos\theta}{a}\right)\end{aligned}$$

即为一般发电机中的交变电动势，其频率与转动频率一致。

物理知识拓展

1. 涡电流

如果将大块的金属放置在随时间变化的磁场中，或使其在非均匀磁场中运动，在金属块中将产生涡旋状的感应电流，通常称此电流为涡电流或涡流。这种涡流的产生利弊兼有，因电机、电器设备的部件中一般都有大块铁心（见图16-17a），由于其电阻小，在交变磁场中会产生很大的涡流，这样不但损失了能量，而且使设备发热，甚至会烧坏电器。解决的方法其一是使用高电阻率的材料如硅钢、铁氧体等，其二是用彼此绝缘的铁片叠起来代替大块铁心，以增大电阻减小涡流，如一般的电机和变压器的铁心就采用这种方法（见图16-17b）。当然，涡流的热效应也可用于金属或半导体材料的真空提纯，工业上也常利用高频感应加热的方法来冶炼难熔的金属，如铁、钽、铌、钼等。

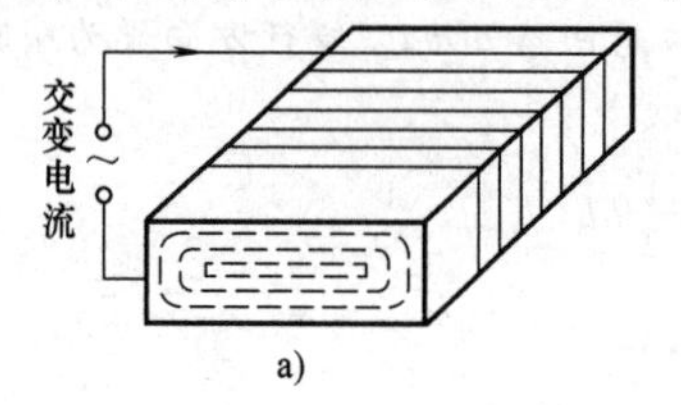

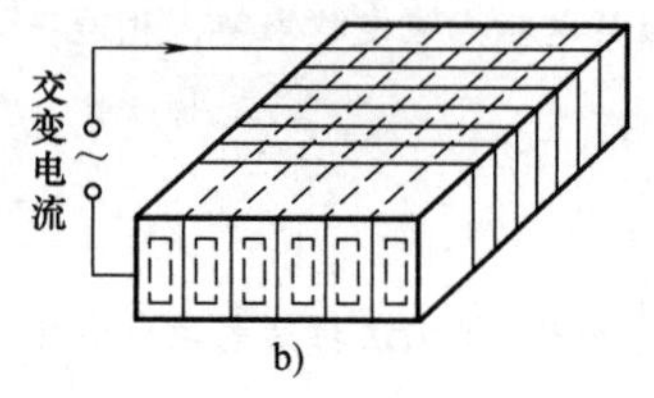

图 16-17

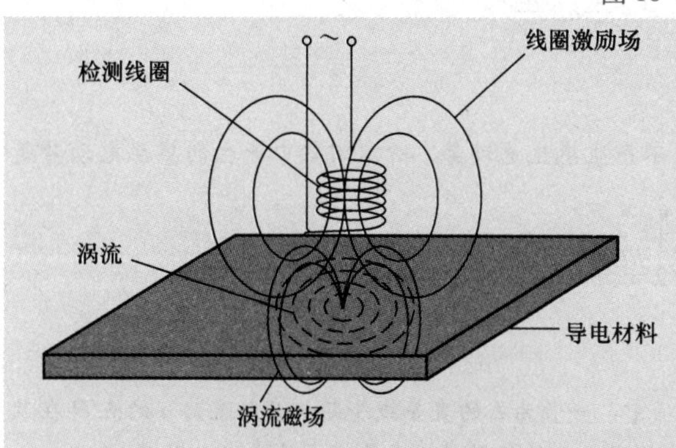

现象解释

涡流检测是涡电流的一项重要应用。在对飞机进行涡流探伤时，如左图所示[㊀]，将载有交变电流的检测线圈靠近金属表面，由于线圈磁场的作用，金属会感生出涡流。因线圈交变电流激励的磁场是交变的，所以被检测金属中的涡流也是交变的，其在周围空间会形成交变的涡流磁场，从而在检测线圈中产生感应电动势。通常，金属表面产生的涡流流动路径是一定的，但当表面或近表面有裂纹等缺陷存在时，会使涡流的流动路径发生畸变而影响涡流磁场，这样，通过测定检测线圈中感应电压的变化，即可判断试件表面有无缺陷[㊁]。

此外，机场安检用的金属探测器也是通过探测金属物品中的涡电流来工作的。

2. 电子感应加速器

电子感应加速器是利用在变化磁场中产生的涡旋电场来加速电子的一种装置，图16-18是这种加速器的示意图。在由电磁铁产生的非匀强磁场中安放环状真空室，当电磁铁用低频的强大交变电流励磁时，真空室中会产生很强的涡旋电场 $E_{感}=\dfrac{r}{2}\dfrac{\partial B}{\partial t}$。由电子枪发射的电子，一方面在洛伦兹力的作用下做圆周运动，同时被涡旋电场加速。前面我们得到的带电粒子在匀强磁场中做圆周运动的规律表明，粒子的运行轨道半径 r 与其速率 v 成正比。而在电子感应加速器中，真空室的径向线度是极其有限的，必须将电子限制在一个固定的圆形轨道上，同时还要被加速。那么这个要求是否能够实现呢？

由洛伦兹力为电子做圆周运动提供向心力，可以得到

㊀ 冯蒙丽，蔡玉平，宋春荣，等．几种电磁无损检测技术比较及发展现状［J］．四川兵工学报，2012，33（002）：107－110.

㊁ 王学民．飞机结构紧固件涡流探伤简介［J］．无损检测，1995，17（2）：3.

$$evB_r = \frac{mv^2}{r} \tag{16-16}$$

式中，B_r是电子运行轨道上的磁感应强度。因此有

$$B_r = \frac{mv}{er} \tag{16-17}$$

由上式可以看出，要使电子在有确定半径 r 的轨道上运动，真空室中的磁感应强度 B_r就应该随电子动量的增加而增加，上式两边对时间求导，得

$$\frac{dB_r}{dt} = \frac{1}{er}\frac{d(mv)}{dt} \tag{16-18}$$

电子沿圆轨道切向运动，其动量的变化率等于它所受到的切向力 $e\boldsymbol{E}_{感}$，所以上式又可写为

$$\frac{dB_r}{dt} = \frac{E_{感}}{r} \tag{16-19}$$

将

$$E_{感} = \frac{1}{2\pi r}\left|\frac{d\Phi_m}{dt}\right| \tag{16-20}$$

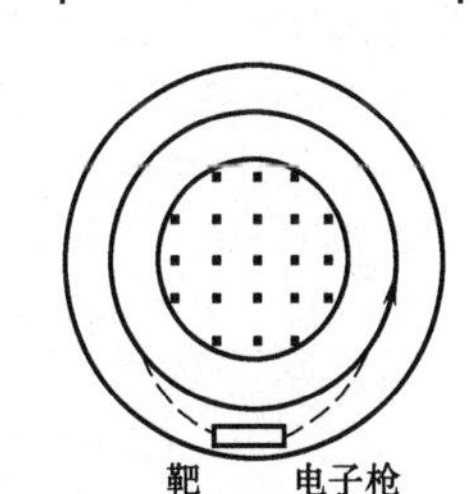

图 16-18

代入，得

$$\frac{dB_r}{dt} = \frac{1}{2\pi r^2}\left|\frac{d\Phi_m}{dt}\right| \tag{16-21}$$

通过电子圆形轨道所围面积的磁通量为 $\Phi_m = \pi r^2 B$，B 是面积 S 内的平均磁感应强度，于是

$$\frac{dB_r}{dt} = \frac{1}{2}\frac{dB}{dt}$$

上式表明，B 与 B_r都在改变，但应一直保持

$$B_r = \frac{1}{2}B \tag{16-22}$$

这是使电子维持在不变的圆形轨道上加速时磁场必须满足的条件，在电子感应加速器的设计中，两极间的空隙从中心向外逐渐增大，也是为了使磁场的分布满足这一要求。实际上，由于产生的是交变磁场，有旋电场的方向也是随时间而变的，一般从电子枪射入的电子有较大的初速率，通常，只利用交变场中的 1/4 周期对电子进行加速就已经可以使电子绕行多到几十万圈而获得相当高的能量了，这时利用特殊的装置使电子脱离轨道，就能获得满足一般的研究和应用的高能电子。电子感应加速器最初主要用于核物理研究，由于低能电子感应加速器结构简单、造价低廉，目前在国民经济的许多领域中也被广泛地应用，如用于工业探伤或医疗上诊治癌症等。

3. 趋肤效应

在直流电路中，均匀导线横截面上的电流密度是大致均匀的。但在交流电路中，随着频率的增加，电流密度分布不再均匀，在导线截面上的电流分布越来越向导线表面集中，越靠近导体表面处，电流密度越大，这种现象称作趋肤效应。图 16-19a 为一根半径 $R=0.1\text{cm}$ 的铜导线横截面上电流密度分布随频率变化的情况，可以看出，在 $\nu = 1\text{kHz}$ 的情况下，导线轴线和表面附近电流密度的差别还不太大，但当 $\nu = 100\text{kHz}$ 时，电流已很明显地集中到表面附近了。

产生趋肤效应的原因在于涡流。如图 16-19b 所示，当一根导线中有电流 I_0通过时，在它周围产生环形磁场 B；当 I_0变化时，B 也跟着变化。变化的磁场在导体内产生感应电动势$\mathscr{E}$和涡流 I_1。如果分析一下涡流 I_1和原来的电流 I_0在各瞬时的方向，会看出在一个周期的大部分时间里，轴线附近 I_1和 I_0方向相反，表面附近 I_1和 I_0方向相同。于是在导线横截面上电流密度的分布将是边缘大于中心，从而产生趋肤效应。要仔细地分析这个问题，必须考虑涡流 I_1和原来电流 I_0的相位关系。

定量地描述趋肤效应的大小，通常引用趋肤深度的概念。令 d 代表从导体表面算起的深度，通过计算表明电流密度 j 随深度 d 的增加按指数律衰减：

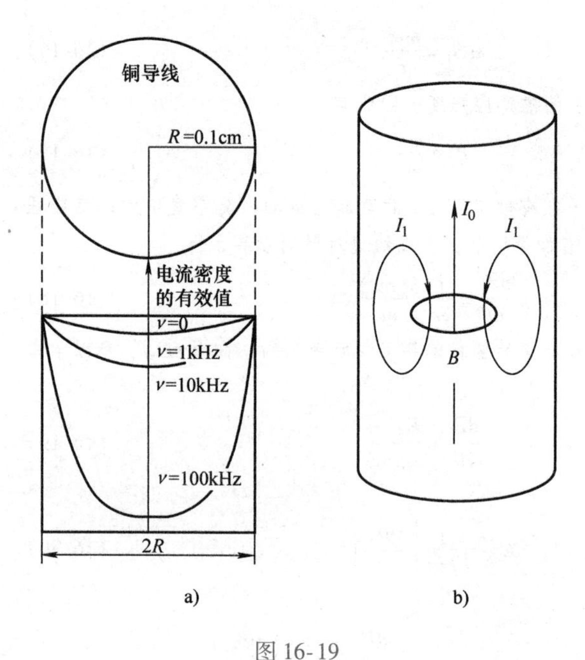

图 16-19

$$j=j_0\mathrm{e}^{-d/d_0} \tag{16-23}$$

式中，j_0代表导体表面的电流密度；d_0是一个具有长度量纲的量，它代表电流密度j已减小到j_0的$\frac{1}{\mathrm{e}}=37\%$时的深度，叫作趋肤深度。理论计算表明，对于非磁性物质趋肤深度由下式决定

$$d_0=\sqrt{\frac{2}{\omega\mu_r\mu_0\gamma}}=\frac{503}{\sqrt{\nu\mu\gamma}} \tag{16-24}$$

这里ν是频率。式（16-24）表明，趋肤深度与频率ν、电导率σ和磁导率μ的二次方根成反比。定性地看，交流电的频率越高，感生的电动势就越大；导体的电导率γ越大，即它的电阻率ρ越小，产生的涡流也越大。这都会使得趋肤效应变得显著，即趋肤深度变小。上面的式（16-24）所反映的就是这个道理。

我们看些实际的例子。对于铜导线，在室温下$\gamma=5.9\times10^7\ (\Omega\cdot\mathrm{m})^{-1}$，$\mu\approx1$，按式（16-24)来计算，当$\nu=1\mathrm{kHz}$时，$d_0\approx2.1\times10^{-3}\mathrm{m}=0.21\mathrm{cm}$，这比图16-19a中所示导线的半径还大，这时趋肤效应很不明显。但是当频率$\nu=100\mathrm{kHz}$时，$d_0=0.021\mathrm{cm}$，就比$R=0.1\mathrm{cm}$小，这时趋肤效应已很明显。对于铁来说（如变压器中的铁心)，由于μ很大，即使在频率不高的情况下，趋肤效应也是比较显著的。所以在实际中计算硅钢片中的涡流损耗时，常常需要考虑趋肤效应对涡流分布的影响。

趋肤效应使导线的有效截面积减小了，从而使它的等效电阻增加。因此，在高频下导线的电阻会显著地随频率增加。为了减少这种效应，在频率不太高时（$\nu=10\sim100\mathrm{kHz}$）常采用辫线，即用相互绝缘的细导线编织成束来代替同样总截面积的实心导线。

当导线通以高频电流时，由于趋肤效应，电流主要分布在导线的表面，这将产生很大的焦耳热，使金属导线起保护作用的绝缘层老化甚至发生着火，所以一般的高频电缆线通常由多股很细的金属丝制成。而高频线圈所用的导线表面还需镀银，以减少表面层的电阻。趋肤效应在工业上可用于金属的表面淬火。用高频强电流通过一块金属，由于趋肤效应，它的表面首先被加热，迅速达到可淬火的温度，而内部温度较低，这时立即淬火使之冷却，金属表面的硬度就会增加，而内部仍保持原有的韧性，这在制作刀具时是常用的方法。

16.3　自感与互感

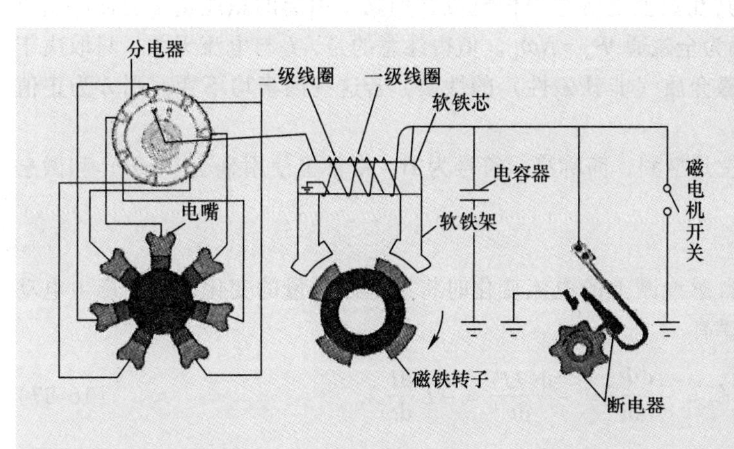

物理现象

活塞式航空发动机的点火系统主要是产生高压电并适时地形成电火花点燃混合气体，其点火能量来源于磁电机，如左图所示，当磁铁转子在发动机带动下转动时，软铁芯内的磁通量不断改变，因而在一级线圈中产生低压电流，断电器触点因凸轮盘的凸起在一级线圈电流最大的瞬间断开，在二级线圈中产生高压电流，此电流经高压导线和分电器发送给电嘴，放电后完成点火㊀。

那么，一级线圈断电后对自身会有什么影响？若有不利影响，应该如何消除？为什么一级线圈断电会在二级线圈中产生高压电流？设计在一级线圈中的电流最大的瞬间断开电路的意义何在？

物理学基本内容

按电磁感应定律，当穿过回路的磁通量发生变化时，回路中就有感应电动势产生。作为一个普遍成立的定律，它并不区分穿过回路的磁通量的变化源于何处。这在通常的情况下有两种可能：磁通量的变化或者来源于回路自身的电流变化，或者来源于其他外磁场的变化（如其他回路中电流的变化）。

16.3.1　自感

1. 自感现象

由于回路自身电流变化引起回路中磁通量的变化，而在自身回路中产生感应电动势的现象称为自感现象，产生的电动势称为自感电动势。

2. 自感系数

先讨论电流在自身回路中产生磁通量的规律。如图16-20所示，有一回路l，通有逆时针方向的电流I，回路所围面积S的法向与电流成右手螺旋关系。电流I将在其周围空间激发磁场，按毕奥－萨伐尔定律，任一点磁感应强度的大小和电流I成正比，由磁通量的定义，面积S上的磁通量也和I成正比，即有

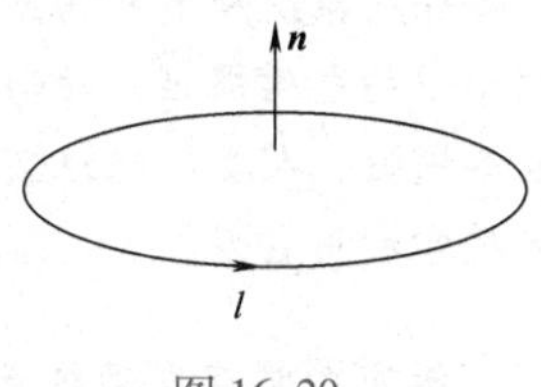

图16-20

$$\Phi_m = LI \tag{16-25}$$

式中，比例系数L称为回路的自感系数，简称自感。由上式，自感系数可记为

㊀　肖维东．浅谈航空发动机起动与点火系统［J］．科技视界，2016（14）：2.

$$L=\frac{\Phi_{\mathrm{m}}}{I} \tag{16-26}$$

此式为自感系数的定义式，表示其在数值上等于单位电流在回路中引起的磁通量。若回路由 N 匝线圈串联而成，则 Φ_{m}应该理解为全磁通 $\Psi_{\mathrm{m}}=N\Phi_{\mathrm{m}}$。值得注意的是，$L$ 与电流无关，只取决于回路的大小、形状、匝数和周围磁介质（非铁磁性）的性质，若这些因素均不变，则 L 为正值常量。

在国际单位制中，自感的单位是亨利，简称亨，符号为 H，常常也使用毫亨（mH）和微亨（μH），$1\mathrm{H}=10^{3}\mathrm{mH}=10^{6}\mu\mathrm{H}$。

3. 自感电动势

根据法拉第电磁感应定律，自感线圈上的电流变化时将引起磁通量的变化，从而产生电动势，即自感电动势。由法拉第定律有

$$\mathscr{E}_L=-\frac{\mathrm{d}\Phi_{\mathrm{m}}}{\mathrm{d}t}=-\frac{\mathrm{d}(LI)}{\mathrm{d}t}=-L\frac{\mathrm{d}I}{\mathrm{d}t} \tag{16-27}$$

上式表明，自感电动势与线圈的电流变化率成正比，比例系数为 L，L 越大，电流变化越快，自感电动势就越大。由于 L 是一正常量，故自感电动势与电流变化率必然符号相反，上式又可记为

$$L=-\frac{\mathscr{E}_L}{\mathrm{d}I/\mathrm{d}t} \tag{16-28}$$

此即自感的另一个定义式，它的物理意义为：自感系数等于回路中电流变化率为一个单位时，在自身回路中产生的自感电动势的大小，反映了回路激发电动势的能力。

4. 电磁惯性

如图 16-20 所示，若沿着逆时针方向通电流，当电流增大时，$\mathrm{d}I/\mathrm{d}t>0$，则$\mathscr{E}_L<0$，意味着自感电动势与电流方向相反，感应电流与原电流方向相反；当电流减小时，$\mathrm{d}I/\mathrm{d}t<0$，则$\mathscr{E}_L>0$，即感应电流与原电流方向相同。显然，自感电动势总是阻碍或者说反抗回路中电流的变化，在电流变化率相同时，自感系数 L 越大，这种阻碍作用就越强，回路中电流就越不容易改变。自感总是力图维持电路中的电流不发生变化，这种特点称为电磁惯性，自感系数就是线圈电磁惯性大小的量度。

自感现象在电工电子技术领域中应用非常广泛，利用线圈具有反抗和抑制电流快速变化的特性，可以稳定电路中的电流；无线电设备中常以它和电容器的组合构成谐振电路或滤波电路等。

思维拓展

保持系统原有的状态不发生变化在自然界中广泛存在，如力学中的惯性质量，电磁学中的电磁惯性，转动中的转动惯性。在其他领域也有类似的现象，如经济学中的经济惯性，人类的思维惯性、社会发展惯性、人口惯性等。惯性有利有弊，我们该如何科学利用它呢?

现象解释

活塞式航空发动机点火系统中的一级线圈在断电时，就不可避免的会产生自感现象，由于线圈中的电流变化很快，在电路中会产生很大的自感电动势，以致击穿线圈本身的绝缘保护，或者在电闸断开的间隙中产生强烈的电弧，可能烧坏电闸开关，甚至危害飞行安全。在实际中需要采取适当措施减小线圈的自感系数，消除不利影响，如减少匝数、降低线圈内磁介质的磁导率等。

16.3.2　互感

1. 互感现象

由于一个回路中电流的变化引起另一个回路中磁通量变化并产生感应电动势的现象称为互感现象，相应的电动势称为互感电动势。

2. 互感系数

有两个回路 l_1 和 l_2，它们各自所围面积 S_1 和 S_2 的法向，如图 16-21 所示。若 l_1 中有电流 I_1，则 I_1 的磁场将在 S_2 上产生一个磁通量 Φ_{21}。显然，Φ_{21} 应正比于 I_1，即

$$\Phi_{21}=M_{21}I_1 \tag{16-29}$$

式中，M_{21} 称为回路 1 对回路 2 的互感系数。同理，若 l_2 中有电流 I_2，也有

$$\Phi_{12}=M_{12}I_2 \tag{16-30}$$

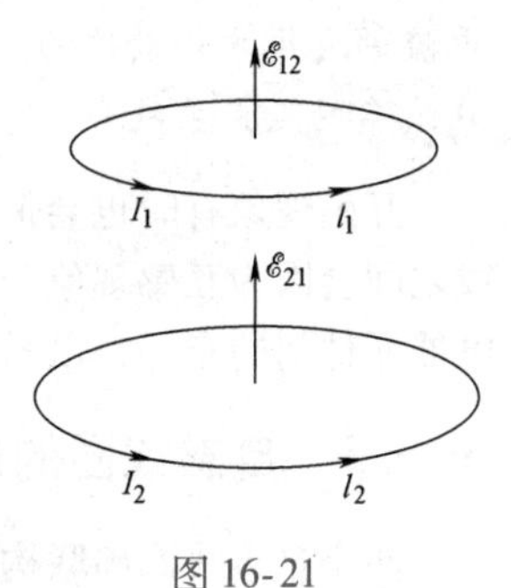

图 16-21

式中，M_{12} 称为回路 2 对回路 1 的互感系数。可以证明：对任意两线圈，总有 $M_{12}=M_{21}$，简记为 M，称 M 为两回路之间的互感系数，简称互感。于是上面两个式子可记为

$$\Phi_{21}=MI_1 \tag{16-31}$$

$$\Phi_{12}=MI_2 \tag{16-32}$$

则

$$M=\frac{\Phi_{21}}{I_1}=\frac{\Phi_{12}}{I_2} \tag{16-33}$$

这个式子可作为互感的定义式，它表示互感系数等于一个回路中有单位电流时，在另一个回路中产生的磁通量，可见其物理意义是两回路相互产生磁通量的能力。若两回路都是多匝线圈，则 Φ_{21} 和 Φ_{12} 应理解为全磁通。互感系数 M 的大小仅取决于两回路的形状、大小、相对位置、匝数及周围介质的磁导率，而与电流无关。

互感的单位和自感相同，也为亨利（H）。

3. 互感电动势

若回路 l_1 中电流 I_1 变化，则回路 l_2 中的磁通量 Φ_{21} 也将发生变化，于是 l_2 中出现一个电动势，称为互感电动势，即

$$\mathscr{E}_{21}=-\frac{\mathrm{d}\Phi_{21}}{\mathrm{d}t}=-\frac{\mathrm{d}(MI_1)}{\mathrm{d}t}=-M\frac{\mathrm{d}I_1}{\mathrm{d}t} \tag{16-34}$$

同理，我们也可以得到

$$\mathscr{E}_{12}=-\frac{\mathrm{d}\Phi_{12}}{\mathrm{d}t}=-\frac{\mathrm{d}(MI_2)}{\mathrm{d}t}=-M\frac{\mathrm{d}I_2}{\mathrm{d}t} \tag{16-35}$$

常用上面两式求互感电动势的大小，用楞次定律求互感电动势的方向。由上式合并可得

$$M=-\frac{\mathscr{E}_{21}}{\mathrm{d}I_1/\mathrm{d}t}=-\frac{\mathscr{E}_{12}}{\mathrm{d}I_2/\mathrm{d}t} \tag{16-36}$$

此式也可作为互感的定义式。它表明，互感等于一个回路中有一个单位的电流变化率时在另一个回路中产生的电动势，即互感可以描述两回路相互激发感应电动势的能力。

现象解释

互感是在一些电器以及电子线路中时常遇到的现象，有些电器利用互感现象把电能从一个回路输送到另一个回路中去，例如变压器和感应线圈等。活塞式航空发动机点火系统中的二级线圈之所以能产生电流，就是基于此原理。为了增大二级线圈中的感应电动势，需要提高二级线圈中的磁通量变化率，由互感的知识可知，此时需要一级线圈中的电流变化率最大，而只有在一级线圈中电流处于最大值的瞬间断开电路，电流的变化才是最快的，因此这样的设计可以保证在二级线圈中产生高电压。这一原理也应用在汽车的点火系统中。

互感现象有时也会带来不利的一面，例如在收音机的各回路之间，以及电话线与电力输送线之间会因为互感现象产生有害干扰。了解互感现象的物理本质就可以设法改变电器、电路和电器元件间的布局，以增大或减小回路间的相互耦合。

16.3.3 自感线圈的串联

两个自感线圈串联构成一个总线圈，总线圈的自感系数不仅与两个线圈各自的自感系数以及其间的互感有关，还与两个线圈的连接方式有关。

如图16-22所示，两自感线圈的自感系数分别为L_1和L_2，互感系数为M。两线圈以两种不同的方式串联，图16-22a是顺接，即通电流后两个线圈产生的磁场方向相同，图16-22b则是逆接，通电流后两个线圈产生的磁场方向相反。下面我们分析串联线圈的总自感系数L。设回路方向为$abcd$方向，回路中的电流为I，则回路的全磁通为两个线圈中的磁通量之和，即

$$\Phi_m = \Phi_{m1} + \Phi_{m2}$$

Φ_{m1}为第一个线圈中的磁通量，它等于第一个线圈自己产生的磁通量Φ_{11}和第二个线圈产生的磁通量Φ_{12}的代数和。对图16-22a，因两个线圈顺接，两个线圈的磁场是彼此增强的，故Φ_{11}和Φ_{12}应相加。

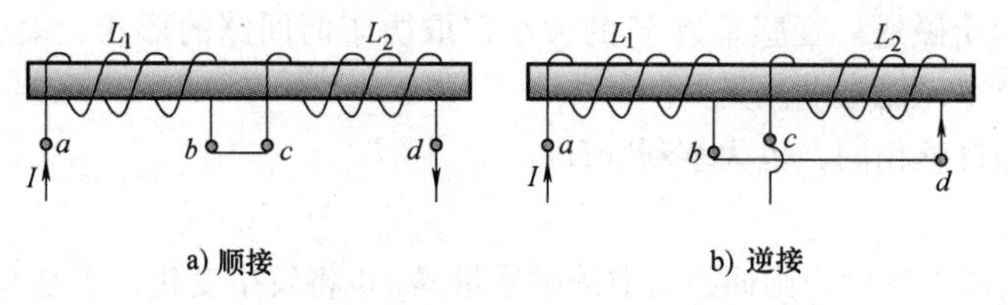

a) 顺接　　b) 逆接

图16-22

$$\Phi_{m1} = \Phi_{11} + \Phi_{12} = L_1 I + MI$$

同理，Φ_{m2}为第二个线圈中的磁通量，有

$$\Phi_{m2} = \Phi_{22} + \Phi_{21} = L_2 I + MI$$

故回路全磁通为

$$\Phi_m = (L_1 + L_2 + 2M) I$$

串联线圈的总自感系数为

$$L = \Phi_m / I = L_1 + L_2 + 2M \tag{16-37}$$

若如图16-22b所示，把线圈抽头bd相连，让线圈逆接，则两个线圈的磁通量彼此削弱，有

$$\Phi_{m1} = \Phi_{11} - \Phi_{12} = L_1 I - MI$$

$$\Phi_{m2} = \Phi_{22} - \Phi_{21} = L_2 I - MI$$

串联线圈的等效自感为

$$L = L_1 + L_2 - 2M \tag{16-38}$$

即当两个自感线圈串联时，由于有互感的存在，其总的自感可以表示为

$$L = L_1 + L_2 \pm 2M$$

式中，正、负号取决于两个自感线圈的串联是顺接还是反接。

对于两个串联的自感线圈，可以定义一个耦合系数 k 来描述两个回路的耦合（即相互影响）能力

$$k = \frac{M}{\sqrt{L_1 L_2}} \tag{16-39}$$

式中，M 是两回路的互感；L_1，L_2 是两回路的自感。一般地，$0 \leqslant k \leqslant 1$。$k = 1$ 时，称两个回路完全耦合，这只有在没有磁漏，即两个回路中每个回路产生的磁通量都完全要通过另一个回路时才能实现。绕在同一圆筒上的两个长直密绕螺线管，以及在一个铁芯上的两个线圈，都可以近似看作是完全耦合的。

物理知识应用

计算自感系数通常有如下步骤：先设回路中有电流 I，然后可由毕奥－萨伐尔定律或安培环路定理得到回路中的磁感应强度 $\boldsymbol{B}$，再将 $\boldsymbol{B}$ 对回路所围面积积分求出磁通量 Φ_m，最后由 $L = \frac{\Phi_m}{I}$ 即可求出自感系数。

【例 16-9】一长直螺线管，长度为 l，横截面积为 S，线圈的总匝数为 N，管中介质的磁导率为 μ，试求其自感系数。

【解】对于长直螺线管，设通有电流 I，则其内部的磁感应强度大小为 $B = \mu n I = \mu \frac{N}{l} I$。

通过螺线管的磁通量为

$$\Phi_m = NBS = \mu \frac{N^2}{l} IS$$

自感系数为

$$L = \frac{\Phi_m}{I} = \mu \frac{N^2}{l} S = \mu n^2 V$$

可见，长直螺线管的自感系数仅与自身性质和周围的磁介质有关，而与通过的电流无关。在体积一定的情况下，若想增加自感系数，则可增加单位长度上的线圈匝数，也可增加管内磁介质的磁导率。而若想消除自感系数，则可以将一根导线对折后再平行密绕成长直螺线管。

【例 16-10】如图 16-23 所示，两个长直同轴圆柱壳，其半径分别为 a，b，通过它们的电流为 I，但电流的流向相反，设在两圆柱壳间充满磁导率为 μ 的均匀磁介质，试求其单位长度的自感系数。

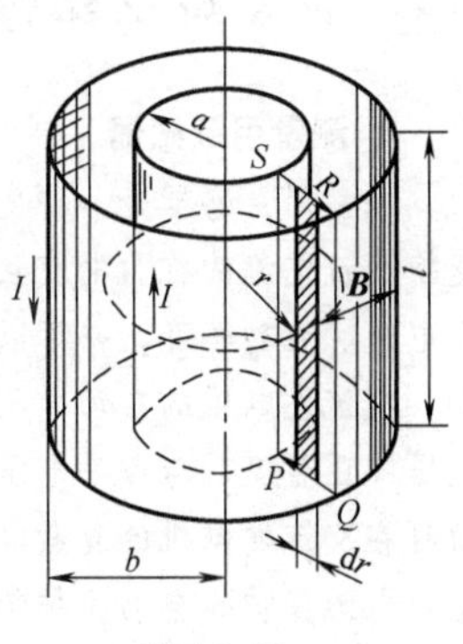

图 16-23

【解】两圆柱壳之间的磁感应强度为

$$B = \frac{\mu I}{2\pi r}$$

如图 16-23 所示，在两圆柱壳间沿轴向取距轴线为 r、宽度为 $\mathrm{d}r$、高为 l 的窄条面元，则面元上磁通量为

$$\mathrm{d}\Phi_m = \boldsymbol{B} \cdot \mathrm{d}\boldsymbol{S} = Bl\mathrm{d}r = \frac{\mu I}{2\pi r} l \mathrm{d}r$$

$$\Phi_m = \int_a^b \frac{\mu I}{2\pi r} l \mathrm{d}r = \frac{\mu I l}{2\pi} \int_a^b \frac{\mathrm{d}r}{r} = \frac{\mu I l}{2\pi} \ln \frac{b}{a}$$

$$L = \frac{\Phi_m}{I} = \frac{\mu l}{2\pi}\ln\frac{b}{a}$$

故单位长度的自感系数为

$$L = \frac{\mu}{2\pi}\ln\frac{b}{a}$$

计算互感的思路通常有两个。一个是设回路 l_1 中有电流 I_1，求出 I_1 在回路 l_2 中激发的磁场 B_{21}，进而求出磁通量 Φ_{21}，然后除以 I_1 即得 M。另一思路是设有 I_2，通过 Φ_{12} 求出 M。应注意，无论先设 I_1 或 I_2，所求结果都是相同的，但不同的思路，求解过程的难易程度并不一样，有时甚至差别很大，应引起高度重视。

【例 16-11】设在一长度 l 为 0.5m，横截面积 S 为 10cm^2，密绕有 N_1 为 1000 匝线圈的长直螺线管中部，再绕 N_2 为 20 匝的线圈，如图 16-24 所示。(1) 试计算这个共轴螺线管的互感；(2) 如果在回路 1 中电流随时间的变化率为 10A/s，求回路 2 中所引起的互感电动势。

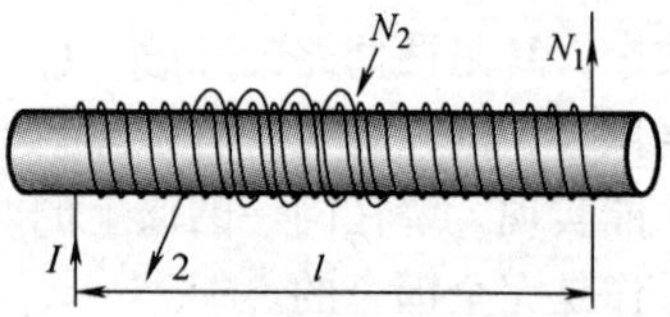

图 16-24

【解】(1) 如果在长直螺线管上通过的电流为 I_1，则螺线管内中部的磁感应强度为

$$B = \mu_0\frac{N_1 I_1}{l}$$

穿过 N_2 匝线圈的总磁通量为

$$\Phi_{21} = BSN_2 = \mu_0\frac{N_1 I_1}{l}SN_2$$

由互感的定义，得

$$M = \frac{\Phi_{21}}{I_1} = \mu_0\frac{N_1 N_2 S}{l} = \frac{12.57\times10^{-7}\times1000\times20\times10^{-3}}{0.5}\text{H}$$
$$= 50.2\times10^{-6}\text{H} = 50.2\mu\text{H}$$

(2) 在回路 2 中所引起的互感电动势

$$\mathscr{E}_{21} = -M\frac{\mathrm{d}I_1}{\mathrm{d}t} = -50.2\times10^{-6}\times10\text{V} = -50.2\times10^{-5}\text{V} = -502\mu\text{V}$$

物理知识拓展

1. 测量用互感器

测量用互感器是一种变换交流电压或电流使得便于测量的电器。其中变换交流电压的称为电压互感器；变换交流电流的称为电流互感器。采用测量用互感器后，就可用一般的测量仪表来测量比较危险的高电压、大电流、大功率等，并可以保证人身和测量仪表的安全。互感器在现代飞机交流系统中有很多的应用。例如，交流发电机的自动电压调节器中，利用电压互感器来检测 400Hz 三相交流电压的波动，它将检测到的电压降压整流后与参考电压进行比较，使调压器进行调压。电流互感器不仅用于发电机负载电流的测量，而且在交流发电机的复激电路中，要用电流互感器根据负载电流来提供复激电流。除此以外，在过流保护、差动电流保护等自动保护装置中，也要使用电流互感器。在交流并联供电系统中，利用电流互感器来检测无功电流和有功电流信号，以便实现自动均衡的目的。与采用分流器或附加电阻相比，采用测量用互感器主要有下列几方面的优点：

(1) 一表多用　当采用一个多量限的测量用互感器，或用几个单量限的互感器后，可以大幅地扩展仪表的测量范围。特别在所用仪表是较准确的标准表时，更可以充分发挥该标准表的作用。采用合适的互感器，不仅可以将高电压、大电流降低，还可以反过来将低电压、小电流变大，使之适合于仪表的量限。

(2) 一个互感器可以同时接入几种仪表　采用分流器或附加电阻扩大仪表量限时，不能将几个仪表同时接到一个分流器或附加电阻上。而互感器则可以同时接入几种仪表，例如电流表和功率表的电流线圈，或电压表和功率表的电压线圈等，节省设备费用和安装空间。

(3) 降低功率损耗　用互感器扩大交流仪表的量限时，比采用分流器或附加电阻时的功率损耗要小得多。

(4) 保障安全　采用互感器后，指示仪表可以放置在远离被测回路的地方，并且与被测回路绝缘，没有了与电的直接联系。这对于高电压测量来说是一个很大的优点。这样，不仅保障了工作人员的安全，而且对测量仪表来说，也不需要考虑对高压绝缘的要求，因此降低了仪表的造价。进而，在高压电路中，即使电流不大，没有超过电流表的量限，电流表的接入还是要通过电流互感器。

(5) 仪表制造标准化　采用互感器后，在工程测量中仪表的量限可设计为 5A 和 100V，而不需要按被测电流的大小和电压的高低来设计。

2. 穿心式电流互感器和钳形电流表

当电流互感器的二次绕组匝数不变时，随着被测电流的增大，电流互感器一次绕组的匝数相应地减少。一次绕组匝数减少到一定程度时，便可以不用一次绕组，将通过大电流的导线和互感器的铁心直接相交链。图 16-25a 是穿心式电流互感器的结构示意图。例如 HL－25 型电流互感器，当一次电流 I_1 为 100A 时，可用软电缆从互感器孔中穿过 6 次，当 I_1 为 150A 时，穿过 4 次，以此类推。当 I_1 为 600A 时，只需穿过一次就可以了。采用这些形式的互感器，称为"穿心式"电流互感器。

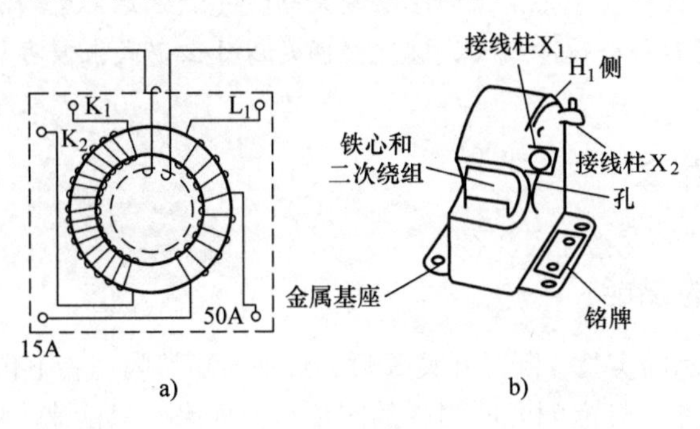

图 16-25

用于飞机交流电源系统中的典型电流互感器如图 16-25b 所示。这种结构只有一个二次绕组绕在由硅钢带卷绕而成的圆环形铁心上，再将它与金属基座一起用树脂合成物灌封在模压件中。互感器的极性可由 H_1，H_2 来标记，靠发电机一侧的标为 H_1，靠负载一侧的标为 H_2。电源系统的一根主电缆穿过铁心便构成一次绕组。根据主电缆中电流的大小，主电缆可在圆环形铁心外面绕几匝，电流很大时甚至一匝不绕直接穿过圆环形铁心。

根据上述单匝穿心式电流互感器的原理，便可以制成所谓"钳形电流表"，它在生产实际中有特殊的用途。通常应用电流表测量电路的电流时，需要切断电路，将电流表串接到被测电路中。而用钳形电流表进行测量时则可在不切断电路的情况下测量电流。这是使用钳形电流表最大的优点，因此使用很方便。

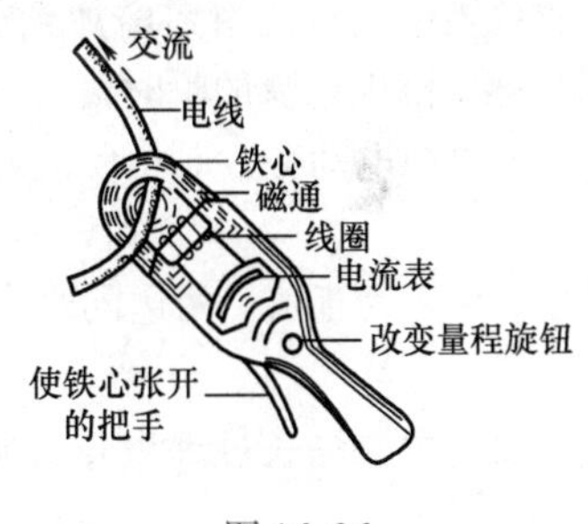

图 16-26

钳形电流表是由电流互感器和电流表组成的，其结构如图 16-26 所示。电流互感器的铁心在捏紧把手时就可以张开，这样通过被测电流的导线不必切断就可穿过铁心的缺口，然后放松把手使铁心闭合。这时通过电流的导线相当于电流互感器的一次绕组，二次绕组中便将出现感应电流，与二次绕组相连的电流表指针便发生偏转，从而指出被测电流的数值。

16.4 磁场的能量

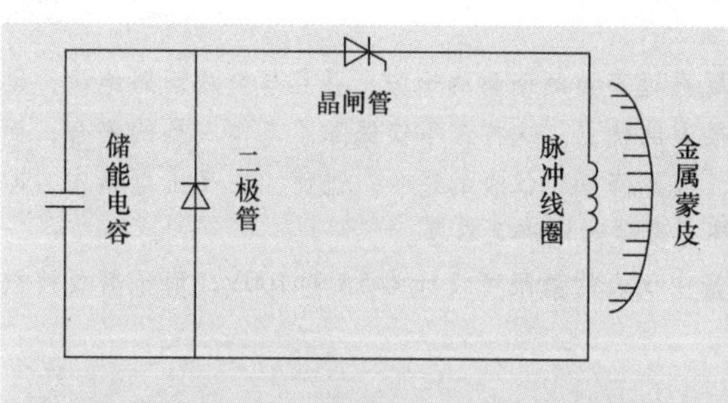

物理现象

飞机结冰是影响飞行安全的重大隐患之一，轻则使飞机的气动特性降低，重则引发飞行事故。为保证飞机在结冰的气象条件下安全飞行，必须及时有效破冰防冰。随着飞机尺寸增大和飞行速度增加，除冰所需能量也在不断增加。飞机电脉冲除冰法就是一种高效节能的方法，其工作原理如图所示，通过电源向储能电容充电，至额定电压时，触发晶闸管导通使电容器向脉冲线圈放电。由于脉冲线圈本身的电阻、电感值均很小，因此放电过程中脉冲线圈中产生瞬时大电流，同时脉冲电流在线圈周围产生瞬变磁场。因脉冲线圈和金属蒙皮间的间距很小，瞬态磁场会在金属蒙皮上感应出很大的涡流。利用涡流磁场与瞬态磁场之间相互作用的磁性排斥力使飞机蒙皮振动，致使附于蒙皮上的冰层破裂而被气流带走，达到除冰效果[⊖]。

电容器储存的电能转移给脉冲线圈，脉冲线圈是以什么形式来储存这些能量？

物理学基本内容

16.4.1 自感线圈的磁能

考虑如图16-27所示的实验，断开开关K后，灯泡会猛然闪亮一下再熄灭。电路断开后，电源已不再向灯泡提供能量，灯泡闪光所消耗的能量从何而来？只能来自于载流的自感线圈。自感线圈中的能量又是如何建立起来的呢？原来，当闭合开关K接通电路时，自感线圈中的电流从零到有逐渐增加，该过程将始终伴随着自感现象的发生，因电磁惯性，自感电动势总是力图阻碍电流的增加，即电源必须克服自感电动势做功，这部分能量就转化为载流自感线圈的能量。

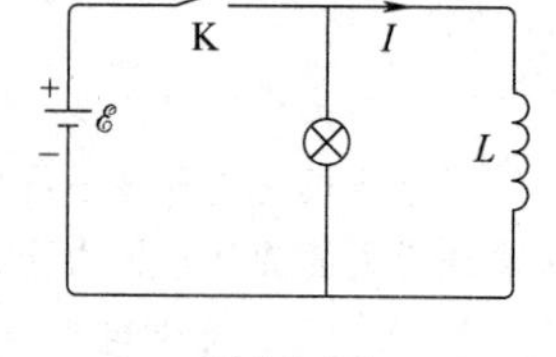

图16-27

下面我们定量计算载流为I的自感线圈储存的能量。在接通电源，自感线圈中的电流由零增加到稳定值I的过程中，设任意时刻自感线圈中电流的瞬时值为i，如图16-28所示，自感电动势$\mathscr{E}_L$与电源电动势方向相反，则按欧姆定律有

$$\mathscr{E} = -\mathscr{E}_L + iR \tag{16-40}$$

式中，$-\mathscr{E}_L$为正值。两边同时乘以电流i

$$i\mathscr{E} = -i\mathscr{E}_L + i^2 R \tag{16-41}$$

图16-28

把上式对电流增长过程积分，则有

$$\int_0^t i\mathscr{E}\mathrm{d}t = -\int_0^t i\mathscr{E}_L\mathrm{d}t + \int_0^t i^2 R\mathrm{d}t \tag{16-42}$$

⊖ 陈鹏，葛红娟，杨宗翰. 飞机电脉冲除冰电源系统的研究［J］. 电子测量技术，2015（5）：4.

上式表明，电流增长过程中电源对回路输入的能量，一部分用于克服自感电动势做功而储存在自感线圈之中（右边第一项），另一部分转化为焦耳热输出到外界（右边第二项）。储存在自感线圈中的能量为

$$W_{m} = -\int_{0}^{t} i\mathscr{E}_{L}\mathrm{d}t = \int_{0}^{t} iL\frac{\mathrm{d}i}{\mathrm{d}t}\mathrm{d}t = \int_{0}^{I} Li\mathrm{d}i = \frac{1}{2}LI^{2} \tag{16-43}$$

即自感线圈载有恒定电流 I 时储存的能量为

$$W_{m} = \frac{1}{2}LI^{2} \tag{16-44}$$

在图16-27中，断开开关K时，灯泡闪亮所需的能量就是储存在自感线圈中的能量释放而来的，该能量也可以用灯泡和自感线圈回路中的自感电动势做功算出，其值仍为$\frac{1}{2}LI^{2}$。

16.4.2　磁场的能量与能量密度

1. 磁场能量的概念

我们已经知道，载流的自感线圈储存有能量。然而，当我们研究这种能量的载体时就会碰到一个问题，谁是这个能量的载体？考虑一种简单的情况，即一个载流为 I 的长直螺线管（也是自感线圈），该系统的特点是其磁场基本被限制在管内的有限空间中，且管内磁场近似均匀，为 $B=\mu nI$，自感系数由例16-9可知为 $L=\mu n^{2}V$，将它们代入到式（16-44）中，得

$$W_{m} = \frac{1}{2}\mu n^{2}V\left(\frac{B}{\mu n}\right)^{2} = \frac{B^{2}}{2\mu}V \tag{16-45}$$

由式（16-44）可认为线圈能量载体为电流，而式（16-45）表明，线圈能量载体为磁场，哪一个观点正确呢？电磁波发现以后，证明磁场可以脱离电流存在，并且磁场作为物质是有能量的，因此磁场的能量应该存在于自感线圈的磁场之中，就像电容器的电能存储在极板间的电场中一样。

思维拓展

经比较，我们发现自感线圈和电容器有颇多相似之处，两者均是电路的基本元件，自感线圈通直流隔交流，电容器隔直流通交流。在储能上，前者储存磁能，后者储存电能，并且描述储能能力的 L、C 都只与其自身的性质有关，储能的公式形式也相仿。电与磁的这种对称与统一在电磁学内容中多有体现，请读者注意体会。那么，如果将自感线圈和电容器连接在一个闭合回路中，能否实现电能和磁能的相互转化呢？

2. 磁场能量密度

由式（16-45），螺线管储能与其体积，即磁场所填充的空间成正比。螺线管的磁场是均匀磁场，故磁场能量也应是均匀分布的，所以单位体积内磁场能量为

$$w_{m} = \frac{W_{m}}{V} = \frac{B^{2}}{2\mu} \tag{16-46}$$

这就是磁场能量密度的公式，虽然它是由特殊情况得到的，但是，可以证明它对于任意磁场都是适用的。它也可以改写为

$$w_{m} = \frac{B^{2}}{2\mu} = \frac{1}{2}BH = \frac{1}{2}\mu H^{2} \tag{16-47}$$

根据已知条件的不同，可以使用上述公式的不同形式。

利用磁场能量密度公式可以计算空间磁场的能量。在磁场中取一体积元 $\mathrm{d}V$，则 $\mathrm{d}V$ 内的磁场能量

$$dW_m = w_m dV = \frac{B^2}{2\mu}dV$$

则空间中某一体积 V 中的磁场能量为

$$W_m = \int_V dW_m = \int_V w_m dV = \int_V \frac{B^2}{2\mu}dV \tag{16-48}$$

由上述关于磁能的理论知识可知，飞机电脉冲法除冰时，飞机蒙皮振动所需的能量来源于脉冲线圈储存的磁能。

现象解释

物理知识应用

【例 16-12】同轴电缆由半径分别为 R_1 和 R_2，长度均为 l 的两个同轴的导体薄圆筒组成，其间充满磁导率为 μ 的磁介质。内、外圆筒分别流过大小相等、方向相反的电流，其截面图如图 16-29 所示，求电缆中的磁场能量。

【解】在前一知识点的例题中已求出同轴电缆的自感为

$$L = \frac{\mu l}{2\pi}\ln\frac{R_2}{R_1}$$

故可由载流自感线圈的储能公式直接得到电缆的磁场能量

$$W_m = \frac{1}{2}LI^2 = \frac{1}{2}\frac{\mu l}{2\pi}\ln\frac{R_2}{R_1}I^2 = \frac{\mu l I^2}{4\pi}\ln\frac{R_2}{R_1}$$

下面我们使用磁场能量密度来计算磁场能量。电缆的磁场集中在两个圆筒之间（内筒内、外筒外磁场均为零），故只需要计算这个体积内的磁场能量。取一长度为 l，半径为 r，厚度为 dr 的圆柱壳，它的体积为

$$dV = 2\pi r l dr$$

圆柱壳内磁场的大小是相同的

$$B = \frac{\mu I}{2\pi r}$$

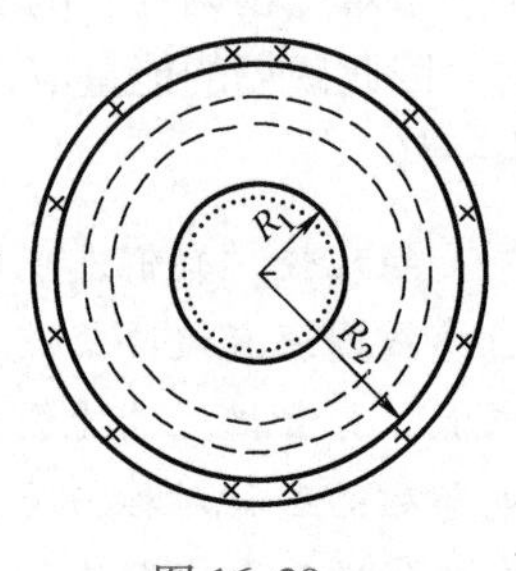

图 16-29

故磁场能量密度是为

$$w_m = \frac{B^2}{2\mu} = \frac{\mu I^2}{8\pi^2 r^2}$$

圆柱壳中的磁场能量为

$$dW_m = w_m dV = \frac{\mu I^2}{8\pi^2 r^2}\cdot 2\pi r l dr = \frac{\mu l I^2}{4\pi r}dr$$

电缆中的磁场能量为

$$W_m = \int_V dW_m = \int_{R_1}^{R_2}\frac{\mu l I^2}{4\pi r}dr = \frac{\mu l I^2}{4\pi}\ln\frac{R_2}{R_1}$$

这个结果与前面相同。这表明这两种方法是等效的。

【例 16-13】两个相互邻近的电流回路的磁场能量，这两个回路的电流分别是 I_1 和 I_2。

【解】两个电路如图 16-30 所示。为了求出此系统在所示状态时的磁能，我们设想 I_1 和 I_2 是按下述步骤建立的。

（1）先闭合开关 S_1，使 i_1 从零增大到 I_1。在这一过程中由于自感 L_1 的存在，由电源 $\mathscr{E}_1$ 做功而储存到磁场中的能量为

$$W_1 = \frac{1}{2}L_1 I_1^2$$

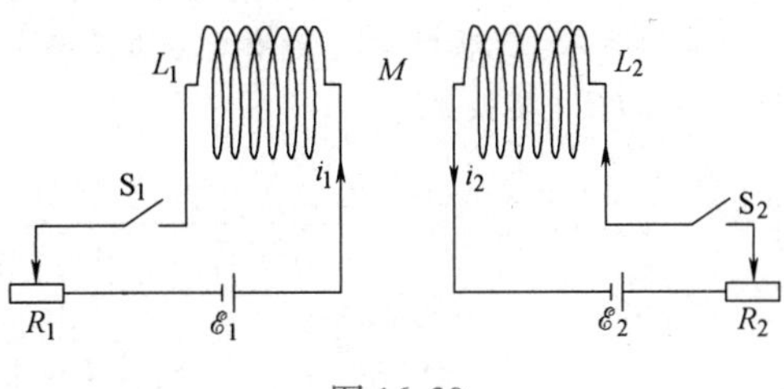

图 16-30

（2）再闭合开关 S_2，调节 R_1 使 I_1 保持不变，这时 i_2 由零增大到 I_2。这一过程中由于自感 L_2 的存在，由电源 $\mathscr{E}_2$ 做功而储存到磁场中的能量为

$$W_2 = \frac{1}{2}L_2 I_2^2$$

还要注意，当 i_2 增大时，在回路 1 中会产生互感电动势 $\mathscr{E}_{12}$。由式（16-36）得

$$\mathscr{E}_{12} = -M_{12}\frac{\mathrm{d}i_2}{\mathrm{d}t}$$

要保持电流 I_1 不变，电源 $\mathscr{E}_1$ 还必须反抗此电动势做功。这样，由于互感的存在，由电源 $\mathscr{E}_1$ 做功而储存到磁场中的能量为

$$\begin{aligned} W_{12} &= -\int \mathscr{E}_{12} I_1 \mathrm{d}t = \int M_{12} I_1 \frac{\mathrm{d}i_2}{\mathrm{d}t}\mathrm{d}t \\ &= \int_0^{I_2} M_{12} I_1 \mathrm{d}i_2 = M_{12} I_1 \int_0^{I_2} \mathrm{d}i_2 = M_{12} I_1 I_2 \end{aligned}$$

经过上述两个步骤后，系统达到电流分别是 I_1 和 I_2 的状态，这时储存到磁场中的总能量为

$$W_{\mathrm{m}} = W_1 + W_2 + W_3 = \frac{1}{2}L_1 I_1^2 + \frac{1}{2}L_2 I_2^2 + M_{12} I_1 I_2$$

如果我们先合上 S_2，再合上 S_1，仍按上述推理，则可得到储存到磁场中的总能量为

$$W'_{\mathrm{m}} = \frac{1}{2}L_1 I_1^2 + \frac{1}{2}L_2 I_2^2 + M_{21} I_1 I_2$$

由于这两种通电方式下的最后状态相同，即两个电路中分别通有 I_1 和 I_2 的电流，那么能量应该和达到此状态的过程无关，也就是应有 $W_{\mathrm{m}} = W'_{\mathrm{m}}$。由此我们得

$$M_{12} = M_{21}$$

即回路 1 对回路 2 的互感等于回路 2 对回路 1 的互感。用 M 来表示此互感，则最后储存在磁场中的总能量为

$$W_{\mathrm{m}} = \frac{1}{2}L_1 I_1^2 + \frac{1}{2}L_2 I_2^2 + M I_1 I_2$$

物理知识拓展

电磁振荡电路

1. 无阻尼自由电磁振荡电路

无阻尼自由电磁振荡电路由自感线圈 L 和电容器 C 组成，回路中电阻为零。在电容器开始放电之前的一瞬间，电路中没有电流，电能全部集中在电容器的两极板之间的电场中，如图 16-31a 所示，电容器两极板之间的电势差使正电荷从正极板经自感线圈流至负极板，由于线圈 L 的自感作用，电路中的电流不能立刻达到最大值，而是随着电容器极板上电荷的减少而逐渐增大。当电容器两极板的电荷为零时，电路中的电流达到最大值，与电流相联系的磁场能量也达到最大，此时，电容器两极板间的电场为零，电场能量全部转换成自感线圈内的磁场能量，如图 16-31b 所示。当电流达到最大值开始减小时，由楞次定律可知，电路中感应电流的方向应与原电流方向一致，使电容器反向充电，直到两极板的电荷量达到最大值，反向充电过程结束。此时，磁场完全消失，电路中的电流为零，磁场能量全部转换成电容器两极板之间的电场能量，如图 16-31c 所示。在这以后，电容器又开始反向放电过程，直至两极板上的电荷全部消失，电路中的电流达到反向最大值，电场能量又全部转换成磁场能量，如图 16-31d 所示，此后，电容器又被充电。当电

路中反向电流减小为零时，电容器两极板上的电荷达到最大值并恢复到原始状态，以后又重复上述一系列过程。这种电荷和电流、电场和磁场随时间做周期性变化的现象被称为电磁振荡。若电路中没有任何能量损耗（电阻为零、无辐射等），这种电磁振荡将在电路中一直持续下去，这种现象被称为无阻尼自由电磁振荡，亦称 LC 电磁振荡。

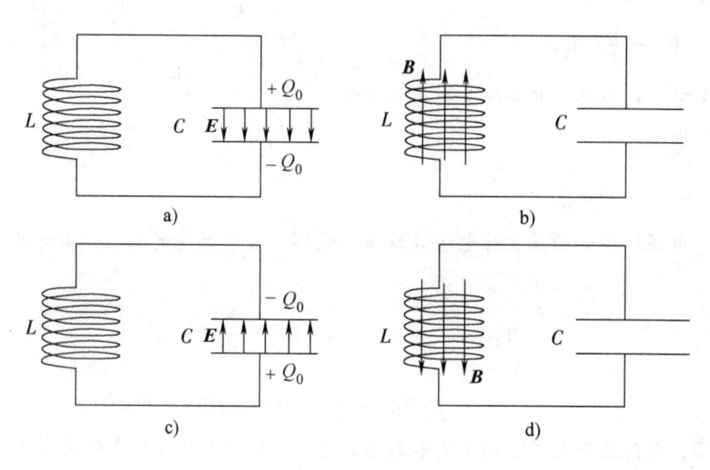

图 16-31

2. 无阻尼自由电磁振荡的振荡方程

在无阻尼自由电磁振荡电路中，任何时刻电场能量和磁场能量的总和应保持不变，即

$$\frac{Q^2}{2C}+\frac{1}{2}LI^2=\text{常数} \tag{16-49}$$

式中，Q 为某一时刻电容器极板上所带的电荷量，I 为该时刻回路中的电流。将上式对 t 同时求导，可得

$$\frac{Q}{C}\frac{\mathrm{d}Q}{\mathrm{d}t}+LI\frac{\mathrm{d}I}{\mathrm{d}t}=0 \tag{16-50}$$

$I=\mathrm{d}Q/\mathrm{d}t$ 代入上式可得

$$\frac{\mathrm{d}^2Q}{\mathrm{d}t^2}+\frac{1}{LC}Q=0 \tag{16-51}$$

令 $\omega^2=\frac{1}{LC}$，则有

$$\frac{\mathrm{d}^2Q}{\mathrm{d}t^2}+\omega^2Q=0 \tag{16-52}$$

这个方程和力学中简谐振动方程的形式完全相同，其解为

$$Q=Q_0\cos(\omega t+\varphi) \tag{16-53}$$

式中，Q 为任一时刻电容器极板上的电荷量；Q_0 为 Q 的最大值，称为电荷振幅；φ 为初相，Q_0 和 φ 的数值由电路的初始条件决定；ω 为振荡的角频率，由振荡电路本身的性质，即由线圈的自感 L 和电容器的电容 C 决定。将式（16-53）两边同时对时间求导，可得电路中电流随时间周期性变化的规律。

3. 无阻尼自由电磁振荡的能量

设电容器的极板上带有电荷量 Q，则电容器中的电场能量为

$$W_{\mathrm{E}}=\frac{Q^2}{2C}=\frac{Q_0^2}{2C}\cos^2(\omega t+\varphi) \tag{16-54}$$

上式表明，无阻尼自由电磁振荡电路中电场能量是随时间周期性变化的，当自感线圈中通过电流 I 时，线圈中的磁场能量为

$$W_m=\frac{1}{2}LI^2=\frac{1}{2}L\left(\frac{dQ}{dt}\right)^2=\frac{1}{2}LQ_0^2\omega^2\sin^2(\omega t+\varphi)=\frac{Q_0^2}{2C}\sin^2(\omega t+\varphi)\tag{16-55}$$

上式表明，无阻尼自由电磁振荡电路中磁场能量也是随时间周期性变化的，则无阻尼自由电磁振荡电路中的总能量为

$$W=W_E+W_m=\frac{Q_0^2}{2C}\tag{16-56}$$

类比弹簧振子系统的动能、势能相互转化，机械能守恒，在无阻尼自由电磁振荡过程中，电场能量和磁场能量不断相互转换，但在任意时刻，其总和保持不变。在电场能量最大时，磁场能量为零；反之，磁场能量最大时，电场能量为零。应当指出，无阻尼自由电磁振荡过程中的电磁场能量守恒是有条件的。首先，电路中的电阻必须为零，这样，在电路中才会避免因电阻产生的焦耳热而损耗电磁能；其次，电路中不存在任何电动势，即没有其他形式的能量与电路交换；最后，电磁能还不能以电磁波的形式辐射出去。但实际上任何振荡电路都有电阻，电磁能量被不断地转换为焦耳热，而且在振荡过程中，电磁能量不可避免地还会以电磁波的形式辐射出去，因此，无阻尼自由电磁振荡电路只是一个理想化的振荡电路模型。

16.5　麦克斯韦电磁场理论及其基本思想

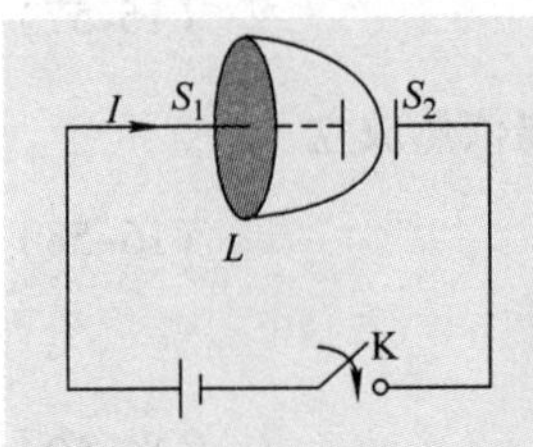

物理现象

如左图，直流电源与电容器相连，构成回路。闭合开关，给电容器充电，虽然在同一时刻通过电路中导线上任何截面的传导电流依然相等，但电路中的电流不再恒定，电容器两极板间的电流中断。对于该非恒定电路，我们对以回路 L 为边线的平面 S_1 和口袋形曲面 S_2 分别应用安培环路定理，可以得到

$$\oint_L \boldsymbol{H}\cdot d\boldsymbol{l}=I$$

$$\oint_L \boldsymbol{H}\cdot d\boldsymbol{l}=0$$

对于同一个回路，磁场强度的环流不同，显然出现了矛盾。

是安培环路定理错误，还是对于非恒定电流回路情况下，安培环路定理需要修正？

物理学基本内容

我们已经看到，变化的磁场能激发感生电场。由对称性，变化的电场能否激发磁场呢？

16.5.1　位移电流假设及其本质

麦克斯韦注意到，图 16-32a 应用安培环路定理出现矛盾的原因在于电容器的存在使得回路中的电流不连续，即穿过曲面 S_1 的电流为 I，而穿过曲面 S_2 的电流为零。设想，如果能在电容器的两极板之间寻求到一个物理量，其方向和大小都与电流 I 相同，再假设这个物理量能如同电流一样激发磁场，那么回路中的电流就能借助于这个物理量而实现连续。对 S_2 将会有 $\oint_L \boldsymbol{H}\cdot d\boldsymbol{l}=I$，即矛盾将不再出现。至于这个假设的真实性问题，即它是否真正能如同电流一样激发磁场，可以期待通过实验验证。

下面我们来寻求这个等于 I 的物理量。如图 16-32 所示，电容器中虽无传导电流通过，但在充电和放电的过程中，传导电流在极板处的中断会导致极板上自由电荷的积累或损失，使得极

板间产生随时间变化的电场。从电场变化的方向来看，在充电时（见图16-32a），电场加强，电位移矢量随时间的变化率$\frac{\partial \boldsymbol{D}}{\partial t}$的方向向右，与电场的方向一致，也与导线中传导电流的方向一致；当放电时（见图16-32b），电场减弱，$\frac{\partial \boldsymbol{D}}{\partial t}$的方向向左，与电场的方向相反，但仍与导线中传导电流的方向一致。这提示我们，中断的电流是否可以由电场的变化率来接替？能否借助于变化的电场来实现电流的连续性？

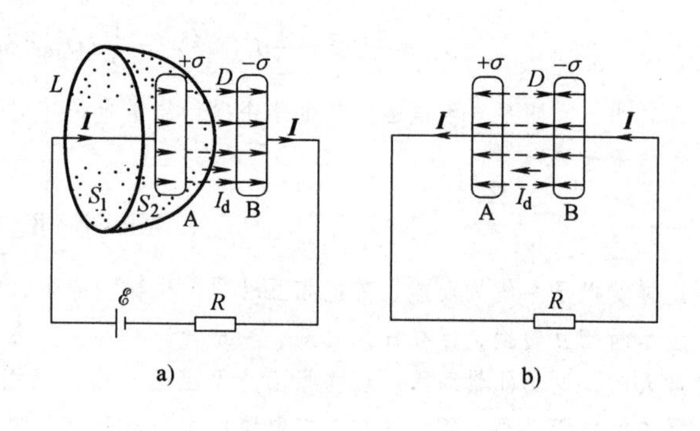

图16-32

考虑图16-32a所示情况，我们把S_1和S_2组成一个闭合曲面S。按电流的连续性方程（即电荷守恒定律），通过S面流出的电流$\oint_S \boldsymbol{j}\cdot \mathrm{d}\boldsymbol{S}$应等于单位时间内$S$面内电荷量$q$的减少：

$$\oint_S \boldsymbol{j}\cdot \mathrm{d}\boldsymbol{S} = -\frac{\mathrm{d}q}{\mathrm{d}t} \tag{16-57}$$

$\mathrm{d}\boldsymbol{S}$指向曲面外法线方向。麦克斯韦假设，静电场的高斯定理对于变化电场依然成立

$$\oint_S \boldsymbol{D}\cdot \mathrm{d}\boldsymbol{S} = q \tag{16-58}$$

将上式两边对时间求导：

$$\oint_S \frac{\partial \boldsymbol{D}}{\partial t}\cdot \mathrm{d}\boldsymbol{S} = \frac{\mathrm{d}q}{\mathrm{d}t} \tag{16-59}$$

再将其代入电流的连续性方程得

$$\oint_S \left(\boldsymbol{j}+\frac{\partial \boldsymbol{D}}{\partial t}\right)\cdot \mathrm{d}\boldsymbol{S} = 0 \tag{16-60}$$

由于$\frac{\partial \boldsymbol{D}}{\partial t}$和$\boldsymbol{j}$都具有相同的量纲，据此，麦克斯韦创造性地提出一个假说：变化的电场可以等效成一种电流，称为位移电流，定义为

$$I_\mathrm{d} = \oint_S \frac{\partial \boldsymbol{D}}{\partial t}\cdot \mathrm{d}\boldsymbol{S} \tag{16-61}$$

位移电流密度定义为

$$\boldsymbol{j}_\mathrm{d} = \frac{\partial \boldsymbol{D}}{\partial t} \tag{16-62}$$

表明电场中某点的位移电流密度等于该点电位移矢量随时间的变化率。

为便于分析上述问题，把电流连续性方程改写为

$$-\oint_S \boldsymbol{j}\cdot \mathrm{d}\boldsymbol{S} = \oint_S \frac{\partial \boldsymbol{D}}{\partial t}\cdot \mathrm{d}\boldsymbol{S} \tag{16-63}$$

上式左侧表示流入闭合曲面S的电流，即通过图16-32a中截面S_1的传导电流I，右侧则表示流出闭合曲面S的位移电流，即通过截面S_2的位移电流I_d，于是有$I=I_\mathrm{d}$。

至此我们在电容器的两极板之间找到了方向和大小都与传导电流I相同的物理量—位移电流。在电容器极板处中断了的传导电流I被间隙中的位移电流I_d所接替，从而使电路中的电流保持连续性。定义传导电流I和位移电流I_d相加的和为全电流，记为I_S，即

$$I_S = I + I_d \tag{16-64}$$

显然，全电流总是连续的，穿过以闭合曲线 L 为边线的任意曲面的全电流强度相等。

引入位移电流后，麦克斯韦进一步假设，位移电流与传导电流均按同一规律在周围空间激发磁场，并以全电流代替传导电流，对安培环路定理进行修正，得到如下的形式：

$$\oint_L \boldsymbol{H} \cdot \mathrm{d}\boldsymbol{l} = I_S = I + I_d = \oint_S \left(\boldsymbol{j} + \frac{\partial \boldsymbol{D}}{\partial t}\right) \cdot \mathrm{d}\boldsymbol{S} \tag{16-65}$$

上述结论称为全电流安培环路定理。

上述假设的正确性由其所得结论与实验事实是否相符来判断。自麦克斯韦提出位移电流假设之后，大量的理论和实践证明，全电流安培环路定理是普遍成立的，它适用于任意的电场和磁场。

现象解释

通过上述理论分析可知，并不是安培环路定理出现错误，而是需要修正以适用于非恒定电流回路情况。通过位移电流假设，我们完全解决了前述矛盾，并将理论进一步向前发展。

全电流安培环路定理表明，变化的电场也能在周围空间激发磁场，其激发磁场的规律和电流激发磁场的规律完全相同。尤其是，当空间没有传导电流，只有变化的电场时，由式（16-65）有

$$\oint_L \boldsymbol{H} \cdot \mathrm{d}\boldsymbol{l} = \oint_S \frac{\partial \boldsymbol{D}}{\partial t} \cdot \mathrm{d}\boldsymbol{S} \tag{16-66}$$

所以麦克斯韦位移电流假说的物理本质是：变化的电场激发涡旋磁场。这正好与变化的磁场激发涡旋电场相对应。将式（16-66）和变化的磁场与它所激发的电场的关系

$$\oint_L \boldsymbol{E}_{感} \cdot \mathrm{d}\boldsymbol{l} = -\int_S \frac{\partial \boldsymbol{B}}{\partial t} \cdot \mathrm{d}\boldsymbol{S}$$

比较可以发现，电场和磁场的相互激发遵循相似的规律。上面两个关系式表明，磁场 $\boldsymbol{H}$ 的方向与位移电流密度$\frac{\partial \boldsymbol{D}}{\partial t}$的方向之间的关系（就像磁场与传导电流密度的方向之间的关系一样）服从右手螺旋关系（见图 16-33a），而感生电场 $\boldsymbol{E}_{感}$ 与磁场变化率$\frac{\partial \boldsymbol{B}}{\partial t}$的方向服从左手螺旋关系（见图 16-33b）。如同在电磁感应中所指出的那样，负号表示电磁场在相互激发过程中遵从能量守恒定律。

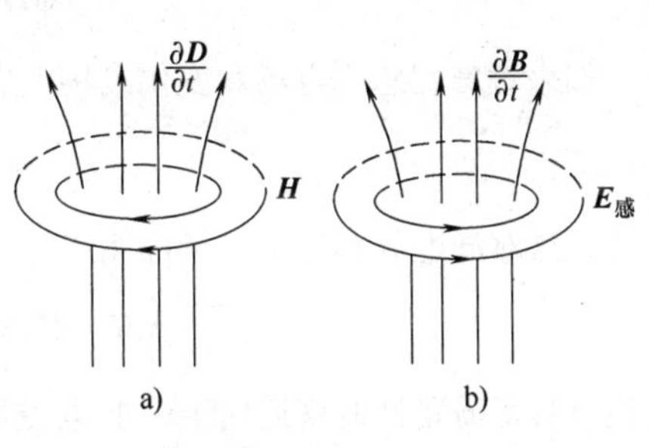

图 16-33

当然位移电流与传导电流还是有区别的。传导电流是电荷的定向运动，而位移电流等效于变化的电场；传导电流要产生焦耳热，而真空中的位移电流则没有。另外，在讨论传导电流和位移电流的分布时，也应注意到它们的区别。根据位移电流的定义，在电场中每一点只要有电位移的变化，就有相应的位移电流密度存在。因此，不仅在电介质中，就是在导体，甚至真空中，也可以产生位移电流。但在通常情况下，电介质中的电流主要是位移电流，传导电流可忽略不计，而在导体中的电流主要是传导电流，位移电流可以忽略不计。至于在高频交变电流的场合，由于电场的变化率很快，导体内的位移电流就不可忽略了。

16.5.2 麦克斯韦电磁场理论的基本思想

在提出了感生电场假设和位移电流假设之后，麦克斯韦对电磁规律又进行了细致的分析和高度的概括、总结。由感生电场假设和位移电流假设可以知道，变化的磁场要产生感生电场，变化的电场也要产生磁场。即在一般情况下，电场和磁场都是变化的，它们将相互激发，因而它们是不可分割的、统一的，它们整体被称为电磁场。单独的静电场和单独的恒定磁场都只是电磁场的特殊情况。在一般情况下，电场和磁场只是电磁场的分量。麦克斯韦电磁场统一的思想和理论后来被赫兹发现的电磁波完全证实。在前面的知识点中学习的有关电场和磁场的理论都可以纳入一个统一的电磁场理论中来处理。下面我们来讨论这个统一的电磁场满足的规律。

在电磁场中，电场分量由两个部分叠加而成。一部分是自由电荷产生的静电场，另一部分是变化的磁场产生的感生电场。磁场分量也由两个部分叠加而成：运动电荷（电流）产生的恒定磁场和变化电场产生的磁场。对于静止电荷激发的静电场和恒定电流激发的恒定磁场，它们满足如下的一些基本方程：

（1）静电场的高斯定理

$$\oint_S \boldsymbol{D} \cdot \mathrm{d}\boldsymbol{S} = \int_V \rho \mathrm{d}V = \sum q_{0i}$$

（2）静电场的环路定理

$$\oint_L \boldsymbol{E} \cdot \mathrm{d}\boldsymbol{l} = 0$$

（3）磁场的高斯定理

$$\oint_S \boldsymbol{B} \cdot \mathrm{d}\boldsymbol{S} = 0$$

（4）安培环路定理

$$\oint_L \boldsymbol{H} \cdot \mathrm{d}\boldsymbol{l} = \int_S \boldsymbol{j} \cdot \mathrm{d}\boldsymbol{S} = I$$

如果考虑到感生电场和变化电场产生的磁场，则上面的静电场的环路定理应修改为

$$\oint_L \boldsymbol{E} \cdot \mathrm{d}\boldsymbol{l} = -\frac{\mathrm{d}\Phi}{\mathrm{d}t} = -\int_S \frac{\partial \boldsymbol{B}}{\partial t} \cdot \mathrm{d}\boldsymbol{S} \tag{16-67}$$

显然，这对静电场和有旋电场都能成立。安培环路定理应修改为全电流安培环路定理

$$\oint_L \boldsymbol{H} \cdot \mathrm{d}\boldsymbol{l} = I + I_{\mathrm{d}} = \int_S \left(\boldsymbol{j} + \frac{\partial \boldsymbol{D}}{\partial t}\right) \cdot \mathrm{d}\boldsymbol{S} \tag{16-68}$$

其他方程不需要修改就适用于一般电磁场中的电场分量和磁场分量。于是，电磁场所满足的四个基本方程为

$$\oint_S \boldsymbol{D} \cdot \mathrm{d}\boldsymbol{S} = \int_V \rho \mathrm{d}V \tag{16-69}$$

$$\oint_L \boldsymbol{E} \cdot \mathrm{d}\boldsymbol{l} = -\int_S \frac{\partial \boldsymbol{B}}{\partial t} \cdot \mathrm{d}\boldsymbol{S} \tag{16-70}$$

$$\oint_S \boldsymbol{B} \cdot \mathrm{d}\boldsymbol{S} = 0 \tag{16-71}$$

$$\oint_L \boldsymbol{H} \cdot \mathrm{d}\boldsymbol{l} = \int_S \left(\boldsymbol{j} + \frac{\partial \boldsymbol{D}}{\partial t}\right) \cdot \mathrm{d}\boldsymbol{S} \tag{16-72}$$

上述四个方程称为麦克斯韦方程组（积分形式）。式中的电场量 $\boldsymbol{D}$，$\boldsymbol{E}$ 为电荷激发的电场和涡旋电场的总电场，磁场量 $\boldsymbol{H}$，$\boldsymbol{B}$ 为传导电流和位移电流激发的总磁场。从上述方程组我们还可以看到，在电磁场中的电场和磁场是相互联系的、不可分割的。电磁场的所有特性都可以由上述

四个方程来确定。

在有介质存在时，$\boldsymbol{E}$，$\boldsymbol{B}$ 都和介质的性质有关，要完整地说明宏观电磁现象，除了上述四个方程外，还要加上下面三个与介质相联系的关系式，对各向同性均匀电介质有

$$\begin{cases}\boldsymbol{D}=\varepsilon\boldsymbol{E}\\ \boldsymbol{B}=\mu\boldsymbol{H}\\ \boldsymbol{j}=\gamma\boldsymbol{E}\end{cases}\tag{16-73}$$

如果再加上电磁力的基本规律

$$\boldsymbol{F}=q\boldsymbol{E}+q\boldsymbol{v}\times\boldsymbol{B}\tag{16-74}$$

则麦克斯韦的电磁场理论就成为一个非常完备的理论体系了。

从麦克斯韦方程组可以看出，在相对稳定的情况下，即只存在电荷和恒定电流时，麦克斯韦方程组表现为静电场和恒定磁场所遵从的规律。这时，电场和磁场都是静态的，它们之间没有联系。而在运动的情况下，即当电荷在运动、电流也在变化时，麦克斯韦方程组描述了变化着的电场和磁场之间的紧密关系：变化的电场会激发一个有旋磁场，变化的磁场又会激发一个有旋电场，电场和磁场就以这种互激的形式在同一空间相互依存并形成一个统一的整体，这就是真正意义上的电磁场。可以证明，电磁场一旦产生，即使场源电荷及电流不存在了，这种互激依然可以随着时间的流逝而在空间无限地伸延。在距离电荷和电流很远的空间，电磁场最终是以波动的形式在传播着，这就是电磁波。电磁波的波速，经麦克斯韦的计算，正好等于光速，于是麦克斯韦断言，光也是一种电磁波。光和电磁场在麦克斯韦理论中的统一，使得经典电磁学的发展到达顶峰，成为麦克斯韦最辉煌的成就。自此，电磁学已成为一门可与牛顿力学并立的、完备的科学理论（经典物理）。

16.5.3　电磁波

麦克斯韦的电磁场理论表明：变化的电场（位移电流）激发涡旋磁场，如图16-33a所示，变化的磁场激发涡旋电场，如图16-33b所示。可见变化的电场与磁场相互感生，彼此依存，形成了不可分割的统一电磁场，电磁场的电场分量和磁场分量在方向上相互垂直，场线彼此套合，用一种场的变化来维持着另一种场，并以一定的速度向四周传播出去，这就形成了电磁波。

1. 电磁波的产生的定性分析

要想产生电磁波，首先要有适当的振源，任何 LC 振荡电路原则上都可以作为发射电磁波的振源。但要想有效地把电路中的电磁能发射出去，除了连续不断地给电路补充能量外，还必须具备以下条件：

（1）必须有足够的频率，以后将看到，电磁波在单位时间内辐射的能量与频率的四次方成正比，振荡电路的固有频率越高，越能把能量有效地发射出去，为此，需要增大振荡频率。由 LC 振荡电路的固有频率 $\nu_0=\dfrac{1}{2\pi\sqrt{LC}}$ 可知，要加大 ν_0，必须减小电路中 L 和 C 的值。

（2）必须有开放的电路　LC 振荡电路是集中性元件的电路，即电场和电能都集中在电容元件中，磁场和磁能都集中在自感线圈中。为了把电磁场和电磁能发射出去，必须对电路加以改造，以便使电磁场能够分散到空间去。为此，设想把 LC 振荡电路按图16-34a～图16-34d的顺序逐步加以改造，改造的趋势是使电容器的极板面积越来越小，间隔越来越大，并使自感线圈的匝数越来越少。这样，一方面可以使 C 和 L 的数值减小，以提高固有频率 ν_0；另一方面使电路越来越开放，使电场和磁场分布到空间中去，最后振荡电路完全演变为一根直导线，电流在其中往复振荡，两端出现正负交替的等量异号电荷。这样的电路叫作振荡偶极子（或偶极振子），它适

合于作为有效地发射电磁波的振源。广播电台或电视台的天线都可以看成是这类偶极振子。

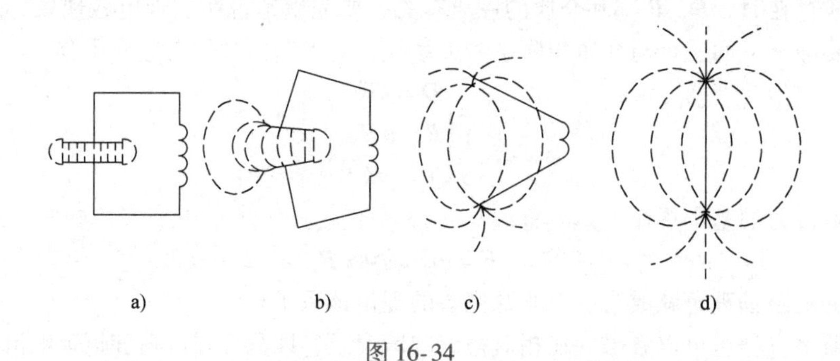

图 16-34

设想在空间某处有一个电磁振源，在这里有交变的电流或电场，它在自己周围激发涡旋磁场。由于这个磁场也是交变的，于是它又在自己周围激发涡旋电场。交变的涡旋电场和涡旋磁场相互激发，闭合的电场线和磁场线就像链条的环节一样一个个地套连下去，在空间传播开来，形成电磁波。实际上，电磁振荡是沿各个不同方向传播的。图 16-35 只是电磁振荡在某一直线上传播过程的示意图，并非真实的电场线和磁场线的分布图。

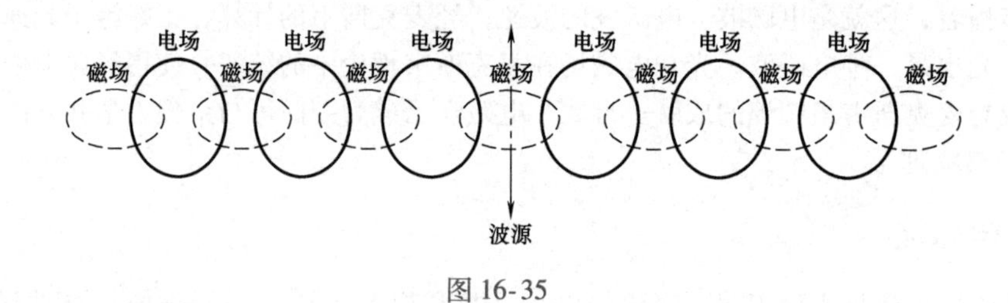

图 16-35

2. 电磁波的实验验证

1888 年德国物理学家赫兹用实验证实了电磁波的存在，这就是著名的赫兹实验。赫兹实验中所用的装置（实际是一个振荡偶极子），如图 16-36 所示。他用的是两段金属杆，它们共轴放置，中间留有一个“火花间隙”，间隙两边杆的端点做成球状。这样做的目的是为了使电路中的电荷和电势差积累到一定的数量之后再行放电，以便提高发射电磁波的功率。赫兹所用的这种装置后来被称为赫兹振子。把赫兹振子接在感应圈的二次线圈上，即能在其中激发高频振荡。产生振荡的过程如下：感应圈以每秒 $10 \sim 10^2$ 周的频率一次一次地使火花隙两端充电，每次充电电压达到一定程度时使火花间隙被击穿，于是两段金属杆连成一条导电的通路，在其中产生高频振荡（赫兹实验中的振荡频率约为每秒 10^8 周）。由于焦耳热和电磁辐射的能量损耗，振子中的振荡很快地衰减，直到下一次充电后重新激起振荡。如此过程继续下去，就在振子中得到间歇性的阻尼振荡（见图 16-36），并从振子向四周发射电磁波。为了探测电磁波的存在，赫兹采用一种如图 16-36 所示的接收装置。它是由铜杆弯成的一个圆环，其中也留有端点为球状的火花间隙。间隙的距离可利用螺旋进行微小的调节，这种接收装置称为谐振器。将谐振器放在距振子一定的距离以外，适当地选择其方位，并调节间隙距离以达到与振子频

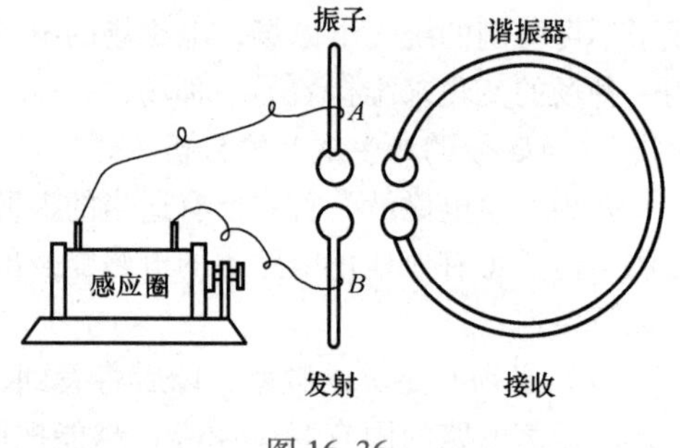

图 16-36

率谐振。赫兹发现，在感应圈工作的时候，谐振器的间隙中也有电火花跳过，这样便在实验上证实了电磁场在空间的传播。

赫兹利用振荡偶极子进行了许多实验，不仅证实了振荡偶极子能发射电磁波，还证明了这种电磁波与光波一样，能产生折射、反射、干涉、衍射、偏振等现象。因此，赫兹初步证实了麦克斯韦的电磁理论—电磁波的存在和光波本质上也是电磁波。

3. 电磁波的性质

在距离振源足够远的区域内，电磁波具有如下性质：

（1）电磁波的 $\boldsymbol{E}$、$\boldsymbol{H}$ 和传播速度 $\boldsymbol{u}$ 三者相互垂直，电磁波是横波；

（2）$\boldsymbol{E}$ 和 $\boldsymbol{H}$ 的振动相位相同，并且 $\boldsymbol{E}$ 和 $\boldsymbol{H}$ 幅值间的关系为$\sqrt{\varepsilon}E=\sqrt{\mu}H$；

（3）沿给定方向传播的电磁波，$\boldsymbol{E}$ 和 $\boldsymbol{H}$ 分别在各自的平面内振动—偏振性；

（4）$\boldsymbol{E}$ 和 $\boldsymbol{H}$ 以相同的速度 $u=\dfrac{1}{\sqrt{\varepsilon\mu}}$传播，在真空中电磁波的速度等于光速。

4. 电磁波的能流密度

任何波动的过程都是能量传播的过程，电磁波的传播伴随着电磁能量的传播，以电磁波形式传播出去的能量称为辐射能。描述波的能量传播特性的物理量—能流密度的概念仍然适用。

下面以平面电磁波为例来推导电磁波能流密度的计算公式。如图 16-37 所示，设有一平面电磁波，以速度 $\boldsymbol{u}$ 在空间沿 z 轴正向传播。用 S 表示电磁波的能流密度，沿着波的传播方向取一小圆柱，其长为 $\Delta l=u\Delta t$，底面面积为 ΔA，如果用 w 表示电磁场的能量密度，则单位时间通过单位面积的能量，即能流密度为

$$S=\frac{w\Delta A\Delta l}{\Delta t\Delta A}=\frac{wu\Delta t}{\Delta t}=wu \tag{16-75}$$

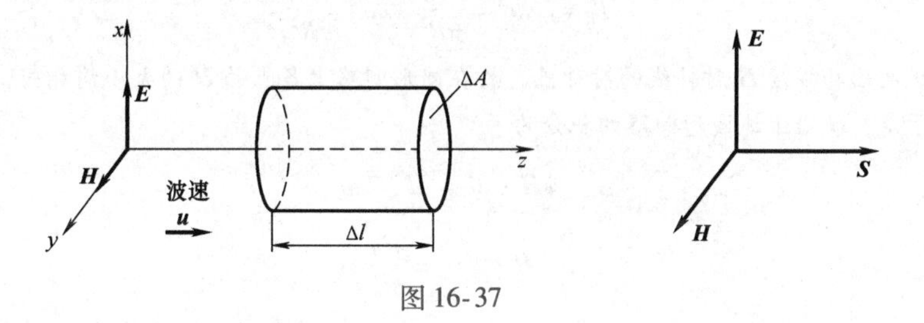

图 16-37

由前面的知识可知，电磁场的总能量密度为

$$w=w_{\mathrm{e}}+w_{\mathrm{m}}=\frac{1}{2}(\varepsilon E^2+\mu H^2) \tag{16-76}$$

代入式（16-75）中，得

$$S=\frac{1}{2}u(\varepsilon E^2+\mu H^2) \tag{16-77}$$

再把 $u=\dfrac{1}{\sqrt{\mu\varepsilon}}$和$\sqrt{\mu}H=\sqrt{\varepsilon}E$ 代入上式，得

$$S=\frac{1}{2\sqrt{\varepsilon\mu}}(\sqrt{\varepsilon}E\sqrt{\mu}H+\sqrt{\mu}H\sqrt{\varepsilon}E)=EH \tag{16-78}$$

由于 $\boldsymbol{E}$，$\boldsymbol{H}$ 和波的传播方向三者相互垂直，并且组成一个右手螺旋系，所以上式可用矢量式表示为

$$\boldsymbol{S}=\boldsymbol{E}\times\boldsymbol{H} \tag{16-79}$$

S 被称为电磁波的能流密度矢量或坡印亭矢量。

将 S 对时间取平均值，可得平均能流密度，并以 I 表示，即

$$I = \overline{S} = \overline{EH} = \sqrt{\frac{\varepsilon}{\mu}}\overline{E^2} \tag{16-80}$$

称 I 为电磁波的波强（或光强）。

物理知识应用

【例 16-14】有一半径为 $R=3.0\text{cm}$ 的圆形平行平板空气电容器，现对该电容器充电，充电电路上的传导电流 $I=2.5\text{A}$，若略去电容器的边缘效应，求：(1) 两极板间的位移电流和位移电流密度；(2) 两极板间离开轴线的距离 $r=2.0\text{cm}$ 的点 P 处的磁感强度。

【解】(1) 两极板间的位移电流就等于电路上的传导电流，即 $I_d=I$。电容器内两极板间的电场可视为均匀电场，位移电流是均匀分布的，位移电流密度为

$$j_D = \frac{\mathrm{d}D}{\mathrm{d}t} = \frac{I_d}{\pi R^2} = \frac{I}{\pi R^2}$$

(2) 在图 16-38 中以轴上一点为圆心，r 为半径构造一平行于两极板平面的圆形回路。由全电流定律有

$$\oint_l \boldsymbol{H}\cdot \mathrm{d}\boldsymbol{l} = I' + I'_d$$

式中，$I'+I'_d$ 为穿过圆形回路的全电流。由于电容器内两极板间没有传导电流，所以 $I'=0$；穿过回路的位移电流为

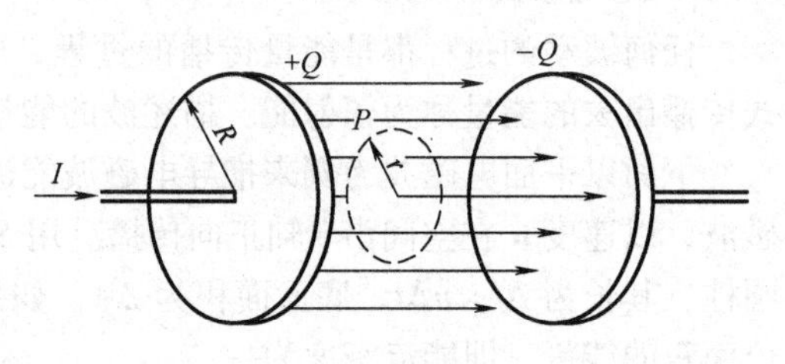

图 16-38

$$I'_d = j_d \pi r^2 = \frac{I}{\pi R^2}\cdot \pi r^2 = \frac{r^2 I}{R^2}$$

考虑到极板间磁场强度 $\boldsymbol{H}$ 对轴线的对称性，故在圆形回路上各点的 $\boldsymbol{H}$ 的大小均相同，其方向均与回路上各点相切，于是，$\boldsymbol{H}$ 沿上述圆形回路的积分为

$$\oint_l \boldsymbol{H}\cdot \mathrm{d}\boldsymbol{l} = H\cdot 2\pi r$$

$$H\cdot 2\pi r = \frac{r^2 I}{R^2}$$

即

$$H = \frac{rI}{2\pi R^2}$$

另外，考虑到电容器两极板间为空气，且略去边缘效应，所以有 $B=\mu_0 H$。于是可得两极板间与轴线相距为 r 的点 P 处的磁感强度为

$$B = \frac{\mu_0 rI}{2\pi R^2}$$

将已知量代入上式，距轴线为 r 的点 P 处的磁感应强度的值为

$$B = 2\times 10^{-7}\times \frac{2.5\times 0.02}{(0.03)^2}\text{T} = 1.11\times 10^{-5}\text{T}$$

【例 16-15】一机场通信电台的平均辐射功率为 10kW，假定辐射的能量只能沿上半空间均匀传播，试求：

(1) 距电台为 $r=10\text{km}$ 处坡印亭矢量的平均值；

(2) 若辐射的电磁波可视为平面简谐波，求该处电场强度和磁感应强度的振幅。

【解】(1) 以电台为中心，以r为半径作上半球面。由于辐射能量均匀分布在半球面上，因此

$$\bar{S}=\frac{P}{2\pi r^2}=\frac{10\times10^3}{2\pi\times(10\times10^3)^2}\text{W}\cdot\text{m}^{-2}=1.59\times10^{-5}\text{W/m}^2$$

(2) 对平面简谐波，电场强度和磁感应强度的量值可写成

$$E=E_0\cos\omega\left(t-\frac{r}{u}\right)$$

$$B=B_0\cos\omega\left(t-\frac{r}{u}\right)$$

能流密度大小为

$$S=\frac{1}{\mu_0}EB=\frac{1}{\mu_0}E_0B_0\cos^2\omega(t-r/u)$$

在一个周期T内的平均值即为平均能流密度，有

$$\bar{S}=\frac{1}{T}\int_0^T\frac{1}{\mu_0}E_0B_0\cos^2[\omega(t-r/u)]\text{d}t=\frac{E_0B_0}{2\mu_0}$$

利用

$$\sqrt{\mu}H=\sqrt{\varepsilon}E$$

有

$$\frac{B}{\sqrt{\mu_0}}=\sqrt{\varepsilon_0}E\Rightarrow B=\sqrt{\varepsilon_0\mu_0}E=\frac{E}{c}$$

所以

$$\bar{S}=\frac{E_0}{2\mu_0}\frac{E_0}{c}=\frac{E_0^2}{2\mu_0c}$$

$$E_0=\sqrt{2\mu_0c\bar{S}}=\sqrt{2\times4\pi\times10^{-7}\times3\times10^8\times1.59\times10^{-5}}\text{V/m}=0.11\text{V/m}$$

$$B_0=E_0/c=\frac{0.11}{3\times10^8}\text{T}=3.67\times10^{-10}\text{T}$$

物理知识拓展

电磁波谱

自从赫兹用电磁振荡的方法产生电磁波，并证明电磁波的性质与光波的性质相同之后，人们又进行了许多实验，不仅用于证明光是电磁波，而且证明后来陆续发现的伦琴射线（X射线）、γ射线等也都是电磁波，各种不同的电磁波具有不同的频率或不同的波长。如图16-39所示。

这些电磁波在本质上虽然相同，但不同波长范围的电磁波的产生方法以及它们与物质间的相互作用是各不相同的，现将各波段的电磁波简介如下。

无线电波：一般的无线电波是由电磁振荡电路通过天线发射的，波长可由几千米到几毫米。不同波段的无线电波，其传播特性各有不同。长波、中波的波长很长，衍射现象显著，能绕过高山、建筑物而传播；短波的波长较短，衍射能力减弱，主要靠大气中的电离层与地面间的反射传播；超短波和微波由于波长更短，几乎只能沿直线在空间传播，而且容易被障碍物反射，所以远距离的微波通信和传送电视节目等需设中继站。表16-1列出了各种无线电波的范围和用途。

红外线：波长约从7.6×10^{-7}m到1mm，具有显著的热效应，能通过浓雾或较厚的气层而不易被吸收，因此，在生产和国防上都有重要的应用。在生产中，用红外线烘干油漆，干得快，质量好；在国防上，由于坦克、人体、舰艇等大部分物体都会发射红外线，所以在夜间或浓雾天气可通过红外线接收器侦察这些目标信号。此外，用对红外线敏感的照相底片来摄影，可以侦察敌情。

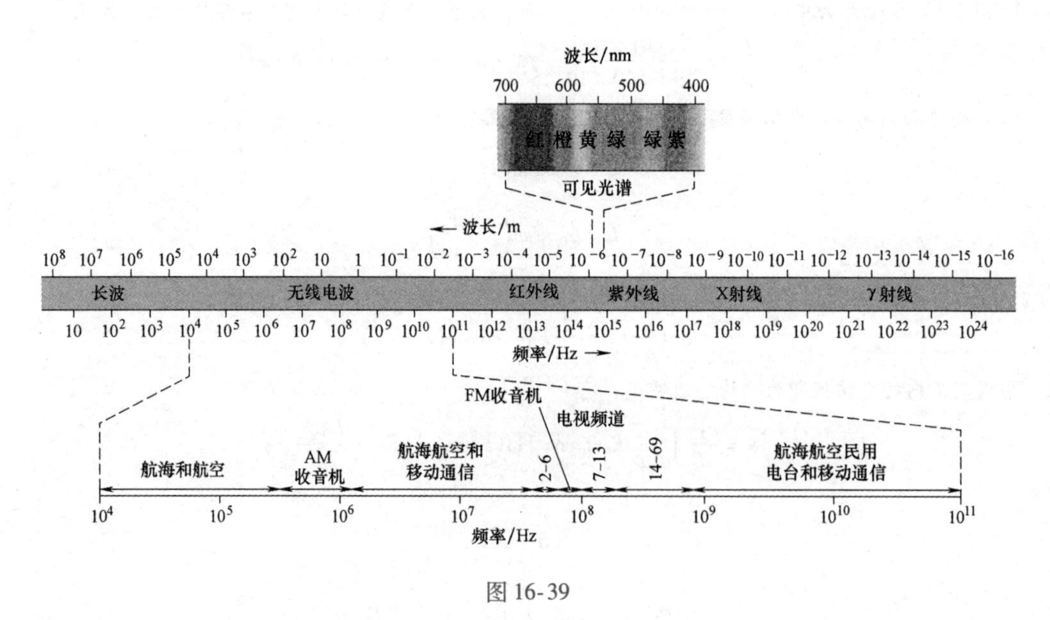

图 16-39

可见光：波长约 $7.6\times10^{-7}\sim4.0\times10^{-7}$m。这部分波段的光能使人的眼睛产生感光，所以称为可见光。不同颜色的光，实际上是不同波长的电磁波。白光是多种不同颜色的光（红、橙、黄、绿、青、蓝、紫）按一定的比例混合的结果。

表 16-1 各种无线电波的范围和用途

名称	长波	中波	中短波	短波	米波	微波		
						分米波	厘米波	毫米波
波长	30000 ~ 3000m	3000 ~ 200m	200 ~ 50m	50 ~ 10m	10 ~ 1m	1m ~ 10cm	10 ~ 1cm	1 ~ 0.1cm
频率	10 ~ 100kHz	100 ~ 1500kHz	1.5 ~ 6MHz	6 ~ 30MHz	30 ~ 300MHz	300 ~ 3000MHz	3000 ~ 30000MHz	30000 ~ 300000MHz
主要用途	长距离通信和导航	无线电广播	电报通信、无线电广播	无线电广播、电报通信	调频无线电广播、电视广播、无线电导航	电视、雷达、无线电导航及其他专门用途		

紫外线：波长约为 $4.0\times10^{-7}\sim10.0\times10^{-9}$m，它由原子或分子的振荡所激发，不能通过人的视觉发现，只能由特殊的仪器探测到。紫外线具有显著的生理作用，有较强的灭菌能力，还具有显著的化学效应和荧光效应。

伦琴射线（X 射线）：波长约 $10.0\times10^{-9}\sim1.0\times10^{-12}$m，它具有很强的穿透能力，可使照相底片感光。在医疗上，可用于透视和病理检查；在工业上，可用于检查金属部件内的缺陷和分析晶体结构等。随着 X 射线技术的发展，其波长范围也不断朝着两个方向扩充，在长波段已与紫外线有所重叠，在短波段已进入 γ 射线领域。

γ 射线：一种比伦琴射线波长更短的电磁波，波长在 1.0×10^{-12}m 以下，γ 射线的能量和穿透能力比 X 射线更大和更强，可用于金属探伤等。γ 射线也有多方面的应用，是研究物质微观结构的有力武器。目前在医疗上，已研制出了 γ 刀，用于治疗癌症，切除肿瘤。

表 16-2 列出了电磁波的波长范围和产生的大致条件。

表 16-2　电磁波的波长范围和产生的大致条件

名称	波长范围	对应的量子能量/eV	产生条件	人工产生方法	备注
无线电波	>1m	1.24×10^{-6}	宏观电流振荡	电子电路	
微波	1m～0.75mm	1.24×10^{-6}～1.65×10^{-3}	核自旋，电子自旋	行波管、速调管、磁控管	
红外线	1000～0.75μm	1.24×10^{-3}	分子振动和转动跃迁	炽热物体，气体放电	远红外 1000～30μm 中红外 30～3μm 近红外 3～0.75μm
可见光	750～380nm	1.65～3.26	外层电子跃迁	辉光，白炽灯，弧光	
紫外线	380～10nm	3.26～1.24×10^{2}	芯电子和外层电子跃迁	电火花，激光等	近紫外 远紫外
X 射线	10～0.001nm	1.24×10^{2}～1.24×10^{6}	芯电子（内层电子）跃迁	X 射线管	软 X 射线，硬 X 射线
γ 射线	<0.001nm	$>1.24\times10^{6}$	原子核衰变	加速器	

本章知识导图

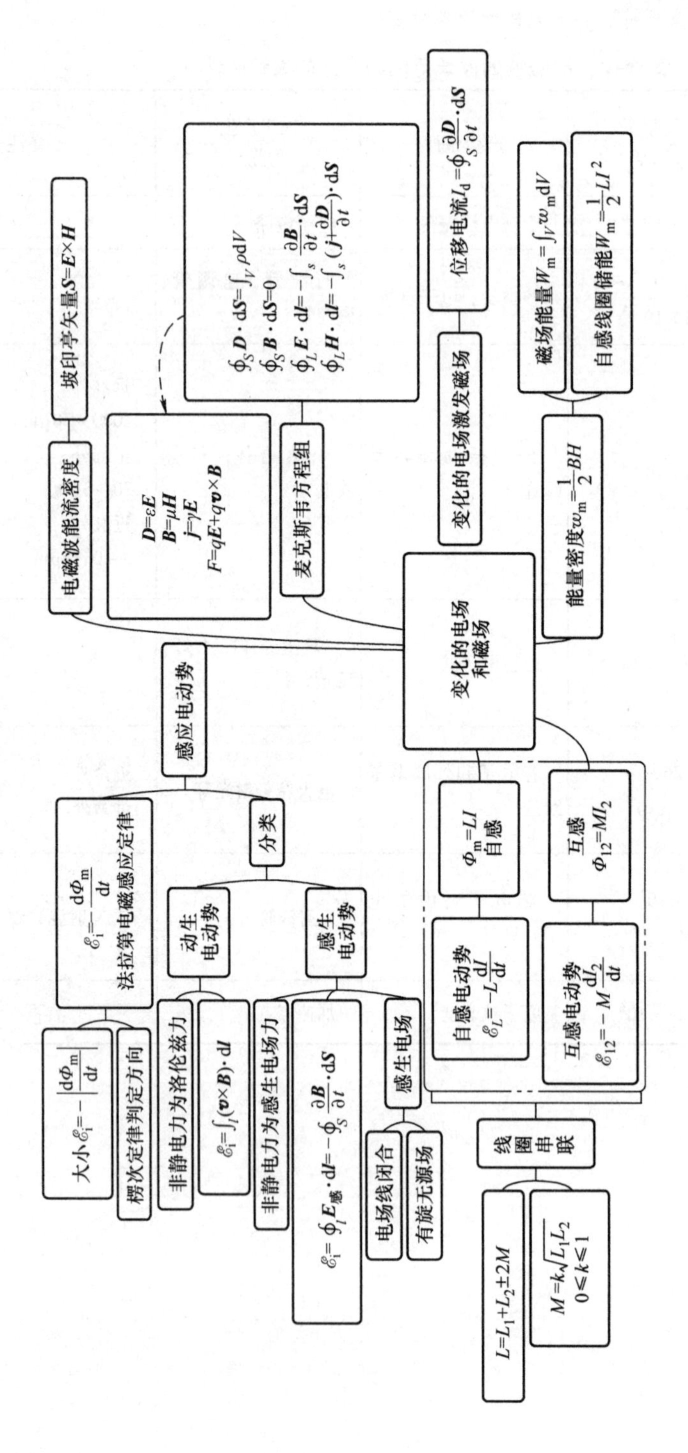
变化的电场和磁场
电磁波能流密度
坡印亭矢量$S=E\times H$
$D=\varepsilon E$
$B=\mu H$
$j=\gamma E$
$F=qE+qv\times B$
麦克斯韦方程组
$\oint_S D\cdot dS=\int_V \rho dV$
$\oint_S B\cdot dS=0$
$\oint_L E\cdot dl=-\int_S \frac{\partial B}{\partial t}\cdot dS$
$\oint_L H\cdot dl=\int_S (j+\frac{\partial D}{\partial t})\cdot dS$
变化的电场激发磁场
位移电流$I_d=\oint_S \frac{\partial D}{\partial t}\cdot dS$
能量密度$w_m=\frac{1}{2}BH$
磁场能量$W_m=\int_V w_m dV$
自感线圈储能$W_m=\frac{1}{2}LI^2$
感应电动势
$\mathscr{E}_i=-\frac{d\Phi_m}{dt}$
法拉第电磁感应定律
大小$\mathscr{E}_i=-\left|\frac{d\Phi_m}{dt}\right|$
楞次定律判定方向
分类
动生电动势
非静电力为洛伦兹力
$\mathscr{E}_i=\int_l (v\times B)\cdot dl$
感生电动势
非静电力为感生电场力
$\mathscr{E}_i=\oint_l E_{感}\cdot dl=-\oint_S \frac{\partial B}{\partial t}\cdot dS$
感生电场
电场线闭合
有旋无源场
$\Phi_m=LI$
自感
自感电动势
$\mathscr{E}_L=-L\frac{dI}{dt}$
互感
$\Phi_{12}=MI_2$
互感电动势
$\mathscr{E}_{12}=-M\frac{dI_2}{dt}$
线圈串联
$L=L_1+L_2\pm 2M$
$M=k\sqrt{L_1L_2}$
$0\leqslant k\leqslant 1$

思考与练习

思考题

16-1　磁通量是对一个面而言的，为什么法拉第电磁感应定律中却说成穿过一个回路的磁通量呢？

16-2　试说明，以闭合曲线 L 为边界的任意两个曲面的磁通量都相等。

16-3　电子感应加速器中，电子被加速所增加的能量是哪里来的？

16-4　两个截面半径不同的空心螺线管，如何放置，它们的互感系数最大？

16-5　感生电场是真实存在的吗？

16-6　用金属丝绕制的标准电阻要求自感系数为零，应如何绕制？

16-7　有一矩形线圈与长直通电导线同面，如果长直通电导线中的电流 $I = I_0 \sin\omega t$，线圈将如何运动？

练习题

(一) 填空题

16-1　如习题 16-1 图所示，一半径为 r 的很小的金属圆环，在初始时刻与一半径为 a ($a \gg r$) 的大金属圆环共面且同心。在大圆环中通以恒定的电流 I，方向如图。如果小圆环以匀角速度 ω 绕其任一方向的直径转动，并设小圆环的电阻为 R，则任一时刻 t 通过小圆环的磁通量 $\Phi_m =$ ________，小圆环中的感应电流 $i =$ ________。

16-2　如习题 16-2 图所示，一导线构成一正方形线圈然后对折，并使其平面垂直置于均匀磁场 B。当线圈的一半不动，另一半以角速度 ω 张开时（线圈边长为 $2l$），线圈中感应电动势的大小 $\mathscr{E} =$ ________。（设此时的张角为 θ）

16-3　一面积为 S 的平面导线闭合回路，置于载流长螺线管中，回路的法向与螺线管轴线平行。设长螺线管单位长度上的匝数为 n，通过的电流为 $I = I_m \sin\omega t$（电流的正向与回路的正法向成右手关系），其中 I_m 和 ω 为常数，t 为时间，则该导线回路中的感生电动势为________。

16-4　磁换能器常用来检测微小的振动。如习题 16-4 图所示，在振动杆的一端固接一个 N 匝的矩形线圈，线圈的一部分在匀强磁场 B 中，设杆的微小振动规律为 $x = A\cos\omega t$，线圈随杆振动时，线圈中的感应电动势为________。

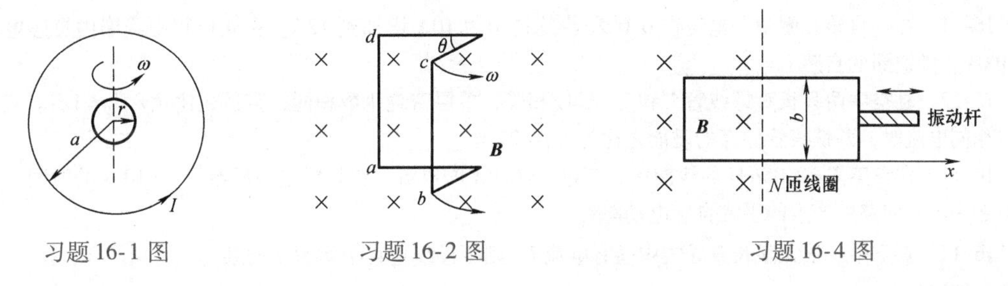

习题 16-1 图　　习题 16-2 图　　习题 16-4 图

16-5　如习题 16-5 图所示，等边三角形的金属框，边长为 l，放在均匀磁场中，ab 边平行于磁感应强度 $\boldsymbol{B}$，当金属框绕 ab 边以角速度 ω 转动时，bc 边上沿 bc 的电动势为________，ca 边上沿 ca 的电动势为________，金属框内的总电动势为________。（规定电动势沿 $abca$ 绕向为正值）

16-6　金属杆 AB 以匀速 $v = 2\text{m/s}$ 平行于长直载流导线运动，导线与 AB 共面且相互垂直，如习题 16-6 图所示。已知导线载有电流 $I = 40\text{A}$，则此金属杆中的感应电动势 $\mathscr{E}_i =$ ________，电势较高端为________。（取 $\ln 2 = 0.69$）

16-7　如习题 16-7 图所示，四根辐条的金属轮子在均匀磁场 $\boldsymbol{B}$ 中转动，转轴与 $\boldsymbol{B}$ 平行，轮子和辐条都是导体，辐条长为R，轮子转速为n，则轮子中心O与轮边缘b之间的感应电动势为________，电势最高点是在________处。

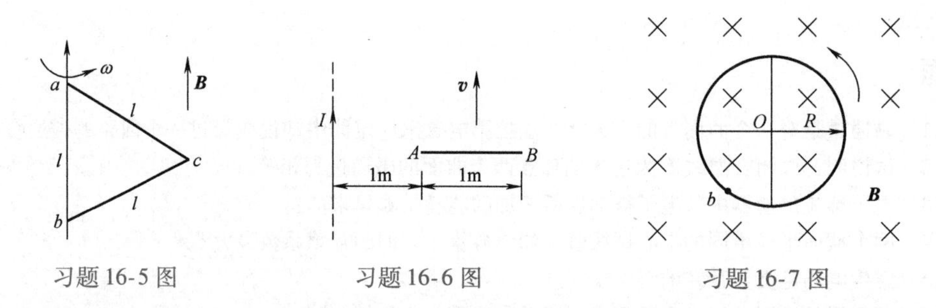

习题 16-5 图　　习题 16-6 图　　习题 16-7 图

16-8　金属圆板在均匀磁场中以角速度ω绕中心轴旋转，均匀磁场的方向平行于转轴，如习题 16-8 图所示。这时板中由中心至同一边缘点的不同曲线上总感应电动势的大小________，方向为________。

16-9　载有恒定电流I的长直导线旁有一半圆环导线cd，半圆环半径为b，环面与直导线垂直，且半圆环两端点连线的延长线与直导线相交，如习题 16-9 图所示。当半圆环以速度$\boldsymbol{v}$沿平行于直导线的方向平移时，半圆环上的感应电动势的大小为________。

16-10　一段导线被弯成圆心在O点、半径为R的三段圆弧ab，bc，ca，它们构成了一个闭合回路，ab位于xOy平面内，bc和ca分别位于另两个坐标面中（见习题 16-10 图）。均匀磁场B沿x轴正方向穿过圆弧bc与坐标轴所围成的平面。设磁感应强度随时间的变化率为K（$K>0$），则闭合回路$abca$中感应电动势的数值为________；圆弧bc中感应电流的方向为________。

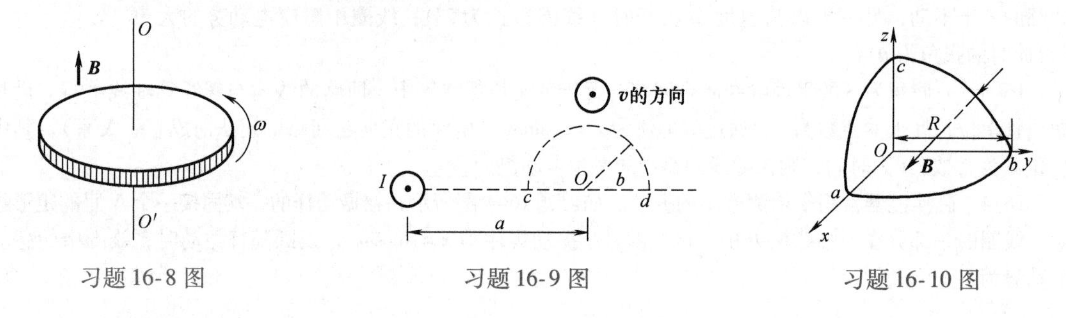

习题 16-8 图　　习题 16-9 图　　习题 16-10 图

16-11　在一自感线圈中，电流在 0.002s 内均匀地由 10A 增加到 12A，在此过程中线圈内自感电动势为 400V，则线圈的自感$L=$________。

16-12　真空中两只长直螺线管 1 和 2，长度相等，单层密绕匝数相同，直径之比$d_1/d_2=1/4$。当它们通以相同电流时，两螺线管储存的磁能之比为$W_1:W_2=$________。

16-13　在自感$L=0.05\text{mH}$的线圈中，流过$I=0.8\text{A}$的电流，在切断电路后经过$t=100\text{s}$的时间，电流近似变为零，回路中产生的平均自感电动势$\mathscr{E}_L=$________。

16-14　真空中一根无限长直导线中通有电流I，则距导线垂直距离为a的某点的磁能密度$w_\text{m}=$________。

16-15　真空中两条相距$2a$的平行长直导线，通以方向相同，大小相等的电流I，O，P两点与两导线在同一平面内，与导线的距离如习题 16-15 图所示，则点O的磁场能量密度$w_{\text{m}O}=$________，点P的磁场能量密度$w_{\text{m}P}=$________。

16-16　半径为R的无限长柱形导体上均匀地通有电流I，该导体材料的相对磁导率$\mu_\text{r}=1$，则在导体轴线上一点的磁场能量密度$w_{\text{m}O}=$________，在与导体轴线相距r处（$r<R$）的磁场能量密度$w_{\text{m}r}=$________。

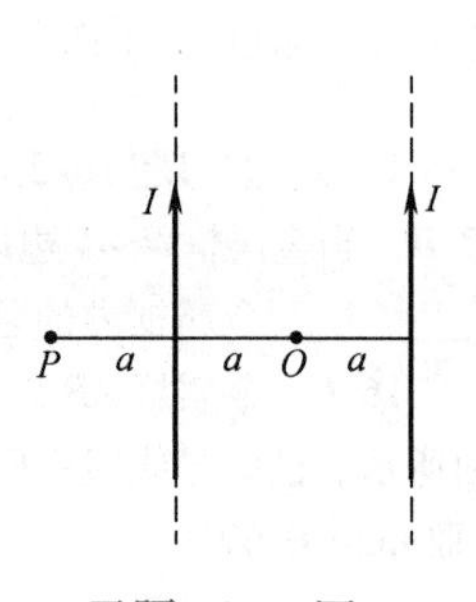

习题 16-15 图

16-17　一超高频环形天线具有 11cm 的直径。一电视信号的磁场垂直于该环形的平面，并且在某一时刻其大小以 0.16T/s 的速率变化。已知磁场是均匀的，则在天线中感应电动势为________。

（二）计算题

16-18　如习题 16-18 图所示，有一半径为 r 的半圆环导线在均匀磁场 $\boldsymbol{B}$ 中以角速度 $\boldsymbol{\omega}$ 绕与磁场垂直的轴 ab 旋转，当它转到如习题 16-18 图位置时，求圆环上的动生电动势。

16-19　如习题 16-19 图所示，长直导线 AB 中的电流 I 沿导线向上，并以 $\mathrm{d}I/\mathrm{d}t=2\mathrm{A/s}$ 的变化率均匀增长。导线附近放一个与之共面的直角三角形线框，其一边与导线平行，位置及线框尺寸如习题 16-19 图所示，求此线框中产生的感应电动势的大小和方向。

16-20　如习题 16-20 图所示，一电荷线密度为 λ 的长直带电线（与一正方形线圈共面并与其一对边平行）以变速率 $v=v(t)$ 沿着其长度方向运动，正方形线圈中的总电阻为 R，求 t 时刻方形线圈中感应电流 $i(t)$ 的大小（不计线圈自身的自感）。

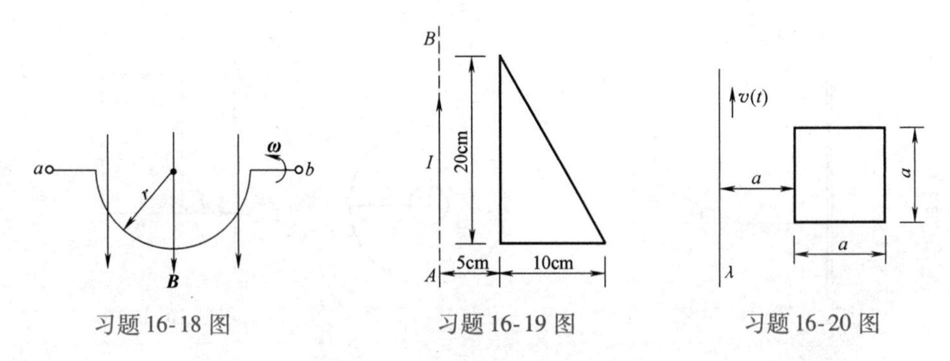

习题 16-18 图　　习题 16-19 图　　习题 16-20 图

16-21　如习题 16-21 图所示，有一根长直导线，载有直流电流 I，近旁有一个两条对边与它平行并与它共面的矩形线圈，以匀速度 v 沿垂直于导线的方向离开导线。设 $t=0$ 时，线圈位于图示位置，求：

（1）在任意时刻 t 通过矩形线圈的磁通量；

（2）在图示位置时矩形线圈中的电动势 $\mathscr{E}_i$。

16-22　如习题 16-22 图所示，两个半径分别为 R 和 r 的同轴圆形线圈相距 x，且 $R\gg r$，$x\gg R$。若大线圈通有电流 I 而小线圈沿 x 轴方向以速率 v 运动，试求 $x=NR$ 时（N 为正数）小线圈回路中产生的感应电动势的大小。

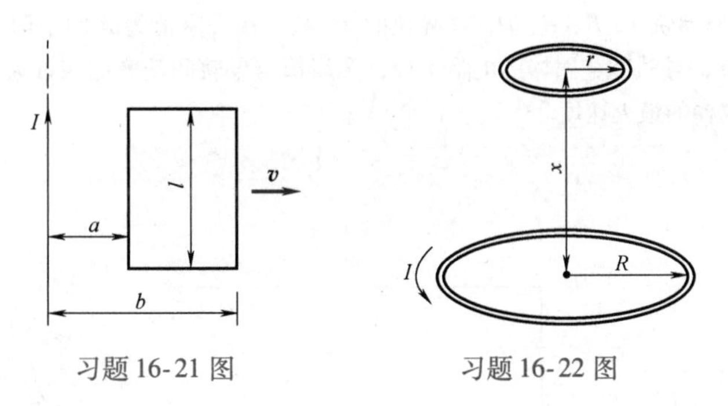

习题 16-21 图　　习题 16-22 图

16-23　如习题 16-23 图所示，一长为 a，宽为 b 的 N 匝矩形线圈以频率 ν 在均匀磁场 $\boldsymbol{B}$ 中转动。线圈连接到共同转动的两个柱体，金属刷贴着它们滑动以保持接触。（1）证明在回路中感应的电动势（作为时间 t 函数）由下式给出

$$\mathscr{E}=2\pi\nu NabB\sin(2\pi\nu t)$$

这是工业用交流发电机的原理；（2）设计一线圈，当它在 0.500T 的均匀磁场中以 60.0r/s 转动时，产生 $\mathscr{E}_0=150\mathrm{V}$ 的电动势。

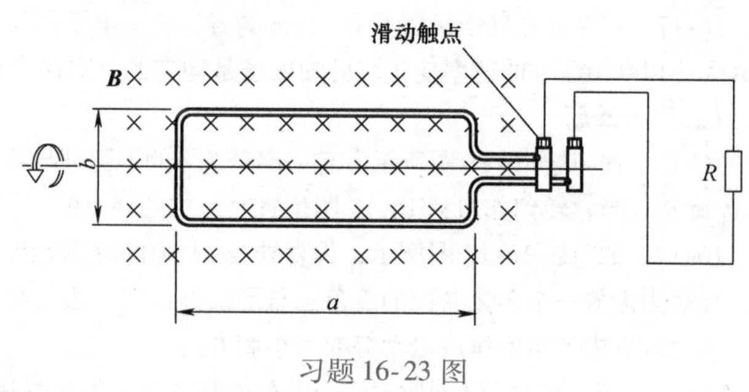

习题 16-23 图

16-24 如习题 16-24 图所示，在距长直电流 I 为 d 处有一直导线长为 l，与电流共面，图中倾角为 α，导线以速度 $\boldsymbol{v}$ 向上平动，求导线上的动生电动势。

16-25 如习题 16-25 图所示，有两个圆心共面的圆线圈，半径分别为 R_1 和 R_2，且 $R_1 \ll R_2$，求它们之间的互感。

16-26 如习题 16-26 图所示，一长直导线与一宽为 a、高为 b 的单匝矩形回路共面，相距为 d。若矩形回路中有顺时针方向的电流 I，且 I 正以速率 $\frac{\mathrm{d}I}{\mathrm{d}t}$ 增加，求长直导线中的感应电动势。

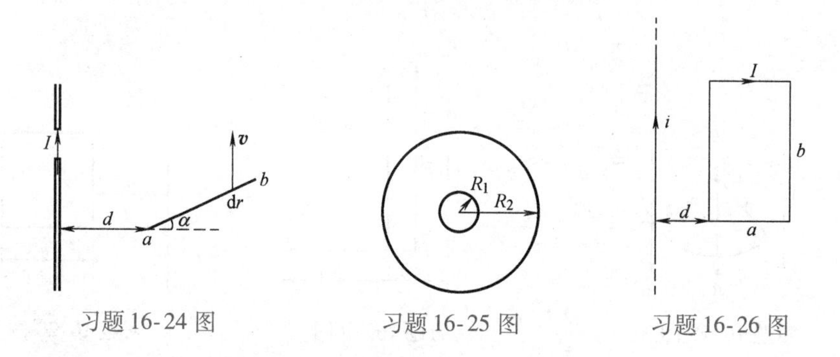

习题 16-24 图 习题 16-25 图 习题 16-26 图

16-27 如习题 16-27 图所示的线圈平面，穿过它的磁通量为 Φ，在 0.04s 内，磁通量由 8×10^{-3}Wb 均匀减少到 2×10^{-3}Wb，（1）求线圈中的感应电动势；（2）若回路电阻 $R=15\Omega$，求回路中的感应电流；（3）求该时间内流经检流计的感应电荷量。

16-28 如习题 16-28 图所示，一电路中的电动势为 $\mathscr{E}=1.5$V，与一电阻 $R=5.0\Omega$ 串联，导线的电阻可以略去不计，电路平面与磁场垂直，$B=0.10$T，MN 为一可滑动导线，长 $l=0.50$m，当 MN 以速度 $v=10$m/s 向右移动时，求电路中电流的大小。

16-29 如习题 16-29 图所示，在竖直向下的磁感应强度为 B 的匀强磁场中，有两根水平放置间距为 L，且足够长的平行金属导轨 A、B、C、D，在导轨的 AC 端连接一阻值为 R 的电阻，一根垂直于导轨放置的金属棒 ab、质量为 m。导轨和金属棒的电阻不计，金属棒与导轨间动摩擦因数为 μ，若用恒力 F 沿水平向右拉棒运动，求金属棒的最大速度。

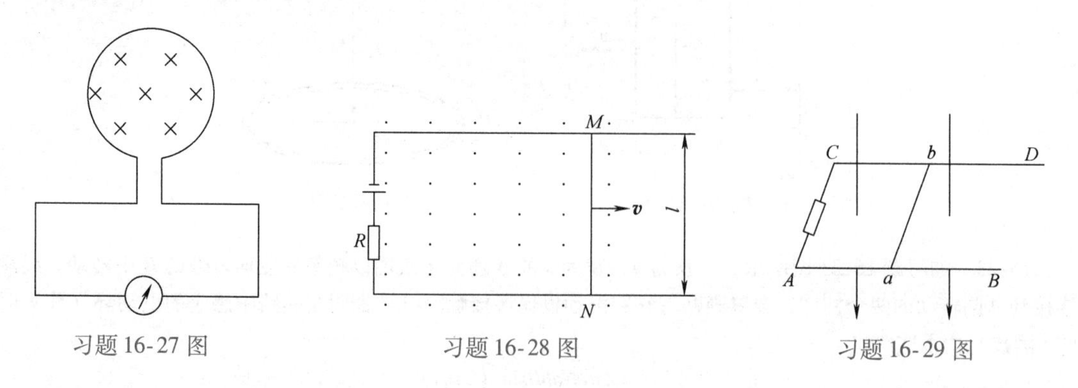

习题 16-27 图 习题 16-28 图 习题 16-29 图

16-30 两相互平行无限长的直导线载有大小相等方向相反的电流，长度为 b 的金属杆 CD 与两导线共面且垂直，相对位置如习题 16-30 图所示。CD 杆以速度 $\boldsymbol{v}$ 平行于直线电流运动，求 CD 杆中的感应电动势，

并判断 C、D 两端哪端电势较高。

16-31　如习题 16-31 图所示，半径为 1.8cm 且电阻为 5.3Ω 的 120 匝线圈套在螺线管外面。如果螺线管中导线的电流 $i=1.5\text{A}$，在 25ms 内以稳定的速率降低为零，那么螺线管中的电流在变化时，出现在线圈中的电流为多大？

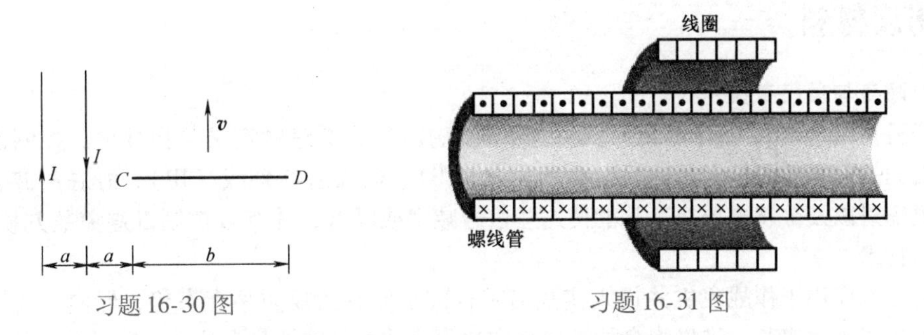

习题 16-30 图　　　　习题 16-31 图

16-32　一长同轴电缆，如习题 16-32 图所示，包含半径分别为 a 和 b 的两个薄壁共轴导体圆柱面。内柱面载有恒定电流 i，外柱面为电流提供返回的路径。电流在两柱面间建立一磁场。(1) 计算在长为 l 的一段电缆的磁场中所存储的能量。(2) 设 $a=1.2\text{mm}$，$b=3.5\text{mm}$，$i=2.7\text{A}$，则电缆每单位长度所存储的能量是多少？

16-33　一 N 匝密绕矩形线圈如习题 16-33 图所示，邻近一长直导线放置。求：(1) 此回路与导线组成的互感；(2) 若 $N=100$，$a=1.0\text{cm}$，$b=8.0\text{cm}$，$l=30\text{cm}$，求互感 M 的值。

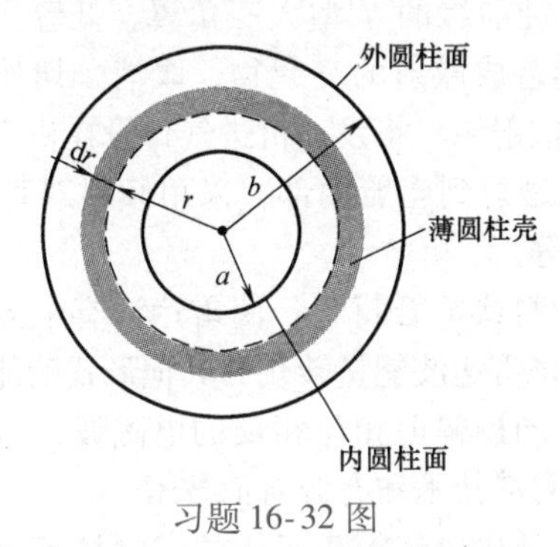

习题 16-32 图

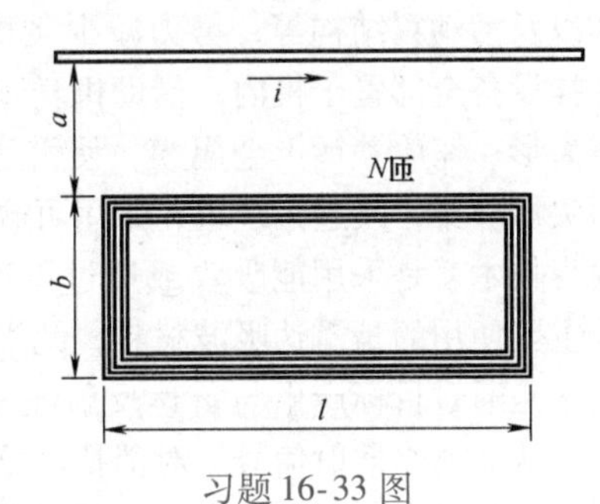

习题 16-33 图

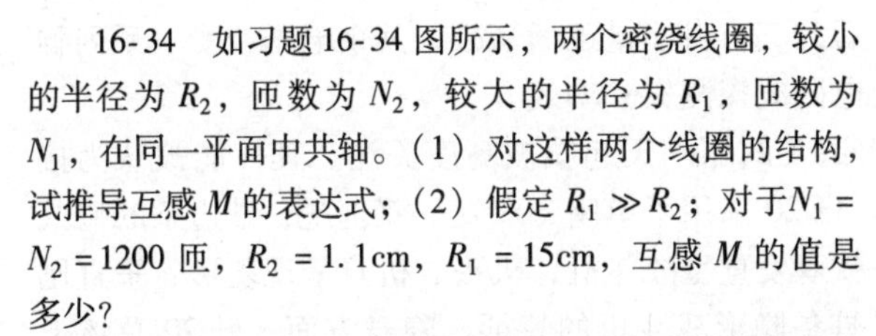

16-34　如习题 16-34 图所示，两个密绕线圈，较小的半径为 R_2，匝数为 N_2，较大的半径为 R_1，匝数为 N_1，在同一平面中共轴。(1) 对这样两个线圈的结构，试推导互感 M 的表达式；(2) 假定 $R_1 \gg R_2$；对于 $N_1 = N_2 = 1200$ 匝，$R_2 = 1.1\text{cm}$，$R_1 = 15\text{cm}$，互感 M 的值是多少？

16-35　一个被束缚在圆柱内的均匀磁场，磁感应强度 $\boldsymbol{B}$ 与纸面垂直，背向读者。已知 $\boldsymbol{B}$ 随时间变化的速率为每秒减小 0.01T，点 P 距圆心 O 的距离 $d=8\text{cm}$，试求在 O，P 两点电子的加速度 a。

16-36　一列火车中的一节闷罐车箱宽 2.5m，长 9.5m，高 3.5m；车壁由金属薄板制成。在地球磁场的竖直分量为 $0.62\times10^{-4}\text{T}$ 的地方，这个闷罐车以 60km/h 的速度在水平轨道上向北运动。

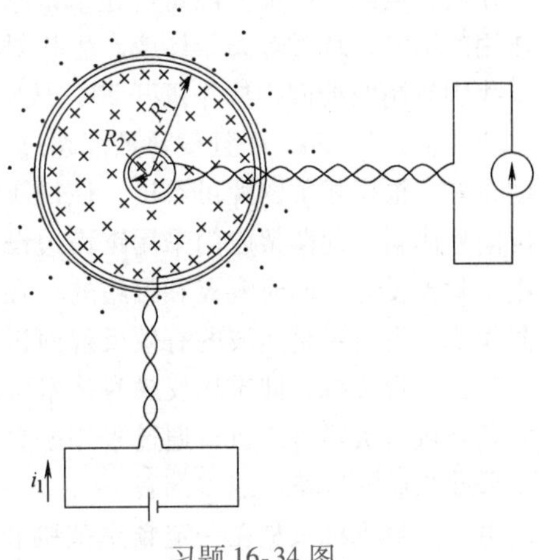

习题 16-34 图

（1）这个闷罐车两边之间的金属板上的感应电动势是多少？

（2）若考虑车两边积累的电荷所引起的电场，问车内净电场强度是多少？

（3）若将两边当作两个非常长的平行平板处理，那么每一边上的面电荷密度是多少？

阅读材料

飞机隐身与反隐身技术

隐身科技（Stealth Technology）又称为“匿踪技术”，匿踪的定义是指减少和控制泄露给敌人可侦测到的信号，包括：雷达反射截面积（RCS）、热辐射红外线（IR）、海底声波、卫星视讯、电磁辐射以及金属磁场等。凡能使这些信号减少或降低，并有效控制以避免敌方侦测到者，均属隐身技术。

隐身技术应用于作战飞机并投入实战后，打破了原有的攻防平衡态势，促使作战样式和防御系统发生了重大变革。飞机隐身技术包括雷达隐身技术、红外隐身技术、电子隐身技术、可见光隐身技术、声波隐身技术、电磁隐身技术等，由于现代防空体系中最为重要、使用最广、发展最快的探测器是雷达，因此，雷达隐身技术成为最主要的隐身技术。雷达隐身技术的核心就是降低目标的雷达反射截面积（RCS），目前可采取的RCS减缩手段主要包括外形隐身技术、材料隐身技术、对消技术和等离子体隐身技术。

外形隐身的主要措施有：采用翼身融合体、全埋式座舱和半埋式发动机，使机翼与机身、座舱与机身平滑过渡，融为一体。机翼采用飞翼、带圆钝前缘的V型大三角翼、低置三角翼、平底翼融合体以及活动翼结构等；努力减少飞机表面能造成散射的突起物，取消一切外挂武器和吊舱，将外挂设备全部置于机内；借助机身遮挡强的散射源，将发动机进气口设在机身背部，进气道采用锯齿形；座舱盖镀上金属膜，使雷达波不能透射到座舱内部；采用倾斜双垂尾或V型尾翼；采用尖形鼻锥；改进天线罩，采用可收放天线等。

材料隐身技术就是采用能吸收或透过雷达波的涂料或复合材料，使雷达波有来无回、多来少回。目前主要使用的是雷达吸波材料，此类材料可将雷达波能量转化为其他形式的能量。

对消技术是通过目标产生与雷达反射波同频率、同振幅但相位相反的电磁波，与反射波发生相消干涉，从而消除散射信号。对消技术分为无源对消技术和有源对消技术。

等离子体隐身技术的原理是当对方雷达发射的电磁波遇到等离子体的带电粒子后，便发生相互作用，电磁波的部分能量传递给带电粒子后，其自身能量逐渐衰减，其余电磁波受一系列物理作用的影响，绕过等离子体或产生折射，使电磁波探测失去功效。

我国研制的准四代战斗机歼20，从它首次试飞的那一天起就被高度关注。其性能被认为接近F22，强于T－50，而且载弹量都超过二者。歼20采用了单座、双发、双垂尾、带边条的鸭式气动布局。根据相关图片可看出，该机属于一款双发重型战斗机，机头、机身呈现菱形、垂直尾翼也向外倾斜，起落架舱门采用锯齿边设计，具备隐形战斗机的特征。隐身方面，歼20总体上采用了隐身设计，同时鸭翼和腹鳍的存在对隐身性能构成了不利影响，正面RCS值（即雷达反射截面积，飞机对雷达波的有效反射面积）应该会大于F22。

对付隐身飞机，即雷达反隐身技术可以从三个方面着手：研制和发展新式雷达，从更广阔的频域和空域对抗隐身飞机；通过采用一些新技术来提高现有雷达的探测能力；针对隐身飞机的弱点采取相应的战略、战术部署。

由于隐身飞机只是在一定频率范围和一定空间内才具有隐身性能，因此，扩大雷达探测系统在频域、空域的探测范围和能力，就可以减小隐身飞机的威胁，如采用米波、毫米波雷达；超宽带雷达；超视距雷达；无源雷达；谐波雷达；激光雷达；极化雷达；天基、空基雷达探测系统；双、多基地雷达等。

提高雷达探测能力的主要技术手段有：采用频率捷变、扩频技术、低旁瓣或旁瓣对消、窄波束、置零技术、多波束、极化变换、伪随机噪声、恒虚警电路等技术来提高雷达的抗干扰能力；采用大时宽脉冲压缩技术、功率合成技术、增大雷达发射功率等措施来提高雷达的发射功率等。提高雷达接收机的信号处理质量，可以增加对低 RCS 目标回波的探测概率和抗干扰能力，主要改进手段有：降低接收机的噪声系数；采用高性能的数字滤波器等。雷达组网技术是通过不同频段的雷达在大角度范围内从不同方位照射隐身飞机，既可利用隐身飞机的空域窗口，又可利用其频域窗口；所有截获的信号由数据处理中心进行数据融合处理，即使某部雷达受到干扰或不能覆盖某一区域时，其他雷达也可提供相关信息，从而在公共覆盖域内获得比单部雷达更多的目标数据。

从战略、战术部署上对抗隐身飞机的手段包括：建立综合一体化的多传感器预警探测系统；建立军民两用的统一雷达系统；采用雷达接力的形式，即远程预警雷达或预警机搜索发现目标，给引导雷达指示目标，组织隐身飞机航路两侧的引导雷达从侧面进行交替掌握，为航空兵部队和防空部队指示目标并保障其攻击隐身飞机；实施目标推测和机动作战手段等。

第17章 光的干涉

历史背景与物理思想发展

光学和力学一样，是物理学中最早得到发展的学科之一，又是当前科学技术中最活跃的前沿阵地之一。光学的发展历史，大体可分为五个时期：从春秋战国时期到17世纪的萌芽时期，17世纪到18世纪的几何光学时期，18世纪到19世纪的波动光学时期，19世纪末到20世纪中叶的量子光学时期，20世纪50年代以来的现代光学时期。

我国早在周朝就已经利用铜凹镜取火，用铜锡合金制成镜子。在公元前四百年的《墨经》中，还系统记载了光的直线传播以及平面镜、凸面镜和凹面镜的成像。到了宋朝，科学家沈括在《梦溪笔谈》中对小孔成像、凸面镜和凹面镜的成像，以及凹面镜的焦点作了详细的叙述。所有这些，在世界科学史上均占有重要的地位。西方很早也有光学知识的记载，欧几里得的《反射光学》提到了光的直线传播和反射。阿拉伯学者阿尔哈金首先发明了凸透镜，并对它进行实验研究，还写过一部《光学全书》，讨论了许多光学现象。1299年意大利人阿玛蒂发明了眼镜，这在中世纪可说是个大事件。眼镜的使用为望远镜和显微镜的发明做了准备。总之，在公元1600年以前人类对光的认识以观察和定性的描述为主，光学还没有形成系统的理论。

17世纪和18世纪是光学发展史上的一个重要时期。17世纪初叶，在李普塞、伽利略和开普勒等人的努力下，创制了用于天象观测的望远镜。1621年，斯涅耳发现了光线在两种介质界面穿过时，光线传播方向发生变化的光的折射定律，当时并没有发表。直到1626年，他的遗稿被惠更斯读到后才正式发表。之后不久，笛卡儿导出了现在大家所熟悉的用正弦函数表达的折射定律。除了反射、折射、成像等现象外，关于光的本性和传播等问题，也很早就引起人们的注意。

关于光的本性的认识有两派不同的学说，其争论此起彼伏，长达300年之久，构成光学发展史中的一条主线。一派是牛顿提出的微粒说，认为光是从发光体发出的而且以一定速度向空间传播的一种微粒。利用微粒说不仅可以说明光的直线传播，而且可以说明光的反射和折射，只不过在说明折射时，认为光在水中的速度要大于空气中的速度。另一派是惠更斯所倡导的波动说，认为光是在介质中传播的一种波动。利用波动说也能说明反射和折射现象，而且还解释了方解石的双折射现象，但认为光在水中的速度要小于空气中的速度。当时人们还不能准确地用实验方法测定光速，因而无法根据折射现象去判断这两种学说的优劣。此外，在说明光的直线传播时，波动说也遇到了困难。总之，即使光的波动说在当时已经取得了一些成就，但由于牛顿的崇高威望，在18世纪，光的波动说仍处在被压制的地位，而微粒说占据统治地位。

第一个为波动说复苏做出贡献的是英国科学家、医生托马斯·杨。他幼年时聪明过人，尤其擅长语言，博览群书，多才多艺，17岁时就已精读过牛顿的力学和光学著作。虽然他是医生，但他对物理学也有很深造诣，在学医时，研究过眼睛的构造及其光学特性，在涉及眼睛接受不同颜色的光这一类问题时，对光的波动性有了进一步认识，导致他对牛顿做过的光学实验和有关学说进行深入的思考和审查。1801年，托马斯·杨发展了惠更斯的波动理论，成功地解释了光的干涉现象。他是这样阐述他的干涉原理的："当同一束光的两部分从不同的路径，精确地或者非常接近地沿同一方向进入人眼，则在光线的路程差是某一长度的整数倍处，光将最强，而在干涉区之间的中间带则最弱，这一长度对于不同颜色的光是不同的。"托马斯·杨明确指出，要使两部分光的作用叠加，必须是发自同一光源。这是他用实验成功演示干涉现象的关键。

托马斯·杨最先用双缝实验显示了光的干涉现象，在历史上第一次测定了光的波长，并用干涉原理成功地解释了白光下薄膜彩色的形成，为波动说奠定了实验基础。尤其重要的是，他提出了"干涉"的概念。双缝干涉实验为托马斯·杨的波动学说提供了很好的证据，这对长期与牛顿的名字连在一起的微粒说是严重的挑战，但是由于当时牛顿的微粒说在多数科学家头脑中根深蒂固，所以他的工作在一段时间内没有引起科学界的足够重视。

1865年麦克斯韦在电磁理论的研究中指出，光也是一种电磁波。这个预言被以后的一系列实验所证实。这样，人们对光的本性的认识因此而产生了一个新的飞跃。从此，波动光学就在电磁理论的基础上进一步发展完善起来。

可是从19世纪末期到20世纪初期，通过对黑体辐射、光电效应和康普顿效应的研究，人们又发现，这些新现象不能用波动理论来解释，必须假定光是具有一定能量和动量的粒子所组成的粒子流，这种粒子称为光子。这样，人们对光的本性的认识又向前推进了一步。迄今为止近代物理的理论和大量实验事实都证明，光不但具有波动性还具有粒子性，这是光的本性中既矛盾又统一的两个方面，称为光的波粒二象性。

光学经过20世纪初期量子理论的发展，到了20世纪60年代出现激光，强激光与物质相互作用产生了一系列非线性效应，使光学研究领域焕然一新。激光的卓越特性推进了物理学、化学、生物学的研究，加深了对物质及其运动规律的认识，已经形成和正在形成一些新的学科分支，如量子光学、激光物理学、激光化学、激光生物学等。特别是在20世纪70年代以后，由于半导体激光器和光导纤维技术的重大突破，导致了以光纤通信为代表的光信息技术的蓬勃发展，促进了相应各学科的发展和彼此间的相互渗透，形成了光子学（光电子学），这门新兴的分支学科是研究光波（光子）与物质中的电子相互作用及其能量的相互转换。现代光学与光子学——激光、微光、红外、光纤、光纤通信、光存储、光显示的进展促进了当代科技、国防、经济的发展，现代社会如果没有这些进展是不可想象的。

17.1　光矢量　相干光

肥皂水是无色的，但当吹成肥皂泡时会呈现出鲜明的色彩。皂膜的厚度和呈现的彩色条纹有什么关系呢？水面上的油膜在阳光下也会显示出美丽的色彩，这些熟悉的现象给我们一个提示，关于光的一些方面还有待我们探索。

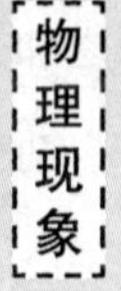

物理学基本内容

17.1.1　光矢量　光程

1. 光

光是一种电磁波，通常意义上指的是可见光。它的频率在$3.9\times10^{14}\sim8.6\times10^{14}$ Hz，相应的真空中的波长为770～350nm之间。光通过不同介质时，虽然波速和波长要改变，但频率通常不变，由于光的频率ν和它在真空中的波长λ以及真空中光速c的关系为$c=\lambda\nu=$常量，因而人们常用真空中的波长反映光的颜色。

只含有单一波长的光称为单色光，不同波长单色光的混合称为复色光，太阳光就是一种波长值连续分布的白光，包括了可见光范围内所有波长的光，所以是复色光。

真空光速与介质中光速的比定义为介质的折射率n，故有

$$n=\frac{c}{u}=\frac{\nu\lambda}{\nu\lambda_n}=\frac{\lambda}{\lambda_n} \tag{17-1}$$

由于$n\geqslant1$，所以$\lambda_n=\lambda/n\leqslant\lambda$，即光在介质中的波长$\lambda_n$比真空中的波长$\lambda$要短一些。

2. 光矢量

光波是相互激发的电场和磁场产生的电磁波。由于能引起视觉和使材料感光的主要是电场强度$\boldsymbol{E}$，因此把电场强度$\boldsymbol{E}$称为光矢量。

需要指出，波动光学中涉及的光强，通常是指光的相对强度。根据波的强度与其振幅平方成正比的关系，可表示为

$$I=E_0^2 \tag{17-2}$$

式中E_0是光矢量$\boldsymbol{E}$的振幅。

3. 光程　光程差

由于光在不同介质中的波速和波长不相同，在分析和讨论光的干涉过程时，必须考虑光在不同介质中传播的问题。无论是在真空中还是在介质中，光波每传播一个波长的距离，相位都要改变2π。当光波在介质中传播的几何路程为r时，其相位的变化为$\Delta\varphi=2\pi\frac{r}{\lambda_n}$，在真空中，改变同样的相位$\Delta\varphi$，光传播的距离为$L$，则有

$$2\pi\frac{r}{\lambda_n}=\Delta\varphi=2\pi\frac{L}{\lambda} \tag{17-3}$$

$$L=nr \tag{17-4}$$

我们将介质折射率n与光在该介质中通过的几何路程r的乘积称为光程。式（17-4）表明，在相同相位变化下，单色光在折射率为n的介质中所通过的几何路程r，相当于在真空中通过了nr的几何路程。这样，我们就将光在介质中传播的路程折算为在真空中的路程。

引入光程概念后，可以避免由于光波通过不同介质时波长改变给相位变化的计算增加的麻烦。当光在多种介质中传播时，总的光程L等于光所经过的介质的折射率n_i与相应的路程r_i的乘积之和，一般地表示为$L=\sum_i n_ir_i$。

两列光波的光程之差称为光程差，常用符号δ来表示。光程差与相位差的关系为

$$\Delta\varphi=2\pi\frac{\delta}{\lambda} \tag{17-5}$$

在图17-1所示的介质中，当两光波从相位相同的S_1和S_2处分别经历不同的路程传到P点时，它们的光程差为：$\delta=n_2r_2-n_1r_1$，相位差为：$\Delta\varphi=\frac{2\pi}{\lambda}(n_2r_2-n_1r_1)$。

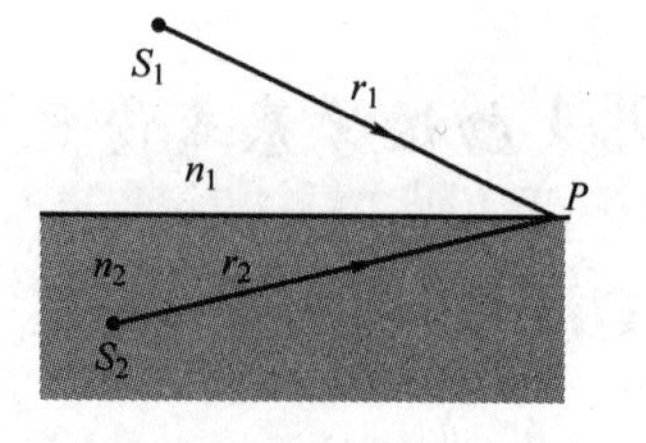

图17-1

4. 薄透镜的等光程性

在光路中，常常需要用薄透镜将平行光会聚成一点，使用透镜后会不会使平行光的光程发生变化呢？下面对这个问题做定性分析。

薄透镜是指中央厚度比球面半径小得多的透镜。理论和实验都证明，物点与像点之间各光线的光程都相等。可以这样理解，从同相面上的各点经透镜到达的会聚点的各光线几何路程长度不等，但几何路程较长的光线在透镜内的路程较短，而几何路程较短的光线在透镜内的路程较长，如图17-2所示，其总的效果是：从同相面上a_1、a_2、a_3各点到达会聚点a，从b_1、b_2、b_3各点到达会聚点b的光程总是相等的，这就是物像之间的等光程性，因此在使用薄透镜成像时，不会引起光程的附加变化。

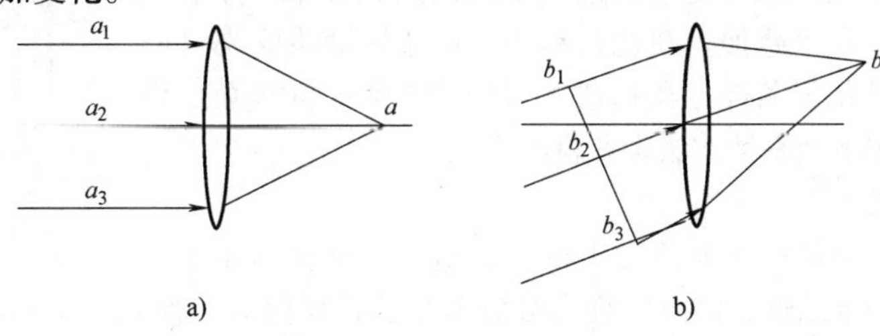

图17-2

上述结论提示我们，如果要计算两束平行光在会聚点的光程差，只需要在透镜前面垂直于光线作一个波面，只要知道两束光线在波面前的光程差，此光程差将保持到会聚点。

5. 半波损失

折射率n相对较大的称为光密介质，n相对较小的称为光疏介质。实验表明：光从光疏介质射到光密介质界面反射时，反射光的相位较之入射光的相位有π的突变，相当于光程损失半个波长，即半波损失。任何情况下折射光都不会有半波损失或相位突变。

17.1.2　相干光

物理现象

航空工程中的风洞试验是研究流动空气经过飞机（或其他飞行体）模型时，在模型周围的压强分布。当气体中有不稳定的流动现象时，气体中各处的密度、压强、温度等不断发生变化。如何将这种变化可视化，使研究更为直观和便于测量，这对于空气动力学的研究十分重要。马赫—曾德干涉仪是利用光的相干原理确定透明介质中折射率值的一种光学仪器，简称M-Z干涉仪。1967年以来利用激光作光源，使M-Z干涉仪在风洞中的应用获得了新的生命力。这种仪器是如何应用光的干涉获得气体流动规律的呢？

1. 光的干涉条件和现象

干涉现象是波动过程的基本特征之一。与机械波的干涉条件类似，由频率相同、振动方向平行、相位差恒定的两个光源所发出的光相遇后能发生干涉，则称它们为相干光，相应的光源称为相干光源。光的干涉现象也和机械波的干涉相似，表现为在相遇区域中形成稳定的、有强有弱的光强分布。

2. 获得相干光的方法

对机械波来说，相干条件比较容易满足，因此观察这些波的干涉现象就比较方便，但对光波则不然。这是因为一般光源发光是由光源中大量原子或分子从较高的能量状态跃迁到较低的能量状态过程中对外辐射光波，这种辐射有两个特点：

一是各原子或分子辐射是间歇的、无规则的。一个原子的一次发光的时间极短，一般在$10^{-11}\sim10^{-8}$s，发出光波的长度也比较短，用发光时间乘以光速可知，光波的长度大约在毫米到米的范围，我们把这一段光波称为一个光波列。也就是说，一个原子一次发光只能发出频率一定、振动方向一定、长度有限的一段波列。

二是大量原子或分子发光是各自独立进行的，彼此之间没有什么联系，在同一时刻各原子或分子所发光的频率、振动方向、相位都各不相同，是随机分布的。所以两个独立的普通光源发出的光不满足相干条件，不能发生干涉，即使是同一光源上两个不同部分发出的光，也同样不会发生干涉。

虽然一般光源发出的光是不相干的，但是我们可以将一光源上同一点发出的光波分成两束，使它们经过不同的路径传播，然后在某一空间区域相遇，发生叠加。在此过程中，由于这两束光来自同一光波列，因此满足相干条件，在相遇区域中能产生干涉现象。根据这一原则，通常用下列两种方法来获得相干光。

图 17-3

（1）分波阵面法

从一点光源 S 发出的同一波阵面上取 S_1、S_2 两子波作为相干光源，这两束光满足相干条件，该方法称为分波阵面法，如图 17-3所示。下节将讨论的杨氏双缝干涉实验用的就是此种方法。

（2）分振幅法

如图 17-4 所示，当一束光 a 射到透明薄膜上时分成两部分，一部分经上表面反射形成光束 a_1，另一部分折入膜内在下表面反射经上表面折出形成光束 a_2。由于光束 a_1、a_2都是从 a 光束分出来的，因此满足相干条件。又由于 a_1和 a_2两光束的强度都是从光束 a 的强度中分出来的，随着光能够被分成两部分或若干份，光的振幅强度也同时被分成几份，且光强又和振幅的平方成正比，所以这种方法称为分振幅法。我们后面讨论的光的薄膜干涉就是用分振幅法获得的相干光的例子。

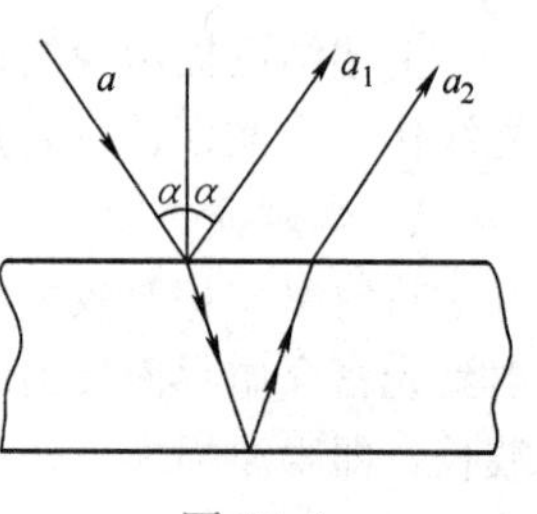

图 17-4

还需指出：两光相干除满足上述干涉的必要条件，即频率相同、振动方向相同、相位相同或相位差恒定之外，还必须满足两个附加条件：一是两相干光的振幅不能相差太大，否则会使加强 A_1+A_2与减弱 $|A_1-A_2|$ 效果不悬殊，显示不出明显的明暗区别。二是两相干光的光程差不能太大，否则由于光的波列长度有限，在考察点，一束光的波列已经通过，另一束光的波列尚未到达，两者不能相遇，当然不可能产生叠加干涉。

在激光光源中，所有发光的原子或分子步调一致，所发出的光具有高度的相干稳定性。从激光束中任意两点引出的光都是相干的，可以方便地观察到干涉现象，因而不必采用上述获得相干光束的方法。

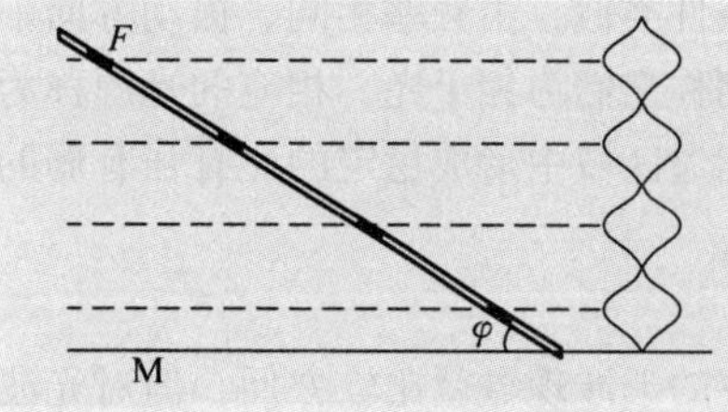

思维拓展

对于机械波而言，同一直线上振幅相同、反向传播的两列相干波叠加会形成驻波，那么光波会形成驻波吗？维纳在 1890 年进行的这个实验证明了光驻波的存在，同时也证明了对感光膜起作用的是电矢量而不是磁矢量。

维纳实验装置如图所示，图中 M 是平面反射镜。用一束接近单色的平行光垂直照明。F 是一块透明玻璃薄片，上面涂了一层很薄的感光乳胶膜，F 与 M 之间有一个很小的角度 φ。按前面机械驻波的分析，近单色平行光的反射波与入射波叠加形成驻波，在波腹处使感光膜感光，显影后这些地方变黑，而波节处感光膜不起变化。光驻波可以降低原子光刻实验的难度，有广阔的应用前景。

3. 光干涉的极值条件

机械波干涉规律具有普遍意义，相应结论对光的干涉也成立。如图17-5所示，从相干光源S_1和S_2发出的两列相干光在P点叠加后的振幅可表示为

$$E_0 = \sqrt{E_{10}^2 + E_{20}^2 + 2E_{10}E_{20}\cos\Delta\varphi} \tag{17-6}$$

其中E_{10}，E_{20}和E_0分别为两束相干光在P点产生的振幅和叠加后光的振幅，$\Delta\varphi$为两束相干光在P点的相位差。把上式平方有

$$E_0^2 = E_{10}^2 + E_{20}^2 + 2E_{10}E_{20}\cos\Delta\varphi \tag{17-7}$$

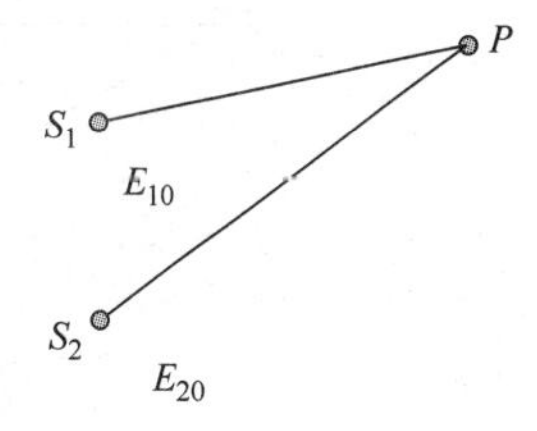

图17-5

光强正比于光振幅的平方，即$I \propto E_0^2$，于是我们得到两束相干光叠加后的光强和原来两束光强度的关系

$$I = I_1 + I_2 + 2\sqrt{I_1 I_2}\cos\Delta\varphi \tag{17-8}$$

显然叠加后的光强不等于原来两束光强度之和，我们可以把$2\sqrt{I_1 I_2}\cos\Delta\varphi$项称为干涉项。干涉项的存在并不意味着能量守恒定律在光的干涉中失效，在干涉存在的空间，干涉项在某些地方可能为正，此时光比原来增强了，在另一些地方可能为负，此时光减弱了，在整体上能量总是守恒的。

根据以上分析，若相位差$\Delta\varphi = 2k\pi$（$k=0, \pm1, \pm2, \cdots$）时，合成光强达到极大：

$$I_{\max} = I_1 + I_2 + 2\sqrt{I_1 I_2} \tag{17-9}$$

此时称为干涉相长。

若$\Delta\varphi = (2k+1)\pi$（$k=0, \pm1, \pm2, \cdots$），时，合成光强为极小：

$$I_{\min} = I_1 + I_2 - 2\sqrt{I_1 I_2} \tag{17-10}$$

此时称为两束相干光干涉相消。

若两相干光源初相相同，则相位差只由光程差决定，由式（17-5）得到由光程差决定的干涉极值条件：

$$\delta = \begin{cases} 2k\dfrac{\lambda}{2} & k=0, \pm1, \pm2, \cdots \text{干涉相长} \\ (2k+1)\dfrac{\lambda}{2} & k=0, \pm1, \pm2, \cdots \text{干涉相消} \end{cases} \tag{17-11}$$

因为气体中各处压强或密度的不同可以反映在各处折射率的不同上，折射率不同，会导致相同几何距离下光程不同。使两束相干平行光中的一束垂直于流动方向通过流动的气体，则由于折射率的不均匀，光束路程中各处有不同的光程，平行光的波面将发生相应的弯曲，这一光波与另一束相干的平面参考光叠加时，将产生反映弯曲波面等高线的干涉条纹，这些条纹也就表明气流中光程相同地方的轨迹，从而表明气体中压强或密度的分布。

物理知识拓展

梅斯林干涉装置应用于激光告警

将透镜对剖后再沿光轴方向将两半块透镜错开一定距离放置，单色点光源S放置在透镜左方，经透镜在右方形成两个间距为$2a$的实像点S_1和S_2，在S_1和S_2中点处放置一个与光轴垂直的观察屏幕或由一个CCD装置接收干涉条纹，构成梅斯林干涉装置如图17-6所示。图中的阴影区域为通过上半透镜的激光和通过下半透镜的激光的交叠区域，即相干区域，CCD成像面位于该区域中任意位置都可接收到条纹。

随着军用激光系统在现代战场上的大量应用，对敌方激光源进行实时告警显得非常重要。军事上使用

的激光都是调 Q 脉冲激光，脉宽一般只有 10^{-8} 秒，因此为了扫描一个从峰值到零的循环，扫描镜必须以很高的速率转动或移动，同时高精度的扫描装置也增加了告警设备的复杂程度。梅斯林干涉装置是分波前干涉装置，它不需要扫描也不受激光脉宽的影响就可以方便地获得干涉条纹。从干涉条纹在 CCD 上的形状和位置将得到来袭激光的方位信息，从干涉条纹的条纹间隔可以计算出来袭激光的波长。

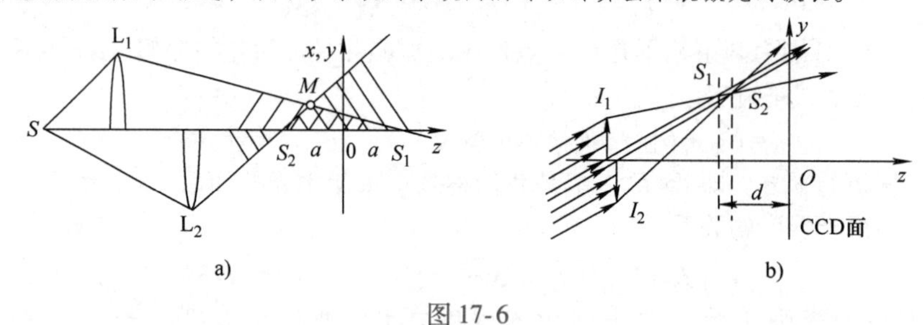

图 17-6

17.2 杨氏双缝干涉

在飞行中，起飞和降落阶段是最关键的。当能见度较低时，比如雾、雨、雪等天气，飞行员如何使飞机准确沿着跑道方向降落滑行呢？试用干涉原理设计解决方案。

物理现象

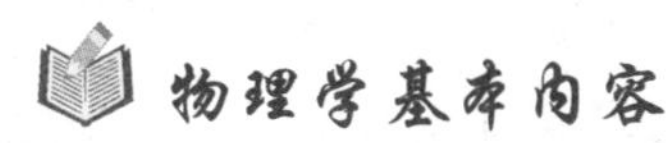

物理学基本内容

17.2.1 杨氏双缝干涉实验

托马斯·杨在 1801 年首先用实验方法实现了光的干涉，其装置如图 17-7a 所示。实验中，用单色平行光照射一窄缝 S，窄缝相当于一个线光源。S 后放有与 S 平行且对称的两平行的狭缝 S_1 和 S_2，两缝间的距离很小（0.1mm 数量级）。两狭缝处在 S 发出光波的同一波阵面上，构成一对初相相同、强度相等的相干光源。它们发出的相干光在屏后面的空间相干叠加，在双缝的后面放一个观察屏，可以观察到明暗相间的干涉条纹，如图 17-7b 所示。

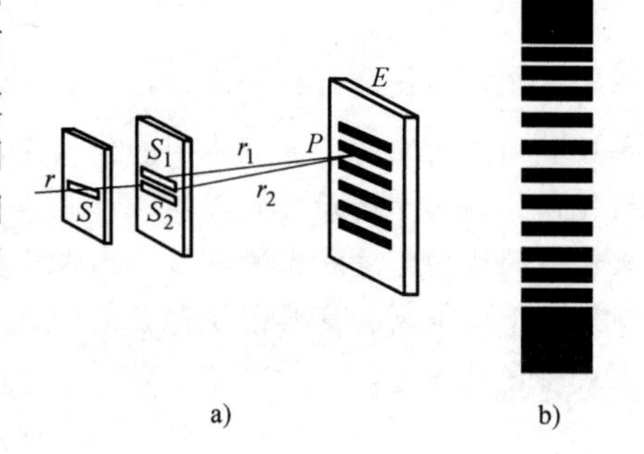

图 17-7

17.2.2 双缝干涉条纹的特征

1. 光程差的计算

如图 17-8 所示，设双缝 S_1 与 S_2 之间的距离为 d，双缝到屏的距离为 D，在屏上以屏中心为原点，垂直于条纹方向设立 x 轴，用以表示干涉点的位置。设屏上坐标为 x 处的干涉点 P 到两缝的距离分别为 r_1 和 r_2，从 S_1 和 S_2 发出的两列相干光到达 P 点的光程差应为 $\delta=n(r_2-r_1)$，当装置处在空气中时，$n=1$，在通常的情况下距离 D 的大小是米的数量级，条纹分布范围 x 的大小为毫米数量级，即 $D\gg d$，$D\gg x$，故 $\sin\theta\approx\tan\theta$。图中 δ 所在的小三角形可近似为直角三角形，所以

$$\delta=r_2-r_1\approx d\sin\theta\approx d\tan\theta=d\frac{x}{D} \tag{17-12}$$

2. 干涉加强和减弱的条件

若入射光的波长为 λ，由式（17-11），当光程差 $\delta = d\,\dfrac{x}{D} = \pm 2k\,\dfrac{\lambda}{2}$ 干涉相长，由此得各级明纹的中心位置为

$$x_k = \pm 2k\,\frac{\lambda D}{2d} \quad (k=0,1,2,3,\cdots) \quad (17\text{-}13)$$

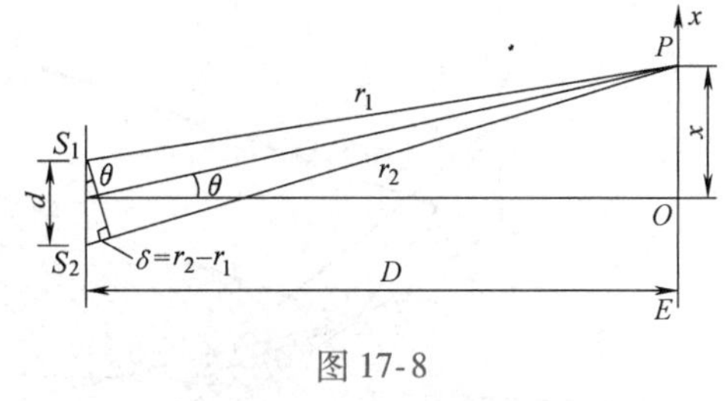

图 17-8

式中 k 称为干涉级数，$k=0$ 称为零级明纹或中央明纹。正负号表示干涉条纹在 O 点两边是对称分布的。

当光程差 $\delta = d\,\dfrac{x}{D} = \pm(2k+1)\lambda/2$ 时干涉相消，由此得各级暗纹中心位置为

$$x_k = \pm(2k+1)\frac{\lambda D}{2d} \quad (k=0,1,2,3,\cdots) \tag{17-14}$$

3. 条纹特征

相邻两条明纹（或暗纹）中心之间的距离，称为条纹间距，用 Δx 表示：

$$\Delta x = x_{k+1} - x_k = \frac{D}{d}\lambda \tag{17-15}$$

可见条纹间距与 k 无关，条纹是等间距分布的。

综上，杨氏双缝干涉图样具有以下特征：

（1）干涉条纹是明暗相间的等间距直条纹，并对称分布在中央明纹两侧。

（2）在 λ、D 不变的情况下，$\Delta x \propto 1/d$，所以 d 越小，Δx 就越大，条纹稀疏；反之 d 越大，则 Δx 就越小，条纹密集，以致肉眼分辨不出干涉条纹。所以在观察双缝干涉条纹时，双缝间距要足够小。

（3）在 d、D 不变的情况下，波长越短，条纹间距越小。因此，若用白光照射，则在中央明纹的两侧，同一级条纹将出现内紫外红的彩色光谱。中央亮条纹仍呈白色，因为对于各种波长的光，$x=0$ 都满足明纹条件。

思维拓展

1. 当把双缝装置放入折射率为 n 的某种介质时，干涉结果如何变化？

2. 托马斯·杨的双缝干涉实验成功演示了干涉现象，但粒子说的拥护者却认为是光粒子经过双缝时与缝的相互作用而产生的干涉条纹，事实是这样吗？你是否这样认为？

17.2.3　类双缝干涉实验

1818 年法国物理学家菲涅耳做了双平面反射镜和双棱镜透射实验，进一步证明了光的干涉，并得到了普遍地承认。菲涅耳双平面反射镜是利用两个平面镜的反射把波阵面分开，装置如图 17-9a 所示。M_1 和 M_2 是一对紧靠着且夹角 α 很小的平面反射镜。狭缝光源 S 的缝方向与两平面镜交线 C 平行。S 发出的光波经两镜面反射而被分割为两束，两反射光在空间有部分交叠。图中接收屏 E 上的交叠区会形成等距的平行干涉条纹。设 S 对 M_1 和 M_2 的虚像分别为 S_1 和 S_2，屏上的干涉图样可以看作是由相干的虚像光源 S_1 和 S_2 发出的光波干涉所产生。因而在这类问题的计算中，屏上交叠区的光强分布可由 S_1 和 S_2 到屏上该处的光程差确定，其分析方法类同杨氏双缝实验。

洛埃德（H. Lloyd）于 1834 年提出了一种更简单的观察干涉的装置。如图 17-9b 所示是洛埃德镜实验简图，MN 是一块平板玻璃，用作反射镜，S_1 是一狭缝光源，从光源发出的光波，一部

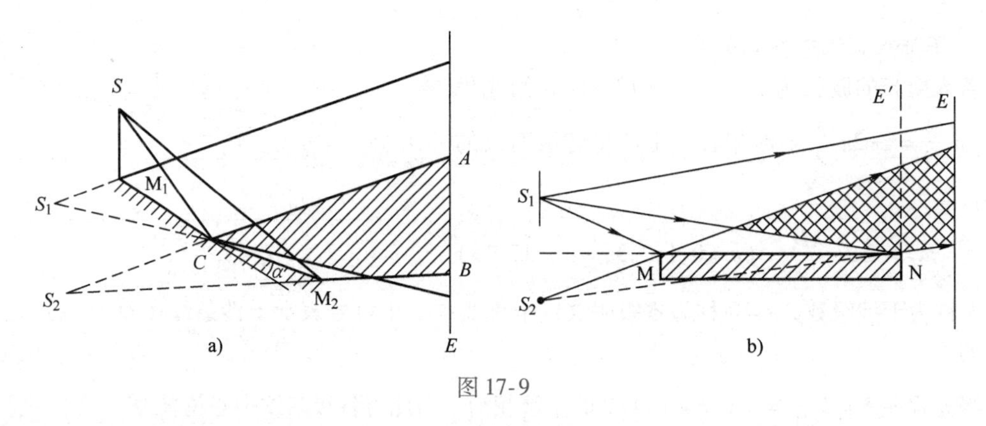

图 17-9

分掠射（即入射角接近 90°）到平板玻璃上，经玻璃表面反射到达屏上，另一部分直接射到屏上。反射光可以看成是由虚光源 S_2 发出的。S_1 和 S_2 构成一对相干光源，犹如杨氏实验中的双缝，对干涉条纹的分析与杨氏实验相同。当两光相遇时，在相遇区（图中阴影部分）中放一屏幕 E，这时在屏上就可以观察到明暗相间的干涉条纹。

若把屏幕移到与洛埃德镜接触处 N 时，从 S_1、S_2 发出的光到达接触点 N 的几何路程相等，即二者的光程差为零，这时在 N 处似乎应出现明纹，但事实是在接触处却为一暗纹。这是由于光从空气射向玻璃发生反射时，发生了半波损失。

深海航行的潜艇声呐探测系统也使用洛埃德镜方法推算探测目标的航速、距离和深度。例如在一定深度和距离上航行的潜艇，其辐射噪声经直达途径和水面反射途径到达接收声呐探测系统时会发生干涉（在浅水区还可能是直射波和海底表面反射波相干叠加的结果），导致出现双曲线状的干涉条纹。据此，可推算潜艇的航速以及离接收点的距离和深度。

现象解释

有些机场使用的飞机安全导航系统，应用的就是杨氏双缝干涉实验原理。如左图所示，在机场跑道两侧对称地放置两个相同的发射相同频率无线电波的天线，类似于两个可发出相干光的狭缝。天线发出的两列无线电波在空间发生干涉；在空间某些区域内干涉加强（图中辐射线所在位置），某些区域内干涉减弱。因为波源关于跑道对称放置，跑道方向即中央明纹位置（图中飞机 A 所在位置）。飞机上安装有相应的无线电波强度接收装置，经过干涉加强区域时，接收装置显示信号加强，如果是强度最大值即中央明纹区域，飞机将准确地定位在正确的降落跑道上。如果飞机处在第一级干涉极大值位置处，如图中飞机 B 所示，通过何种办法来判断它处在非准确的位置和方向上呢？这就需要每个天线同时各发射两个不同频率（f_1、f_2）的无线电波，两组相干电磁波（频率为 f_1、f_2）各自在空间中同时发生干涉现象，出现一系列信号加强区域和减弱区域；飞机上安装一个双通道接收机同时分别接收两个频率的无线电波的干涉信号。如果飞机处于频率为 f_1 的第一级极大位置，而非频率为 f_2 的极大位置处，可以判断此方向不是跑道的方向。如果两个频率的无线电波除了中央信号加强区以外没有其他信号加强区域重合，则飞机处于强度最大值区域，接收到的信号最强，飞机便可以准确定位在跑道位置处。[㊀]

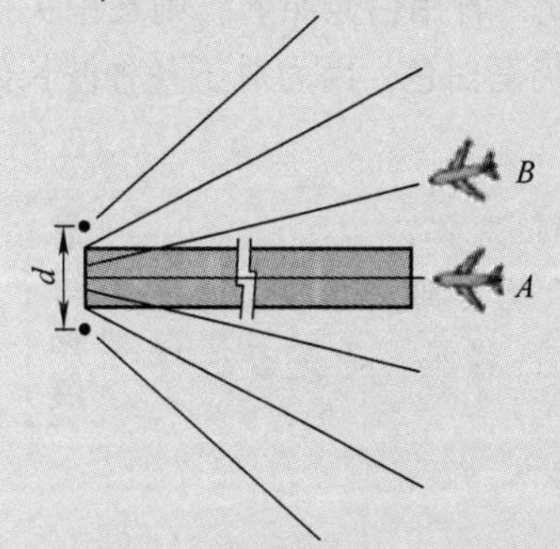

㊀ 张晨光，刘玉颖，朱世秋，等．杨氏双缝干涉实验与飞机安全着陆系统［J］．物理与工程，2016，26（6）：4.

 物理知识应用

【例 17-1】以单色光照射到相距为 0.2mm 的双缝上，双缝与屏幕的垂直距离为 1m。(1) 从第 1 级明纹到同侧的第 4 级明纹间的距离为 7.5mm，求单色光的波长；(2) 若入射光的波长为 600nm，求相邻两明纹间的距离。

【解】(1) 根据双缝干涉明纹的条件

$$x_k = \pm k\frac{D\lambda}{d},\quad k=0,1,2,\cdots$$

把 $k=1$ 和 $k=4$ 代入上式，得

$$\Delta x_{14} = x_4 - x_1 = (4-1)\frac{D\lambda}{d}$$

所以

$$\lambda = \frac{d}{D}\frac{\Delta x_{14}}{3}$$

已知 $d=0.2\text{mm}$，$\Delta x_{14}=7.5\text{mm}$，$D=1000\text{mm}$，代入上式，得

$$\lambda = \frac{0.2}{1000}\frac{7.5}{3}\text{mm} = 500\text{nm}$$

(2) 当 $\lambda=600\text{mm}$ 时，相邻两明纹间的距离为

$$\Delta x = \frac{D\lambda}{d} = \frac{1000}{0.2}\times 6\times 10^{-4}\text{mm} = 3.0\text{mm}$$

【例 17-2】如图 17-10 用很薄的云母片 ($n=1.58$) 插入到杨氏双缝实验装置中的一个缝上的过程中，屏幕中心移过 7 级明纹。如果入射光波长 $\lambda=550\text{nm}$，试问此云母片的厚度 e 为多少？

【解】屏幕中心移过 7 级明纹，故对应的光程差共改变了 7λ。于是，按题意有

$$e(n-1) = 7\lambda$$

得到

$$e = \frac{7\lambda}{n-1}$$

把已知条件 $\lambda=550\text{nm}$，$n=1.58$ 代入得

$$e = \frac{7\times 550}{1.58-1} = 6.64\mu\text{m}$$

图 17-10

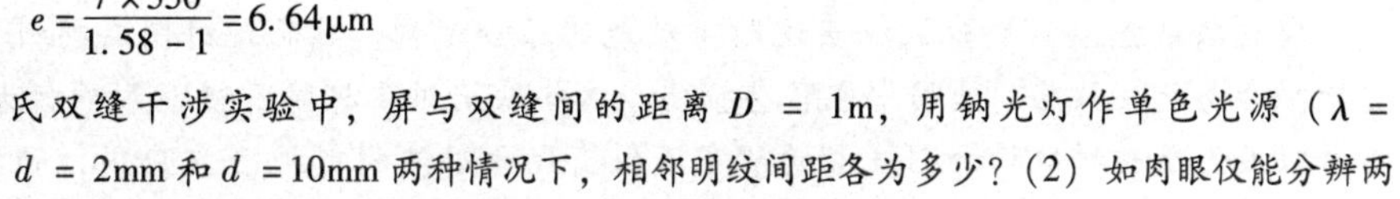

【例 17-3】在杨氏双缝干涉实验中，屏与双缝间的距离 $D=1\text{m}$，用钠光灯作单色光源 ($\lambda=589.3\text{nm}$)，问：(1) $d=2\text{mm}$ 和 $d=10\text{mm}$ 两种情况下，相邻明纹间距各为多少？(2) 如肉眼仅能分辨两条纹的间距为 0.15mm，现用肉眼观察干涉条纹，问双缝的最大间距是多少？

【解】(1) 由式 (17-15)，相邻两明纹间的距离为

$$\Delta x = \frac{D}{d}\lambda$$

当 $d=2\text{mm}$ 时

$$\Delta x = \frac{1\times 589.3\times 10^{-9}}{2\times 10^{-3}}\text{m} = 2.95\times 10^{-4}\text{m} = 0.295\text{mm}$$

当 $d=10\text{mm}$ 时

$$\Delta x = \frac{1\times 589.3\times 10^{-9}}{10\times 10^{-3}}\text{m} = 5.89\times 10^{-5}\text{m} = 0.059\text{mm}$$

(2) 如 $\Delta x=0.15\text{mm}$，

$$d=\frac{D}{x}\lambda=\frac{1\times589.3\times10^{-9}}{0.15\times10^{-3}}\mathrm{m}=3.93\times10^{-3}\mathrm{m}\approx4\mathrm{mm}$$

这表明，在这样的条件下，双缝间距必须小于4mm才能看到干涉条纹。

物理知识拓展

激光陀螺原理

天空中的壮美航迹，离不开一个仅手掌大小的尖端仪器—激光陀螺。与传统机电式陀螺仪相比较，激光陀螺无机械部件的相对运动，不存在磨损问题，因此仪器稳定牢固，使用寿命长，而且相干光的传播时间短，理论上可以瞬间启动，适用于航空航天设备及导弹等武器系统。国防科技大学高伯龙团队历经20余年艰苦攻关，在重重艰难险阻中，开辟出一条具有中国知识产权的研制激光陀螺的成功之路，造出了我国第一台环形激光器。

激光陀螺的研制，从理论到工艺、技术都是很复杂的，但基本的原理却源于两束光的干涉。如图17-11a所示，有一半径为R的圆形回路，一观察者站在圆环的A点，与圆环同步运动，发射一光脉冲，该脉冲将分成两半，分别沿相反的方向绕圆环传播。光沿该圆形路径行进一周，所需的时间取决于该路径是静止还是转动。若圆环静止，这两个脉冲会同时返回到它们的起始点A。但如果圆环以角速度ω相对于惯性空间逆时针转动时，如图17-11b所示，观察者将靠近沿顺时针方向传播的脉冲，而远离沿逆时针方向传播的脉冲，致使观察者接收到两个脉冲的时间不相同，可以在顺时针和逆时针方向运行的两光束之间产生一光程差，通过此光程差就能测定物体的旋转角速度和角度。

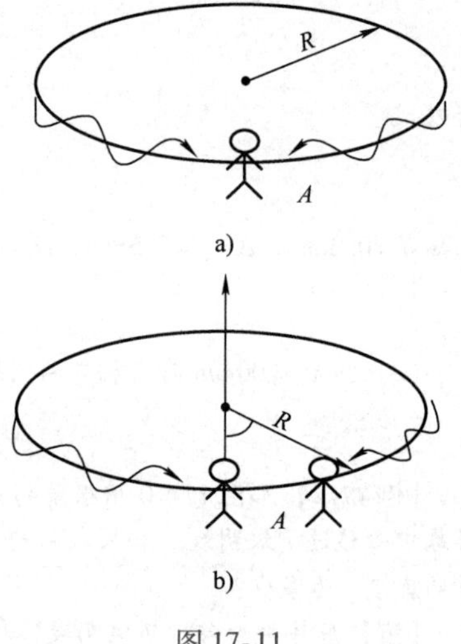

图17-11

如果我们在一个飞行器上沿互相垂直的三个方向各固定一个陀螺仪，那么就可以随时测定飞行器沿三个方向各转了多少角度，从而也就测定了飞行器的方位。

17.3　薄膜干涉

物理现象

雷达吸波图层是现代战机实现隐身功能的核心结构，然而这种图层材料在喷涂过程中很容易产生缺陷，使用中也容易损伤，这些缺陷对飞机隐身性能影响极大。所以，对于吸波涂层材料缺陷检测技术的研究不仅有助于吸波材料被可靠应用，而且对于促进我国隐身技术的发展具有重要的应用价值。

那么，如何对吸波涂层材料进行无损检测呢？

物理学基本内容

日常生活中，在阳光的照射下，肥皂泡、水面上的油膜呈现出五颜六色的花纹。这是光在膜的上、下表面反射后相互叠加所产生的干涉现象，称为薄膜干涉。由于反射光和透射光的能量都是由入射光分出来的，所以属于分振幅干涉。

17.3.1　薄膜干涉的光程差

如图 17-12 所示为光照射到薄膜上反射光干涉的情况。设入射位置处薄膜的折射率为 n_2、厚度为 e，膜的上、下方的介质的折射率分别为 n_1 和 n_3。一束波长为 λ 的单色光以入射角 i 照到薄膜上，在入射点 A 分为两束，一束是反射光 a，另一束折射进入膜内，在 C 点反射后到达 B 点，再折射回膜的上方形成光束 b，a、b 两束光经透镜汇聚发生干涉（称为反射光干涉）。至于那些在膜内经三次、五次…反射再折回膜上方的光线，由于强度迅速下降等原因，可以不必考虑。而透射光 a'、b'经透镜汇聚后也会发生干涉，通常称为透射光干涉。

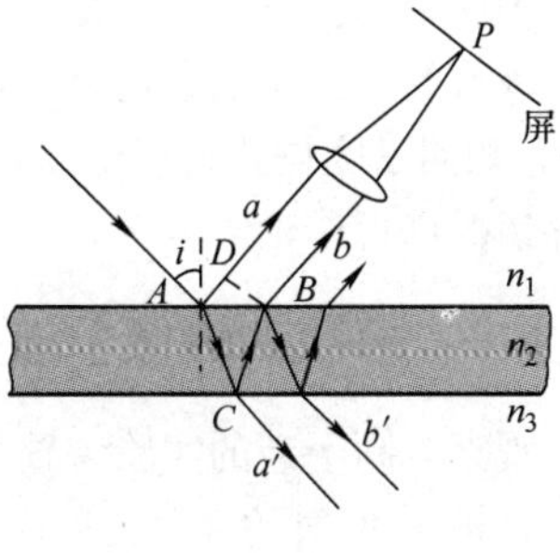

图 17-12

下面我们以反射光干涉为例讨论薄膜干涉的光程差。如图 17-12所示，a、b 两束光在焦平面上 P 点相遇时的光程差为

$$\delta = n_2(\overline{AC}+\overline{CB}) - n_1\overline{AD} + \delta' \tag{17-16}$$

式中，δ'是由于考虑反射光的半波损失计入的附加光程差。

将几何关系$\overline{AC}=\overline{BC}=\dfrac{e}{\cos\gamma}$，$\overline{AD}=\overline{AB}\sin i = 2e\tan\gamma\sin i$ 代入式（17-16），得到

$$\delta = 2n_2\frac{e}{\cos\gamma} - 2n_1 e\tan\gamma\sin i + \delta' \tag{17-17}$$

按照折射定律 $n_1\sin i = n_2\sin\gamma$，有

$$\begin{aligned}\delta &= 2n_2\frac{e}{\cos\gamma}(1-\sin^2\gamma)+\delta' \\ &= 2n_2 e\cos\gamma + \delta'\end{aligned} \tag{17-18}$$

或

$$\delta = 2e\sqrt{n_2^2 - n_1^2\sin^2 i} + \delta' \tag{17-19}$$

可以看出，光程差的公式包括两项，第一项是在介质中产生的光程差，第二项是根据反射情况计入半波损失产生的附加光程差。此式也适用于厚度虽不均匀，但楔角较小的薄膜干涉。干涉极值条件同样满足式（17-11），即

$$\delta = 2n_2 e\cos\gamma + \delta' = \begin{cases} 2k\dfrac{\lambda}{2} & k=0,1,2,\cdots\text{干涉相长} \\ (2k+1)\dfrac{\lambda}{2} & k=0,1,2,\cdots\text{干涉相消}\end{cases} \tag{17-20}$$

需要指出，假设 $n_1<n_2$，$n_2>n_3$，上式中 δ'是这样确定的：a 光只发生了一次反射，是在上表面即由介质 n_1 入射到薄膜表面的反射，应有半波损失；b 光也有一次反射，是在下表面即由薄膜入射到介质 n_3 表面的反射，没有半波损失；故总共只有一个半波损失，即 $\delta'=\dfrac{\lambda}{2}$。若都有半波损失或都没有半波损失，则 $\delta'=0$。

更一般地讲，三种不同的介质 n_1、n_2 和 n_3，从介质折射率大小的排列来看，有两种可能的方式。一种是按 $n_1>n_2<n_3$ 或 $n_1<n_2$，$n_2>n_3$ 的顺序排列，此时对反射光干涉 $\delta'=\dfrac{\lambda}{2}$，而对透射光干涉 $\delta'=0$。另一种是按 $n_1>n_2>n_3$ 或 $n_1<n_2<n_3$ 的顺序排列，这时对反射光干涉附加光程差为 $\delta'=0$，而对透射光干涉 $\delta'=\dfrac{\lambda}{2}$。即若反射光干涉是明纹，则透射光干涉将是暗纹。即在薄

膜干涉中，反射光干涉与透射光干涉是互补的，这也是能量守恒的要求。

一般情况下，薄膜干涉问题比较复杂。由式（17-19）可知，当薄膜折射率和周围介质确定后，对某一波长来说，两相干光的光程差取决于膜厚 e 和入射角 i，因此薄膜干涉中应用较多的是两种简单的特例。一种是膜厚 e 一定，光程差只决定于入射角 i，相同倾角的入射光形成的是同一级次的干涉条纹，这种干涉称为等倾干涉。另一种情况是入射角 i 一定，光程差取决于膜厚 e，相同厚度位置处产生的是同一级次的干涉条纹，这种干涉称为等厚干涉。我们将着重对这两种情况进行讨论。

17.3.2 薄膜的等倾干涉

观察等倾干涉的实验装置如图 17-13a 所示。从点光源 S 发出的光入射到半反半透的平面镜 M 上，被 M 反射的部分光射向薄膜，再被薄膜上、下表面反射，经过 M 和透镜汇聚到位于焦平面的光屏上。分析可知，相同倾角入射到薄膜上的光线构成了一个圆锥面，再经薄膜上下表面反射，得到的两束相干光在光屏上汇聚在同一个圆周上，由于入射角不同，则圆环的半径不同。因此，等倾干涉干涉图样是一系列明暗相间的同心圆环，同一级次在同一个圆环上。由式（17-19）可知，i 越大，光程差越小，干涉级次越低，所以中心处的干涉级次最高，向外干涉级次则降低。此外，各相邻明环或暗环间的距离也不等，越向外环纹间距越小，条纹越密集，如图 17-13b 所示。

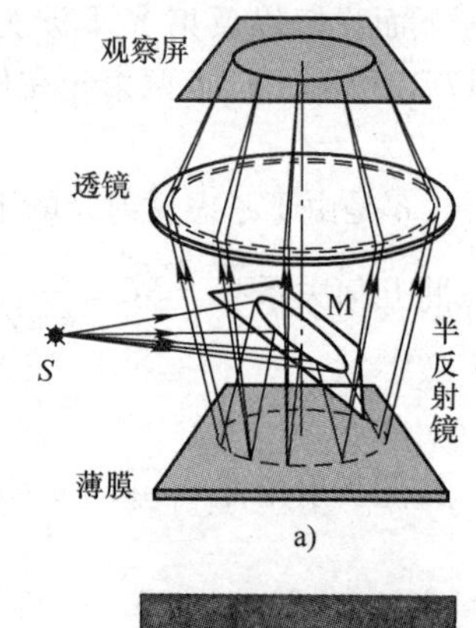

a)

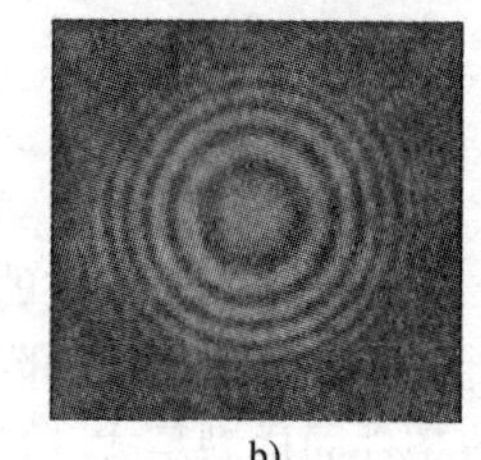
b)

图 17-13

在观察等倾干涉条纹时多采用的是扩展光源，扩展光源上每一点发出的光都会产生一组相应的干涉圆环，由光源上不同点发出的光线，只要入射角相同，所形成的干涉环纹都重叠在一起。需要说明的是，干涉环纹总光强是所有点光源产生干涉环纹光强的非相干叠加，这样使得干涉条纹更加明亮。

在自然光照射下，闪蝶翅膀呈现出一种神秘而绚丽的闪亮蓝色，而如果改变观察的方向，或者蝴蝶扇动它的翅膀，这种颜色还会发生变化，它的翅膀被人们说成是彩虹色。这是由于光在薄鳞片上产生的干涉所引起的。当白光照射到这样的鳞片上时，一部分光被反射，另一部分光透入鳞片，从鳞片的下表面反射，再从上表面透射出一部分光，这部分光将和鳞片上表面反射的光产生相长干涉和相消干涉，鳞片的厚度、折射率，光入射的角度等因素都会影响干涉的结果，使得进入人眼的干涉相长的波长不同，我们就可以看到蝴蝶翅膀上的彩虹色。现代战机的平显系统要显示飞机上的飞行、导航、武器瞄准参数等作战信息，一般都采用与人的视觉灵敏度相匹配的绿色光，这就需要通过镀膜技术来实现绿色光的增强反射。

在现代光学仪器中，光能因反射而损失严重。为减少入射光能在透镜等光学元件表面上反射时引起的损失，常在镜面上镀一层厚度均匀的透明薄膜（例如氟化镁 MgF_2），其折射率介于空气和玻璃之间，当膜的厚度适当时，可使某种波长的反射光因干涉而减弱，从而使透射光增强，这种薄膜称为增透膜。照相机的镜头在白光照射下，常给人以蓝紫色的视觉，就是因为镜头表面镀上了 MgF_2 薄膜，能使对人眼最敏感的黄绿光反射减弱而透射增强。

有些光学元件需要减少透光量，增加反射光，这就要求膜上下两表面的反射光满足干涉相长，这种膜称为增反膜。为了加强增反效果，在现代光学仪器中，常采用在玻璃表面交替镀上高折射率和低折射率的膜，这种多层膜称为高反射膜。例如宇航员在太空中，为了防止宇宙射线对人体的伤害，在头盔和面罩上都镀有增反膜。

17.3.3 薄膜的等厚干涉

1. 劈尖干涉

（1）干涉装置

如图 17-14 所示，两个透明介质片，一端重合，另一端夹一细丝（为方便说明，细丝直径特别予以放大）可以形成一个劈尖。若此装置放置在空气之中，它们之间就形成一个空气劈尖，若放置在某透明液体之中，就形成一个液体劈尖。两玻璃片的交线称为棱边，与棱边平行的线上劈尖薄膜厚度相等。

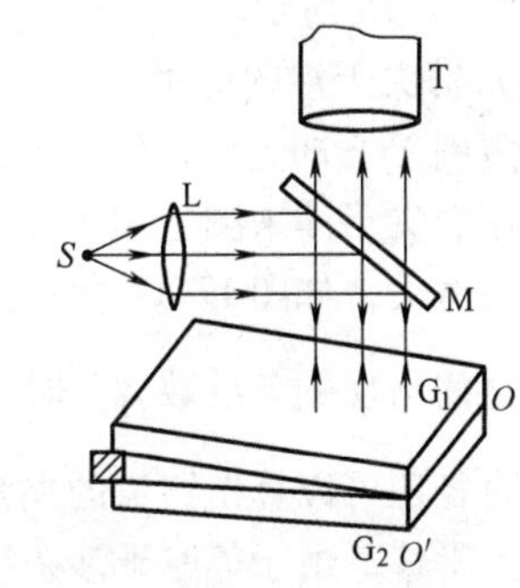

图 17-14

用单色平行光垂直照射到劈尖上，其光路简图如图 17-14 所示。在劈尖上、下表面的反射光将相互干涉，形成干涉条纹。图中 S 为置于透镜 L 焦点上的单色光源，M 为半反射半透射的玻璃镜片，T 为观察条纹的读数显微镜。

（2）明暗纹条件

由于劈尖的夹角很小，经劈尖的上下两个面的反射光都可视为与劈尖垂直。如图 17-15 所示，劈尖介质的折射率为 n 劈尖厚度为 e 处的某点，由式（17-20）两束反射光的光程差为

$$\delta = 2ne + \delta' \tag{17-21}$$

由于各处劈尖薄膜的厚度 e 不同，光程差也不同，因而产生明暗相间的干涉条纹。

明纹条件为

$$\delta = 2ne + \delta' = 2k\frac{\lambda}{2} \quad (k = 0,1,2,3,\cdots) \tag{17-22}$$

暗纹条件为

$$\delta = 2ne + \delta' = (2k+1)\frac{\lambda}{2} \quad (k = 0,1,2,3,\cdots) \tag{17-23}$$

这里 k 是干涉条纹的级次，特别注意，明纹条件中，k 从 0 还是 1 开始取值，取决于 δ' 是 0 还是 $\frac{\lambda}{2}$。棱边处 $e=0$，当 $\delta' = \frac{\lambda}{2}$ 时为暗纹，当 $\delta' = 0$ 时为明纹。

由干涉明暗纹公式和劈尖的几何关系，可推算出 k 级条纹到棱边的距离

$$l_k = \frac{e_k}{\theta} \tag{17-24}$$

其中劈尖夹角 θ 一般很小，有 $\sin\theta \approx \tan\theta \approx \theta$。

（3）厚度差

相邻明（或暗）条纹中心之间的薄膜厚度差为

$$\Delta e = e_{k+1} - e_k = \frac{\lambda}{2n} \tag{17-25}$$

此式对所有的等厚干涉都成立。

（4）条纹间距

相邻明（或暗）条纹中心之间的距离（简称条纹间距）相等，为

$$\Delta l = l_{k+1} - l_k = \frac{\Delta e}{\theta} = \frac{\lambda}{2n\theta} \tag{17-26}$$

显然，当 λ 一定，劈尖的夹角 θ 越小，Δl 就越大，干涉条纹越疏；θ 角越大，Δl 就越小，干涉条纹越密。如果劈尖的夹角相当大，干涉条纹就会聚在一起，变得无法分辨。因此，干涉条纹只能在夹角 θ 很小的劈尖上看到，通常 $\theta < 1°$。在劈尖上方观察干涉条纹，劈尖的等厚条纹是一系列与棱边平行的、明暗相间的等间距直条纹，如图 17-15 所示。

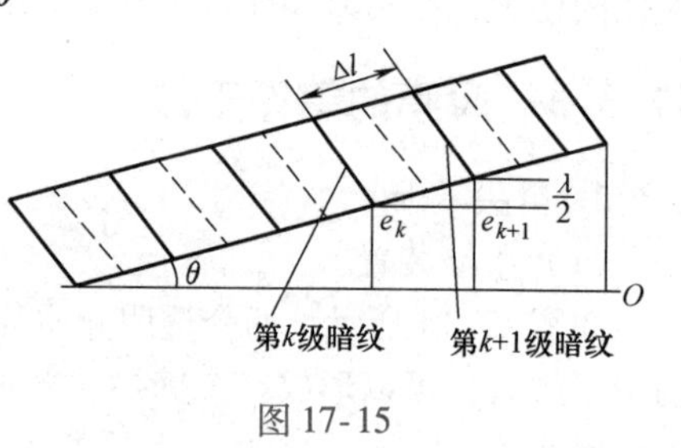

图 17-15

（5）劈尖干涉的应用

注意到 $\lambda/2$ 即光波长的一半是一个很小的长度，因此劈尖干涉常用作精密测量的理论依据。例如可用劈尖干涉来测定细丝直径、薄片厚度等微小长度。将细丝夹在两块平板玻璃之间，构成一个空气劈尖，如图 17-14 所示。用波长为 λ 的单色光垂直照射劈尖，通过测距显微镜测出细丝和棱边之间出现的条纹数 N，即可得到细丝的直径 $d = N\frac{\lambda}{2}$，测量的精度可达 0.1mm 量级，通过细丝的直径还可以算出劈尖的夹角。如果使空气劈尖下面的一块玻璃板固定，而将上面一块玻璃板向上平移，由于等厚干涉条纹所在处空气膜的厚度要保持不变，故它们相对于玻璃板将整体向左平移，并不断地从右边生成，在左边消失。相对于一个固定的考察点，每移过一个条纹，表明动板向上移动了 $\lambda/2$。由此可测出很小的移动量，如零件的热膨胀，材料受力时的形变等。等厚线也可看作劈尖上表面到下表面的等高线，所以看到了等厚干涉条纹，就等于看到了劈尖的“地形图”，因而等厚条纹可用来检验工件的平整度。例如磨制平板光学玻璃时，将未磨好的玻璃板放在一块标准玻璃板上面构成一个空气劈尖，用光垂直照射。若等厚干涉条纹是一组平行的、等间距的直线，则玻璃板就已经磨好了；若干涉条纹出现弯曲，则还有凸凹缺陷，凸凹的形状和程度都可以从等厚条纹的分布分析出来。这种检验方法能检查出不超过 $\lambda/4$ 的不平整度，如图 17-16 所示。

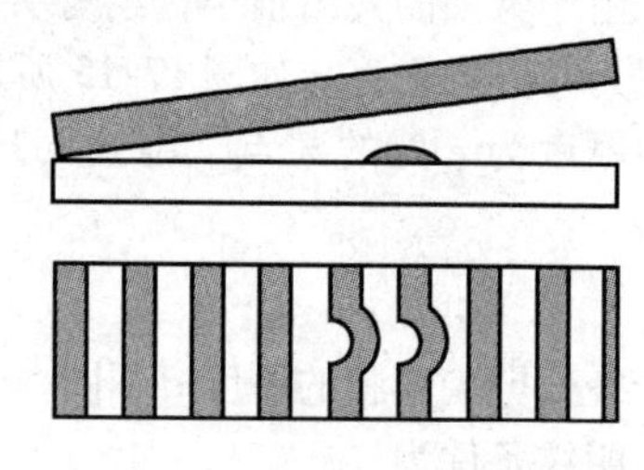
图 17-16

现象解释

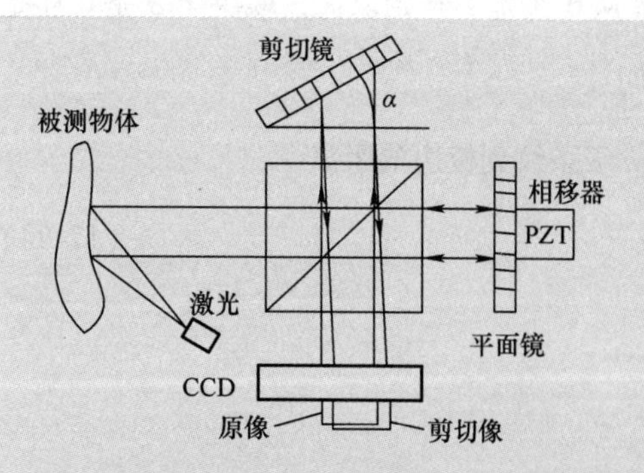

目前，雷达吸波材料已经广泛应用于世界各国的航空航天领域中。飞机和武器装备对吸波涂层的要求高，除隐身性能要求外，吸波涂层还必须有优秀的物理机械性能和使用可靠性。因此，在研制高性能吸波涂层的同时，还必须关注吸波涂层施工和使用过程中可能产生的缺陷。吸波涂层厚度约为普通飞机蒙皮漆厚度 10 到 20 倍，关键部位涂层间缺陷会威胁到飞机的安全。因此研究雷达吸波涂层在使用环境下产生的损伤检测方法具有重要意义。激光剪切散斑干涉技术是 20 世纪 80 年代发展起来的光学测量新技术。因其非接触、可实现大面积测量的特点而被迅速引入无损检测领域中。

激光光源照射至具有漫反射的被测物体表面，反射光线进入剪切元件；剪切元件由分束镜、平面镜以及与分束镜成小倾斜角的剪切镜组成，光线通过分束镜后被分成等能量的两束光线，一束入射至平面镜，一束入射至具有一定倾斜角的剪切镜，两束反射光线再经过分束镜后，形成原像以及与原像有错位的剪切像并在成像平面上进行干涉，从而形成剪切散斑干涉条纹图像。

激光剪切散斑干涉技术利用物体表面的散斑场经过剪切装置后成像于数字相机图像传感器表面。当被测目标受到加载使表面发生微小形变时，两束光的光程差发生了改变，剪切散斑干涉图的相位分布也随之发生变化。把形变前后的干涉图进行对比分析，即可得出相应的缺陷位置和形变程度。⊖

2. 牛顿环干涉

（1）干涉装置

在一块平整的玻璃片B上，放一曲率半径 R 较大的平凸透镜A，如图17-17a所示，在玻璃片和平凸透镜之间形成一厚度不等的空气薄膜叫作牛顿环薄膜。

（2）明暗环条件

用单色平行光垂直照射薄膜，就可以观察到在透镜表面上的一组以接触点 O 为中心的同心圆环，称为牛顿环。薄膜的每一个局部，都可以看作一个小的劈尖，但在不同的地方，它们的夹角不等，故条纹的间距不相同，中心要稀疏一些，边上要密集一些。

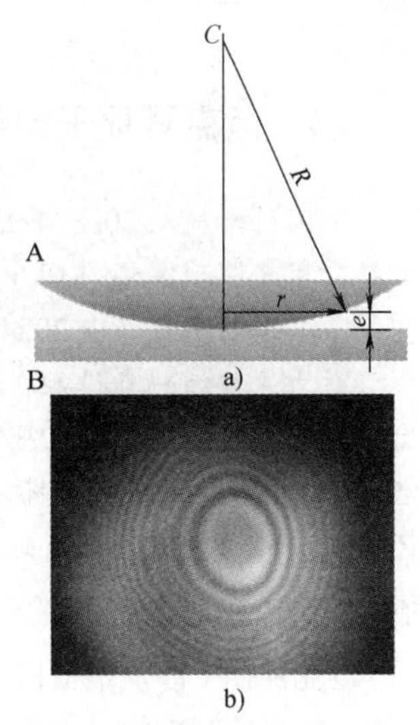

图17-17

实验中常在透镜和玻璃片之间注油，形成油膜型牛顿环装置，同时可以保护透镜。牛顿环干涉仍为等厚干涉，其明、暗纹的厚度仍遵从等厚干涉的一般规律。若介质折射率满足 $n_1 > n_2$，$n_2 < n_3$，对于反射光，明环和暗环所对应的薄膜厚度分别为

$$e_k = (2k-1)\frac{\lambda}{4n} \text{和 } e_k = k\frac{\lambda}{2n} \tag{17-27}$$

由图17-17a中的直角三角形得到

$$r^2 = R^2 - (R-e)^2 = 2Re - e^2 \tag{17-28}$$

其中 r 为牛顿环干涉条纹的半径。透镜的半径 R 一般为米量级，而膜厚 e 一般为微米量级，故上式后一项可忽略，近似有

$$r^2 = 2Re \text{ 或 } e = \frac{r^2}{2R} \tag{17-29}$$

将此式代入明环厚度公式即得反射光中的明环半径

$$r_k = \sqrt{\left(k-\frac{1}{2}\right)\frac{R\lambda}{n}} \quad (k=1,2,3,\cdots) \tag{17-30}$$

代入暗环厚度公式则得反射光中的暗环半径

$$r_k = \sqrt{\frac{kR\lambda}{n}} \quad (k=0,1,2,3,\cdots) \tag{17-31}$$

若当牛顿环A、B间的介质是空气时，反射光中暗环半径简化为

$$r_k = \sqrt{kR\lambda} \tag{17-32}$$

（3）条纹分布特点

牛顿环干涉条纹的分布与劈尖干涉条纹不同。首先它为圆环形条纹，这由薄膜的对称性决

⊖ 段宝妹．基于激光剪切散斑干涉的雷达吸波涂层缺陷检测技术研究［D］．电子科技大学．

定。对于反射光干涉，透镜和玻璃板的接触点，即薄膜厚度 $e=0$ 处，为零级暗纹中心。但由于接触不可能为一点，所以一般为一个暗斑，称为0级暗斑。其次是干涉圆环的间距不相等。从干涉条纹的半径公式可以看出，由于 $r_k \propto \sqrt{k}$，故 k 越大，即离中心越远的高级次条纹越密。

（4）牛顿环干涉应用

牛顿环常用来测量透镜的曲率半径及光的波长，也可利用牛顿环来检验工件表面，特别是球面的平整度，也可用来测量微小长度的变化。对于空气薄膜，保持玻璃片不动，使透镜向上平移，则可观察到牛顿环逐渐缩小并在中心处消失；若透镜向下平移，牛顿环将自中心处冒出并扩大。注意到每移过一个条纹对应于厚度 $\lambda/2$ 的变化，只要数出从中心处冒出或消失的条纹数 N，就可计算出透镜移动的距离 $d=N\dfrac{\lambda}{2}$。

思维拓展

薄膜干涉要求膜很薄，否则观察不到干涉条纹，双缝干涉中的条纹也是在屏幕中央附近能观察到，这是为什么呢？

17.3.4 迈克耳孙干涉仪

物理现象

中国科学院从2008年开始发起太极计划，太极计划就是发射三颗围绕太阳运转的卫星，用来探测宇宙空间中的引力波信息。第一颗卫星在2019年8月份已经发射升空，第二颗卫星预计在2024年发射升空，2033年将完成三颗卫星的部署。

引力波曾经一直徘徊在科学家的视线之外，只有非常致密的星体，以接近光速加速运动时，才能够产生在地球上能探测到的引力波。而这些引力波到达地球时，引起空间的变化大约只有十万亿分之一，相当于在地球周长10亿倍的距离上测量出比人的头发丝直径还要小的长度变化。因此，引力波的探测成了历史上对精度要求最高的实验。那么，引力波探测的基本原理是什么呢？

迈克耳孙干涉仪是根据光的干涉原理，利用干涉条纹的位置决定于光程差并随光程差改变而移动的现象制成的一种光学仪器。它是近代精密仪器之一，在科学技术方面有着广泛的应用。

迈克耳孙干涉仪是用分振幅法产生双光束干涉的仪器，其中17-18a为实物图，17-18b为示意图。图中 M_1 和 M_2 是两块精密磨光的平面反射镜，分别安装在相互垂直的两臂上。其中 M_1 固定，M_2 通过精密丝杠的带动，可以沿臂轴方向移动。在两臂相交处放一与两臂成45°角的平行平面玻璃板 G_1。在 G_1 的后表面镀有一层半透明半反射的薄银膜，银膜的作用是将入射光束分成振幅近似相等的反射光束1和透射光束2。因此，G_1 称为分光板。

由扩展面光源 S 发出的光，射向分光板 G_1 经分光后形成两部分。反射光1垂直地射到平面反射镜 M_1 后，经 M_1 反射透过 G_1 射到P处。透射光2通过另一块与 G_1 完全相同且平行于 G_1 放置的玻璃板 G_2（无银膜）射向 M_2，经 M_2 反射后又经过 G_2 到达 G_1。再经半反射膜反射后到达P处。在P处可以观察两相干光束1和2的干涉图样，如图17-18b所示。

由光路图可以看出，由于玻璃板 G_2 的插入，使得光束1和光束2通过玻璃板的次数相同（3次）。这样一来，两光束的光程差就和玻璃板中的光程无关。因此，称玻璃板 G_2 为补偿板。由于分光板第二平面的半反射膜实质上是反射镜，它使 M_2 在 M_1 附近形成一个虚像 M_2'，因而，光在迈克耳孙干涉仪中自 M_1 和 M_2 的反射，相当于自 M_1 和 M_2' 的反射。于是，迈克耳孙干涉仪中所产生的干涉图样就如同由 M_1 和 M_2' 之间的空气薄膜产生的一样。当 M_1 和 M_2 严格垂直时，M_1 和 M_2' 之间形成平行平面空气膜，这时可以观察到等倾干涉条纹；当 M_1 和 M_2 不严格垂直时，M_1 和 M_2' 之间形成空气劈尖，这时可以观察到等厚干涉条纹。

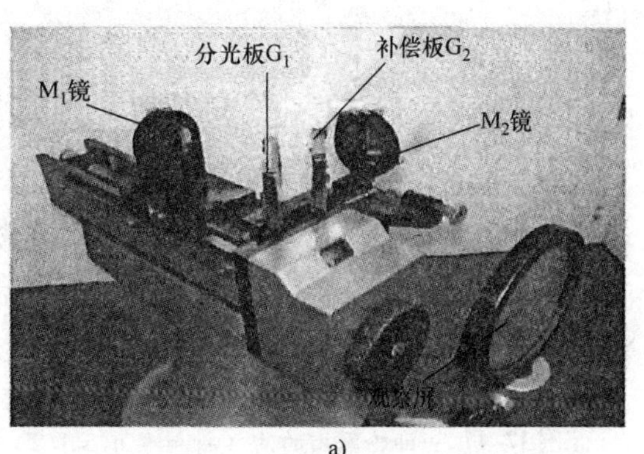

a)

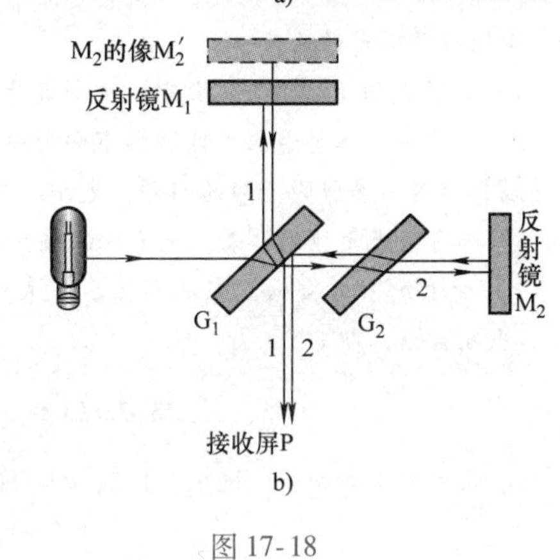

b)

图 17-18

因干涉条纹的位置取决于光程差，所以当 M_2 移动时，在 P 处能观察到干涉条纹位置的变化。当 M_1 和 M_2' 严格平行时，这种位置变化表现为等倾干涉的圆环形条纹不断地从中心冒出或向中心收缩。当 M_1 和 M_2' 不严格平行时，则表现为等厚干涉条纹相继移过视场中的某一标记位置。由于光在空气膜中经历往返过程，因此，当 M_2 平移 $\lambda/2$ 距离时，相应的光程差就改变一个波长 λ，条纹将移过一个条纹间距。由此得到动镜 M_2 平移的距离与条纹移动数 N 的关系为

$$d = N\frac{\lambda}{2} \tag{17-33}$$

可见，利用式（17-33）可以由已知波长的光波来测定长度，也可由已知长度来测定光波的波长。迈克耳孙曾用自己的干涉仪测定了红镉线的波长。过去曾用红镉线的波长单位来定义长度标准“米”。在 $t=15℃$ 的干燥空气和 $p=760\text{mmHg}$ 高时所测得红镉线的波长为 $\lambda_1=6438.4696\text{Å}$，$1\text{m}=155316413\lambda_1$。

迈克耳孙干涉仪的最大优点是两相干光束在空间是完全分开的，互不干扰，因此可用移动反射镜或在单独的某一光路中加入其他光学元件的方法改变两光束的光程差，这就使干涉仪具有广泛的应用。如用于测长度、测折射率和检查光学元件表面的平整度等，测量的精度很高。迈克耳孙干涉仪及其变形在近代科技中所展示的功能也是多种多样的。例如，光调制的实现、光拍频的实现以及激光波长的测量等。

在物理学史上，迈克耳孙干涉仪曾经为否定以太风和确立相对论起了重要的作用，即使在科学技术飞速发展的今天，它也是测定光的波长、测定微小距离、液体的折射率和杂质浓度等非常重要、非常精密的一种测量仪器。

现象解释

20 世纪 70 年代，麻省理工学院的雷纳·韦斯提出了引力波探测器的制作方案：寻找一个不会发生地震的地方，建造两个相互垂直呈 L 型的真空管道，在 L 型管道的拐角处，放置一台大功率高能激光器，并用分光器将发射出来的激光分成两束，在干涉臂末端悬挂一面光滑平整的反射镜，调节各部分让激光沿干涉臂原路返回，并在起点处汇合。两条从反射镜返回的激光在分光器处发生干涉，如果两束激光的传播距离正好相等，则它们会相互抵消，如果在引力波作用下，一条干涉臂的长度稍有缩短，而另一条干涉臂的长度略有增加，那么两束激光的传播距离就不会相等。当它们重新汇合时，干涉图样就可以记录下两束激光在传播距离上的微小差值。

在爱因斯坦提出广义相对论100年后，地面上大型引力波探测器LIGO从嘈杂的“噪声”中首次捕捉到了引力波，找到了广义相对论的最后一块拼图。LIGO臂长4公里，但对于引力波来说还是太小了，我国的太极计划比LIGO宏大得多，也是基于迈克尔孙干涉仪原理，实质是电磁波信号的干涉。三颗卫星距离两两是三百万公里，这是LIGO的75万倍，如果其他实验精度不变，理论上可以探测到弱75万倍的引力波信号。

物理知识应用

【例17-4】 一油轮漏出的油（折射率 $n_2=1.2$）污染了某海域，在海水（$n_3=1.33$）表面形成一层厚度 $d=460\text{nm}$ 的薄薄的油污。

（1）如果太阳正位于海域上空，一个直升飞机的驾驶员从机上向下观察，他看到的油层呈什么颜色？

（2）如果一潜水员潜入该区域水下向上观察，又将看到油层呈什么颜色？

【解】 这是一个薄膜干涉的问题，太阳垂直照射的海面上，驾驶员和潜水员所看到的分别是反射光干涉的结果和透射光干涉的结果。光呈现的颜色应该是那些能实现干涉相长，得到加强的光的颜色。

（1）由于 $n_1<n_2<n_3$，在油层上、下表面反射的光均有半波损失，两反射光之间的光程差为 $\delta_r=2n_2d$，当 $\delta_r=k\lambda$，即

$$2n_2d=k\lambda \text{ 或 } \lambda=\frac{2n_2d}{k} \quad (k=1,\ 2,\ \cdots)$$

时，反射光干涉相长。把 $n_2=1.2$，$d=460\text{nm}$ 代入，得干涉加强的光波波长为

$$k=1,\quad \lambda_1=2n_2d=1104\text{nm}$$

$$k=2,\quad \lambda_2=n_2d=552\text{nm}$$

$$k=3,\quad \lambda_3=\frac{2}{3}n_2d=368\text{nm}$$

其中，波长为 $\lambda_2=552\text{nm}$ 的绿光在可见范围内，而 λ_1 和 λ_3 则分别在红外线和紫外线的波长范围内，驾驶员将看到油膜呈绿色。

（2）此题中透射光的光程差较之反射光要改变一个 $\lambda/2$，为

$$\delta_t=2n_2d+\frac{\lambda}{2}$$

利用 $\delta_t=k\lambda$，$k=1,\ 2,\ \cdots$，得

$$k=1,\quad \lambda_1=\frac{2n_2d}{1-1/2}=2208\text{nm}$$

$$k=2,\quad \lambda_2=\frac{2n_2d}{2-1/2}=736\text{nm}$$

$$k=3,\quad \lambda_3=\frac{2n_2d}{3-1/2}=441.6\text{nm}$$

$$k=4,\quad \lambda_4=\frac{2n_2d}{4-1/2}=315.4\text{nm}$$

其中波长为 $\lambda_2=736\text{nm}$ 的红光和 $\lambda_3=441.6\text{nm}$ 的紫光在可见范围内，而 λ_1 是红外线，λ_4 是紫外线，所以，潜水员看到的油膜呈紫红色。

【例17-5】 在半导体元件生产中，为测定硅（Si）表面氧化硅（SiO_2）薄膜的厚度，可将该膜一端用化学方法腐蚀成劈尖状，如图17-19a所示。已知 SiO_2 和Si的折射率分别为 $n=1.46$ 和 $n'=3.42$，用波长为5893Å的钠光照射，若观测到 SiO_2 劈尖上出现7条暗纹如图17-19b所示，图中实线表示暗纹，第7条

在斜坡的起点M。问SiO_2薄膜的厚度是多少？

【解】因$n'>n>1$，可知反射光在膜的上下表面都有半波损失，故O处为明纹，OM间共有6个半暗条纹间隔。因相隔一个条纹，膜厚相差$\frac{\lambda}{2n}$，所以整个膜厚为

$$e=N\frac{\lambda}{2n}=6.5\times\frac{5.893\times10^{-1}}{2\times1.46}\mu m\approx1.31\mu m$$

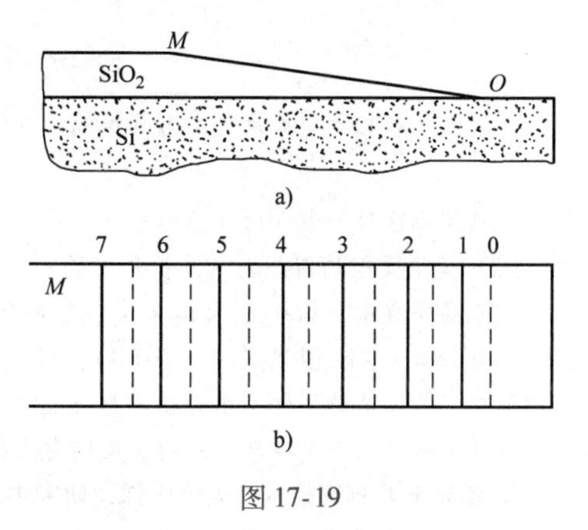

图17-19

【例17-6】在检测某工件表面平整度时，观察如图17-19所示的干涉条纹。如用$\lambda=5500\text{Å}$的光照射时，观察到正常条纹间距$\Delta l=2.25mm$，条纹弯曲处最大畸变量$b=1.54mm$，问该工件表面有什么样的缺陷？其深度（或高度）如何？

【解】如图17-20所示，过条纹最大畸变处M作直线MD'平行于其他平直条纹。如平面无缺陷，M点处空气厚度应与D'处相等。而令M与C、D在同一等厚线上，因D处膜厚大于D'处，即M处膜厚大于D'处，故M处为凹陷。其深度可从D与D'处空气膜厚度差求出。因水平方向相隔一个条纹膜厚变化为$\lambda/2$，故凹陷深度

$$\Delta h=\frac{b}{\Delta l}\frac{\lambda}{2}=\frac{1.54\times5.5\times10^{-4}}{2.25\times2}=1.88\times10^{-4}mm=0.188\mu m$$

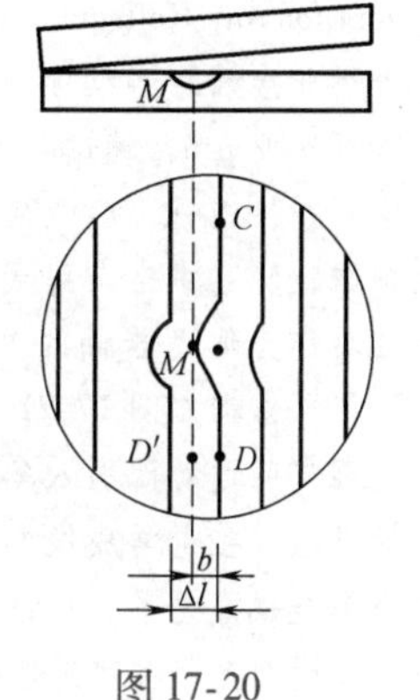

图17-20

【例17-7】在牛顿环的实验中，用紫光照射，测得某k级暗环的半径$r_k=4.0\times10^{-3}m$，第$k+5$级暗环的半径$r_{k+5}=6.0\times10^{-3}m$，已知平凸透镜的曲率半径$R=10m$，空气的折射率为1，求紫光的波长和暗环的级数$k$。

【解】根据牛顿环暗环公式$r_k=\sqrt{\frac{kR\lambda}{n}}$可得

$$r_k=\sqrt{kR\lambda}$$

$$r_{k+5}=\sqrt{(k+5)\ R\lambda}$$

从上两式即得

$$r_{k+5}^2-r_k^2=5R\lambda$$

$$\lambda=\frac{r_{k+5}^2-r_k^2}{5R}=4.0\times10^{-7}m$$

$$k=\frac{r_k^2}{R\lambda}=4$$

如果使用已知波长的光，牛顿环实验也可用来测定透镜的曲率半径。

物理知识拓展

1. 三层介质的重要应用

对于可见光而言，利用薄膜干涉制成的高反膜、增透膜、干涉滤光片等光学元件有着广泛的应用。同理，上述讨论的薄膜干涉原理，对于电磁波也适用。这就涉及三层介质的重要应用。

在实际工程中，三层介质主要有两种应用。

（1）半波介质夹层

在三层介质中，如果介质1和介质3的波阻抗η相等，即$\eta_1=\eta_3$，且夹在介质1和介质3之间的介质2的厚度d为该层中平面波波长λ_2的半整数倍，即$d=k\lambda_2/2$（$k=1,2,3,\cdots$），则波程差满足

$$\delta = 2\eta_2 d + \frac{\lambda}{2} = 2\eta_2 \frac{\lambda_2}{2} + \frac{\lambda}{2} = \frac{3\lambda}{2},$$

反射波干涉相消。如果再考虑到振幅，可以证明，要全消除反射，介质的波阻抗应满足

$$\eta_2 = \sqrt{\eta_1 \eta_3} \tag{17-34}$$

使得因为这种半波介质夹层的存在，在介质 1 中无反射。

(2) 消除反射的四分之一波长介质层

在三层介质中，如果 $\eta_1 < \eta_2 < \eta_3$，介质 2 的厚度 d 满足 $\delta = 2\eta_2 d =(2k+1)\lambda/2$，则膜的最小厚度（取 $k=0$）$d = \lambda/4\eta_2$ 且满足式（17-34），那么就可以消除电磁波由介质 1 向介质 2 传播时在其分界面处引起的反射。其具体的实际应用是在隐身飞机的表面覆盖一层厚度满足上述要求的导电材料，这样就可以消除隐身飞机的表面对电磁波的反射，即隐身飞机的表面对电磁波具有吸收作用。

2. 激光干涉测速技术在火炮内弹道研究中的应用⊖

(1) 激光干涉测速原理

任意反射面激光干涉测速（Velocity Interferometer System for Any Reflector，VISAR）技术，可对高速运动物体进行非接触的连续性测试，其时间分辨可达 ns，空间分辨可达亚 μm，速度分辨可达数 m/s，因而被作为主要的诊断手段之一，广泛应用于冲击波物理与爆轰物理研究领域，研究冲击与爆轰状态下材料的动态特性。采用标准具作为延迟器件的 VISAR，其原理即广角迈克耳孙干涉仪，结构如图 17-21 所示。

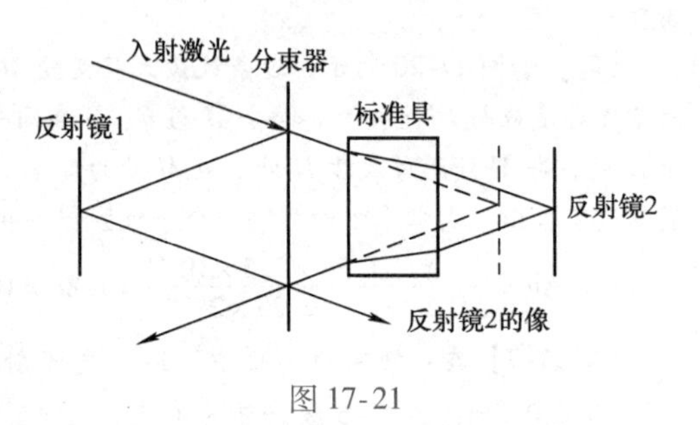

图 17-21

因样品运动而引入多普勒频移的入射激光进入干涉仪，经分束器分为左右两光路，右边的光路安置有一标准具，在光学成像上使端反射镜 2 与反射镜 1 关于分束器共轭，从而使反射镜 1 和反射镜 2 在空间方向完全是成像关系，保证了干涉的空间性要求。

在时间上，右边光路中因标准具的引入，光在标准具中的传播速度变慢，使得在合束时右边光路比左边光路延迟时间 τ，VISAR 测量速度的依据就是左光路的 t 时刻与右光路的 $t-\tau$ 时刻两多普勒光相干涉产生的干涉图，并由此干涉图解析出速度信息。VISAR 中的延迟时间 τ 及条纹常数 F 与标准具长度 L 的关系为

$$\begin{cases} \tau = \dfrac{2L}{c}\left(n - \dfrac{1}{n}\right) \\ F = \dfrac{\lambda_0}{2\tau} = \dfrac{c\lambda_0}{4\left(n - \dfrac{1}{n}\right)} \dfrac{1}{L} \end{cases} \tag{17-35}$$

式中，c 为真空内的光速；n 为标准具折射率；λ_0 为照明激光波长。同时，所测试样品速度 $v(t)$ 与条纹常数之间有：$v(t) = FN(t)$，式中，$N(t)$ 是记录到的干涉图随时间变化的个数。

实验中，当被测对象运动时，由被测物反射的漫反射激光携带着多普勒信息，经过 VISAR 的干涉后形成随时间变化的干涉环，该干涉环由光电探测器进行转换放大后，由示波器记录下来。最后，通过计算得到被测物的运动速度，进而分析其加速度、位移等信息。

(2) 实验装置及测试系统

如图 17-22 所示是一种实验装置及测试系统方框图。雷管起爆后，点燃火药，火药燃烧推动铝弹丸运动。激光通过发射光纤和光纤探头照射到铝弹丸前表面，铝弹丸前表面漫反射光经光纤探头收集和信号光纤传输后，输入干涉仪。

铝弹丸从起飞到加速直至出炮口的速度由激光干涉测速系统全程记录，同时，在出炮口处安装有光速遮断测速装置，以将该测量结果与激光干涉测速结果进行对比。

⊖ 彭其先，蒙建华，刘俊，等．激光干涉测速技术在火炮内弹道研究中的应用［J］．弹道学报，2008，20（3）：4.

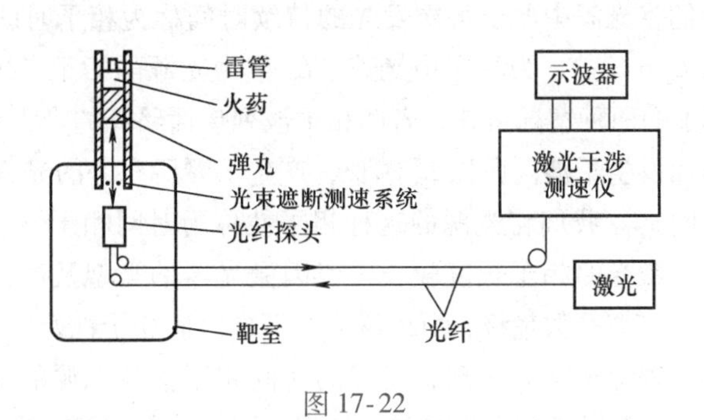

图 17-22

17.4　光源的时空相干性

前面讨论了产生干涉的必要条件和获得相干光的基本方法，然而，这并不意味着凡是有相干光传播的空间都一定能产生干涉现象。因为光干涉现象能否发生，还与光源发光过程的时间特性以及光源上不同部分发光的空间特性有关，这两者可分别归结为光源的时间相干性和空间相干性。

17.4.1　光源的时间相干性

时间相干性问题来源于光源中微观发光过程在时间上的非连续性，也就是说，从光源中发出的各个独立波列的长度是有限的。图 17-23a 表示从光源 S 发出的一列有限长的光波，经双缝 S_1、S_2分割波阵面后得到两列有限长相干波列。如果这两波列沿 S_1P 和 S_2P 两波线传播，光程差较小。它们有机会在 P 点相遇而发生干涉。

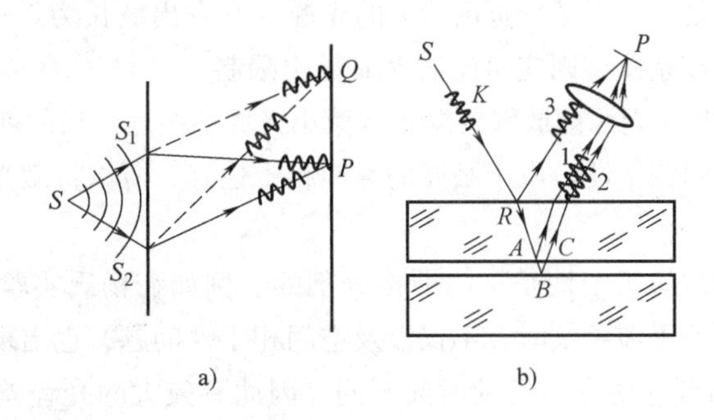

图 17-23

如果沿 S_1Q 和 S_2Q 波线传播，光程差较大，以致其中一个波列已完全通过 Q 点时，另一个波列尚未到达，它们因为没有机会相遇而无法发生干涉。

图 17-23b 是分振幅干涉中的情形，波列 1、2 和 3 都是由同一入射波列 K 经不同界面分振幅而获得的相干波列。当上面一块玻璃板较厚而两玻璃板间的空气层很薄时，波列 1 和 2 的光程差较小，能在 P 点相遇而发生干涉。但当它们到达 P 点时，波列 3 则早已通过 P 点，因而没有机会与 1、2 波列相遇，从而无法参与干涉。这就是用普通光源观察薄膜干涉时，要求膜很薄的原因所在。

为了便于分析，我们将光源中原子每次发光的持续时间称为相干时间，用 τ_0 表示，则每一波列在真空中的长度为 $L_0 = c\tau_0$，c 为真空中光速，L_0 称为光源的相干长度，它等于真空中的波列长度。由图 17-23 所示的两种情况可知，若两相干波列传播路径的光程差为 δ，则只有在 $L_0 > \delta$ 时两波列才有机会相遇而发生干涉。所以 L_0 越长，产生干涉所允许的光程差就越大，而 L_0 的长短取决于光源的相干时间 τ_0。我们将光源的这种相干性称为时间相干性。普通光源的相干长度只有毫米到厘米数量级。激光的相干长度较长，但因激光器的类型及设计标准不同而有较大差异，从米数量级到百米或更高的数量级，所以激光光源的时间相干性好。

另外，从光谱分析的理论和实验发现，光源的时间相干性与光源的光谱结构特点有密切关系。相干长度较长的光源，其频率成分较单纯，即以某一中心频率的光强为主，而高于和低于这一中心主频率的其他光波的光强下降得很快，亦即所谓光源的单色性好。由此可知，单色性好的光源，其时间相干性也好。

17.4.2 光源的空间相干性

在使用普通光源做杨氏双缝干涉实验时，总是先用一条狭缝对光源进行限制，才能获得清晰的干涉条纹。如果将缝的宽度逐渐扩大，将会发现干涉条纹逐渐变得模糊，当缝宽达到一定程度时，干涉条纹完全消失。这就是所谓光源的空间相干性问题。也就是将光源宽度对干涉条纹衬比度的影响叫作光源的空间相干性。

为了保证光源 S 上的各点发出的光在经过双缝 S_1、S_2后干涉的衬比度不为零，光源 S 的宽度 b 要满足如下条件：

$$b < \frac{R}{d}\lambda \tag{17-36}$$

其中 d 为双缝之间的距离，R 为单缝屏到双缝屏之间的垂直距离，λ 为入射光波长，从而对光源宽度做出限制。反之，对于某一宽度为 b 的光源（它发出波长为 λ 的光波），要想在杨氏双缝干涉实验中观察到干涉条纹，则应对比值 R/d 做出限制。

在杨氏实验中，通常在光源前放置狭缝 S 以减小光源的线度，目的就是为了改善干涉条纹的衬比度，提高光场的空间相干性。由于激光的空间相干性好，所以将激光直接投射在双缝上，也可获得良好的衬比度。

光的空间相干性和时间相干性是不能严格分割的。例如在杨氏实验中，考察屏幕上离中央条纹中心点较远位置处的干涉条纹时，不仅涉及空间相干性问题，也出现时间相干性问题。由于光波分别从 S_1 和 S_2传播到这些点所需的时间不同，因此有较大的光程差。由此可见，空间相干性和时间相干性问题是不能绝对分开的。

本章知识导图

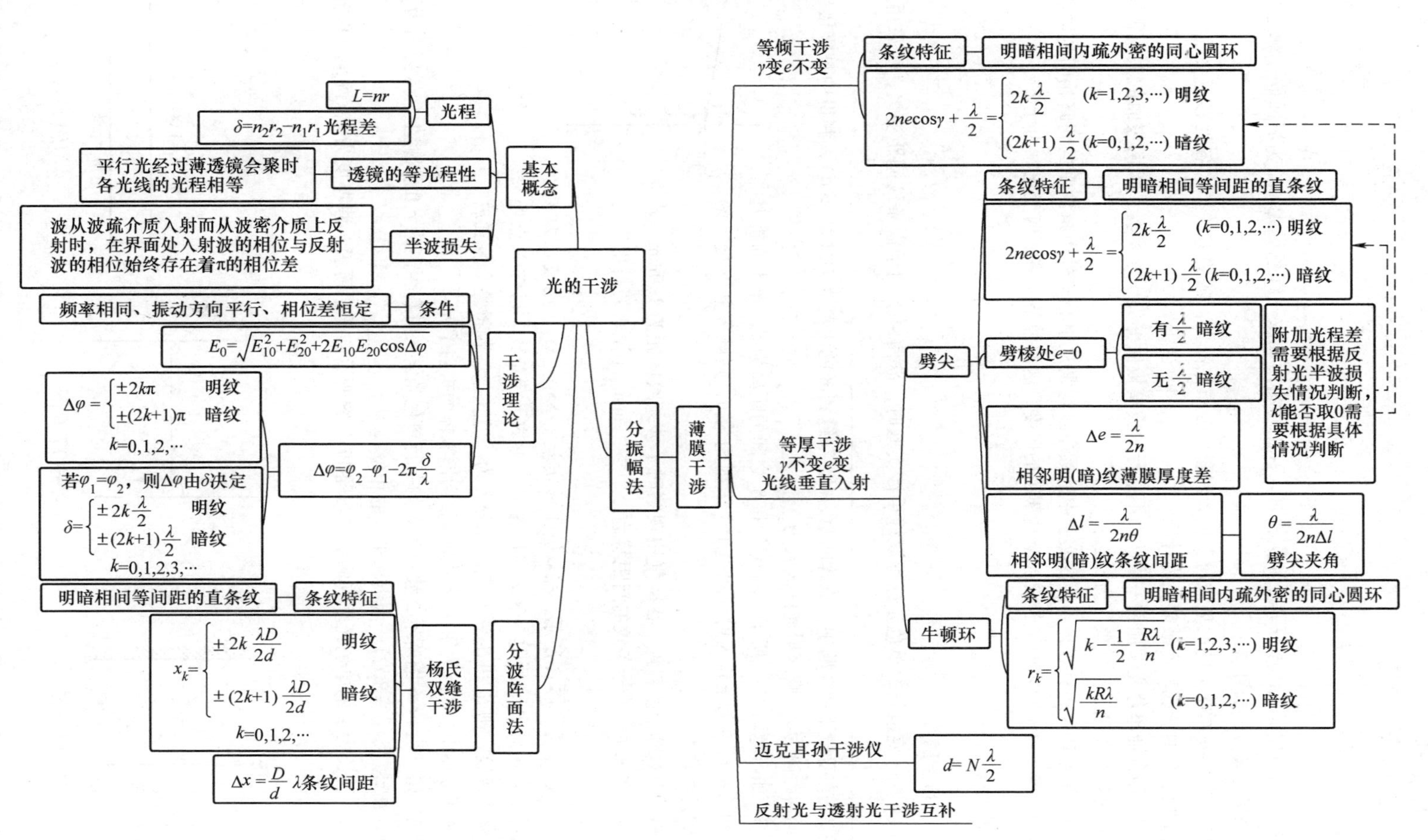
光的干涉
基本概念
光程
$L=nr$
$\delta=n_2r_2-n_1r_1$光程差
透镜的等光程性
平行光经过薄透镜会聚时各光线的光程相等
半波损失
波从波疏介质入射而从波密介质上反射时，在界面处入射波的相位与反射波的相位始终存在着π的相位差
干涉理论
条件
频率相同、振动方向平行、相位差恒定
$E_0=\sqrt{E_{10}^2+E_{20}^2+2E_{10}E_{20}\cos\Delta\varphi}$
$\Delta\varphi=\varphi_2-\varphi_1-2\pi\frac{\delta}{\lambda}$
$\Delta\varphi=\begin{cases}\pm 2k\pi & 明纹\\ \pm(2k+1)\pi & 暗纹\end{cases}$ $k=0,1,2,\cdots$
若$\varphi_1=\varphi_2$，则$\Delta\varphi$由δ决定
$\delta=\begin{cases}\pm 2k\frac{\lambda}{2} & 明纹\\ \pm(2k+1)\frac{\lambda}{2} & 暗纹\end{cases}$ $k=0,1,2,3,\cdots$
分波阵面法
杨氏双缝干涉
条纹特征
明暗相间等间距的直条纹
$x_k=\begin{cases}\pm 2k\frac{\lambda D}{2d} & 明纹\\ \pm(2k+1)\frac{\lambda D}{2d} & 暗纹\end{cases}$ $k=0,1,2,\cdots$
$\Delta x=\frac{D}{d}\lambda$条纹间距
分振幅法
薄膜干涉
等倾干涉
γ变e不变
条纹特征
明暗相间内疏外密的同心圆环
$2ne\cos\gamma+\frac{\lambda}{2}=\begin{cases}2k\frac{\lambda}{2} & (k=1,2,3,\cdots)明纹\\ (2k+1)\frac{\lambda}{2} & (k=0,1,2,\cdots)暗纹\end{cases}$
等厚干涉
γ不变e变
光线垂直入射
劈尖
条纹特征
明暗相间等间距的直条纹
$2ne\cos\gamma+\frac{\lambda}{2}=\begin{cases}2k\frac{\lambda}{2} & (k=0,1,2,\cdots)明纹\\ (2k+1)\frac{\lambda}{2} & (k=0,1,2,\cdots)暗纹\end{cases}$
劈棱处$e=0$
有$\frac{\lambda}{2}$暗纹
无$\frac{\lambda}{2}$暗纹
附加光程差需要根据反射光半波损失情况判断，k能否取0需要根据具体情况判断
$\Delta e=\frac{\lambda}{2n}$
相邻明(暗)纹薄膜厚度差
$\Delta l=\frac{\lambda}{2n\theta}$
相邻明(暗)纹条纹间距
$\theta=\frac{\lambda}{2n\Delta l}$
劈尖夹角
牛顿环
条纹特征
明暗相间内疏外密的同心圆环
$r_k=\begin{cases}\sqrt{\left(k-\frac{1}{2}\right)\frac{R\lambda}{n}} & (k=1,2,3,\cdots)明纹\\ \sqrt{\frac{kR\lambda}{n}} & (k=0,1,2,\cdots)暗纹\end{cases}$
迈克耳孙干涉仪
$d=N\frac{\lambda}{2}$
反射光与透射光干涉互补

思考与练习

思考题

17-1 用白色线光源做双缝干涉实验时，若在缝 S_1 后面放一红色滤光片，S_2 后面放一绿色滤光片，能否观察到干涉条纹？为什么？

17-2 观察正被吹大的肥皂泡时，先看到彩色分布在泡上，随着泡的扩大各处彩色会发生改变。当彩色消失呈现黑色时，肥皂泡破裂。为什么？

17-3 用普通单色光源照射一块两面不平行的玻璃板做劈尖干涉实验，板两表面的夹角很小，但板比较厚。这时观察不到干涉现象，为什么？

17-4 牛顿环和迈克尔孙干涉仪实验中的圆条纹均是从中心向外由疏到密的明暗相间的同心圆，试说明这两种干涉条纹不同之处，若增加空气薄膜的厚度，这两种条纹将如何变化？为什么？

练习题

（一）填空题

17-1 用一定波长的单色光进行双缝干涉实验时，欲使屏上的干涉条纹间距变大，可采用的方法是：(1) ____________________，(2) ____________________。

17-2 在双缝干涉实验中，双缝间距为 d，双缝到屏的距离为 D（$D >> d$），测得中央零级明纹与第5级明之间的距离为 x，则入射光的波长为________。

17-3 如习题图17-3所示，两缝 S_1 和 S_2 之间的距离为 d，介质的折射率为 $n=1$，平行单色光斜入射到双缝上，入射角为 θ，则屏幕上 P 处，两相干光的光程差为________。

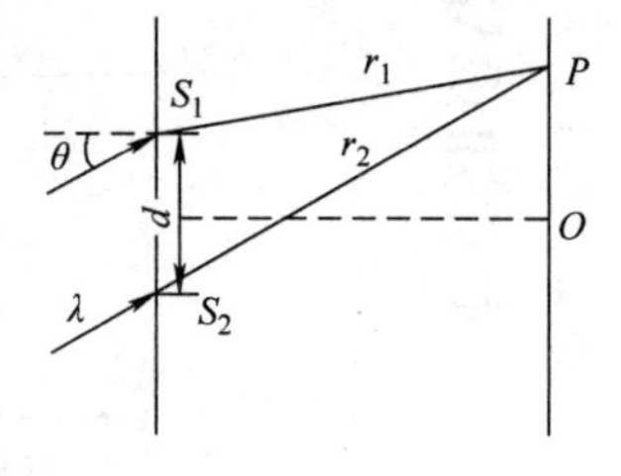

习题17-3图

17-4 一双缝干涉装置，在空气中观察时干涉条纹间距为1.0mm。若整个装置放在水中，干涉条纹的间距将为________ mm。（设水的折射率为4/3）

17-5 如习题17-5图所示，在双缝干涉实验中 $SS_1=SS_2$，用波长为 λ 的光照射双缝 S_1 和 S_2，通过空气后在屏幕E上形成干涉条纹。已知 P 点处为第3级明条纹，则 S_1 和 S_2 到 P 点的光程差为________。若将整个装置放于某种透明液体中，P 点为第4级明条纹，则该液体的折射率 $n=$________。

17-6 如习题17-6图所示，波长为 λ 的平行单色光斜入射到距离为 d 的双缝上，入射角为 θ。在图中的屏中央 O 处（$\overline{S_1O}=\overline{S_2O}$），两束相干光的相位差为________。

17-7 波长为 λ 的单色光垂直照射如习题17-7图所示的透明薄膜。膜厚度为 e，两束反射光的光程差为________。

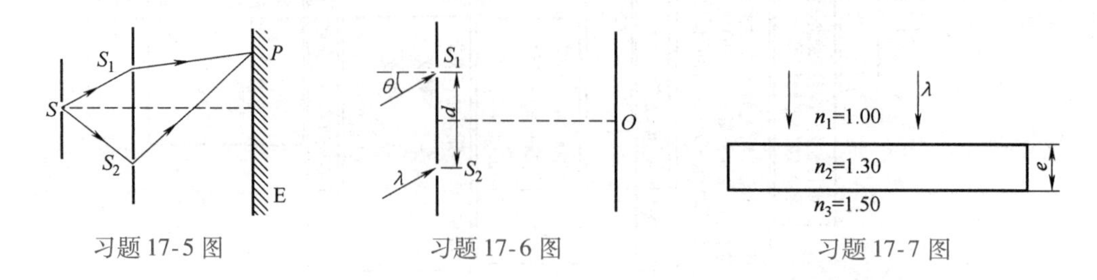

习题17-5图　习题17-6图　习题17-7图

17-8 在空气中有一劈形透明膜，其劈尖角 $\theta=1.0\times10^{-4}$ rad，在波长 $\lambda=700$nm 的单色光垂直照射

下，测得两相邻干涉明条纹间距 $l=0.25\text{cm}$，由此可知此透明材料的折射率 $n=$________。（$1\text{nm}=10^{-9}\text{m}$）

17-9　波长为 λ 的平行单色光垂直照射到劈形膜上，劈形膜的折射率为 n，在由反射光形成的干涉条纹中，第 5 条明条纹与第 3 条明条纹所对应的薄膜厚度之差为________。

17-10　用波长为 λ 的单色光垂直照射如习题 17-10 图所示的、折射率为 n_2 的劈形膜（$n_1>n_2$，$n_3>n_2$），观察反射光干涉。从劈形膜顶开始，第 2 条明条纹对应的膜厚度 $e=$________。

17-11　习题 17-11a 图为一块光学平板玻璃与一个加工过的平面一端接触，构成的空气劈尖，用波长为 λ 的单色光垂直照射。看到反射光干涉条纹（实线为暗条纹）习题 17-11b 图所示。则干涉条纹上 A 点处所对应的空气薄膜厚度为 $e=$________。

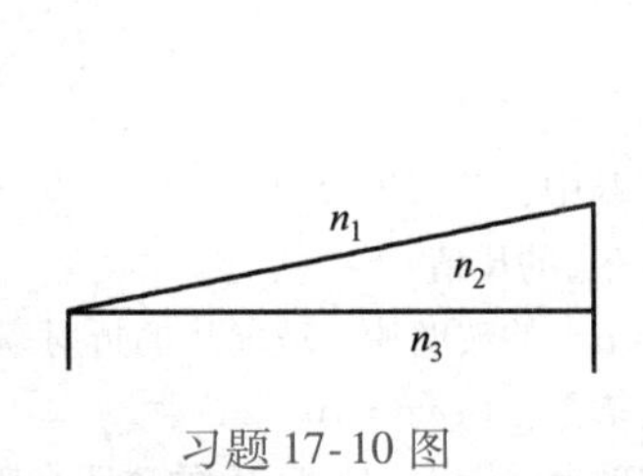

习题 17-10 图

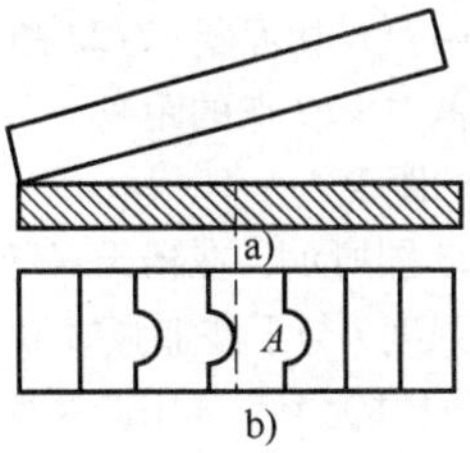

习题 17-11 图

17-12　波长 $\lambda=600\text{nm}$ 的单色光垂直照射到牛顿环装置上，第二个明环与第五个明环所对应的空气膜厚度之差为________ nm。（$1\text{nm}=10^{-9}\text{m}$）

17-13　用 $\lambda=600\text{nm}$ 的单色光垂直照射牛顿环装置时，从中央向外数第 4 个（不计中央暗斑）暗环对应的空气膜厚度为________ m。（$1\text{nm}=10^{-9}\text{m}$）

17-14　用波长为 λ 的单色光垂直照射如习题 17-14 图所示的牛顿环装置，观察从空气膜上下表面反射的光形成的牛顿环。若使平凸透镜慢慢地垂直向上移动，从透镜顶点与平面玻璃接触到两者距离为 d 的移动过程中，移过视场中某固定观察点的条纹数目等于________。

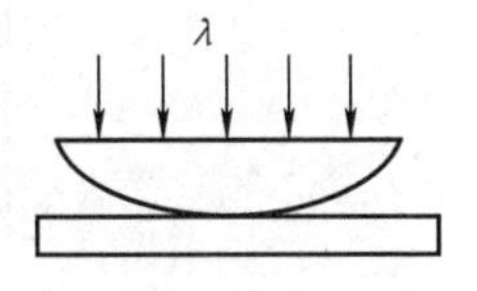

习题 17-14 图

17-15　在迈克耳孙干涉仪的可动反射镜移动了距离 d 的过程中，若观察到干涉条纹移动了 N 条，则所用光波的波长 $\lambda=$________。

17-16　飞机涂上一种厚度为 5mm，折射率 $n=1.50$ 的抗反射聚合体组成的涂层，雷达就侦查不到（雷达波长范围为 0.1cm 到 100cm）。问：使飞机看不见的雷达波的波长是________。

（二）计算题

17-17　在杨氏双缝实验中，设两缝之间的距离为 0.2mm。在距双缝 1m 远的屏上观察干涉条纹，若入射光是波长为 400～760nm 的白光，问屏上离零级明纹 20mm 处，哪些波长的光最大限度地加强？（$1\text{nm}=10^{-9}\text{m}$）

17-18　在双缝干涉实验中，双缝与屏间的距离 $D=1.2\text{m}$，双缝间距 $d=0.45\text{mm}$，若测得屏上干涉条纹相邻明条纹间距为 1.5mm，求光源发出的单色光的波长 λ。

17-19　在习题 17-19 图所示的双缝干涉实验中，若用薄玻璃片（折射率 $n_1=1.4$）覆盖缝 S_1，用同样厚度的玻璃片（但折射率 $n_2=1.7$）覆盖缝 S_2，将使原来未放玻璃时屏上的中央明条纹处 O 变为第 5 级明纹。设单色光波长 $\lambda=480\text{nm}$（$1\text{nm}=10^{-9}\text{m}$），求玻璃片的厚度 d（可认为光线垂直穿过玻璃片）。

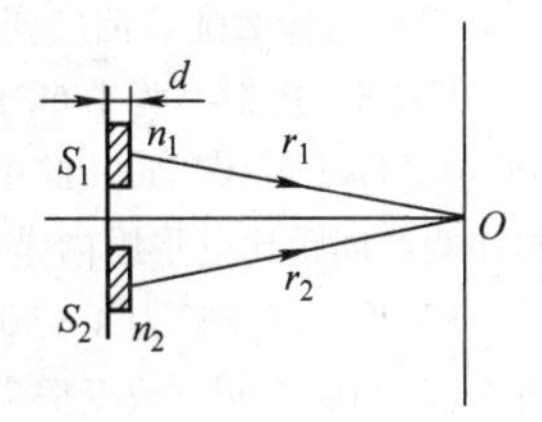

习题 17-19 图

17-20　薄钢片上有两条紧靠的平行细缝，用波长 $\lambda=546.1\text{nm}$（$1\text{nm}=10^{-9}\text{m}$）的平面光波正入射到钢片上。屏幕距双缝的距离为 $D=2.00\text{m}$，测得中央明条纹两侧的第 5 级明条纹间的距离为 $\Delta x=12.0\text{mm}$。

（1）求两缝间的距离。

（2）从任一明条纹（记作0）向一边数到第20条明条纹，共经过多大距离？

（3）如果使光波斜入射到钢片上，条纹间距将如何改变？

17-21　在双缝干涉实验中，波长 $\lambda=550\text{nm}$ 的单色平行光垂直入射到缝间距 $a=2\times10^{-4}\text{m}$ 的双缝上，屏到双缝的距离 $D=2\text{m}$。求：

（1）中央明纹两侧的两条第10级明纹中心的间距；

（2）用一厚度为 $e=6.6\times10^{-5}\text{m}$、折射率为 $n=1.58$ 的玻璃片覆盖一缝后，零级明纹将移到原来的第几级明纹处？（$1\text{nm}=10^{-9}\text{m}$）

17-22　在双缝干涉实验中，单色光源 S_0 到两缝 S_1 和 S_2 的距离分别为 l_1 和 l_2，并且 $l_1-l_2=3\lambda$，λ 为入射光的波长，双缝之间的距离为 d，双缝到屏幕的距离为 D（$D>>d$），如习题17-22图。求：

（1）零级明纹到屏幕中央 O 点的距离。

（2）相邻明条纹间的距离。

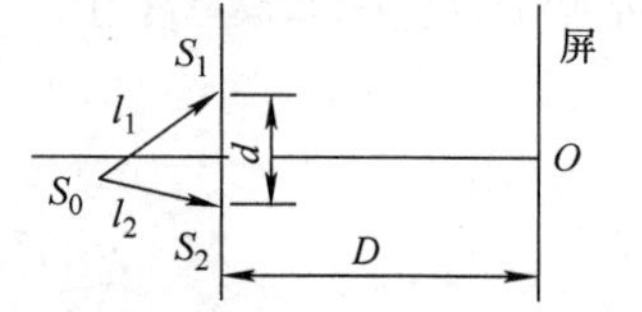

习题17-22图

17-23　如习题17-23图所示，在杨氏双缝干涉实验中，若 $\overline{S_2P}-\overline{S_1P}=r_2-r_1=\lambda/3$，求 P 点的强度 I 与干涉加强时最大强度 $I_{\max}$ 的比值。

17-24　用白光垂直照射置于空气中的厚度为 $0.50\mu\text{m}$ 的玻璃片。玻璃片的折射率为1.50。在可见光范围内（400～760nm）哪些波长的反射光有最大限度的增强？（$1\text{nm}=10^{-9}\text{m}$）

17-25　如习题17-25图，在折射率 $n=1.50$ 的玻璃上，镀上 $n'=1.35$ 的透明介质薄膜。入射光波垂直于介质膜表面照射，观察反射光的干涉，发现对 $\lambda_1=600\text{nm}$ 的光波干涉相消，对 $\lambda_2=700\text{nm}$ 的光波干涉相长。且在600nm到700nm之间没有别的波长是最大限度相消或相长的情形。求所镀介质膜的厚度。（$1\text{nm}=10^{-9}\text{m}$）

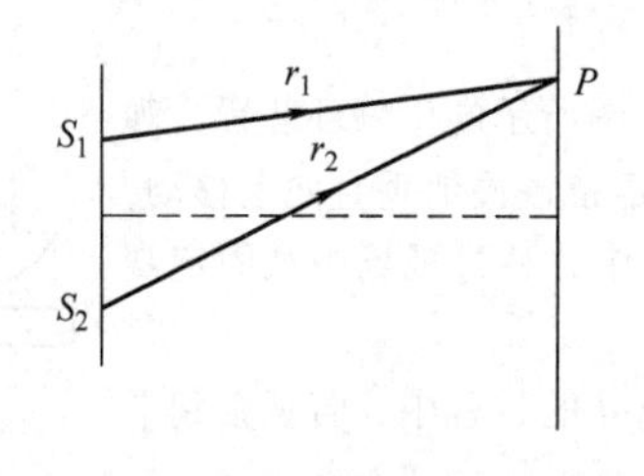

习题17-23图

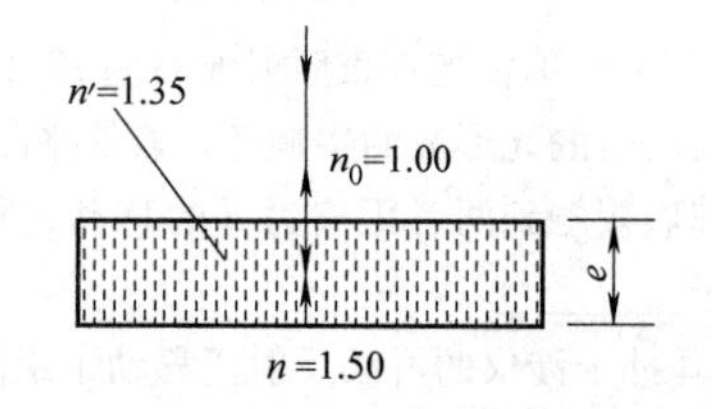

习题17-25图

17-26　已知：肥皂膜与水有相同的折射率，$n=1.33$，现有一里外都充满空气的肥皂泡，求（1）当光垂直入射，膜厚为290nm时，哪些波长的可见光在反射光中产生相长干涉；（2）当膜厚变为340nm时，（1）中的结果如何？

17-27　一油滴（$n=1.20$）浮在水（$n=1.33$）面上，用白光垂直照射，如习题17-27图所示。试求：

（1）油滴的外围（最薄的）区域对应于亮区还是暗区？

（2）从油滴边缘数起第3个蓝色区域的油层的有多厚？

（3）为什么随着油层变厚而彩色逐渐消失。

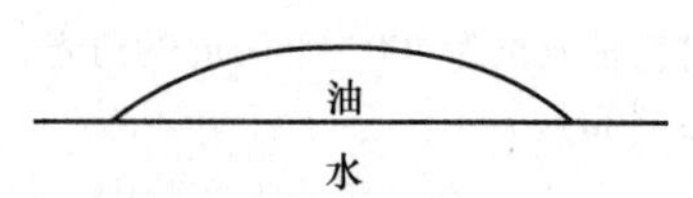

习题17-27图

17-28　折射率为1.60的两块标准平面玻璃板之间形成一个劈形膜（劈尖角 θ 很小）。用波长 $\lambda=600\text{nm}$（$1\text{nm}=10^{-9}\text{m}$）的单色光垂直入射，产生等厚干涉条纹。假如在劈形膜内充满 $n=1.40$ 的液体时的相邻明纹间距比劈形膜内是空气时的间距缩小 $\Delta l=0.5\text{mm}$，那么劈尖角 θ 应是多少？

17-29　用波长为 $\lambda=600\text{nm}$（$1\text{nm}=10^{-9}\text{m}$）的光垂直照射由两块平玻璃板构成的空气劈形膜，劈尖角 $\theta=2\times10^{-4}\text{rad}$。改变劈尖角，相邻两明条纹间距缩小了 $\Delta l=1.0\text{mm}$，求劈尖角的改变量 $\Delta\theta$。

17-30　用波长 $\lambda=500\text{nm}$ 的平行光垂直照射折射率 $n=1.33$ 的劈形膜，观察反射光的等厚干涉条纹。从劈形膜的棱算起，第5条明纹中心对应的膜厚度是多少？

17-31　用波长为 λ_1 的单色光垂直照射牛顿环装置时，测得中央暗斑外第1和第4暗环半径之差为 l_1，而用未知单色光垂直照射时，测得第1和第4暗环半径之差为 l_2，求未知单色光的波长 λ_2。

17-32　波长为 λ 的单色光垂直照射到折射率为 n_2 的劈形膜上，如习题17-32图所示，图中 $n_1 < n_2 < n_3$，观察反射光形成的干涉条纹。

（1）从形膜顶部 O 开始向右数起，第5条暗纹中心所对应的薄膜厚度 e_5 是多少？

（2）相邻的二明纹所对应的薄膜厚度之差是多少？

17-33　习题17-33图所示为一牛顿环装置，设平凸透镜中心恰好和平玻璃接触，透镜凸表面的曲率半径是 $R=400\text{cm}$。用某单色平行光垂直入射，观察反射光形成的牛顿环，测得第5个明环的半径是0.30cm。

（1）求入射光的波长。

（2）设图中 $OA=1.00\text{cm}$，求在半径为 OA 的范围内可观察到的明环数目。

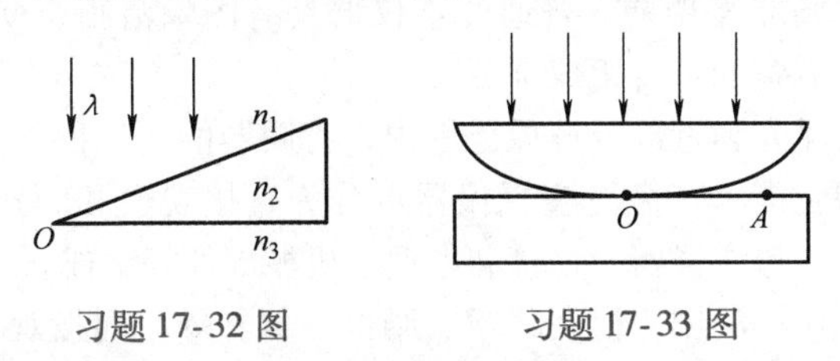

习题17-32图　　习题17-33图

17-34　在牛顿环装置的平凸透镜和平玻璃板之间充以折射率 $n=1.33$ 的液体（透镜和平玻璃板的折射率都大于1.33）。凸透镜曲率半径为300cm，用波长 $\lambda=650\text{nm}$（$1\text{nm}=10^{-9}\text{m}$）的光垂直照射，求第10个暗环的半径（设凸透镜中心刚好与平板接触，中心暗斑不计入环数）。

17-35　一平凸透镜放在一平晶上，以波长为 $\lambda=589.3\text{nm}$（$1\text{nm}=10^{-9}\text{m}$）的单色光垂直照射于其上，测量反射光的牛顿环。测得从中央数起第 k 个暗环的弦长为 $r_k=3.00\text{mm}$，第（$k+5$）个暗环的弦长为 $r_{k+5}=4.60\text{mm}$，如习题17-35图所示。求平凸透镜的球面的曲率半径 R。

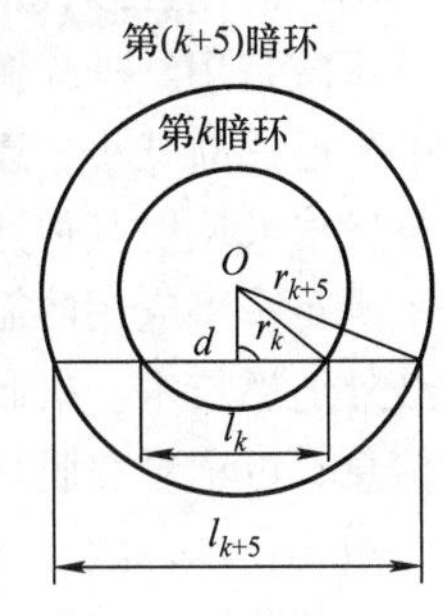

习题17-35图

17-36　当把折射率为 $n=1.40$ 的薄膜放入迈克耳孙干涉仪的一臂时，如果产生了7.0条条纹的移动，求薄膜的厚度。（已知钠光的波长为 $\lambda=589.3\text{nm}$）。

17-37　在迈克耳孙干涉仪的两臂中，分别引入10cm长的玻璃管，其中一个抽成真空，另一个充以一个大气压的空气，设所用光波波长为546nm，在向真空玻璃管中逐渐充入一个大气压空气的过程中，观察到了有107.2条条纹移动，试求空气的折射率 n。

阅读材料

军用光学技术

军用光学技术以光学和光电子学为理论基础，把光学、精密机械、光电子、电子和计算机等技术结合起来，形成了一门古老而新兴的综合技术，成为现代军事技术的重要组成部分。

军用光学技术的水平首先表现在军用光学装备上。历史上，军用光学装备的发展大体经历了两个阶段。

第一阶段在17世纪中叶至20世纪40年代。当时的军用光学装备多为光学机械式仪器，如简单的望远镜、照相机、瞄准镜、方向盘、炮队镜；后来又发明了光学测距仪。第二次世界大战中，多种光学装备用于战地观察、瞄准、测量、摄影，这一时期称为光学机械式仪器时期。

第二阶段从20世纪50年代开始。由于红外、微光、激光等光电子技术的发展。主动红外夜视仪、红外制导空—空导弹、微光夜视仪、激光测距机等先后装备部队。20世纪70年代以来，红外技术、激光技术与电子技术结合，研制出红外热像仪、激光制导武器、光学遥感设备、激光通信器材等，显著提高了作战效能。这就是军用光学装备的光电子仪器时期。

近年来，由于光电子技术的飞速发展和图像处理技术的广泛应用，加之计算机技术的迅猛普及，军用光学装备正以崭新的面貌跻身于先进武器装备的行列，成为一个国家军事实力的显著标志。

军用光学技术通常按工作原理和技术发展分为：光学仪器、微光夜视技术、红外技术、激光技术和光电综合应用技术等几大类。

光学仪器主要指可见光波段范围内的普通光学仪器，主要涉及前述光学机械式仪器。它们在军事上应用最早，技术比较成熟，有扩大和延伸人的视觉、发现人眼看不清或看不见的目标、测定目标的位置和对目标瞄准等功能。普通光学仪器具有图像清晰、使用方便和成本较低等优点，仍然是武器系统配套装备的重要组成部分。

微光夜视技术，在可见光和近红外波段范围内，将微弱的光照图像转变为人眼可见的图像，扩展人眼在低照度下的视觉能力。微光夜视仪器可分为直接观察和间接观察两种类型。直接观察的微光夜视仪，由物镜、像增强器、目镜和电源、机械部件等组成，人眼通过目镜观察像增强器荧光屏上的景物图像，已广泛用于夜间侦察、瞄准、驾驶等。间接观察的微光电视，由物镜、微光摄像器件组成微光电视摄像机，通过无线或有线传输，在接收显示装置上获得景物的图像，可用于夜间侦察和火控系统等。

红外技术，由于一切温度高于绝对零度的物体都有红外辐射，为探测和识别目标提供了客观基础，因而红外技术在军事上得到广泛应用。红外系统的工作方式有主动式和被动式。主动式红外系统是用红外光源照射目标，仪器接收目标反射的红外辐射而工作，由于它易暴露自己，应用范围已逐渐减小，逐渐为被动式的微光夜视仪和热像仪所取代。被动式红外系统是接收目标自身发射或反射其他光源（如日光）的红外辐射，隐蔽性好，是军用红外系统的主要工作方式。为了满足军事应用的需要，主要发展了以下 3 项红外技术：红外跟踪和制导技术、红外夜视技术和红外遥感技术。机载或星载的红外侦察系统通过一维扫描和载体运动获取景物的二维红外图像信息，可记录在胶片或磁带上，供事后处理，也可实时传输到地面记录和处理。

激光技术，激光具有单色性好、方向性强、亮度高等特点。现已发现的激光工作物质有几千种，波长范围从软 X 射线到远红外。为了满足军事应用的需要，主要发展了以下 5 项激光技术。①激光测距技术。它是在军事上最先得到实际应用的激光技术。②激光制导技术。激光制导武器精度高、结构比较简单、不易受电磁干扰，在精确制导武器中占有重要地位。20 世纪 70 年代初，美国研制的激光制导航空炸弹在越南战场首次使用。③激光通信技术。激光通信容量大、保密性好、抗电磁干扰能力强。④强激光技术。用高功率激光器制成的战术激光武器，可使人眼致盲和使光电探测器失效。利用高能激光束可能摧毁飞机、导弹、卫星等军事目标。用于致盲、防空等的战术激光武器，已接近实用阶段。而用于反卫星、反洲际弹道导弹的战略激光武器，尚处于探索阶段。⑤激光模拟训练技术。用激光模拟器材进行军事训练和作战演习，不消耗弹药，训练安全，效果逼真。现已研制生产了多种激光模拟训练系统，在各种武器的射击训练和作战演习中广泛应用。此外，激光引信、激光陀螺已得到实际应用。

光电综合应用技术，在微光、红外、激光等光电子技术发展的基础上，为了满足作战使用和科研试验的要求，主要发展了以下 4 项光电综合应用技术。①光学遥感技术。综合应用可见光照相、微光摄像、红外成像和激光遥感技术进行侦察，可获取较多的信息，有利于分辨、识别目标。②光电制导技术。在红外制导、激光制导、电视制导和雷达制导技术的基础上，为提高导弹在不同作战条件下的适应能力，发展了红外/激光、红外/电视、红外/雷达、激光/雷达、红外/

紫外等多种复合制导技术。③光电跟踪测量技术。可见光、微光、红外、激光技术综合应用于武器的光电火控系统，能实时跟踪和准确测量目标的位置，大大提高了武器系统的作战性能。④光电对抗技术。光电对抗是敌对双方围绕光波信息所进行的电磁斗争，是电子对抗领域的重要组成部分。通常是综合应用光电新技术，对敌方光电装备、光电制导武器实施侦察、识别、告警、干扰、欺骗乃至攻击，破坏其使用效能，或以保护已方人员、重要设施和光电装备为目的。

光学和光电子技术是信息探测、传输、处理的重要手段，在信息技术中占有十分重要的地位。20世纪60年代以来，随着微光、红外、激光、光纤等新技术的发展，各种新型光电技术装备在军事上广泛应用，对作战方式和作战效能产生了重要影响。成为武器装备总体效能的倍增器。对提高军队的战斗力发挥了重要作用。其主要表现是：一、扩大了作战的时域、空域和频域；二、显著增强了信息探测、传输和处理能力；三、提高了武器系统的作战效能。

第18章 光的衍射

历史背景与物理思想发展

17 世纪以后人们相继发现自然界中存在着与光的直线传播现象不完全符合的事实，这就是光的波动性的表现，其中最先发现的就是光的衍射现象，发现人是意大利物理学家格里马第。1655 年，格里马第做了这样的实验，他使光通过一个小孔引入暗室（点光源），在光路中放一直杆，发现在白色屏幕上的影子的宽度比假定光以直线传播所应有的宽度大，他还发现在影子的边缘呈现 2 至 3 个彩色的条带，当光很强时，色带甚至会进入影子里面。据此他推想光可能是与水波类似的一种流体，当光遇到障碍物时，就引起这一流体的波动。格里马第第一个提出了“光的衍射”这一概念，是光的波动学说最早的倡导者。对光的衍射问题的研究引发了历时长久的光的本性的争议和光类似于机械波传播需要以太媒介的争议。经过三个世纪的研究，光的波动说与微粒说之争以“光具有波粒二象性”而落下了帷幕。

光的衍射现象的另一个发现者是胡克，在他所著的《显微术》一书中，记载了他观察到光向几何影像中衍射的现象。1665 年，胡克提出“光是一种振动”，并提出了波前、波面的概念。在衍射问题的研究中，较为成功的对光的衍射现象作定性解释的是惠更斯。1678 年，他在法国科学院的一次演讲中公开反对了牛顿的光的微粒说。他说，如果光是一种微粒，那么光在交叉时就会因发生碰撞而改变方向。可当时人们并没有发现这种现象，而且利用微粒说解释折射现象，将得到与实际相矛盾的结果。荷兰物理学家惠更斯进一步发展了笛卡儿、胡克等人的思想，从光的产生、传播和相遇时互不影响等方面来说明光是一种运动，并提出光的波动说。他把光与声波和水波作类比，认为：“光同声一样是以球面波传播的，这种波同把石子投在平静水面上时所看到的波相似。”惠更斯据此提出了一个著名的原理—惠更斯原理。在此原理基础上，他推导出了光的反射和折射定律，圆满的解释了光速在光密介质中减小的原因，同时还解释了光进入方解石所产生的双折射现象。惠更斯的波动理论虽然有它成功的一面，但还很不完善。它根本没有提到光的周期性，并且还认为光波与声波一样都是纵波。因此，在解释干涉、衍射现象以及偏振现象时，惠更斯的理论遇到了极大的困难。在惠更斯原理提出后的一百年时间里，波动说并未取得明显的进展，直到 1801 年杨氏做了著名的双缝干涉实验并用波动理论予以解释，才为波动说奠定了坚实的基础。

如果说托马斯·杨举起了复兴光的波动说这面旗帜，那么法国物理学家菲涅耳则是把这面旗帜牢牢地插在光学领域的第一人。和托马斯·杨相反，菲涅耳算大器晚成者，一生历尽坎坷。他独立得到了干涉和衍射的有关规律；发展了惠更斯原理，提出了惠更斯菲涅耳原理，使得干涉和衍射的具体计算由可能变成了现实，他的理论计算与实验观察的高度一致，给予托马斯·杨的工作有力支持，确立了波动说的应有地位。菲涅耳经过严密论证，使光的波动说站稳了脚跟。

1815 年菲涅耳用自己设计的双镜和双棱镜进行光学实验，证实了光的波动性，同年 10 月，菲涅耳向法国科学院提交了关于衍射的研究报告。在这篇报告中，除了他所做的实验之外，他还提出了惠更斯－菲涅耳原理。菲涅尔在惠更斯原理的基础上，补充了描述次波的基本特征，并增加了次波相干叠加的原理，发展成为著名的惠更斯－菲涅尔原理，从而可以对观察屏上的衍射光强分布做定量分析。惠更斯－菲涅尔原理是建立光的衍射理论的基础，并指出了衍射的实质是所有次波彼此相互干涉的结果。为了符合实验结果，他又添加了一些关于次波的相位与波幅的假定。这些假定引导出的预测与许多实验观察相符合，包括泊松光斑。1882 年基尔霍夫利用数学中的格林公式和一些边界条件推导出了菲涅尔－基尔霍夫衍射积分公式，解决了惠更斯－菲涅尔原理无理论支撑的问题，进一步完善了光的衍射理论。

18.1 光的衍射现象和惠更斯－菲涅耳原理

对于夜晚拍摄而言，把一些高光点光源拍摄成星芒效果可以使照片增色不少，如左图所示。

那么，星芒是怎样形成的？星芒的形状又和什么因素有关呢？

物理现象

物理学基本内容

18.1.1 衍射现象和分类

1. 光的衍射现象

光的衍射和干涉一样，是波动的重要特征之一。同机械波类似，光在传播过程中，当遇到障碍物受到限制时，发生偏离直线传播的现象，称为光的衍射。下面的实验可以说明光的衍射现象的特点：

如图 18-1 所示，一束平行光通过一个宽度可以调节的狭缝，若狭缝的宽度比波长大得多，屏幕上的光斑和狭缝完全一致（即缝的像），这时光可看成是沿直线传播的，遵从几何光学的规律，如图 18-1a 所示。当调整缝的宽度，使其缩小到可与光波波长相比拟时（10^{-4} m 数量级以下），屏幕上原几何阴影失去了清晰的轮廓，并出现了明暗相间的条纹，如图 18-1b 所示，几何光学的理论无法对其做出解释。

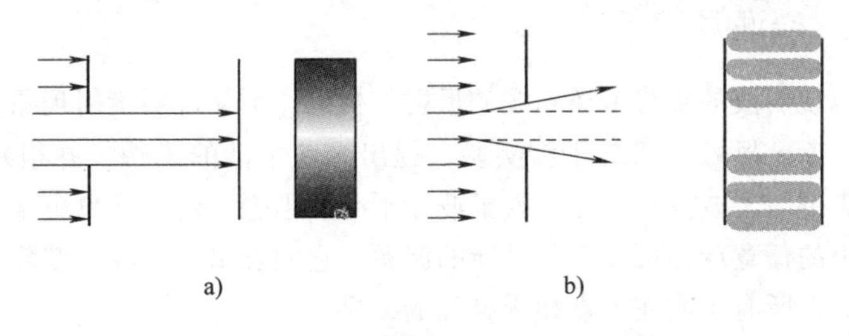

图 18-1

以上实验表明：

(1) 衍射现象的显著与否取决于波长与障碍物的尺度，当障碍物线度比波长大很多时将发生光的直线传播，当障碍物线度达到千倍到十倍波长时将产生光偏离直线传播和光的强度在空间重新分布的现象，当障碍物线度达到波长数量级时将向散射现象过渡。

（2）光在什么方向上受到限制，就向什么方向铺展，且限制越甚，铺展越强，即衍射效应越强。

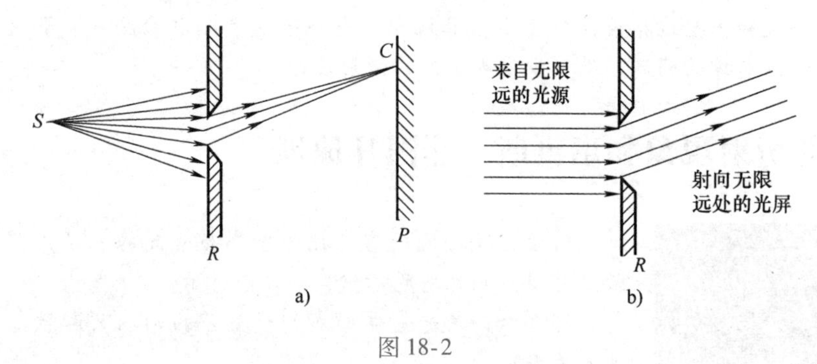

图 18-2

2. 衍射分类

光的衍射一般可分为两类：一类是菲涅尔衍射，障碍物距光源和接收屏（或两者之一）为有限远，如图 18-2a 所示，在实际中它对应显微镜等近场光学仪器。另一类是夫琅禾费衍射，障碍物距光源和接收屏为无限远，此时入射光和衍射光都是平行光，如图 18-2b 所示，在实际中它对应望远镜等远场光学仪器。夫琅禾费衍射理论上处理比较简单，但也较为重要，因此本课程中仅讨论夫琅禾费衍射。

现象解释

镜头里面控制通光孔径的是光圈结构，而光圈是由数个叶片组成的。理想的小孔可以理解为一个标准的圆形，但是光圈显然很难做到标准圆，基本呈规则多边形。如左图所示，当光通过光圈，会在光圈的边缘处受到限制而产生衍射，衍射条纹会沿多边形边的垂线方向扩展，就会形成星芒。另外一点，不同镜头，星芒的数量是不一样的，主要和光圈叶片数有关。奇数叶片的星芒数是叶片数乘以二；偶数叶片的星芒理论上还是乘以二，但是光线会重叠，所以结果还是和光圈叶片数一样。

18.1.2 惠更斯-菲涅耳原理

惠更斯原理可以说明波的直线传播和波的反射、折射，不能说明衍射现象，不能说明衍射的强度分布。后来托马斯·杨做了双缝干涉实验，提出光波干涉的思想，并很好地说明了干涉现象。菲涅耳吸收了惠更斯子波概念，并加入子波相干叠加思想，建立了惠更斯-菲涅耳原理。它可表示为：波阵面上的任意点都可以看作是新的波源，它们发出球面波，波阵面前方空间任一点的光振动是该波阵面上所有子波在该点相干叠加的结果。

根据惠更斯原理-菲涅耳原理，可将某时刻的波前 S 分割成无数多的面积元 $\mathrm{d}S$，如图 18-3 所示。菲涅耳假设：对于每一个面元 $\mathrm{d}S$ 发出的子波在 x 点所引起的光振动的振幅的大小，与面元 $\mathrm{d}S$ 的大小成正比，与从 $\mathrm{d}S$ 到 P 点的距离成反比，并与 $\boldsymbol{r}$ 和 $\mathrm{d}S$ 的法线 $\boldsymbol{n}$ 之间的夹角 θ 有关，θ 越大，则振幅越小；波阵面 S 上任意面元 $\mathrm{d}S$ 在 P 点引起的光振动的相位由 r 决定。

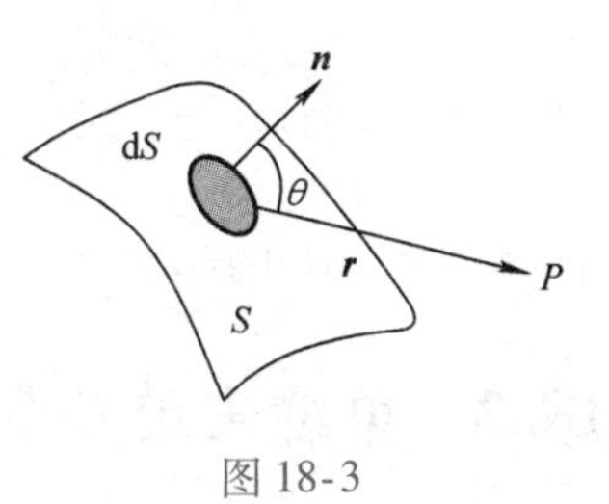

图 18-3

根据以上假设，并引入比例常数 C，dS 发出的子波在 P 点的光振动可写成

$$dE = C\frac{k(\theta)}{r}\cos\left(\omega t - \frac{2\pi}{\lambda}r\right)dS \tag{18-1}$$

式中，$k(\theta)$是随 θ 增大而缓慢减小的函数，称为倾斜因子。对于上式积分，就得到波阵面 S 在 P 点引起的合振动，即

$$E = \int_S C\frac{k(\theta)}{r}\cos\left(\omega t - \frac{2\pi}{\lambda}r\right)dS \tag{18-2}$$

式（18-2）就是惠更斯－菲涅耳原理的数学表达式，称为菲涅耳衍射公式。

惠更斯－菲涅耳原理是菲涅耳天才直觉的产物，他根据这个原理很好地说明了光的衍射现象，并获得极大的成功，进一步证明了光是一种波动，赢得了 1818 年巴黎学院悬赏征文的大奖。特别令人印象深刻的是，反对光波动说的泊松从菲涅耳理论推出一个结论，即在光投射于小圆盘时，其留下的阴影中心应该出现亮斑，泊松认为这是荒谬的，并声称这个理论已被驳倒。在这个关键时刻，阿喇果用实验对泊松提出的问题进行检验，实验充分证实了菲涅耳的结论，影子中心果真出现了一个光斑，如图 18-4 所示，这件事轰动了法国科学院，使波动说取得了辉煌的胜利。而后人却戏剧地把这个亮点称为“泊松亮斑”。

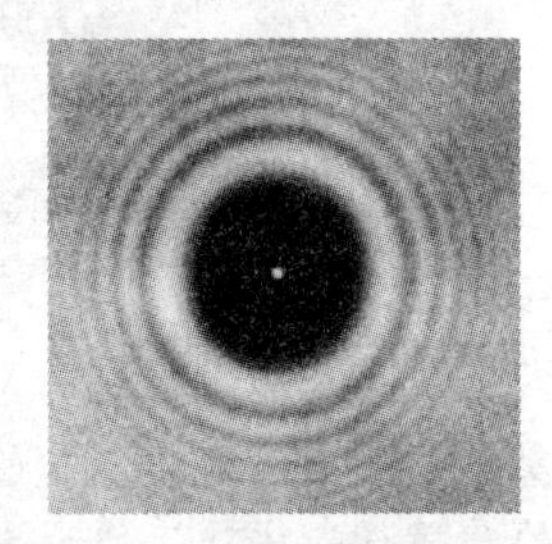
图 18-4

思维拓展

若逐渐增大光圈，星芒会发生怎样的变化？当光圈由小变大时，原来明显的多边形结构逐渐变得圆滑接近于圆。在成像上，原来尖锐的星芒逐渐发散最后连成一片，形成同心的衍射光环即光晕。飞行员夜航着陆时，由于瞳孔的圆形结构，他们看到跑道两侧的指示灯也带有圆形的光晕，这就是光的衍射现象。

物理知识拓展

巴比涅原理

如果一个衍射屏上的透明区正好与另一个衍射屏上的不透明区对应，并且反过来也一样，则称这两个衍射屏是互补的，如图 18-5 所示中的Σ_1和Σ_2就是一对互补屏。设 E_1 和 E_2 分别为两个互补屏Σ_1和Σ_2在观察屏面上 P 点产生的标量光扰动。则两个互补屏在观察点 P 产生的衍射场，其振幅之和等于光波自由传播（全透屏Σ）时在该点的光振幅，即 $E_1(P)+E_2(P)=E(P)$。这就是巴比涅原理。由于自由波场是比较容易计算的，因此，利用巴比涅原理可以较方便地由一种衍射屏的衍射图样求出其互补屏的衍射图样。

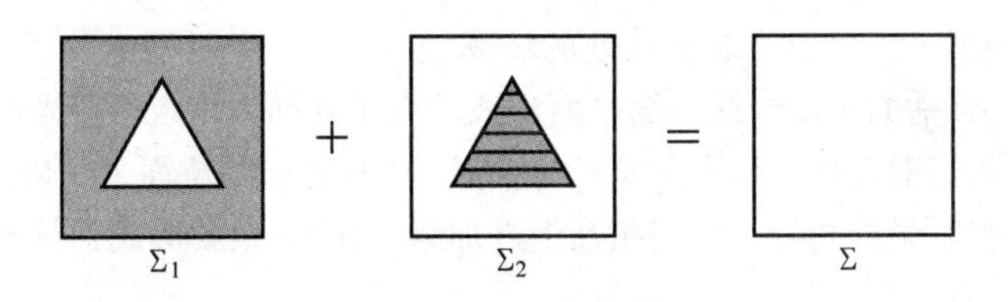

图 18-5

若采用点光源照射，其后装有成像的光学系统，在光源的几何像平面上接收衍射图样，按照几何光学，除像点外光强皆等于零，即互补屏产生的光场振幅分布相位差 π，从而除几何像点外，处处有

$$E_1(P) = -E_2(P)$$

由于光强和振幅的平方成正比，所以又可得

$$I_1(P) = I_2(P)$$

亦即除几何像点外的空间，两个互补屏分别在像平面上产生的衍射图样完全一样。

18.2 单缝夫琅禾费衍射

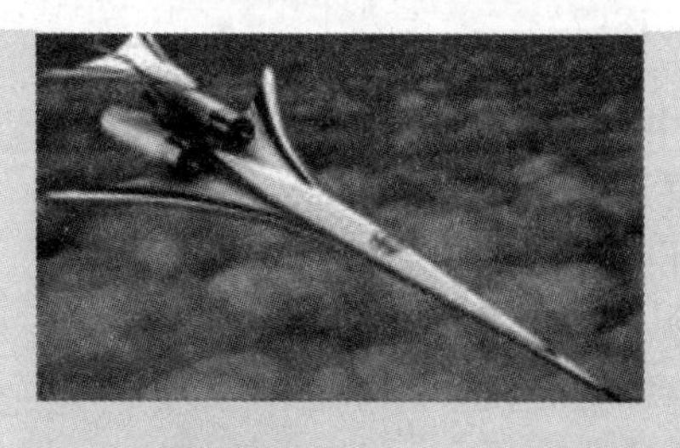

热胀冷缩是材料的固有属性，这可能会破坏材料的功能特性，降低结构的安全可靠性。如高超音速飞行器表面热防护系统的温差会引发材料之间的热变形不匹配，极易造成层间热应力失效；人造地球卫星运行中经历的昼夜温差会引发热应力不匹配，造成结构破坏。因此材料的热膨胀性能对航空、航天技术的发展具有非常重要的影响。对表面热防护系统中所用材料的热膨胀系数的测量就变得极为重要。材料热膨胀系数的测量方法有光杠杆放大法，拉伸法等，但测量精度不高，采用光学的单缝衍射方法可以大大提高测量精度。

物理现象

那么单缝衍射测量的原理是什么，是如何提高测量精度的？

18.2.1 单缝夫琅禾费衍射实验

宽度远小于长度的矩形孔称为单缝。单缝夫琅禾费衍射的实验装置如图 18-6 所示。点光源 S 放在透镜 L_1 的主焦面上，光源 S 出发的光线经透镜 L_1 变为平行光，一部分光穿过狭缝 K 后，再经过透镜 L_2 会聚，在 L_2 的焦平面处的屏幕上将呈现衍射图样。图样为明暗相间直条纹，中央条纹最宽最亮，两侧条纹等间距排列且比中央条纹窄，亮度越来越小。对于单缝衍射条纹的形成，用菲涅耳衍射积分法处理最为严谨，但是比较复杂，这里我们首先用菲涅尔半波带法进行研究。

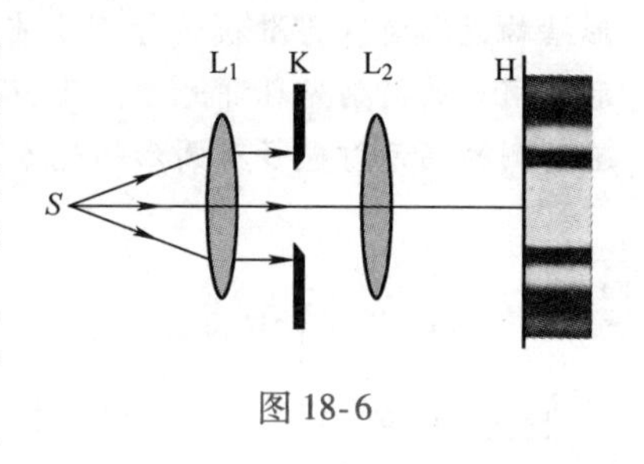

图 18-6

18.2.2 菲涅尔半波带法

1. 菲涅耳半波带

如图 18-7a 所示，设单缝宽度为 a，入射光波长为 λ，观察屏到透镜 L_2 的距离为其焦距 f。在平行单色光的垂直照射下，位于单缝所在处的波阵面 AB 上各点所发出的子波沿各个方向传播，我们把其中某一方向传播的子波光线与缝平面法线的夹角 θ 称为该组平行光的衍射角。

对衍射角 $\theta=0$ 的衍射光线 1 与入射光平行，因 AB 面为同相位面，又因薄透镜的等光程性，故各衍射线到达 P_0 点时光程相等，它们相互干涉加强，在 P_0 处就形成平行于缝的明纹，称为中央明纹。

对其他具有相同衍射角 θ 的衍射光（图 18-7a 中用 2 表示）经透镜汇聚于屏幕上的 P 点，由缝 AB 上各点发出的衍射线到 P 点光程不等，其光程差可这样来分析：过点 A 作平面 AC 与衍射线 2 垂直，由透镜的等光程性可知，AC 面上各点发出的光线到 P 点的光程相等，所以，两条边缘衍射线之间的光程差为

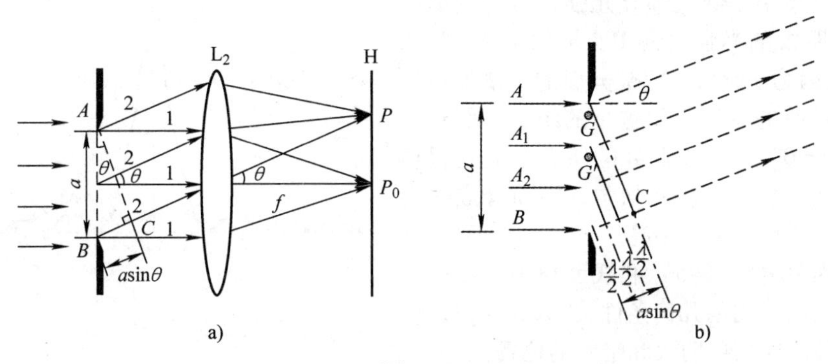

图 18-7

$$BC = a\sin\theta \tag{18-3}$$

P 点条纹的明暗完全取决于光程差 BC 的量值。菲涅尔在惠更斯 - 菲涅尔原理的基础上，提出了将波阵面分割成许多等面积波带的方法。在单缝的例子中，可以作一些平行于 AC 的平面，使两相邻平面之间的距离等于入射光波长的一半，即$\frac{\lambda}{2}$。假定这些平面将单缝处的波阵面 AB 分成 AA_1、A_1A_2、A_2B 等整数个波带，如图 18-7b 所示。由于各个波带的面积相等，所以各个波带在 P 点所引起的光振幅接近相等。两相邻的波带上，任何两个对应点（如 AA_1 带上的 G 点与 A_1A_2 带上的 G'点）所发出的子波的光程差总是$\frac{\lambda}{2}$，亦即相位差总是 π，经过透镜聚焦到达 P 点时相位差仍然是 π。结果任何两相邻波带所发出的子波在 P 点引起的光振动将完全相互抵消。由此可见，BC 是半波长的偶数倍时，亦即对应于某给定角度 θ，单缝可分成偶数个波带时，所有波带的作用成对地相互抵消，在 P 点处将出现暗纹；如果 BC 是半波长的奇数倍，亦即单缝可分成奇数个波带时，半波带两两相互抵消后，还留下一个波带的作用，在 P 点处将出现明纹。若 BC 不能正好等于半波长的整数倍，则 P 点的光强将介于最亮和最暗之间。

2. 衍射明暗纹条件

在垂直入射的情况下，将以上分析结果用解析式表示，单缝在衍射方向上形成明暗条纹的中心位置由下面条件确定：

$$\theta = 0 \qquad \text{零级明纹(中央明纹)} \tag{18-4}$$

$$a\sin\theta = \pm(2k+1)\frac{\lambda}{2} \qquad (k = 1,2,3,\cdots) \quad \text{明纹} \tag{18-5}$$

$$a\sin\theta = \pm 2k\frac{\lambda}{2} \qquad (k = 1,2,3,\cdots) \quad \text{暗纹} \tag{18-6}$$

式（18-5）和式（18-6）中 k 称为衍射级次（$k \neq 0$），$2k$ 和 $2k+1$ 是单缝面上可分的半波带数目，正负号表示同级衍射条纹对称分布在中央明纹两侧。

将单缝衍射的明暗纹条件与上一章中双缝干涉的明暗纹条件对比，可见两者的明暗纹条件正好相反，这一矛盾的产生在于光程差的含义不同。在双缝干涉中的光程差是指两缝所发出的光波在相遇点的光程差，而在单缝衍射中的光程差，是指衍射角为 θ 的一组平行光中的最大光程差，即单缝边缘那两条光线的光程差。

3. 衍射图样的特点

（1）条纹及光强分布

由中央到两侧，条纹级次由低到高，光强迅速下降。单缝衍射的相对光强分布如图 18-8 所示，中央明纹集中了绝大部分光强，而两侧第一级和第二级明纹的光强仅占中央明纹的4.7%和1.7%。这是因为k越大，缝被分成的半波带数越多，而未被抵消的波带面积越小的缘故。而对于中央明纹，$\theta=0$，会聚在此处的所有子波光程相等，振动同相，叠加时相互加强，因而合成振动的振幅最大，强度最大，最亮。

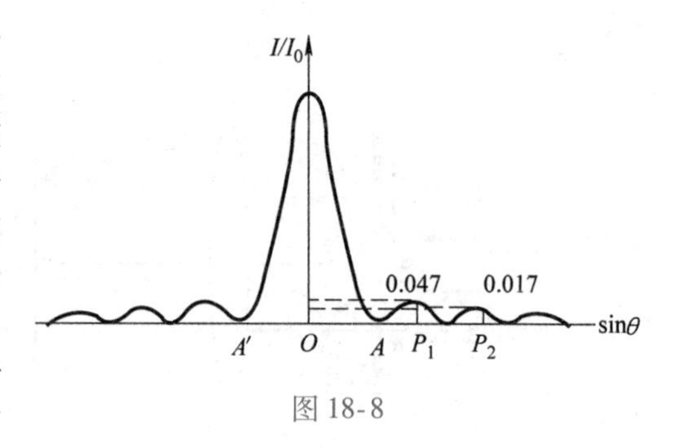

图 18-8

由衍射条件式（18-5）和式（18-6）和衍射角度较小时衍射光路的几何条件$x=f\tan\theta\approx f\theta$，可得衍射角$\theta$较小时衍射明纹和暗纹的位置：

明纹位置： $$x_k=\pm(2k+1)\frac{f}{a}\frac{\lambda}{2}\quad(k=1,2,3,\cdots)\tag{18-7}$$

暗纹位置： $$x_k=\pm 2k\frac{f}{a}\frac{\lambda}{2}\quad(k=1,2,3,\cdots)\tag{18-8}$$

（2）条纹宽度

通常把相邻暗纹中心间的距离定义为明纹宽度。在两个第一级（$k=\pm1$）暗纹之间的区域，即θ满足$-\lambda<a\sin\theta<\lambda$的范围为中央明纹。在衍射角$\theta$很小时，由衍射公式可得中央明纹的半角宽度为

$$\theta_0\approx\sin\theta_0=\frac{\lambda}{a}\tag{18-9}$$

设透镜的焦距为f，第一级暗纹距衍射中心的距离为$x_1=f\tan\theta_1\approx f\theta_1=\frac{f}{a}\lambda$

所以由式（18-8）得中央明纹宽度为

$$\Delta x_0=2x_1=\frac{2f}{a}\lambda\tag{18-10}$$

其他任意两相邻暗纹的距离，即明纹的宽度为

$$\Delta x=x_{k+1}-x_k=\frac{(k+1)f}{a}\lambda-\frac{kf}{a}\lambda=\frac{f}{a}\lambda=\frac{\Delta x_0}{2}\tag{18-11}$$

同理可得任意暗纹的宽度和上式结果相同，可见，除中央明纹外，所有其他明纹和暗纹均有同样的宽度，而中央明纹的宽度为其他条纹宽度的两倍。

（3）缝宽对衍射图样的影响

由式（18-10）和式（18-11）可知，当波长λ不变时，各级条纹的宽度与缝宽a成反比。即缝宽a越小，缝对入射光的限制越甚，条纹铺展越宽，衍射效应越显著；反之，条纹将收缩变窄，衍射效应减弱。当$a>>\lambda$时，$\frac{\lambda}{a}\approx0$，即各级明纹都向中央明纹靠近而拥挤在一起，呈现出光的直线传播。这时，屏幕上的亮斑就是光经过透镜后所成的几何像，光的传播遵循几何光学规律。所以，几何光学可认为是波动光学在$\frac{\lambda}{a}\approx0$情况下的极限。

（4）波长对条纹的影响

由式（18-9）知，当缝宽a一定时，入射光的波长λ越大，衍射角越大。因此，若以白光照射，中央明纹仍是白光，而其两侧则呈现出一系列内紫外红的彩色条纹。这种衍射图样就称为衍射光谱。

由以上讨论可知，光的衍射和干涉一样，本质上是光波相干叠加的结果。一般来说，干涉是指有限个分立子波的相干叠加，衍射则是连续的无限多个子波的相干叠加。干涉强调是不同光

束相互影响而形成相长和相消的现象，衍射强调的是光偏离直线传播而能进入阴影区域形成光强重新分布的现象。事实上，干涉和衍射往往是同时存在的。双缝干涉的图样实际上是两个缝发出的光束的干涉和每个缝自身发出的光的衍射的综合效果。

现象解释

下图是用单缝夫琅禾费衍射测量材料热膨胀系数的实验装置。激光器作为光源，用线阵 CCD 对衍射图像进行接收，用来产生衍射的单缝宽度是可调的。把装在加热桶中的材料样品一端固定，另一端与可自由移动的狭缝相连，受热膨胀的样品使狭缝宽度发生微小变化，由此使衍射条纹发生变化，通过测量条纹变化推算出缝宽的变化量，可得到样品由温度变化的形变量，因而可以测得样品的热膨胀系数。从条纹宽度公式 $\Delta x = f\lambda/a$ 可以看出，缝宽的微小变化会导致条纹宽度的明显变化，这就是精密测量中的光学放大法。

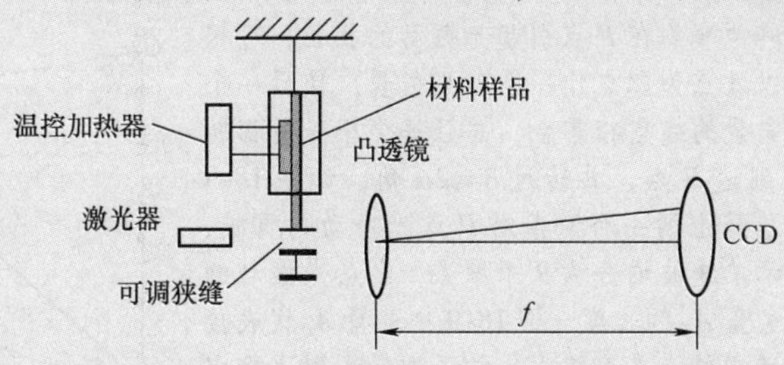

物理知识应用

【例 18-1】在夫琅禾费单缝衍射实验中，光源的波长为 632nm，透镜的焦距为 60mm，测得屏幕上衍射花样的正、负 2 级暗纹之间的距离为 0.76cm，求单缝的宽度。

【解】从衍射花样中心到 2 级暗纹的线距离 $l = 0.38\text{cm}$，由衍射暗纹条件式（18-6），

$$a\sin\theta = 2k\frac{\lambda}{2},\ k = 2$$

$$a = \frac{2\lambda}{\sin\theta} \approx \frac{2\lambda}{\theta} = \frac{2\lambda f}{l} = \frac{2\times 632\times 10^{-5}\times 60}{0.38}\text{cm} = 0.02\text{cm}$$

【例 18-2】衍射细丝测径仪就是把单缝夫琅禾费衍射位置中的单缝用细丝代替。今测得零级衍射斑的宽度（两个一级暗斑间的距离）为 1.0cm，求细丝的直径。已知光波波长 0.63μm，透镜焦距 50cm。

【解】根据巴比涅原理，细丝夫琅禾费衍射强度分布与其互补屏单缝衍射强度分布在像点以外是处处相同的，因此

$$\Delta\theta = 2\frac{\lambda}{a}$$

$$a = \frac{2\lambda}{\Delta\theta} = \frac{2f\lambda}{\Delta x} = \frac{2\times 50\text{cm}\times 0.63\mu\text{m}}{1.0\text{cm}} = 63\mu\text{m}$$

思维拓展

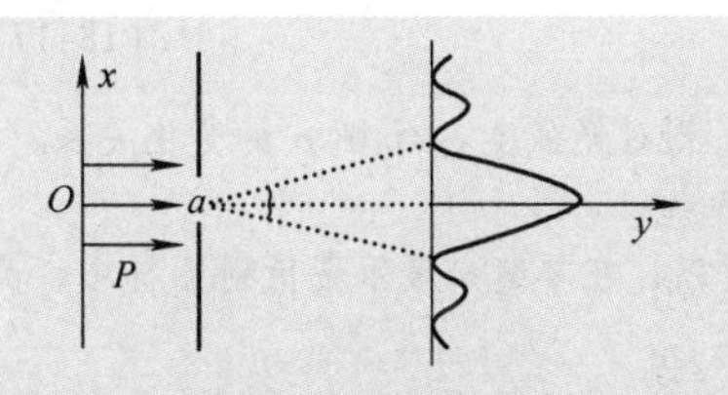

根据单缝衍射实验现象可知，当狭缝的宽度越小，衍射现象越明显，衍射条纹拓展的越宽。若我们将单缝换成实物，我们越想看清物体的细微结构，根据单缝衍射的规律，即物体的尺寸越小，衍射光斑会被拓展的越宽，我们越看不清物体的结构。从测量角度，这是微观世界的普遍规律吗？

物理知识拓展

矢量图解法计算单缝衍射图样光强的分布

单缝夫琅禾费衍射中单缝上各窄条发出的衍射角为 θ 的子波光线会聚于接收屏上的 P 点处，而 P 点的光振动振幅决定于这些子波光线到达该点的光程差。下面我们用矢量图解法计算 P 点光振动的振幅和光强。

靠近狭缝上边缘的窄条发出的子波光线与靠近下边缘的窄条发出的子波光线，在 P 点引起的光振动的相位差为

$$\delta = \frac{2\pi a}{\lambda}\sin\theta \tag{18-12}$$

而处于上、下边缘之间的其他窄条在 P 点引起光振动的相位，可根据上式按比例推算出来。以 A 点为起点作一系列小矢量，使后一个小矢量的起点与前一个小矢量的终点相重合，并且每个小矢量都转过一个相同的角度，最后到达 B 点，共转过 $\delta=2\alpha$ 角，如图 18-9 所示。每个小矢量都代表单缝上的一个窄条对 P 点光振动的贡献，图中画了 9 个小矢量，表示单缝被均分为 9 个窄条。P 点光振动的振幅就是这些小矢量的合矢量 $\boldsymbol{A}_P$ 的长度。图 18-9 中矢量 $\boldsymbol{A}_0$ 代表接收屏上 O 点的光振动。因为单缝上各窄条发出的子波射线到达 O 点的相位相同，所以小矢量连成一条直线。O 点光振动的振幅就等于矢量 $\boldsymbol{A}_0$ 的长度。

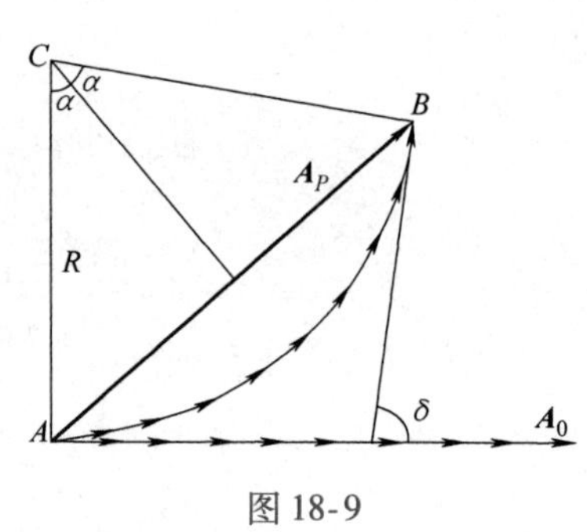

图 18-9

如果单缝被分割的窄条数目无限增多，每个窄条的宽度无限缩小，则 A、B 之间的折线变成为圆弧。设圆弧 $\widehat{AB}$ 的圆心为 C，半径为 R，由图 18-9 中的几何关系可以得到弦 $\overline{AB}$ 的长度为

$$\overline{AB} = 2R\sin\alpha \tag{18-13}$$

式中，$\alpha=\delta/2$；$R=\widehat{AB}/\delta$；$\overline{AB}$ 就是 P 点光振动的振幅 $\boldsymbol{A}_P$。所以上式可以化为

$$\boldsymbol{A}_P = \widehat{AB}\,\frac{\sin\alpha}{\alpha} \tag{18-14}$$

由于各窄条发出的子波光线到达 P 点的相位不同，致使各个小矢量逐个转过某一小角度，最后转过了 δ 角。可以设想，如果这些子波射线到达 P 点的相位相同，那么 P 点的光振动必定与 O 点的光振动相同，所以弧 $\widehat{AB}$ 的长度必定等于矢量 $\boldsymbol{A}_0$ 的长度。于是，我们就得到 P 点的振幅 $\boldsymbol{A}_P$ 与 O 点的振幅 $\boldsymbol{A}_0$ 之间的关系为

$$\boldsymbol{A}_P = \boldsymbol{A}_0\,\frac{\sin\alpha}{\alpha} \tag{18-15}$$

因而这两点光强的关系为

$$I_P = I_0\left(\frac{\sin\alpha}{\alpha}\right)^2 \tag{18-16}$$

由式（18-12）可知

$$\alpha = \frac{1}{2}\delta = \frac{\pi a}{\lambda}\sin\theta \tag{18-17}$$

式（18-16）就是单缝夫琅禾费衍射的光强分布公式，图 18-10 画出了相对光强度 I_P/I_0 随 α 的变化关系。

由式（18-16）和图 18-10 可以看到接收屏上光强分布具有下述特点：

（1）接收屏上具有相同 α 值（或 θ 值）的各点的光强都相同。所以，在单缝夫琅禾费衍射图样中，亮暗条纹都平行于单缝。

（2）在透镜主光轴与接收屏的交点处，即 O 点，衍射角 $\theta=0$，$\alpha=0$，光强为最大，这是因为

$$\lim_{\alpha\to 0}\frac{\sin\alpha}{\alpha} = 1 \tag{18-18}$$

这就是前面所说的主极大，光强度为 I_0。

(3) 当 $\alpha = k\pi$ ($k = \pm 1, \pm 2, \cdots$) 时，即 $a\sin\theta = k\lambda$，光强为零，即为暗条纹。第一暗条纹 ($k = \pm 1$, $\alpha = \pm\pi$) 所对应的衍射角为

$$\theta_0 = \arcsin\frac{\lambda}{a} \approx \frac{\lambda}{a} \tag{18-19}$$

(4) 中央亮条纹的宽度可用其两侧暗条纹之间的角距离来表示，由于对称性，主极大的角宽度为从 O 点到第一暗条纹中心的角距离的两倍，所以从 O 点到第一暗条纹中心的角距离，称为主极大的半角宽度。由图 18-10 可见，主极大的半角宽度就是第一暗条纹的衍射角 θ_0，近似等于 λ/a。

(5) 在两个相邻暗条纹之间有一亮条纹，称为次极大。次极大的位置可以令式 (18-16) 的微商为零求得，即令

$$\frac{\mathrm{d}I}{\mathrm{d}\alpha} = I_0\frac{\mathrm{d}}{\mathrm{d}\alpha}\left(\frac{\sin\alpha}{\alpha}\right)^2 = \frac{2\sin\alpha(\alpha\cos\alpha - \sin\alpha)}{\alpha^3} = 0$$

得

$$\sin\alpha = 0 \text{ 或 } \alpha = \tan\alpha$$

$$\left.\frac{\mathrm{d}^2 I}{\mathrm{d}\alpha^2}\right|_{\sin\alpha=0} > 0, \text{极小值点}(\alpha \neq 0); \quad \left.\frac{\mathrm{d}^2 I}{\mathrm{d}\alpha^2}\right|_{\alpha=\tan\alpha} < 0, \text{极大值点。}$$

次极大位置的条件为 $\tan\alpha = \alpha$。用图解法（见图 18-11）可得到次极大位置相应的 α 依次为

$$\alpha = \pm 1.43\pi、\pm 2.46\pi、\pm 3.47\pi、\cdots \tag{18-20}$$

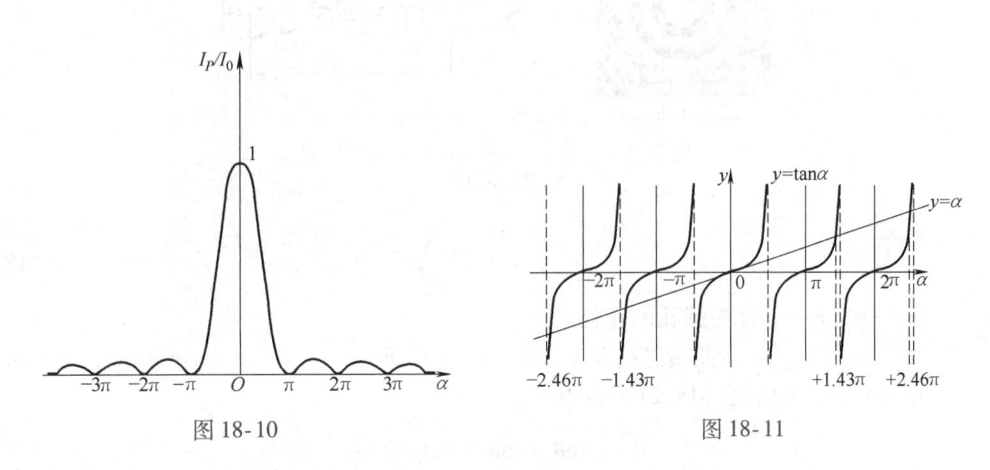

图 18-10　　图 18-11

18.3 圆孔夫琅禾费衍射 光学仪器的分辨本领

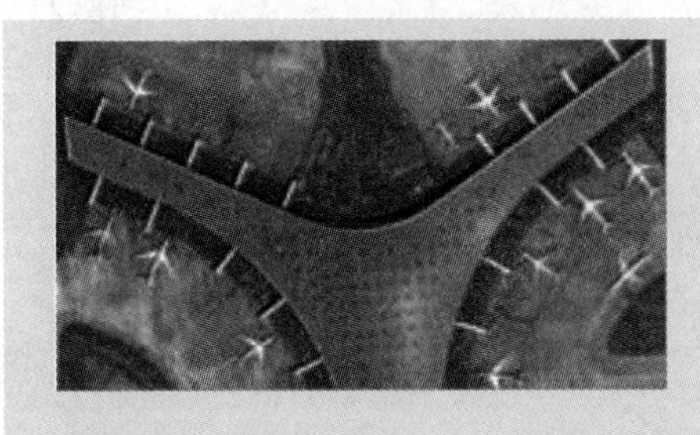

物理现象

2016 年 12 月，中国在太原卫星发射中心用长征二号丁运载火箭将高景一号卫星成功发射升空，这是中国首个自主研制的 0.5m 级高分辨率商业遥感卫星，它将提供高质量的遥感卫星数据及增值服务，打破高分辨率卫星遥感市场被国外垄断的局面。图为高景拍摄的北京首都机场的影像图，图中可以清楚地看清机场的飞机运行情况。

那么，距离地球 530km 高度轨道上的高景卫星，是通过怎样的技术手段，将地面上的物体分辨的如此清晰呢?

物理学基本内容

18.3.1 圆孔夫琅禾费衍射

将单缝夫琅禾费衍射实验装置中的单缝换成小圆孔，则可发现观察屏上形成的并不是简单的几何圆斑，而是一系列明暗相间的同心圆环，如图 18-12a 所示。这种现象称为圆孔的夫琅禾费衍射。一般光学仪器都是由若干透镜组成，透镜相当于一个圆孔，光通过光学系统的光阑或圆孔时，会产生衍射现象，衍射会使图像边缘变得模糊不清，使图像分辨率下降，因而研究圆孔衍射有很重要的实际意义。与单缝夫琅禾费衍射类似，当单色平行光垂直照射到圆孔时，在位于透镜焦平面所在的屏幕上，将出现环形衍射斑，中央是一个较亮的圆斑，它集中了全部衍射光强的84%，称为中央亮斑或艾里斑，其中心是几何光学像点。圆孔衍射的光强分布可用惠更斯 - 菲涅耳积分公式来计算，但是由于运算比较复杂，这里只给出结果。计算结果表明，第一级暗环的角位置，即艾里斑所对应的角半径 θ 满足关系式

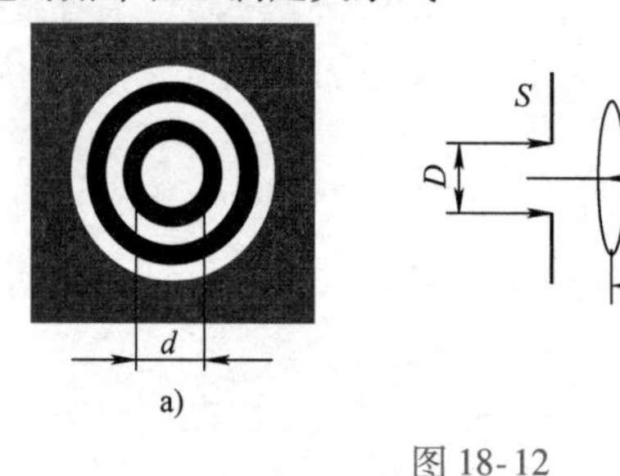

a) b)

图 18-12

$$\sin\theta = 1.22\frac{\lambda}{D} \tag{18-21}$$

式中，λ 为单色光波长，D 为圆孔的直径。

由图 18-12b 可见，一般艾里斑的角半径很小，艾里斑的直径 $d=2f\tan\theta\approx 2f\sin\theta$，艾里斑边缘对应的衍射角即角半径由式（18-21）可得

$$\theta \approx \sin\theta \approx \tan\theta = 1.22\frac{\lambda}{D} \tag{18-22}$$

艾里斑的半径 r 为

$$r = f\tan\theta = 1.22\frac{\lambda}{D}f \tag{18-23}$$

由上式可看出，衍射孔 D 越大，艾里斑越小；光波波长 λ 越短，艾里斑也越小。

> **思维拓展**
>
> 单缝衍射的条纹为直条纹，圆孔衍射条纹为环形纹。光在哪个方向上限制，就在哪个方向上展开，请大家按照该原理，试着由单缝衍射的直条纹推理出圆孔衍射的圆形纹。

18.3.2 光学仪器的分辨本领

光学仪器观察物体时，不仅需要有一定的放大能力，还要有足够的分辨本领，才能把微小物体放大到清晰可见的程度。成像仪器（如望远镜、照相机，以及人的眼睛）一般都是利用透镜

使被观察的物体成像，再对像进行观察或记录。这些光学成像系统都可以简化为一个透镜，使远处物体成像在焦平面附近。假定物体是两个靠得很近的点光源，各自独立发光、互不相干，并且它们的亮度相近，那通过光学系统对这两个点光源所成的像是不是能分辨得出是两个光源呢？

透镜成像的清晰程度以及能分辨的细节受透镜的像差（在聚焦良好的情况下）和光的衍射影响。我们关于分辨本领的讨论假定透镜是十分完善的并已消除了所有像差。在这种情况下，光学系统的分辨本领决定于光的衍射。光具有波动性，衍射总是存在而不能消除。根据几何光学的成像原理，物点和像点一一对应，适当选择透镜的焦距和物距，总可以得到足够大的放大倍数。然而，由于光的衍射作用，物点的像并不是一个几何点，而是有一定大小的艾里斑，周围还有一些模糊斑纹。如果两个物点距离太近，它们的斑会相互重叠以至于不能分辨出究竟是一个物点还是两个物点。可见，光的衍射限制了光学仪器的分辨本领。

在什么条件下能从两个艾里斑分辨出两个物点呢？假定远处两个点光源通过光学系统所成像的光强相等。当两个像分开足够远时，得到的像是两个分得很开的艾里斑，能清楚地分辨出这两个像点（见图 18-13a）。如果两个点光源靠得太近，所成的像是两个几乎完全重叠的艾里斑，则难以分辨这两个像点（见图 18-13c）。那么两个点刚好能被分辨的条件是什么（即可分辨的极限是什么）？实际上可分辨的极限是很难确定的，因为具体情况十分复杂，还和观察者的主观因素有关。瑞利提出一个客观的判断标准，称为瑞利判据：一个艾里斑的中心正好落在另一艾里斑的第一级暗环上时，两个像点刚好可以被分辨（见图 18-13b）。这种情况中，两个衍射斑重合成一个拉长的斑点，中间稍暗，两边较亮。中央暗处的光强约为两边最大值的百分之八十，对于大多数人来说，恰好能辨别出是两个光点，如图 18-14所示。这时两个中央亮斑的中心对光学系统的张角 θ_0，称为光学系统的最小分辨角，其倒数称为光学仪器的分辨本领或分辨率。显然，θ_0 等于艾里斑半径对透镜光心的张角，由式（18-22）可得最小分辨角为

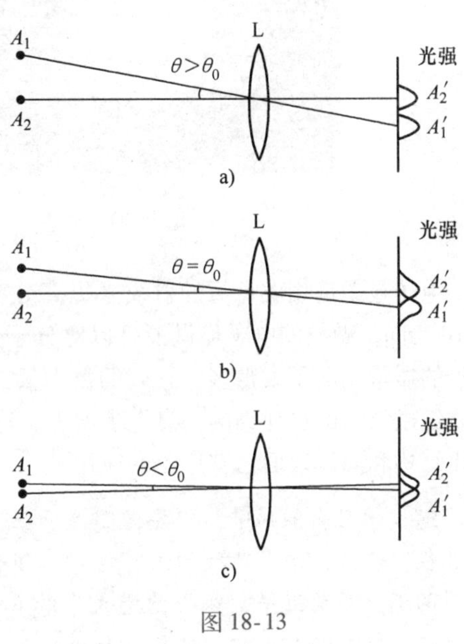

图 18-13

$$\theta_0 = 1.22\frac{\lambda}{D} \tag{18-24}$$

相应的最小分辨距离为

$$l_0 = f\theta_0 = 1.22\frac{f}{D}\lambda \tag{18-25}$$

用 R 表示光学仪器的分辨本领，则有

$$R = \frac{1}{\theta_0} = \frac{D}{1.22\lambda} \tag{18-26}$$

式（18-26）表明，分辨本领的大小与仪器的孔径 D 成正比，与入射光波波长成反比。瑞利判据为设计光学仪器提出了理论指导，我们可以通过增大光学仪器的孔径，和减小入射光波波长来提高光学仪器的分辨本领。

对于天文望远镜则可用大口径的物镜来提高分辨本领，哈勃望远镜总长 12.8m，镜筒直径

4.28m，主镜直径2.4m，连外壳孔径则为3m，全重11.5t。哈勃望远镜已有过许多重要发现，如拍摄到距地球5亿光年远的恒星碰撞。目前，由中国科学院国家天文台主持建设，位于贵州省平塘县大窝凼洼地的世界最大单口径射电望远镜——500m口径球面射电望远镜（Five hundred meter Aperture Spherical Telescope，简称FAST），FAST成为世界上现役的口径最大、最具威力的单天线射电望远镜，如图18-15所示。

图18-14

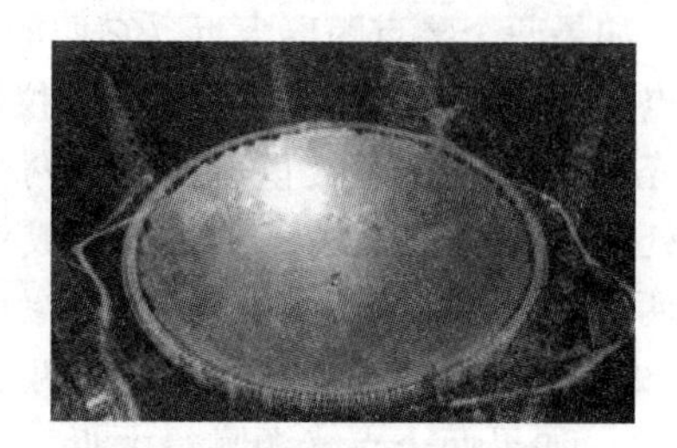

图18-15

电子显微镜用波长短的射线来提高分辨本领，目前用几十万伏高压产生的电子波，波长约为10^{-3}nm，做成的电子显微镜可以对分子、原子的结构进行观察。按照这一思路下去，中子和质子的质量比电子大得多，它们的德布罗意波长更短得多，利用重粒子的波动性可以得到有关物质细微结构的更详细的信息。事实上，这方面的研究还在进一步发展，例如利用中子衍射研究物质结构和固体表面已有广泛的应用。

现象解释

通过学习我们知道，想要提高遥感卫星的光学分辨率，必须要增大光学仪器的通光孔径，但是，增大孔径的同时也增加了仪器的体积和重量，成本也随之升高。我国研制的遥感高景卫星，在尽量增大系统孔径满足高分辨率和宽视场成像要求的同时，优化减小相机结构尺寸，并采用折返式光学系统或多镜头组合系统，通过多种方式提高分辨率，从而能够将拍摄的画面中的地面物体能够较清晰地辨认出来。

思维拓展

望远镜接收的是平行光，是远场的夫琅禾费衍射，讨论它的分辨本领时可以用夫琅禾费衍射理论。显微镜接收的是发散角很大的同心光束，研究显微镜的分辨本领时我们还可用夫琅禾费衍射理论吗？实验可以证明答案是肯定的。并给出艾里斑对光学仪器的出射光瞳圆心的角半径为$\Delta\theta = 1.22\dfrac{\lambda}{n'D'}$，式中$n'$是像方的折射率，$\lambda$是真空波长，$D'$是出射光瞳的直径。

显微镜的特点是物镜焦距短，被观测的小物放在物镜焦点附近，要提高其分辨率，提高数值孔径是个可行的措施，所以高倍率的显微镜是油浸式的，使用时在载物片与物镜之间滴上一滴油，以增大物方折射率 。这样也只能把数值孔径增大到1.5倍左右。所以光学显微镜的分辨本领有个最高限度，即最小分辨距离为半个波长；与此对应的光学显微镜的放大率也有个限度，约为数百倍，不超过1000倍。光学显微镜的放大倍数不能再高，这不是技术上的问题，而是考虑到衍射效应以后所采取的一种合理的设计。因为放大率再高，除造价更高外，并不会使我们看清比微米更小的物体细节。要得到有效放大率很高的显微镜，唯一的途径是缩短波长。

物理知识应用

【例18-3】通常人眼瞳孔直径约为3mm，对于人最敏感的波长为550nm的黄绿光，人眼的最小分辨角多大？在上述条件下，若有一个等号，两条线的间距为1mm，问等号距离人多远处恰能分辨出不是减号。

【解】人眼的最小分辨角

$$\Delta\theta = \theta_1 = 1.22\frac{\lambda}{D} = 1.22 \times \frac{550 \times 10^{-9}}{3 \times 10^{-3}}\text{rad} = 2.24 \times 10^{-4}\text{rad} \approx 1'$$

设等号间距为d，距离人为x，等号对人眼的张角为$\theta = \frac{d}{x}$，恰能分辨时有

$$\theta = \frac{d}{x} = \Delta\theta$$

于是，恰能分辨时的距离为

$$x = \frac{d}{\Delta\theta} = \frac{1.0 \times 10^{-3}}{2.24 \times 10^{-4}}\text{m} = 4.5\text{m}$$

人眼的最小分辨角为$\theta_0 = 1'$，这与视网膜上感光细胞分布的密度非常精巧地一致，即此时两个物点的像落在相邻的两个感光细胞上。当照明较弱时，瞳孔可增加到8mm，这时人眼的分辨本领应增强，从瞳孔的衍射效应来说，艾里斑的半角宽度减小了，最小分辨角可更小些，但是从视网膜上感光细胞分布的密度来看，最小分辨角仍是1′，此时导致人眼最小分辨角与视网膜感光细胞分布的密度不匹配，会影响视物效果。

【例18-4】氦氖激光器沿管轴发射定向光束，其出射窗口的直径（即内部毛细管的直径）约为1mm，求激光束的衍射发散角。

【解】氦氖激光的波长为632.8nm，由于光束被出射窗口限制，它必然会有一定的衍射角。

$$\Delta\theta \approx 1.22\frac{\lambda}{D} = 7.7 \times 10^{-4}\text{rad} \approx 2.7'$$

如果我们在10km以外接收，次光束的光斑可达7.7m。这个例子告诉我们，由于衍射效应，界面有限而又绝对平行的光束是不可能存在的。由于光波波长很短，在通常条件下衍射发散角很小，不过在光通信或光测距等远程装置中，即使很小的发散角也会造成很大的光斑。因此，在计算整机的接收灵敏度时，需要考虑到这一点。

物理知识拓展

综合孔径雷达

提高地面天文望远镜分辨本领的有效途径是综合孔径方法。如应用综合孔径的方法将相隔数千米的天线接收到的信号进行综合处理，这就相当于孔径D为数千米的射电天文望远镜，它的分辨率就可达到1角秒。这种综合成像的方法是根据干涉原理得来的，需要精确记录下每个天线接收到的波信号的位相并且进行比较和叠加。由于能精确测定时间的氢脉冲钟和图像处理及其他技术的发展，使这种方法实现成为可能。

例如，美国新墨西哥州中部沙漠高原上安置了27面分别安放在三条组成Y字形支路轨道上的射电望远镜阵列，每条支路长度为21km。各天线得到的信号通过地下波导线送到中心实验室进行综合处理。这套装置的分辨率可达0.1角秒，比最大的光学望远镜的分辨率高了近10倍。但这对于研究宇宙射电源还嫌不够。60年代以来，由于精密原子钟的问世使得两地信号记录的时间精度达到微秒级，这就有可能将相距几千千米的射电天文台的数据记录在磁带上并发送至中央处理器，在中央处理器上将信号同步、相关，进行综合处理。最大的距离可达到8000km。这种技术称为甚长基线干涉测量术。用这种技术测量天体的角分辨率可达到千分之一角秒。

综合孔径雷达也是成功使用综合孔径的例子，它把时间序列的信号综合起来。综合孔径雷达应用于绘制地形图，将它安装在飞机上，飞机在天空飞行时，雷达向地面发射脉冲微波信号。从地面反射回来的信号被雷达接收器接收，每一脉冲信号对地面都有一定的覆盖面积，相继的脉冲信号所覆盖的面积也有相当部分重叠，因为雷达的分辨本领与 D 成正比。微波的波长比光波大许多，而雷达天线的孔径 D 不可能很大，为了提高所绘地面图形的分辨率，就发明了综合孔径的方法。在飞机飞行途中记录接收到的从地面反射回来的脉冲信号的同时送入一个稳定的参考信号，叠加调制。这样就同时记录下了接收到信号的振幅和位相。在飞机飞行过程中在不同位置上发出一系列脉冲信号，并接收到一系列返回的信号，这相当于在空间不同位置上放置一系列接收天线。可用适当的光学方法将接收到的信号进行综合处理，结果得到高分辨率的地形图。

18.4 光栅衍射

传统的雷达波束扫描是靠雷达天线的机械转动实现的，而相控雷达能够实现不利用天线的转动来实现多方位扫描，可在空域内同时监视、跟踪数百个目标。

那么，相控阵雷达是利用什么原理来实现它的扫描和多目标跟踪功能呢？

物理现象

物理学基本内容

在单缝衍射中，缝越窄，衍射越显著。但缝越窄，通过光的能量越少，衍射明纹的光强越小，以至于看不清楚。增大缝宽，虽然条纹有足够的强度，但各级条纹挤得很密，也不易分辨。而增加缝的个数所制成的光栅可以克服这一矛盾，能够给出明锐而分得很开的明条纹，这在科学研究和生产中有着广泛的应用。

18.4.1 光栅

由一组相互平行的等宽等间隔的狭缝构成的光学器件就是光栅。在玻璃片上刻画出许多等距离、等宽度的平行刻痕，刻痕处相当于毛玻璃，不透光，而两刻痕间仍可透光，相当于一个单缝。这样，平行排列在一起的许多等距离、等宽度的狭缝就构成了平面透射光栅。

若刻痕间的透光部分（狭缝）的宽度为 a，刻痕的宽度为 b，则 $d=a+b$ 称为光栅常数。如在1cm宽的玻璃片内有1000条刻痕，则光栅常数为 $d=1/1000\text{cm}=1\times10^{-3}\text{cm}$。光栅常数是表征光栅性能的重要参数。一般的光栅常数约为 $10^{-6}\sim10^{-5}\text{m}$ 的数量级。

18.4.2 光栅衍射

如图18-16所示为光栅衍射的示意图，一束平行光垂直入射到光栅上。由各缝发出的衍射角 θ 相同的平行光线通过透镜L会聚到在焦平面的观察屏上的同一点，衍射角不同的各组平行光则会聚到屏上不同的点，从而形成衍射条纹。一般来说，光栅衍射条纹的主要特点是：明纹细而明亮，且间距较宽。

如果依次只打开光栅上的一条缝，而将其他缝遮住，就会发现，所有单缝衍射条纹都完全相同，而且位置也完全重合。这是因为每一条缝的宽度相同，所以每一缝的衍射条纹相同；而单缝衍射条纹的分布只取决于衍射角 θ，与单缝垂直方向的位置无关，所以它们的位置彼此重合。

若把遮盖物去掉，用平行光垂直照射整个光栅，则光栅衍射条纹的光强并不是每个单缝衍射条纹的简单相加，这是因为各个单缝发出的衍射光线都是相干光，故在相遇区域里还会发生干涉，所以光栅衍射条纹是衍射和干涉的总效果。

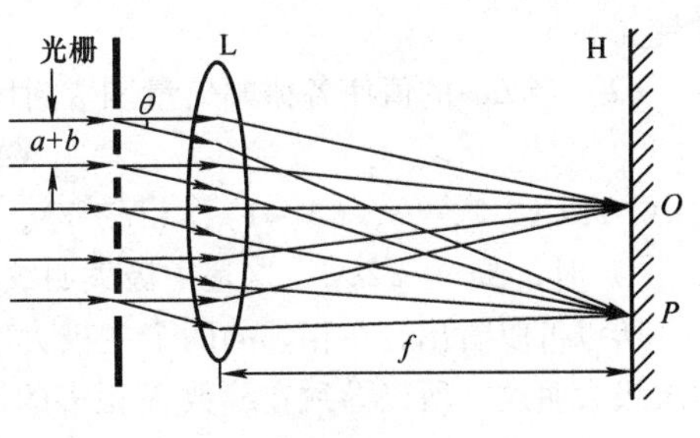

图 18-16

1. 光栅方程

我们先讨论多缝间干涉效果。首先我们考虑两个相邻的缝发出的衍射光之间的关系。从图 18-16中容易看出，相邻两缝的衍射光在 P 点光程差为 $\delta=(a+b)\sin\theta$，显然，当邻缝光程差

$$\delta=(a+b)\sin\theta=\pm k\lambda,\ k=0,1,2,\cdots \tag{18-27}$$

时，相邻两缝发出的衍射光在 P 点同相，干涉相长。由于所有的缝都彼此平行等间距排列，类推可知，此时所有缝的衍射光在 P 点也都彼此同相，实现干涉相长，屏上出现明纹，称为光栅衍射主极大，对应的明纹称为光栅衍射的主明纹。上式为计算光栅主极大的公式，也称为光栅方程。

（1）光栅衍射主极大的角位置公式

从光栅方程可知，k 级主极大的角位置满足

$$\sin\theta_k=\pm\frac{k\lambda}{a+b},\ k=0,1,2,\cdots \tag{18-28}$$

光栅常数 $a+b$ 通常很小，例如稍微好一些的光栅，光栅常数可达到 μm 的数量级，由于波长也是 μm 量级，所以主极大的衍射角不一定很小，有时可达到30°、60°甚至更大的角度，这说明光栅可实现大角度衍射。由于衍射角较大，光栅衍射条纹的间距大，易于实现精密测量，这是光栅衍射的一个特点。同样，由于衍射角较大，光栅衍射条纹的级次往往有限。

（2）最大衍射级次

从上式可知，由于正弦函数的值域所限，$|\sin\theta_k|=\left|k\frac{\lambda}{a+b}\right|\leqslant 1$，所以光栅衍射主极大的最高级次

$$k\leqslant\frac{a+b}{\lambda} \tag{18-29}$$

例如，某光栅每毫米有一千条缝，则 $a+b=1\mu m$，若光波长 $\lambda=60nm$，则屏上只能出现0和±1级共三条明纹。此外应注意，由于衍射角较大，计算时不能如同双缝和单缝那样，总认为有 $\theta=\sin\theta=\tan\theta$，条纹之间也不一定是等间距分布，要具体问题具体分析。

2. 光栅衍射的光强分布

我们仍然可以采用矢量图解法来分析光栅衍射的光强分布。如图 18-17 所示，如果光栅有 N 条缝，由于每条缝的宽度相等且等间距，所以每条缝通过的衍射光的光矢量振幅相等，即 $a_1=a_2=\cdots=a_N$，相邻两个光矢量的相位差 $\Delta\varphi$ 相同。由矢量多边形法则，最后的闭合矢量 $\boldsymbol{A}$ 的大小即为合振动的振幅，不难看出：

（1）当 $\Delta\varphi=\pm 2k\pi$（$k=0,1,2,\cdots$）时，$A=A_{max}=Na_1$，对应于主极大明纹。显然，缝的数量 N 越大，主极大明

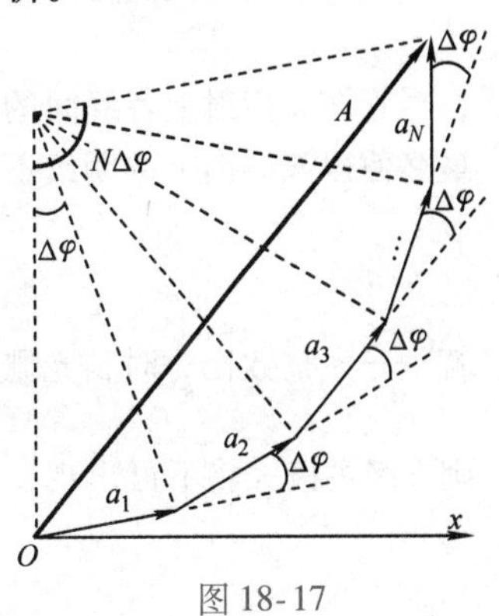

图 18-17

纹越亮。

（2）当 $\Delta\varphi$ 的值使各振幅矢量围成封闭多边形时，$A=0$，对应于暗纹，由此可得暗纹条件为

$$N\Delta\varphi = \pm m \cdot 2\pi \tag{18-30}$$

式中，$m=1$，2，…，$(N-1)$，$(N+1)$，…，$(2N-1)$，$(2N+1)$，…。当 $m=kN$（$k=0$，1，2，…）时，$\Delta\varphi = \pm 2k\pi$，这是主极大明纹条件。

所以可以看出，在相邻的两个主极大明纹之间，有 $N-1$ 个暗纹，相应有 $N-2$ 个光强很小的次级大明纹，所以导致在缝数 N 很多的情况下，两个主极大明纹之间形成一片暗区。

3. 单缝衍射的调制和缺级现象

上面我们只讨论了光栅各个缝之间的干涉，注意到光栅衍射实际上是每个缝的单缝衍射光再相互叠加干涉的结果，所以多缝干涉的效果必然受到单缝衍射效果的影响。可以证明，最终在屏上形成的光强分布是在单缝衍射调制下的多缝干涉分布。图 18-18 是 $N=5$，$a+b=3a$ 时画出的光强分布情况。

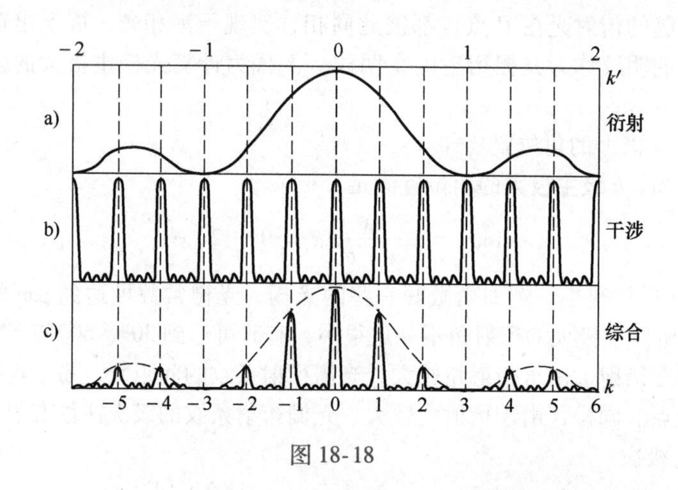

图 18-18

从图 18-18 可以看出，在单缝衍射调制下的多缝干涉光强分布使得光栅的各个主极大的强度不同。理论和实验已证明主极大的光强是单缝在该方向光强的 N^2 倍。在单缝宽度一定的情况下，光栅狭缝越多，主极大的光强就越强。但是当多光束干涉的主极大位置恰好为单缝衍射的暗纹中心时，将产生抑制性的调制，这些主极大将在屏上消失，这种现象称为缺级现象。下面考虑缺级的条件，多缝干涉的主极大条件为

$$(a+b)\sin\theta = \pm k\lambda \quad (k=0,1,2,3,\cdots) \tag{18-31}$$

当 θ 方向的衍射光满足光栅明纹条件时，如果恰也满足单缝衍射的暗纹条件，即

$$a\sin\theta = \pm k'\lambda \quad (k'=1,2,3,\cdots) \tag{18-32}$$

那么，尽管在 θ 衍射上各缝间的干涉是加强的，但由于各单缝本身在这一方向上的衍射光强为零，最终使得该方向上的明纹不能出现。两式相除得缺级条件

$$\frac{a+b}{a} = \frac{k}{k'} \tag{18-33}$$

即：若 $\dfrac{a+b}{a}$ 为整数比 $\dfrac{k}{k'}$ 时，光栅多缝干涉的 k 级主极大的位置恰为单缝衍射 k' 级衍射暗纹的位置，则 k 级主极大将不再出现，发生缺级。例如 $\dfrac{a+b}{a}=\dfrac{2}{1}$ 时，$k=2$，4，6，8，…等级次的主极

大不再出现，发生缺级。$\frac{a+b}{a}=\frac{3}{1}$或$\frac{3}{2}$时，则$k=3$，6，9，12，…等级次的主极大出现缺级。

4. 光栅光谱

单色光在光栅上的衍射形成一系列明亮的线状主极大，称为线状光谱。若入射光为复色光，不同波长的光同一级主极大的位置不同，衍射光强在屏上按波长展开，称为光栅光谱。设波长范围为$\lambda_1 \sim \lambda_2$，并设$\lambda_1<\lambda_2$，按光栅衍射主极大公式，λ_1光的k级主极大在$\theta_{1k}=\sin\theta_{1k}=\pm k\frac{\lambda_1}{a+b}$，$\lambda_2$光的$k$级主极大在$\theta_{2k}=\sin\theta_{2k}=\pm k\frac{\lambda_2}{a+b}$，其他波长的$k$级主极大在此二者之间，它们共同构成$k$级光谱。故$k$级光谱的角范围在$\theta_{1k}\sim\theta_{2k}$。

对于同一级主极大，波长长的光衍射角度大，所以完整光谱的最高级次取决于波长长的谱线的最高级次。如果波长范围较大，相邻的两级光谱容易发生重叠而显得不清晰。k级光谱不重叠的条件是$\theta_{2k}\leqslant\theta_{1(k+1)}$，即$k\frac{\lambda_2}{a+b}\leqslant(k+1)\frac{\lambda_1}{a+b}$，可得不重叠光谱的条件为$k\leqslant\frac{\lambda_1}{\lambda_2-\lambda_1}$。例如对于白光，$\lambda_1=400\text{nm}$，$\lambda_2=700\text{nm}$，可算得$k\leqslant\frac{4}{3}$，即不重叠光谱的级次只有1级，意味着用白色平行光照射光栅，各种波长的中央亮条纹（$k=0$）重叠在一起，仍呈白色；在中央亮条纹的两侧对称地排列着各色的第一级亮条纹、第二级亮条纹等，分别称为第一级光谱、第二级光谱等，这就形成了光栅光谱。但是只有第一级光谱没有重叠，如图18-19所示。

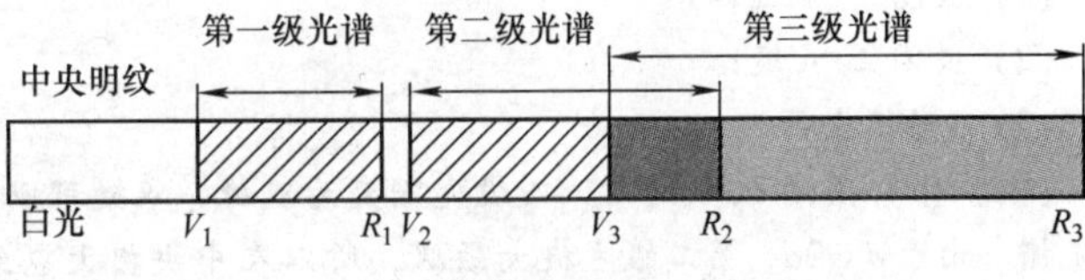

图18-19

现象解释

相控阵雷达由一列发射相干电磁波的天线阵列组成，如左图所示，每一个小天线都好像是一个单缝，每一列都好像是一个光栅，通过调节各天线发射的电磁波的相对相位来达到控制发射方向，使某一定方向上的电磁波干涉加强。如果连续改变振荡位相差，极大值的方向随之连续变化，在空间扫描，这就是相控阵雷达的原理。它并不需要旋转天线阵本身来改变发射方向。天线总数N越多，空间角方位确定得越精确。

我们可以将天线阵列分组，通过调节相位输入分别控制各组扫描方向，实现多目标跟踪。

思维拓展

与相控阵雷达相类似，我们是否可以把若干个扬声器排成一个阵列，通过控制输入相位，实现声音传播方向的选择。

物理知识应用

【例18-5】波长为500nm和520nm的两种单色光同时垂直入射在光栅常数为0.002cm的光栅上，紧靠光栅后用焦距为2m的透镜把光线聚焦在屏幕上。求这两束光的第三级谱线之间的距离。

【解】两种波长的第三谱线的位置分别为x_1，x_2

$$a\sin\varphi=\pm k\lambda \sin\varphi=\tan\varphi=\frac{x}{f}$$

$$x_1 = \frac{3f\lambda_1}{a}, x_2 = \frac{3f\lambda_2}{a}$$

所以：$\Delta x = |x_1 - x_2| = 0.006\text{m}$

【例 18-6】用波长为500nm的单色光垂直照射到每毫米有500条刻痕的光栅上。求：(1) 第一级和第三级明纹的衍射角；(2) 若缝宽与缝间距相等，最多能看到几条明纹？

【解】(1) $d = \frac{1 \times 10^{-3}}{500} = 2 \times 10^{-6}\text{m}$，$d\sin\theta = \pm k\lambda$

$k = 1$：$\sin\theta_1 = \pm\frac{\lambda}{d} = 0.25$，$\theta_1 = \pm 14°28'$

$k = 3$：$\sin\theta_3 = \pm\frac{3\lambda}{d} = 0.75$，$\theta_3 = \pm 48°35'$

(2) $k_{\max} = \frac{d}{\lambda} = 4$，缺级为 $k = \pm k'\frac{d}{a} = \pm 2k' = \pm 2$，$\pm 4$，最多能看到5条明纹：$k = 0$，$\pm 1$，$\pm 3$

【例 18-7】有一四缝光栅，如图18-20所示。缝宽为 a，光栅常量 $d = 2a$，其中1缝总是开的，而2，3，4缝可以开也可以关闭，波长为 λ 的单色平行光垂直入射光栅。试画出下列条件下，光栅衍射的相对光强分布 $\frac{I}{I_0} \sim \sin\theta$ 曲线。

(1) 关闭3、4缝；

(2) 关闭2、4缝；

(3) 4条缝全开。

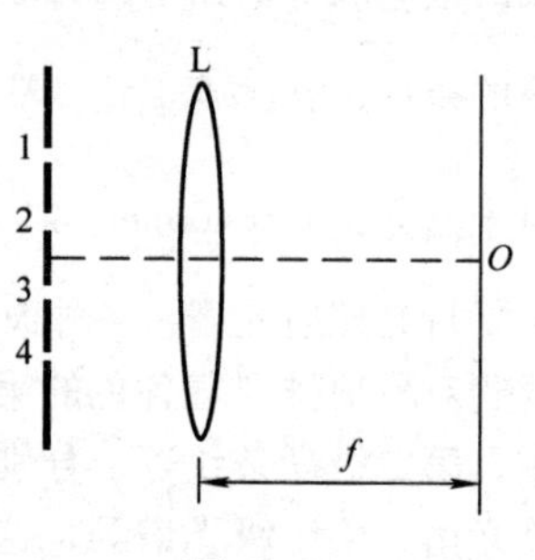

图 18-20

【解】(1) 关闭3，4缝时，四缝光栅变为双缝，双缝可以看作最简单的光栅。由于 $d = 2a$，第二级主极大缺级，所以在中央极大包线内共有0、±1级共3条谱线。

(2) 关闭2，4缝时，仍为双缝，但光栅常量 d 变为 $d' = 4a$，即 $d'/a = 4$，因而在中央极大包线内共有7条谱线。

(3) 4条缝全开时，$d/a = 2$，中央极大包线内共有3条谱线，与 (1) 不同的是主极大明纹的宽度和相邻两主极大之间的光强分布不同。

上述三种情况下光栅衍射的相对光强分布曲线分别如下图18-21b所示，注意三种情况下都有缺级现象。

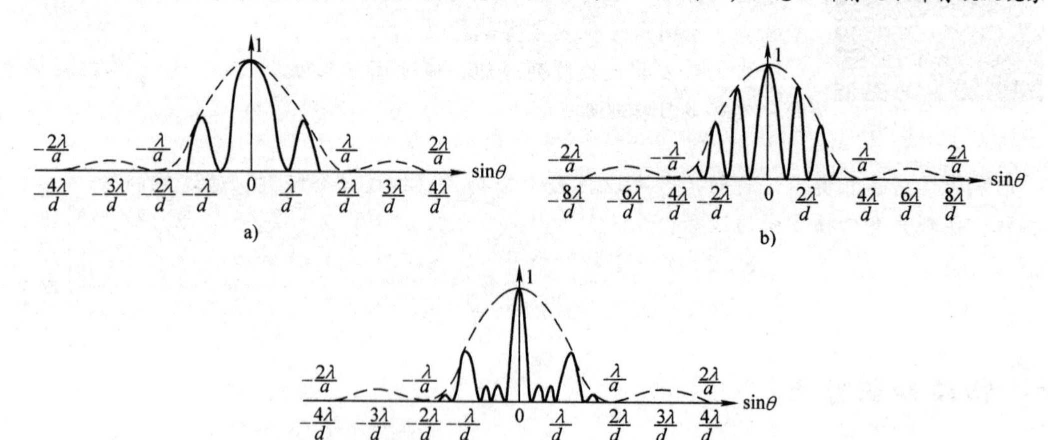

图 18-21

物理知识拓展

X 射线衍射

X 射线是 1895 年由伦琴在用高速电子流轰击固体靶实验时发现的。X 射线是一种波长很短（10^{-10}m 数量级）的电磁波，也能产生衍射，但由于它的波长极短，普通的可见光能产生衍射的光栅的光栅常数相对说来太大了，对 X 射线不起作用。

布拉格父子于 1913 年提出一种较为简单的研究 X 射线衍射的方法。他们认为晶体是由一系列相互平行的原子或离子层组成，这些原子或离子层称为晶面，粒子的间距为 0.1nm 量级，与 X 射线波长具有相同的量级，因而这些晶体点阵就形成一种复杂的三维光栅。

如图 18-22 所示，其中小圆点表示原子。在 X 射线照射下，晶体表面和内部每一个原子层的原子都成为子波中心，向各方向发出 X 射线，这种现象称为散射。对于任一确定的晶面而言，各原子所衍射的 X 射线，只有在符合反射定律的衍射方向上强度为最大，而在其他方向上衍射的 X 射线强度很弱。对于一组平行晶面而言，由不同晶面上"反射"的 X 射线还要发生干涉。如图 18-22 所示，X 射线以掠射角 θ 射到一组晶面上，晶面间距为 d，来自不同晶面的"反射线"为 1 和 2。它们的光程差为

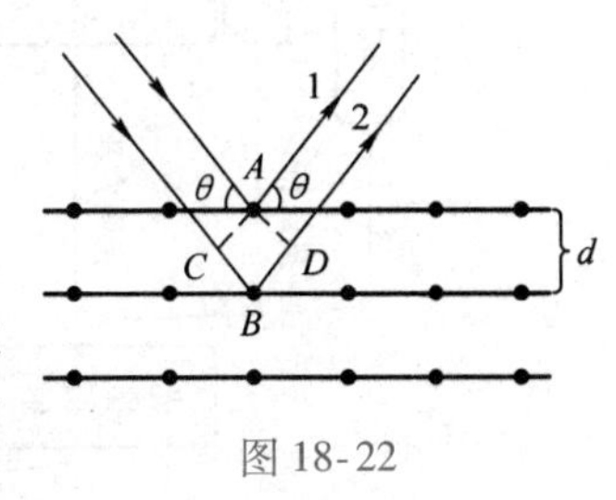

图 18-22

$$\delta = BC + BD = 2d\sin\theta \tag{18-34}$$

它们干涉加强的条件是

$$2d\sin\theta = 2k\frac{\lambda}{2},\quad k = 1,2,3,\cdots \tag{18-35}$$

这就是著名的**布拉格公式**。

应用布拉格公式也可以解释劳厄实验。如图 18-23 所示，晶体内有许多取不同方向的原子层组，各原子层组的晶格常数 d 各不相同。当 X 射线从一定方向入射晶体表面时，对不同原子层组的掠射角也各不相同。因此从不同的原子层组散射出去的 X 射线，只有满足式（18-35）时，才能相互加强，在底片上形成劳厄斑点。

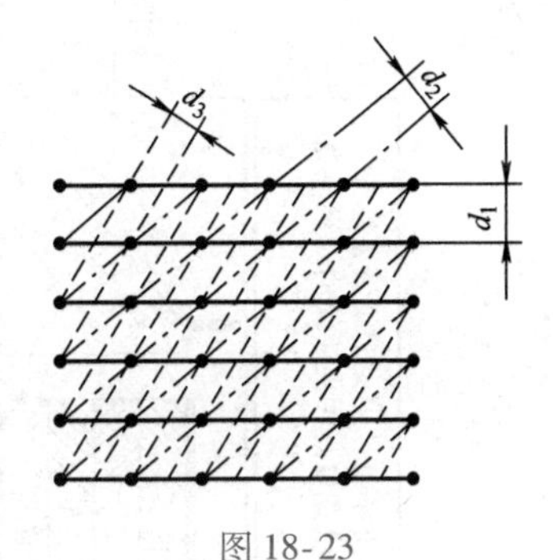

图 18-23

X 射线的衍射已广泛地用来解决下列两个方面的重要问题：

1. 若晶体结构即 d 已知，那么，只需测得衍射光强为极大时的掠射角 θ，就可以计算出 X 射线的波长，这就是 X 射线的光谱分析法的基础，可以用它对原子结构进行研究。

2. 若入射 X 射线的波长已知，通过测定掠射角 θ，则可确定晶体的晶格常数，利用这种方法可以分析晶体的结构。

本章知识导图

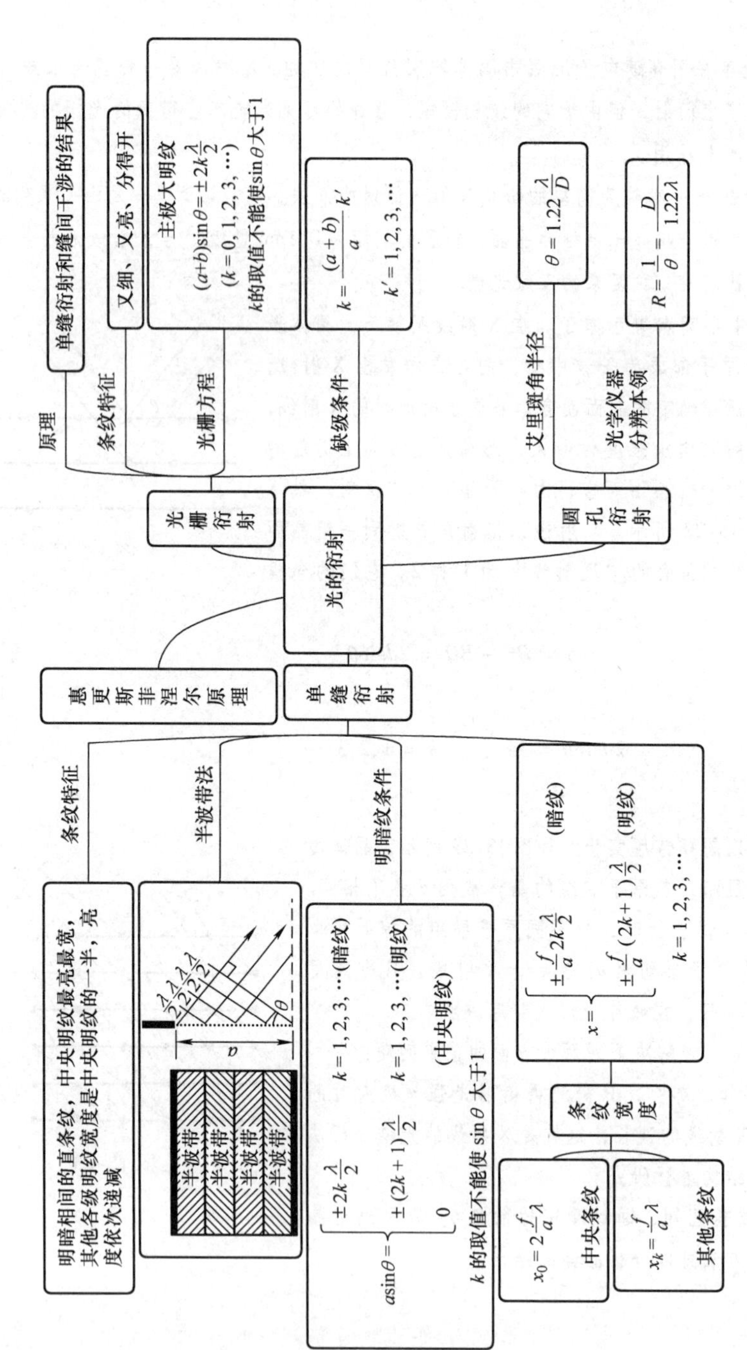
光的衍射
惠更斯菲涅尔原理
光栅衍射
原理
单缝衍射和缝间干涉的结果
条纹特征
又细、又亮、分得开
光栅方程
主极大明纹
$(a+b)\sin\theta=\pm 2k\frac{\lambda}{2}$
$(k=0,1,2,3,\cdots)$
k的取值不能使$\sin\theta$大于1
缺级条件
$k=\frac{(a+b)}{a}k'$
$k'=1,2,3,\cdots$
圆孔衍射
艾里斑角半径
$\theta=1.22\frac{\lambda}{D}$
光学仪器分辨本领
$R=\frac{1}{\theta}=\frac{D}{1.22\lambda}$
单缝衍射
条纹特征
明暗相间的直条纹，中央明纹最亮最宽，其他各级明纹宽度是中央明纹的一半，亮度依次递减
半波带法
半波带
$\frac{\lambda}{2}$
a
θ
明暗纹条件
$a\sin\theta=\begin{cases}\pm 2k\frac{\lambda}{2} & k=1,2,3,\cdots(暗纹)\\ \pm(2k+1)\frac{\lambda}{2} & k=1,2,3,\cdots(明纹)\\ 0 & (中央明纹)\end{cases}$
k的取值不能使$\sin\theta$大于1
条纹宽度
$x=\begin{cases}\pm\frac{f}{a}2k\frac{\lambda}{2} & (暗纹)\\ \pm\frac{f}{a}(2k+1)\frac{\lambda}{2} & (明纹)\end{cases}$
$k=1,2,3,\cdots$
$x_0=2\frac{f}{a}\lambda$
中央条纹
$x_k=\frac{f}{a}\lambda$
其他条纹

思考与练习

思考题

18-1　在观察夫琅禾费衍射的装置中，透镜的作用是什么？

18-2　假设可见光只在毫米波段，而人眼瞳孔尺寸不变，将会出现什么后果？

练习题

(一) 填空题

18-1　在单缝的夫琅禾费衍射实验中，屏上第 3 级暗纹对应于单缝处波面可划分为______个半波带，若将缝宽缩小一半，原来第 3 级暗纹处将是______纹。

18-2　在单缝夫琅禾费衍射实验中，设第一级暗纹的衍射角很小，若钠黄光（$\lambda_1 \approx 589\text{nm}$）中央明纹宽度为 4.0mm，则 $\lambda_2 = 442\text{nm}$（$1\text{nm} = 10^{-9}\text{m}$）的蓝紫色光的中央明纹宽度为______。

18-3　在单缝夫琅禾费衍射示意图中，如习题 18-3 图所示，所画出的各条正入射光线间距相等，那么光线 1 与 2 在幕上 P 点上相遇时的相位差为______，P 点应为______点。

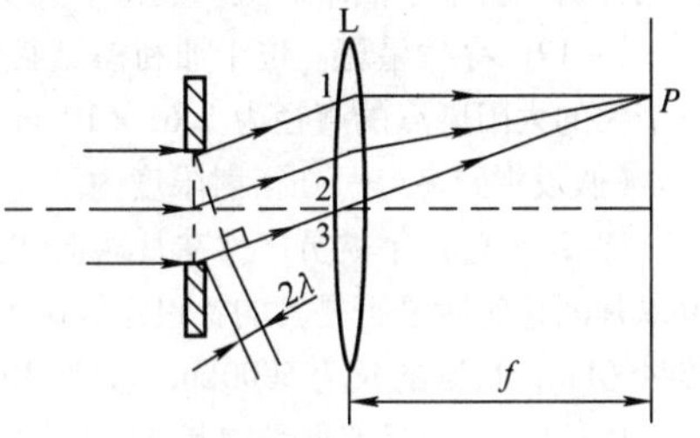

习题 18-3 图

18-4　波长为 600nm 的单色平行光，垂直入射到缝宽为 $a = 0.60\text{mm}$ 的单缝上，缝后有一焦距 $f' = 60\text{cm}$ 的透镜，在透镜焦平面上观察衍射图样。则中央明纹的宽度为______，两个第 3 级暗纹之间的距离为______。（$1\text{nm} = 10^{-9}\text{m}$）

18-5　He－Ne 激光器发出 $\lambda = 632.8\text{nm}$（$1\text{nm} = 10^{-9}\text{m}$）的平行光束，垂直照射到一单缝上，在距单缝 3m 远的屏上观察夫琅禾费衍射图样，测得两个第 2 级暗纹间的距离是 10cm，则单缝的宽度 $a =$______。

18-6　平行单色光垂直入射在缝宽为 $a = 0.15\text{mm}$ 的单缝上。缝后有焦距为 $f = 400\text{mm}$ 的凸透镜，在其焦平面上放置观察屏幕。现测得屏幕上中央明条纹两侧的两个第 3 级暗纹之间的距离为 8mm，则入射光的波长为 $\lambda =$ ______。

18-7　间谍卫星上的照相机能清楚识别地面上汽车的牌照号码。

（1）如果需要识别的牌照上的字划间的距离为 5cm，在 160km 高空的卫星上的照相机的角分辨率应为______；（2）此照相机的孔径为______。光的波长按 500nm 计。

18-8　美国波多黎各阿西波谷地的无线电天文望远镜的“物镜”镜面孔径为 300m，曲率半径也是 300m。它工作的最短波长是 4cm。对于此波长，这台望远镜的角分辨率是______。

18-9　位于 1200km 高度的两个人造卫星相距 28km。如果它们发射波长为 3.6cm 的微波，那么（根据瑞利判据）对这两个发射体，需满足的接收天线的最小直径是______m。

18-10　要求：设计一个地球轨道的天文望远镜，当木星—地球距离为 $5.93 \times 10^8\text{km}$（离地球最近）时，有瑞利判据望远镜恰好可分辨木星上距离 250km 的特征物。请问透镜的最小直径是______m，设波长为 500nm。

18-11　宇航员瞳孔直径为 5.0mm，光波波长 540nm。若他恰能分辨距其 160km 地面上的两个点光源，只计衍射效应，求这两点光源间的距离。

18-12　某单色光垂直入射到一个每毫米有 800 条刻线的光栅上，如果第一级谱线的衍射角为 30°，则入射光的波长应为______nm。

18-13　一束单色光垂直入射在光栅上，衍射光谱中共出现 5 条明纹。若已知此光栅缝宽度与不透明部分宽度相等，那么在中央明纹一侧的两条明纹分别是第________级和第________级谱线。

（二）计算题

18-14　波长为600nm（$1\text{nm}=10^{-9}\text{m}$）的单色光垂直入射到宽度为$a=0.10\text{mm}$的单缝上，观察夫琅禾费衍射图样，透镜焦距$f=1.0\text{m}$，屏在透镜的焦平面处。求：（1）中央衍射明条纹的宽度Δx_0；（2）第2级暗纹离透镜焦点的距离x_2。

18-15　某种单色平行光垂直入射在单缝上，单缝宽$a=0.15\text{mm}$。缝后放一个焦距$f=400\text{mm}$的凸透镜，在透镜的焦平面上，测得中央明条纹两侧的两个第3级暗条纹之间的距离为8.0mm，求入射光的波长。

18-16　用波长$\lambda=632.8\text{nm}$（$1\text{nm}=10^{-9}\text{m}$）的平行光垂直照射单缝，缝宽$a=0.15\text{mm}$，缝后用凸透镜把衍射光会聚在焦平面上，测得第2级与第3级暗条纹之间的距离为1.7mm，求此透镜的焦距。

18-17　在某个单缝衍射实验中，光源发出的光含有两秏波长λ_1和λ_2，垂直入射于单缝上。假如λ_1的第一级衍射极小与λ_2的第2级衍射极小相重合，试问：

（1）这两种波长之间有何关系？

（2）在这两种波长的光所形成的衍射图样中，是否还有其他极小相重合？

18-18　用波长$\lambda=632.8\text{nm}$（$1\text{nm}=10^{-9}\text{m}$）的平行光垂直入射在单缝上，缝后用焦距$f=40\text{cm}$的凸透镜把衍射光会聚于焦平面上。测得中央明条纹的宽度为3.4mm，单缝的宽度是多少？

18-19　寻找星斑。位于加利福尼亚州帕洛马山上的海勒望远镜的孔径为5.08m，并用于聚焦可见光。一个大的太阳斑点的直径为$1.61\times10^7\text{m}$，在能够用该望远镜观察到同样尺寸斑点的星体中最远距离为多少？（假设视野良好，在衍射限度内）

18-20　登月宇航员声称在月球上唯独能够用肉眼分辨的地球上的人工建筑是中国的长城，你依据什么可以判断这句话是否是真的？设定人眼的瞳孔直径为3mm，眼睛的敏感波长为550nm，月地之间的距离为384400km，长城的长为5000km，宽为30m。

18-21　一束具有两种波长λ_1和λ_2的平行光垂直照射到一衍射光栅上，测得波长λ_1的第3级主极大衍射角和λ_2的第4级主极大衍射角均为30°。已知$\lambda_1=560\text{nm}$（$1\text{nm}=10^{-9}\text{m}$），试求：（1）光栅常数$a+b$；（2）波长$\lambda_2$。

18-22　（1）在单缝夫琅禾费衍射实验中，垂直入射的光有两种波长，$\lambda_1=400\text{nm}$，$\lambda_2=760\text{nm}$（$1\text{nm}=10^{-9}\text{m}$）。已知单缝宽度$a=1.0\times10^{-2}\text{cm}$，透镜焦距$f=50\text{cm}$。求两种光第一级衍射明纹中心之间的距离。（2）若用光栅常数$d=1.0\times10^{-3}\text{cm}$的光栅替换单缝，其他条件和上一问相同，求两种光第一级主极大之间的距离。

18-23　用波长为589.3nm（$1\text{nm}=10^{-9}\text{m}$）的钠黄光垂直入射在每毫米有500条缝的光栅上，求第一级主极大的衍射角。

18-24　波长范围在450～650nm之间的复色平行光垂直照射在每厘米有5000条刻线的光栅上，屏幕放在透镜的焦面处，屏上第二级光谱各色光在屏上所占范围的宽度为35.1cm。求透镜的焦距f。

阅读材料

全息照相

全息照相的基本原理早在1948年由伽伯（D. Gabor）发现，但是由于受到光源的限制（全息照相要求光源有很好的时空相干性），在激光出现以前，对全息技术的研究进展缓慢，在1660年激光出现以后，全息技术得到了迅速地发展。目前，全息技术在干涉计量、信息存储、光学滤波以及光学模拟计算等方面得到了广泛的应用。伽伯也因此获得了1971年的诺贝尔物理学奖。

一、全息照相与全息照相术

全息照相和普通照相的原理完全不同。普通照相通常是通过照相机物镜成像，在感光底片平面上将物体发出的或它散射的光波（通常称为物光）的强度分布（振幅分布）记录下来，由于底片上的感光物质只对光的强度有响应，对相位分布不起作用，所以在照相过程中把光波的相位分布这个重要的信息丢失了。因而，在所得到的照片中，物体的三维特征消失了，不再存在视差，改变观察角度时，并不能看到像的不同侧面。全息技术则完全不同，由全息束所产生的像是完全逼真的立体像（因为同时记录下了物光的强度分布和相位分布，即全部信息），当以不同的角度观察时，就像观察一个真实的物体一样，能够看到像的不同侧面，也能在不同的距离聚焦。

全息照相在记录物光的相位和强度时，利用了光的干涉。从光的干涉原理可知：当两束相干光相遇，发生干涉叠加时，其合强度不仅依赖于每一束光各自的强度，同时也依赖于这两束光在感光底片处发生干涉叠加，感光底片将与物光有关的振幅和相位分别以干涉条纹的反差和条纹的间隔形式记录下来，经过适当地处理后，就得到一张全息照片。

二、全息照相的基本过程

1. 波前的全息记录

利用干涉的方法记录物体散射的光波在某一个波前平面上的复振幅分布，这就是波前的全息记录。通过干涉方法能够把物体光波在某波前的相位分布转换成光强分布，从而被照相底片记录下来，因为两个干涉光波的振幅比和相位差决定着干涉条纹的强度分布，所以在干涉条纹中就包含了物光的振幅和相位信息。典型的全息记录装置如图 1 所示，从激光器发出的相干光波被分束镜分成两束，一束经反射、扩束后照在被摄物体上，经物体的反射或透射的光再射到感光底片上，这束光被称为物光波；另一束经反射、扩束后直接照射在感光底片上，这束光称为参考光波。由于这束光是相干的，所以在感光底片上就形成并记录了明暗相间的干涉条纹。干涉条纹的形状和疏密反映了物光的相位分布的情况，而条纹明暗的反差反映了物光的振幅，感光底片上将物光的信息都记录下来了，经过显影、定影处理后，便形成与光栅相似结构的全息图—全息照片。所以全息图正是参考光和物光干涉图样的记录。显然，全息照片本身和原始物体没有任何相似之处。

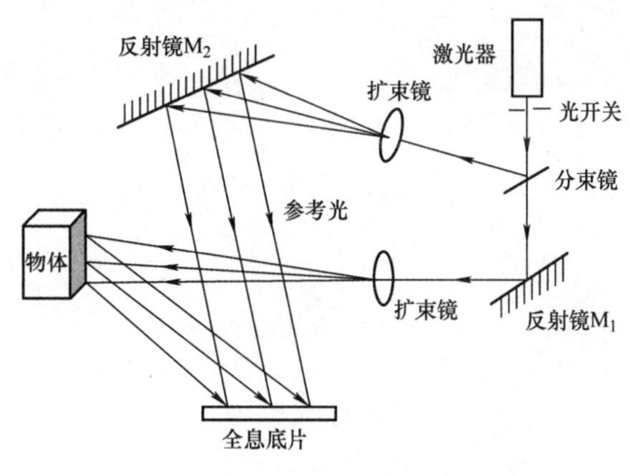

图 1　漫反射全息

2. 物光波前的再现

物光波前的再现利用了光波的衍射，如图 2 所示。用一束参考光（在大多数情况下与记录全息图时用的参考光完全相同）照射在全息图上，就好像在一块复杂光栅上发生衍射，在衍射光波中将包含有原来的物光波，因此当观察者迎着物光方向观察时，便可看到物体的再现像。这是一个虚像，它具有原始物体的一切特征。此外，还有一个实像，称为共轭像。应该指出，共轭波所形成的实像的三维结构与原物并不完全相似。

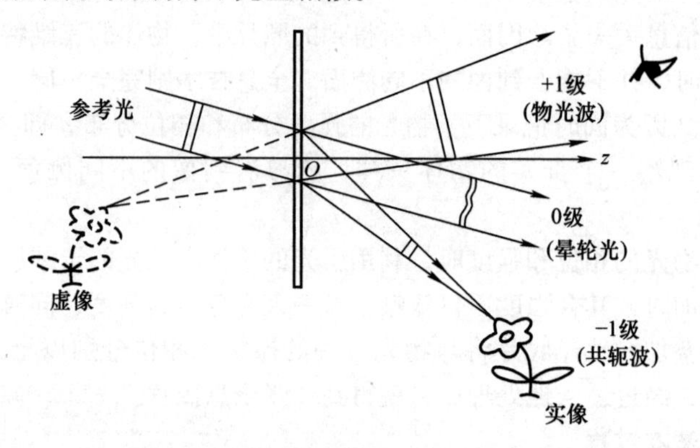

图 2　物光的再现

第19章　光的偏振

历史背景与物理思想发展

人类对光的偏振现象的观察和研究应该说是从1669年丹麦科学家巴塞林发现方解石晶体($CaCO_3$)的双折射现象开始的。1808年，马吕斯首先提出光的偏振这一术语。在进一步研究中他发现，光在折射时是部分偏振的，并提出了确定晶体光轴的方法。1811年，布儒斯特在研究光的偏振现象时发现了光偏振现象的经验定律。1817年，托马斯·杨提出了光的横向振动的假说，比较成功地解释了光的偏振现象。

1818年，菲涅尔从杨的光是横波振动的假说出发开始了他的研究，他受杨的双缝干涉实验的启发和阿拉果合作进行了各种实验，发现了偏振光的干涉现象，并从波动观点不仅解释了光的偏振面的旋转，还用光的横波性及弹性理论导出了关于反射光和折射光振幅的著名的菲涅尔公式，从而解释了马吕斯所发现的光在反射时的偏振现象和双折射现象。光的干涉和衍射现象揭示了光的波动性，光的偏振现象则进一步证实光是横波，充实了光的波动理论。这次成功，使一些维护粒子说的人也改变了原来的观点。然而，菲涅尔等人建立的波动理论假设光是在弹性以太介质中传播的横波，直到1865年，麦克斯韦建立了光的电磁理论，才完成了光的波动理论的最后形式。

光的偏振现象非常普遍并有重要应用。如光在晶体中的传播与偏振现象密切相关，利用偏振现象可以了解晶体的光学特性，制造用于测量的光学器件以及提供诸如岩矿鉴定、光测弹性及激光调制等技术手段。此外在通信、导航、影视、运输安全、精密测量等领域中也有广泛的应用。

人们对于一个物理现象的认识总遵循着这样的规律：在观察和实验的基础上，对物理现象进行分析，去伪存真，由表及里，通过抽象和综合，进而提出假说，形成理论，并不断反复经受实践的检验。当理论和实践相一致时，就按照这条路走下去，并发现新的东西使理论不断完善；当理论和实践相矛盾时，就修正、补充理论，使之与实践尽量符合，甚至放弃原来的理论而建立新的理论。光学的发展史就是沿着这条曲折的道路逐渐形成的。

19.1　光的偏振态

物理现象

将偏振片（只允许某一特定振动方向的光通过）对准太阳光、桌面反射光和液晶显示器，并旋转偏振片，分别可以观察到，太阳的透射光强度不变，液晶显示器的透射光强会出现亮、暗周期性的变化，且会出现全暗（也称消光），桌面反射的透射光强也会出现亮、暗周期性的变化，但不会出现消光现象。这三种光经过旋转的偏振片后为什么会有不同的现象呢？

物理学基本内容

机械波有横波和纵波，如图 19-1 所示，沿 x 轴方向传播的横波只有其振动方向与狭缝的方向相同时，才能通过狭缝；但对于纵波来说，无论狭缝的方向如何都能通过，这是横波与纵波的一个重要区别，即机械横波具有偏振性。那么光波也具有偏振性吗？

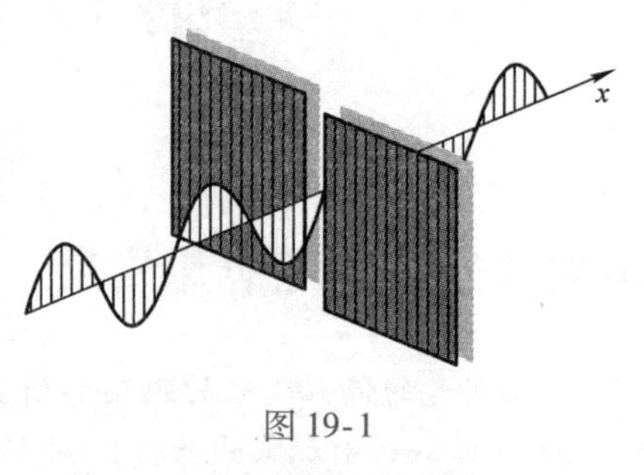

图 19-1

光波是特定频率范围内的电磁波，由于电磁波是横波，所以机械横波的特性也同样会发生在光波中，因此光波也具有偏振特性。通常将电场强度叫作光矢量，电场强度的振动定义为光振动。光振动方向对于传播方向的不对称性叫作偏振，沿特定方向振动的光称为偏振光，偏振光的振动方向称作偏振方向。

19.1.1 自然光

光源的发光机理是大量原子或分子的自发辐射。这些自发辐射的过程是随机的，即振动的取向和大小、振动的相位、发光的持续时间等都是彼此独立没有关联的。所以迎着光的传播方向看，几乎各个方向都有大小不等、前后参差不齐且变化很快的光矢量的振动，但从统计平均看，光矢量分布各向均匀，且各方向光振动的振幅都相同，具有这种特点的光称为自然光。

在自然光中任何一个方向的光振动，都可以分解成两个相互垂直方向的振动。因此，自然光可以用两个相互独立、没有确定相位关系、等振幅且振动方向互相垂直的线偏振光表示，这两个线偏振光的光强各等于自然光光强的一半。如图 19-2 所示是自然光的表示方法，短线表示平行纸面的光振动，圆点表示垂直纸面的光振动。

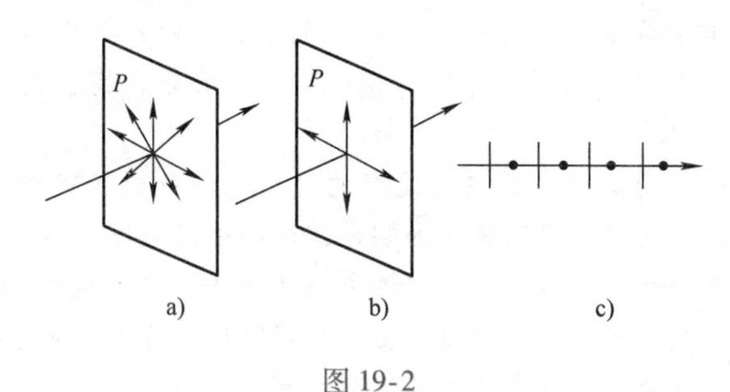

图 19-2

19.1.2 线偏振光

迎着光的传播方向看，光矢量只限于单一方向的光振动称为线偏振光（或面偏振光）。光矢量与光传播方向所构成的平面称为振动面。图 19-3a 和 b 是线偏振光的表示方法，分别表示光矢量平行于纸面和光矢量垂直于纸面振动的线偏振光。

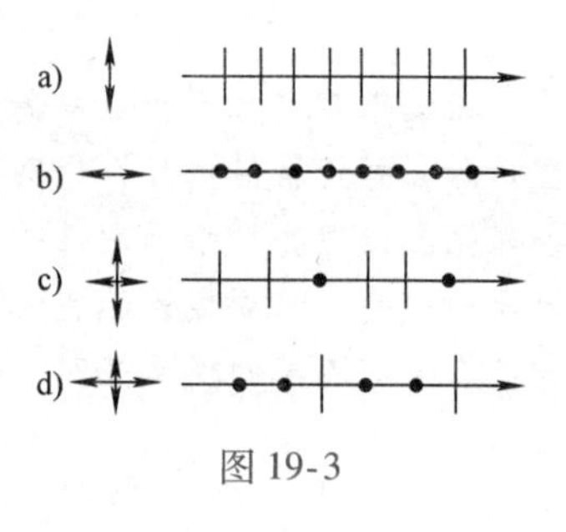

图 19-3

19.1.3 部分偏振光

部分偏振光是介于自然光和线偏振光之间的光。它的振动方向是随机迅速变化的，但在某一方向的振动占优势，振幅最大，与之垂直的方向振幅最小，这种光可以视为自然光和线偏振光的混合。部分偏振光可视为两束振动方向相互垂直、不等幅的、不相干的线偏振光的叠加。图19-3c和d是部分偏振光的表示方法，分别表示光矢量振动平行于纸面为主和光矢量振动垂直于纸面为主的部分偏振光。

太阳光是自然光，液晶显示器的光是线偏振光，而桌面反射光通常是部分偏振光。按照前面自然光、线偏振光和部分偏振光三种偏振态的学习，可知三种光经过旋转的偏振片时就会出现前述的现象。

现象解释

19.1.4 圆偏振光和椭圆偏振光

若光矢量在沿着光的传播方向前进的同时，还绕着传播方向旋转，其旋转角速度与光的频率相对应，且迎着光的传播方向看去，光矢量的端点轨迹为圆的则称为圆偏振光。圆偏振光可视为两束相互垂直方向、等幅的、相位差为 $\pm\frac{\pi}{2}$的线偏振光的叠加。圆偏振光可分为右旋圆偏振光和左旋圆偏振光，如图19-4所示。

若迎着光的传播方向看去，光矢量的端点轨迹是椭圆的称为椭圆偏振光。椭圆偏振光可视为两束振动方向相互垂直、不等幅的、具有某种恒定相位关系的线偏振光的叠加。椭圆偏振光也可分为右旋椭圆偏振光和左旋椭圆偏振光。

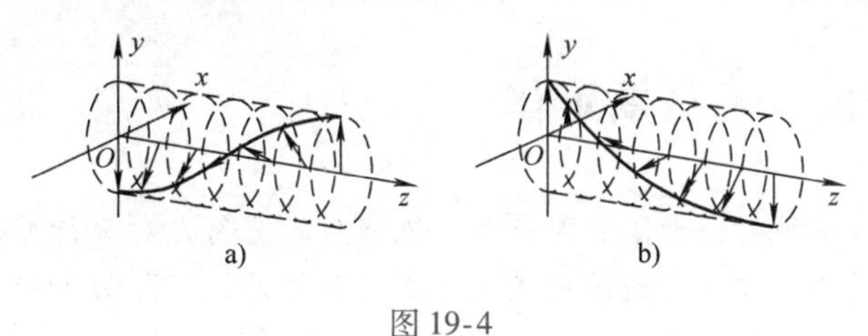

图19-4

19.1.5 偏振度

偏振度是描述光束偏振情况的一个物理量。它可以依据电矢量在不同方向上的强度来定义。若与最大振幅和最小振幅对应的光强分别为I_{max}和I_{min}，则表示偏振程度的偏振度定义为

$$p=\frac{I_{max}-I_{min}}{I_{max}+I_{min}} \tag{19-1}$$

对于自然光，$I_{max}=I_{min}$，$p=0$；对于线偏振光和圆偏振光，$I_{min}=0$，$p=1$，偏振度最大；对于部分偏振光和椭圆偏振光$0<p<1$。

物理知识拓展

飞机天线在一飞机上正确安装时，天线应满足规定的偏振要求，如通信天线为垂直偏振，而无线电高度表为水平偏振。通信天线发射或接收水平偏振信号的能力最小，而高度表则发射与接收垂直偏振信号能力为最小。天线的安装要使飞机在正常飞行姿态下，与所要求的偏振面或偏振轴的偏差不大于15°。如果对于两个完全相同且正交放置的线天线等幅馈电，并使两者的电流相位差为π/2，则这两个线天线将构成一个圆偏振天线，在过两者交点且垂直于它们轴线的方向上，远区场是圆偏振波。根据辐射波的旋向将圆

偏振天线划分为右旋圆偏振天线和左旋圆偏振天线。圆偏振天线只能够接收与其自身旋向相同的圆偏振波。在很多情况下，系统必须采用圆偏振方式才可以正常工作。由于线偏振波可以分解为两个振幅相等、旋向相反的圆偏振波，那么其中总有一个圆偏振波可以被圆偏振天线接收，而圆偏振波可以分解为两个在空间相互正交的线偏振波，其中总有一个线偏振波可以被某线偏振天线接收。因此，现代战争大多采用圆偏振天线进行电子侦察和实施电子干扰。因为火箭上天线的偏振状态也在不断地改变，此时，如果利用线偏振的发射信号来控制火箭，就有可能会出现火箭上的线偏振天线接收不到地面控制信号的情况。除此之外，卫星通信系统上的天线和地面站的天线均采用圆偏振进行工作，这样就可以保证在收发双方有一方运动的情况下，如果有一方采用圆偏振天线，就可以保证信号畅通。否则，如果双方都采用线偏振天线，则有可能会因为相对位置变化而出现失配的情况。

使用偏振镜看立体电影。如图19-5所示，在观看立体电影时，观众戴的偏振眼镜就是一对偏振化方向互相垂直的偏振片。拍摄立体电影时，是用两个镜头从两个不同方向同时拍摄下景物的像。在放映时，在放映机两个物镜前放置偏振方向相互垂直的偏光滤波片，然后投射到银幕上。观众用上述的偏振眼镜观看时，左眼只能看到左边放映物镜投射到银幕上的画面，右眼只能看到右边放映物镜投射到银幕上的画面，两者在大脑中汇合，产生立体感，这就是立体电影的原理。

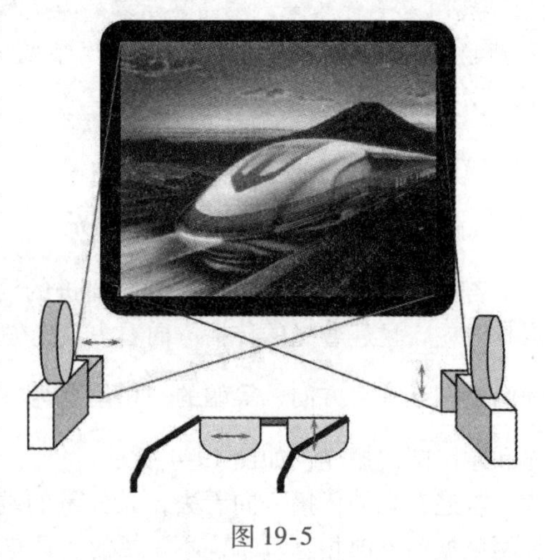

图19-5

19.2 起偏与检偏 马吕斯定律

当飞行员进入机场环境时，太阳直射光和跑道强烈的反射光对飞行员眼睛伤害特别大，需要佩戴飞行员偏光镜，其镜片就是光学上的偏振片，可降低入射光光强。那么自然光透过偏振片后的光强是多少呢？

物理现象

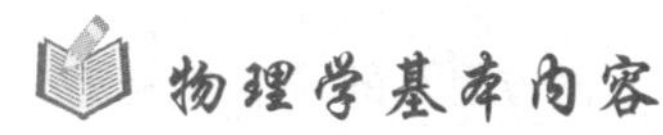

19.2.1 起偏与检偏

从自然光获得线偏振光的过程称为起偏，所用的光学器件称为起偏器。起偏器只能让特定振动方向的光透过，而与该方向垂直振动的光矢量不能透过，这个特定方向称为偏振化方向或起偏方向。自然光透过偏振片后，透射光为线偏振光，而且由于自然光在任意方向分量的光强都为入射自然光光强的一半，所以不管偏振片的偏振化方向如何，通过偏振片后获得光强都为入射光强的一半。

检验一光束是否为线偏振光的过程称为检偏，所用的光学器件称为检偏器。由偏振片的特性可知，它既可用作起偏器，又可用作检偏器。

如图19-6所示是利用偏振片进行起偏和检偏的示意图。图中A为起偏器，自然光垂直入射，透射光为线偏振光，旋转起偏器A，迎着光的传播方向看，透射光强不变。若线偏振光入射到检偏器B，则随着检偏器B的转动，透射光强发生周期性变化，这是因为线偏振光的光矢量振动方向和检偏器的偏振化方向间夹角变化所导致的。线偏振光的偏振化方向和检偏器的透振方向平行时透射光最强，而垂直时最暗。

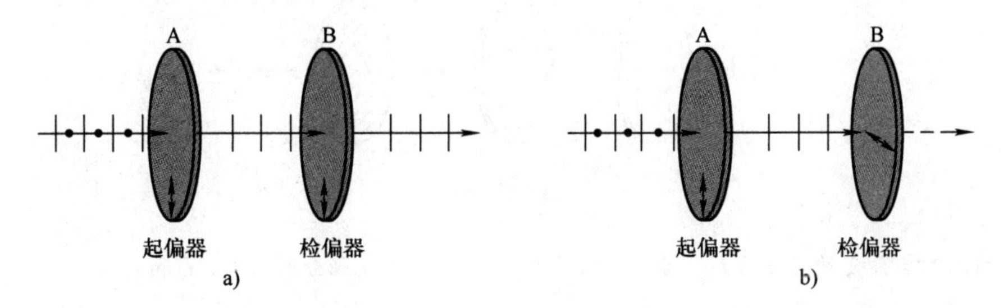

图 19-6

飞行员佩戴的偏光镜将使直射的太阳光的透射总强度减少至入射光强度的 50%。

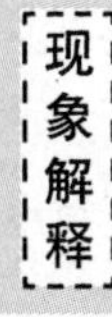

19.2.2　马吕斯定律

偏振光透过偏振片后光强变化的定量规律，首先是由法国科学家马吕斯在 1808 年发现的。他在研究线偏振光透过检偏器后的光强实验中给出，如果入射到检偏器的线偏振光的光强为 I_0，则透射光强 I 为

$$I = I_0\cos^2\alpha \tag{19-2}$$

此式即为马吕斯定律的数学表达式，式中 α 为线偏振光的光矢量振动方向与偏振片偏振化方向之间的夹角。

该定律可以从理论上通过振幅分解法进行证明。设 E_0 和 E 分别表示入射偏振光光矢量的振幅和透过检偏器的偏振光的振幅，那么，如图 19-7 所示，当入射光的振动方向与检偏器的偏振化方向 OP 成 α 角时，有

$$E = E_0\cos\alpha \tag{19-3}$$

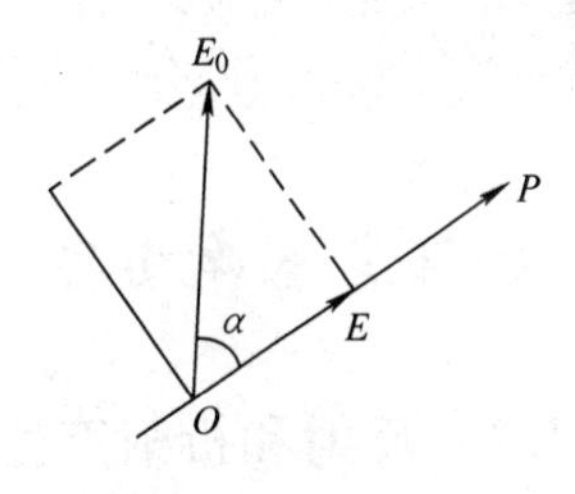

图 19-7

因光强与振幅的平方成正比，透射的线偏振光和入射线偏振光光强之比为

$$\frac{I}{I_0} = \frac{E_1^2}{E_0^2} = \cos^2\alpha \tag{19-4}$$

记为

$$I = I_0\cos^2\alpha \tag{19-5}$$

由上式可知，当 $\alpha=0$ 或 π，即二者平行时，$I=I_0$，透射光最强；当 $\alpha=\pi/2$，即二者垂直时，$I=0$，出现消光现象。

物理知识应用

【例 19-1】如图 19-8 所示，在两块正交偏振片（偏振化方向相互垂直）P_1 和 P_3 之间插入另一块偏振

片 P_2，光强为 I_0的自然光垂直入射于偏振片 P_1，求转动 P_2时透过 P_3的光强 I 与转角的关系。

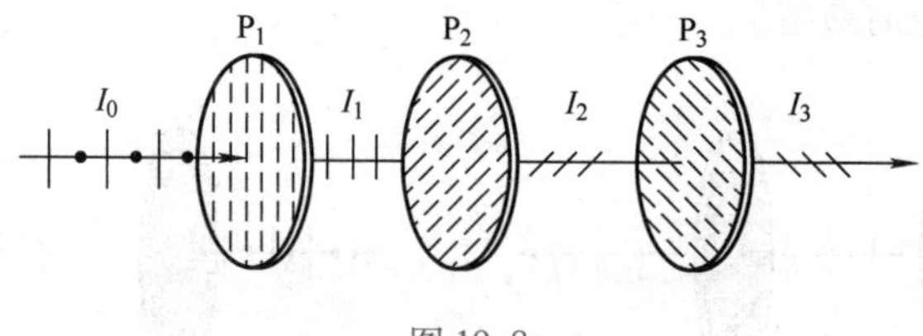

图 19-8

【解】设入射自然光的光强为 I_0，透过偏振片 P_1，P_2和 P_3的光强分别为 I_1，I_2和 I_3。

P_1具有起偏作用，只透过沿偏振化方向振动的光，因此 $I_1 = \frac{1}{2}I_0$

入射到 P_2偏振片的光为线偏振光，设 P_1和 P_2偏振片偏振化方向之间的夹角为 α，依据马吕斯定律，可得透过它的光强

$$I_2 = I_1\cos^2\alpha = \frac{1}{2}I_0\cos^2\alpha$$

同理可得

$$I_3 = I_2\cos^2(90° - \alpha) = \frac{1}{2}I_0\sin^2\alpha\cos^2\alpha$$

$$= \frac{1}{8}I_0\sin^2 2\alpha$$

19.3 布儒斯特定律

在机场除了直射的太阳光外，由于机场的地面比较光滑，会产生强烈的地面反射光，这些反射光不仅会对飞行员的眼睛造成伤害，而且会让飞行员看不清地面，因此消除地面反射光非常必要。飞行员偏光镜能完全消除这些反射光吗？

物理现象

物理学基本内容

19.3.1 反射和折射产生的偏振

一束自然光入射到两种介质的分界面时，将会产生反射和折射。通过检偏器检测反射光和折射光的偏振态时，发现均为部分偏振光，其中反射光中垂直于入射面的光振动成分较多，折射光中平行于入射面的光振动成分较多，如图 19-9a 所示。

19.3.2 布儒斯特定律

1815 年苏格兰物理学家布儒斯特在研究反射光的偏振化程度时发现，反射光的偏振态和入射角有关。当入射角等于某一特定值 θ_B时，反射光是光振动垂直于入射面的线偏振光，而折射光一般仍然是部分偏振光，如图 19-9b 所示，这一特定角称为起偏角或布儒斯特角。

实验还发现，当光线以布儒斯特角入射时，反射光与折射光互相垂直，即

$$\theta + \theta' = \frac{\pi}{2} \tag{19-6}$$

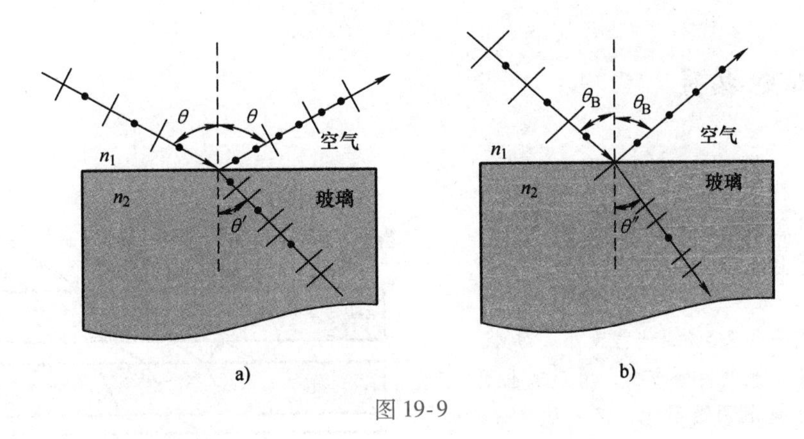

图19-9

根据折射定律，

$$n_1\sin\theta = n_2\sin\theta' = n_2\cos\theta' \tag{19-7}$$

即

$$\tan\theta = \frac{n_2}{n_1} \tag{19-8}$$

此式称为布儒斯特定律，式中 n_1 和 n_2 分别称为介质1和介质2的折射率。

现象解释

地面反射光为部分偏振光，且垂直于入射面的光振动占反射光的大部分，飞行员偏光镜的偏振化方向被设计为平行于入射面，这样就阻挡了垂直于入射面的光振动，而占反射光小部分的与偏振化方向平行的光透过镜片。但是，当入射光满足布儒斯特角入射时，反射光成为完全线偏振光，这时在此方向的反射光将全部被偏光镜阻挡。

思维拓展

当光以布儒斯特角入射时，反射光成为完全线偏振光，折射光为部分偏振光。但如果光入射到不透光的物质上，该定律还成立吗?

物理知识应用

【例19-2】水的折射率为1.33，玻璃的折射率为1.50。当光由水中射向玻璃而反射时，起偏角为多少？当折射光在玻璃下表面反射时，其反射光是否为线偏振光？

【解】(1) 光由水射向玻璃时，根据布儒斯特定律

$$\tan\theta_B = \frac{n_2}{n_1} = \frac{1.50}{1.33} = 1.128$$

起偏角为

$$\theta_B = 48.4° = 48°26'。$$

(2) 由第（1）问可知，折射角为 $90° - 48°26' = 41°34'$

对于玻璃的下表面，起偏角为

$$\theta'_B = \arctan\frac{n_1}{n_2} = 41°34'$$

由此可见，玻璃内的折射光，也是以布儒斯特角入射到玻璃的下表面的，因此它的反射光仍是线偏振光。

物理知识拓展

玻璃堆片

根据布儒斯特定律可在反射光中获得线偏振光，但强度往往较弱。例如，当自然光由空气（$n_1=1$）射向玻璃（$n_2=1.5$）时，$\theta_B=\arctan(n_2/n_1)=56.3°$，反射光强度只占入射光中垂直振动成分的7.5%，光强太小。另外，由于反射光改变了光的传播方向，用起来也不方便，通常更多地利用透射光，但一般来说，一般透光又只是部分偏振光。为能加强反射光的强度和提高透射光的偏振化程度，可以采用玻璃堆片来产生线偏振光的装置，如图19-10所示。使自然光的入射角为布儒斯特角，经多片玻璃的反射和透射后，就可以在反射和透射方向分别获得光振动方向互相垂直的线偏振光。

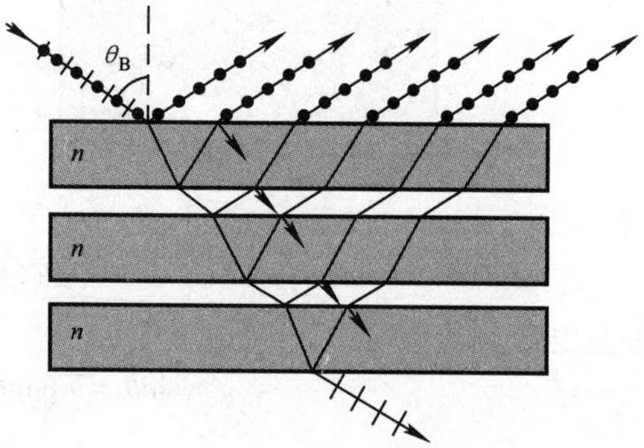

图19-10

布儒斯特窗

布儒斯特定律在生产生活中的用途比较广泛。例如，当一种介质的折射率已知，且布儒斯特角可测时，应用布儒斯特定律，即可获得另一种介质的折射率。又如，在激光器中，可应用布儒斯特定律实现输出的激光为线偏振光，如图19-11所示。将激光管两侧的透明窗G_1和G_2（布儒斯特窗）安置成倾斜的，以便使激光以布儒斯特角入射，这样借助全反射镜M_1和部分反射镜M_2，可实现光振动平行入射面的线偏振光不反射，将其能量损耗降到最低，从而在激光腔内形成稳定的振荡。当满足一定的阈值条件时，光振动平行入射面的线偏振光将从部分反射镜M_2射出。

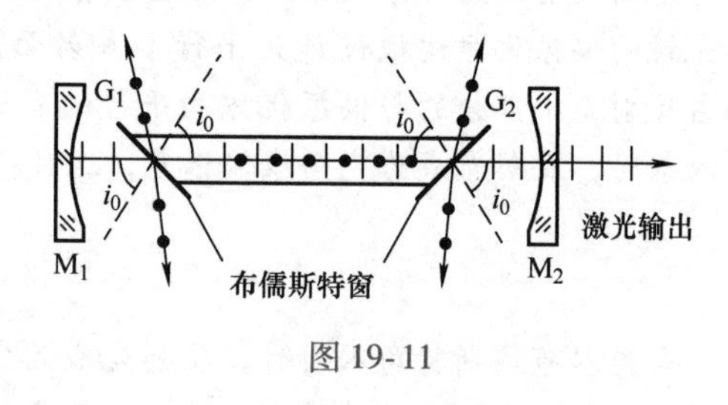

图19-11

偏振光导航

人们发现，蚂蚁是用偏振紫外线来导航的。于是从它的眼睛构造中得到启示，制成了“偏振光天文罗盘”，为航行的飞机或舰船、导弹提供了一种新的导航手段。有了“偏振光天文罗盘”，即使在乌云密布的天气或日出前及日落后，人们仍可利用天空中的偏振光来定向；在不能使用磁罗盘的高纬度地区，例如北极和南极水域，可以用偏振光罗盘来代替航海、航空用的磁罗盘。

偏振探测识别技术

地球表面和大气中的任何目标，在反射、散射和电磁辐射的过程中，会产生由其自身性质决定的特征偏振。自然界中，光滑的植物叶片，江河湖海的水面，冰雪、沙漠、云、鱼鳞和皮革等物体都充当着天然反射起偏器的作用。自然光照射后，反射光中电矢量垂直分量和平行分量的振幅发生变化，成为部分偏振光或线偏振光。人造军事目标表面较光滑，它的反射偏振度与背景不同。物体表面结构、纹理、光入射角度的不同，都会影响反射光波的偏振状态，从而增强物体表面的某些信息。此外，物体的热辐射也有偏振效应，蕴涵着目标多种信息的偏振特性，能为目标识别提供帮助。

偏振探测技术是近几年发展起来的新型遥感探测技术，偏振成像可以增加目标物的信息量，在某种程度上能大大提高目标探测和地物识别的准确度，是其他探测手段无法替代的新型对地探测技术。与其他传统光度学和辐射度学的方法相比，偏振探测通过测量目标辐射和反射的偏振强度值、偏振度、偏振角和辐射率，可以解决传统光度学探测无法解决的一些问题，具有比辐射测量更高的精度。对C－130和B－52飞机进行线偏振光特性研究的实验数据表明飞机不同位置的偏振光的光谱分布不一样，机身亮处在绿光波长上偏振度最大，暗处偏振度最大出现在红外谱段，机身偏振度远远大于天空，因此可以将二者区分。人造军事目标一般具有较光滑表面，其辐射或是反射中的线偏振较强，而一般目标（如泥土、植被）都是相对很粗糙的，其辐射或反射偏振度相对较低。因此基于偏振光进行空间目标识别具有重要的军事意义。

19.4 双折射现象

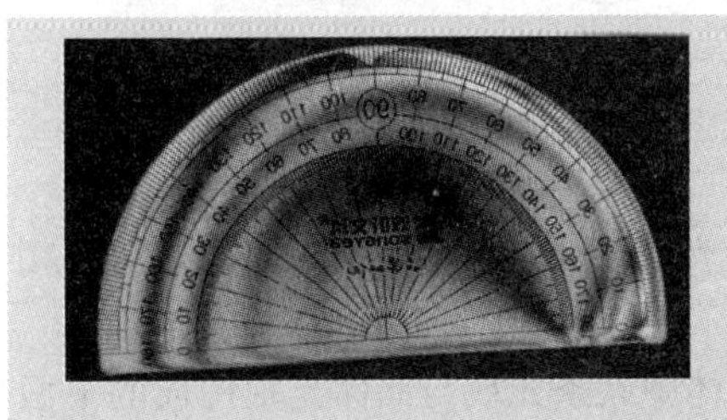

物理现象

航空发动机研制过程中，大部分关键部件均应进行光弹性实验，进行有负载下的应力分析，比如叶片、轮盘和封严篦齿环等。我们也可以做一个等效的实验，将一无色透明的塑料量角器夹在一对偏振化方向互相垂直的偏振片中间，透过自然光，可观察到不规则的彩色条纹。为什么会产生这种现象呢？

物理学基本内容

19.4.1 晶体的双折射现象

如图19-12所示，在一张有字的纸上放置一块普通玻璃片，通过玻璃片可以看到字的一个像，但若纸上放置的是一块透明的方解石晶体，看到的字呈现的却是双像。这表明光进入方解石后分成了两束，如图19-13a所示。这种一束光射入各项异性介质（石英晶体、红宝石和方解石等）时产生两束折射光的现象，称为双折射现象。

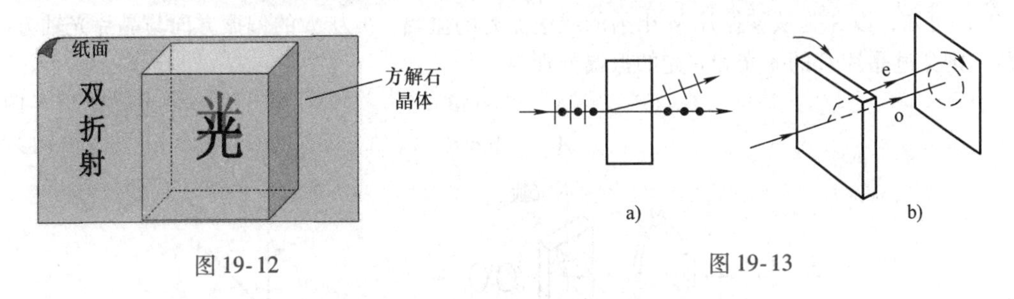

图19-12　　图19-13

实验表明两束折射光具有如下性质：

（1）两束折射光都是线偏振光；

（2）一条折射光线总在入射面内，且遵守折射定律，称为寻常光线（ordinary light），简称o光；另一条折射线不一定在入射面内，且不遵循折射定律，称为非常光（extra－ordinary light），简称e光；若光线垂直两种介质的交界面入射，o光沿原方向传播，而e光一般不沿原方向传播，此时，若以入射光线为轴旋转晶体时，发现o光不动，而e光绕轴转动，如图19-13b所示。

（3）某些晶体内有一个特殊的方向，在这个方向上，o光和e光不再分开，不产生双折射现象，这个方向称为晶体的光轴。应该注意，光轴仅表示晶体内的一个方向，晶体内与该方向平行的直线，都可代表晶体的光轴。方解石、石英、蓝宝石等一类晶体只有一个光轴，称为单轴晶体。云母、硫黄、橄榄石等一类晶体有两个光轴，称为双轴晶体。

19.4.2 单轴晶体中的波面

双折射现象的产生原因是 o 光和 e 光在晶体中的传播速率不同。在单轴晶体中，o 光的传播速率沿各个方向均相同，而 e 光的传播速率却随方向而改变。根据惠更斯原理，o 光在晶体内传播规律与普通各向同性介质中一样，形成的子波波阵面是球面，如 19-14a 所示。而 e 光在晶体内的子波波阵面则是以光轴为轴的旋转椭球面，如图 19-14b所示。将两波面画在一起，沿光轴方向，o 光和 e 光的速率相等，因此光轴方向上它们的波阵面相切；在垂直光轴的方向上，o 光和 e 光的速率相差最大。

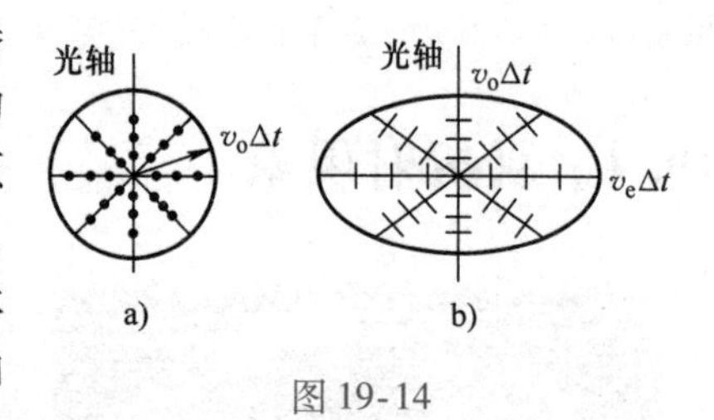

图 19-14

为说明 o 光和 e 光的偏振方向，引入主平面的概念。晶体中某条光线与晶体光轴构成的平面称为主平面，所以晶体内 o 光和 e 光有各自的主平面，实验表明，o 光的振动方向垂直于自己的主平面，而 e 光的振动方向则平行于自己的主平面。对于光轴平行于晶体表面的晶体，当入射光的入射面与光轴平行时，o 光和 e 光都在入射面内，这时 o 光和 e 光的振动方向垂直。特别地，如果光线垂直晶面入射，不仅 o 光和 e 光的振动方向相互垂直（o 光的光振动垂直于光轴，e 光的光振动平行光轴），且传播方向也不发生变化。

19.4.3 椭圆和圆偏振光的获得

如图 19-15 所示，M 为偏振片，C 为一双折射晶片，它的光轴（图中虚线表示）和晶面平行。自然光通过偏振片 M 后变为线偏振光，且这束线偏振光垂直投射在晶片 C 上，由于晶片的光轴平行于晶面，因此该光束进入晶片后产生的振动方向互相垂直的 o 光和 e 光是沿同一方向传播的，且 o 光的振动方向垂直于晶体的光轴，而 e 光的振动方向则平行于晶体的光轴。由图 19-16可知，设 A 为从偏振片 M 出射的线偏振光的振幅，θ 为 M 的偏振方向与晶片光轴方向的夹角，则穿过晶片 C 的 o 光和 e 光的振幅分别为

$$A_o = A\sin\theta \tag{19-9}$$

$$A_e = A\cos\theta \tag{19-10}$$

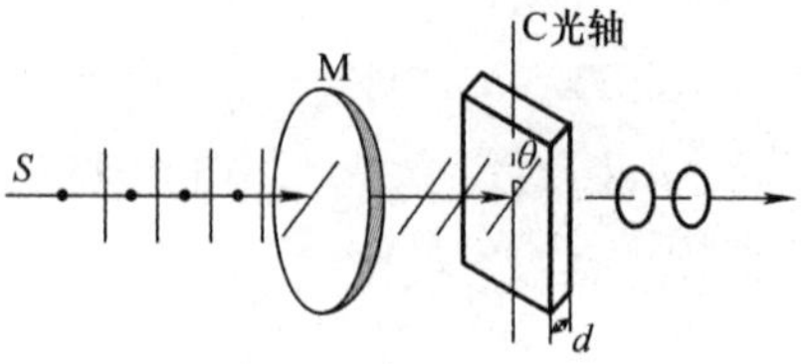

图 19-15

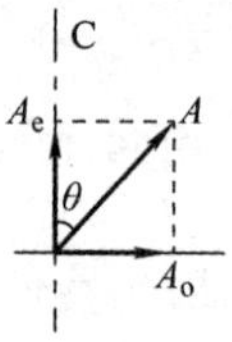

图 19-16

但由于 o 光和 e 光在晶片中的传播速度不相同，因此从晶片 C 出射时有一相位差如下：

$$\Delta\varphi = \frac{2\pi}{\lambda}(n_o - n_e)d \tag{19-11}$$

式中，n_o为晶片对 o 光的主折射率，n_e为晶片对 e 光的主折射率，d 为晶片的厚度，λ 为光在真空中的波长。

根据振动方向相互垂直的两个同频率谐振动的合成规律，有：

$$\Delta\varphi = \begin{cases} \pm k\pi & k = 0,1,2\cdots,\text{合成光为线偏振光} \\ \pm(2k+1)\dfrac{\pi}{2} & k = 0,1,2\cdots,\text{合成光为正椭圆偏振光} \end{cases} \tag{19-12}$$

由式（19-9）和式（19-10）可知，当$\theta=45°$时，$A_o=A_e$，正椭圆偏振光将变为圆偏振光。

19.4.4　椭圆偏振光和圆偏振光的检测

厚度均匀、光轴与表面平行的晶体薄片称为波片。它可以使o光和e光产生确定的相位差，因而也叫相位延迟器。

能使出射的两束线偏振光相位差满足$\Delta\varphi=\pm(2k+1)\dfrac{\pi}{2}(k=0,1,2\cdots)$的波片称为四分之一波片，代入式（19-11），可得两束光的光程差应满足

$$\delta = (n_o - n_e)d = \pm(2k+1)\frac{\lambda}{4} \quad (k = 0,1,2\cdots) \tag{19-13}$$

取$k=0$，得四分之一波片的最小厚度为

$$(d_{1/4})_{\min} = \frac{\lambda}{4(n_o - n_e)} \tag{19-14}$$

由图19-15可知，一束线偏振光通过四分之一波片后，出射光的偏振状态由θ确定。当$\theta=0$时，$A_o=0$，$A_e=A$，出射光是与晶体中e光相同的线偏振光。当$\theta=90°$时，$A_o=A$，$A_e=0$，出射光是与晶体中o光相同的线偏振光。当$\theta=45°$时，出射光是圆偏振光。$\theta\neq0°$、45°、90°时，出射光为椭圆偏振光。

应当指出，波片厚度是针对一定波长而言的，对于不同波长，同一种波片的厚度是不同的。

由以上讨论可知，圆偏振光和椭圆偏振光是由两个有确定相位差的互相垂直的光振动合成的，合成光矢量做有规律的旋转。而对自然光和部分偏振光来说，表示它们的两个相互垂直的振动之间没有恒定的相位差。

根据这一特点，可以对它们进行区分。通常的办法是在偏振片之前加上一块四分之一波片。如果是圆偏振光，通过四分之一波片后就变成了线偏振光，这样再转动偏振片就会看到光强变化，并且有消光现象。如果是自然光，通过四分之一波片后仍为自然光，转动偏振片时光强仍然没有变化。

检验椭圆偏振光时，要求四分之一波片的光轴方向平行于椭圆偏振光的长轴或短轴（通过旋转偏振片可确定），这样椭圆偏振光通过四分之一波片后也变为线偏振光，而部分偏振光通过四分之一波片后仍为部分偏振光。

19.4.5　偏振光的干涉

实现偏振光的干涉的实验装置如图19-17所示，M、N为两块偏振片，其偏振化方向是互相垂直的，C为一双折射晶片，它的光轴和晶面平行。

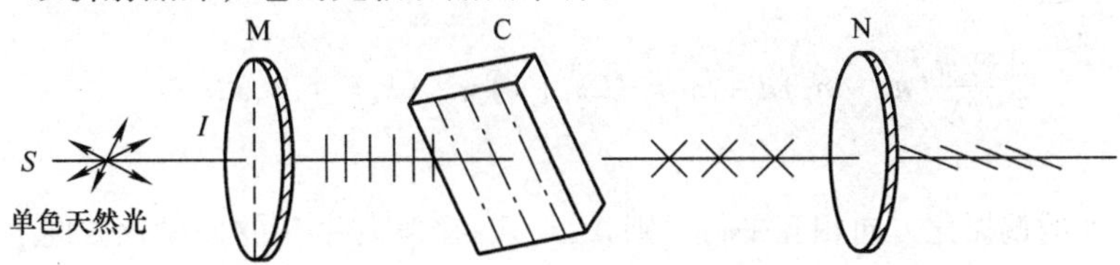

图19-17

线偏振光经过晶体 C 后，产生了传播方向相同，频率相同，相位差恒定的两束线偏振光，但由于振动方向互相垂直，因而这两束光即使相遇，但由于不满足相干条件也不会产生干涉现象。但经过偏振片 N 后，o 光和 e 光仅在偏振片 N 偏振化方向上的投影分量才能通过偏振片 N，于是经过偏振片 N 后，就产生了振动方向平行，频率相同，相位差恒定的两束光，从而产生干涉现象。

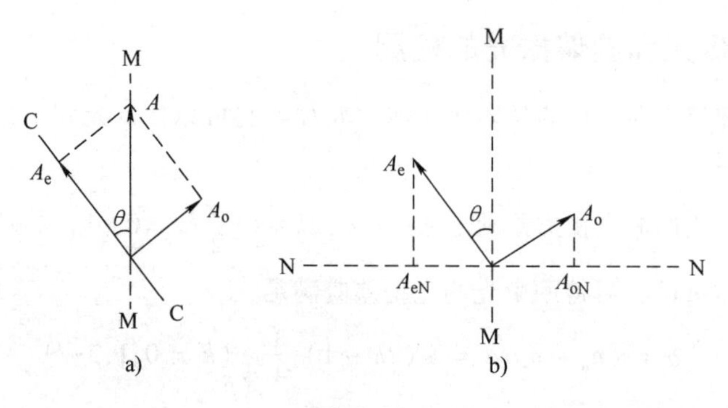

图 19-18

接下来分析干涉加强和减弱的条件。如图 19-18a 所示，设 A 为从偏振片 M 出射的线偏振光的振幅，θ 为 M 的偏振化方向 MM 与晶片光轴方向 CC 的夹角，则穿过晶片 C 的 o 光和 e 光的振幅分别为

$$A_o = A\sin\theta \tag{19-15}$$

$$A_e = A\cos\theta \tag{19-16}$$

如图 19-18b 所示，NN 为偏振片 N 的偏振化方向，与偏振片 M 的偏振化方向 MM 垂直，所以从偏振片 N 出射的两个分振动的振幅分别为

$$A_{oN} = A_o\cos\theta \tag{19-17}$$

$$A_{eN} = A_e\sin\theta \tag{19-18}$$

将式（19-15）和式（19-16）分别代入式（19-17）和式（19-18）得

$$A_{oN} = A\sin\theta\cos\theta \tag{19-19}$$

$$A_{eN} = A\sin\theta\cos\theta \tag{19-20}$$

可见这两个分振动的振幅相等，但振动方向相反。o 光和 e 光从晶片 C 出射时有一相位差。因 A_{oN}与 A_{eN}这两个振动方向相反，又引入位相差 π，故总的位相差为

$$\Delta\varphi + \pi = \frac{2\pi}{\lambda}(n_o - n_e)d + \pi \tag{19-21}$$

当

$$\frac{2\pi}{\lambda}(n_o - n_e)d + \pi = 2k\pi \quad (k = 1,2,3,\cdots) \tag{19-22}$$

时干涉加强；

当

$$\frac{2\pi}{\lambda}(n_o - n_e)d + \pi = (2k+1)\pi \quad (k = 1,2,3,\cdots) \tag{19-23}$$

时干涉减弱。

如果 M 和 N 的偏振化方向相互平行，则 A_{oN}与 A_{eN}在偏振片 N 的偏振化方向上的投影方向相同，此时没有附加位相差 π 引入。另外，只有当 M 和 N 的偏振化方向相互垂直时，才有 A_{oN}与

A_{eN}相等，而且当$\theta=45°$时，振幅最大，此时干涉图样效果最好。

当白光入射时，对不同波长的光来讲，由式（19-11）可知干涉加强或减弱的条件不能同时被满足，从而在屏上显示出颜色，这种现象称为色偏振。

前面研究的问题中，晶片的厚度是均匀的，如果晶片的厚度不均匀，用单色光照射会产生什么现象呢？

思维拓展

偏振光干涉应用十分广泛。例如，在起偏器与检偏器之间放入不同的晶体，会产生不同的彩色干涉条纹，可以利用这种方法精确地鉴别矿石的种类、研究晶体的内部结构。在地质和冶金工业中有重要应用的偏光显微镜，就是在通常用的显微镜上附加起偏器和检偏器而制成的。

塑料、玻璃等非晶体在它们受到应力时，就会由各向同性转变为各向异性，使得$n_o-n_e\neq0$，且n_o-n_e与应力分布有关，从而产生双折射，这种效应称为光弹效应。应力越集中的地方各向异性越强，干涉条纹越密，这就是利用光弹性实验进行应力分析的原理。

现象解释

利用偏振光干涉可以研究透明和不透明机械结构中的应力分布，如退火条件不好或安装不好的玻璃内部会产生局部应力表现出一定程度的各向异性，可用以上原理检查残存内应力，对于机械构件、桥梁或水坝可用透明塑料板模拟要研究的部位的形状，然后对其根据实际工作状况按比例地加力，于是可利用偏振光干涉图样分析其中应力分布，作出判断与进一步定量计算。

19.4.6 偏振光其他效应

克尔效应：在外界强电场作用下物质的光学性质也会发生变化，本来各向同性的介质也会产生一定程度各向异性，而本来具有各向异性的晶体其性质也会变化，即电光效应，应用该效应可制作高速电光开关，广泛用于高速摄影，激光通信等现代光学技术方面。

旋光效应：当一束完全偏振光通过某些物质时，其振动面相对于入射时的振动面会旋转一个角度，这种现象称为旋光现象。物质的这种性质称为旋光性，具有旋光性的物质称为旋光物质。旋光物质通常分为两类，从迎着光的传播方向观看，使振动面按顺时针方向旋转的称为右旋物质，反之称为左旋物质。葡萄糖为右旋物质，而果糖为左旋物质，石英却有右旋与左旋两种。

磁致旋光：又称**法拉第旋转效应**，介质在强磁场作用下，本来不具有旋光性的介质也产生了旋光性，能够使线偏振光的偏振面发生旋转，称为磁致旋光或法拉第旋转效应。利用法拉第旋转效应可制成光隔离器，即只允许光从一个方向通过而不能从反方向通过的“光活门”。该“光活门”在激光的多级放大装置中通常是必要的，因为光学放大系统中有许多界面，它们都会把一部分光反射回去，这对前级装置会造成干扰和损害，安装了光隔离器就可以避免这一点。

物理知识拓展

通过前面的学习可知，从自然光中获得线偏振光可以利用偏振片起偏和布儒斯特定律来实现，那么还有其他的方法吗？

光的双折射也是获得线偏振光的方法，但o光和e光都是线偏振光，并且它们的振动面通常接近于互相垂直。因此，若能将o光和e光分开，就可以利用双折射晶体由自然光获得线偏振光。通常采取的方法是使o光或e光经过全反射而偏转到一侧，另一束光则无偏转地由晶体出射。目前使用最广泛的双折射偏

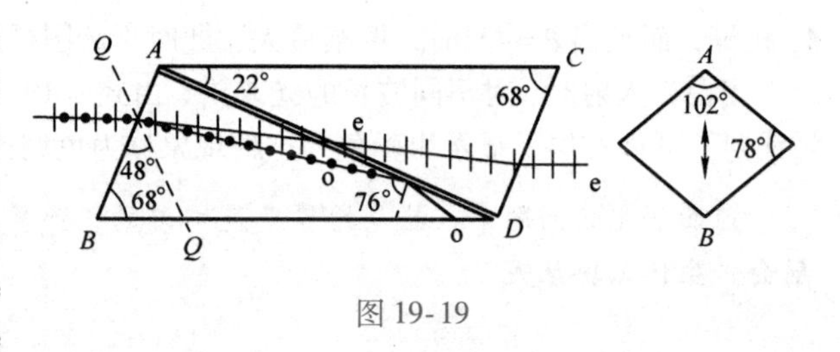

图 19-19

振器件—尼科耳棱镜就是利用这个原理获得线偏振光的。如图 19-19 所示，它是由两块方解石（双折射晶体）直角棱镜（图中$\triangle ABD$和$\triangle ACD$）用加拿大胶粘合而成的。光轴QQ'与端面成48°角。当自然光沿平行于棱AC的方向入射到端面AB后，折射成两束，即 o 光和 e 光。o 光的振动面与截面$ABCD$垂直，而非常 e 光的振动面与截面$ABCD$平行。对于 o 光，方解石的折射率为 1.658，加拿大胶的折射率为 1.550，因此在方解石与加拿大胶的界面上发生全反射（入射角为 76°，全反射的临界角为 69°），并偏折到棱镜的侧面BD，在那里或用黑色涂料将它吸收，或者用小棱镜将它引出。对于 e 光，在此入射方向上方解石的折射率为 1.516，加拿大胶的折射率仍为 1.550，不会发生全反射，而进入第二个直角棱镜，并从端面CD出射。这样就得到了线偏振光，光矢量的振动方向如图 19-19 所示。尼科耳棱镜和偏振片一样，不仅可以作为起偏振器，也可作为检偏振器。

本章知识导图

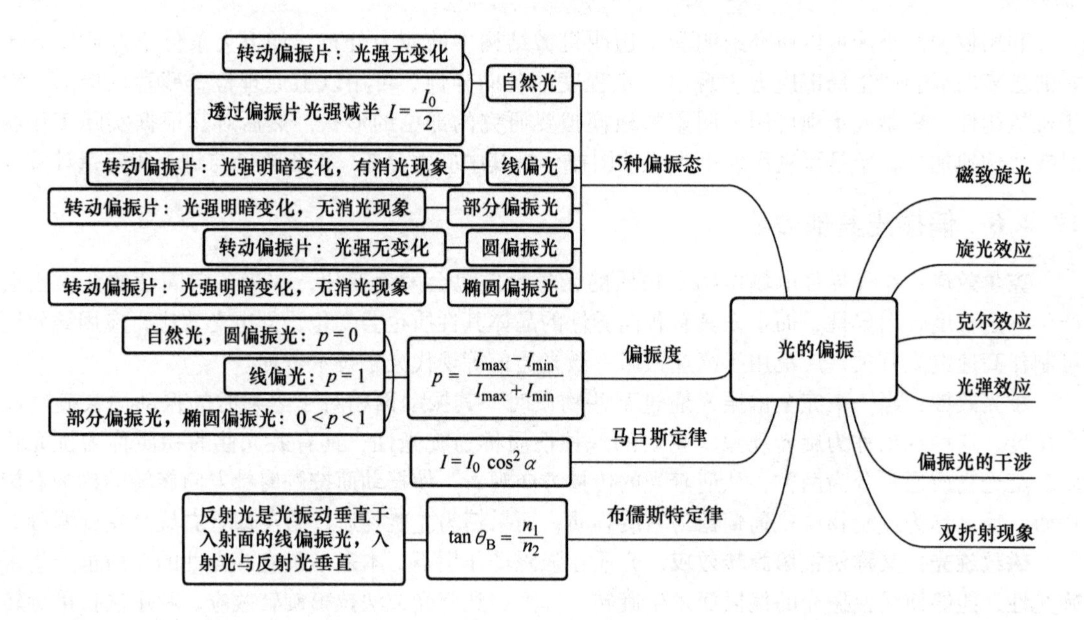

思考与练习

思考题

19-1 光的偏振现象突出反映了光的什么特性？什么是自然光？什么是线偏振光？

19-2 检偏器与起偏器有什么不同？怎样区分自然光与线偏振光？

19-3 在应用马吕斯定律时，总是固定起偏器，旋转检偏器。如果固定检偏器，而旋转起偏器结果会怎样？

19-4 从空气射向水面的光以什么角度入射时，反射光是完全线偏振光？这个角度与光的颜色有关系么？

19-5 什么是双折射现象？

19-6 寻常光线与非常光线的区别是什么？

练习题

（一）填空题

19-1　光的干涉和衍射现象反映了光的波动性质，光的偏振现象说明光波是________波。

19-2　一束光垂直入射在偏振片P上，以入射光线为轴转动P，观察通过P的光强的变化过程。若入射光是________光，则将看到光强不变；若入射光是________，则将看到明暗交替变化，有时出现全暗；若入射光是________，则将看到明暗交替变化，但不出现全暗。

19-3　一束自然光垂直穿过两个偏振片，两个偏振片的偏振化方向成45°角。已知通过这两个偏振片后的光强为I，则入射至第二个偏振片的线偏振光强为________。

19-4　光强为I_0的自然光垂直通过两个偏振片后，出射光强$I=I_0/8$，则两个偏振片的偏振化方向之间的夹角为________。

19-5　自然光以布儒斯特角θ_B从第一种介质（折射率为n_1）入射到第二种介质（折射率为n_2）内，则$\tan\theta_B=$________。

19-6　一束自然光通过两个偏振片，若两偏振片的偏振化方向间夹角由α_1转到α_2，则转动前后透射光强之比为________。

19-7　使光强为I_0的自然光依次垂直通过三块偏振片P_1、P_2和P_3，P_1与P_2的偏振化方向成45°角，P_2与P_3的偏振化方向成45°角，则透过三块偏振片的光强I为________。

19-8　如习题19-8图所示，一束自然光入射到折射率分别为n_1和n_2的两种介质的交界面上，发生反射和折射。已知反射光是完全偏振光，那么折射角r的值为________。

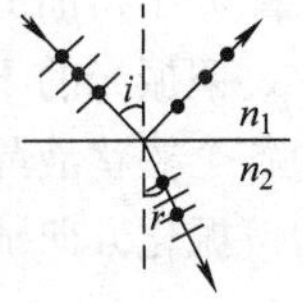

习题19-8图

19-9　两个偏振片堆叠在一起，其偏振化方向相互垂直。若一束光强为I_0的线偏振光入射，其光矢量振动方向与第一偏振片偏振化方向夹角为$\pi/4$，则穿过第一偏振片后的光强为________，穿过两个偏振片后的光强为________。

19-10　两偏振片组成起偏器及检偏器，当它们的偏振化方向成60°时，观察一个光强为I_0的自然光光源，所得的光强是________。

（二）计算题

19-11　两个偏振片叠在一起，当它们的偏振化方向成$\alpha_1=30°$时，观测一束单色自然光。又在$\alpha_2=45°$时，观测另一束单色自然光。若两次所测得的透射光强相等，求两次入射自然光的光强之比。

19-12　设一部分偏振光由一自然光和一线偏振光混合构成。现通过偏振片观察到这部分偏振光在偏振片由对应最大透射光强位置转过60°时，透射光强减为一半，试求部分偏振光中自然光和线偏振光两光强的比。

19-13　自然光通过两个偏振化方向成60°角的偏振片后，透射光的光强为I_1。若在这两个偏振片之间插入另一偏振片，它的偏振化方向与前两个偏振片均成30°角，则透射光强为多少？

19-14　一束光强为I_0的自然光，相继通过两个偏振片P_1和P_2后出射光强为$I_0/4$。若以入射光线为轴旋转P_2，要使出射光强为零，P_2至少应转过的角度是多少？

19-15　两偏振片的偏振化方向成30°夹角时，自然光的透射光强为I_1，若使两偏振片透振方向间的夹角变为45°时，同一束自然光的透射光强将变为I_2，则I_2/I_1为多少？

19-16　一束太阳光以某入射角入射到平面玻璃上，这时反射光为完全偏振光，透射光的折射角为32°。问：（1）太阳光的入射角是多少？（2）玻璃的折射率是多少？

阅读材料

电磁兼容性与液晶显示原理

液晶是一种规则性排列的有机化合物，也是一种介于固体和液体之间的物质，目前一般采用的是分子排列最适合用于制造液晶显示器的向列相细柱型液晶。液晶本身并不能发光，它主要通过电压的改变来产生电场，从而使液晶分子排列发生变化来显示图像。

当偏振光通过多个偏振片时，其 $\boldsymbol{E}$ 矢量方向逐步转向的行为也类似地发生在液晶显示器电控光开关的实验原理中。这里介绍扭曲向列型液晶盒显示器，其结构如图 1 所示。向列型液晶的棒状液晶分子是同向排列的，其排列方向由液晶盒玻璃基片的表面定向处理方式决定，图中显示器液晶盒上、下玻璃基片表面处理层的取向是互相垂直的，这将导致液晶盒内两个基片之间的棒状液晶分子自上而下随着位置的改变而逐步扭转，累积的转向总量为 90°。如图 1 所示的液晶盒被夹在上、下两片偏振化方向相互垂直的偏振片之间。自然光通过液晶盒上面的偏振片后成为线偏振光，该光线通过扭曲向列型液晶层时，其 $\boldsymbol{E}$ 矢量方向随着分子扭曲结构而同步旋转，线偏振光到达扭曲向列型液晶盒的下端时，其 $\boldsymbol{E}$ 矢量方向也旋转了 90°，此时出射光 $\boldsymbol{E}$ 矢量方向恰与液晶盒下方偏振片的偏振化方向平行，可以通过该偏振片，这时的液晶盒呈现“亮”状态，也就是液晶盒光开关的“开”状态，如图 1a 所示。

这里对 $\boldsymbol{E}$ 矢量方向旋转现象做一个定性解释：液晶材料的相对介电常数 ε_r 是各向异性的，棒状液晶分子沿着长轴方向和垂直于长轴方向的相对介电常数分别为 $\varepsilon_{//}$ 和 $\varepsilon_{\perp}$，假设这里使用的液晶材料的介电性质为 $\varepsilon_{//} > \varepsilon_{\perp}$。我们知道，电介质被极化时，极化电场将使原来的电场削弱，合成电场为原电场的 $1/\varepsilon_r$，所以偏振光的 $\boldsymbol{E}$ 矢量与液晶分子长轴平行的分量将被较大地削弱，而偏振光的 $\boldsymbol{E}$ 矢量在液晶分子长轴的垂直方向的分量将被较小地削弱。当光波的波长远远小于液晶分子扭曲的螺距时，在与光线垂直的平面薄层内大致同向排列的液晶分子构成了局部偏振片，偏振光的 $\boldsymbol{E}$ 矢量与该局部区域内的所有液晶分子电偶极矩的矢量和有关，而该平面薄层内的各个棒状液晶分子长轴的垂直方向相当于该局部偏振片的偏振化方向，由于各层局部偏振片的偏振化方向随着液晶分子的转向而逐渐扭转，所以行进中的偏振光的 $\boldsymbol{E}$ 矢量也随之旋转。

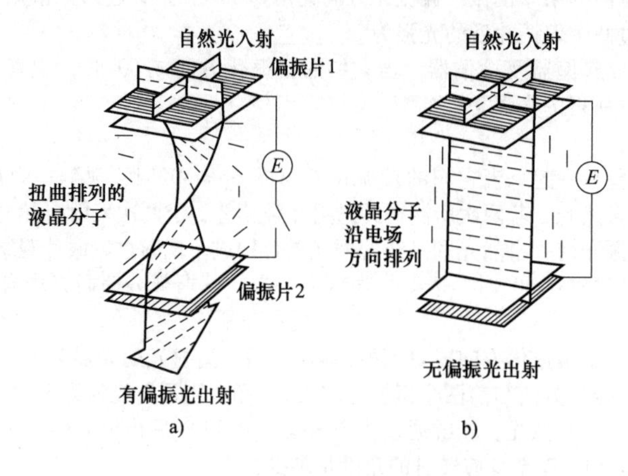

图 1

上面谈到液晶盒“亮”状态的实现，图 1b 显示了液晶盒呈现“暗”状态的原理。如果在液晶盒上、下玻璃基片上的透明导电镀膜之间加上外电场，电场对液晶材料的极化作用使液晶分子垂直于液晶盒表面而排列，这时，通过液晶盒的线偏振光的 $\boldsymbol{E}$ 矢量在液晶分子的长轴方向没有分量，而垂直于长轴方向的介电常数是轴对称而相同的，所以不会发生 $\boldsymbol{E}$ 矢量方向的旋转，当线偏振光到达液晶盒的下端时，出射光的 $\boldsymbol{E}$ 矢量与液晶盒下面偏振片的偏振化方向垂直，因此不能通过该偏振片，这就是液晶盒光开关的“关”状态。

第20章　量子物理基础

历史背景和物理思想发展

人们往往把20世纪头30年称为近代物理的黄金年代，彼时相继诞生了相对论和量子力学，使物理学出现了翻天覆地的变化。但实际上，那段岁月里物理学家们所做的事情同以往并没有什么区别，只是理论与实验结合得更加紧密罢了。

量子力学的诞生起源于热辐射问题。热辐射是19世纪发展起来的一门新学科，1800年，赫谢尔在观察太阳光谱的热效应时发现了红外线。1830年，诺比利发明了热辐射测量仪。1859年，基尔霍夫证明热辐射的发射本领和吸收本领的比值与辐射物体的性质无关，并提出了黑体辐射的概念。1879年，斯特藩总结出黑体辐射总能量与黑体温度四次方成正比的关系。1884年这一关系得到玻耳兹曼从电磁理论和热力学理论的证明。维恩定律在1893年发表后引起了物理学界的注意，实验物理学家力图用更精确的实验予以检验；理论物理学家则希望把它纳入热力学的理论体系。

正是关联经典热力学和电磁场理论的热辐射问题，让原本信心满满的物理学家们铩羽而归。不论是维恩公式还是瑞利－金斯公式都无法从理论上解释黑体辐射的实验结果。物理学家们必须突破经典理论框架的束缚，寻找新的规律，建立新的理论。第一个这样做的人就是普朗克。1900年他在维恩公式和瑞利－金斯公式之间用内插法建立了与实验曲线相一致的一个普遍公式，普朗克当时说："即使这个辐射公式能证明是绝对精确的，但是如果仅是一个侥幸猜测出来的内插公式，那么它的价值也是有限的"，为了解释这个普遍公式，他提出了一个与经典物理学概念截然不同的"能量子"假设：1900年12月14日他在德国物理学会上，在科学史上第一次提出能量是分立的，而不是连续的观点，并导出了能量的分布公式。著名物理学家劳厄称这一天是"量子论的诞生日"。

普朗克的量子假说当时并未引起人们的广泛重视，人们把他的黑体辐射公式只看成一个与实验符合最好的经验或半经验公式，但是实验与理论的矛盾可不止于黑体辐射，进入新的领域，问题必将接踵而至。赫兹在1887年发现的光电效应用经典的光的波动论是没办法解释的，爱因斯坦发展普朗克的能量子假说，提出光量子学说一举解决了光电效应的问题。随后康普顿也采用了光量子的假设，解释了长时间困扰实验学家们的X射线、γ射线的异常散射问题。同一时间，研究原子结构的科学家们也遇到了困难，原子稳定性与光谱线之间的不自洽，让理论学家们迟迟不能建立起合理的原子模型。

注意到这一系列矛盾问题根源的是玻尔。他曾在在曼彻斯特大学卢瑟福的实验室里工作过四个月，很钦佩卢瑟福的工作。1913年玻尔著名的"三部曲"，题名《原子构造和分子构造》Ⅰ、Ⅱ、Ⅲ的三篇论文，发表在《哲学杂志》上。在第一篇的开头，玻尔写道："近几年来对这类问题的研究途径发生了根本的变化，由于能量辐射理论的发展和这个理论中的新假设从实验取得了一些直接证据，这些实验来自各不相同的现象，诸如比热、光电效应和伦琴射线等。从这些问题讨论的结果看来，一致公认的经典电动力学并不适于描述原子规模的系统的行为。不管电子运动定律作何变动，看来有必要引进一个大大异于经典电动力学概念的量到这些定律中来。这个量就叫作普朗克常数，或者是经常所称的基本作用量子。引进这个量之后，原子中电子的稳定组态这个问题就发生了根本的变化。”

玻尔的原子理论取得了巨大的成功，完满地解释了氢光谱的巴耳末公式；从他的理论推算，各基本常数如 e、m、h 和 R（里德伯常数）之间取得了定量的协调。他阐明了光谱的发射和吸收，使量子理论取得了重大进展。同时，他所采用的基本假设也为后来人留下了尚待解决的问题。什么是定态？为什么电子角动量是量子化的而足球的却不是？物理学家们不喜欢局限于某个问题中的特定假设，它的背后一定有什么更深层次的原因。所以，进一步的，有了德布罗意波的类比猜想，又有了薛定谔方程的定量规律表述，物理学家就是这样不断思考、探索、前行。大自然这个“老师”总是讳莫如深，人类只能从实验中得到只言片语的“解答”，想要了解宇宙全部的面貌，自己的“思考”和不断的“提问”二者缺一不可。

20.1 黑体辐射

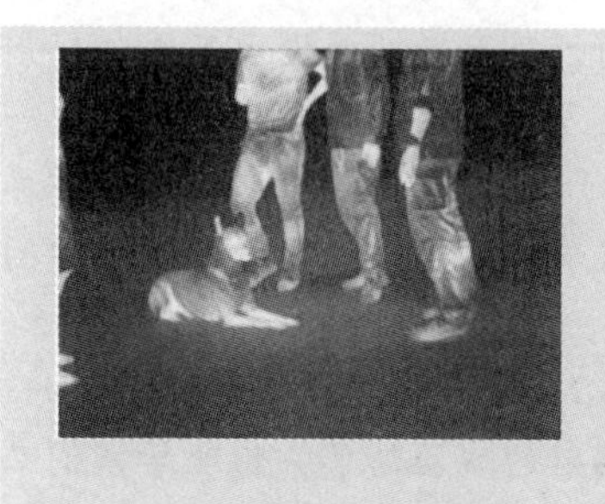

物理现象

夜视设备是现代战争中的重要装备之一，它可以让战士在黑暗环境中也能看到周围物体。其最早由德国在1940年左右研制成功，在二战中投入使用。微光夜视仪主要借助微弱的星光和漫反射光来视物。那么在漆黑的封闭环境中，是不是就没办法看清物体了呢？如图所示，图片中依然能够辨别生物对象和环境，这是什么原理呢？

物理学基本内容

很早以前，人们就在生产和生活中注意到了物体发热时的色彩问题。例如：炉温的高低可以根据炉火的颜色判断；明亮得发青的灼热物体比暗红色的温度高，所以中国古代又有“炉火纯青”的说法；在冶炼金属时，人们往往也会通过观察凭经验调整火候。这一系列现象都和热辐射有关。近代，正是在热辐射领域的研究为人类打开了微观世界新领域的大门。

20.1.1 热辐射的概念和实验研究

温度高的物体会发光，温度不同时，光的颜色会改变，即电磁波的频率不同。而当这些辐射照到身上时人体会感觉很暖和。说明：物体这类发光现象与前面第8和第9章学习的热学规律有关，是电磁波和物体内部热运动由于某种相互作用而发生了能量交换。因此，我们把这种随温度发生改变的电磁辐射叫作热辐射。

19世纪，随着重工业的大发展，急需高温测量、光度计、辐射计等方面的新技术和新设备。许多科学家投入到了热辐射的研究中。1835年，意大利的梅隆尼改进了温差电堆热辐射测量仪，使之能更好地测量包括红外线在内的热辐射能量。1881年，美国的兰利仿照分光计的原理，利用凹面光栅把不同波长的热辐射分散到不同角度进行能量测量。实验表明，热辐射能谱是连续谱，发射的总能量及其按波长的分布是随物体的温度而变化的。温度越高，物体在一定时间内发射的能量越大，而辐射能的波长越短。测量发现，如果物体的温度在800K以下，绝大部分辐射能分布于红外区域，随着温度继续升高，不仅辐射能在增大，而且辐射能集中的波长范围向短波区移动，逐渐进入可见光区域。

由此可见，任何物体都会产生热辐射，但是辐射的性质各不相同。为了定量地研究上述规律，需要了解一些相关的物理量。

1. 总辐出度 $M(T)$

定义为在单位时间内从物体表面单位面积上发射出的各种波长的电磁波能量的总和。它与温度有关，所以表示为 $M(T)$，其单位是 $\mathrm{W \cdot m^{-2}}$。

2. 单色辐出度 $M_\lambda(T)$

如图 20-1 所示太阳的热辐射，其在不同波长的辐射能量分布是不同的。为了更具体地描述辐射情况，假设在单位时间内从物体表面单位面积上发射出的波长在 λ 到 $\lambda+\mathrm{d}\lambda$ 范围内的电磁波能量为 $\mathrm{d}E_\lambda$，则定义

$$M_\lambda(T) = \frac{\mathrm{d}E_\lambda}{\mathrm{d}\lambda} \tag{20-1}$$

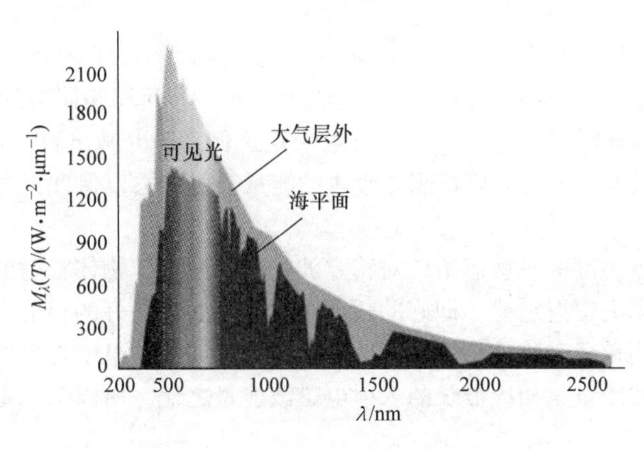

图 20-1

为该物体的单色辐出度，其单位是 $\mathrm{W \cdot m^{-3}}$。它与辐射物体的温度 T 和辐射波长 λ 都有关。由上面的定义，可知单色辐出度 $M_\lambda(T)$ 与辐出度 $M(T)$ 之间的关系为

$$M(T) = \int_0^\infty M_\lambda(T)\mathrm{d}\lambda \tag{20-2}$$

当然，除了与温度有关之外，其实物体的热辐射分布还和物体的材质以及表面状况等因素有关系。如图 20-2 所示，虽然戒指的温度与手部相近，但是辐射却弱很多。

20.1.2　基尔霍夫辐射定律

前面的分析给出了热辐射的概念和相关物理量，但其实各种不同物体不仅能够辐射电磁波，而且还能吸收和反射电磁波（见图 20-2）。当电磁波射至某一不透明物体的表面时，一部分能量被物体吸收，另一部分能量被物体的表面所反射。吸收和反射的情形既与物体自身的温度有关，也与入射电磁波的波长有关。所以，物体与电磁场相互作用而交换能量的现象并不简单，那么能否找到，以及怎样才能找到其中的规律呢？

1859 年，德国物理学家基尔霍夫从热平衡态出发研究了热辐射问题。既然物体的辐射相关情况比较复杂，那么何不从辐射场本身着手呢？他设计了思想实验：在一个真空的绝热容器中放置若干物体，它们可以是不同材料做成的，如图 20-3 所示。根据热力学原理，经过足够长的时

间后，各物体将通过辐射场交换能量最后达到热平衡态，具有相同的温度。基尔霍夫研究的就是这种热平衡态下物体的辐射性质，称为平衡热辐射。想一想，什么是热平衡态，为什么物体不断的辐射电磁波但温度却不再变化呢?

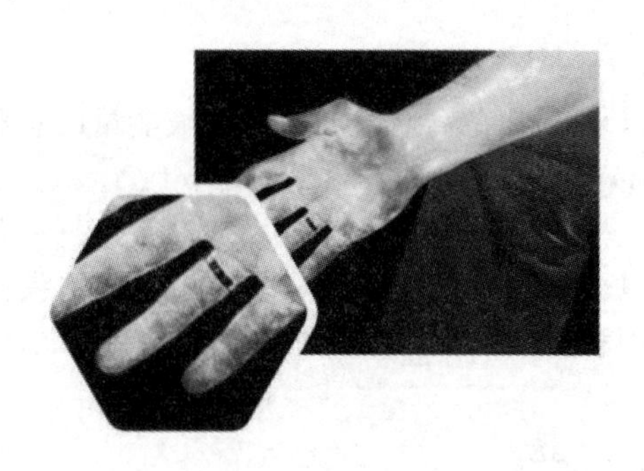

图 20-2

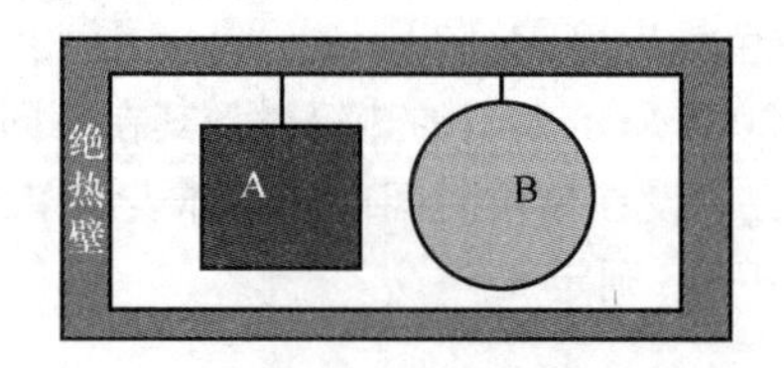

图 20-3

因为在吸收能量的同时也在辐射出等量能量。现在让我们在不同物体上任取两个相同面积的面元 A 和 B 来看看发生的事情：(1) 电磁场给予这两个等面积相同多的能量；(2) 对应每个波长的入射能量，A 选择吸收一定比例，而反射一定比例，B 也做出自己的选择；(3) 与此同时，对应其中的每个波长，A 必须要把刚才吸收的能量辐射出去以保证自身温度和辐射场能谱的稳定，B 也是如此。

由此可见，在一定温度的平衡态下，对特定波长的电磁波，物体辐射的能力与其吸收的比例成正比，这就是基尔霍夫辐射定律。即好的辐射吸收体也必然是好的辐射发射体。定量描述物体吸收能力的物理量称为单色吸收比，用 $\alpha_\lambda(T)$ 表示。其定义为，温度为 T 的物体吸收波长在 λ 到 $\lambda+\mathrm{d}\lambda$ 范围内的电磁波能量与相应波长的入射电磁波能量之比。所以基尔霍夫辐射定律又可以用下面的式子来表达：

$$\frac{M_{1\lambda}(T)}{\alpha_{1\lambda}(T)}=\frac{M_{2\lambda}(T)}{\alpha_{2\lambda}(T)}=\cdots=I(\lambda,T) \tag{20-3}$$

其中 $I(\lambda, T)$ 表示某个只与波长和温度有关、而与物体材质无关的函数。

思维拓展

从结果上来说，吸收越多辐射就越多，但这是为什么呢? 可以猜想：物体的自身的辐射机制其实与它受到的辐射有关，所以吸收越多辐射就越多。爱因斯坦正是沿着这条思路，仔细研究了物体与辐射场的热平衡态，发现了除“自发辐射”之外的另一种辐射机制——“受激辐射”。正是有了受激辐射理论人类才发明了“激光”。(参见第 20.6 节)

1862 年基尔霍夫在辐射定律的基础上设想了一种物体，它在任何温度下对任何波长的入射辐射能都全部吸收，他把它称作绝对黑体。黑体的单色吸收比 $\alpha_{b\lambda}(T)=1$，于是有：

$$\frac{M_{b\lambda}(T)}{\alpha_{b\lambda}(T)}=M_{b\lambda}(T)=I(\lambda,T) \tag{20-4}$$

研究清楚了黑体在平衡辐射时的单色辐出度，也就研究清楚了任意物体在任意温度下单色幅出度与单色吸收比的比值。于是黑体成为了实验和理论物理学家研究的一个重要的理想模型。其辐射基本规律，是红外科学和辐射热交换领域中许多理论研究和技术应用的基础。

20.1.3　黑体辐射的实验规律

绝对黑体的单色辐出度 $M_{b\lambda}(T)$ 是研究热辐射的核心问题。但现实中任何物体都不是绝对黑体，即使是看起来黑黑的烟煤，吸收比也不及99%，所以实验物理学家不断寻找更好的近似物。后来德国物理学家维恩建议用加热的空腔替换涂黑的铂片来代表黑体。如图 20-4a 所示，用不透明材料制成带有小孔的空腔，当电磁波从小孔入射时，将会在空腔中来回反射和吸收，很难再从小孔射出。维持空腔在一定的温度 T 时，从小孔发出的辐射就近似是黑体辐射。

对其进行测量，可以得到黑体的单色幅出度的实验曲线，如图 20-5 所示。从图中可以看到在任何温度下，黑体的单色辐出度 $M_{b\lambda}(T)$ 都随波长连续变化，每条曲线都有一个极大值。温度升高时，幅出度整体增大因而曲线下面积增大，同时辐射能量分布向短波方向移动。分析这些实验曲线可以得到黑体辐射相应的两条基本规律。

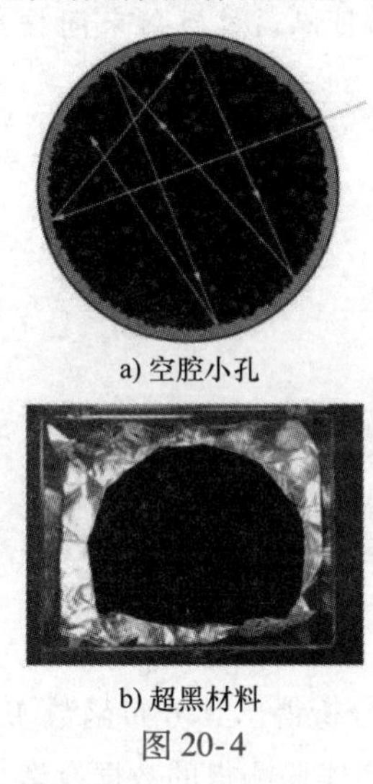
a) 空腔小孔

b) 超黑材料

图 20-4

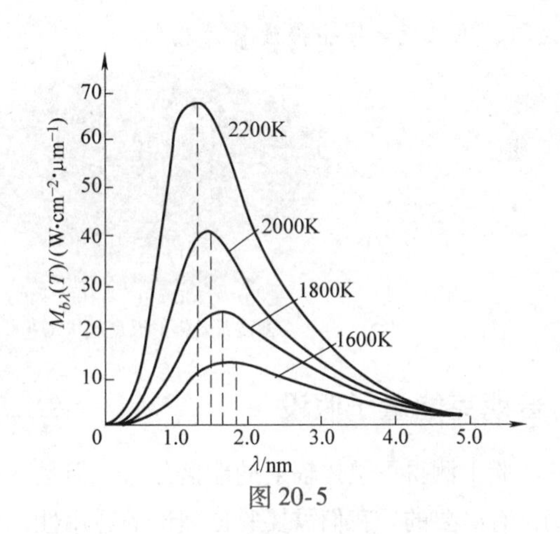

图 20-5

1. 斯特藩 - 玻耳兹曼定律

1879 年，斯特藩总结出黑体总幅出度与温度 T 的四次方成正比的关系：

$$M_b(T) = \sigma T^4 \tag{20-5}$$

实验测得上式中的比例常数为

$$\sigma = 5.6703 \times 10^{-8}\,\mathrm{W/(m^2 \cdot K^4)}$$

1884 年这一关系得到了玻耳兹曼从电磁学和热力学理论的证明。

2. 维恩位移定律

如图 20-5 所示黑体辐射能谱曲线的极大值相对应的波长称为峰值波长，用 λ_m 表示。1893 年维恩从他的辐射理论中导出了峰值波长与温度成反比关系，后被证实与实验结果相符：

$$\lambda_m T = b \tag{20-6}$$

其中常数 $b = 2.897 \times 10^{-3}\,\mathrm{m \cdot K}$。这一关系称为维恩位移定律。表 20-1 给出了不同温度下 λ_m 的数值。

表 20-1　维恩位移定律

T/K	500	1000	2000	3000	4000	5000	6000	7000	8000
λ_m/nm	5796	2898	1449	966	725	580	483	414	362

现象解释

通过前面的学习可知，即使封闭黑暗环境中，生物和环境也在不断辐射电磁波。根据维恩位移定律可以计算出常温情况下，这些电磁波处于红外波段。由于生物和环境通常具有不同的温度，因此辐射分布也不相同，通过红外夜视仪捕捉相应波段的辐射，就能够在黑暗中帮助我们看清周围环境。

维恩位移定律将热辐射的颜色随温度变化的规律定量地表示了出来，为测量高温、遥感、红外追踪等技术打下了基础。例如地表温度为300K时，其热辐射的峰值波长约为10μm，主要是红外波段的辐射，而大气层对红外波段的吸收很小，因此可以通过地球卫星进行红外遥感测量，从而进行资源、地质、森林防火等勘探。同时注意到，当温度达到4000K时，黑体辐射峰值波长才开始进入可见光区，所以生活中我们看到的各种色彩的灯光，它们是否达到了如此高的温度呢？答案是否定的。因此，它们发光，一定是区别于热辐射的另一种发光机制。

思维拓展

除了炉火的温度，还有哪些物体是我们不容易直接测量而可以通过辐射来间接测得温度的呢？

比如太阳、飞机或者宇宙微波背景辐射。

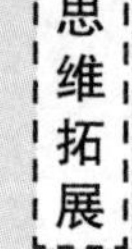

微波背景辐射温度起伏ΔT/μK

20.1.4　普朗克能量子假设

虽然从实验上测得了黑体辐射的能谱分布，但是从理论上分析得出其分布函数$M_b = f(\lambda, T)$的表达式仍是有必要的。我们需要验证理论的适用性，也想知道实验测得的数据有多少误差。但是在这里，理论学家们却遇到了极大的困难，使得该问题成为了19世纪末期理论物理学面临的重大课题。

1. 经典辐射模型的困难

维恩是一位在理论、实验方面都有很高造诣的物理学家。他用经典统计物理学方法导出了下面的黑体辐射分布函数

$$M_{b\lambda}(T) = \frac{c_1}{\lambda^5} e^{-c_2/\lambda T} \tag{20-7}$$

上式称为维恩公式。维恩公式只是在短波波段与实验曲线相符，而在长波波段明显偏离实验曲线，如图20-6所示。

另一方面，英国物理学家瑞利根据经典电动力学和经典统计物理学理论导出的另一个分布函数，后经金斯修正之后表达如下

$$M_{b\lambda}(T) = \frac{2\pi c}{\lambda^4} kT \tag{20-8}$$

瑞利-金斯公式在长波波段与实验相符，而在短波波段与实验曲线有明显差异并且趋向于无穷大，这意味着物体在任何温度下都将释放大量的紫外线，这显然是荒谬的。这在物理学史上曾称为“紫外灾难”。

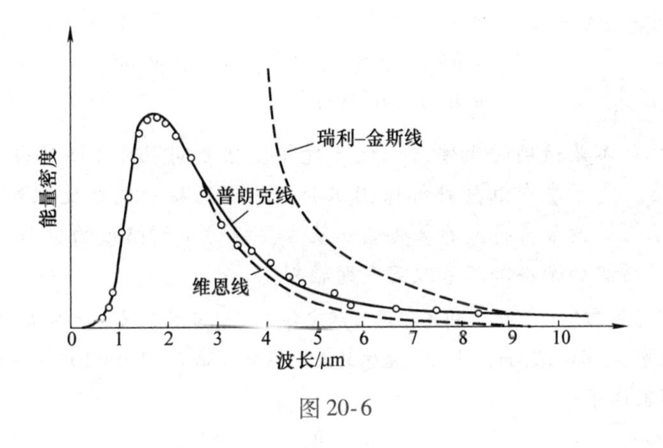

图 20-6

2. 普朗克辐射公式和能量子的概念

用经典理论解释黑体辐射问题已到了山穷水尽的困境，要开创柳暗花明的新局面，必须突破经典理论框架的束缚，寻找新的规律，建立新的理论。

1900 年德国物理学家普朗克另辟蹊径，先结合实验数据利用数学内插法把维恩公式和瑞利 - 金斯公式综合到了一起，得到了一个和实验高度相符的公式。

$$M_{b\lambda}(T) = \frac{2\pi hc^2}{\lambda^5}\frac{1}{e^{hc/\lambda kT}-1} \tag{20-9}$$

式中的 h 是普朗克拟合实验数据时得到的一个常数，称为普朗克常量，其于 2019 年确定的值为 $6.626\,070\,15\times10^{-34}\,\text{J}\cdot\text{s}$。

接下来的工作，普朗克就是要从理论角度分析出这个显然正确的公式是怎么来的。他以最紧张的工作状态，经过 3 个月的努力，终于在 1900 年底前完成了。但是出乎所有人意料的是，这套理论的背后有一个能量不可连续取值的条件，即普朗克能量子假设：

（1）金属空腔壁中电子的振动可视为一维谐振子，它吸收或发射电磁波辐射能时，以与振子的频率成正比的能量子 $h\nu$ 为基本单元，来吸收或发射能量。

（2）空腔壁上带电谐振子所具有的能量是 $h\nu$ 的整数倍。

$$E = nh\nu,\qquad n = 1,2,\cdots \tag{20-10}$$

很显然，经典物理学中并没有这样的能量不连续的要求，亦即普朗克的能量子思想与经典物理学理论是不相容的。最初，普朗克本人对此也抱持谨慎态度。但后来证明这一理论是正确的。物理学就是这样，任何一个新的理论或者假设，只有经过实验的检验，才能去伪存真。普朗克能量子假设这一新思想，启发了人们新的思考，也警示人们不可墨守成规。它所引发的后续一系列相关研究，最终使人类逐步认识微观世界，建立起了量子力学。20 世纪初期的这段历史使物理学发生了划时代的变化，人们把 1900 年 12 月 14 日普朗克在柏林物理学会议上报告的这一天称为量子物理的诞生日。

物理知识应用

【例 20-1】温度为室温（20℃）的黑体，其单色辐出度的峰值所对应的波长是多少？辐出度是多少？

【解】（1）由维恩位移定律

$$\lambda_m = \frac{b}{T} = \frac{2.898\times10^{-3}}{293}\text{m} = 9890\text{nm}$$

（2）由斯特藩－玻耳兹曼定律

$$M_b(T) = \sigma T^4 = 5.67\times10^{-8}\times(293)^4\,\mathrm{W/m^2}$$
$$= 4.17\times10^2\,\mathrm{W/m^2}$$

思维拓展

实际上普通物体并不是精确的黑体。也就是说即使在相同温度下不同物体的辐射能谱也不尽相同。这就是军事中红外目标探测识别的物理基础，也是反红外探测、红外伪装的主要研究依据。例如自行武器装备的伪装主要模仿绿色植被的典型辐射特征，红外伪装服主要通过纺织和涂层加工来改变表面辐射。

【例20-2】可将星体视作绝对黑体，利用维恩位移定律测星体表面温度，已知太阳 $\lambda_m=0.55\mu m$；北极星 $\lambda_m=0.35\mu m$；天狼星 $\lambda_m=0.29\mu m$；试求各星体的表面温度（取 $b=2.9\times10^{-3}\,m\cdot K$）。

【解】由维恩位移定律有

$$T=\frac{b}{\lambda_m}$$

太阳：$T_1=5.3\times10^3\,K$；

北极星：$T_2=8.3\times10^3\,K$；

天狼星：$T_3=1.0\times10^4\,K$。

物理知识拓展

1. 空中目标的辐射

各种类型的飞机、导弹、火箭和卫星等都构成重要的红外辐射源。其中主要包括发动机壳体及其尾喷管的辐射，尾焰（排出的燃烧废气）辐射，以及高速飞行时的蒙皮辐射。但不同型式的飞行器，辐射的强度和分布具有很大差别。利用这些特征和差别，可以辅助进行目标识别，下面列举一些典型：

螺旋桨飞机发动机外壳温度较低（80～100℃），发射率（指是物体总辐出度与相同温度下黑体总辐出度的比值）和辐射功率也较小，废气辐射为近似连续的辐射光谱；螺旋桨飞机的排气管温度在接近集气管部分为650～800℃，随着接近排气口降到250～300℃，表面发射率可达0.8～0.9。在这类飞机的总辐射中，废气和发动机外壳的辐射约占35%～45%，其余部分则是排气管的辐射。

喷气飞机的辐射主要来源于尾喷管热金属和排出的尾焰辐射，其次是高速飞行时的蒙皮辐射，但依发动机的类型、飞行速度和有无加力燃烧等因素的变化而变化。尾喷管可看成腔形黑体辐射源，有效发射率约为0.9，辐射面积等于排气喷嘴面积，辐射温度等于排出气体温度（400～700℃）。尾焰辐射可用煤油火焰辐射的光谱分布来近似，当无加力燃烧时，尾喷管的辐射远大于尾焰辐射，但在有加力燃烧时，尾焰将成为主要辐射源。然而，当飞行的马赫数超过M=1.5时，尾焰温度和辐亮度都将下降。例如，当M=3.5时，即使有加力燃烧的尾焰也小于热尾喷管的辐射。

随着飞行速度的提高，因空气动力加热将使飞机蒙皮达到很高温度。例如，F－104A飞机以M=2.0的速度飞行时，蒙皮温度达122℃；X－2飞机以M=3的速度飞行时，蒙皮温度达333℃。因此，随着飞行速度的增加，蒙皮辐射在飞机的总辐射中所占的比例也在不断增加。

火箭和导弹的飞行速度远远超过音速，因而是功率更强的红外辐射源。它们的辐射主要来自发动机工作时热排气喷管（相当于1940K）的辐射、在起飞或高空点火时发动机放出的炽热羽状烟柱的辐射，以及在大气层中空气动力加热和在宇宙飞行时太阳辐射引起的火箭的辐射。

2. 红外线及其应用

1800年，英国天文学家赫谢尔为了寻找观察太阳时保护眼睛的方法，研究了太阳光谱各部分的热效应。当他把灵敏的水银温度计放在被棱镜色散的太阳光谱的不同部分时，发现产生热效应最大的位置是在可见光谱的红光的外侧，从而首先发现了太阳光谱中还包含看不见的辐射能。当时他称这种辐射能为“看不见的光线”，后来称为红外线，简称红外。

在不同的研究领域和技术应用中，往往根据红外辐射的产生机理与方法、传输特性和探测方法的不同，又把整个红外光谱区划分为几个波段。虽然划分的方法至今并不完全统一，但大体上可用表20-2来概括。今后，随着红外科学发展水平的逐渐提高以及应用的不断推广，也可能会出现更细致、更合理的分段方法。

表20-2　红外光谱波段划分

适用的研究和应用领域	近红外/μm	中红外/μm	远红外/μm	极远红外/μm
军事、空间和工业应用	0.75~3.0	3.0~6.0	6.0~15.0	15.0~1000
红外烘烤加热技术	0.75~1.4	1.4~3.0	3.0~1000	
红外光谱学研究	0.75~2.5	2.5~25	25~1000	

到目前为止，红外在现代军事技术、工农业生产、空间技术、资源勘测、天气预报和环境科学等许多领域中的应用日益增多。例如，应用红外技术的夜视、摄影、通信、搜索、跟踪、制导、火控、热成像和前视、目标侦察和伪装探测等，不仅保密性好，抗电子干扰性强，而且分辨率高，准确可靠，大大提高了军队装备的现代化水平。利用红外遥感技术进行地球资源勘测、海洋研究、气象观测、大气研究和污染监视，覆盖面积大，不受地理位置和条件限制，获得信息迅速、丰富，并可及时掌握动态变化。在工农业生产中广泛使用的红外辐射测温、无损检测、成分分析与流程控制、辐射加热技术等，也都显示出红外技术的独特优点。

20.2　光子　光的二象性

如20.1节所述，既然红外辐射并不在人眼可见范围，那红外夜视仪是如何让我们看到物体的红外辐射图像的呢？

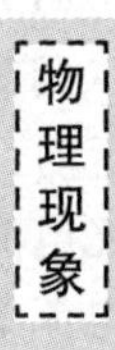

物理学基本内容

当普朗克还在为从经典解释能量子而苦苦思索时，能量子概念已经在其他科学研究中得到了发展。这就是关于光电效应的问题，以及后来的康普顿散射。与黑体辐射问题的研究有点类似，科学家们也在这两个实验中观察到了经典理论难以解释的现象。伴随着问题的解决和理论的突破，随之而来的是一个古老的话题：光究竟是什么，是波还是粒子？

20.2.1　光电效应　光量子假说

当光照射到金属表面上时，电子会从金属表面逸出，这种现象称为光电效应。它是赫兹于1887年在研究电磁场的波动性时偶然发现的，他发现当紫外线照在负电极上时，电极间的放电火花有所不同。在当时，人们已知的光电现象并不多，因此他的发现一经公布，就引起了广泛关注。

1. 光电效应实验与经典理论的矛盾

1888年，霍尔瓦克斯等科学家做了新的研究，发现负电极在光照下（特别是紫外线照射下）会放出带负电的粒子，形成电流。1899年汤姆孙通过测定荷质比的方式证明了放出的粒子原来是电子。这种通过光照从金属表面逸出的电子称为光电子。

> **思维拓展**　用光照金属有可能会有电子跑出来，无非是发生了能量转移。那么可以反过来猜想：如果用电子加速去轰击金属，是不是会发光呢？这就是1895年伦琴发现的X射线。还有我们早期电视机的显像管也是利用电子轰击荧光物质发光的原理。你还能联想到其他的例子么？比如电致放光，或者电光效应。

在此之前，汤姆孙已经发现热电子发射，即加热至高温的金属会释放大量电子（见图20-7）。可是，常温情况下光电子是怎么逸出的呢？受限于对物体微观结构及相互作用的认识，人们只能从经典物理的角度进行分析：通常情况下，金属中的自由电子受到内部正电荷的束缚是不能逸出的。要想逸出金属表面就要克服这种束缚而做功，称为逸出功。按照光的经典波动理论，在光照下金属中的电子吸收光能而做受迫振动。电子可以连续地吸收光波的能量，当光照时间足够长或者光强足够大时（不管入射光的频率如何），电子的动能就会达到逸出功而逸出金属表面。

图 20-7

不过，上述只是一种定性解释。想要建立定量的光电效应理论还有许多问题要去研究，例如逸出功等于多少？各种金属的逸出功是否相同？电子获得光波能量的效率如何？电子逸出之后是否还具有动能？入射光的哪些因素会对效应产生影响？等。围绕上述一系列问题，科学家们设计了众多实验进行探究。如图20-8所示为光电效应的实验装置简图。我们借助它来学习相关内容。

（1）通过饱和光电流探究光电效应条件

调节电源在阳极A、阴极K之间加上正向电压。倘若有光电子逸出将会在电场作用下向阳极A运动，形成光电流，从而被电流表检测到。图20-9中描绘了金属铷在四种入射光情况下得到的光电流变化曲线。光强一定时，光电流随正向电压的增大而增大。但当电压增大到一定值后，光电流不再增大，达到一稳定值，说明单位时间内从阴极逸出的光电子已全部被阳极接收了。这一稳定值称为饱和光电流。它表征光电子逸出的情况，可用于探究光电效应产生条件。

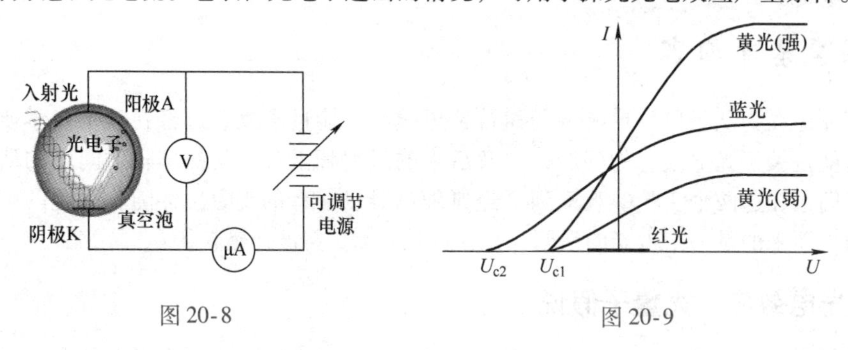

图 20-8　　图 20-9

实验发现：光强并不决定能否产生光电子，而是影响饱和光电流，即决定了单位时间内逸出的光电子的数量。决定能否激发光电子的是入射光的频率。例如图20-9所示的黄光和蓝光都有光电效应，但红光没有。说明要使某种金属产生光电效应，入射光的频率必须大于相应频率ν_0。这一频率称为该金属的红限频率。此外实验还发现，当光照到金属表面时光电子几乎是瞬间逸出的，其延迟时间在10^{-9}s以下。而对于频率低于红限频率的入射光，无论光照多长时间，都不发生光电效应。表20-3列举了几种金属的红限频率（其中有一些并不在可见光范围）。

表 20-3　几种金属的红限频率和逸出功

金　属	钨	锌	钙	钠	钾	铷	铯
红限频率 $\nu_0/10^2\,\mathrm{THz}$	10.95	8.065	7.73	5.53	5.44	5.15	4.69
逸出功 A/eV	4.54	3.34	3.20	2.29	2.25	2.13	1.94

（2）通过截止电压探究电子的动能

将电压减小为零时，阳极 A 和阴极 K 之间没有电场，但光电流并不为零。说明光电子在逸出时具有一定的动能。仅当调节电源加上反向电压，且达到一定值时，光电流才等于零。说明从阴极逸出的运动最快的光电子，由于受到电场的阻碍，也不能到达阳极了。这一电压值 U_c 称为截止电压。它表征电子的最大初动能，便于研究在光电效应中电子获得能量的情况。

实验发现，截止电压与入射光强无关，随入射光频率增大而增大。说明，电子并不能从更强的入射光中吸收更多的能量。

综上所述，19 世纪末所发现的光电效应的实验事实，与当时大家已完全认可的光的波动说（麦克斯韦电磁场理论）的预测极度不符。我们将其列入下表 20-4 中。

表 20-4　经典理论预测与实验结果的对比

探究问题	理论预测	实验结果
光电效应产生条件	光强足够大或照射时间足够长	与光强或时间无关，与频率有关
光电效应产生的延迟时间	与光强和金属有关	与光强和金属无关，延迟小于 10^{-9}s
单位时间逸出光电子的数量	光强越大，数量越多	与理论预测相符
光电子的最大初动能	与金属有关，随光强增大而增大	与金属和入射光频率有关，与光强无关

2. 光量子假说　光电效应方程

光的经典波动理论与光电效应实验结果的尖锐矛盾更加激起了科学家们研究的热情。尽管在这期间不少人都提出过具有启发意义的设想（例如莱纳德提出的触发假说），但最后作出圆满解释的是爱因斯坦。

爱因斯坦在普朗克能量子假设的基础上，于 1905 年提出光量子（即光子）的概念，用以解释光电效应。在普朗克的理论当中，量子化的只是物体当中的电子谐振子的能量，辐射场的能量在空间中依然是连续分布的。但爱因斯坦假设：电磁场的能量也是局限在空间一份一份很小的体积内，即集中在光子上的。在相互作用过程中，光子保持完整性。但光子仍然保有频率（及波长）的概念。光子的能量 ε 与光的频率 ν 成正比，即

$$\varepsilon = h\nu \tag{20-11}$$

式中，比例系数 h 就是普朗克常量。

为解释光电效应，他假设：光照射到金属，实际上相当于光子一个一个地打在金属的表面。电子可能不和光子发生碰撞而完全不吸收能量，也可能与光子发生碰撞吸收一个频率为 ν 的入射光子，获得的能量 $h\nu$ 转变成电子的动能。如果能量 $h\nu$ 大于金属的逸出功 A，则由能量守恒定律可知光电子获得的最大初动能为

$$\frac{1}{2}mv^2 = h\nu - A \tag{20-12}$$

式（20-12）称为光电效应方程。通过它可以解释光电效应的全部实验规律：

（1）当入射光的光子的能量等于逸出功时，电子刚好能够逸出，逸出后最大初动能为零。由式（20-12）可得红限频率 ν_0 与逸出功 A 的关系为

$$\nu_0 = \frac{A}{h} \tag{20-13}$$

即金属的红限频率等于其逸出功除以普朗克常量。倘若入射光小于此频率，电子所吸收光子的能量不足以克服逸出功，则无法产生光电效应。

中国神舟12号舱外航天服“飞天”。由郑州大学研制的面窗能有效保护航天员免受太阳紫外辐射和高能宇宙射线的伤害。

图 20-10

（2）电子吸收的是单个光子的能量，不存在能量积累的过程，因此光电效应的延迟时间极短。

（3）光强越大，意味着单位时间内入射的光子数量越多，被电子吸收的概率也越大，因此逸出的光电子也越多，光电流也越大。

（4）通过光电效应方程可知，光电子的最大初动能与入射光频率和金属的逸出功有关，而与光强（光子数）无关。

思维拓展

电子需要吸收能量来克服逸出功才能逸出金属，那电子为什么一次只能吸收一个光子呢？难道不可以吸收两个能量低一点的光子；或者先吸收一个光子攒着能量，待会儿再吸收一个光子不就有足够能量了么？实际上，由于电子与晶格碰撞会更快失去吸收的能量，多光子吸收很难实现。直到激光出现后，这种现象才被进行有效的研究。目前已取得一些应用，例如双光子吸收光谱，可以研究分子、原子能级的超精细结构，能大大拓展激光器的有效频率范围。

爱因斯坦的光量子理论起初并不被人们重视。在当时缺乏直接实验证据的情况下，人们受传统观念束缚，难以接受这样与经典物理大相径庭的理论。直到 1916 年，该理论才由美国物理学家密立根给出了全面的实验验证。他通过不同频率的单色光入射，得到截止电压与对应频率的数据，绘制得到如图 20-11 所示的直线。从直线的斜率求出普朗克常数 $h = 6.56 \times 10^{-34}\,\mathrm{J \cdot s}$，与普朗克 1900 年从黑体辐射求得的结果符合甚好。然而，密立根原本的研究目的是希望证明爱因斯坦是错的，还在实验成功之后声称承认光量子理论还为时过早。密立根对量子理论的保守态度有一定的代表性，说明量子理论在发展过程中遇到的阻力是何等巨大，同时也印证了它带来的物理学的突破是卓越的。

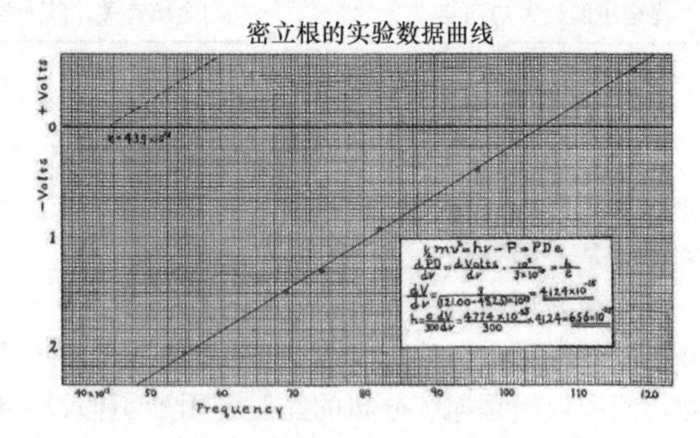

图 20-11

也正是在 1916 年，爱因斯坦发表《关于辐射的量子理论》一文，系统总结了量子论的成果。在这篇论文中，他认为分子与辐射的相互作用过程中，不仅有能量转移，也同时会发生动量转移。由相对论中粒子质量和运动速度的关系 $m = m_0/\sqrt{1 - v^2/c^2}$ 可知，光子的速率为 c，故其静止质量必须为零，将其代入能量—动量关系 $E^2 = p^2c^2 + m_0^2c^4$，可得

$$p = \frac{E}{c} = \frac{h\nu}{c} = \frac{h}{\lambda} \tag{20-14}$$

即光子的动量与其波长相关。这一关系式在后来的康普顿散射实验中得到了验证。

> 现象解释
>
> 通过前面的学习可知，虽然人眼对红外线不敏感，但是不少金属（或半导体材料）的逸出功是相对较小的，它们在红外辐射的照射下会逸出光电子。如果能将这些光电子收集形成电流，就能够将红外光信号转换成电信号，从而实现红外成像。

20.2.2 康普顿散射

1. 康普顿效应及其观测

当传播中的波或粒子因与障碍物相互作用而产生二次辐射，并在不同方向上按一定规律作扩散分布的现象，称为散射。1904 年英国物理学家伊夫在检验 γ 射线的穿透力时发现，经铁板、铝板等材料散射之后的射线往往比入射射线要“软”些。1919 年美国物理学家康普顿也接触到 γ 射线散射问题，后来他转移到 X 射线散射，研究了 X 射线经金属、石墨等物质散射后的光谱成分，实验装置如图 20-12 所示。

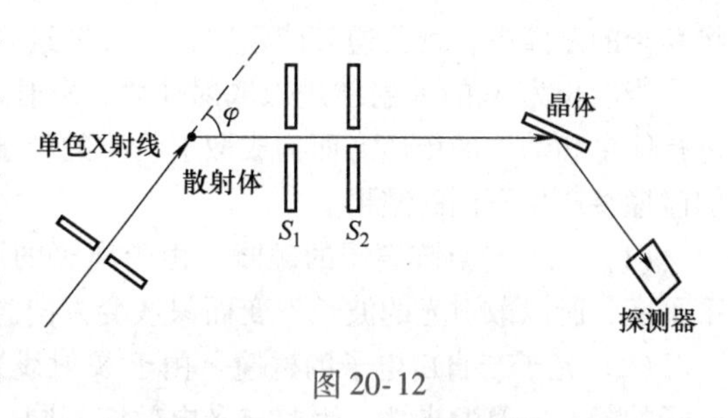

图 20-12

由 X 射线管发出的单色 X 射线射到散射体（如石墨、金属等）上，便产生向各个方向散射的 X 射线。调节 X 射线管和散射体的位置，可使不同散射角（散射线与入射线之间的夹角）的散射线通过准直狭缝 S_1 和 S_2。由 X 射线衍射光栅和探测器组成的光谱仪，可测量相应的散射 X 射线的波长和强度。如图 20-13 所示，实验发现：

（1）散射的 X 射线中除有与入射线波长 λ_0 相同的成分外，还出现了波长 $\lambda > \lambda_0$ 的谱线。且波长的改变量 $\Delta\lambda = \lambda - \lambda_0$ 随散射角 φ 的增大而增大。

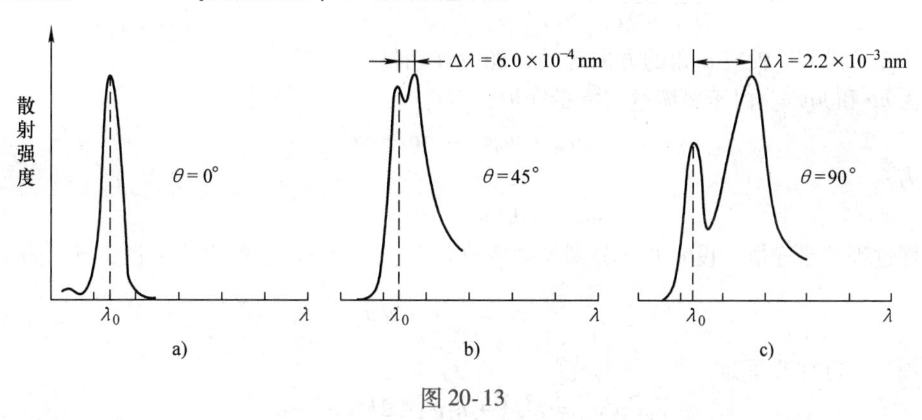

图 20-13

（2）若用不同元素作为散射物质，发现在同一散射角 φ 下，$\Delta\lambda$ 与散射物质无关，但散射线的相对强度与散射物质有关。波长 λ_0 的谱线随原子序数的增大而增强，波长 λ 的谱线强度随之减小。

以上现象就称为康普顿效应（或称康普顿散射）。康普顿将波长改变量与散射角之间的关系总结为下式

$$\Delta\lambda = \lambda - \lambda_0 = \lambda_c(1 - \cos\varphi) \tag{20-15}$$

式中，λ_c称为电子的康普顿波长，其实验值为$\lambda_c = 2.41 \times 10^{-3}\text{nm}$。

2. 光子论对康普顿效应的解释

从经典物理学理论的观点看，波长为λ_0（或频率为ν_0）的X射线进入散射体后，将引起构成物质的带电粒子做受迫振动，每一个做受迫振动的带电粒子将向四周辐射电磁波，这就是散射的X射线。不过，系统做受迫振动时的频率与驱动力的频率是相等的，所以散射的X射线波长应该等于入射X射线的波长λ_0，即不可能产生康普顿效应。可见，经典物理学理论在解释康普顿效应时同样遇到了困难。

康普顿一开始也不知道怎么解释这一现象，他曾借助汤姆孙的电子散射理论，后又提出了自己的一些假设，但都以失败告终。最后，他终于采用了两个条件：在X射线（光子）与散射物粒子的碰撞中，既要遵守能量守恒，又要遵守动量守恒。具体分析如下：

当波长为λ_0的X射线进入散射体后，X射线光子将要与构成物质的粒子发生完全弹性碰撞，进行能量和动量的传递。而构成散射物质的粒子，包括晶体点阵中的离子和自由电子，光子与它们碰撞将产生不同的结果。

（1）光子与点阵离子的碰撞　由于离子的质量比光子的质量大得多，碰撞后光子的能量几乎不变，所以散射光的波长不变而只改变方向。这就是散射光中与入射线同波长的射线。

（2）光子与自由电子的碰撞　由于X射线光子能量具有10^4eV数量级，远远大于金属中自由电子的能量以及逸出功。因此与光电效应不同，在这里电子所受束缚可以忽略不计，碰撞过程满足能量守恒和动量守恒。

由于X射线光子的能量远大于自由电子热运动的平均动能，所以碰撞前可认为自由电子是静止的，动量为零，其质量为m_0，则能量为m_0c^2。碰撞后电子获得了一定的能量，设其速度为$\boldsymbol{u}$，与x轴成θ角，质量变为m，如图20-14所示。根据相对论关系，m可以表示为

$$m = \frac{m_0}{\sqrt{1 - u^2/c^2}} \tag{20-16}$$

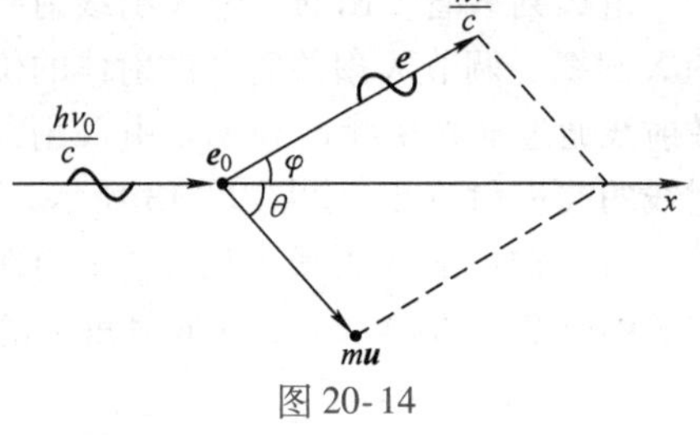

图20-14

碰撞后，光子沿与x轴成φ角的方向运动，能量和动量分别变为$h\nu$和$h\nu/c$。由于碰撞过程能量守恒，可得

$$h\nu_0 + m_0c^2 = h\nu + mc^2 \tag{20-17}$$

或改写为

$$mc^2 = h(\nu_0 - \nu) + m_0c^2 \tag{20-18}$$

考虑碰撞过程动量守恒，设$\boldsymbol{e}_0$和$\boldsymbol{e}$分别为碰撞前后光子运动方向上的单位矢量，下面的关系成立

$$\frac{h\nu_0}{c}\boldsymbol{e}_0 = \frac{h\nu}{c}\boldsymbol{e} + m\boldsymbol{u} \tag{20-19}$$

上式移项、平方并改写为

$$m^2u^2c^2 = h^2\nu_0^2 + h^2\nu^2 - 2h^2\nu_0\nu\cos\varphi \tag{20-20}$$

将式（20-18）两端平方后减去式（20-20），得

$$m^2c^4\left(1 - \frac{u^2}{c^2}\right) = m_0^2c^4 - 2h^2\nu_0\nu(1 - \cos\varphi) + 2m_0c^2h(\nu_0 - \nu) \tag{20-21}$$

考虑到电子的静质量m_0与运动质量m之间的关系，上式可化为

$$2m_0c^2h(\nu_0 - \nu) = 2h^2\nu_0\nu(1 - \cos\varphi) \tag{20-22}$$

根据波长 λ 和频率 ν 之间的关系，上式可改写为

$$\Delta\lambda = \lambda - \lambda_0 = \frac{h}{m_0 c}(1 - \cos\varphi) \tag{20-23}$$

这就是康普顿所得的散射公式。由式（20-23）可以得到下面的结论：

（1）散射 X 射线的波长改变量 $\Delta\lambda$ 只与光子的散射角 φ 有关，φ 越大，$\Delta\lambda$ 也越大。当 $\varphi=0$ 时，$\Delta\lambda=0$，即波长不变；当 $\varphi=\pi$ 时，$\Delta\lambda=h/(m_0c)$，即波长的改变量为最大值。$h/(m_0c)$ 也是基本物理常量，就是前面公式中的 λ_c。代入数据，得其理论值为 $\lambda_c=2.43\times10^{-3}\text{nm}$，与实验值符合的很好。

（2）在散射角 φ 相同的情况下，所有散射物质波长的改变量都相同。

康普顿于 1923 年 5 月在《物理评论》上发表了该理论，立即引发了激烈的讨论。从中国赴美留学的吴有训通过测试多种元素的 X 射线散射，对康普顿效应做了进一步的研究和检验。对原子序数较大的散射物质，原子中的内层电子更多，X 射线有更大的概率与晶体点阵离子发生碰撞而散射原波长的射线。所以 λ_0 谱线的强度随原子序数的增大而增大，λ 谱线的强度相应减小。由此证实了康普顿效应的普遍性。康普顿因此而获得了 1925 年的诺贝尔物理学奖。该效应的成功解释有力地推动了爱因斯坦光量子理论的发展，首次实验证实了爱因斯坦提出的“光量子具有动量”的假设，使人们重新思考关于光的本质的问题。同时，康普顿效应也证实了：在微观领域的单个碰撞事件中，能量、动量守恒定律仍然成立。

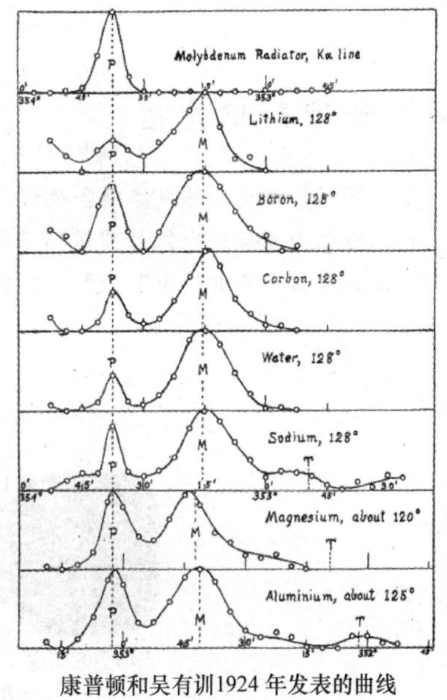

康普顿和吴有训1924 年发表的曲线

图 20-15

思维拓展

原本我们认识的光主要是视觉作用，考虑到麦克斯韦电磁场理论，它还应该有对电荷的电场力和磁力的作用。但是前面的学习告诉我们，光还有质量和动量，还能把电子给“撞飞”。那么能用光来推动火箭么？在地面上阻力太大，几乎推不动。但在太空的高真空低阻尼环境里，光的推力作用是可观的。2019 年美国行星学会的“光帆 2 号”飞行器在距地表约 727km 的太空进行试验，借助太阳辐射的光压推力在四天时间内将轨道远地点高度提高了 2km，成功验证了太阳帆技术。

20.2.3 光的波粒二象性

一个理论若被实验证实，它必然具有一定的正确性。光电效应和康普顿效应鲜明地揭示了光具有粒子性的一面，光电效应揭示了光子能量和频率的关系，康普顿效应则进一步揭示了光子动量和波长的关系。而早已被大量实验证实了的光的波动理论以及其他经典物理理论的正确性，也是无可非议的。因此，在对光的本质的解释上，不应该在光子论和波动论之间进行取舍，而应该把它们同样地看作是对光的本质的不同侧面的描述。光在传播过程中表现出波的特性，而在与物质相互作用的过程中表现出粒子的特性，说明光具有波和粒子这两方面的特性，这称为光的波粒二象性。正是由于爱因斯坦等人的努力，光的波粒二象性最终获得了广泛的承认。这为德布罗意物质波假说提供了基础。

我们最初对光的认识是从电磁波理论和关于光的干涉、衍射等波动现象开始的，因而我们认为光具有波动性。现在我们又知道光具有粒子性，是一个一个的光子，实际上光具有波粒二象性。那么根据自然界的对称性，其他微观粒子除具有粒子性外，是否也该具有波动性呢？

思维拓展

物理知识应用

【例 20-3】微光与热成像融合夜视仪是目前的主流方向，既提高了目标探测率，也能看透伪装。如图 20-16所示为夜视仪中红外图像增强管的基本结构和工作原理示意图。假设其采用的光电阴极材料砷化镓 GaAs 的表面逸出功为 1.2eV，求它能感应到的红外光的极限波长是多少？这是最短波长还是最长波长？

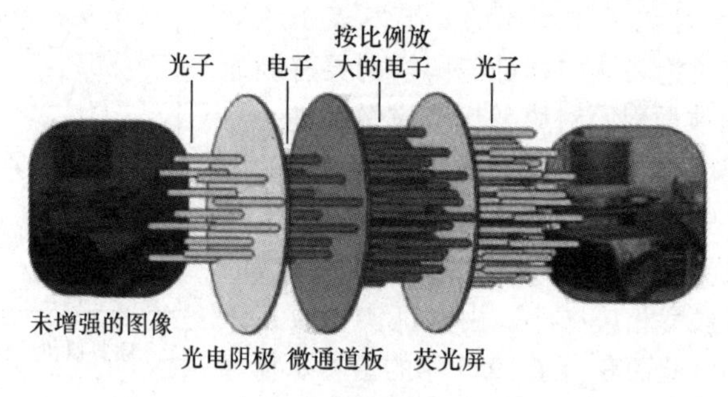

图 20-16

【解】由光电效应方程可得红线频率与逸出功的关系

$$\nu_0 = \frac{A}{h} = \frac{1.2 \times 1.6 \times 10^{-19}}{6.63 \times 10^{-34}}\text{Hz} = 2.90 \times 10^{14}\text{Hz}$$

$$\lambda_0 = \frac{c}{\nu_0} = 1034.48\text{nm} \quad \text{最长波长}$$

【例 20-4】用动量守恒定律和能量守恒定律证明：一个自由电子不能一次完全吸收一个光子。

【解】假设一个初始静止的自由电子完全吸收一个频率 ν 的光子，假设整个过程满足能量守恒，则之后电子的能量为

$$E = m_0c^2 + h\nu$$

根据相对论能量－动量关系计算此时电子的动量大小

$$p = \sqrt{E^2/c^2 - m_0^2c^2} = \sqrt{2m_0h\nu + h^2\nu^2/c^2} = \sqrt{2m_0h\nu + p_0^2}$$

式中，p_0为初始光子的动量，由此可见此吸收过程满足能量守恒则必然违反动量守恒，所以一个自由电子不能一次完全吸收一个光子。(但实际上这是允许的，参见下一节的“不确定关系”)

物理知识拓展

1. 光电子技术在军事中的应用

精确打击已成为信息时代军事行动的主要方式。据美国空军估计，在二次世界大战中约需 9000 枚炸弹才能摧毁一个目标，越南战争期间摧毁一个目标的炸弹数降至 300 枚，而在伊拉克战争、阿富汗战争中只需一到两枚。“弹无虚发”的精确打击依赖于精确制导武器，而且依赖于先进的情报侦察、全球卫星定位、

惯性导航、敌我识别等一系列信息技术。这当中一个关键点就是将电磁信息转换成电信号，其基本原理除了电动力学之外，另一个核心就是光电效应。

除了前文介绍的光电效应之外，这里还应用到另一种光电效应。当电磁波照射到一些半导体材料上时，会在其内部激发电子，导致材料电学性质发生变化产生光电流，从而可以实现光信息转换成电信号。这类光电效应又称为内光电效应（或者光电导效应）。

前视红外系统、红外热像仪、激光测距机、微光夜视仪等现代光电侦测设备均是在各种光电效应的原理基础上研制出来的。可见光电子技术在军事中有着广泛的应用，使得现代战争已没有了白天和黑夜之分，也让光电对抗成为了战争中的重要一环。

2. 电磁波的不同散射

在第 18 章当中提到，当电磁波的波长与障碍物的尺寸达到一个数量级时，将主要出现散射现象。而从对康普顿效应的分析可以看出，电磁波光子的相对能量大小也对散射有影响。考虑这两方面因素，散射可有下列主要类型：

（1）米氏散射　该理论描述均匀球体对电磁平面波的散射，球体周长约大于或等于波长时适用，在尺寸远大于波长时收敛到几何光学的极限。云朵呈现灰色和白色就是由于其中的水滴对阳光的散射是米氏散射。

（2）瑞利散射　是米氏散射在散射粒子周长远小于电磁波波长时的近似处理。天空的蓝色就与大气分子对阳光的瑞利散射有关。米氏散射和瑞利散射涉及的光子的能量相对于散射物的能级结构来说都较低，因此几乎不发生能量转移和波长变化。这类散射又称为弹性散射。2022 年 1 月 15 日，汤加火山爆发，腾起的“蘑菇云”冲破了对流层。由于温度变化，蒸汽迅速凝结，导致其对太阳光的散射由瑞利散射转变为米氏散射。科学家从卫星云图上观测到了这一现象，从而估算出烟尘高度和影响范围。

日全食照片。汤姆孙散射使得太阳辐射中带电粒子的运动暴露无遗。

图 20-17

（3）汤姆孙散射　是自由带电粒子对电磁辐射的弹性散射。此时光子能量远小于粒子的质量能量，属于康普顿散射的低能极限情况。汤姆孙散射在等离子体物理学中有着重要的应用。太阳 K 日冕的偏振态就需要用到该理论来进行解释（见图 20-17）。

（4）康普顿散射　是相对高能电磁辐射与散射物的相互作用，此时原子中的部分电子将会被视为处在电离态，与光子发生非弹性散射，因此会出现能量转移和波长变化。

实际上，比较典型的还有拉曼散射、布里渊散射。它们都是非弹性散射，涉及分子振动、固体中的声子等概念，请自行查阅相关资料。

20.3　微观粒子的波动性和状态描述

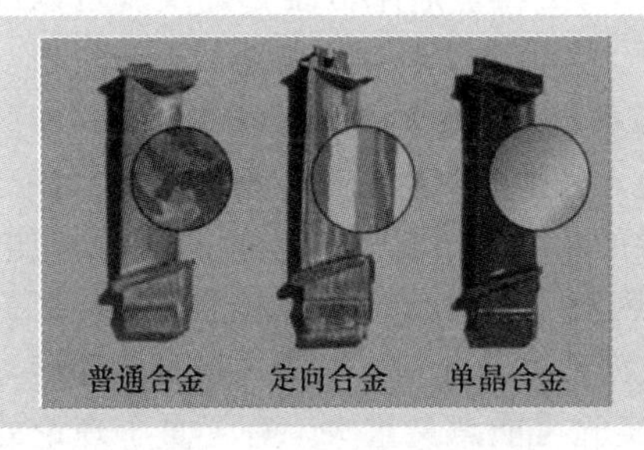

物理现象

飞机涡喷发动机燃烧室后方的涡轮机叶片对材料要求非常高，因为这里要直面高温气体的持续冲击。电子显微镜在相关合金材料的研究中发挥着重要的作用。可是，人眼观察物体时，是利用光的波动性的各项性质：如干涉、衍射、反射、折射等。难道电子也具有类似光的特性么？

物理学基本内容

从古希腊时期德谟克利特等人最先提出不可再分的“原子”的概念，到后来牛顿在质点模型的基础上建立力学理论，再到19世纪发展起来的经典统计物理，“粒子”的概念可以说贯穿了整个物理学的发展历史，它为人们理清思路、简化问题、建立模型提供了重要的支撑。然而当我们习惯对事物进行这类想象理解的时候，不要忘了：“粒子”只是一种抽象的概念，它并不代表物质本来的，或者说全部的样子。

20.3.1 德布罗意波

1. 德布罗意假设

1924年，法国的一位博士研究生德布罗意（见图20-18），在普朗克和爱因斯坦等人理论的启发下想到：自然界是“偏爱”对称的。既然光具有波和粒子两方面的性质，那么其他微观粒子也应该具有这两方面的性质。他提出这样的问题：“过去一个世纪以来，在辐射问题的研究中，相比于波动的研究方法，人们过于忽略了粒子的研究方法；那么在实物问题的理论中，是否发生了相反的错误呢？是不是我们关于‘粒子’的图像想地太多，而过分忽略了‘波’的图像呢?”于是，德布罗意以此作为他博士论文的命题，大胆地提出假设：实物粒子也具有波动性。一个质量为m、以速率v做匀速运动的实物粒子，从粒子性看，可以用能量E和动量p描述它；从波动性看，可以用频率ν和波长λ描述它。这两个方面以下列关系相联系

图20-18

$$E = h\nu \tag{20-24}$$

$$P = \frac{h}{\lambda} \tag{20-25}$$

这就是德布罗意关系。这种与粒子相联系的波称为德布罗意波，其波长称为德布罗意波长。德布罗意的博士论文得到了答辩委员会的高度评价，认为很有独创精神，但人们也认为这过于玄妙，所以当时发表后没有引起多大影响。后来经过爱因斯坦的支持才得到了物理学界的关注。

虽然德布罗意是采用类比的方法提出他的假设的，在他的论文中也没有具体明确粒子的德布罗意波究竟是什么（他期待后续能有人解决这个问题），但他对自己通过对称性思考和逻辑推理得到的结论是充满信心的，并且仔细思考了实验验证的可行方案。后来戴维孙的实验可以说和德布罗意的设想不谋而合。

2. 德布罗意假设的实验观测

戴维孙是美国西部电气公司工程部的研究员，从事热电子发射和二次电子发射的研究。1921年，他在用电子束轰击镍靶时，发现镍靶散射的电子有奇异的角度分布，从此他就一直在研究电子散射的反常行为。在经历了一次实验室事故之后镍靶偶然发生了结晶，导致电子散射特征更加明显了，如图20-19所示。于是，他和助手革末着手修改完善实验计划。期间的一次参会学习让戴维孙接触到了德布罗意的理论，这时他才意识到自己实验可能意义重大。有了量子理论的指导，他们更加明确了实验的方向，并于1927年通过精心设计的实验研究，证实了电子衍射的存在。

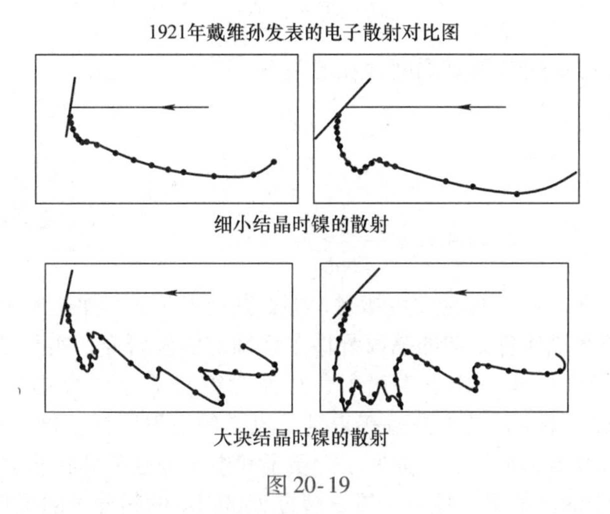

图 20-19

如图 20-20 所示为戴维孙－革末实验的装置示意图。由热灯丝 K 发出的电子被电势差 U 产生的电场加速后，经小孔射出成为很细的平行电子束。电子束的能量决定于加速电压 U，并可用电位器 R 加以控制。电子束射到镍单晶体上，被晶面所反射，反射后的电子束由集电器俘获形成电流 i，i 可用电流计 G 测量。电流 i 表征反射电子束的强度。实验时，将集电器对准某一固定方向，使进入集电器的反射电子束对于单晶的某晶面满足反射定律。然后改变加速电压 U，测出相应的反射电流 i。

按照经典的"粒子"图像来分析，某方向上散射出多少电子可能与散射物的表面状况有关，但不应该与电子的动能有关，即电流 i 理应不随 U 变化。然而实验发现，当加速电压 U 单调增加时，电流 i 出现有规律的变化，如图 20-21 所示。这表明，以一定方向投射到晶面上的电子束，只有在具有某些特定速率时，才能准确地按照反射定律在晶面上反射。

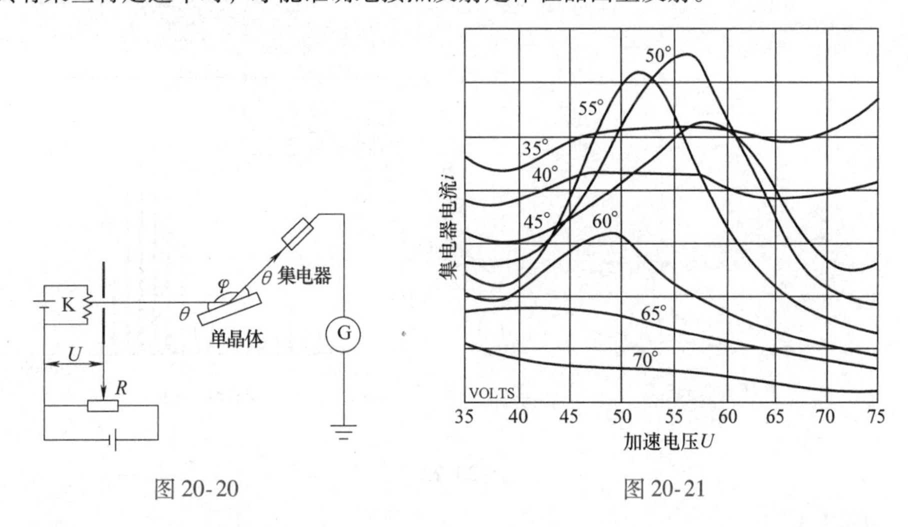

图 20-20　　图 20-21

于是，戴维孙尝试按照量子理论对实验数据进行分析。他考虑与电子相关的德布罗意波，并将其德布罗意波长代入 X 射线衍射的布拉格公式（参见第 18.4 节）

$$2d\sin\theta = k\lambda \quad (k = 1,2,\cdots) \tag{20-26}$$

得到

$$2d\sin\theta = k\frac{h}{m_e v} \tag{20-27}$$

考虑到电子运动速率 v 与加速电压 U 之间存在的关系

$$v = \sqrt{\frac{2eU}{m_e}} \tag{20-28}$$

式（20-27）可以化为

$$2d\sin\theta = k\frac{h}{\sqrt{2em_e U}} \quad (k = 1,2,\cdots) \tag{20-29}$$

这表示，如果电子也像X射线一样会发生衍射，那么其衍射角 θ 与加速电压 U 之间将满足上式。

戴维孙的团队对镍单晶体各方向的晶面都做了详细的实验研究，实验结果与式（20-29）相符。这就说明电子的确会像波一样发生衍射，从而为德布罗意假设提供了重要证据。同年，G·P·汤姆孙更是通过轰击金箔的方法直接得到了电子的衍射图样。再后来人们还证实了不仅电子具有波动性，而且其他微观粒子，如原子、质子和中子等也都具有波动性。如图20-22所示为2019年奥地利和瑞士的科学家实现分子质量超过25000Da的超分子的干涉[⊖]。

德布罗意假设所揭示的实物粒子的波动性，是物理学中具有深远意义的发现，爱因斯坦评价它“揭开了大幕的一角”。同时，在他的假设中也留下了一个问题，那就是前面提到的，德布罗意波究竟是什么？

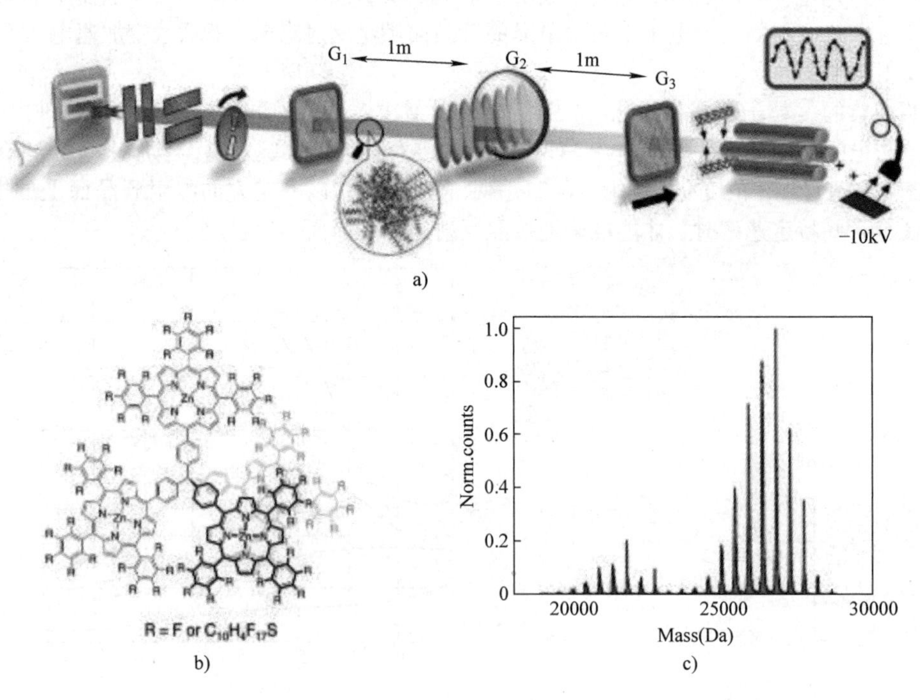

图20-22

⊖ FEIN Y Y, GEYER P, ZWICK P, et al. Quantum superposition of molecules beyond 25 kDa [J]. Nature Physics, 2019, 15 (12): 1242-1245.

电子显微镜就是利用电子的波动性制成的，其放大原理与光学显微镜类似，只不过利用的是第14章学习的磁透镜来对电子成像。根据德布罗意关系，电子的波长比可见光短得多（在pm量级以下），因此由光学仪器分辨本领可知电子显微镜的分辨率更高。除了电子显微镜，人们还利用中子的波动性制成了中子谱仪。这些设备都是现代科学技术中进行物性分析所不可缺少的。

现象解释

20.3.2 波函数及其概率统计解释

与光的粒子性相比，微观粒子的波动性似乎更加让人困惑，对它的理解有赖于从实验和理论两方面进行深入的探讨。因此在历史上，对这种波动的描述是在1925至1926年间建立起来的，而对它的解释是在那之后。

1. 波函数

1926年初，奥地利科学家薛定谔发表了著名的薛定谔方程，提出用波函数来描述微观粒子的运动状态。因此他的理论又称为波动力学。

让我们首先考察一下描述自由粒子的波函数。一个自由粒子，不受力场作用，沿x轴运动，将具有确定的能量E和动量p，因此由德布罗意关系可知其德布罗意波的波长λ和频率ν也是确定的，即为平面简谐波。可写作

$$y(x,t) = A\cos 2\pi(\nu t - x/\lambda) \tag{20-30}$$

式中，A是振幅。对于机械波，y通常表示位移的大小；对于电磁波，y与电场强度E或磁场强度H有关。但微观粒子波函数中的y，薛定谔自己也不知道具体代表什么，因此他建议用大写的Ψ（读作Psai）代替y，并且需要用复数表示

$$\Psi(x,t) = A\mathrm{e}^{-\mathrm{i}2\pi(\nu t - x/\lambda)} \tag{20-31}$$

考虑到$E = h\nu$、$p = h/\lambda$有

$$\Psi(x,t) = A\mathrm{e}^{-\mathrm{i}\frac{2\pi}{h}(Et - px)} \tag{20-32}$$

这就是描述一个自由粒子状态的波函数（采用一维表示；此时p矢量沿x方向）。我们注意到，上式中包含的参量E或自变量x等都是描述粒子的物理量，但整个表达式却是一个平面简谐波的形式，即波函数将波动性和粒子性融合在了一起。在后续学习中，它将帮助我们更好地理解波粒二象性。

任何实际的粒子都不可能是自由粒子。对一般的微观粒子，同样用一个波函数$\Psi(\boldsymbol{r},t)$来描述，但其形式需要依据具体问题求解得到。这是量子力学的基本原理（假设）之一。在历史上，薛定谔以波函数为基础解决了氢原子的能级问题（参见第20.5节），但令当时的人们普遍困惑的是，波函数的物理意义尚不明确。不过，这一状况并没有持续太长的时间。

2. 概率波和概率幅

在经典物理中，波的概念意味着可弥散在较大空间，关于时间和空间周期性的变化，而且波满足叠加原理，会出现干涉和衍射现象；而粒子的概念则意味着在空间的一个很小的区域，一个粒子在空间一点的出现总是排斥其他粒子出现在相同位置，粒子（在保持原属性条件下）不可分割等。波动性和粒子性在经典物理中是互斥的、对立的、不相容的，那么，将两者融合在一起的波函数该如何理解呢？

对此，科学们家们展开了广泛的讨论。其中有两种典型的看起来最为自然的解释：一种是认为波函数描述的是由粒子在空间中分布而形成的疏密波，就像声波一样（见图20-23a），也就是说物质的波动性是粒子的群体行为或特征。这种理解虽然看起来和电子衍射实验相符，但是在

氢原子问题中显然是站不住脚的，因为薛定谔只用一个电子的波函数就解出了氢原子的能级。另一种解释则认为粒子本来就是由许多波所叠加形成的局域性波包（见图 20-23b），波包的大小就是粒子的大小。一开始薛定谔也是这样解释波函数的，但是不久他就因稳定性的矛盾（因为波包通常是不稳定的）而再次陷入了困惑。

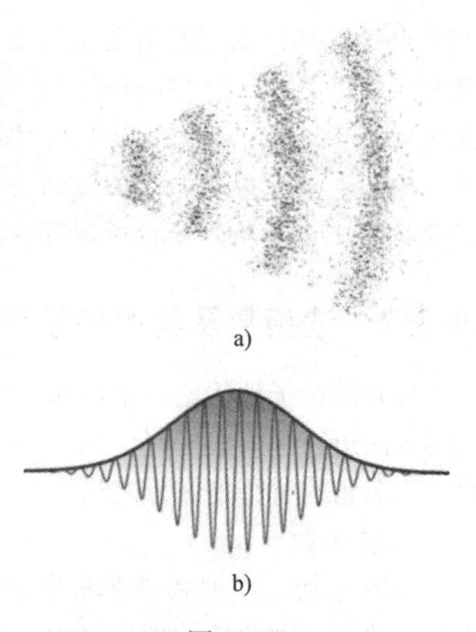

图 20-23

1926 年，德国物理学家玻恩通过研究两个自由粒子的散射问题对波函数的物理意义做出了探讨，成为至今公认的概率解释：波函数模的平方 $|\Psi|^2$ 对应于微观粒子在某时刻某处出现（或者其他物理量观测结果）的概率密度 $f(\boldsymbol{r},t)$，即

$$f(\boldsymbol{r},t) = |\Psi(\boldsymbol{r},t)|^2 = \Psi^*(\boldsymbol{r},t)\Psi(\boldsymbol{r},t) \qquad (20\text{-}33)$$

式中 $\Psi^*(\boldsymbol{r},t)$ 是 $\Psi(\boldsymbol{r},t)$ 的复共轭函数。波函数 Ψ 又称为概率幅。

为了理解德布罗意波和波函数的物理意义，来看一个经典的实验：可控电子双缝衍射。实验要求使用极弱的电子束，让电子一个一个的通过双缝进行衍射。这最初是由费曼于 1965 年提出的设想。如图 20-24 所示是科学家于 2013 年最终完成的实验结果[⊖]。该实验揭示了两个方面的内容：

（1）电子不是经典的粒子　图 20-24a ~ c 是单缝和双缝的散射图样，当电子通过单缝时只会随机感光在单缝后形成一片亮区，与“朝着墙缝扫射子弹”一样。但是当电子通过双缝时（注意是一个电子一个电子通过），双缝后形成了光的衍射一样的明暗相间的衍射条纹。这意味着电子德布罗意波的叠加：根据惠更斯 - 菲涅耳原理，电子通过双缝后的波函数 Ψ 是分别穿过两个单缝的波函数 Ψ_1 和 Ψ_2 的线性叠加：

$$\Psi = \Psi_1 + \Psi_2 \qquad (20\text{-}34)$$

所以电子出现在感光片上某处的概率密度（波强）为

$$f(\boldsymbol{r},t) = |\Psi|^2 = (\Psi_1^* + \Psi_2^*)(\Psi_1 + \Psi_2)$$
$$= |\Psi_1|^2 + |\Psi_2|^2 + \Psi_1^*\Psi_2 + \Psi_2^*\Psi_1 \qquad (20\text{-}35)$$

上式中前两项分别代表着电子单独通过狭缝 1 和狭缝 2 时的散射概率密度，后两项则是干涉项。说明电子经过双缝之后的散射并非是两个单缝散射的简单相加。由此可见，电子并非经典的粒子，单个电子就具有波动性，而且其波函数满足叠加原理。

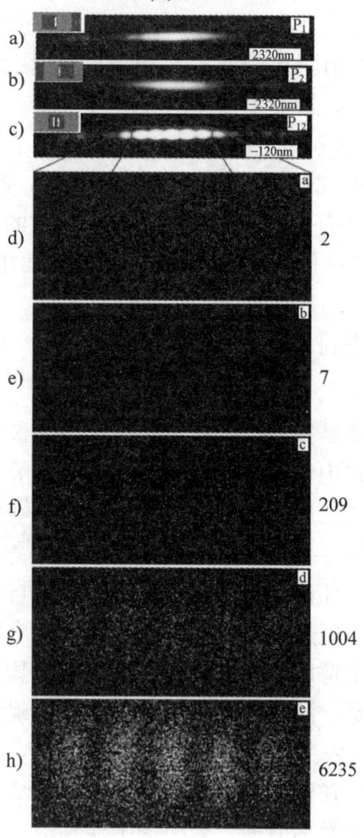

不同电子数的双缝衍射图样。a为开左缝，b为开右缝，c为开双缝；d~h为电子衍射感光过程，电子出射频率为1Hz。

图 20-24

（2）电子的德布罗意波也不是经典的波　图 20-24d ~ h 所展示的是电子逐渐累积形成干涉图样的几张照片。开始时，照片上只出现随机分布的几个小亮点，它们是由一个一个的电子打在底片上形成的，此时并未发现整个底片普遍感

⊖ BACH R，POPE D，LIOU S H，et al. Controlled double - slit electron diffraction [J]. New Journal of Physics，2012，15 (3)：33018-33024 (7).

光的现象（这表现出电子的粒子性，说明电子只在空间很小区域内作为一个整体产生效果）。随着时间流逝，亮点增多才逐渐累积成密度按一定规律分布的衍射条纹。波强相对大的地方电子相对集中，波强相对小的地方电子十分稀少。由此可见，电子的德布罗意波也并非经典的波，它是建立在粒子性基础上的，对应的波函数只给出电子可能出现在哪儿的概率分布规律。单个电子出现的位置是随机的，仅当相同分布的电子多次实验时，这种统计意义上的波动性才会显现出经典波的衍射图样。

这就是波恩对于德布罗意波和波函数的概率统计解释，他认为德布罗意波应该理解为概率波。波函数就是概率幅，它像波一样满足叠加原理，其模方给出了粒子的概率统计分布。这种理解把波粒二象性有机的统一在了波函数当中。著名物理学家费曼也曾表示“概率幅是量子力学中最基本的概念之一”。

3. 波函数的归一化条件和标准条件

波恩提出的概率解释为薛定谔的量子理论给出了重要补充，使其理论分析具有了实际的物理意义。同时，在理论上将波函数解释为概率幅，就意味着并非所有的波函数都能够代表某种系统的状态，物理系统的波函数必须满足一些基本的条件：

（1）根据式（20-33），粒子在小区域 $dV = dxdydz$ 内出现的概率为

$$dP = |\Psi|^2 dV \tag{20-36}$$

通常认为，薛定谔方程是非相对论性的，粒子不能产生也不能湮灭，实际粒子肯定存在于空间中，则在整个空间粒子出现的概率应等于 1，所以有

$$\int_V |\psi^2| dV \equiv 1 \tag{20-37}$$

该式称为波函数的归一化条件。

（2）量子力学认为，某一时刻在空间给定点粒子出现的概率应该是唯一的且有限的；除个别孤立奇点外，概率的分布应该是连续的。所以波函数应该满足单值、有限和连续的条件，称为波函数的标准条件。

虽然至今所有实验都证实波恩的概率统计解释是正确（适用）的，但是围绕着“随机性”这一话题的争论从来没有停歇过，当初包括德布罗意本人以及爱因斯坦都对此提出过反对意见，爱因斯坦有一句名言“上帝不掷骰子”就是出自于此。后面我们可能还会接触到相关的讨论内容，但对此要认识到，正是这种关于量子力学根本问题的争论推动了量子力学的发展，而且还为量子信息论等新兴学科的诞生奠定了基础。

20.3.3 不确定关系

对于波恩的概率统计解释，很容易会使你产生一些有趣的疑问。比如上面谈到的电子的双缝衍射实验中，在到达感光屏之前，电子是如何穿过双缝、又如何运动、最后随机地打在屏上的某个位置？1925 年，海森伯在创立矩阵力学（与薛定谔的波动力学不同的量子理论表述）之后就曾思考过类似的问题。他抓住云室实验中观察电子轨迹的问题进行思考，试图用矩阵力学为电子轨迹给出数学表述，可是并没有成功。后来他发现，“电子轨迹”的提法本身有问题。

回顾自由粒子的波函数式（20-32），其拥有明确的空间周期—波长 λ（见图 20-25a），表示粒子的动量是确定的。然而根据波恩的概率解释，计算粒子在 x 轴上出现的概率密度 $|\Psi|^2 = A^2$，它与 x 无关，这表示粒子出现的概率均匀地分布在整个 x 轴上。换句话说，处于自由状态的粒子在任意时刻的 x 坐标完全不确定。

那么别的粒子是什么情况呢？假设有粒子处在如图 20-25b 所示的波函数描述的状态，它是

由不同波长的几个波叠加而成的，因此其动量的取值并不唯一，有一定的不确定性。但是可以看出粒子可能出现的位置（几乎）就在 Δx 范围内，即 x 坐标的不确定性减小了。

可见，在经典物理学中，认为物理量在任何瞬间都具有确定的值，粒子的运动可以用轨迹来描述，这种认识并不普遍适用。对于具有波粒二象性的微观粒子来说，至少其坐标和相应动量分量是不可能同时具有确定值的。两者都具有一定的不确定性，此消则彼长。这种不确定性在数学上是用标准差来计算的，量子理论中称为不确定度。

为了说明这个问题，让我们看一下电子束经过单缝发生衍射的现象。如图 20-26 所示，电子束沿 y 方向射至宽度为 Δx 的狭缝 A 上，则在置于光屏 B 处的照相板上将得到像光的单缝衍射现象一样的强度分布图样。两个第 1 级暗条纹之间就是中央明纹的区域，在这个区域内都有电子投射。电子通过狭缝发生了偏斜，表明其动量 $\boldsymbol{p}$ 在 x 方向有不同的取值。根据衍射现象的一般规律，狭缝宽度 Δx 越小，条纹间距越大。即电子的位置在 x 方向越确定，动量在 x 方向的分量就越不确定。下面就这两方面不确定度做个简单计算：

狭缝宽度 Δx 就是电子 x 坐标的不确定度。第 1 级暗条纹所对应的衍射角 φ 应满足下面的关系

$$\sin\varphi = \frac{\lambda}{\Delta x} \tag{20-38}$$

式中，λ 是电子束的德布罗意波长。考虑中央明纹边缘处，把落在此处的电子其动量的 x 分量就看作是不确定度 Δp_x，则有

$$\Delta p_x = p\sin\varphi$$

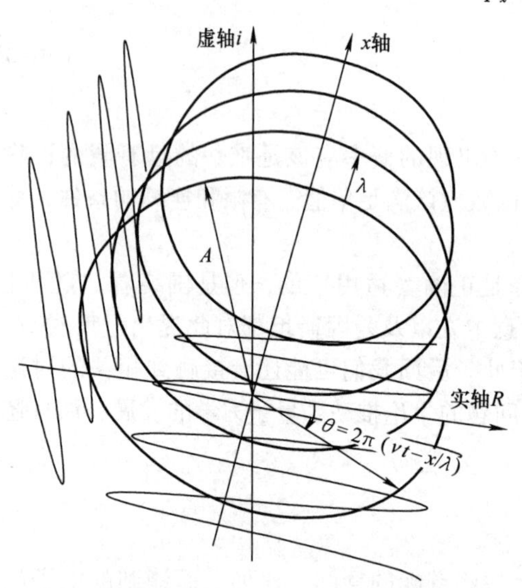

a)某时刻自由粒子波函数在复空间中的图像

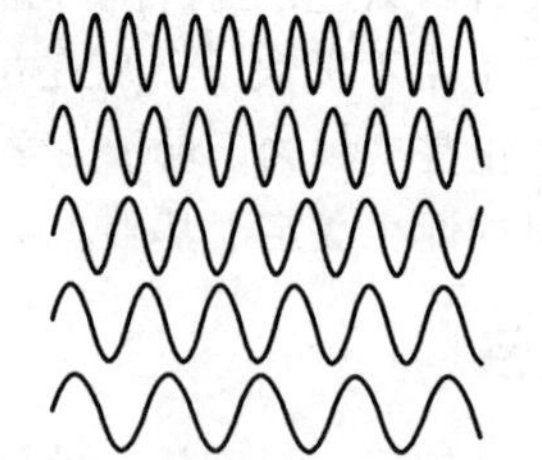
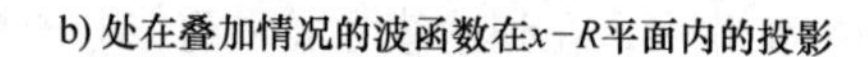

b)处在叠加情况的波函数在x−R平面内的投影

图 20-25

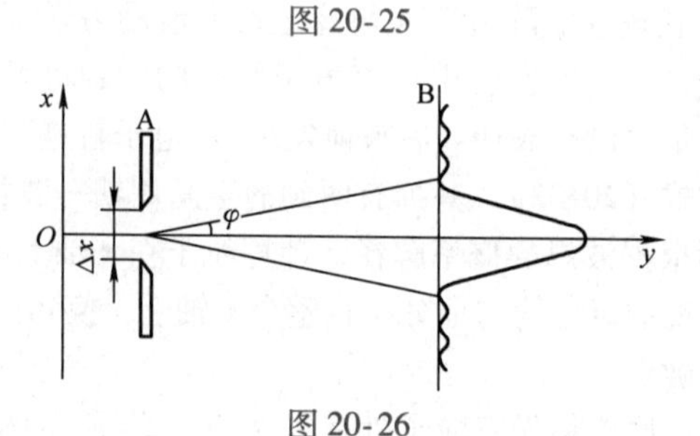

图 20-26

将式（20-38）代入上式，再利用德布罗意关系式，可得

$$\Delta x\Delta p_x = h$$

如果把电子衍射的次极大也考虑在内，那么 Δp_x 还要大些，上式则应写成

$$\Delta x\Delta p_x \geqslant h \tag{20-39}$$

关于上面的结论量子力学中给出的准确形式为

$$\Delta x\Delta p_x \geqslant \frac{\hbar}{2} \tag{20-40}$$

其中 $\hbar = h/2\pi$ 称为约化普朗克常量。

这就是海森伯于1927年提出的不确定关系。这个关系表明，由于微观粒子具有波动性，将出现下列情形：系统内有些物理量可以同时具有确定的值，而有些物理量不可以同时具有确定的值，它们的精度存在着一个不可逾越的限制。举个例子，上面提到的 x 坐标和动量的 x 分量 p_x 是不可以同时确定的，但是 x 坐标和动量的 y 分量 p_y 是可以同时确定的。

需要说明的是，不确定关系曾经又叫作“测不准原理”，海森伯早期曾将这类现象描述为宏观测量总是会扰动微观粒子的状态，所以测不准。这种说法本身并不违背实验结论，但它不是该问题的本质。不确定关系既不是因为测不准，也不是原理，它源于波粒二象性。

微观粒子有波动性，那宏观物体是由微观粒子组成的，也应该有波动性。没错。那为什么没有观察到宏观物体的波动性？我们的步枪弹无虚发，我们的“快递”使命必达！通过下面的例题练习，请你自己计算，然后思考分析。

思维拓展

物理知识应用

【例20-5】 计算电子经过 $U=54\text{V}$ 电压加速后的德布罗意波长。

【解】 电子加速后的速率可通过动能定理进行计算

$$\frac{1}{2}mv^2 = eU$$

$$v = \sqrt{2eU/m}$$

根据德布罗意公式

$$\lambda = \frac{h}{mv} = \frac{h}{\sqrt{2em/U}} = 0.167\text{nm}$$

【例20-6】 步枪子弹的质量约为 $m=16\text{g}$，初速率约 $v=800\text{m/s}$，试计算其德布罗意波长。假设枪口的孔径偏差为0.3mm，根据不确定关系，计算在200m的距离上，子弹至少会偏离经典轨道多大距离？

【解】 根据德布罗意公式

$$\lambda = \frac{h}{mv} = 0.52\times10^{-34}\text{m}$$

根据题意，设子弹出膛时左右方向坐标不确定度 $\Delta x=0.3\text{mm}$，由不确定关系可计算出子弹出膛时左右方向的速度误差的最小值

$$\Delta v_x = \frac{\Delta p_x}{m} \geqslant \frac{\hbar}{2m\Delta x} = 1.09\times10^{-32}\text{m/s}$$

根据子弹的飞行时间可以算出最后的偏离值

$$\Delta r_x = \Delta v_x\Delta t = 0.27\times10^{-32}\text{m}$$

从上面的例子可以看出，因为普朗克常量是个极为微小的量，所以宏观上的波长、不确定度等都小到实验难以测量的程度，只能观察到粒子性而不容易观察到波动性。这也是为什么我们的理论要在适用尺度

上做区分，宏观问题的研究用经典理论就能求出个满意的结果，但深入到微观，就必须考虑波粒二象性。

物理知识拓展

能量和时间的不确定关系

海森伯的不确定关系反应了微观理论与宏观理论的很大不同。除了坐标和动量的不确定关系外，还有一个十分重要的关系就是能量和时间的不确定关系。

考虑一个粒子在一段较短时间 Δt 内的动量大小为 p，能量为 E。根据相对论有

$$p^2c^2 = E^2 - m_0^2c^4$$

计算 p 的不确定度与能量 E 的不确定度的关系

$$\Delta p = \Delta(\sqrt{E^2 - m_0^2c^4})/c = \frac{E}{(E^2 - m_0^2c^4)^{1/2}}\Delta E = \frac{E}{pc^2}\Delta E$$

另一方面，在 Δt 时间内，粒子可能发生的位移为 $v\Delta t = p\Delta t/m$。这位移也就是这段时间内粒子的位置的不确定度，即

$$\Delta x = \frac{p}{m}\Delta t$$

将动量和坐标的不确定度相乘，得

$$\Delta E\Delta t = \frac{mc^2}{E}\Delta x\Delta p = \Delta x\Delta p \geqslant \frac{\hbar}{2} \tag{20-41}$$

这就是关于能量和时间的不确定关系。需要注意的是，与坐标、动量和能量不同，时间并不是一个描述粒子状态的物理量，它只是一个参量。因此 Δt 不能理解为时间的不确定度。上面的关系式应理解为，当微观粒子系统发生演化时，需要经过某一个时间过程 Δt，则此过程中能量必然由于演化而具有不确定度。

例如，上一节谈到了康普顿效应。光子和自由电子发生弹性碰撞时，“把一部分能量传给了电子”。这种说法其实并不准确，因为根据爱因斯坦的光量子假设，光子的概念即意味着完整性，不存在“一部分”的说法。实际上，我们根据量子力学的分析得出：康普顿散射是一个“二步过程”，而且这二步又可以采取两种可能的方式。一种方式是自由电子先整体吸收入射光子，然后再放出散射光子；另一种方式的顺序则反过来。每一步中光子都是“以完整的单元产生或被吸收的”。然而，这又会产生相应的问题：整个过程是满足能量守恒的，但是在电子吸收光子但还没来得及放出光子时（或者反过来），假设系统动量守恒，那么能量一定不守恒。这不是违反能量守恒定律了么？量子力学对此的解释就是应用了上述的能量和时间的不确定关系：康普顿散射的二步过程所经历的时间非常短，因此演化过程中能量具有一定的不确定度。这种对能量守恒定律的违反，在量子力学理论中是允许的。

20.4 薛定谔方程

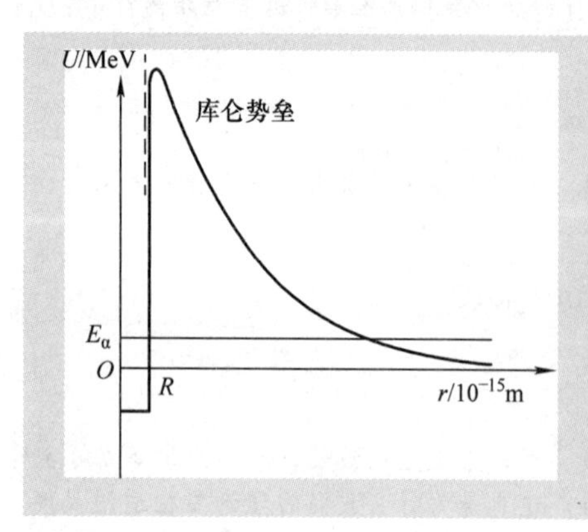

物理现象

较重的原子核会发生 α 衰变，即一个 α 粒子会从放射性核中逸出。如左图所示，在原子核内，α 粒子由于核力的作用其势能是很低的。而在核的边界上有一个因库仑力而产生的势垒。对 ^{238}U 核，这一库仑势垒可高达 35MeV，而它衰变过程中放出的 α 粒子的能量 E_α 不过 4.2MeV。α 粒子就像一个“饿得奄奄一息的青蛙”，它为什么能越过这堵“高墙”而逸出原子核呢？能量守恒定律不成立了吗？

物理学基本内容

实物粒子具有波粒二象性，这给物理学家提出了新的问题，就是需要找到新的恰当的理论来表述在量子世界中所发生的事情。率先提出新的可行方案的是海森伯的矩阵力学，稍晚一些，薛定谔也从另一途径创建了波动力学。本书主要介绍波动力学。

20.4.1　薛定谔方程

1925 年，时任瑞士苏黎世大学数学物理教授的薛定谔接触到了早期的量子理论，在爱因斯坦、德布罗意等人的理论的启示下，他萌发了用新观点研究原子结构的想法。正是循着波的研究思路，他开始思考如何来描述这种波，波的演化所遵循的规律是什么等等。1926 年 1 月—6 月，薛定谔通过四篇题目均为《量子化就是本征值问题》的论文，对他的波动力学作了系统论述，其中就包括著名的薛定谔方程。

图 20-27

1. 薛定谔方程

前面提到，薛定谔已经假定用波函数来描述微观粒子的状态，他要寻找的是波函数随时间演化的方程，因此其中必然包含了波函数对时间的导数。此外，这个方程还必须满足以下几条要求：

（1）方程必须是线性的。这样才能让波函数满足叠加原理，若 $\Psi_1(\boldsymbol{r},t)$ 和 $\Psi_2(\boldsymbol{r},t)$ 是方程的解，代表系统中粒子的两个可能状态，则它们的线性叠加 $c_1\Psi_1(\boldsymbol{r},t)+c_2\Psi_2(\boldsymbol{r},t)$ 也是方程的解，也代表粒子的一个可能状态。

（2）方程中的各种系数不能包含如动量、能量等与具体状态相关的参量，否则方程将只适用于特定的一些状态。要找的那个方程应尽量普遍适用。

（3）在经典极限下，方程得出的结果应该是与经典力学得出的结果趋于一致。

下面，我们结合前面的学习，对薛定谔方程的建立过程进行探讨。

对自由粒子的波函数求时间偏导数

$$\mathrm{i}\hbar\frac{\partial}{\partial t}\Psi(x,t)=\mathrm{i}\hbar\frac{\partial}{\partial t}A\mathrm{e}^{-\mathrm{i}(Et-p_x x)/\hbar}=EA\mathrm{e}^{-\mathrm{i}(Et-p_x x)/\hbar}=E\Psi(x,t) \tag{20-42}$$

上式反映出，对自由粒子波函数而言，其随时间的演化与能量相关。这与经典中的情形是类似的，例如在一定重力场和气流场环境中，从某一角度抛出的物体，其落点完全由动能决定。这提示我们寻找系统能量的具体表示。

注意到自由粒子波函数中还有动量 p_x，可以通过动量来表达能量。因此求自由粒子的波函数对坐标 x 的偏导数得到：

$$-\mathrm{i}\hbar\frac{\partial}{\partial x}\Psi(x,t)=-\mathrm{i}\hbar\frac{\partial}{\partial x}A\mathrm{e}^{-\mathrm{i}(Et-p_x x)/\hbar}=p_x\Psi(x,t) \tag{20-43}$$

形如上式左右两边，将某个线性变换（例如 $-\mathrm{i}\hbar\partial/\partial x$）作用在某个波函数上，得到一个数（例如 p_x）乘以这个波函数本身，这样的方程称为该变换的本征方程，这个数称为该变换的本征值，这个函数就是对应于本征值的本征函数，相应的状态称为本征态。这里的变换 $-\mathrm{i}\hbar\partial/\partial x$ 与动量分量 p_x 有关，称为动量 x 分量的算符，记为 $\hat{p}_x$，即

$$\hat{p}_x \equiv -\mathrm{i}\hbar\frac{\partial}{\partial x} \tag{20-44}$$

利用空间三个动量分量可以构造出动量矢量算符：

$$\hat{\boldsymbol{p}} = -\mathrm{i}\hbar\nabla = -\mathrm{i}\hbar\left(\boldsymbol{i}\frac{\partial}{\partial x}+\boldsymbol{j}\frac{\partial}{\partial y}+\boldsymbol{k}\frac{\partial}{\partial z}\right) \tag{20-45}$$

薛定谔认为算符的本征方程非常重要，主要体现在：与经典中一根两端固定的绳子上的波动有一些稳定的驻波解类似，微观系统问题也存在一系列特定的解，这些解才是宏观上可观测的结果（例如前面的电子衍射实验，只能在光屏上测到一个一个的点，我们并不能直接观察到电子弥散在空间中）。算符的本征方程求出的本征值和本征函数正是和这些解对应。他把这些宏观可测的物理量称为力学量。算符的本征值就是相应力学量的可观测值，算符的本征函数就是此时系统所处状态的波函数。

例如，通过求解动量分量算符$\hat{p}_x$的本征方程式（20-43）可以得到测量p_x的可能取值。而时间t不是宏观可测的力学量，因此它没有算符。它对波函数的作用就是直接乘以该波函数。

由于坐标是力学量，也有对应算符。我们根据量子力学分析指出其算符作用也是直接乘以波函数，例如：

$$\hat{x}\Psi(x,t) = x\Psi(x,t) \tag{20-46}$$

（注意上式不是本征方程，因为右侧波函数前面的x不是一个数，而是一个变量）

与经典中相对应的力学量都可通过动量和坐标算符的组合进行表达。以此为基础，我们就可以构建能量算符（包括动能和势能），在非相对论条件下，利用动能和动量的关系，有

$$E = E_{\mathrm{k}} + U = \frac{\boldsymbol{p}^2}{2m} + U(\boldsymbol{r},t) \tag{20-47}$$

将其算符化：

$$\hat{H} = \frac{\hat{\boldsymbol{p}}^2}{2m} + \hat{U}(\boldsymbol{r},t) = -\frac{\hbar^2}{2m}\nabla^2 + U(\boldsymbol{r},t) \tag{20-48}$$

式中的$\hat{H}$是与总能量有关的算符称为哈密顿算符。势能U作为坐标和时间的函数，对波函数的作用是直接乘以该波函数，所以可以不写算符符号。

对于自由粒子，能量只有动能。薛定谔假设，当考虑了势能时，本征方程的关系依然适用。于是哈密顿算符的本征值应为总能量E：

$$\hat{H}\Psi(\boldsymbol{r},t) = \left[-\frac{\hbar^2}{2m}\nabla^2 + U(\boldsymbol{r},t)\right]\Psi(\boldsymbol{r},t) = E\Psi(\boldsymbol{r},t) \tag{20-49}$$

综合式（20-42）和式（20-49）并且取三维情况就得到：

$$\mathrm{i}\hbar\frac{\partial\Psi(\boldsymbol{r},t)}{\partial t} = \hat{H}\Psi(\boldsymbol{r},t) \tag{20-50}$$

上式为能量本征波函数随时间演化的方程，薛定谔做出假设，认为这一规律可以推广到任意波函数，这就是薛定谔方程。它是在非相对论形式下建立起来的量子力学的基本动力学方程，其在量子力学中的作用和牛顿方程在经典力学中的作用相当，微观系统的波函数的演化都必须遵从该方程。对具体的系统，需要将势能函数U的表达式代入方程，从而解出满足归一化条件和标准条件的波函数。这些波函数解代表了系统粒子可能的状态。同牛顿方程一样，薛定谔方程也不能由其他的基本原理推导得到（上面的推导过程也只是一种理解），而只能作为一个基本的假设，其正确性由实验来检验。

2. 能量本征方程和定态

这里，我们无法全面的讨论式（20-50）那样的含时薛定谔方程（那是专业量子力学教材的任务），下面只着重讨论粒子处在恒定势场$U=U(\boldsymbol{r})$中的情形，在这种情况下，哈密顿算符只与

空间坐标有关，则薛定谔方程可分离变量，设

$$\Psi(\boldsymbol{r},t) = \psi(\boldsymbol{r})T(t) \tag{20-51}$$

代入薛定谔方程得

$$\mathrm{i}\hbar\frac{\mathrm{d}T(t)}{\mathrm{d}t}\psi(\boldsymbol{r}) = [\hat{H}\psi(\boldsymbol{r})]T(t) \tag{20-52}$$

上式两边同除以 $\psi(\boldsymbol{r})T(t)$，得

$$\frac{\mathrm{i}\hbar}{T(t)}\frac{\mathrm{d}T(t)}{\mathrm{d}t} = \frac{1}{\psi(\boldsymbol{r})}\hat{H}\psi(\boldsymbol{r}) \tag{20-53}$$

可以看出，上式左边只与变量 t 有关，右边只与 $\boldsymbol{r}$ 有关，而 t 和 $\boldsymbol{r}$ 互相独立，因此，只有当上式两边都等于同一个与 t 和 $\boldsymbol{r}$ 均无关的常数时等式才能成立。用 E 代表这一常数，可得两个方程，即

$$\mathrm{i}\hbar\frac{\mathrm{d}T(t)}{\mathrm{d}t} = ET(t) \tag{20-54}$$

$$\hat{H}\psi(\boldsymbol{r}) = E\psi(\boldsymbol{r}) \tag{20-55}$$

很容易看出，方程（20-54）的解是复指数函数

$$T(t) \sim \mathrm{e}^{-\mathrm{i}Et/\hbar} \tag{20-56}$$

这就是前面提到的自由粒子波函数中的时间演化项，通过量纲分析可以再次明确其中的分离变量常数 E 就是能量。而式（20-55）就是哈密顿算符 $\hat{H}$ 的本征方程，即能量本征方程。它是二阶微分方程，在数学上，只要给定势能函数 $U(\boldsymbol{r})$ 和任意 E 值，该方程都有解。但在物理上要求波函数 $\psi(\boldsymbol{r})$ 满足标准条件，所以只对一些特定的 E 值方程才可能有解。

由能量本征方程解出 E 和 ψ_E，就得到薛定谔方程的一个解

$$\Psi_E(\boldsymbol{r},t) = \psi_E(\boldsymbol{r})\mathrm{e}^{-\mathrm{i}Et/\hbar} \tag{20-57}$$

这个解称为薛定谔方程的定态解，这种 E 取确定值的状态称为定态。方程（20-55）又称为定态薛定谔方程。处于定态 $\Psi_E(\boldsymbol{r},t)$ 上的粒子具有确定的能量 E，并且其概率密度 $f_E(\boldsymbol{r},t)$ 不随时间变化，即

$$f_E(\boldsymbol{r},t) = |\Psi_E(\boldsymbol{r},t)|^2 = \psi_E^*(\boldsymbol{r})e^{\mathrm{i}Et/\hbar}\cdot\psi_E(\boldsymbol{r})\mathrm{e}^{-\mathrm{i}Et/\hbar} = |\psi_E(\boldsymbol{r})|^2 \tag{20-58}$$

这就是其称为“定态”的原因。应该指出，定态并不意味着与时间无关，只是它随时间的演化不改变概率分布。（本书后续只探讨定态）

除了非常重要的能量本征方程外，还可以将其他物理量算符化之后建立相应的本征方程，从而研究系统的性质。薛定谔波动力学的主要目标就是求出系统的定态解以及其他物理量的本征值和本征波函数，从而研究系统的动力学演化特征和运动相关物理量。

下面利用定态薛定谔方程说明一些粒子运动的基本特征。

20.4.2　一维无限深方势阱中的粒子

自由电子在金属内部可以自由运动，但逸出金属表面时要克服逸出功。对于电子来说，金属外的势能要比金属内的高，通常把这样的势场称为势阱，金属中的电子相当于在一个势阱中运动。我们假设一个理想模型，如图 20-28 所示的为一维无限深方势阱，其势能表达式为

$$U(x) = \begin{cases} 0 & (0 < x < a) \\ \infty & (x \leqslant 0, x \geqslant a) \end{cases}$$

a 为势阱宽度。设有一个质量为 m 的粒子处在一维无限深方势阱中，下面来看薛定谔方程对这样

一个粒子的状态的分析。由于势函数与时间无关，直接求解一维定态薛定谔方程：

$$-\frac{\hbar^2}{2m}\frac{\mathrm{d}^2\psi(x)}{\mathrm{d}x^2}+U(x)\psi(x)=E\psi(x) \qquad (20\text{-}59)$$

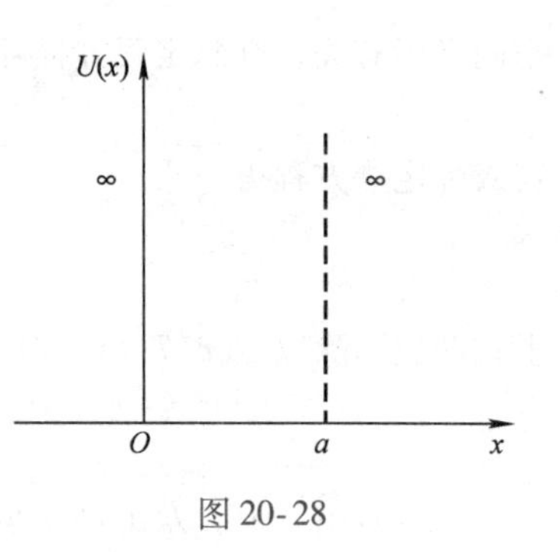

图 20-28

（1）阱外（$x\leqslant 0$ 或 $x\geqslant a$）

由于势能函数 $U\to\infty$，所以一维定态薛定谔方程化为

$$\frac{\mathrm{d}^2\psi(x)}{\mathrm{d}x^2}+\frac{2m}{\hbar^2}(E-\infty)\psi(x)=0 \qquad (20\text{-}60)$$

可以证明，只有当 $\psi(x)=0$ 时上式才能成立。这说明阱外的波函数为零，粒子只能在阱内运动，粒子这种被限制空间范围的状态称为束缚态。

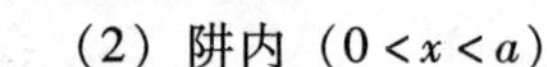

（2）阱内（$0<x<a$）

因为 $U(x)=0$，所以定态薛定谔方程化为

$$\frac{\mathrm{d}^2\psi(x)}{\mathrm{d}x^2}+\frac{2mE}{\hbar^2}\psi(x)=0 \qquad (20\text{-}61)$$

其中，E 是待求的能量本征值。由于在阱内势能为零，而粒子具有动能，所以能量 E 不可能取负值，只讨论 $E\geqslant 0$ 的情况就可以了。设 $k^2\equiv\frac{2mE}{\hbar^2}$（$k\in\mathbf{R}$），上式变成

$$\frac{\mathrm{d}^2\psi(x)}{\mathrm{d}x^2}+k^2\psi(x)=0$$

其通解为

$$\psi(x)=A\sin kx+B\cos kx \qquad (20\text{-}62)$$

式中，A 和 B 为待定的归一化系数，由于相位可以纳入到 A、B 中，所以上式不含相位 φ_a 和 φ_b。

（3）用波函数的连续性条件确定特解

由于阱外的波函数为零，根据波函数的连续性要求，在阱壁（$x=0$ 和 $x=a$）的波函数为零。在 $x=0$ 处 $\psi(0)=0$，要求式（20-62）中的 $B=0$，因此波函数为

$$\psi(x)=A\sin kx \qquad (20\text{-}63)$$

式中，$A\neq 0$，$k\neq 0$，否则 $\psi(x)=0$，即波函数在全空间为零，意味着粒子不存在。

进一步的，在 $x=a$ 处的波函数连续性要求得到

$$\psi(a)=A\sin ka=0$$

因此有

$$\sin ka=0$$

所以

$$k=\pm\frac{n\pi}{a}\quad(n=1,2,3,\cdots) \qquad (20\text{-}64)$$

$$E_n=\frac{k^2\hbar^2}{2m}=\frac{n^2\pi^2\hbar^2}{2ma^2}\quad(n=1,2,3,\cdots) \qquad (20\text{-}65)$$

上式表明，在一维无限深方势阱中运动的粒子，其能量是量子化的。每一个能量值对应于一个能级。式中的整数 n 称为量子数，$n=1$ 代表基态，n 取其他值代表激发态。在一定条件下粒子的状态可以从一个能级变化到另一个能级，这种变化称为跃迁。

把式（20-64）代入式（20-63），就得到属于能量本征值 E_n 的本征波函数

$$\psi_n(x) = A\sin\frac{n\pi}{a}x \tag{20-66}$$

归一化常数 A 可由归一化条件求出，即

$$\int_0^a |\psi_n(x)|^2 \mathrm{d}x = |A|^2 \int_0^a \left(\sin\frac{n\pi}{a}x\right)^2 \mathrm{d}x = 1$$

$$A = \sqrt{\frac{2}{a}} \tag{20-67}$$

因此，一维无限深方势阱中粒子的能量本征波函数为

$$\psi_n(x) = \begin{cases} \sqrt{\frac{2}{a}}\sin\frac{n\pi}{a}x & (n = 1,2,3,\cdots,0 < x < a) \\ 0 & (x \leqslant 0, x \geqslant a) \end{cases} \tag{20-68}$$

将上式代入式（20-57）即可得到完整的波函数为

$$\Psi_n(x,t) = \begin{cases} \sqrt{\frac{2}{a}}\sin\left(\frac{n\pi}{a}x\right)\mathrm{e}^{-\mathrm{i}Et/\hbar}, & (n = 1,2,3,\cdots,0 < x < a) \\ 0 & (x \leqslant 0, x \geqslant a) \end{cases} \tag{20-69}$$

由式（20-65）和能量、动量关系，有

$$p_n = \pm\sqrt{2mE_n} = \pm\frac{n\pi\hbar}{a} \tag{20-70}$$

再利用德布罗意关系得到

$$\lambda_n = \frac{h}{|p_n|} = \frac{2a}{n} \tag{20-71}$$

上式表明势阱中的粒子的德布罗意波具有驻波的形式（势阱边界为波节）。经典中，形成驻波代表一种稳定状态，这里势阱中能量的量子化也可以理解为德布罗意波形成驻波的必然结果。图 20-29画出了一维无限深方势阱中粒子的能量本征波函数、能量本征值和空间概率密度分布。可以看出与经典粒子有明显不同的一些结论：

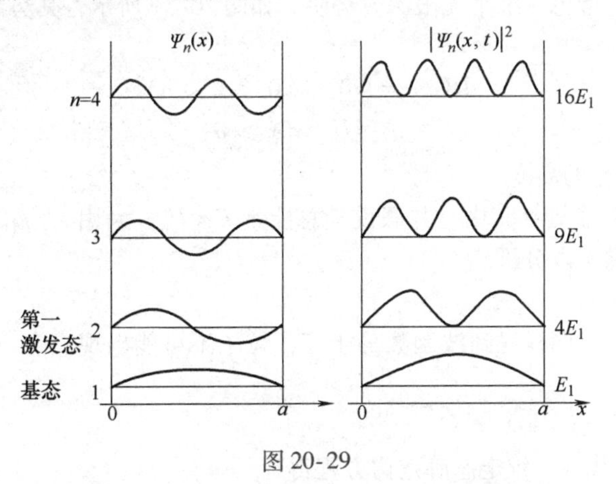

图 20-29

（1）按照经典理论，粒子在阱内来来回回自由运动，在各处的概率密度应该是相等的。但是看图中的 $|\Psi_n(x,t)|^2$，它代表粒子按 x 坐标的概率分布。如前所述，它是不随时间变化的，意味着微观粒子在势阱中的位置概率分布并不是平均的，它“喜欢”出现在一些特定的位置附近，而另一些位置附近则概率较小。

（2）粒子的能量并不能如经典物理中的取到任意的值，而是只能取到一些特定的能量本征值。并且粒子的最低能量 $E_1=\dfrac{\pi^2\hbar^2}{2ma^2}$ 不等于零，称为零点能。我们也可以从不确定关系来理解这一点：这是由于粒子被限制在阱内处于束缚态，坐标的不确定度为有限值（阱宽），由不确定关系可知动量不确定度应不为零。因此，粒子不可能静止，能量也就不能为零。这就是为什么即使在 0K 温度下，粒子也不会完全静止。

同时，让我们来看看当量子数 $n\to\infty$ 时的情况。首先计算一下能级间隔：

$$\Delta E_n = E_{n+1}-E_n = \frac{(n+1)^2\pi^2\hbar^2}{2ma^2}-\frac{n^2\pi^2\hbar^2}{2ma^2}=\frac{(2n+1)\pi^2\hbar^2}{2ma^2} \tag{20-72}$$

把能级间隔与能量本征值作对比

$$\frac{\Delta E_n}{E_n}=\frac{(2n+1)}{n^2} \tag{20-73}$$

上式在 $n\to\infty$ 时趋近于零，即系统能量接近宏观量级时，其能级几乎是连续的，量子化可以忽略不计。粒子的德布罗意波长可由式（20-71）得到，在 $n\to\infty$ 时也趋近于零，即此时德布罗意波长极小，波动性可以忽略不计，如图 20-30所示。

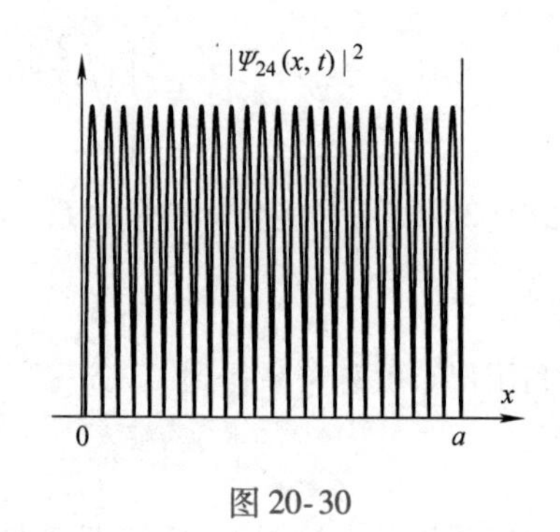

图 20-30

当量子数非常大时，量子理论将渐近的得出和经典理论相同的结论。这就是玻尔于 1913 年在研究氢原子问题时提出的对应原理。它在早期量子论发展的过程中一直起指导作用。

20.4.3 隧道效应

在金属或半导体接触面附近势能会增大，从而形成势垒。粒子在遇到势垒时情况稍复杂一点，为了便于理解，先考虑一维半无限深方势阱，如图 20-31 所示，其势能函数为

$$U(x)=\begin{cases}\infty & (x\leqslant 0)\\ 0 & (0<x<a)\\ U_0 & (x\geqslant a)\end{cases}$$

其中，$U_0>0$，代表势台的高度。

设一质量为 m 的粒子处在其中，并假设其总能量 $E<U_0$。采用和前面类似的方法步骤予以分析。

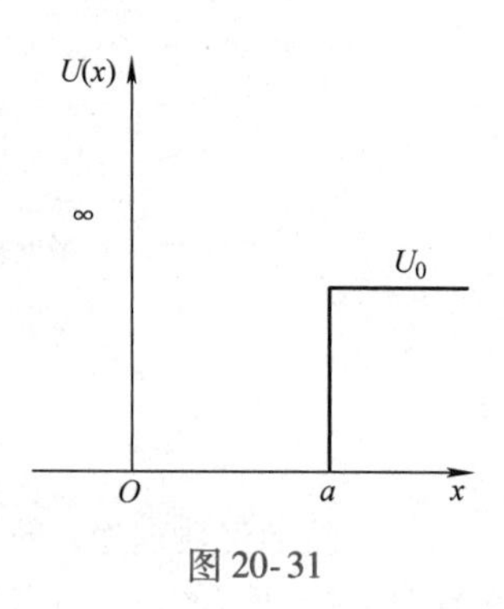

图 20-31

（1）左侧区域（$x\leqslant 0$）

由于势能为无穷大，同样得到波函数等于零，粒子不可能出现在左侧区域。

（2）阱内（$0<x<a$）

将势能函数 $U=0$ 代入一维定态薛定谔方程得到

$$\frac{d^2\psi(x)}{dx^2}+k^2\psi(x)=0 \tag{20-74}$$

其中 $k=2mE/\hbar$，$(k\in R)$。上式的通解是

$$\psi(x)=A\sin kx+B\cos kx \tag{20-75}$$

考虑 $x=0$ 处的波函数连续性条件，得到 $B=0$。因此阱内的波函数为

$$\psi(x) = A\sin kx \tag{20-76}$$

其中，A 为待定系数，$A\neq 0$，$k\neq 0$。

（3）右侧区域（$x\geqslant a$）

将势能函数 $U=U_0$代入一维定态薛定谔方程得到

$$\frac{d^2\psi(x)}{dx^2}+\frac{2m}{\hbar^2}(E-U_0)\psi(x)=0 \tag{20-77}$$

由于 $E-U_0<0$，上式的通解为

$$\psi(x) = Ce^{\beta x}+De^{-\beta x} \tag{20-78}$$

式中 C、D 为待定系数，$\beta\equiv\sqrt{2m(U_0-E)}/\hbar>0$。由于其中的第一项在 $x\to\infty$ 时是发散的，不符合粒子局限在势阱中的情况，因此 $C=0$。于是右侧区域的波函数为

$$\psi(x) = De^{-\beta x} \tag{20-79}$$

其中，$D\neq 0$，$\beta>0$。考虑 $x=a$ 处的波函数连续性条件，综合势阱内和右侧区域的波函数，有

$$\psi(a) = A\sin ka = De^{-\beta a} \tag{20-80}$$

根据上式可以得到 A 和 D 的关系，再由归一化条件确定具体取值。由此可以解出完整的波函数。由于求解稍显复杂，在此略过。

值得注意的是，式（20-80）中的 D 不等于零，意味着粒子有一定的概率出现在势阱的外面（尽管它原来的总能量小于U_0）。这看起来违反了能量守恒，但别忘了不确定关系。当我们讨论定态时，能量（动量）是确定的，因此空间坐标就呈现不确定性，只给出它的分布情况。而当我们讨论粒子出现在这里或者粒子出现在那里时，指望确定坐标将会导致能量（动量）的不确定性。进一步由量子力学分析指出，这在不确定关系的前提下并不违反能量守恒定律。

现在假设如图 20-32 所示的一维有限高方势垒。基于以上分析，处在左侧区域的粒子即使能量达不到势垒的高度，依然存在一定的概率出现在势垒的右侧区域。这一现象称为量子隧道效应。粒子由左侧越过势垒出现在右侧的概率称为透射系数。一般的，透射系数与 U_0-E 的差值有关，还与势垒的宽度有关。能量差的越多、势垒越宽，则透射系数会呈指数迅速衰减。经过计算，当能量差 $U_0-E=5\text{eV}$，势垒宽度 a 为 50nm 以上时，透射系数将会下降 6 个数量级。此时隧道效应已经没有实际意义了，量子理论再次过渡到经典物理。

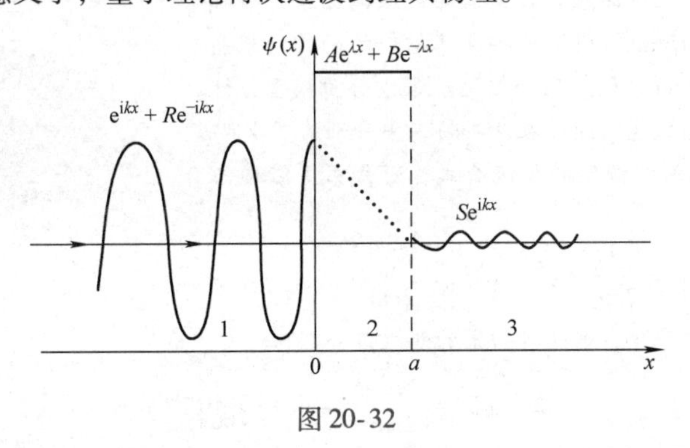

图 20-32

1982 年，宾宁和罗雷尔利用量子隧道效应研制出扫描隧道显微镜（Scanning Tunneling Microscopy，STM）。由于量子隧道效应，电子可以穿透样品表面势垒，在样品表面附近形成电子云。当金属探针的针尖非常接近样品表面，并在探针和样品间加一微小电压时，探针和样品之间的电子云形成隧穿电流。隧穿电流对针尖和样品表面之间的距离非常敏感。用金属探针在样品表面扫描，通过隧穿电流的变化就能记录下样品表面的微观形貌和电子分布等信息。扫描隧道

显微镜在表面物理、材料科学、化学和生物等很多领域的科学研究中都有重要的应用。宾宁和罗雷尔以及1932年发明电子显微镜的鲁斯卡共同获得了1986年的诺贝尔物理学奖。如图20-33所示为由48个铁原子在铜表面构建的电子量子围栏的STM图像[⊖]，从中可以看到由于电子受到新的约束导致其波函数呈现出不同的分布。

图20-33

通过应用薛定谔方程分析一系列问题，可以体会到其基本思想是解本征方程，从而寻找系统的各种物理量的本征态，在此基础上进一步研究系统的性质和变化。同时，微观系统与经典物理描述有许多不同，在束缚态下会出现能量量子化以及零点能，有时还会出现诡异的隧道效应，但又会在量子数很大的情况下逐渐过渡到经典。不过这些都是小试牛刀，在下一节中我们将会看到薛定谔方程最成功的案例—氢原子。关于它的研究为人类深入研究基本粒子奠定了基础。

现象解释

在原子核内虽然有核力形成的势阱以及边界处的库仑势垒，原子核中的粒子很难逃出来，因此在不被外界强烈激发的情况下，大多数原子核是相对稳定的。但根据量子理论的分析，粒子由于波动性，其波函数存在势阱外不为零的情况，因此是有概率逸出原子核的，这也是重原子核发生α衰变的基本条件。

物理知识应用

【例20-7】许多半导体材料在颗粒尺寸进入100nm以下时都表现出越发明显的量子效应，比如吸收光谱发生变化等。这是因为其中的电子可以看作是束缚在极小尺寸的势阱内，其能级结构受到尺寸影响。如图20-34所示，半导体硒化镉纳米晶粒大小不同时呈现出不同的颜色。上方的颗粒较大因而能级间距小，吸收光子的频率限较低，因而泛红。设同一半导体材料的两种纳米晶粒尺寸分别为100nm和1nm，试采用一维无限深方势阱模型，计算电子第1激发态与基态的能级间隔在两种粉末中分别为多少？

图20-34

【解】根据一维无限深方势阱的能级公式，可知第1激发态与基态的能级差为

$$\Delta E = E_2 - E_1 = \frac{\pi^2\hbar^2}{2ma^2}(2^2 - 1^2) = \frac{3\pi^2\hbar^2}{2ma^2}$$

将纳米晶体尺寸看作势阱宽度，则两种粉末的能级差分别为

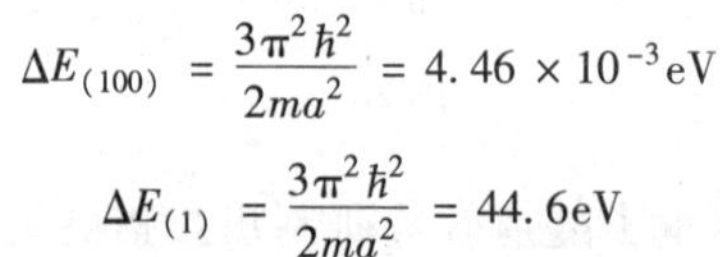

$$\Delta E_{(100)} = \frac{3\pi^2\hbar^2}{2ma^2} = 4.46\times10^{-3}\text{eV}$$

$$\Delta E_{(1)} = \frac{3\pi^2\hbar^2}{2ma^2} = 44.6\text{eV}$$

【例20-8】根据态叠加原理，几个波函数的线性叠加仍是系统的一个波函数。假设在一维无限深方势

⊖ CROMMIE M F, LUTZ C P, EIGLER D M. Crommie, M. F. Lutz, C. P. & Eigler, D. M. Confinement of electrons to quantum corrals on a metal surface. Science 262, 218-220 [J]. Science, 1993, 262 (5131): 218-220.

阱中的粒子处在基态和第2激发态的叠加态，各占概率幅的$1/\sqrt{2}$（保证波函数的归一化）。试求这一叠加态的空间坐标概率分布。

【解】由一维无限深方势阱中粒子的求解结果可知基态和第2激发态的波函数：

$$\Psi_1(x,t)=\sqrt{\frac{2}{a}}\sin\left(\frac{\pi}{a}x\right)e^{-iE_1t/\hbar}$$

$$\Psi_3(x,t)=\sqrt{\frac{2}{a}}\sin\left(\frac{3\pi}{a}x\right)e^{-iE_3t/\hbar}$$

根据题意叠加态的波函数为 $\Psi(x,t)=\frac{1}{\sqrt{2}}[\Psi_1(x,t)+\Psi_3(x,t)]$

这一叠加态的概率分布为

$$\begin{aligned}P=&\left[\sqrt{\frac{1}{a}}\sin\left(\frac{\pi}{a}x\right)e^{iE_1t/\hbar}+\sqrt{\frac{1}{a}}\sin\left(\frac{3\pi}{a}x\right)e^{iE_3t/\hbar}\right]\times\\&\left[\sqrt{\frac{1}{a}}\sin\left(\frac{\pi}{a}x\right)e^{-iE_1t/\hbar}+\sqrt{\frac{1}{a}}\sin\left(\frac{3\pi}{a}x\right)e^{-iE_3t/\hbar}\right]\\=&\frac{1}{a}\sin^2\left(\frac{\pi}{a}x\right)+\frac{1}{a}\sin^2\left(\frac{3\pi}{a}x\right)+\\&\frac{2}{a}\sin\left(\frac{\pi}{a}x\right)\sin\left(\frac{3\pi}{a}x\right)\cos[(E_3-E_1)t/\hbar]\end{aligned}$$

思维拓展

上面结果中的第三项是一个简谐振动形式的表达式。如果从经典的角度理解，似乎可以把它看作粒子在振动，倘若这种粒子是带电的，将会等效为一个振动电偶极子，它将向外辐射电磁波。此电磁波的频率为$\nu=(E_3-E_1)/2\pi\hbar$，相应光子的能量就为$\varepsilon=h\nu=E_3-E_1$。这正是玻尔提出的原子跃迁发光的频率条件（参见第20.5节）。当然，严格的跃迁分析在量子力学中需要用微扰理论来分析。

物理知识拓展

1. 一维谐振子

前面在黑体辐射的普朗克能量子理论中提到过许多科学家在研究物体辐射时都采用了谐振子模型。谐振子不仅是经典物理的重要模型，而且在量子物理中的分析也导出了有用的结论。下面讨论粒子的一维谐振运动。其势能函数如下：

$$U=\frac{1}{2}kx^2=\frac{1}{2}m\omega^2x^2 \tag{20-81}$$

与经典的弹簧振子模型进行比较，可知在这样的势场中粒子受到线性回复力，将做简谐振动。因此式中k是势场的等效劲度系数，$\omega=\sqrt{k/m}$是振子的固有角频率。将这一与时间无关的势能函数代入式（20-59），可得一维谐振子的定态薛定谔方程为

$$\frac{d^2\psi(x)}{dx^2}+\frac{2m}{\hbar^2}\left(E-\frac{1}{2}m\omega^2x^2\right)\psi(x)=0 \tag{20-82}$$

这是一个变系数的常微分方程，对其求解较为复杂。在此只给出重要结论：为了使波函数$\psi(x)$满足单值、有限和连续的标准条件，谐振子的能量只能是

$$E_n=\left(n+\frac{1}{2}\right)\hbar\omega=\left(n+\frac{1}{2}\right)h\nu\quad(n=0,1,2,\cdots) \tag{20-83}$$

这说明，谐振子的能量也是量子化的，其能级间隔为$h\nu$。这正是普朗克能量子假设的内容之一，但是在普朗克那里，这种能量量子化是为了解决黑体辐射问题提出的一个孤立的假设，而在这里，它是量子力学理论的一个自然推论，而且只是与实验相符的众多推论当中的一个。如图20-35a所示，画出了谐振子的

势能、能级以及波函数与 x 的关系曲线。这里同样出现了空间概率密度的不均匀分布，并且经典理论中粒子迅速掠过的平衡点，有时候（n 为偶数时）成了粒子最可能出现的位置。同时，在势阱的外围概率密度也不完全为零，会出现隧道效应。如图 20-35b 所示为量子数较大时向经典理论过渡。

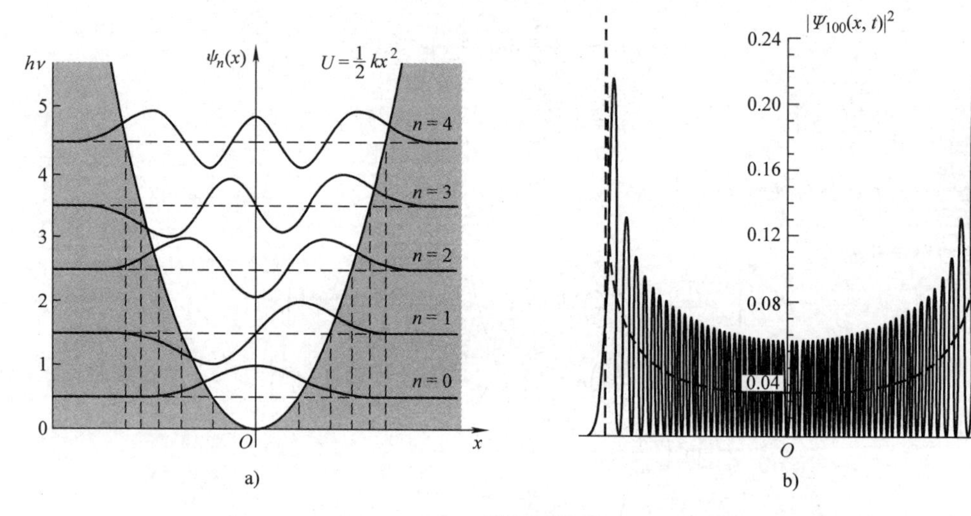

图 20-35

2. 测量薛定谔的猫

前面提到，处于某状态的微观粒子，当对其动量进行测量时，只有具有确定动量值的状态才能在实验中呈现，从而测得相应动量值。那么处在叠加态的微观粒子难道就不存在么？很显然它们是存在的。因为电子衍射实验中，我们观察到了明暗相间条纹，说明在到达荧光屏之前，电子确实处在叠加态。那为什么这种状态和相应物理量值无法观测到呢？

量子力学对此的解释是，一旦对粒子进行某个物理量的测量，那么粒子的波函数就会概率性的坍缩到该物理量的某个本征函数上，从而在实验上只能测得相应本征值。而这种的坍缩的概率是由波函数的模方来描述的（波恩的概率统计解释）。

这一解释称为哥本哈根诠释，它给出了与实验相符的结果，但是完全没有理论依据。因此遭到了爱因斯坦和薛定谔等人的反对。这里列举两个典型的思想实验，也许并不能证明量子力学就是正确的或者是错误的，但是它们带给人类以更深刻地思考。

第一个是 EPR 佯谬。它是爱因斯坦、波多尔斯基和罗森于 1935 年为论证量子力学的不完备性而提出的一个悖论。他们主张定域实在论：定域论不允许鬼魅般的超距作用；实在论坚持，即使无人赏月，月亮依旧存在。EPR 佯谬是这样一个思想实验：假设一个零自旋中性 π 介子衰变成一个电子与一个正电子（关于自旋，参见第 20.5 节）。这两个产物分别向相反方向飞去，所以不管距离多远，它们肯定一正一负。同时，为了满足角动量守恒，它们的自旋方向也肯定相反。但是由于实验还没有进行观测，所以两个粒子实际上处于下列两种情况的叠加态：

$$\langle +\uparrow|-\downarrow\rangle \quad 或 \quad \langle -\uparrow|+\downarrow\rangle$$

假设在左侧很远的地方，有一位科学家墨翟对飞往左边的粒子进行了自旋 x 分量的测量，则根据哥本哈根诠释，两个电子的波函数必将坍缩到上述两个状态之一，即如果墨翟测到了自旋向下，他可以立即断言在右边很远地方的电子的自旋 x 分量向上。这就是玻尔强调的完全不干扰的情况下的测量。那么接着墨翟还可以对 y 分量或者 z 分量进行测量。实验完成时，右侧粒子的自旋各分量可以完全确定。根据定域实在论，这意味着粒子的自旋具有实在的确定的三个分量，与观测无关。但这违反了量子力学的不确定关系，因为自旋分量之间是不可以同时具有确定值的。

关于 EPR 佯谬，贝尔于 1964 年提出的一个强有力的数学不等式，提供了用实验在量子不确定性和爱因斯坦的定域实在性之间做出判决的机会。1982 年，以阿斯派克特为组长的一群科学家第一次在精确的意义上对 EPR 做出实验检验，结果偏向量子不确定性。尽管如此，仍有不少科学家认为实验存在漏洞，思考还在继续。

第二个是薛定谔的猫，如图 20-36 所示。它是薛定谔 1935 年设计的一个思想实验：将一只猫关在装有少量镭和氰化物的密闭容器里。镭的衰变存在概率，如果镭发生衰变，会触发机关打碎装有氰化物的瓶子，猫就会死；如果镭不发生衰变，猫就存活。根据哥本哈根诠释，在打开容器观测之前，由于放射性的镭处于衰变和没有衰变两种状态的叠加，猫就理应处于死猫和活猫的叠加状态。这只既死又活的猫就是所谓的“薛定谔猫”。薛定谔利用这个虚构的装置将微观的波函数叠加、测量坍缩等性质转嫁到了宏观的猫上，然而谁也无法相信一个处在生死边缘的猫，更无法相信“好奇开箱子会害死猫”。他以此来批评玻尔等人对量子力学的解释。

图 20-36

围绕量子力学的哥本哈根诠释及其完备性，玻尔一派和爱因斯坦一派各执己见，双方展开了一场长达近三十年的大论战，许多理论物理学家、实验物理学家和哲学家卷入其中。这场论战至今仍未结束，人们还在讨论关于“隐参量”理论、多世界解释等。

20.5　原子中的电子

氦的应用主要是作为电弧焊接的保护气体、气冷式核反应堆的工作流体和超低温冷冻剂。它最早是在太阳上发现的，然后才在地球上找到。太阳距离我们 1.5×10^{8}km，我们是怎么知道太阳上有这种元素的呢？

物理现象

物理学基本内容

一直以来，不管是化学家、物理学家，还是哲学家，都想搞清楚这个世界的本质，其中一个重要的问题就是物质世界是由什么构成的。但是正如浩瀚的宇宙高深难测，微观世界同样令人触不可及。实验学家们不得不采用一些别的办法来间接的探索那里的奥妙，而另一边的理论学家们则穷尽思维，想要构建出一个合理的模型。在 20 世纪，可以说除了相对论之外，量子力学就是那个最具想象力的理论，而它始于氢原子。

20.5.1　玻尔的氢原子理论

1. 原子的核式结构模型及其与经典理论的矛盾

金属受热、光或电场的作用会发射电子，这说明电子是原子的组成部分。在正常情况下物质总是显示电中性的，而电子是带负电的，这说明原子中除了电子以外还包含带等量正电的部分。另外，由于电子的质量比整个原子的质量小得多，所以可以断定，原子的质量主要是由除电子以外的其余部分提供的。那么，质量很小的电子和质量很大的正电部分是如何组成原子的呢？

1904 年，汤姆孙从正负电荷的相互作用出发，考虑原子的稳定性，提出了“原子枣糕”模型，认为正电荷和大部分质量是像“流体”一样均匀分布在原子内的。这一模型在当时具有很大的影响力。然而1909年，盖革和马斯顿在卢瑟福的指导下，用α粒子轰击金箔。实验发现，绝大多数α粒子穿过金箔后沿原方向运动，散射角很小（一般只有1°~2°）；也有少数α粒子发生了较大角度的散射；还有个别α粒子（约占1/8000）散射角超过90°，甚至被反弹回去。这些实验事实是对汤姆孙“原子枣糕”模型的否定。

1911年，卢瑟福经过深思熟虑提出了原子的核式结构模型。在这个模型中，原子中央有一个带正电的核，称为原子核，原子核的半径比原子的尺度小得多，它几乎集中了原子的全部质量，如图20-37所示。所以绝大多数α粒子可以从原子内部穿越，而不会受到原子核的显著的斥力作用，因而散射角很小；少数α粒子打在原子核附近，因而有较大的散射角；个别α粒子几乎对着原子核入射，因而被反弹回去。为了平衡库仑力，卢瑟福假设电子以封闭的轨道绕原子核旋转，如同行星绕太阳的运动。

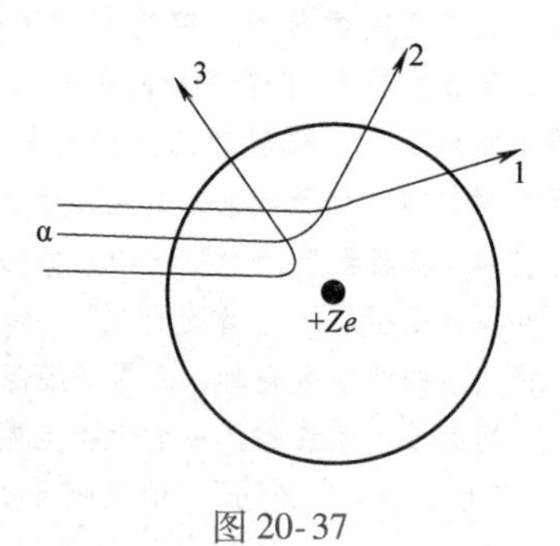

图20-37

原子的核式结构模型符合了α散射实验的结果，却带来矛盾：按照经典理论，当带电粒子加速运动时要辐射电磁波，所以对于原子的核式结构必定会得到以下两点结论：

（1）原子不断地向外辐射电磁波，从而导致电子运动轨道半径不断减小，辐射的电磁波的频率将发生连续变化；

（2）随着能量损耗，原子的核式结构是不稳定的，绕核旋转的电子最终将落到原子核上。

经典物理学理论的上述结论是与实际情况完全不符的。首先，在正常情况下原子并不辐射能量，只在受到激发时才辐射电磁波，而且其电磁波谱是线状谱，并不是经典物理学理论所预示的连续谱。其次，实验表明，原子的各种属性都具有高度的稳定性，并且同一种原子若处于不同条件下（例如不同温度），其属性总是一致的，这种属性的一致性恰恰说明了原子结构的稳定。

由此可见，卢瑟福的核式结构模型有其正确性，也有其局限性。同时，还存在经典理论对微观粒子的讨论还是否成立的问题。这些都需要做进一步的讨论，或许才会有更多的发现。

2. 氢原子光谱的规律性

当气体放电时会发光，这是观察原子光谱的常用方法。与热辐射不同，原子光谱是原子结构性质的反映，研究原子光谱的规律性是认识原子结构的重要手段。在所有的原子中，氢原子是最简单的，其光谱也应该是最简单的，而对其详细研究有望对复杂原子结构的认识提供思路。

1853年，埃格斯特朗最先从气体放电的光谱中确定了氢的H_α谱线，他还找到了氢原子光谱另外三条在可见光波段内的谱线，即H_β、H_γ、H_δ谱线，并精确测量了它们的波长，如图20-38所示。此时人们才逐渐意识到这些分立的谱线可能与不同的元素有关。1885年，巴耳末发现，可以用简单的整数关系表示这4条谱线的波长

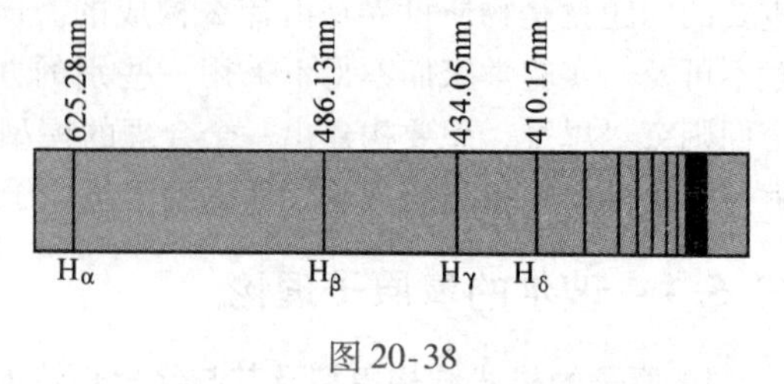

图20-38

$$\lambda = B\frac{n^2}{n^2 - 2^2} \quad (n = 3,4,5,6) \tag{20-84}$$

式中，B是常量，其数值等于364.57nm。后来实验上还观察到相当于n为其他正整数的谱线，这些谱线连同上面的4条谱线，统称为氢原子光谱的巴耳末系。里德伯在1888年发表了一个更加普遍的公式

$$\tilde{\nu} = R\left(\frac{1}{k^2} - \frac{1}{n^2}\right) \tag{20-85}$$

式中，k 和 n 是取值范围相联系的正整数，$\tilde{\nu}=1/\lambda$ 称为波数，$R=1.096776\times10^7\text{m}^{-1}$ 称为里德伯常量。通过里德伯公式可以预测氢光谱中的其他谱线，它们在紫外、红外等区域组成不同的谱线系（以发现者命名），如表 20-5 所示。

表 20-5 氢原子光谱各线系

k 取值	n 取值	线系	发现时间	波长范围
1	2，3，4，…	莱曼系	1914	紫外区
2	3，4，5，…	巴尔末系	1908	可见光区
3	4，5，6，…	帕邢系	1922	红外区
4	5，6，7，…	布拉开系	1924	红外区
5	6，7，8，…	普丰德系	1973	红外区

在氢谱线实验规律的基础上，里德伯、里兹等人在 1890 年研究其他元素（如一价碱金属）的光谱，发现也可分为若干线系，其频率或波数也有和氢谱线类似的规律性，一般可用两个函数的差值来表示

$$\tilde{\nu}_{kn} = T(k) - T(n) \tag{20-86}$$

上式中，$T(k)$ 和 $T(n)$ 称为光谱项。把对应于任意两个不同整数的光谱项合并起来组成它们的差，便得到原子光谱中一条谱线的波数。这称为里德伯—里兹组合原理。对于氢原子光谱项表达式为

$$T(k) = \frac{R}{k^2}, T(n) = \frac{R}{n^2} \tag{20-87}$$

实验表明，组合原理不仅适用于氢原子光谱，也适用于其他元素的原子光谱，只是光谱项的表示形式比式（20-87）要复杂些。

原子光谱线系可用这样简单的公式来表示，且其结果又非常准确，这说明它深刻地反映了原子内在的规律。然而，经典物理学理论无法对光谱给出正确的解释。

3. 玻尔的氢原子理论

基于严谨的科学实验的卢瑟福原子核式结构的建立，以及氢原子光谱的规律及组合原理的发现对经典物理理论提出了严峻挑战，也为玻尔的氢原子理论奠定了基础。

玻尔曾到曼彻斯特随卢瑟福工作，他参加了 α 散射实验的相关工作，坚信卢瑟福的核式结构原子模型的正确性，同时也清楚该理论面临的困难。他在巴尔末公式和斯塔克关于跃迁描述的启发下，于 1913 年提出他的氢原子理论。

玻尔的理论主要以下列三个假设为基础：

（1）定态假设 原子存在一系列不连续的稳定状态，即定态，处于这些定态中的电子虽做相应的轨道运动，但不辐射能量。

（2）跃迁假设 当原子中的电子从某一轨道跳跃到另一轨道时，就对应于原子从某一定态跃迁到另一定态，这时才辐射或吸收相应的光子，光子的能量由下式决定

$$h\nu = E_a - E_b \tag{20-88}$$

式中，E_a 和 E_b 分别是初态和末态的能量，$E_a<E_b$ 表示吸收光子，$E_a>E_b$ 表示辐射光子。

（3）角动量量子化假设 做定态轨道运动的电子的角动量 L 的数值只能等于 $\hbar$ 的整数

倍，即

$$L = mvr = n\hbar \quad (n = 1,2,3,\cdots) \tag{20-89}$$

其中，m 是电子的质量，整数 n 称为量子数。

玻尔依据上述假设分析氢原子的轨道能量和发光原理。氢原子核所带正电荷为 e，电子在它提供的电场中做圆周运动，如果电子的轨道半径为 r，运动速率为 v，由库仑定律和牛顿第二定律可以写出下面的关系

$$\frac{e^2}{4\pi\varepsilon_0 r^2} = m\frac{v^2}{r} \tag{20-90}$$

由式（20-89）和式（20-90）可以算出电子的稳定轨道半径和运动速率，由于电子存在与量子数 n 相对应的一系列轨道，从而也存在不同的运动速率，所以轨道半径和运动速率都附加下角标 n。

$$r_n = n^2\left(\frac{\varepsilon_0 h^2}{\pi m e^2}\right) \tag{20-91}$$

$$v_n = \frac{e^2}{2\varepsilon_0 h n} \tag{20-92}$$

对应于 $n=1$ 的轨道半径 r_1 是最小轨道的半径，称为玻尔半径，常用 a_0 表示，其数值为

$$a_0 = r_1 = \frac{\varepsilon_0 h^2}{\pi m e^2} = 5.29177249 \times 10^{-11}\,\mathrm{m} \tag{20-93}$$

这个数值与用其他方法估计的数值一致。在氢原子中，由于氢核的质量是电子质量的 1836 倍，因此可以认为氢核是静止不动的，主要考虑电子的能量。由式（20-91）和式（20-92），可得氢原子系统的总能量（动能和电势能）为

$$E_n = \frac{1}{2}mv^2 - \frac{e^2}{4\pi\varepsilon_0 r} = -\frac{me^4}{8\varepsilon_0^2 h^2 n^2} \quad (n = 1,2,3,\cdots) \tag{20-94}$$

可见，原子的一系列定态的能量是不连续的，这种性质就称为原子能量状态的量子化，而每一个能量值对应原子一个能级。式（20-94）就是氢原子的能级公式。通常，氢原子处于能量最低的状态，称为基态，对应于 $n=1$，能量为 E_1。$n>1$ 的各个稳定状态的能量均大于基态的能量，称为激发态或受激态。

处于激发态的原子会自动跃迁到能量较低的激发态或基态，同时释放出一个能量等于两个状态能量差的光子，这就是原子发光的原理。根据玻尔理论关于原子发光的论述，若原子处于能量为 E_n 的激发态，电子在量子数为 n 的轨道上运动，当它跃迁到量子数为 k（$k<n$）的轨道上时，所发出光子的频率为

$$\nu_{kn} = \frac{1}{h}(E_n - E_k) = \frac{me^4}{8\varepsilon_0^2 h^3}\left(\frac{1}{k^2} - \frac{1}{n^2}\right) \tag{20-95}$$

对应的波数为

$$\tilde{\nu}_{kn} = \frac{\nu_{kn}}{c} = \frac{me^4}{8\varepsilon_0^2 h^3 c}\left(\frac{1}{k^2} - \frac{1}{n^2}\right) = R\left(\frac{1}{k^2} - \frac{1}{n^2}\right) \tag{20-96}$$

式中，

$$R = \frac{me^4}{8\varepsilon_0^2 h^3 c} \tag{20-97}$$

将有关数据代入上式，可得到 $R = 1.097\,373 \times 10^7\,\mathrm{m}^{-1}$，这个数值与里德伯常量的实验值符合得很好。这表明，玻尔的理论在解释氢原子光谱的规律性方面是十分成功的，后续人们不断发现的不

同光谱线系实际上对应于原子从高能级跃迁向不同的低能级。比如向基态跃迁发出的光就属于莱曼系，而向第 1 激发态跃迁发出的光就属于可见光区的巴尔末系（见图 20-39）。

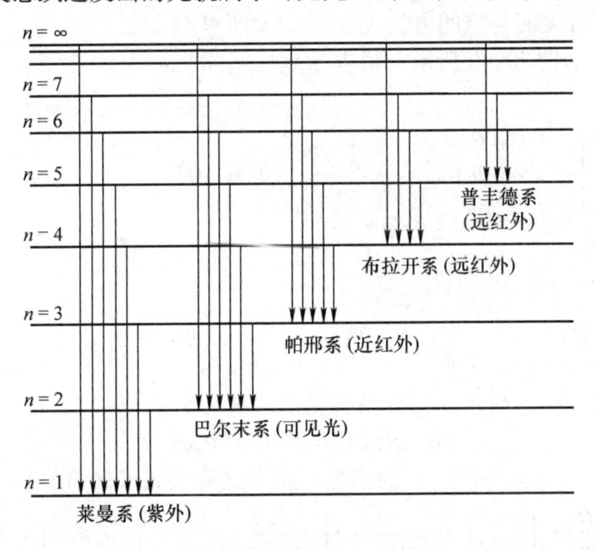

图 20-39

玻尔将量子理论推进到原子物理中，不但回答了氢原子稳定存在的原因，而且成功地解释了氢原子的光谱现象与原子结构的联系，标志着早期量子论的形成，具有重要的里程碑意义。它的许多结论，如定态、能量量子化、跃迁频率条件、角动量量子化概念等，至今仍是正确的。再比如，虽然玻尔理论的轨道概念已经不适用了，但通过它仍可以得到一些有意义的结论（如估算原子的大小）。

另一方面，尽管玻尔的量子理论在氢原子问题上取得了很大成功，但由于这个理论是经典力学与量子化条件相结合的产物，也存在自身无法克服的局限性。例如，玻尔理论虽然对氢原子光谱给出了很好的解释，但对于氢以外的其他元素的原子光谱，如碱金属原子光谱的双重线、其他元素原子光谱的多重线等，却无法解释。又例如，对氢原子光谱的解释只限于谱线的频率，而关于谱线的强度、偏振性和相干性等问题，却没有涉及。另外，理论中应用了过多的无法解释的假设作为前提，让人难以接受和感到困惑。卢瑟福就曾质疑跃迁假设，"当电子从 E_1 往 E_2 跳时，您必须假设电子事先就知道它要往那里跳！可是它已经去过了吗？"这造成逻辑上的循环。

所以，按照玻尔的氢原子理论留下的问题，科学家们不断思索，进一步发展了新的理论。这就是建立在薛定谔方程基础上的量子力学，氢原子问题的解决是它的第一块试金石。

20.5.2　氢原子的量子力学处理

薛定谔建立他的波动力学之后，首先就是用它来分析氢原子，看它能否解决实际问题并做出相关的理论预测。

1. 氢原子的薛定谔方程

电子是在原子核的库仑场中运动，其势能为

$$U = -\frac{e^2}{4\pi\varepsilon_0 r} \tag{20-98}$$

式中 r 为电子与原子核间的距离。由于此势能与时间无关，直接求解定态薛定谔方程，将上式代入式（20-55），即得

$$\frac{\partial^2\psi}{\partial x^2}+\frac{\partial^2\psi}{\partial y^2}+\frac{\partial^2\psi}{\partial z^2}+\frac{2m}{\hbar^2}\left(E+\frac{e^2}{4\pi\varepsilon_0 r}\right)\psi=0 \tag{20-99}$$

注意到势能函数只与 r 有关而与空间方位无关，为方便求解，将方程变换到球坐标。如图 20-40 所示，根据球坐标 r、θ、φ 与直角坐标的关系

$$\begin{cases}x=r\sin\theta\cos\varphi\\ y=r\sin\theta\sin\varphi\\ z=r\cos\theta\end{cases} \tag{20-100}$$

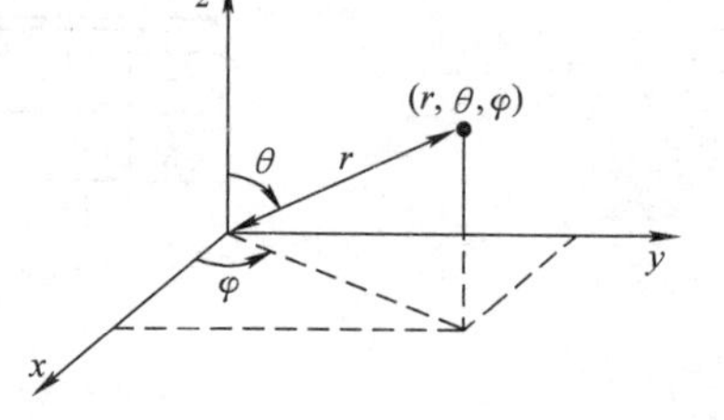

图 20-40

式（20-99）可以改写为

$$\frac{1}{r^2}\frac{\partial}{\partial r}\left(r^2\frac{\partial\psi}{\partial r}\right)+\frac{1}{r^2\sin\theta}\frac{\partial}{\partial\theta}\left(\sin\theta\frac{\partial\psi}{\partial\theta}\right)+\frac{1}{r^2\sin^2\theta}\frac{\partial^2\psi}{\partial\varphi^2}+\frac{2m}{\hbar^2}\left(E+\frac{e^2}{4\pi\varepsilon_0 r}\right)\psi=0 \tag{20-101}$$

上式中不含有混合偏导数项，故可采用分离变量法求解，设

$$\psi(r,\theta,\varphi)=R(r)Y(\theta,\varphi) \tag{20-102}$$

其中 $R(r)$、$Y(\theta,\varphi)$ 分别只是 r 和 θ、φ 的函数。将上式代入式（20-101），整理之后得到

$$\frac{1}{R}\frac{\mathrm{d}}{\mathrm{d}r}\left(r^2\frac{\mathrm{d}R}{\mathrm{d}r}\right)+\left[\frac{2mr^2}{\hbar^2}\left(E+\frac{e^2}{4\pi\varepsilon_0 r}\right)\right]=-\frac{1}{Y}\left[\frac{1}{\sin\theta}\frac{\partial}{\partial\theta}\left(\sin\theta\frac{\partial Y}{\partial\theta}\right)+\frac{1}{\sin^2\theta}\frac{\partial^2 Y}{\partial\varphi^2}\right] \tag{20-103}$$

上面等式左右两边分别只与 $R(r)$、$Y(\theta,\varphi)$ 有关，要使其在任意坐标（r，θ，φ）成立，左右两边必须等于某个常数。令分离变量常数为 $l(l+1)$（后面会了解这样做的好处），整理之后得到

$$-\frac{\hbar^2}{2m}\frac{\mathrm{d}^2R}{\mathrm{d}r^2}+\left[-\frac{e^2}{4\pi\varepsilon_0 r}+\frac{\hbar^2}{2m}\frac{l(l+1)}{r^2}\right]R=ER \tag{20-104}$$

$$-\hbar^2\left[\frac{1}{\sin\theta}\frac{\partial}{\partial\theta}\left(\sin\theta\frac{\partial Y}{\partial\theta}\right)+\frac{1}{\sin^2\theta}\frac{\partial^2 Y}{\partial\varphi^2}\right]=l(l+1)\hbar^2 Y \tag{20-105}$$

式（20-104）是氢原子的径向方程，式（20-105）是角向方程。类似的，设

$$Y(\theta,\varphi)=\Theta(\theta)\Phi(\varphi) \tag{20-106}$$

其中 Φ、Θ 分别只是 θ 和 φ 的函数。将上式代入式（20-105），角向方程也可以分离变量：

$$-\hbar^2\left[\frac{1}{\sin\theta}\frac{\mathrm{d}}{\mathrm{d}\theta}\left(\sin\theta\frac{\mathrm{d}\Theta}{\mathrm{d}\theta}\right)-\frac{m_l^2}{\sin^2\theta}\Theta\right]=l(l+1)\hbar^2\Theta \tag{20-107}$$

$$-\hbar^2\frac{\mathrm{d}^2\Phi}{\mathrm{d}\varphi^2}=m_l^2\hbar^2\Phi \tag{20-108}$$

这次的分离变量常数设为 $m_l^2\hbar^2$。

我们知道，定态薛定谔方程式（20-101）求解的是 E 取各种可能值的能量本征波函数。但注意到，分离变量之后的径向方程式（20-104）就是求解关于能量本征值的。那么分离出的另一个式（20-105）是否代表了其他的物理含义呢？从它当中又再次分离出的式（20-108）又如何呢？根据角动量的定义式 $\boldsymbol{L}=\boldsymbol{r}\times\boldsymbol{p}$ 和平方关系 $L^2=L_x^2+L_y^2+L_z^2$ 可以求出角动量平方以及角动量 z 分量平方的表达式。利用上一节介绍的算符化方法得到它们的算符，并转换到球坐标系下：

$$\hat{L}^2=-\hbar^2\left[\frac{1}{\sin\theta}\frac{\partial}{\partial\theta}\left(\sin\theta\frac{\partial}{\partial\theta}\right)+\frac{1}{\sin^2\theta}\frac{\partial^2}{\partial\varphi^2}\right] \tag{20-109}$$

$$\hat{L}_z^2=-\hbar^2\frac{\mathrm{d}^2}{\mathrm{d}\varphi^2} \tag{20-110}$$

对比式（20-109）和式（20-105）可以看出，从定态薛定谔方程中分离出来的式（20-109）就是角动量平方算符 $\hat{L}^2$ 的本征方程，它的物理意义是求解角动量大小的可能取值和对应的本征波函数。类似的，再次分离出的式（20-108）是角动量 z 分量平方算符 $\hat{L}_z^2$ 的本征方程，它对应角动

量的 z 分量。可见，氢原子定态薛定谔方程求解的是哈密顿量算符、角动量平方算符和角动量 z 分量平方算符的共同本征波函数，该状态同时具有确定的能量、角动量大小和角动量 z 分量。

2. 氢原子定态的主要特征和相应量子数

解方程（20-104）、方程（20-107）和方程（20-108），并考虑波函数应满足的归一化和标准条件，即可得到氢原子的定态波函数。由于求解过程相对繁复，下面只给出主要结论。

（1）能量量子化和主量子数 n

在求解方程式（20-104）时，为了使 $R(r)$ 满足标准条件，氢原子的能量本征值 E 只能取

$$E_n = -\frac{me^4}{2(4\pi\varepsilon_0)^2\hbar^2}\cdot\frac{1}{n^2} = -\frac{13.6}{n^2}\text{eV}\quad (n = 1,2,3,\cdots) \tag{20-111}$$

正整数 n 称为主量子数。由式（20-111）知，氢原子的能量是不连续的，是量子化的。该式与玻尔理论的能量公式一致，但玻尔是人为的加上量子化假设，而这里则是求解薛定谔方程中自然得到的量子化结果。

（2）轨道角动量量子化和副量子数 l

求解方程（20-107），要得到满足标准条件的解，l 只能取从 0 到 $n-1$ 的整数（前面分离变量常数取为 $l(l+1)$ 的好处就是令这里的取值条件更为简洁）。联系到 $\hat{L}^2$ 的本征方程式（20-105），可知电子绕核运动的角动量 L 的大小也是量子化的，其值为

$$L = \sqrt{l(l+1)}\hbar\quad (l = 0,1,2,3,\cdots,n-1) \tag{20-112}$$

l 称为副量子数（或角量子数），它决定了角动量大小的取值。由上式可以看出，当 n 一定时，l 有 n 个不同的取值。该结果不仅与玻尔假设的形式不同（玻尔假设中 $L=n\hbar$），取值不同（玻尔假设中 $L\neq 0$），而且这里的角动量 L 量子化是解薛定谔方程的自然结果，不像玻尔理论中是人为的假定。

（3）轨道角动量空间量子化和磁量子数 m_l

解 $\hat{L}_z^2$ 的本征方程式（20-108）不难得到

$$\Phi = Ce^{\mathrm{i}m_l\varphi} \tag{20-113}$$

其中 C 为待定系数。根据波函数的单值条件，当 $\varphi=\varphi_0+2\pi$ 时，

$$Ce^{\mathrm{i}m_l(\varphi_0+2\pi)} = Ce^{\mathrm{i}m_l\varphi_0}$$

$$e^{\mathrm{i}m_l\cdot 2\pi} = 1 \tag{20-114}$$

所以 m_l 只能取整数。也就意味着角动量沿 z 轴的分量 L_z 只能取下列值

$$L_z = m_l\hbar\quad (m_l = -l, -l+1,\cdots,l) \tag{20-115}$$

式中，m_l 称为磁量子数，它决定角动量 z 分量的大小。自然的，角动量的分量大小不应该大于角动量本身，所以上式中 m_l 最多取到 $\pm l$。

如图 20-41 所示画出了 $l=1$、2 时，角动量分量 L_z 的可能取值。应当指出，按照经典理论，系统角动量不仅大小是任意的，空间指向也可以任意的。但量子力学给出的结论是，氢原子角动量大小只能取一些分立的值，而且角动量沿某一方向的分量的大小也只能取分立值，这意味着角动量的空间取向是量子化的。

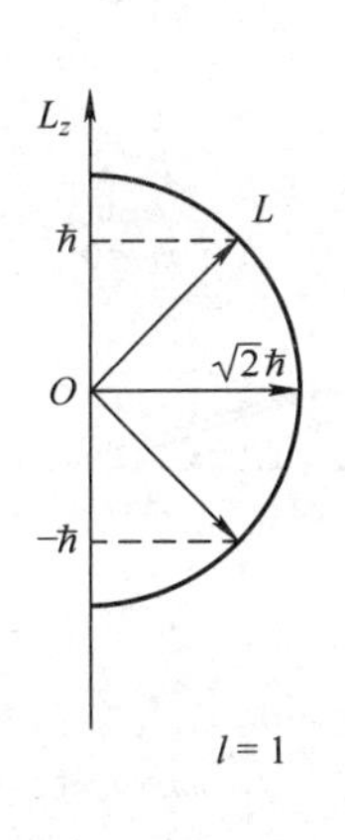

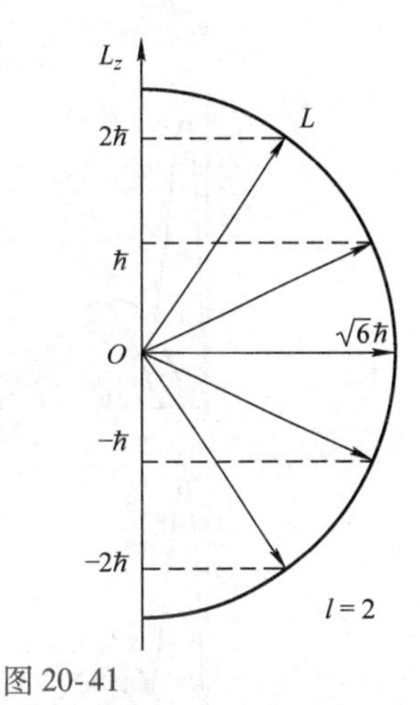

图 20-41

3. 电子的概率分布—电子云

在玻尔的理论中，氢原子中电子是在某一确定的轨道上运动的。而在量子力学中，原子中电子

的状态通过波函数来描述，电子按一定的概率分布在原子核的周围，这种电子在核外空间出现的概率密度，人们形象地称它为“电子云”。电子云越稠密的地方说明电子出现的概率相对越大。

球坐标系中的体积元 $dV=r^2\sin\theta drd\theta d\varphi$，其中出现电子的概率为

$$|\psi_{nlm_l}(r,\theta,\varphi)|^2dV = |R_{nl}(r)\Theta_{lm_l}(\theta)\Phi_{m_l}(\varphi)|^2r^2\sin\theta drd\theta d\varphi \tag{20-116}$$

上式中，由于函数的形式与各个量子数有关，因此加上了下角标。例如，径向函数 $R(r)$ 的表达式与主量子数 n 和副量子数 l 都有关系。

根据归一化条件

$$\int_V |\psi_{nlm_l}(r,\theta,\varphi)|^2dV = \int_0^\infty |R_{nl}(r)|^2r^2dr\int_0^\pi |\Theta_{lm_l}(\theta)|^2\sin\theta d\theta\int_0^{2\pi}|\Phi_{m_l}(\varphi)|^2d\varphi = 1 \tag{20-117}$$

其中，因为电子一定会出现在某个半径 r 上，应有 $\int_0^\infty |R_{nl}(r)|^2r^2dr = 1$。所以电子沿径向的概率密度分布函数为

$$f_{nl}(r) = |R_{nl}(r)|^2r^2 \tag{20-118}$$

类似的，可以得到电子沿 θ、φ 的概率密度分布函数为

$$f_{lm_l}(\theta) = |\Theta_{lm_l}(\theta)|^2\sin\theta \tag{20-119}$$

$$f_{m_l}(\varphi) = |\Phi_{m_l}(\varphi)|^2 \tag{20-120}$$

下面分别叙述其分布结果。

（1）电子概率密度随 r 的分布

以 r/a_0 为横坐标，表示以玻尔半径 a_0 为单位量度电子离核的距离，以 $|R_{nl}(r)|^2r^2$ 为纵坐标，表示电子在离核为 r 处出现的概率密度。氢原子几个定态的径向分布如图 20-42 所示。

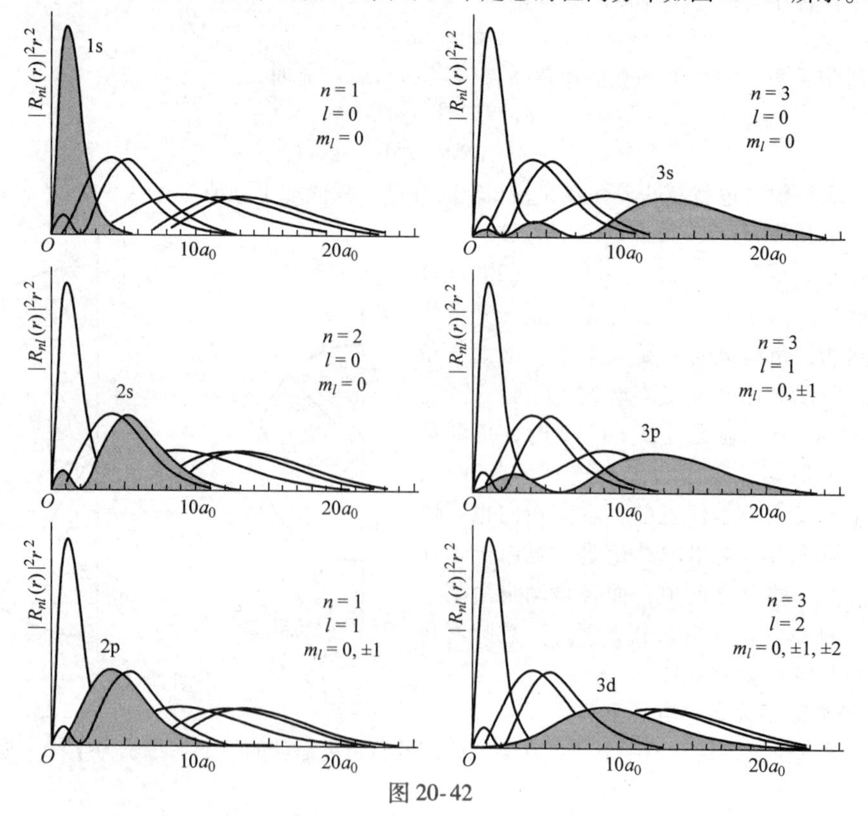

图 20-42

由图 20-42 可见，电子概率密度随 r 的分布与 n 和 l 两个量子数有关，当 $n=1$ 时，只有一种分布；$n=2$ 时，有两种分布；$n=3$ 时，有三种分布，以此类推。当 $n=1$、$l=0$；$n=2$、$l=1$；$n=3$、$l=2$ 三种分布时，只有一个波峰。此时电子概率密度最大出现在 $r=a_0$，2^2a_0，3^2a_0处，这些地方正好相当于玻尔的第一、第二、第三圆形轨道处。由此可见，由量子力学导出的电子相对概率分布的最大值与玻尔半径的数值相符。但是应当指出的是，按玻尔理论，电子只能出现在那些 $r=n^2a_0$确定的轨道上，而量子力学却指出，从 $r=0$ 到 $r=\infty$ 各处都有可能出现电子，只不过在某些地方出现的概率较大而已。因此，前面沿用了“轨道”角动量的说法，仅仅是为了便于理解，它与经典的轨道概念是完全不同的。

(2) 电子概率密度随 θ 的分布

根据理论计算，电子概率随 θ 的分布如图 20-43a ~ c 所示。图中由 O 点画出一直线，它与 z 轴的夹角表示方位角 θ，它与图形的交点到原点的距离表示概率密度的大小。

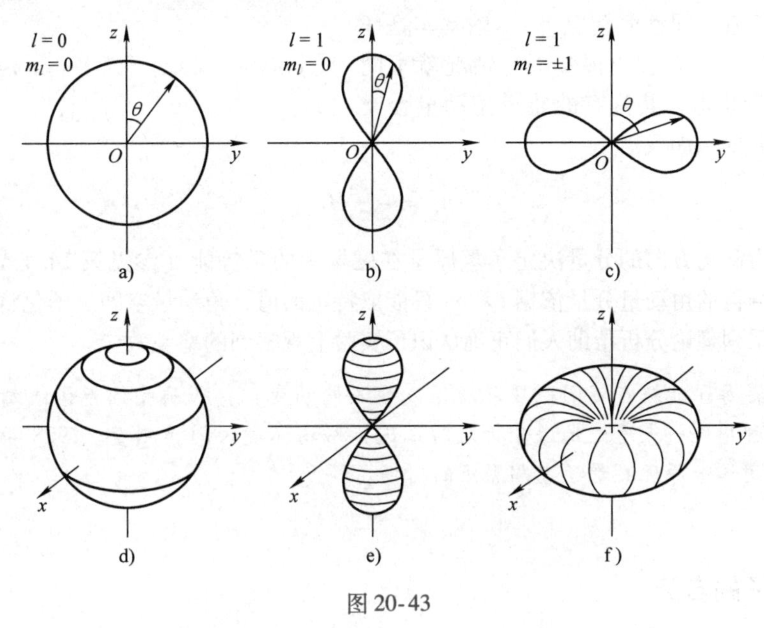

图 20-43

由图可见，电子在 θ 方向上的概率分布，决定于副量子数 l 和磁量子数m_l，与主量子数 n 无关。

(3) 电子概率密度随 φ 的分布

理论计算可以得到电子的概率密度随 φ 的分布

$$|\Phi_{m_l}(\varphi)|^2=\frac{1}{2\pi} \tag{20-121}$$

是一个常数，与 φ 无关。这说明在同一 r 和 θ 而不同 φ 角处，发现电子的概率密度相同。所以，概率密度的分布是绕 z 轴旋转对称的，如图 20-43d ~ f。

电子的角动量的性质也与此有关，从图中可以看出电子的状态在 xOy 平面内的各方向上是等价的，所以电子的角动量在 z 轴上的投影分量可以确定，但却无法确定角动量在 x 轴和 y 轴（或者该平面内的其他方向）的投影分量，即电子角动量沿 x 方向的分量 L_x和沿 y 方向的分量 L_y是完全不确定的。

值得注意的是，图 20-43e 和 20-43f 中的电子角向分布具有互补性，即在主量子数 n 和副量子数 l 相同的情况下，磁量子数m_l取 $-l$，$-l+1$，…，l 各值时，所对应的电子状态在空间中的概率密度分布拼合为一个完整的球对称分布，如图 20-44 所示。这就是后面谈到的多电子原子的支壳层的由来。

综上所述，氢原子中电子的定态可用一组量子数（n，l，m_l）来描述，此时电子具有确定的能量、角动量大小和角动量 z 分量，相应波函数确定了电子在原子核外的空间概率分布。

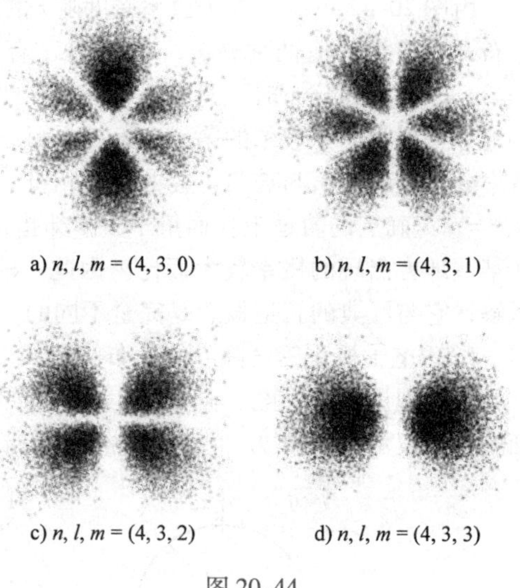

图 20-44

薛定谔方程对氢原子的分析，不仅与实验结果相符，比玻尔的理论更准确，而且还做出了理论预测，解释了一些之前用经典理论不能很好解释的现象。例如，前面提到了围绕 z 轴的一系列结论，原本在空间各向同性的情况下，z 轴其实是任意的。但当空间当中存在着磁场时，情况就不同了。由于电子带负电，其具有的轨道角动量会产生一个相反方向的磁偶极矩：

$$\boldsymbol{p}_{\mathrm{m}} = -\frac{e}{2m}\boldsymbol{L} \tag{20-122}$$

磁偶极矩沿磁场方向的分量决定了氢原子在磁场中的磁势能（参见第 14.4 节）。根据前面的结论，实验测得的角动量分量依据 l 和 m_l 只能取特定的值，角动量空间量子化将会表现为能级的变化。这一系列理论分析帮助人们正确认识了实验上观察到的塞曼效应。

> 思维拓展
>
> 塞曼效应是原子能级在不同磁场环境下发生不同的变化，从而导致光谱线发生变化。可以设想利用这一点通过光谱分析比对来进行磁场环境的间接测量。1908 年，威尔逊天文台利用这一原理测量了太阳黑子的磁场。

20.5.3 电子的自旋

1. 斯特恩 - 盖拉赫实验

1922 年，斯特恩和盖拉赫为了验证原子的角动量的空间量子化进行了实验，如图 20-45 所示。从高温炉中发出银原子，经准直狭缝成为一束很细的原子射线束，然后通过非均匀磁场，最后沉积在成像屏上，整个装置放在高真空中。他们实验的基本原理是：磁偶极子将会在非均匀磁场中受力，因此发生轨迹偏转。如果原子磁矩在空间的取向是连续的，那么原子束经过不均匀磁场发生偏转，将在成像屏上得到连成一片的原子沉积。实验发现，在不加磁场时，屏上沉积一条正对狭缝的痕迹；加上磁场后，呈现上下对称的两条沉积。射线在磁场中分裂，说明原子具有磁矩且磁矩在外磁场中有两种取向，有力地证实了角动量空间取向是量子化的。

然而，按照轨道角动量空间量子化理论，当副量子数 l 一定时，磁量子数 m_l 有 $2l+1$ 个值，即它在空间中有奇数个取向，但实验观察到有两个取向，这与当时科学界的普遍认识不符，不少科学家竞相提出了自己的理论解释。

2. 自旋角动量和自旋量子数

由于实验高温炉中的温度不足以令大多数原子从基态跃迁到激发态，斯特恩 - 盖拉赫实验主要显示的是基态原子的角动量和磁矩，即 $l=0$，应有一条沉积线。当时已知基态银原子最外层

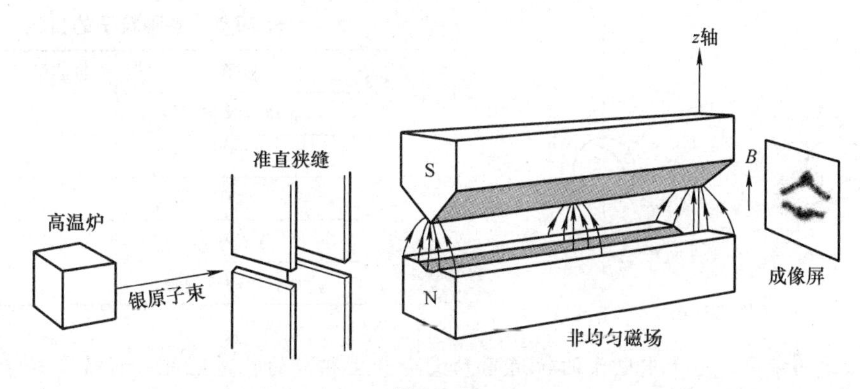

图 20-45

只有一个电子，所以泡利认为这两个取向是源于电子自己的某种性质，他曾提出电子具有“第四个自由度”。还有科学家认为，类似于行星运动，电子除了绕原子核做轨道运动之外，还存在着“自转”（这种设想存在理论缺陷，因为电子的已知半径实在是太小了，以电子所带电量要产生实验中测得的磁矩，其表面速率将会超过光速，这将违反相对论）。1925 年，乌伦贝克和古德斯密特发表了他们关于电子“自旋”的文章，尽管文章中提到了“旋转小球”的概念，但并没有深入讨论该模型，而是重点论述了“自旋”假设对现有实验结果的解释非常完美，因而也就没有触及该模型的困难。这篇文章引起了不小的关注，引导人们以实验为基础展开研究。经过激烈的讨论，最终“自旋”的概念成为了量子力学的重要组成部分。

由于自旋也会产生对应的自旋磁矩，因此其基本理论与轨道角动量类似。自旋用自旋量子数 s（小写）来描述，自旋角动量 S（大写）的大小为

$$S = \sqrt{s(s+1)}\,\hbar \tag{20-123}$$

它在外磁场方向上的分量为

$$S_z = m_s\hbar \tag{20-124}$$

式中 m_s称为自旋磁量子数。m_s的取值与 m_l取值相似，$m_s = -s,\ s+1,\ \cdots,\ s$，共有 $2s+1$ 个值。

斯特恩 - 盖拉赫实验发现银原子射线在外磁场中分裂成两束，这表明自旋磁矩在外磁场方向上的分量是不连续的，只可能有两个量值。也就是说，自旋角动量在外磁场中也是空间量子化的。即

$$2s + 1 = 2 \tag{20-125}$$

因此，电子的自旋量子数 $s=1/2$，从而自旋磁量子数取值为

$$m_s = \pm 1/2 \tag{20-126}$$

电子自旋角动量在外磁场方向的分量只能取两个可能值。当 $m_s = 1/2$ 时，相应于 $\boldsymbol{S}_z$与外磁场平行；当 $m_s = -1/2$ 时，相应于 $\boldsymbol{S}_z$与外磁场反平行，如图 20-46 所示。

现在我们已经知道，除了电子，其他微观粒子也都有自旋，见表 20-6。与副量子数不同，各种微观粒子具有确定的自旋量子数。其中，电子的自旋量子数为 1/2。因此电子的自旋角动量大小为确定值 $S = \sqrt{3/4}\hbar$，其在空间某方向的分量也只有两个取值 $\pm\hbar/2$。

正像不能用轨道概念来描述电子在原子核周围的运动一样，也不能把经典的小球的自转图像硬套在电子的自旋上。电子的自旋和电子的电量及质量一样，是一种“内禀的”即本身的固有性质。自旋不具有经典对应的概念，它是量子电动力学中导出的结论，在量子力学中作为假设。

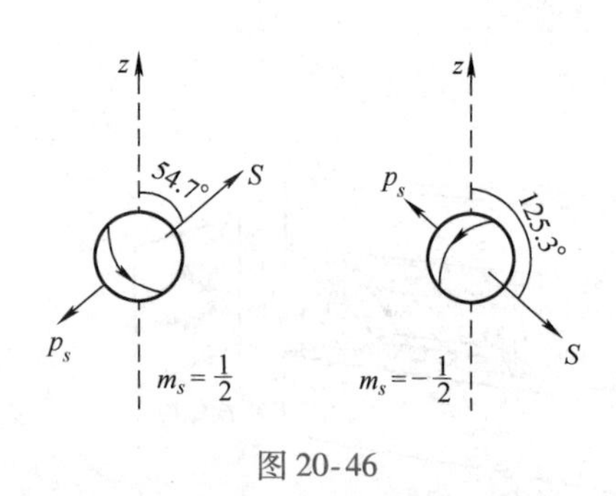

图 20-46

表 20-6 各种粒子的自旋

粒子	自旋量子数 s
希格斯玻色子	0
电子、中微子、夸克	1/2
光子	1
Δ 粒子	3/2
引力子（理论预测）	2

思维拓展

通过上面的学习，原子中电子的轨道角动量会产生相应的轨道磁矩，自旋角动量产生自旋磁矩。由此，我们终于明白了第 15 章中介绍的磁介质，为什么有的分子会具有固有磁矩，有的分子没有，这都与原子所具有的磁矩相关。试想，如果利用磁场操纵这种磁矩，将会导致原子中电子的角动量发生变化，而根据角动量守恒定律，原子会不会发生反向转动呢？这就是 1915 年发现的爱因斯坦－德哈斯效应。他们发现对铁磁质进行磁化，可能会引起铁磁质整体的机械旋转。

20.5.4 原子的壳层模型

1. 原子的壳层模型

考虑了电子的自旋以后，氢原子中电子的运动状态可由四个量子数（n，l，m_l，m_s）所确定。主量子数 n 决定电子的能量；副量子数 l 决定了电子在核外运动的轨道角动量；磁量子数m_l决定轨道角动量在特定方向上的分量；自旋磁量子数m_s决定自旋角动量在特定方向上的分量。量子力学对多电子原子的分析也有类似的结论。

1914 年，科塞耳提出了原子壳层结构。电子的分布是分层次的，叫作电子壳层。主量子数 n 相同的电子分布在同一壳层上，把 $n=1, 2, 3, \cdots$的壳层分别用 K、L、M 等表示（见表 20-7）。

表 20-7 壳层符号

n	1	2	3	4	5	6	…
壳层符号	K	L	M	N	O	P	…

在每一壳层上，对应于 $l=0, 1, 2, 3, \cdots, n-1$ 又可分成 s、p、d、f 等支壳层（见表 20-8）。

表 20-8 支壳层符号

l	0	1	2	3	4	5	…
支壳层符号	s	p	d	f	g	h	…

电子所处壳层和支壳层可用 n 的数值加上 l 的符号来表示，称为单电子态。例如 1s 表示 $n=1$、$l=0$，即电子处于 K 壳层 s 支壳层中；3d 表示 $n=3$、$l=2$，即电子处在 M 壳层 d 支壳层中。

2. 泡利不相容原理和能量最低原理

多电子原子中电子填充上述状态满足两条基本原则：

（1）泡利不相容原理　微观粒子具有波粒二象性，当它们处在同一系统中时，彼此之间是不可分辨的。例如系统中有两个电子，如图 20-47 所示，考虑 x_1 和 x_2 两处各测得一个电子，波函数 $\psi(x_1, x_2)$ 只能给出两个电子分别处于 x_1 和 x_2 的概率

$$P_{12} = |\psi(x_1, x_2)|^2 \mathrm{d}x_1 \mathrm{d}x_2 \quad (20\text{-}127)$$

并不能说明究竟哪个电子处于 x_1。也就是说如果将两个电子交换位置，波函数应该给出相同的结果

$$P_{21} = |\psi(x_2, x_1)|^2 \mathrm{d}x_1 \mathrm{d}x_2 = P_{12} \quad (20\text{-}128)$$

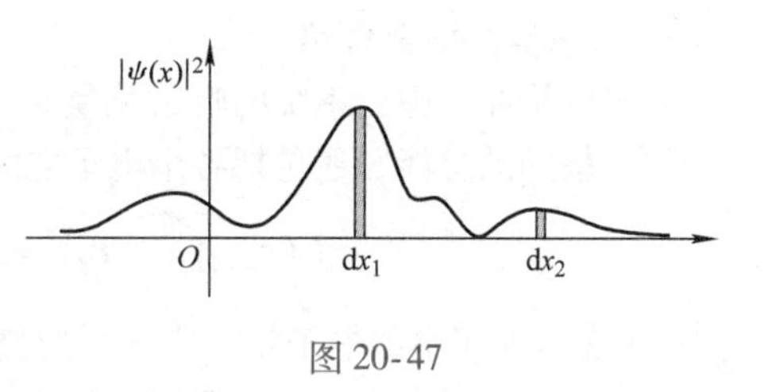

图 20-47

微观粒子的这种不可分辨的性质，称为全同性。为了满足全同性要求，由上面两式可知波函数必须满足交换对称或交换反对称要求：

$$\psi(x_2, x_1) = \psi(x_1, x_2) \quad 或 \quad \psi(x_2, x_1) = -\psi(x_1, x_2) \quad (20\text{-}129)$$

量子力学中可通过下式来构造对称或反对称波函数：

$$\psi(x_1, x_2) = \psi_A(x_1)\psi_B(x_2) \pm \psi_A(x_2)\psi_B(x_1) \quad (20\text{-}130)$$

式中，下角标 A 和 B 分别标识电子的两种状态。满足交换对称波函数的粒子称为玻色子，满足反对称波函数的粒子称为费米子。1940 年，泡利证明了自旋统计定理，即玻色子都具有整数自旋，而费米子都具有半整数自旋。因此，描述多个电子系统的波函数应该满足交换反对称。

现在假设一个原子中有两个电子，它们处在相同的单电子态上，即 n、l、m_l、m_s 全部相同，则此时系统的波函数表示为

$$\psi(\boldsymbol{r}_1, \boldsymbol{r}_2) = \psi_{nlm_lm_s}(\boldsymbol{r}_1)\psi_{nlm_lm_s}(\boldsymbol{r}_2) - \psi_{nlm_lm_s}(\boldsymbol{r}_2)\psi_{nlm_lm_s}(\boldsymbol{r}_1) = 0 \quad (20\text{-}131)$$

此时，两个电子的波函数恒等于零，显然这是不合理的。也就说明，同一系统中，不可能有两个或两个以上的电子（费米子）处在完全相同的状态，这就是泡利不相容原理。

（2）能量最低原理 “系统的能量越低，系统越稳定”，这是自然界的普遍规律。原子核外电子的排布也遵循这一规律。当多电子原子处在基态时，核外电子总是尽可能地先占据能量最低的状态，然后按顺序依次向能量较高的状态上分布，这就是能量最低原理。

综上所述，当 n 给定时，l 的可能值为 0，1，2，…，$n-1$ 共 n 个；当 l 给定时，m_l 的可能值为 $-l$，$-l+1$，…，0，…，$l-1$，l 共 $(2l+1)$ 个；当 n、l、m_l 都给定时，m_s 可取 1/2 和 −1/2 两个可能值。可以算出，原子中具有相同主量子数 n 的电子数目最多为

$$N = \sum_{l=0}^{l=n-1} 2(2l+1) = 2[1+3+5+\cdots+(2n-1)] = 2n^2 \quad (20\text{-}132)$$

由此可见，每一壳层最多能容纳 $2n^2$ 个电子，每一支壳层能容纳 $2(2l+1)$ 个电子，各壳层、支壳层所能容纳的最多电子数见表 20-9。

表 20-9 各壳层、支壳层容纳电子数目

$n \backslash l$	0 (s)	1 (p)	2 (d)	3 (f)	4 (g)	5 (h)	6 (i)	总数 $2n^2$
1 (K)	2							2
2 (L)	2	6						8
3 (M)	2	6	10					18
4 (N)	2	6	10	14				32
5 (O)	2	6	10	14	18			50
6 (P)	2	6	10	14	18	22		72
7 (Q)	2	6	10	14	18	22	26	98

尽管电子根据能量最低原理依次填充各个状态，但原子中的能级结构并非完全依照上表的顺序。与结构简单的氢原子不同，多电子原子的结构要更为复杂。

3. 原子实的屏蔽作用

在多电子原子中，系统的哈密顿量是多个电子相对位矢的函数，并且势能函数不仅包含电子与原子核间的势能，还包括各个电子之间的势能：

$$U(\boldsymbol{r}_1,\boldsymbol{r}_2,\cdots,\boldsymbol{r}_Z) = \sum_{i=1}^{Z}\left(-\frac{Ze^2}{r_i}\right)+\frac{1}{2}\sum_{i\neq j}W(\boldsymbol{r}_i,\boldsymbol{r}_j) \tag{20-133}$$

式中，$\boldsymbol{r}_i$表示原子中各电子相对原子核的位置矢量，r_i指其大小。W 函数表示电子彼此间的电势能。此时可以考虑原子实的屏蔽作用进行近似分析。处在较低能级的电子距离原子核较近，同时受到外层电子的排斥作用，使得内层电子更加趋向原子核，它们形成紧凑的核芯，叫作原子实，如图 20-48 所示。这个原子实对波函数概率分布远离原子核的电子将会形成屏蔽作用，使之感受到的等效核电荷数要小于 Z，也就导致原来某半径位置处的势能变得更大了。例如，锂原子有三个电子，其中两个电子先填充 1s 层的两个自旋态。按理说剩下一个电子在 2s 两个空位和 2p 六个空位中随意占据一个状态都行。但是，由于原子实的屏蔽作用，越靠外能量越高，从图 20-42 中可以看到 2s 态径向分布有两个极大值点，其中一个比 2p 更靠里。所以 2s 的能量比 2p 的能量更低，锂原子的第三个电子是在 2s 层中。类似的，钾原子最外层的一个电子不是在 3d 层，而是先填充了 4s 层。

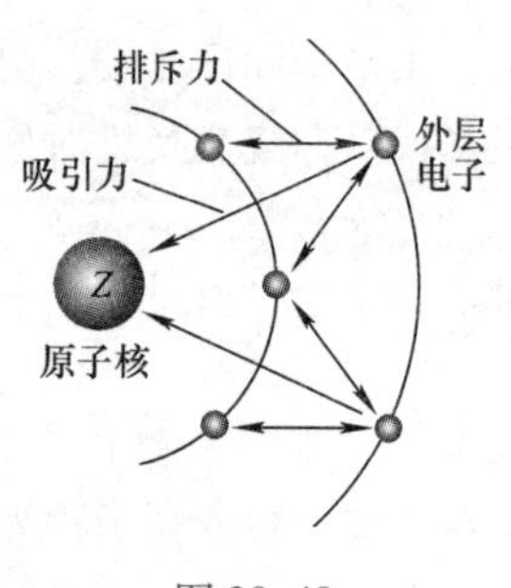

图 20-48

4. 核外电子排布与元素周期律

多电子间相互作用，使原来氢原子中只和主量子数 n 有关的能量，变得和副量子数 l 也有关了。因此，多电子原子中的能级结构变得比较复杂。实际上，各元素原子基态的电子组态究竟如何，要靠实验来确定，完全严格的量子理论目前尚不存在（薛定谔方程对氢原子以外的其他原子都没有严格的解析解）。图 20-49 给出了壳层和支壳层填充次序的经验规律。

基态原子核外电子的排布规律与元素的化学性质有着密不可分的联系。18 世纪到 19 世纪中叶，科学家们陆续地发现了许多新的元素。实验中已经积累了大量关于各种元素的化学性质的资料，这促使化学家们研究其中的规律性。1869 年俄国化学家门捷列夫发表了他的第一份元素周期律图表，不仅总结了已知的元素的规律，还成功预测了四种尚未发现的元素。当时的人们还不知道原子本身为何物，也无法解释这种规律性。今天，我们可以利用量子力学对原子结构的分析来很好地解释元素周期律。

当原子中有多个电子时，原子有一定的总的轨道角动量和自旋角动量。根据前面提到的单电子态的对称性和互补性，如果电子数目正好使得原子中的壳层（或支壳层）被完全占满，那么由于球对称性，原子的总角动量将会等于零。根据量子力学，此时原子相对更加稳定。所以，元素周期律中每一个新的周期，都是电子填入新的壳层的开始。原子壳层中最外层的电子数即为价电子数，价电子数就确定了元素的化合价，构成了周期表中的“族”，决定了元素的物理性质和化学性质。例如：第一族的最外层电子数都是 1，它的化合价为 1，在化学反应中容易失去电子而变成正离子，这种元素的氧化物呈碱性。而第“0”族惰性气体元素氦、氖等，它的最外壳层（或支壳层）是闭合的，所以它们的化学性质很稳定。

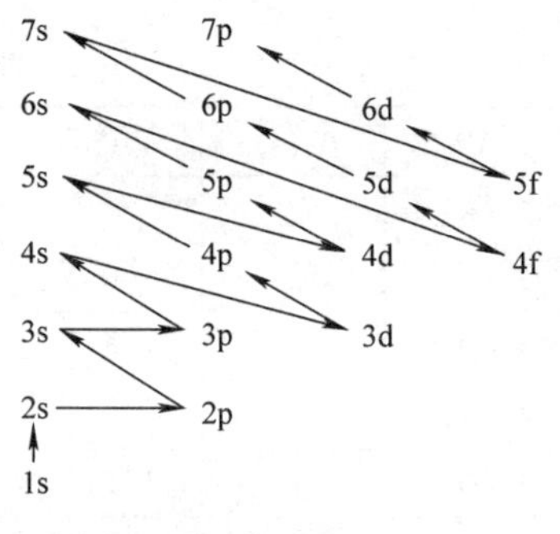

图 20-49

由此可见，量子力学对原子的电子壳层结构的分析解释了化学元素的周期律。反过来，化学元素的周期性的性质又证实了原子结构理论的正确性。

当然，我们也能够感受到，量子力学并非微观世界的终极理论，我们还要讨论原子核，以及研究基本粒子和真空，此外，我们还要思考相互作用等。每一套科学理论都是与实验相结合的产物，也启迪着人们的认识向更深层次发展。面对浩瀚的宇宙时空，人类的探索永无止境。

现象解释

通过前面的学习可知，原子系统内部有严格的壳层结构，所以原子仅有数量有限的种类，而且整个宇宙中的氢原子、氦原子都是相同的。所以，人们最开始就是通过太阳的光谱分析出了以前没有见过的谱线，从而发现了氦。当然，如果仔细观测来自遥远星系的光谱，会发现谱线频率会比地球上的相应元素谱线偏向波长更长的一端。这不是新的元素，而是星系在远离地球，形成的“红移”现象。我们因此了解到整个宇宙在膨胀。

物理知识应用

【例 20-9】已知氢原子处在基态时电子的定态波函数为

$$\psi_{1,0,0} = \frac{1}{\sqrt{\pi}a_0^{3/2}}e^{-r/a_0}$$

试求电子出现在距离原子核大于玻尔半径位置的概率。

【解】由定态波函数模方得到电子在空间中的概率密度分布

$$f_{1,0,0}(r,\theta,\varphi) = \frac{1}{\pi a_0^3}e^{-2r/a_0}$$

上面的分布函数呈现球对称，故可将空间划分为球壳进行概率求和

$$P = \int_{a_0}^{\infty} \frac{1}{\pi a_0^3}e^{-2r/a_0} \cdot 4\pi r^2 dr = -e^{-2r/a_0}\left(1 + \frac{2r}{a_0} + \frac{2r^2}{a_0^2}\right)\Bigg|_{a_0}^{\infty}$$

$$= 0 - (-5e^{-2}) = 0.68$$

【例 20-10】写出钙（Ga）的电子排布，并求每个电子的轨道角动量。

【解】按照泡利不相容原理和能量最低原理，得 Ga 的电子排布

$$1s^2 2s^2 2p^6 3s^2 3p^6 4s^2$$

1s、2s、3s、4s 电子的轨道角动量大小为

$$L_s = \sqrt{l(l+1)} = \sqrt{0(0+1)}\,\hbar = 0$$

2p、3p 电子的轨道角动量大小为

$$L_p = \sqrt{l(l+1)} = \sqrt{1(1+1)}\,\hbar = \sqrt{2}\,\hbar$$

物理知识拓展

1. 电子顺磁共振

电子顺磁共振首先是由苏联物理学家扎沃伊斯基于 1944 年从 $MnCl_2$、$CuCl_2$ 等顺磁性盐类中发现的。其基本原理是利用原子内的电子自旋，所以又称为电子自旋共振。

与轨道角动量量子化在磁场中产生能级分裂类似，电子自旋也会产生相应的自旋磁矩，从而在外磁场中引起能级分裂。由于电子自旋角动量分量只有两个取值，因此能级一分为二。自旋分量偏向外磁场方向时具有较低能量，反之具有较高能量。如果在垂直于外磁场方向上入射一定频率的电磁波，那么将引起电

子自旋能级跃迁，跃迁频率条件与玻尔理论中的类似，此即电子顺磁共振。

当发生电子顺磁共振时，通过精密手段，能够检测到电磁波的吸收。但是，如果原子中的电子是配对的，根据泡利不相容原理，两个电子将会分别处于相反的自旋状态。此时不仅发生共振吸收，还会发生共振辐射，就检测不到吸收谱。因此，电子顺磁共振的检测对象主要是分子轨道中出现不配对电子（或称单电子）的物质。如自由基（含有一个单电子的分子）、双基及多基（含有两个及两个以上单电子的分子）等。后来科学家们利用稳定的自由基制成标记物，从而将电子顺磁共振技术应用到了生物检测、地质勘探等多个领域。

当然，人们更加熟悉的是核磁共振技术，它已经广泛应用于多个领域，如图 20-50 所示。其基本原理与电子顺磁共振类似，只不过利用的是原子核的自旋。

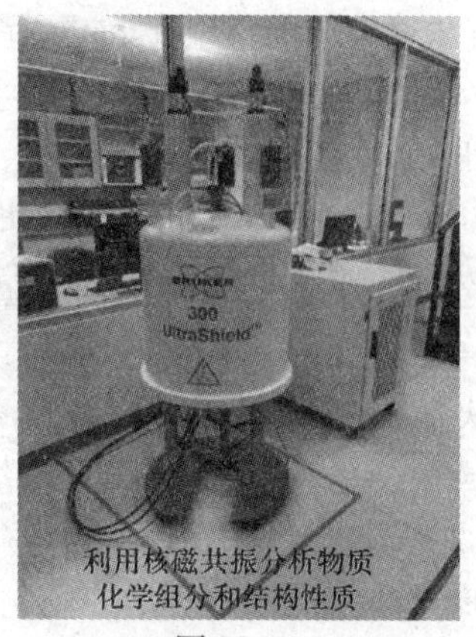

图 20-50

2. 量子物理的发展与应用

20 世纪 30 年代建立起来的量子力学，为人类打开了微观世界的大门。从此，科学进入了新的领域和发展阶段。可以说现代科学技术的方方面面都与此相关。以下主要从三个方面做简要介绍：

（1）促进了科学发展　1928 年狄拉克提出了描述电子的相对论性方程—狄拉克方程，为量子电动力学奠定基础。后来发展为量子场论，成为现代物理学的基础。在这一过程中，科学家的目光已经跨过了原子、原子核，进入到了更微观的领域，我们想知道是什么组成了夸克，电子里面究竟有什么等。同时，对微观的认识也在帮助人们了解宇宙，了解其他星系的过去以及未来。还有反物质、暗物质、暗能量等。虽然，我们已经知晓了许许多多的奥秘，但似乎知道得越多问题也就越多，这个宇宙中仍有那么多迷人的科学问题等待我们去解决。

值得一提的是，在 20 世纪初，数学的发展还是先于物理的，有许多物理问题在数学中都早已有了成熟的理论或者问题的雏形。但随着量子力学的强势推进，许多问题开始超出了已有的数学知识，在过去的近一个世纪，也促进了数学的发展。

（2）固体物理学带来新的科技革命　固体物理学是建立在量子力学基础上的一门重要的学科，主要研究固体材料的大尺度特性是如何由它们的原子尺度特性产生的。因此，固体物理学形成了材料科学的理论基础，其广泛应用于半导体技术中。随着半导体技术的不断发展，在 20 世纪四五十年代掀起了新的科技革命。1947 年 12 月，第一枚锗晶体管诞生。在此之后，集成电路、微处理器相继问世。21 世纪初，第三代半导体应运而生，其利于制作高温、高频、抗辐射及大功率电子器件的特性，在 5G 基站、新能源汽车和快充等领域有着广阔的应用前景。生活中无处不在的微电子技术，让人们的生活越来越便捷舒适。

图 20-51

（3）催生全新的量子科技　爱因斯坦等人提出的 EPR 佯谬虽然在实验上被证明是错误的，但却意外的导出了一种全新的现象——量子纠缠。它指出，根据量子理论，两个相互关联的微观粒子在被传送到很远的距离之后，仍可能存在着“神秘”的联系。在经过一系列检验贝尔不等式的实验之后，越来越多的科学家开始关注量子纠缠现象的技术应用。基于纠缠的量子密钥分发、量子密集编码、量子隐形传态、量子成像等新兴科研方向不断涌现，形成了量子通信和量子计算两大全新技术。2016 年 8 月 16 日我国自主研制的世界上首颗空间量子科学实验卫星“墨子号”发射升空，在轨期间不断刷新量子通信研究的新纪录。2020 年 12 月 4 日，中国科学技术大学潘建伟团队成功构建 76 个光子的量子计算原型机“九章”，用 200 秒完成了当时世界上最快的超级计算机“富岳”需要 6 亿年才能完成的 5000 万样本规模的高斯玻色取样（见图 20-51）。

*20.6　激光的原理及应用

在第 17 章讨论干涉问题时，我们谈到了普通光源发出的光相干性很差，而激光具有很好的相干性，许多现代光学实验都是以高质量激光光源作为基础的。那么，为什么激光具有这么好的性质呢？

物理现象

物理学基本内容

激光是“受激辐射光放大”的简称。世界上第一台激光器诞生于 1960 年，它的诞生不仅带来了很多学科交叉后的发明创造，而且生动体现了人的知识和技术创新活动如何推动经济社会发展。激光现今已得到极为广泛的应用，而其基本原理最早可以追溯到 1916 年爱因斯坦的研究。

20.6.1　自发辐射和受激辐射

通过前面的学习，我们已经掌握了原子的基本结构和能级特点。假设原子处于能量为 E_1 的低能态，由于从外界吸收了一个能量为 $h\nu$ 的光子而到达能量为 E_2 的高能态，这一过程称为光吸收。当原子从高能态跃迁到低能态时，必将发射出能量为

$$h\nu = E_2 - E_1 = \Delta E$$

的光子，这一过程称为光辐射。爱因斯坦从光量子概念出发，重新推导黑体辐射公式，得出了一个重要结论，光辐射可能有两种情形：一种是原子自发地由高能态跃迁到低能态，这称为自发跃迁，相应的辐射称为自发辐射；另一种是在外界的影响下原子才由高能态跃迁到低能态，这称为感应跃迁，相应的辐射称为受激辐射。

原子在某一能态停留的平均时间，就是该能态的平均寿命，用 τ 表示。处于高能态的原子中，在单位时间内从高能态 E_2 自发跃迁到低能态 E_1 的原子数比率 A_{21}，称为原子自发跃迁的概率，它与高能态 E_2 的平均寿命 τ 之间有下面的关系

$$\tau = 1/A_{21} \tag{20-134}$$

这表明，自发跃迁的概率越大，该能态的平均寿命就越短。一般激发态自发跃迁的概率都很大，所以激发态的平均寿命通常极其短暂，约为 10^{-8}s。普通光源中的原子发光都是自发辐射过程。光源中的大量原子各自处于不同的激发态，并且各自独立地向基态跃迁，所发出的光的频率、振动方向、传播方向以及相位都各不相同，所以彼此是不相干的。

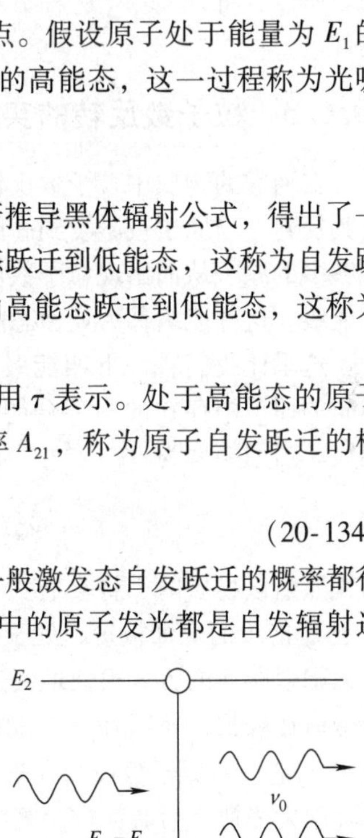

处于高能态 E_2 的原子在发生自发跃迁之前，若受到能量为 $h\nu = \Delta E$ 的外来光子的扰动，就可能发生感应跃迁，从高能态 E_2 跃迁到低能态 E_1，同时发生受激辐射，即发出一个与外来光子同频率、同相位、同振动方向和同传播方向的光子，如图 20-52 所示。这样，连同入射的那个光子，将得到两个同样的光子。既然入射一个光子可以得到两个处于相同状态的光子，那么能否得到三个、四个乃至更多个相同的光子呢？如果发生这种被称为光放大的过程，那么我们就能获得一束单色性和相干性都很

图 20-52

好的高强度光束，这就是激光。如何发生光放大过程呢？这取决于发光系统中的原子所处的状态。

20.6.2 是光放大还是光吸收

在一般情况下，当光子通过原子系统时，光吸收过程和受激辐射过程都有可能发生，而要发生光放大过程，必须使受激辐射过程占优势。理论分析表明，发光原子系统发生受激辐射过程与发生光吸收过程的概率之比，等于处于高能态的原子数 N_2 与处于低能态的原子数 N_1 之比，即 N_2/N_1。因此，发生光放大过程必须满足 $N_2 \gg N_1$，也就是说，要使大量原子处于高能态，而处于低能态的原子数要很少。

但是，在一个温度为 T 的平衡态原子系统中，处于各能态的原子数必定服从玻耳兹曼分布，由玻耳兹曼分布可以得到处于高、低两个能态上的原子数之比为

$$\frac{N_2}{N_1} = \mathrm{e}^{-(E_2-E_1)/kT} = \mathrm{e}^{-\Delta E/kT} \tag{20-135}$$

可见，在平衡态下，处于高能态的原子数总是远少于处于低能态的原子数，并且能级间距越大，两能级上原子数的这种差别就越悬殊。

上面所说的实现光放大过程，必须满足 $N_2 \gg N_1$，而这种分布显然是违背玻耳兹曼分布规律的。所以，将 $N_2 \gg N_1$ 这种分布方式称为粒子数反转，粒子数反转是实现光放大过程的基本条件。

20.6.3 粒子数反转的实现

在通常的物质中粒子数反转是难以实现的，这是由于这些物质的原子激发态的平均寿命都极其短暂，当原子被激发到高能态后，会立即自发跃迁并返回基态，不可能在高能态等待并积攒足够多的原子从而出现粒子数反转的情形。但有些原子能级中存在一种平均寿命比较长的高能态能级，这种能级称为亚稳态能级，亚稳态能级的存在使粒子数反转的实现成为可能。

这里让我们看一下四能级系统的例子。图 20-53 中画出了某种物质的原子中存在的一部分能级的示意图，4 个能级中 E_3 是亚稳态能级。当用频率为

$$\nu_{41} = \frac{E_4 - E_1}{h} \tag{20-136}$$

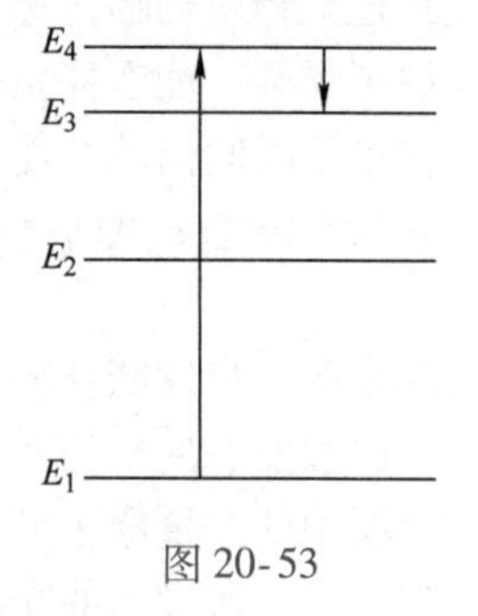

图 20-53

的光照射该物质时，将会有大量的原子从基态 E_1 激发到高能态 E_4，由于 E_4 能级的寿命极短，处于 E_4 能态的原子将通过与其他原子碰撞等无辐射跃迁的方式很快地到达亚稳态能级 E_3。由于亚稳态能级 E_3 的寿命比较长，所以在这个能级上可以积攒足够多的原子，而这时处于 E_2 能级的原子数极少，于是就形成了 E_3 能级对 E_2 能级的粒子数反转，由 E_3 到 E_2 的自发辐射就会引发光放大过程，产生频率为

$$\nu_{32} = \frac{E_3 - E_2}{h} \tag{20-137}$$

的受激辐射。

显然，在形成 E_3 能级对 E_2 能级的粒子数反转的过程中，外界是要向工作物质提供能量的。原子获得能量才得以从低能态激发到高能态，这一过程称为抽运过程。上面是用频率为 ν_{41} 的光照射工作物质的方式来实现抽运过程的，这种提供能量的方式称为光激励。实际上，将原子从低

能态激发到高能态，可以通过不同的激励方式，光激励只是其中的一种。例如，可以用放电过程引起粒子碰撞，以传递能量，这种方法称为电激励。总之，要形成粒子数反转，必须建立适当的能量输入系统。

20.6.4　光学谐振腔

仅仅依靠工作物质的粒子数反转并不能产生激光，这是因为在一般情况下自发辐射的概率比受激辐射的概率大得多，这样发出的光是沿各个方向传播的散射光，不具备相干性。因此，要获得激光，就必须提高受激辐射的概率，而且还要使某单一方向上的受激辐射占优势，这就是光学谐振腔的主要作用。

简单地说，光学谐振腔就是在工作物质两端分别平行放置全反射镜 M_1 和部分反射镜 M_2 后所形成的腔体，如图 20-54 所示。最初，处于粒子数反转的工作物质中有一部分原子要发生自发辐射，光子向各个方向发射，沿其他方向发射的光子都一去不复返，而只有沿腔轴方向发射的光子受到反射镜的往返反射，如图 20-54a、b 所示。这些被往返反射的光子在工作物质中穿越时会不断地引发受激辐射，因而得到放大，强度越来越强，从部分反射镜 M_2 射出，这就是激光，如图 20-54c 所示。

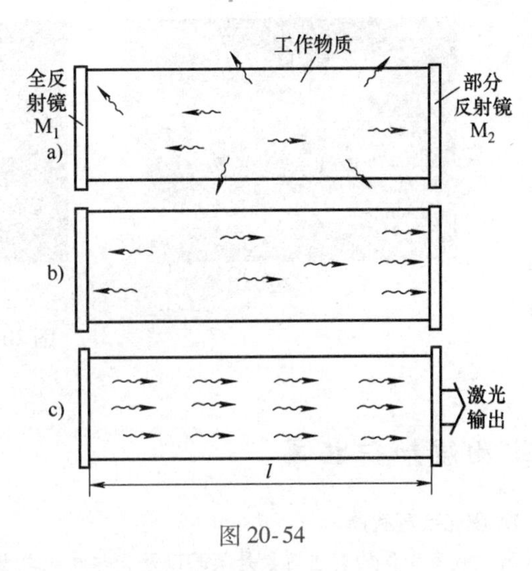

图 20-54

光在谐振腔内往返传播，当往返不同次数的光到达 M_2 的相位差满足 2π 的整数倍时，腔内才能形成稳定的驻波，并且在 M_2 处形成相长干涉，此时相应频率激光的透射率取到极大值。因此要获得单色性极好的激光，就要求光在谐振腔内往返一次的光程 $2nl$ 应等于波长 λ 的整数倍，即

$$2nl = k\lambda (k = 1,2,\cdots) \tag{20-138}$$

式中，l 是谐振腔的长度；n 是工作物质的折射率。上式也可改写为

$$\nu = k\frac{c}{2nl} \quad (k = 1,2,\cdots) \tag{20-139}$$

式（20-139）称为谐振条件。即对于一定的谐振腔的长度 l 和折射率 n，只有某些特定频率 ν 的光才能形成光振荡而输出激光。

> 受激辐射保证了激光光子的振动方向、相位、频率的一致性，光学谐振腔进一步压缩了频率范围，约束了激光的传播方向。这就是激光具有极好的时间和空间相干性的原因。
>
> 现象解释

20.6.5　激光的应用

激光无论是在方向性和能量集中方面，还是在单色性和相干性方面，都是普通光无法比拟的，因而得到了越来越广泛的应用。

激光具有很好的方向性，使其能量在空间高度集中；激光可以以脉冲形式发射，使其能量在时间上高度集中。这种在空间和时间上高度集中的激光束可用于定位、导航和测距，如图20-55所示。用激光测定地球与月亮之间的距离，精度可达10～15cm。

大功率的脉冲激光束能够产生几万摄氏度的高温，工业上可用于熔化金属和非金属材料以及用于打孔、切割或焊接，医学上可制成激光手术刀，军事上可制成激光武器。

光纤通信则是利用激光作为传递信息的运载工具，具有信息量大、传送路数多等优点，在国民经济和人民生活等各方面发挥着巨大的作用。

利用激光的单色性和相干性进行全息照相，可以将物体各点反射光的振幅和相位两方面信息都记录下来。

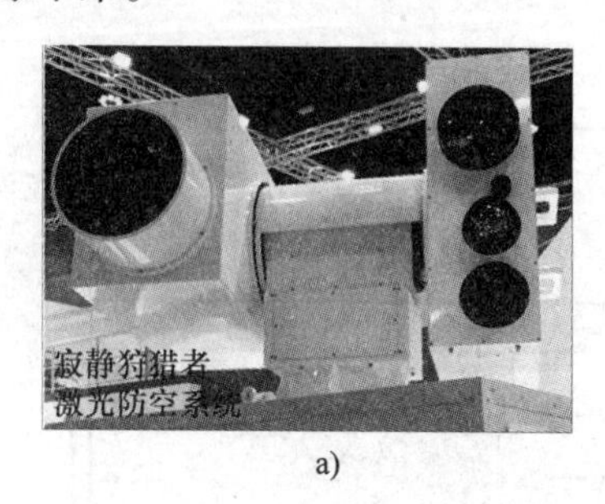

a)

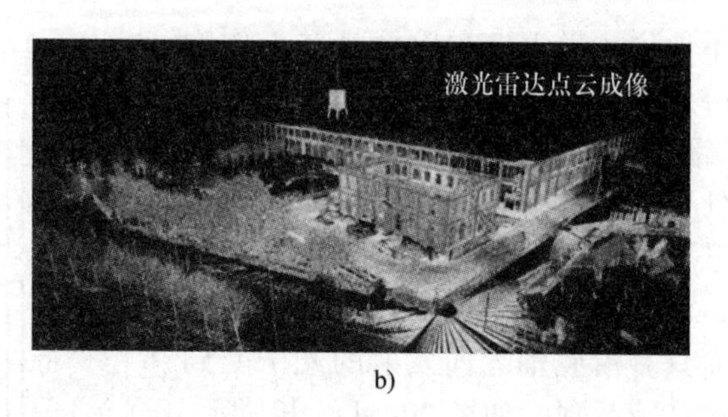

b)

图20-55

物理知识拓展

1. 激光致盲武器

激光致盲武器的射击对象是人眼以及光学和光电装置等目标。它一般由激光器、精密光电瞄准跟踪系统、光束控制和发射系统组成。激光器是激光武器的核心，用于产生引起致盲作用的激光光束，如二氧化碳激光器，平均输出功率一般在1000～20000W之间；精密光电瞄准跟踪系统用于跟踪瞄准所要攻击的目标，引导激光束对准目标射击，如红外跟踪仪、电视跟踪器或激光雷达等光电瞄准跟踪系统；光束控制和发射系统的作用是将激光束快速准确地聚焦到目标上，其主要部件是反射镜。

激光致盲武器与一般常规武器相比，具有高速、准确、灵活和抗干扰等独特优点。它能以3×10^5km/s的速度射击目标，瞬发即中，几乎没有后坐力，变换方向迅速，射击频率高，可在短时间内对付多个目标。它可准确瞄准某个方向，选择杀伤目标集中的位置，甚至射击目标上的某个部分或元器件，而对其他目标或周围环境没有破坏作用，并且抗干扰能力强，现有的电子干扰手段对它不起作用或影响很小。

激光致盲武器射击人眼后会造成暂时失明或永久性致盲，甚至使视网膜爆裂，眼底大面积出血。激光致盲武器也可对光电系统和光电装置造成损伤，使其失去观测能力，例如，它可使导弹导引头中的光电传感装置致盲，从而失去跟踪目标的能力，或使光电引信过早引爆或不能引爆，从而使弹头失去杀伤作用。

在反坦克、反潜艇作战中，激光致盲武器也有很大的发展潜力。坐在坦克里的敌人，全身都处在厚厚的铁甲的保护下，潜水艇则有很深的海水掩护，要杀伤他们不大容易，但只要对准潜望镜的入口发射激光，它沿着潜望镜的光路进入，就会把用潜望镜观察外界情况的指挥员的眼睛灼伤。

2. 精确的激光测距

随着军事科学技术的发展，军用测距的手段越来越多，光学测距机、雷达测距机等各显其能。然而，后来居上的激光测距机更受军事部门的青睐。

激光测距机的种类繁多，性能各异，但从结构上来看，基本都由激光器、激光发射系统、激光接收系统、电控系统、距离显示装置及电源等部分组成。在精密测距时，还要配置装有后向反射器的靶板。

测距时，将激光测距机接通电源，激光器产生的脉冲激光信号通过发射望远镜射向目标，计时器开始计时。由于目标的漫反射，部分光被反射回来，光电转换器将望远镜接收到的目标反射信号送给计时器，计时结束。

由于光的传播速度极快，为了精确地计时，激光测距机通常装有一个振荡频率极高的石英晶体振荡器，振荡器每秒钟能产生三千万个振荡脉冲，每个脉冲的持续时间τ即为三千万分之一秒。激光测距机在发射激光脉冲的同时，计数器开始对振荡脉冲计数，直到接收到目标反射信号为止。如果从发射激光到接收目标反射信号共有n个脉冲，那么激光脉冲在测距机和目标间往复一次的时间$t=n\tau$，光在空气中的传播速度$c=3\times10^8\mathrm{m/s}$，因此，可运算出目标的距离为$s=ct/2$。激光测距机的计数和运算是由一套电子系统自动完成的，计算结果（即目标距离）会立即在显示器上显示出来。

由于激光具有亮度高、方向性强、单色性好等特点，所以利用激光测距有显著的优点。

但是，任何事物都不是完美无缺的。战场上的硝烟、尘埃等都会影响激光的传播，所以激光测距机与其他光学测距机一样，受天气和战场条件的影响较大，不能全天候使用，在必要时还需与其他测距仪器配合使用。随着大数据和人工智能的蓬勃发展，基于图像识别的测距技术是弥补激光测距技术弱点的有力手段。

3. 激光技术发展

激光是高科技领域的急先锋，它的发展往往能带动一大批学科、产业迅速进步和崛起，甚至会引起某些领域的突破。随机激光的出现不仅迫使人们重新界定激光的特性，而且也促使人们深入研究无序介质中的光子囚禁效应，一举推广了安德森电子局域化理论，创造性地提出了光子局域化思想，使局域化理论有了新的突破，同时也为相关的学科如纳米科学和无序科学等注入了新的活力，使之蓬勃发展起来。不断刷新纪录的超短脉冲激光技术使人们可以对物理、化学和生物学的基本过程进行深入研究，以揭示其本质，从根本上推动这些学科的发展。飞秒激光器已帮助人们认识了熔化、半导体物理、光合成、化学反应、视觉等基本过程，促成了一系列学科如飞秒光谱学、飞秒光电子学、飞秒半导体物理、飞秒等离子体物理的产生和发展。2017年，美国及瑞士的研究小组采用1.8μm波长的红外飞秒激光作为驱动光源，先后报道了53as及43as的最短脉冲世界纪录。未来的超短脉冲将借助更短波长的载波如远紫外或X光波，这样人们就可以研究更基本的物理过程，如内层电子弛豫和隧穿电离，实现瞬态化学与生物过程的探测，从而将原子物理学、基础化学以及生命科学的发展推向纵深，有可能带来基础领域的一场新的革命，因而具有深远的战略意义。

半导体激光和光纤激光技术的成熟使光通信最终成为现实，从此拉开了建设“信息高速公路”的序幕；激光在一般工业领域的应用则掀起了一场新的产业革命，形成了以先进制造与微加工为代表的现代制造工业，使传统的机械、模具、加工行业获得了新生，而现代的芯片、微电子、计算机等行业则更加生机勃勃了。放眼当今的科技社会，神奇的激光应用已是遍地开花、硕果累累：激光冷却、激光光镊、激光分子剪裁、激光制导、激光核聚变、激光微加工、激光通信、激光检测、激光防伪、激光医疗、激光影视等，遍及科研、军事、能源、生物、医学、信息、工业、生活娱乐等方方面面，奏响了一支以激光为主角的高科技交响曲。

立足激光的发展现状，展望它的研究前景，可以清楚地看到以下几个方向：①超强激光、②超快激光、③短波长激光、④宽调谐激光、⑤小型化和全固化激光器、⑥微型化和集成化激光技术。这些都将是今后激光科研的主流。科学技术的发展没有止境，激光科技的进展日新月异，激光已经成为21世纪人类科技的宠儿。

*20.7　固体中的电子

物理现象

为了节约用电和便于管理，在许多大型场所，如商场、住宅公共区都安装了声光控灯，即有声音或振动时会启动照明。但是，有个前提条件：亮度要低。大白天这些灯是不会启动的。这一功能的实现是用一种叫作光敏电阻的半导体器件，其导电性受光照影响。物体的导电性究竟是由什么决定的？为什么会有导体和绝缘体，为什么半导体会具有多种多样的性质呢？

物理学基本内容

固体物理既是一门综合性的理论学科，又和实际应用紧密联系。它是新材料技术的物理基础，人们通过它了解固体的力学、热学等性质，并且运用它来改变材料的性质制作新器件，因此它是信息技术的重要基础。

20.7.1 晶体的类型

固体按结构可分为晶体和非晶体。晶体具有原子（或分子）规则排列的对称性，多为各向异性，有确定的熔点。而非晶体不具有规则排列，通常是各向同性的，也没有明确的熔点。本节内容主要依托晶体进行介绍。

晶体结构的规则性主要源于原子（或分子）的空间周期性排列，构成所谓的晶格。晶格的形成与各种相互作用有关，按照起主要作用的相互作用的类型可以对晶体进行以下分类：

（1）共价晶体　共价晶体中原子以共价键连接，共价键通常具有明确的方向性，如图20-56a所示的金刚石的碳原子构型。这种晶体结构较为稳固，使得共价晶体具有一些共同的宏观特点：它们都非常硬而不易变形；它们都是热和电的不良导体；由于键的稳固，电子具有相当高的激发能级，不容易被激发，所以许多共价晶体对可见光是透明的。

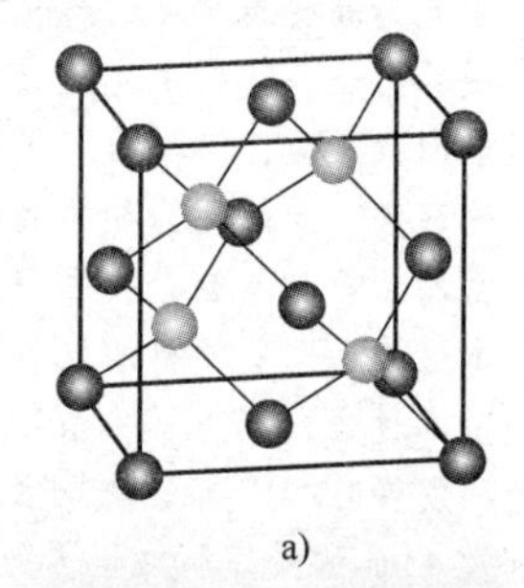

a)

b)

图20-56

（2）离子晶体　离子晶体是由正、负离子组成，它们之间发生了电子的转移，形成离子键。例如 NaCl 和 CsCl。由于没有自由电子，它们也是热和电的不良导体。大多数离子晶体都是抗磁的，因为这些离子都具有满壳层结构，使得电子分布具有球对称性。因此，离子键不具有共价键那样的方向性，从而允许它的晶格结构不是唯一的。

（3）氢键晶体　组成氢键晶体的分子有一个或更多个氢原子的强极性分子，例如水（H_2O）和氢氟酸（HF），它们的性质与离子晶体相近。

（4）分子晶体　分子晶体由无极性的分子构成。这些分子中，所有的电子都是成对的，分子保持着它们的个性，使它们结合起来的作用力是分子间的范德瓦尔斯力，因此分子固体不是热和电的导体，它们的熔点很低，很易于压缩和变形。

（5）金属晶体　一般的，金属单质都是金属晶体。金属元素的电离能很小，外层电子容易在形成晶体时脱离束缚而变成金属内部的自由电子。金属晶体由带正电的原子周期的排列形成晶格。因此金属晶体显示出极好的导热性和导电性，同时金属也是不透明的。

以上分类，不应看作过分严格，有些固体是多种类型的混合。典型的是石墨，它的层内结构属于共价型，而层间结构是分子型。正因如此，石墨可以被用作润滑剂。

当我们讨论晶体中的电子排列时，同样需要回到薛定谔方程，去讨论电子运动可能的定态解。如图20-57所示，为晶格对应的周期性势能函数。一个具有能量 E_1 的电子，不能顺利穿过晶格自由运动，它将主要局限于经典力学所允许的 AB、CD 等区域之一（虽然存在极小的隧道效应的可能）。这说明晶体中最内层的电子基本上是定域的，它们的能量和波函数可以看作和孤立原子中的一样。一个具有能量 E_2 的电子，所受束缚较弱，因而能够通过隧道效应在晶格中移动。

最后，一个具有能量 E_3 的电子，不被束缚于任何特定的原子，它们是自由电子，决定了晶体的大多数性质（如电导率和热导率）。

下面通过两种重要的模型来帮助我们了解晶体中的电子状态和晶体的性质。

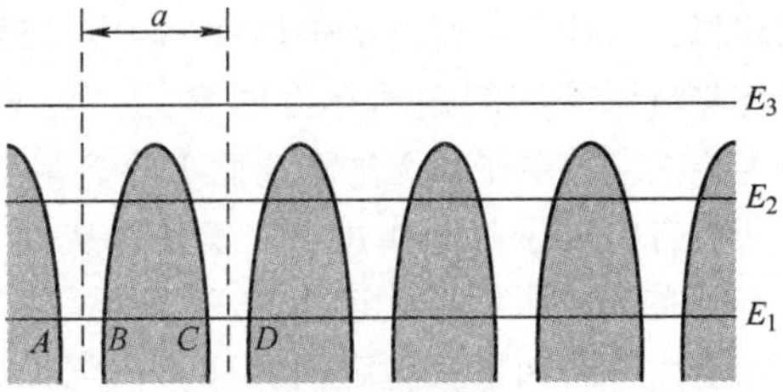

图 20-57

20.7.2　自由电子模型

当我们分析自由电子时，可以忽略周期性势场的影响，这些电子看作是自由的、独立的运动着。先考虑一维的情况，假设晶体的边长为 a，则由一维无限深方势阱的求解可知，电子定态的德布罗意波长应为 $\lambda = 2a/n$，其中 n 为量子数。由德布罗意关系可得电子的动量为

$$p = \pi\hbar n/a \tag{20-140}$$

将上面的结论拓展到三维，得到电子的能量

$$E = \frac{p^2}{2m} = \frac{\pi^2\hbar^2}{2ma^2}(n_x^2 + n_y^2 + n_z^2) \tag{20-141}$$

式中，n_i 表示各方向的量子数。每一个量子数的组合（n_x，n_y，n_z）代表了自由电子的一个可能的状态。在以三个量子数为坐标轴的空间中它表示为一个点，到原点的距离的平方与该状态的能量成正比，如图 20-58 所示。不难发现，对应同一个能量，可能有多个状态与之对应。在取正值的八分之一球面内的各（整数）点，能量均小于某一值，电子可能填充这些状态。设这一球半径所对应的能量为 E_F，则球半径等于

$$R = \sqrt{n_x^2 + n_y^2 + n_z^2} = \frac{a}{\pi\hbar}\sqrt{2mE_F} \tag{20-142}$$

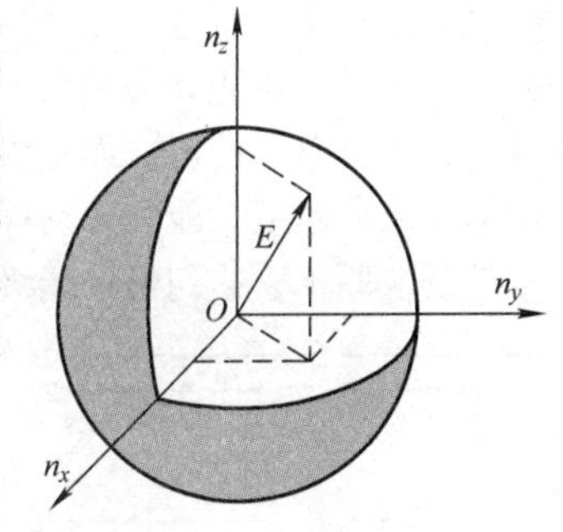

图 20-58

晶体内的原子数目量级非常大，以 N_A 计，又由于在上述空间中每个状态组合对应一个单位体积，所以此时电子可能的状态数就等于八分之一球的体积。考虑到上述每个状态包含两个自旋状态，则单位晶体体积内所包含的电子可能状态数为

$$n_s = \frac{N_s}{V} = \frac{(2mE_F)^{3/2}}{3\pi^2\hbar^3} \tag{20-143}$$

考虑 0K 时的晶体，以 n 表示晶体中的自由电子数密度，根据泡利不相容原理和能量最低原理，这些电子将会逐一填充上述状态。E_F 即是电子可能的最高能量

$$E_F = \frac{\hbar^2}{2m}(3\pi^2 n)^{2/3} \tag{20-144}$$

这称为费米能量。如图 20-59 所示为电子填充的示意图。图中 $\rho(E)$ 表示单位晶体体积内的电子状态数按能量 E 的分布函数。

从图中可以探讨晶体的一些重要性质。例如当温度升高时，电子虽然可能通过与晶格发生碰撞而获得能量，但这种能量在常温下约为 0.03eV，也就是说只有费米能级 E_F 以下 0.03eV 范围内的电子允许跃迁到费米能级以上从而获得能量，其他大量的低能电子是（根据泡利不相容原理）无法跃迁的，也就无法获得能量。这些电子的状态被限制死了而无法改变。这就像波涛汹涌的海面下的海底深处其实十分平静。因此常温下电子的状态排布与 0K 时的没有多大差别。这

也解释了为什么金属的摩尔热容都约为25J/(mol·K)，它主要与晶格原子实的振动自由度有关，电子的贡献微乎其微，因为绝大多数电子都无法跃迁而吸收热量。再比如晶体导电，是所有自由电子都起作用么？不是。从式（20-141）可以看出电子系统的能量与其动量是关联的，换句话说，在外电场作用下，电子如果发生定向漂移，就意味着电子的能量状态一定发生了改变。所以，按照自由电子模型，对晶体导电有贡献的也只是费米能级附近的电子。

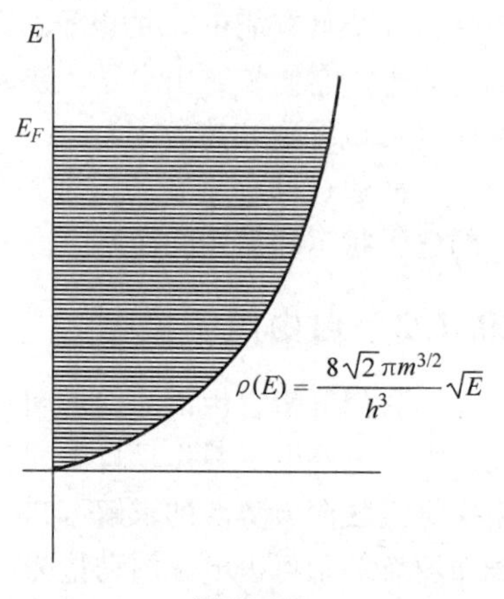

图20-59

20.7.3 能带理论

下面从另一个角度定性的讨论引入晶格周期势场之后电子的能级分布。

我们知道，晶体中原子是有规则地排列着的，原子间有着不同程度的相互作用。由于原子间的相互作用，将使得原子能级发生分裂，从而形成能带。

如图20-60a所示，有两个彼此相距较远的氢原子，它们具有相同的能级。如果使这两个原子相互靠近，那么原子A上的电子除了要受原子A的核的作用外，还要受原子B的核的作用。同样，原子B上的电子也要受原子A和B的核的作用。在原子间相互作用的影响下，原子的能级就不再保持单一的值，而是两个相差无几的值，即单一能级要分裂成两个靠得很近的能级，而且两原子靠得越近，能级分裂就越显著（见图20-60b中r为原子间距）。图20-60c是6个彼此靠得很近的氢原子，它们每个能级都分裂成6个相距很近的能级。

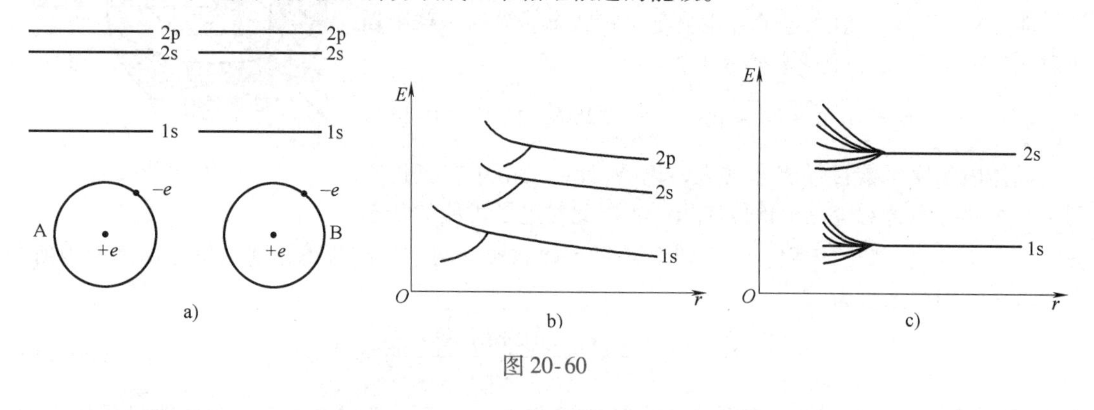

图20-60

在理想的固态晶体中，原子之间有一定的间距。设晶体由N个原子构成，一般来说，由于原子中电子受到其他电子和核的共同作用，使得原子的能级分裂成N个新能级。其中最高能级与最低能级之间的间隔，从实验中知道，它们一般不超过10^2eV的数量级。由于在体积为1mm^3的晶体中，原子数N的数量级约为10^{19}，故相邻新能级之间的间隔约为$10^2\text{eV}/10^{19}=10^{-17}\text{eV}$。显然间隔是非常小的。故这些分裂出的新能级组成所谓的能带。能带的符号仍沿用能级的符号，如1s、2s、2p、3s、3p等。

原来每个能级可容纳$2(2l+1)$个电子。考虑到每个能带上有N个分裂的能级，因此，每个能带上能容纳的电子数为$2(2l+1)N$。按以上讨论，对N个原子构成的晶体，由于1s、2s、3s、…的$l=0$，故这些能带中能容纳的电子数为$2N$；在2p、3p、…的能带中，由于$l=1$，故这些能带所能容纳的电子数为$6N$；而3d、4d、…的能带，由于$l=2$，所以这些能带所能容纳的电子数为$10N$，以此类推。

以钠为例，每个钠原子有 11 个电子，N 个钠原子构成的晶体有 $11N$ 个电子。它在各能带上的分布如图 20-61 所示。从图上可以看出，1s、2s、2p 能带上被电子填满，而 3s 能带上则未被电子填满。

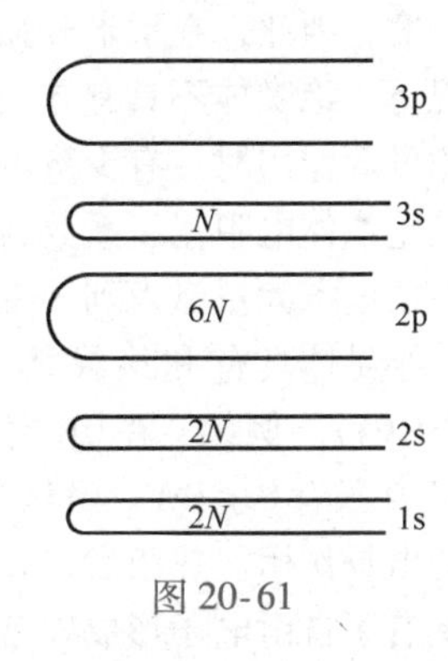

图 20-61

相邻能带之间不存在能级的区域，叫作禁带。如某一能带中，各能级均被电子所填满，这种能带叫作满带。如能带中各能级没有电子填入，这种能带叫作空带。晶体中有电子存在的最高能带，叫作价带。价带可以是满带，也可以不是满带。有时，能带还会发生重叠。图 20-62 是晶体能带结构的示意图，其中，E_g 是禁带的宽度（也叫作带隙），即相邻两能带间的最小能量差。

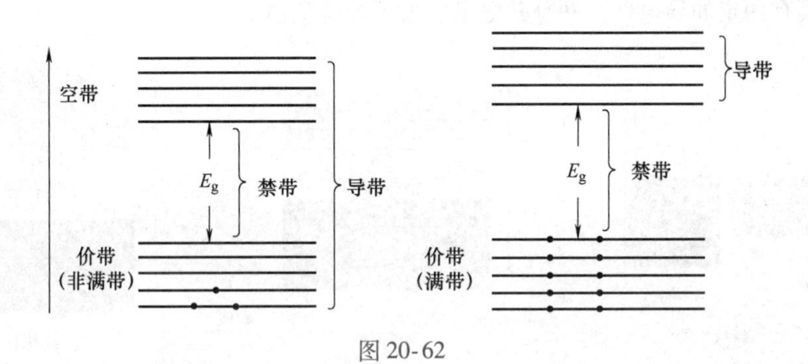

图 20-62

20.7.4　导体、绝缘体和半导体

在一定温度下，不同固体的电阻率有很大的差异。通常把电阻率在 $10^{-8} \sim 10^{-4}\Omega \cdot m$ 范围内且温度系数为正的固体，作为导体，把电阻率在 $10^{-4} \sim 10^{8}\Omega \cdot m$ 范围内且温度系数为负的固体作为半导体；把电阻率在 $10^{8} \sim 10^{20}\Omega \cdot m$ 范围内且温度系数为负的固体作为绝缘体。显然，导体的导电性最好，绝缘体的导电性最差，半导体介于两者之间。下面我们利用晶体的能带理论对它们予以说明。

前面提到，自由电子如果能够再往上能级发生跃迁获得动量，则能作为载流子。从晶体的能带结构上考虑，实际上电子的同一能量对应着（如一左一右）多个对称的动量状态，如果价带是满带，则其中的电子的动量全部是前后左右对称的，意味着这些电子总体上无法形成定向漂移产生电流。这样的价带不是导带，只有未填满的价带（及上方的空带）才是导带。所谓的导体，正是如此，其价带是非满带，其中有空的能级（见图 20-63）。当导体内存在驱动电场时，电子通过跃迁在价带内重新分布，将会产生不对称的动量，从而形成电流。但是，随着温度的升高，价带内电子虽然被激发了，但很难激发越过禁带来到空带，同时下方能带的电子也是如此，很难来到价带，所以载流子的浓度并没有增加。相反电子与晶格的相互作用更加剧烈，引起导体电阻增大。所以导体的电阻温度系数为正。基于同样的原因，导体也是热的良导体。

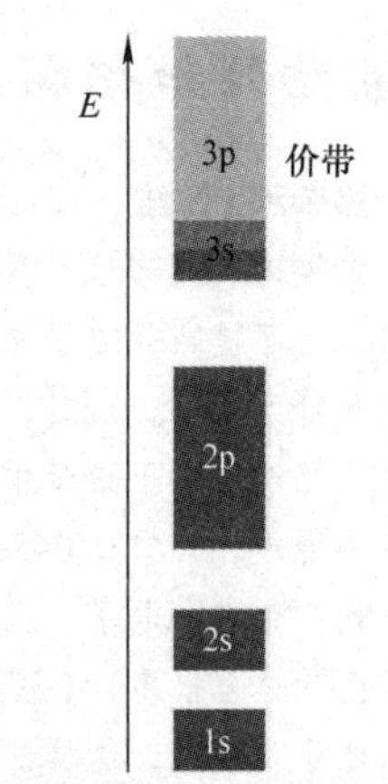

镁的3s是满带，似乎应该不导电，但由于和3p重叠，所以形成了导带。

图 20-63

那么，半导体和绝缘体又是什么情况呢？在通常情况下，绝缘体中的价带被电子所填满，没有空着的能级，形成了满带，加之禁带宽度又比较宽，因此，在不十分强的外电场作用下，价带中的电子难以跃迁到空带上去。所以，在通常情况下，绝缘体不具有导电性。但是，在很强的外电场作用下，或者当绝缘体受到诸如热激发、光激发等作用时，有少量电子会从价带跃迁到空带上去，从而使得绝缘体具有微弱的导电性，这就是绝缘体电阻温度系数为负的原因。若外电场等外来激发因素超过一定强度界限，便会将价带中的电子大量激发到导带中去，使绝缘体丧失绝缘性而成为导体，这就造成了绝缘体的击穿。

半导体具有和绝缘体类似的能带结构，但半导体的禁带宽度比绝缘体要小得多（见图20-64）。例如，在0K时，绝缘体金刚石的禁带宽度 E_g 为5eV，而半导体锗（Ge）的禁带宽度 E_g 却只有0.67eV。虽然其价带亦为电子所填满，但由于其禁带的宽度比绝缘体小很多，在外界的电场作用、热激发、光激发下，价带中的电子较之绝缘体更容易跃迁到空带上去。这样，空带上有了自由电子形成导带，原来填满的价带中也留下了空位，叫作空穴，也能作为载流子。这就使半导体具有一定的导电性，并且其电阻温度系数是负值。

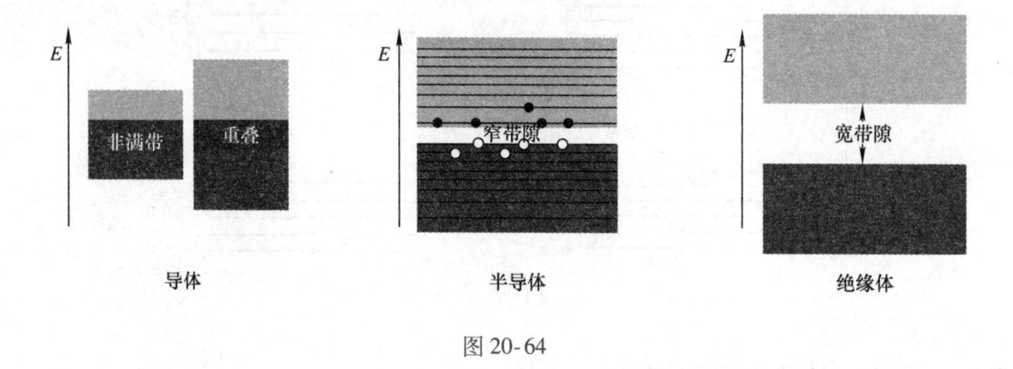

图20-64

固体的导电性是由其能带结构和电子填充情况决定的，因而有导体和绝缘体之分。而半导体材料由于其禁带宽度窄，以及引入了杂质能级，电子发生能级跃迁变得更加容易，从而其性质也更敏感，容易制成各种光敏电阻、热敏电阻、发光二极管等器件。

现象解释

物理知识拓展

掺杂和PN结

像纯硅和纯锗这种具有相同数量自由电子和空穴的半导体叫作本征半导体。本征半导体一般导电性比较弱，为了提高载流子浓度，实用型半导体会适量掺入其他元素，形成杂质半导体。例如往4价元素硅中掺入5价元素磷。这时，磷原子外层的四个价电子将会排入硅原子的晶格中，而剩下一个价电子则受束缚较弱，其能级位于禁带中离导带底很近的位置，称为杂质能级。它和导带底的能量差比半导体的禁带宽度还要小得多，只有0.045eV。这些电子很容易被激发进入导带成为自由电子。每有一个磷原子掺入硅中就会贡献一个自由电子，因此杂质半导体的载流子数量比本征半导体的要多很多，其导电性也更好（尽管如此仍比导体差很多）（见图20-65）。由于掺入磷的硅半导体导带中的自由电子数目比价带中的空穴数目多，所以电子是多子，这样的半导体称为N（negative）型半导体。如果掺入的是3价元素，则将会在价带顶上方的禁带中形成杂质能级。价带中的电子很容易跃入杂质能级而在价带中产生大量的空穴。这就形成了P（positive）型半导体，它的多子是空穴。

现代信息技术的发展与半导体的应用是息息相关的，而半导体各种应用的基础就是PN结。PN结是在

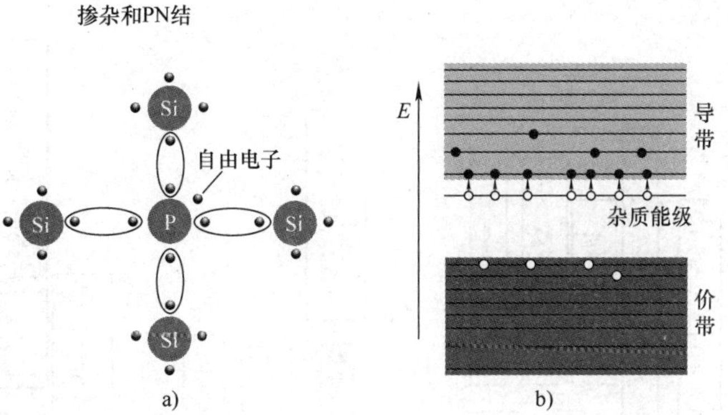

掺杂和PN结

自由电子

a)

E

导带

杂质能级

价带

b)

图 20-65

一块本征半导体的两部分分别掺杂 3 价和 5 价元素而在它们的接界处形成的。在 P 型和 N 型半导体中的多子分别是空穴和电子，它们会向对方区域扩散而在接界处中和（湮灭）。这将导致 N 型区缺少电子而带正电，P 型区缺少空穴而带负电，从而在接界处产生由 N 型区指向 P 型区的电场。这一电场对空穴和电子的继续扩散有阻碍作用，所以最后会达到一平衡状态，在接界处形成一个没有自由电子和空穴的“真空地带”，称为阻挡层。其厚度约为 1μm，其中的电场可达到 10^6 V/cm。阻挡层的存在使得 PN 结具有了单向导电的特性，如图 20-66 所示。

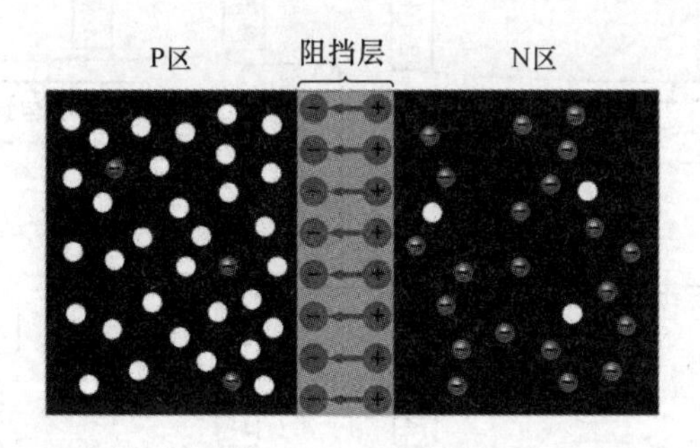

图 20-66

当 P 区连接电源正极、N 区连接电源负极时，称为正向偏置。电源在 PN 结内部产生的电场与阻挡层内的电场方向相反，促进了扩散，削弱了层内电场。阻挡层变薄，使得 P 区内的空穴和 N 区内的电子能够不断通过阻挡层向对方区域扩散，形成电流导通。

当 N 区连接电源负极、P 区连接电源正极时，称为反向偏置。电源在 PN 结内部产生的电场与阻挡层内的电场方向相同，增强了层内电场，进一步阻止扩散。阻挡层变厚，使得 PN 结无法通过多子形成电流（少子会有极微弱的反向电流）。如果反向偏置电压过大，PN 结将被击穿破坏。

利用半导体 PN 结可以制成多种功能独特的器件，如发光二极管、光电池、半导体三极管、场效应管、集成电路等。21 世纪初已诞生了第三代半导体材料，信息科技日新月异，离不开基础科学打下的坚实基础。未来人类将面临更多更大的挑战，需要科学研究既脚踏实地又开拓创新。

本章知识导图

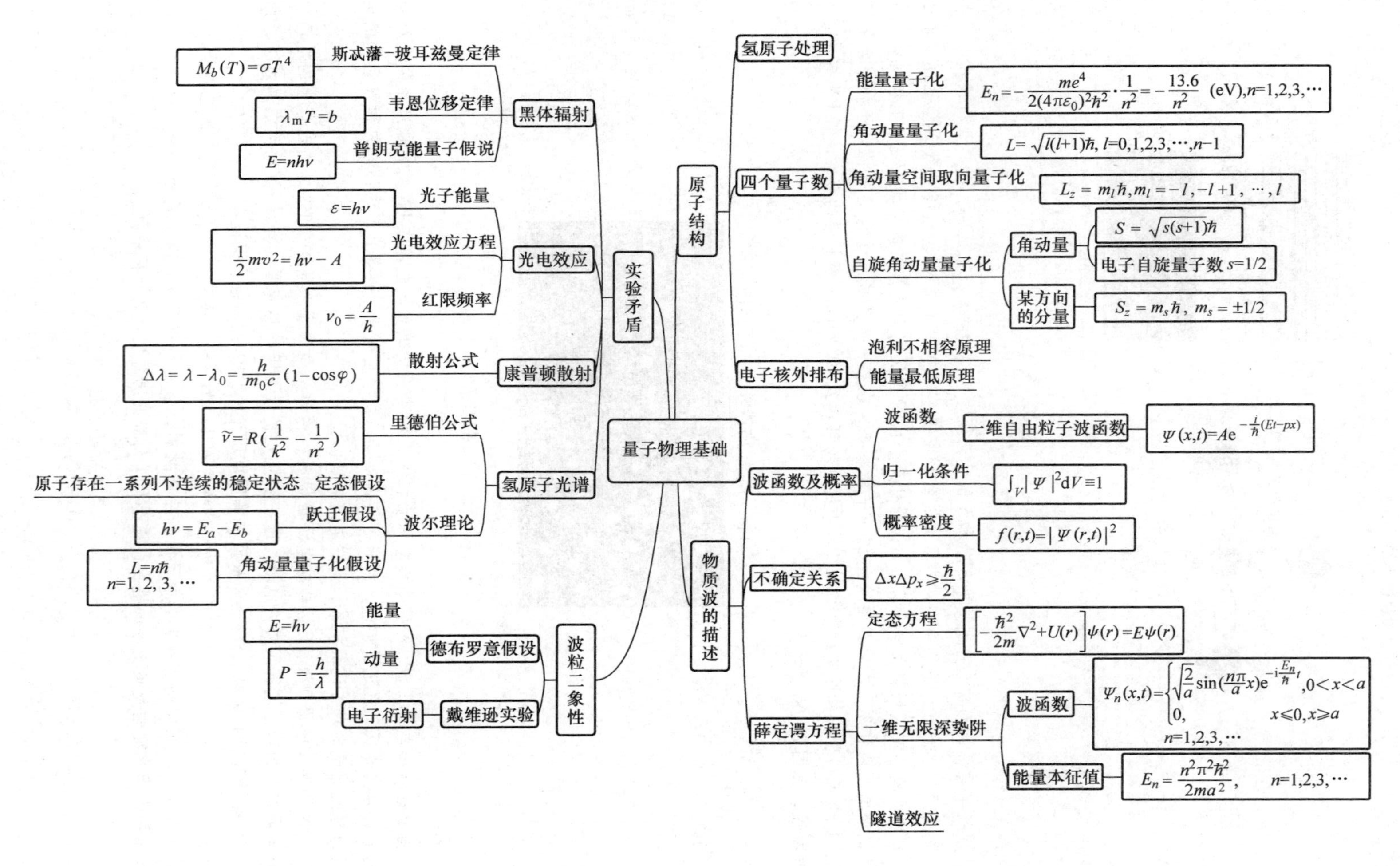
量子物理基础
实验矛盾
黑体辐射
斯忒藩-玻耳兹曼定律
$M_b(T)=\sigma T^4$
韦恩位移定律
$\lambda_m T=b$
普朗克能量子假说
$E=nh\nu$
光电效应
光子能量
$\varepsilon=h\nu$
光电效应方程
$\frac{1}{2}mv^2=h\nu-A$
红限频率
$\nu_0=\frac{A}{h}$
康普顿散射
散射公式
$\Delta\lambda=\lambda-\lambda_0=\frac{h}{m_0c}(1-\cos\varphi)$
氢原子光谱
里德伯公式
$\tilde{\nu}=R(\frac{1}{k^2}-\frac{1}{n^2})$
玻尔理论
原子存在一系列不连续的稳定状态 定态假设
跃迁假设
$h\nu=E_a-E_b$
角动量量子化假设
$L=n\hbar$
$n=1,2,3,\cdots$
波粒二象性
德布罗意假设
能量
$E=h\nu$
动量
$P=\frac{h}{\lambda}$
戴维逊实验
电子衍射
原子结构
氢原子处理
四个量子数
能量量子化
$E_n=-\frac{me^4}{2(4\pi\varepsilon_0)^2\hbar^2}\cdot\frac{1}{n^2}=-\frac{13.6}{n^2}$ (eV), $n=1,2,3,\cdots$
角动量量子化
$L=\sqrt{l(l+1)}\hbar$, $l=0,1,2,3,\cdots,n-1$
角动量空间取向量子化
$L_z=m_l\hbar$, $m_l=-l,-l+1,\cdots,l$
自旋角动量量子化
角动量
$S=\sqrt{s(s+1)}\hbar$
电子自旋量子数 $s=1/2$
某方向的分量
$S_z=m_s\hbar$, $m_s=\pm1/2$
电子核外排布
泡利不相容原理
能量最低原理
物质波的描述
波函数及概率
波函数
一维自由粒子波函数
$\Psi(x,t)=Ae^{-\frac{i}{\hbar}(Et-px)}$
归一化条件
$\int_V|\Psi|^2dV=1$
概率密度
$f(r,t)=|\Psi(r,t)|^2$
不确定关系
$\Delta x\Delta p_x\geq\frac{\hbar}{2}$
薛定谔方程
定态方程
$\left[-\frac{\hbar^2}{2m}\nabla^2+U(r)\right]\psi(r)=E\psi(r)$
一维无限深势阱
波函数
$\Psi_n(x,t)=\begin{cases}\sqrt{\frac{2}{a}}\sin(\frac{n\pi}{a}x)e^{-i\frac{E_n}{\hbar}t}, & 0<x<a\\ 0, & x\leq0, x\geq a\end{cases}$
$n=1,2,3,\cdots$
能量本征值
$E_n=\frac{n^2\pi^2\hbar^2}{2ma^2}$, $n=1,2,3,\cdots$
隧道效应

思考与练习

思考题

20-1　为什么加热到某相同温度时，有的物体会发出红色的光，而有的物体却不发光？

20-2　为什么光电效应实验中，光电流对阴极材料的表面性质非常敏感？

20-3　可以用太阳光来做康普顿散射实验么？

20-4　设想做可控的光的双缝干涉实验，即让光子一个一个的通过双缝。再假设在双缝后采用一对正交的偏振片来检测光子通过的哪条狭缝，这样就在不干扰光子动量的情况下得到了光子的路径信息。经过一段时间的积累，我们可以在光屏上看到干涉条纹吗？

20-5　试用海森伯不确定关系说明原子核内不可能有电子。

20-6　什么情况下会发生光子的隧道效应？

20-7　霍金曾用旋转对称性来解释自旋，自旋为 1/2 的电子需要旋转两周才能回到原来的状态，你能想象生活中什么样的物体具有这样的性质么？

练习题

(一) 填空题

20-1　普朗克量子假设的内容是：

①____；

②____。

20-2　维恩位移定律的表达式是________________。

20-3　天狼星是天空中最亮的星，温度大约是 11000℃，它的颜色是________。

20-4　猎户 α 和猎户 β 是猎户座中最亮的两颗星，看起来前者是橘红色，后者白中略带蓝色。他们的温度与太阳温度的关系是____________________。

20-5　夜间地面降温主要是由于地面的热辐射。设晴朗的夜晚地面温度为 −5℃，按黑体辐射规律，$1m^2$ 地面失去热量的速率与温度的关系为___________________。

20-6　设空腔处于某温度时，其辐射的峰值波长 $\lambda_m = 650.0nm$，如果腔壁的温度增加，以致总辐出度变为原来的 16 倍，则此时 λ_m 变为____________。

20-7　在迈克耳孙干涉仪中使用频率为 ν 的单色光源，在半反射镜后的两个光路中分别放置一个光电池，则经过半反射镜到达光电池的光子的能量是________，频率是________。

20-8　当波长为 3000Å 的光照射在某金属表面时，光电子的能量范围从 0 到 4.0×10^{-19} J. 此金属的红限频率 ν_0 = ____________ Hz。

20-9　康普顿散射中，当散射光子与入射光子方向成夹角 φ = ________时，散射光子的频率小得最多；当 φ = ________时，散射光子的频率与入射光子相同。

20-10　用频率为 ν 的单色光照射某种金属时，逸出光电子的最大动能为 E_k；若改用频率为 2ν 的单色光照射此种金属时，则逸出光电子的最大动能为________。

20-11　保持光电管上电势差不变，若入射的单色光光强增大，则从阴极逸出的光电子的最大初动能 E_0 和飞到阳极的电子的最大动能 E_k 的变化分别是________________。

20-12　今有如下材料：钽（4.2eV）、钨（4.5eV）、铝（4.2eV）、钡（2.5eV）、锂（2.3eV），括号中是它们的逸出功值。应该选取________材料来制造可见光区的光电池。

20-13　光电效应和康普顿效应都包含有电子与光子的相互作用过程。但光电效应是光子与金属内部电子的相互作用，过程中满足________守恒；而康普顿效应相当于光子和自由电子的弹性碰撞，满足

________和________守恒。

20-14　静止质量为 m_e 的电子，经电势差为 U_{12} 的静电场加速后，若不考虑相对论效应，电子的德布罗意波长等于________。

20-15　低速运动的质子和 α 粒子，若它们的德布罗意波长相同，则它们的动量之比 $p_p:p_\alpha=$ ________；动能之比 $E_p:E_\alpha=$ ________。

20-16　若 α 粒子（电荷为 $2e$）在磁感应强度为 B 均匀磁场中沿半径为 R 的圆形轨道运动，则 α 粒子的德布罗意波长是________。

20-17　设描述微观粒子运动的波函数为 $\Psi(\boldsymbol{r},t)$，则 $\Psi^*\Psi$ 表示________________；$\Psi(\boldsymbol{r},t)$ 需满足的条件是________________；其归一化条件是________________。

20-18　将波函数在空间各点的振幅同时增大 D 倍，则粒子在空间的分布概率将________________。

20-19　如果电子被限制在边界 x 与 $x+\Delta x$ 之间，$\Delta x=0.5\text{Å}$，则电子动量 x 分量的不确定量近似地为________ $\text{kg}\cdot\text{m/s}$。（采用不确定关系式 $\Delta x\cdot\Delta p\geqslant h$，普朗克常量 $h=6.63\times10^{-34}\text{J}\cdot\text{s}$）

20-20　某粒子具有下列坐标和动量分量：x、y、p_x、p_y，其中不同时具有确定值的量有________________。

20-21　粒子在一维无限深方势阱中运动（势阱宽度为 a），其波函数为

$$\psi(x)=\sqrt{\frac{2}{a}}\sin\frac{3\pi x}{a}\ (0<x<a),$$

则粒子出现的概率最大的位置是在________________。

20-22　在宽度为 a 的一维无限深方势阱（$-a/2<x<a/2$ 范围内，势能函数 $U=0$）中有一质量为 m 的粒子，已知该粒子的波函数为 $\psi(x)=\sqrt{\dfrac{2}{a}}\cos\dfrac{3\pi x}{a}$（$-a/2<x<a/2$），则其德布罗意波长等于________。

20-23　处在一维无限深方势阱中的粒子，其从基态跃迁到第 1 激发态需要吸收 3.0eV 的能量，则该势阱的宽度为________。

20-24　隧道效应是微观粒子具有________性的必然表现，已被大量实验所证实。原子核的________衰变，就是隧道效应的典型例证。

20-25　玻尔的氢原子理论的三个基本假设是：①________；②________；③________。

20-26　在玻尔氢原子理论中势能为负值，而且数值比动能大，所以总能量为________值，并且只能取________值。

20-27　氢原子的部分能级跃迁示意如习题 20-27 图所示．在这些能级跃迁中，

（1）从 $n=$ ________的能级跃迁到 $n=$ ________的能级时所发射的光子的波长最短；

（2）从 $n=$ ________的能级跃迁到 $n=$ ________的能级时所发射的光子的频率最小。

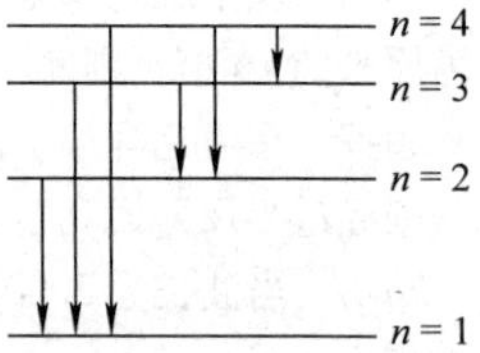

$n=4$ $n=3$ $n=2$ $n=1$

习题 20-27 图

20-28　根据玻尔的理论，氢原子在 $n=5$ 轨道上的角动量与在第一激发态的轨道角动量之比为________。

20-29　已知氢原子从基态激发到某定态需能量 10.19eV，当氢原子从能量为 -0.85eV 的状态跃迁到上述定态时，所发射的光子的能量为________。

20-30　要使处于基态的氢原子受激发后能发射莱曼系的光谱，则向基态氢原子提供的能量至少要________。

20-31　当大量氢原子处于第 2 激发态时，原子跃迁可能发出________种波长的光。

20-32　________________实验最早直接证实了电子自旋的存在。

20-33　根据量子理论，氢原子中核外电子的状态可由四个量子数来确定，其中主量子数 n 可取的值为________________，它可决定________________。

20-34　原子内电子的量子态由 n、l、m_l 及 m_s 四个量子数表征. 当 n、l、m_l 一定时，不同的量子态数目为________；当 n、l 一定时，不同的量子态数目为________；当 n 一定时，不同的量子态数目为________。

20-35　玻尔氢原子理论中，电子轨道角动量最小值为________；而量子力学理论中，电子轨道角动量最小值为________。实验证明________理论的结果是正确的。

20-36　按照量子力学，氢原子中处于 $n=3$ 能级的电子，其轨道角动量大小的可能取值为________。

20-37　按照量子力学，氢原子中处于 $l=2$ 的电子，角动量分量 L_z 的可能取值为________。

20-38　多电子原子中，电子的排布遵循________原理和________原理。

20-39　泡利不相容原理的内容是________。

20-40　有一种原子，在基态时 $n=1$ 和 $n=2$ 的壳层都填满电子，3s 和 3p 支壳层恰好填满电子。则这种原子的原子序数是________。

20-41　锂原子的原子序数为 3，若已知基态锂原子中一个电子的量子态为（1，0，0，1/2），则其余两个电子的量子态分别为________和________。

（二）计算题

20-42　宇宙大爆炸遗留在宇宙空间的均匀背景辐射相当于温度为 3K 的黑体辐射，试计算：

（1）此辐射的单色辐出度的峰值波长；

（2）地球表面接收到此辐射的功率。

20-43　天文学中常用热辐射定律估算恒星的半径。现观测到某恒星热辐射的峰值波长为 λ_m；辐射到地面上单位面积的功率为 W。已测得该恒星与地球间的距离为 l，若将恒星看作黑体，试求该恒星的半径。（维恩常量 b 和斯特藩－玻耳兹曼常量 σ 均为已知）

20-44　钠的逸出功为 2.3eV，当用波长为 650.0nm 的黄光照射时，是否会发生光电效应？钠的红限波长为多少？

20-45　铝的逸出功为 4.2eV，当用波长为 200.0nm 的光照射时，光电子的最大初动能是多少？截止电压为多少？

20-46　电子和光子的波长均为 0.3nm，求它们的动量和总能量。

20-47　氦氖激光器发出的绿光的波长 λ 为 543.3nm，谱线宽度 $\Delta\lambda$ 为 10^{-9}nm。当它发出激光时，求光子在传播方向上的坐标不确定度。

20-48　设微观粒子的质量为 m，所处的一维无限深方势阱为 $U(x)=\begin{cases}0 & (0<x<a)\\ \infty & (x\leqslant 0, x\geqslant a)\end{cases}$，求其能量本征值和本征波函数。

20-49　原子核中的质子和中子可以近似当成是处于无限深方势阱中而不能逸出。试计算质子从基态向第 1 激发态跃迁所需要的能量。（原子核线度按 1.0×10^{-14}m 计）

20-50　一个氢原子从 $n=1$ 的基态激发到 $n=4$ 的能态。

（1）计算原子所吸收的能量；

（2）若原子回到基态，可能发射哪些不同能量的光子？

阅读材料

量子密钥分发之 BB84 协议

在关于量子理论技术应用的大量探索研究中，量子保密通信是一个重要的方面，其主要思想是利用量子特性构建一系列的密钥分发协议。BB84 协议是量子密码学中第一个密钥分发协议，由 Bennett 和 Brassard 在 1984 年提出，也是使用和实验最多的量子密钥分发方案之一。

1. 保密通信

保密通信有很长的历史，在国家的军事和外交上是不可或缺的重要一环。世界各国综合国力的竞争也伴随着窃密与防窃密的斗争。现代保密通信主要采用信道保密和信息保密两种手段相结合。信道保密是采用使窃密者不易截获信息的通信信道，如采用专用的线路、瞬间通信和无线电扩频通信等。信息保密是对传输的信息用约定的代码密码等方法加以隐蔽再传送出去。

举个例子：小红要向小明传递一封信，可是她不相信邮差，所以她把信放在一个盒子里锁起来再让邮差寄送。这就相当于对信息进行了加密。如果小明也有一把同样的钥匙，称为密钥，他就能打开盒子拿出信。这就是对密文进行解密，变成明文。这种加密和解密用相同密钥的方式称为对称加密。对称加密有一个问题，就是双方需要提前约定好密钥。而现代社会，通信双方很可能相隔十万八千里，密钥的约定也是经过远程通信完成的，为了保证密钥不被截获，又需要对密钥进行加密，这就成了个死循环。

20 世纪 40 年代末，香农把信息论、密码学和数学结合起来，提出了保密通信理论。50 年代后，大部分加密系统都建立在窃密者不知密钥而又难以计算的基础上发展保密通信。70 年代迪菲和赫尔曼提出了公开密钥的保密体制。1977 年，RSA 公钥算法诞生，成为了现代保密通信体制的基础。

所谓的 RSA 公钥保密体制，是一种非对称加密的通信。拿上面的举例说，就是有人发明了一种新的锁，这种锁的特点是，每把锁有 A、B 两种钥匙，用其中一种钥匙锁住之后，只能用另一种钥匙打开。小明保管 B 钥匙，称为私钥；而把 A 钥匙复制很多把，称为公钥。这样，假如小红想给小明写信了，她就去大街上随便捡一把小明的锁，然后用上面挂着的公钥把信锁在盒子里寄给小明。只有小明收到盒子用自己的私钥才能把盒子打开。反过来，如果小红某一天收到一个盒子上面写着“小明回信”，但是她用小明的公钥打不开，说明这封回信是伪造的。

用上面所说的方法通信，必须保证通过公钥无法伪造出私钥。这正是 RSA 算法的妙处，它依赖于大数质因子分解的算法复杂度。即人们可以很容易地算出任意两个质数的乘积（例如 $922063\times1005821=927430328723$），但却很难反过来分解出这两个质数因子，尤其是当这个数非常大的时候。原来的 RSA 密钥一般推荐使用 1024 位的二进制数，但由于算力的提升和算法的改进，从 2004 年开始，根据不同的模型评估，RSA 密钥已经收到不同程度的安全警告。2020 年的记录是，科学家成功分解了 829 位的大数质因子（耗时约 2700 个单核 2.1GHz Intel Xeon Gold 6130 CPU 的核心年）。到 2022 年左右，2048 位的 RSA 密钥才能算安全了。当然，人们也在不断改进加密算法，椭圆曲线数字签名算法（ECDSA）于 1999 年被纳入 ANSI 标准。由于这一算法对应的问题没有亚指数时间的解决办法，因此它比 RSA 密钥拥有更高的单位比特强度。

但是，从上面的介绍也可以看出，不管是哪种加密体系，都依赖于计算难度。随着算力的提升或者量子计算机的大规模普及，原有的保密通信体系将会瓦解。量子保密通信协议的提出，从理论上给出了绝对保密通信的可能性。

2. 光子偏振态的编码

BB84 协议是基于光的偏振态编码的。在垂直于光子传播方向的平面内，选择两组不同的偏振方向作为编码组如表 20-10 所示，称为 × 基和 + 基。其中共有四种偏振状态可供使用，分别表示 0 和 1 的比特信息。发送方将信息转换为二进制数，再通过偏振态编码，就变成了一列不同偏振态的光子。如果接收方也能够依序接收相应的光子，再用对应的解码组进行解码就可以还原出二进制数，从而获得对方想要传递的信息。

表 20-10　光子的偏振态编码

编码组	偏振态	比特信息	解码组	测量坍缩	检偏器	光子计数	比特信息
×基	⤢	0	×基	⤢	⤢	1	0
			+基	↕或↔	↕	1 或 0	0 或 1
	⤡	1	×基	⤡	⤢	0	1
			+基	↕或↔	↕	1 或 0	0 或 1
+基	↕	0	+基	↕	↕	1	0
			×基	⤢或⤡	⤢	1 或 0	0 或 1
	↔	1	+基	↔	↕	0	1
			×基	⤢或⤡	⤢	1 或 0	0 或 1

注意到，由态的叠加原理可知，×基的任意一个偏振态都可以看作是+基的两个偏振态的叠加，例如：

$$|\nearrow\rangle = \frac{1}{\sqrt{2}}(|\rightarrow\rangle + |\uparrow\rangle)$$

式中的右括号是量子态的一种记法，称为狄拉克符号。反过来+基也可以分解为×基的组合。根据量子力学的哥本哈根诠释，如果采用+基的检偏器对×基的偏振态进行测量，那么波函数会按概率坍缩到某个+基的偏振态上。

也就是说，如果接收方在某个光子的解码中使用了错误的解码组，那么这一比特的信息将有 50% 概率是 0 或者 1。例如上表中的第二行，假设发送方利用×基编码了一个“0”的光子，但由于接收方采用的是+基进行解码，在通过检偏器时，该光子的偏振态就会发生概率坍缩，偏振态要么变成竖直方向要么变为水平方向。而只有竖直方向偏振态才能穿过检偏器触发光子计数器，所以得到的比特信息是 0 或者 1。

这一概率事件正是 BB84 协议中的重要一环，它是协议设计者为窃密者挖的坑。

3. 密钥分发

当小红和小明要进行保密通信时，BB84 协议可以帮助他们建立安全的密钥。首先，由小红通过上述偏振态编码的方式发送一段二进制序列给小明，例如 01011010000。小红在编码时随机拿取+基或者×基，小明在解码时也随机拿取+基或者是×基，如表 20-11 所示。根据前面的分析，小明得到的比特信息必然存在与小红不一致的情况。这时候需要通过公开信道比对编码组和解码组是否一样，比对完后小明就把编码解码组一致的这些位置的保留下来，其他的都不要了。这样就建立起了一套双方都知道的密钥，例如 011010。

表 20-11 BB84 协议密钥序列的发送和验证

序列	0	1	0	1	1	0	1	0	0	0	0
编码组	×	+	+	×	+	×	×	+	×	×	+
偏振态	⤢	↔	↕	⤡	↔	⤢	⤡	↕	⤢	⤢	↕
解码组	×	+	×	+	+	×	×	×	+	+	+
比特信息	0	1	0	0	1	0	1	1	0	1	0
比对	yes	yes	no	no	yes	yes	yes	no	no	no	yes
保留	0	1			1	0	1				0

注意，在公开信道中通信是不安全的，所以小红和小明只在里面沟通编码组和解码组的一致情况，不讨论序列信息。只要之前的光子通信没有被窃听，序列信息就是安全的。

但是怎么保证这个过程没有被窃听呢？通过量子手段分发密钥的优势就是可以发现窃听者：通常为了保密安全，密钥的长度都很长。小明和小红只需要将刚才通信得到的序列当中的一小段摘选出来，然后进行验证。由量子力学可知，对任意一个未知的量子态进行完全相同的复制是不可实现的。即窃听者是不可能完全复制小红发送的任何一个光子的，他只能读取小红发送的光子，再把读取之后的光子发给小明。假设有窃听者采用了 + 基拦截窃听 × 基信号（50% 概率发生类似错误），那么类似前面的分析，光子通过窃听器的过程中 45°角的偏振态（表示 0）有 50% 的概率坍缩到竖直方向，再经过小明的 × 基时有 50% 概率坍缩为 135°角的偏振态（表示 1）；也有 50% 坍缩到水平方向，再 50% 概率投影到 135°（表示 1）。于是总结起来，在小红和小明验证过后的序列中，如果有窃听者存在，那么每一比特都有 25% 的概率出现“使用了相同的编码组和解码组却得到了错误的比特信息”，从而发现窃听者。反过来说，每一比特的验证，窃听者不被发现的概率只有 75%。所以如果小红和小明要建立 1000 位长度的密钥，他们可以先发送 1100 位的序列，随机抽取其中十分之一即 100 位做公开验证。窃听者不被发现的概率为 $0.75^{100} \approx 3.2 \times 10^{-13}$。可见，窃听者很容易被发现。如果发现窃听者，就需要重新来过。如果没有发现窃听者，那么剩下的 1000 位的序列就可以作为安全的密钥来进行通信加密。

这就是 BB84 协议提出的通过量子通信进行密钥分发的方案。目前实验上的记录是日内瓦大学 Hugo Zbinden 团队于 2018 年实现的 421 公里光纤的量子密钥分发。虽然 BB84 协议在原理上是绝对安全的，但是真实环境中会受到设备的限制而出现漏洞，因此人们也在不断从实验和理论上探寻更好的方案。我国墨子号量子科学实验卫星就曾实现了 1120km 自由空间中基于纠缠的量子密钥分发。2020 年 3 月，中国科学技术大学与清华大学合作，突破远距离独立激光相位干涉技术，分别实现了 500 公里量级真实环境光纤的双场量子密钥分发（TF – QKD）和相位匹配量子密钥分发（PM – QKD），创造了地基量子密钥分发的新纪录。

习题答案

第11章

11-1　该点的单位正电荷所受电场力

11-2　$2ERl$

11-3　$\dfrac{\lambda}{2\pi\varepsilon_0 r}$，$\dfrac{\lambda L}{4\pi\varepsilon_0 r^2}$

11-4　$\dfrac{Q^2}{2\varepsilon_0 S}$

11-5　$\dfrac{q}{4\pi\varepsilon_0}\left(\dfrac{1}{r}-\dfrac{1}{r_0}\right)$

11-6　$-5\times10^4\text{V}$

11-7　$\dfrac{\lambda}{2\varepsilon_0}$

11-8　0

11-9　$-\dfrac{Q}{4\pi\varepsilon_0 R}$

11-10　$E=5.6\times10^{-11}\text{N/C}$，场强方向为垂直向下

11-11　(1)$M=2\times10^{-3}\text{N}\cdot\text{m}$

(2)$A=2\times10^{-3}\text{J}$

11-12　$\boldsymbol{E}=E_x\boldsymbol{i}=\dfrac{Q}{2\pi^2\varepsilon_0 R^2}\boldsymbol{i}$

11-13　$F=qE=\dfrac{qQ}{\pi\varepsilon_0(4a^2-L^2)}$，方向沿 x 轴正方向

11-14　$\boldsymbol{E}=\dfrac{-q}{2\pi\varepsilon_0 a^2\theta_0}\sin\dfrac{\theta_0}{2}\boldsymbol{j}$

11-15　$\Phi=\dfrac{q}{2\varepsilon_0}\left(1-\dfrac{h}{\sqrt{R^2+h^2}}\right)$

11-16　$E=\dfrac{\sigma}{\varepsilon}=\dfrac{q}{4\pi\varepsilon a^2}=\dfrac{bU}{a(b-a)}$，

$E_{\min}=\dfrac{bU}{a(b-a)}=\dfrac{4U}{b}$

11-17　(1)$\rho=4.43\times10^{-13}\text{C/m}^3$

(2)$\sigma=-\varepsilon_0 E=-8.9\times10^{-10}\text{C/m}^3$

11-18　$E_1=\rho x/\varepsilon_0\quad\left(-\dfrac{1}{2}d\leqslant x\leqslant\dfrac{1}{2}d\right)$

$E_2=\rho\cdot d/(2\varepsilon_0)\quad\left(x>\dfrac{1}{2}d\right)$

$E_2=-\rho\cdot d/(2\varepsilon_0)\quad\left(x<-\dfrac{1}{2}d\right)$

场强随坐标变化的图像如解答下图所示。

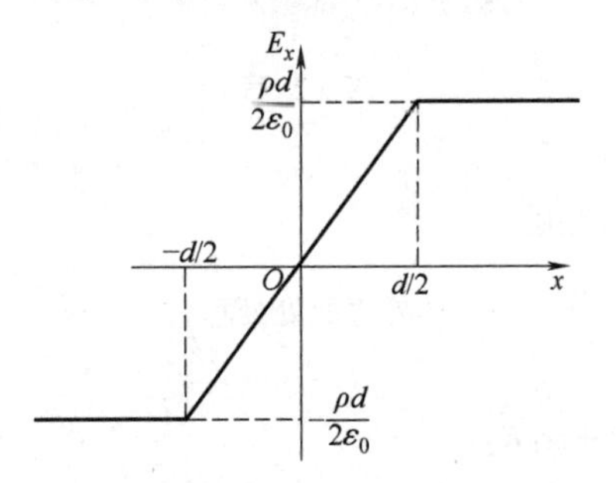

11-19　$U_{12}=\dfrac{Q}{2\pi\varepsilon_0}\left(\dfrac{1}{R}-\dfrac{1}{d}\right)=\dfrac{Q(d-R)}{2\pi\varepsilon_0 Rd}$

11-20　在 $x\leqslant0$ 区域

$U=\displaystyle\int_x^0 E\mathrm{d}x=\int_x^0\frac{-\sigma}{2\varepsilon_0}\mathrm{d}x=\frac{\sigma x}{2\varepsilon_0}$

在 $x\geqslant0$ 区域

$U=\displaystyle\int_x^0 E\mathrm{d}x=\int_x^0\frac{\sigma}{2\varepsilon_0}\mathrm{d}x=\frac{-\sigma x}{2\varepsilon_0}$

11-21　在 $-\infty<x<-a$ 区间　$U=-\sigma a/\varepsilon_0$

在 $-a\leqslant x\leqslant a$ 区间　$U=\dfrac{\sigma x}{\varepsilon_0}$

在 $a<x<\infty$ 区间　$U=\dfrac{\sigma a}{\varepsilon_0}$

空间电势分布如解答下图所示。

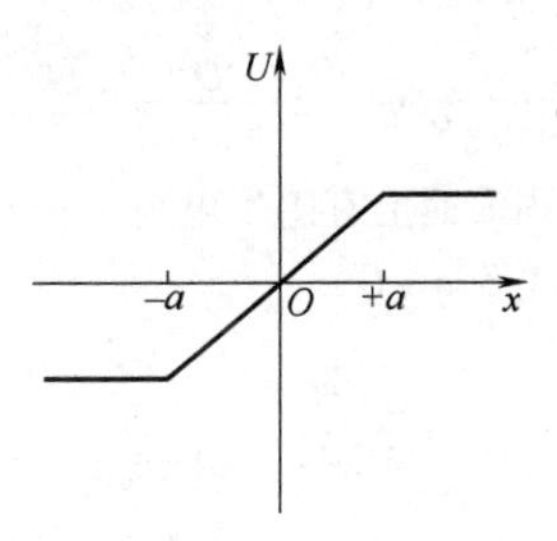

11-22　$A=-qp/(2\pi\varepsilon_0 R^2)$

11-23　$Q=2.14\times10^{-9}\text{C}$

11-24　(1)导线表面处：$E_1=2.54\times10^6\text{V/m}$

(2)圆筒内表面处：$E_2=1.70\times10^4\text{V/m}$

11-25　2C，1.25×10^{19}

11-26　(1) -4C

(2)1.44×10^7N

11-27 (1)3.21×10^5C

(2)250N/C

(3)2.21×10^{-9}C/m^2

11-28 2.10×10^{28}，3.35×10^9C(此答案假设身体内全是水)

11-29 $E=\dfrac{Q}{\varepsilon_0\pi^2R^2}$

11-30 $d=1.82\times10^{-14}$m

第12章

12-1 $\dfrac{q}{4\pi R_1^2}$

12-2 $\dfrac{\sigma}{\varepsilon_0}$，与导体外表面处处垂直

12-3 $\dfrac{q}{4\pi\varepsilon_0R_2}$

12-4 $\dfrac{Q^2}{18\pi\varepsilon_0R^2}$

12-5 增大，增大

12-6 $\dfrac{q}{V}$，储电能力

12-7 $\sqrt{2FD/C}$，$\sqrt{2FdC}$

12-8 $-\dfrac{2E_0\varepsilon_0\varepsilon_r}{3}$，$\dfrac{4E_0\varepsilon_0\varepsilon_r}{3}$

12-9 减小，减小

12-10 增大，增大

12-11 $\dfrac{w_{e0}}{\varepsilon_r}$

12-12 <

12-13 $1/r$，r

12-14 (1)$\dfrac{q}{4\pi\varepsilon_0R}\mathrm{d}q$ (2)$\dfrac{Q^2}{8\pi\varepsilon_0R}$

12-15 (1)内表面上有感生电荷$-q$，外表面上带电荷$q+Q$

(2) $U_{-q}=\dfrac{\int\mathrm{d}q}{4\pi\varepsilon_0a}=\dfrac{-q}{4\pi\varepsilon_0a}$

(3) $U_O=U_q+U_{-q}+U_{Q+q}=\dfrac{q}{4\pi\varepsilon_0}\left(\dfrac{1}{r}-\dfrac{1}{a}+\dfrac{1}{b}\right)+\dfrac{Q}{4\pi\varepsilon_0b}$

12-16 $\left(\dfrac{ab+bc-ac}{4\pi\varepsilon_0abc}\right)Q$，$\dfrac{Q}{4\pi\varepsilon_0c}$

12-17 998V/m，方向沿径向向外；12.5V

12-18 $-\dfrac{\chi_e}{1+\chi_e}\sigma$

12-19 $\dfrac{Q}{4\pi R^2}\left(\dfrac{1}{\varepsilon_{r2}}-\dfrac{1}{\varepsilon_{r1}}\right)$

12-20 $\dfrac{\varepsilon_0(\varepsilon_r-1)U}{\left(\ln\dfrac{r_3}{r_1}+\varepsilon_r\ln\dfrac{r_2}{r_3}\right)r_3}$

12-21 圆柱内：$D=0(r<a)$ $E=0(r>a)$

圆柱外：$\boldsymbol{D}=[\lambda/(2\pi r)]\boldsymbol{r}^0$

$\boldsymbol{E}_1=\boldsymbol{D}/(\varepsilon_0\varepsilon_r)=[\lambda/(2\pi\varepsilon_0\varepsilon_r r)]\boldsymbol{r}^0$ $(a<r<b)$

$\boldsymbol{E}_2=\boldsymbol{D}/\varepsilon_0=[\lambda/(2\pi\varepsilon_0r)]\boldsymbol{r}^0$ $(r>b)$

12-22 $D_1=D_2=1.61\times10^{-8}$C/m^2，

$E_2=182$V/m，

$E_1=1.82\times10^3$V/m，

方向均相同，由正极板垂直指向负极板

12-23 $D=1.77\times10^{-6}$C/m^2，

$E=2.5\times10^4$V/m，

$P=1.55\times10^{-6}$C/m^2

12-24 $Q'=-0.8$C

12-25 $P_1=\left(1-\dfrac{1}{\varepsilon_{r1}}\right)\dfrac{Q}{S}$，$P_2=\left(1-\dfrac{1}{\varepsilon_{r2}}\right)\dfrac{Q}{S}$

12-26 $W=W_0/\varepsilon_r$

12-27 $E_1=(\rho r_1)/(3\varepsilon_1)(r_1<R)$

$E_2=\rho R^3/(3\varepsilon_2r_2^2)$ $(r_2>R)$

$U_1=\dfrac{\rho}{6}\left[\left(\dfrac{1}{\varepsilon_1}+\dfrac{2}{\varepsilon_2}\right)R^2-\dfrac{r_1^2}{\varepsilon_1}\right](r_1<R)$

$U_2=\dfrac{\rho R^3}{3\varepsilon_2r_2}(r_2>R)$

12-28 (1)6.5×10^{-2}F (2)$Q=2.3\times10^4$C

(3)4.0×10^9J

12-29 $F_1=F_2=0$，$F_3=3.2\times10^{-10}$N，

$F=-F_3=-3.20\times10^{-10}$N

12-30 $C=\dfrac{2\pi\varepsilon_0}{\ln\dfrac{R_2}{R_1}}$，$W=\dfrac{\eta^2}{4\pi\varepsilon_0}\ln\dfrac{R_2}{R_1}=\dfrac{\eta^2}{2C}$

12-31 $\varepsilon_{r,\text{eff}}=1+h(\varepsilon_r-1)/a$，甲醇更适宜用此种油量计

12-32 $C_{AC}=\varepsilon_0ab/(2d+t)$，$C_{AD}=\varepsilon_0ab/(2d)$

12-33 $m=72\times10^3$kg

第13章

13-1 $J=ne\bar{v}$，$\boldsymbol{E}$方向

13-2 6.17×10^{-5}A

13-3 $\dfrac{(\pi Ud^2)}{(4\rho Le)}$，$\dfrac{U}{(ne\rho L)}$

13-4 1.59

13-5 12m

13-6 0.628

13-7 $\frac{kr^2}{\gamma}$，$\frac{\pi lk^2R^4}{(2\gamma)}$

13-8 40mA， 1.77×10^{-3}V/m

13-9 $w=\gamma E^2$，在导体内某点生热的热功率等于该点的电场强度的平方与在该点的电导率的乘积

13-10 20V

13-11 $R=\frac{\rho}{2\pi a}$

13-12 6.65km

13-13 73.5℃

13-14 60℃

13-15 略

13-16 (1)$2.2\times10^{-5}\Omega$ (2)2.3×10^3A (3)1.4A/mm^2 (4)2.5×10^{-2}V/m; (5)1.16×10^2W

13-17 $v_2=\varepsilon\sqrt{v_1/mgR}-v_1$

第14章

14-1 $\mathrm{d}\boldsymbol{B}=\frac{\mu_0}{4\pi}\frac{I\mathrm{d}\boldsymbol{l}\times\boldsymbol{r}}{r^3}$

14-2 $\frac{\mu_0 I}{4}\left(\frac{1}{a}+\frac{1}{b}\right)$；垂直纸面向里

14-3 1.71×10^{-5}T

14-4 两单位矢量$\boldsymbol{j}$和$\boldsymbol{k}$之和，即$(\boldsymbol{j}+\boldsymbol{k})$的方向

14-5 (1)$\mu_0 I$ (2)0 (3)$2\mu_0 I$

14-6 $\pi\times10^{-3}$T

14-7 1∶1

14-8 (1)0
(2)$-\mu_0 I$

14-9 $-\frac{S_1 I}{S_1+S_2}$

14-10 $\frac{\mu_0 I}{2d}$

14-11 $\frac{\mu_0 ih}{2\pi R}$

14-12 $\left(\frac{\pi}{2}\right)^{-3/2}$

14-13 $\sqrt{2}BIR$；沿y轴正向

14-14 $\pi R^3\lambda B\omega$；在画面中向上

14-15 $\sqrt{2}aIB$

14-16 5×10^{-3}N

14-17 6.67×10^{-7}T；7.20×10^{-7}A·m^2

14-18 $\frac{\sqrt{3}}{2}aIB$

14-19 $\frac{IB}{nS}$

14-20 $\frac{\sqrt{3}}{2}l$；60°或120°

14-21 $\frac{\sqrt{2}\pi}{8}$

14-22 $\frac{\mu_0 I}{R}\left(\frac{1}{12}+\frac{1}{4\pi}-\frac{\sqrt{3}}{8\pi}\right)$

14-23 $B=\frac{\mu_0 I}{4\pi}\left(\frac{3\pi}{2a}+\frac{\sqrt{2}}{b}\right)$

14-24 (1)1.0MeV
(2)0.5MeV

14-25 $B=B_1+B_2=$
$\frac{\mu_0}{2}\left[\frac{I_1R_1^2}{(R_1^2+(b+x)^2)^{\frac{3}{2}}}+\frac{I_2R_2^2}{(R_2^2+(b-x)^2)^{\frac{3}{2}}}\right]$

14-26 $\frac{\mu_0 I}{2\pi a}\ln\frac{a+b}{b}$

14-27 $B=\frac{\mu_0\sigma\theta\omega R}{4\pi}$，方向垂直纸面向外

14-28 $p_m=2\pi BR^3/\mu_0\approx8.10\times10^{22}$A·m^2

14-29 $B=1.3\times10^{-5}$T,
$p_m=9.2\times10^{-24}$A·m^2

14-30 (1)3.3μT (2)略

14-31 $\frac{\pi m^2v^2}{Bq^2}$

14-32 $\Phi=\frac{\mu_0 Ia}{2\pi}\ln2$

14-33 $\Phi=\Phi_1+\Phi_2=\frac{\mu_0 I}{4\pi}+\frac{\mu_0 I}{2\pi}\ln2$

14-34 (1)$Q=NBA/R$ (2)略 (3)略

14-35 $B=\frac{\mu_0 I}{2\pi x}+\frac{\mu_0 I}{2\pi(3a-x)}\left(\frac{a}{2}\leqslant x\leqslant\frac{5}{2}a\right)$，方向垂直$x$轴向里

14-36 $B=\mu_0 i\sin a$

14-37 $B=1.6\times10^{-2}$T，方向水平向右

14-38 $A=2.5\times10^{-3}$J

14-39 (1)$M(t)=Bp_m\sin\omega t=\pi a^2BI_0\sin^2\omega t$
(2)$\overline{P}=\frac{1}{2}BI_0\omega\pi a^2$

14-40 $k=5.2\times10^{-8}$N·m/(°)

14-41 (1)8.0×10^{-4}T

(2)4.00×10^{-5}T，20 倍

14-42 (1)459mT (2)22.7mA (3)8.17MJ

14-43 $B=\dfrac{\mu_0 I}{4\pi^2R^2}\Delta l$，电子运动的轨迹是变螺距的螺旋线

14-44 $B=\dfrac{\mu_0 I\Delta l}{2\pi R}$

14-45 400

14-46 (1)$I=6.6\times10^8$A (2)不能

第 15 章

15-1 (1)0.226T (2)300A/m

15-2 $I/(2\pi r)$，$\mu I/(2\pi r)$

15-3 -8.8×10^{-6}A/m，抗

15-4 矫顽力大，剩磁也大；永久磁铁

15-5 磁导率大，矫顽力小，磁滞损耗低；变压器和交流电机的铁心。

15-6 A/m，H/m

15-7 铁磁质，顺磁质，抗磁质。

15-8 $\mu_0\mu_r nI$，nI

15-9 矫顽力小；容易退磁。

15-10 $0<r<R_1$区域：$B=\dfrac{\mu_0 Ir}{2\pi R_1^2}$

$R_1<r<R_2$区域：$B=\dfrac{\mu I}{2\pi r}$

$R_2<r<R_3$区域：

$B=\mu_0 H=\dfrac{\mu_0 I}{2\pi r}\left(1-\dfrac{r^2-R_2^2}{R_3^2-R_2^2}\right)$

$r>R_3$区域：$B=0$

15-11 200A/m，1.06T

15-12 496

第 16 章

16-1 $\dfrac{\mu_0 I\pi r^2}{2a}\cos\omega t$；$\dfrac{\mu_0 I\omega\pi r^2}{2Ra}\sin\omega t$

16-2 $2l^2B\omega\sin\theta$

16-3 $-\mu_0 nS\omega I_m\cos\omega t$

16-4 $NBbA\omega\cos(\omega t+\pi/2)$或 $NBbA\omega\sin\omega t$

16-5 $3B\omega l^2/8$；$-3B\omega l^2/8$；0

16-6 1.11×10^{-5}V；A 端

16-7 πBnR^2；O

16-8 相同或$\dfrac{1}{2}B\omega R^2$；沿曲线由中心向外

16-9 $\dfrac{\mu_0 Iv}{2\pi}t\ln\dfrac{a+b}{a-b}$

16-10 $\dfrac{\pi R^2K}{4}$；从 c 流至 b

16-11 0.400H

16-12 1∶16

16-13 0.4V

16-14 $\dfrac{\mu_0 I^2}{8\pi^2a^2}$

16-15 0；$\dfrac{2\mu_0 I^2}{9\pi^2a^2}$

16-16 0；$\dfrac{\mu_0 I^2r^2}{8\pi^2R^4}$

16-17 1.5mV

16-18 $\dfrac{1}{2}B\pi r^2\omega$，从 a 到 b 的方向

16-19 5.18×10^{-8}V；其方向为逆时针绕行方向

16-20 $|i(t)|=\dfrac{\mu_0}{2\pi R}\lambda a\left|\dfrac{dv(t)}{dt}\right|\ln2$

16-21 (1)$\Phi=\dfrac{\mu_0 Il}{2\pi}\ln\dfrac{b+vt}{a+vt}$

(2)$\xi_i=-\dfrac{d\Phi}{dt}\Big|_{t=0}=\dfrac{\mu_0 lIv(b-a)}{2\pi ab}$

16-22 $\dfrac{3\mu_0\pi r^2Iv}{2N^4R^2}$

16-23 (1)略

(2)设计使得 $N_{ab}=\dfrac{5}{2}\pi m^2$

16-24 $\mathscr{E}=\dfrac{\mu_0 Iv}{2\pi}\ln\dfrac{d+l\cos\alpha}{d}$，方向为 $b\to a$ 方向

16-25 $L=\dfrac{\mu_0\pi R_1^2}{2R_2}$

16-26 $\dfrac{\mu_0 b}{2\pi}\ln\dfrac{d+a}{d}\dfrac{dI}{dt}$

16-27 (1)0.15V (2)0.01A (3)4×10^{-4}C

16-28 $I=0.2$A

16-29 $\dfrac{(F-\mu mg)R}{B^2L^2}$

16-30 $\dfrac{\mu_0 Iv}{2\pi}\ln\dfrac{2(a+b)}{2a+b}$；$D$ 端电势较高

16-31 30mA

16-32 (1)$\dfrac{\mu_0 i^2 l}{4\pi}\ln\dfrac{b}{a}$

(2)7.8×10^{-7}J/m = 780nJ/m

16-33 (1)$\dfrac{\mu_0 NI}{2\pi}\ln\left(1+\dfrac{b}{a}\right)$

(2)13μH

16-34 (1) $M=\dfrac{\pi\mu_0 N_1 N_2 R_2^2}{2R_1}$

(2) 2.29×10^{-3}H

16-35 点 O 加速度 $a=0$。点 P 加速度为 $a=7.03\times10^7 m/s^2$，沿逆时针切线方向

16-36 (1) 2.6×10^{-3}V (2) 1.0×10^{-3}V/m

(3) $9.1\times10^{-15} C/m^2$

第 17 章

17-1 使两逢间距变小；使屏与双逢之间的距离变大

17-2 $xd/(5D)$

17-3 $d\sin\theta+(r_1-r_2)$

17-4 0.75

17-5 3λ；1.33

17-6 $2\pi d\sin\theta/\lambda$

17-7 $2.60e$

17-8 1.4

17-9 λ/n

17-10 $3\lambda/(4n_2)$

17-11 $\dfrac{3}{2}\lambda$

17-12 900

17-13 1.2

17-14 $2d/\lambda$

17-15 $2d/N$

17-16 $\dfrac{3}{2k+1}$cm ($k=0, 1, 2, \cdots, 14$)

17-17 400nm，444.4nm，500nm，571.4nm，666.7nm 这 5 种波长的光在所给定观察点最大限度地加强

17-18 562.5nm

17-19 8.0×10^{-6}m

17-20 (1) 0.910mm (2) 4mm (3) 不变

17-21 (1) 0.11m (2) 7 级明纹处

17-22 (1) $3D\lambda/d$ (2) $D\lambda/d$

17-23 1/4

17-24 600nm 和 428.6nm

17-25 7.78×10^{-4}mm

17-26 (1) 514nm，绿光 (2) 603nm，橙光

17-27 (1) 最薄处 $d=0$，因此对应的区域为亮区

(2) 第 3 个蓝区对应的油层厚度为 600nm

(3) 因为油膜厚到一定程度后，其上、下表面反射光的光程差接近或大于光的相干长度，因而干涉条纹消失，彩色消失

17-28 1.7×10^{-4}rad

17-29 4.0×10^{-4}rad

17-30 8.46×10^{-4}mm

17-31 $\lambda_2=l_2^2\lambda_1/l_1^2$

17-32 (1) $9\lambda/4$ (2) $\lambda/(2n_2)$

17-33 (1) 500nm (2) 50

17-34 0.38cm

17-35 1.03m

17-36 5.154×10^{-6}m

17-37 1.000029

第 18 章

18-1 6；第 1 级明

18-2 3.0mm

18-3 2π；暗

18-4 1.2mm；3.6mm

18-5 7.6×10^{-2}mm

18-6 500nm

18-7 (1) 3×10^{-2}rad (2) 2m

18-8 1.6×10^{-4}rad

18-9 1.9

18-10 1.45

18-11 21.1m

18-12 625

18-13 1；3

18-14 (1) 1.2cm (2) 1.2cm

18-15 500nm

18-16 400mm

18-17 (1) $\lambda_1=2\lambda_2$，即 λ_1 的任一 k_1 级极小都有 λ_2 的 $2k_1$ 级极小与之重合

(2) 略

18-18 0.15mm

18-19 $l=6.10\times10^{13}$m

18-20 宇航员不能用肉眼分辨地球上的人工建筑长城

18-21 (1) 3.36×10^{-4}cm (2) 420nm

18-22 (1) 0.27cm (2) 1.8cm

18-23 17.1°

18-24 100cm

第 19 章

19-1 横

19-2 自然；线偏振光；部分偏振光

19-3 $2I$

19-4 60°

19-5 n_2/n_1

19-6 $\cos^2\alpha_1/\cos^2\alpha_2$

19-7 $I_0/8$

19-8 $\pi/2-\arctan(n_2/n_1)$

19-9 $I_0/2$；0

19-10 $I_0/8$

19-11 $I_1/I_2=\cos^2\alpha_1/\cos^2\alpha_2=2/3$

19-12 $I_0:I_1=1:1$

19-13 $I'_1=\frac{9}{4}I_1$

19-14 45°

19-15 $\frac{2}{3}$

19-16 (1)58° (2)1.6

第20章

20-1 ① 金属空腔壁中电子的振动可视为一维谐振子，它吸收或发射电磁波辐射能时，以与振子的频率成正比的能量子 $h\nu$ 为基本单元，来吸收或发射能量。

② 空腔壁上带电谐振子所吸收或发射的能量是 $h\nu$ 的整数倍。

20-2 $\lambda_m T=b$

20-3 蓝白色

20-4 猎户β > 太阳 > 猎户α

20-5 与温度的四次方成正比

20-6 325.0nm

20-7 $h\nu$；ν

20-8 4×10^{14}Hz

20-9 π；0

20-10 $h\nu+E_k$

20-11 E_0不变；E_k不变

20-12 锂

20-13 能量；能量；动量

20-14 $\frac{h}{\sqrt{2em_e U_{12}}}$

20-15 1:1；4:1

20-16 $h/2eRB$

20-17 t 时刻粒子出现在 $\boldsymbol{r}$ 附近单位体积内的概率；单值、连续、有限；$\int_\infty |\psi(\boldsymbol{r},t)|^2 \mathrm{d}V=1$

20-18 保持不变

20-19 1.33×10^{-23}

20-20 x 和 p_x、y 和 p_y

20-21 $a/6$、$a/2$、$5a/6$

20-22 $2a/3$

20-23 0.61nm

20-24 波动性；α

20-25 ① 原子存在一系列不连续的稳定状态，即定态，处于这些定态中的电子虽做相应的轨道运动，但不辐射能量；

② 做定态轨道运动的电子的角动量 l 的数值只能等于 h 的整数倍，即 $l=m_e vr=n\hbar(n=1,2,3,\cdots)$；

③ 当原子中的电子从某一轨道跳跃到另一轨道时，就对应于原子从某一定态跃迁到另一定态，这时才辐射或吸收一相应的光子，光子的能量由 $h\nu=E_a-E_b$ 式决定。

20-26 负；不连续（离散）

20-27 (1)4；1；(2)4；3

20-28 5:2

20-29 2.56eV

20-30 10.2eV

20-31 3

20-32 斯特恩－盖拉赫

20-33 1，2，3，…；能量

20-34 2；$2(2l+1)$；$2n^2$

20-35 $\hbar$；0；量子力学

20-36 0、$\sqrt{2}\hbar$、$\sqrt{6}\hbar$

20-37 0、$\pm\hbar$、$\pm2\hbar$

20-38 泡利不相容；能量最低

20-39 同一系统中，不可能有两个或两个以上的费米子处在相同量子态

20-40 18

20-41 (1，0，0，−1/2)；(2，0，0，1/2)或(2，0，0，−1/2)

20-42 (1)9.66×10^{-4}m (2)2.34×10^9W

20-43 $r=\frac{l\lambda_m^2}{b^2}\sqrt{\frac{W}{\sigma}}$

20-44 否；540nm

20-45 2.01eV；2.01V

20-46 2.21×10^{-24} kg·m/s；5.09×10^5 eV；4.13×10^3eV

20-47　2.35×10^4m

20-48　$\frac{n^2\hbar^2\pi^2}{2ma^2}$；$\psi(x)=\sqrt{\frac{2}{a}}\sin\frac{n\pi x}{a}(0<x<a)$

20-49　6.2×10^6eV

20-50　(1)12.75eV

(2)4－1：12.75eV；4－2：2.55eV；

4－3：0.65eV；

3－2：1.9eV；3－1：12.1eV；

2－1：10.2eV

附录　常用物理常数

真空中的光速	$c = 3.00 \times 10^{8}$ m/s
普朗克常量	$h = 6.63 \times 10^{-34}$ J · s
引力常量	$G = 6.67 \times 10^{-11}$ N · m^2 · kg^{-2}
玻耳兹曼常数	$k = 1.38 \times 10^{-23}$ J/K
阿伏加德罗常数	$N_A = 6.02 \times 10^{23}$ mol^{-1}
电子质量	$m_e = 9.11 \times 10^{-31}$ kg
电子半径	$r_e = 2.82 \times 10^{-15}$ m
等价能量	$E_e = 0.511$ MeV
质子的静止质量	$m_p = 1.673 \times 10^{-27}$ kg
元电荷	$e = 1.60 \times 10^{-19}$ C
电子比荷	$e/m_e = 1.76 \times 10^{11}$ C/kg
库仑定律恒量	$k = 1/(4\pi\varepsilon_0) = 8.99 \times 10^{9}$ N · m^2/C
真空介电常数	$\varepsilon_0 = 8.85 \times 10^{-12}$ F/m
真空磁导率	$\mu_0 = 4\pi \times 10^{-7}$ H/m
玻尔半径	$a_0 = 5.29 \times 10^{-11}$ m
玻尔磁子	$\mu_B = 9.274 \times 10^{-24}$ J/T
电子磁矩	$\mu_e = 9.2845 \times 10^{-24}$ J/T
质子磁矩	$\mu_p = 1.41 \times 10^{-26}$ J/T
核磁子	$\mu_N = 5.05 \times 10^{-27}$ J/T
太阳辐射总功率	$P_0 = 4.2 \times 10^{26}$ W
太阳辐射功率	$M = 6.9 \times 10^{7}$ W/m^2

参考文献

[1] 康颖. 大学物理 [M]. 2 版. 北京：科学出版社，2005.

[2] 张三慧. 大学物理学 [M]. 3 版. 北京：清华大学出版社，2005.

[3] 范中和. 大学物理 [M]. 2 版. 西安：西北大学出版社，2008.

[4] 哈里德，瑞斯尼克，沃克，等. 物理学基础 [M]. 张三慧，李椿，滕小瑛，等译. 北京：机械工业出版社，2005.

[5] HUGH D YOUNG. 西尔斯当代大学物理 [M]. 北京：机械工业出版社，2010.

[6] WOLF GANG BAUER. 现代大学物理 [M]. 北京：机械工业出版社，2012.

[7] 郭奕玲. 物理学史 [M]. 北京：清华大学出版社，2005.

[8] 吴王杰. 大学物理学 [M]. 3 版. 北京：高等教育出版社，2019.

[9] 张宇. 大学物理（少学时）[M]. 4 版. 北京：机械工业出版社，2021.

[10] 赵凯华，罗蔚茵. 新概念物理教程 量子物理 [M]. 2 版. 北京：高等教育出版社，2008.

[11] 李承祖，杨丽佳. 大学物理学 [M]. 北京：科学出版社，2009.

参考文献